Embedded Robotics:

Mobile Robot Design and Applications with Embedded Systems

(Third Edition)

嵌入式机器人学

——基于嵌入式系统的移动机器人设计与应用

（第 3 版）

〔德〕 托马斯·布劳恩 著

Thomas Bräunl

School of Electrical, Electronic and Computer Engineering,

the University of Western Australia

刘锦涛 辛 巧 陈 睿 译

吴文海 李 静 审校

西安交通大学出版社

Xi'an Jiaotong University Press

Translation from the English language edition:
Embedded Robotics. Mobile Robot Design and Applications with Embedded Systems by Thomas Bräunl
Copyright © 2008, 2006, 2003 Springer-Verlag Berlin Heidelberg
Springer is a part of Springer Science+Business Media
All Rights Reserved

本书中文简体字翻译版由施普林格出版社·柏林-海德堡分公司授权西安交通大学出版社独家出版发行。未经出版者预先书面许可,不得以任何方式复制或发行本书的任何部分。

陕西省版权局著作权合同登记号　图字 25-2010-049 号

图书在版编目(CIP)数据

嵌入式机器人学——基于嵌入式系统的移动机器人设计与应用:第 3 版/(德)布劳恩(bräunl,T.)著;刘锦涛,辛巧,陈睿译.—西安:西安交通大学出版社,2012.7(2017.2 重印)
ISBN 978-7-5605-4202-7

Ⅰ.①嵌…　Ⅱ.①布…　②刘…　③辛…　④陈…　Ⅲ.①机器人学　Ⅳ.①TP24

中国版本图书馆 CIP 数据核字(2012)第 025521 号

书　　名　嵌入式机器人学——基于嵌入式系统的移动机器人设计与应用(第 3 版)
著　　者　(德)托马斯·布劳恩
译　　者　刘锦涛　辛　巧　陈　睿
审 校 者　吴文海　李　静
出版发行　西安交通大学出版社
　　　　　　(西安市兴庆南路 10 号　邮政编码 710049)
网　　址　http://www.xjtupress.com
电　　话　(029)82668357　82667874(发行中心)
　　　　　　(029)82668315(总编办)
传　　真　(029)82669097
印　　刷　虎彩印艺股份有限公司

开　　本　787 mm×1092 mm　1/16　**印张**　30　**字数**　719 千字
版次印次　2012 年 7 月第 1 版　2017 年 2 月第 2 次印刷
书　　号　ISBN 978-7-5605-4202-7
定　　价　89.00 元

读者购书、书店添货、如发现印装质量问题,请与本社发行中心联系、调换。
订购热线:(029)82665248　(029)82665249
投稿热线:(029)82665397
读者信箱:banquan1809@126.com

版权所有　侵权必究

Preface for the Chinese Translation

I am very happy to finally see the Chinese translation of my book on "Embedded Robotics" being published. It combines my two favorite subjects "Embedded Systems" and "Autonomous Robots". Quite unlike many other books, this book has a large practical component and in fact most chapters have emerged from practical experiments and practical implementations of embedded controllers and autonomous robot applications. Some chapters have been co-authored with students and colleagues, while the link throughout the book is our EyeBot embedded controller with its RoBIOS robot operating system. We developed this controller when nothing comparable was available in the market and we wanted to have a more powerful contoller that could do on-board image processing in such a small size. Over time, our mobile robot family has grown from the first driving SoccerBots over omni-directional robots, 6-legged and biped walking robots to autonomous underwater robots and unmanned aerial vehicles. In a similar way, the book itself has grown from its original 434 pages in the first edition, to now 541 pages in the third edition.

I would like to wish all Chinese readers lots of fun and inspiration when reading this book! May Robotics be the key for your research in intelligent systems or the motivation for learning about control and intelligence.

Enjoy!

Thomas Bräunl, Perth, April 2012

致中国读者

我非常高兴地看到《嵌入式机器人学》中文版即将付梓。本书讨论了两个我最喜欢的主题——“嵌入式系统”和“自主式机器人”。然而与其它书不同之处在于，该书还融合了大量的实践内容。事实上，大多数章节都来源于实践，以及对嵌入式控制器和自主机器人的实际应用。部分章节由我和我的学生、同事所共同执笔完成；贯穿于本书始终的是我们的 EyeBot 嵌入式控制器以及 RoBIOS 机器人操作系统。在同类产品问世之前，我们便开发了这套控制器，当时的初衷便是实现一个尺寸虽小但却可以完成板载图像处理的强大控制器。与时俱进，我们的移动机器人大家庭从最初的 SoccerBots 行驶机器人发展到全向机器人、六足和双足步行机器人，再到现在的自主水下机器人和无人飞行器。同样地，本书的英文版也已从第 1 版的 434 页成长为现在第 3 版的 541 页。

我衷心希望所有的中国读者在阅读此书时可以得到诸多的乐趣和启迪！希望《嵌入式机器人学》能够开启你智能系统的研究之路，激发你对控制和人工智能的学习兴趣！

祝阅读愉快！

托马斯·布劳恩

珀斯

2012 年 4 月

译者序

机器人学研究的是如何综合运用各类设备以实现人类某些方面的功能，是当今发展最迅速、应用最广泛、前景最激动人心的学科之一。然而，机器人学的成就与发展离不开机械、电子、传感器、计算机、自动控制、计算机视觉、人工智能等领域的丰硕成果。因此，决定了机器人学是一门综合性、实践性都非常强的学科。对于一名立志于学习研究机器人学的工科学生(包括工程技术人员)，相关的知识背景与大量的实践训练都是必不可少的。面对这一无限广阔的领域，就知识背景而言，需要深厚的积累和宽广的视野，对此领域要有一个全景式的认识；就实践而言，则要找到一套现实可行、循序渐进的学习和研究方法。如何进入"机器人学"这一迷人的知识殿堂？根据我们的切身体会以及西澳等多所国内外大学的教学经验证实：以嵌入式系统为基础进行机器人的学习、实践和研究是快捷而有效的！这也是我们决心向国内读者引进此书的主要动因。

本书是布劳恩教授在机器人学和机器人技术多年来的研究和教学工作的积累，其特点是在讲解机器人学理论的同时，提供了大量极具参考价值的应用实例，介绍了嵌入式系统的使用和移动机器人的设计与应用。特别是在此第 3 版中加入了最新的研究成果"步态进化"(第 25 章)和"汽车自动驾驶系统"(第 26 章)，为学习者了解机器人的研究前沿打开了一扇窗口。

随着机器人及相关研究的开展，人类曾经的梦想正不知不觉变成现实。在工业领域，预计到2013年，全世界的工业机器人将达到120万台，平均每5000个人中就有1个机器人。在战场上，机器人越来越多地代替士兵被派遣到极度危险的作战任务中。在市区和高速公路上，具有自动驾驶功能的汽车已成功地进行了多次试车。在太空，机器人已经登上火星，并不断向更深的太空探索。在日常生活中，也有了各种各样的清洁和服务机器人。虽然，我们尚不能准确地预言梦想中的机器人时代何时到来，但我们将谨记Alan Kay的名言："预测未来的最佳途径是创造未来(The best way to predict the future is to invent it!)。"与其坐而猜想不如动手创造！

参与本书翻译和修订工作的其它译者有陈新中(中国电子科学院)、曲志刚(海军航空工程学院青岛分院)、陶峰、杨维保、关英勇。吴文海教授(海军航空工程学院青岛分院)和李静女士(鲁东大学)对全书进行了审校。李颖编辑大量而细致的工作充分保证了本书的质量，赵丽平编审也给予了大力支持。周思羽、张晓庆等提出了宝贵的修改意见。高莉、易德先、浦鹏、吴晓军、李笔锋、韩思淼参与了译稿的整理与校对工作。在此向他们表示衷心感谢！

本书适用于高年级本科生或者低年级研究生课程。可作为计算机科学与工程、信息技术、机电一体化等课程的教科书，也可作为机器人爱好者及工程研究人员的参考书。

限于译者的经验和水平，书中难免有诸多纰漏与不足，欢迎读者通过电子邮件提出您的宝贵意见！

刘锦涛

liu_jintao@126.com

2012年春于莱阳

前 言

EyeBot 控制器及移动机器人的发展已逾十年之久，本书将采用 EyeBot 控制器(EyeCon)和 EyeBot 系列移动机器人作为应用实例，对嵌入式系统和自主移动机器人进行深入地介绍。

本书整合了一些教学和科研的材料，可用于嵌入式系统、机器人学和自动化的课程。我们发现实验是此领域教与学所必不可少的环节，因而鼓励大家能够重新编写和理解本书提供的程序和系统。

尽管在本书中一些地方，仿真了很多应用且对此研究得也比较深入，但我们仍认为学生无论是在嵌入式系统还是在机器人领域都应去接触实际的硬件。这将加深对问题的理解，当然也会充满乐趣，尤其是使用小型移动机器人做实验的时候。

EyeBot 项目最初的目标是将一个嵌入式系统接入数字摄像机(EyeCam)，在本地实时地处理摄像机的图像以用于机器人导航，并在一个图像 LCD 上显示结果。所有的这些早在数字摄像机进入市场之前便开始了——事实上 EyeBot 控制器是最早的“嵌入式视觉系统”之一。

由于图像处理总是需要很大的处理量，仅仅是简单的 8 位微控制器将满足不了本项目的需求。最初的硬件设计采用了 32 位处理器，要求其性能能够跟上图像传感器传送的数据，并能在板载嵌入式系统上进行一些中等程度的图像处理工作。当前，我们的设计紧随技术发展，使用了高速嵌入式控制器与 FPGA 相结合的方案。FPGA 作为硬件加速器进行底层图像处理操作，在软件应用层(应用程序接口)，则尽可能地兼容原始系统。

EyeBot 系列涵盖有多种采用不同行驶形式的移动机器人，有履带小车、全向小车、平衡机器人、六腿步行机器人、双腿类人机器人、自主飞行机器人、自主水下机器人。它还包括用于行驶机器人的仿真系统(EyeSim)及水下机器人的仿真系统(SubSim)。有多个其它的项目采用了 EyeBot 控制器，这其中既有移动机器人也有非机器人的项目。嵌入式系统是电子工程、计算机工程和机电一体化专业中的一门课程，我们在此课程中使用单独的 EyeBot 控制器进行实验，不仅是我们，还有许多其它的大学使用 EyeBot 控制器并结合相应的仿真系统来操控我们发明的移动机器人。

致谢

这些控制器硬件和机器人的机械结构是通过商业模式开发的，但仍有多所大学和许多学生对 EyeBot 软件集作出了贡献，参与 EyeBot 项目的大学有：

- Technical University München (TUM), Germany
- University of Stuttgart, Germany
- University of Kaiserslautern, Germany
- Rochester Institute of Technology, USA
- The University of Auckland, New Zealand
- The University of Manitoba, Winnipeg, Canada
- The University of Western Australia (UWA), Perth, Australia

作者向以下学生、老师及同事致以谢意：

Gerrit Heitsch, Thomas Lampart, Jörg Henne, Frank Sautter, Elliot Nicholls, Joon Ng, Jesse Pepper, Richard Meager, Gordon Menck, Andrew McCandless, Nathan Scott, Ivan Neubronner, Waldemar Spädt, Petter Reinholdtsen, BirgitGraf, Michael Kasper, Jacky Baltes, Peter Lawrence, Nan Schaller, Walter Bankes, Barb Linn, Jason Foo, Alistair Sutherland, Joshua Petitt, Axel Waggershauser, Alexandra Unkelbach, Martin Wicke, Tee Yee Ng, Tong An, Adrian Boeing, Courtney Smith, Nicholas Stamatiou, Jonathan Purdie, Jippy Jungpakdee, Daniel Venkitachalam, Tommy Cristobal, Sean Ong, and Klaus Schmitt.

感谢以下人员的手稿校对工作及大量宝贵的建议：

Marion Baer, Linda Barbour, Adrian Boeing, Michael Kasper, Joshua Petitt, Klaus Schmitt, Sandra Snook, Anthony Zaknich，及施普林格的所有成员。

贡献者

很多同事和之前的学生对此书作出了贡献，作者感谢他们为整理材料所付出的努力。

JACKY BALTES	The University of Manitoba, Winnipeg，对 PID 控制一节有贡献
ADRIAN BOEING	UWA，步态进化和遗传算法两章的合作者，对 SubSim 和汽车探测小结有贡献
MOHAMED BOURGOU	TU München 对汽车探测和跟踪小节有贡献
CHRISTOPH BRAUNSCHADEL	FH Koblenz，对 PID 控制和开/关控制两节的数据绘图有贡献
MICHAEL DRTIL	FH Koblenz，对 AUV 一章有贡献
LOUIS GONZALEZ	UWA，对 AUV 一章有贡献
IRGIT GRAF	Fraunhofer IPA, Stuttgart，对机器人足球一章有贡献
HIROYUKI HARADA	Hokkaido University, Sapporo，对双足机器人设计小结的可视化示意图有贡献
SIMON HAWE	TU München，重新应用了 ImprovCV 框架

YVES HWANG	UWA,对遗传算法一章有贡献
PHILIPPE LECLERCQ	UWA,对色彩分割小节有贡献
JAMES NG	UWA,概率定位、BUG算法、局部算法小节的合作者
JOSHUA PETITT	UWA,对DC电机小节有贡献
KLAUS SCHMITT	Univ. Kaiserslautern,RoBIOS操作系统小节的合作者
TORSTEN SOMMER	TU München,对神经网络演示程序的图表部分有贡献
ALISTAIR SUTHERLAND	UWA,平衡机器人一章的合作者
NICHOLAS TAY	DSTO,Canberra,地图生成一章的合作者
DANIEL VENKITACHALAM	UWA,遗传算法和基于行为两章的合作者,对神经网络一章亦有贡献
BERNHARD ZEISL	TU München,车道探测一节的合作者
EYESIM	(V5)由Axel Waggershauser实施,(V6)由Andreas Koestler实施 ,UWA,Univ. Kaiserslautern和FH Giessen
SUBSIM	(V1)由Adrian Boeing,Andreas Koestler和Joshua Petitt实施,(V2)由Thorsten Rühl和Tobias Bielohlawek实施,UWA, FH Giessen和Univ. Kaiserslautern

附加材料

"EyeCon"控制器硬件和EyeBot系列的多种机器人机件可从INROSOFT和一些分销商处获得:

http://inrosoft.com

本书中所讨论的所有软件:RoBIOS操作系统、Linux和Windows/Vista环境下的C/C++编译器、系统工具、图像处理工具、仿真系统及大量的实例程序可从下述网址免费获取:

http://robotics.ee.uwa.edu.au/eyebot/

第3版介绍

从本书出版第1版到完成第3版期间已过去了5个年头,在第3版中增加了新的章节:CPU、机器人机械手臂和自动汽车系统,并在以下章节增添了内容:导航/定位、神经网络、遗传算法。增加这些章节不单单意味着页数的增长,更重要是对这些课题及当前最新的丰富研究成果的处理将更加完整。

本书整合了嵌入式系统和移动机器人的一些教学和科研的材料,使得读者在此领域可以迅速地入门并能深入跟踪当前研究的课题。

作者再次向所有在我的实验室进行过研究和开发工作,或是以其它形式为此书作出贡献的学生及访问者表示感谢!

本书中所介绍的所有软件,特别是RoBIOS操作系统、EyeSim和SubSim仿真系统可从以下网址免费下载:

http://robotics.ee.uwa.edu.au

采用此书作为课程教材的教师可以从网站获得作者完整的教案(PowerPoint 幻灯片)、学习指南和实验。最后如果读者开发了一些机器人应用程序并乐意分享的话,随时欢迎将其提交至我们的网站。

托马斯·布劳恩

2008年8月于澳大利亚,珀斯

目　录

第Ⅱ部分:移动机器人设计

第Ⅲ部分:移动机器人应用

附 录

第Ⅰ部分
嵌入式系统

机器人与控制器

机器人的研究已经有了长足的发展，尤其是移动机器人的研究，我们似乎又看到了曾经发生在计算机系统的历史正在重演：从中央机过渡到工作站，再到现在的PC机，很可能还会演变为将来的手持设备。在过去，移动机器人还只能由笨重而昂贵，而且不易挪动的大型计算机系统来控制，二者之间的联系只能依赖缆线或是无线设备。而今天，我们可以借助于众多执行器和传感器的选择，通过低廉、小巧、轻便的板载嵌入式计算机系统进行控制，来构建我们的小型移动机器人。 P.3

我们对移动机器人的兴趣与日俱增，而这不仅仅是因为它们可以作为有趣的玩具，也不是因为受到某本科幻小说、某部科幻电影(Asimov 1950)的刺激而心血来潮，而是因为它实在是一个非常好的工程教学的载体。移动机器人现在已经广泛地用于几乎所有大学的本科以及研究生层次的教学之中，学科遍及计算机科学/计算机工程、信息技术、控制论、电气工程、机械工程以及机电一体化。

和传统的教学方式相比，比如使用数学模型或是计算机仿真，使用移动机器人系统作为教学工具的优势在哪里？

首先，机器人是一个真切存在、独立的硬件实物。相比于软件，学生能够更好地将机器人和自己所学的知识对应起来。机器人的工程任务相当的实际，因而在学生看来，这种“直观明确”远比分类算法中不可避免的比较更为直接。

其次，所有涉及“实际硬件”的问题，例如机器人的问题，在很多方面都比理论性问题的要求更高，难度更大。“理想世界”——一个只有纯软件系统的领域事实上是不存在的。所有的执行器的精确定位都受精度限制，所有的传感器也都有不同程度的量化误差和量测范围。因此，一个实际可行的机器人程序是逻辑无误的软件代码所无法比拟的。系统的鲁棒性也必须予以考虑，并且要克服误差以及现实中的各种不足。总而言之，就是要找到一个典型(工业)问题的合理的工程解决方案。 P.4

最后，移动机器人的编程训练会让学生感到兴奋和愉悦。事实上，让程序来控制一个移动系统的行为是相当具有挑战性的。如果是有两个机器人小组同时参与，竞赛完成某个特定的任务(Bräunl 1999),例如,使用多个自主的机器人,而不是靠远程控制来协同完成任务,这样,整个训练的强度无疑还会加大。

1.1　移动机器人

1998年,作者在其所在的单位,西澳大学(The University of Western Australia)组建了移动机器人实验室。在此基础之上,我们开发了大量的移动机器人,这其中包括轮式(wheeled)机器人、履带式(tracked)机器人、腿式(legged)机器人、飞行机器人以及水下机器人。我们之所以将这些机器人亲切地称之为"EyeBot系列"移动机器人,是因为它们都无一例外地使用到了同一款嵌入式控制器"EyeCon"(EyeBot控制器,参见下一节)。

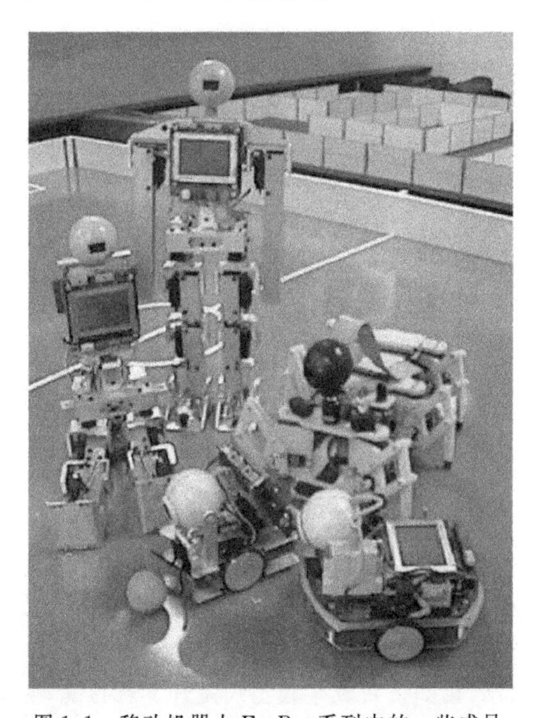

图1.1　移动机器人EyeBot系列中的一些成员

最简单的移动机器人是轮式机器人(见图1.2)。轮式机器人有一个或多个驱动轮(图中黑块所示),有的还有几个从动轮(passive)或脚轮(caster wheels)(图中白框所示)以及舵轮(steered wheels)(图中圆所示)。绝大多数的机器人都需要两个电机来驱动(和转向)。

图1.2左图的设计中只有一个驱动轮,它同时也是舵轮。但它需要有两个电机,一个负责

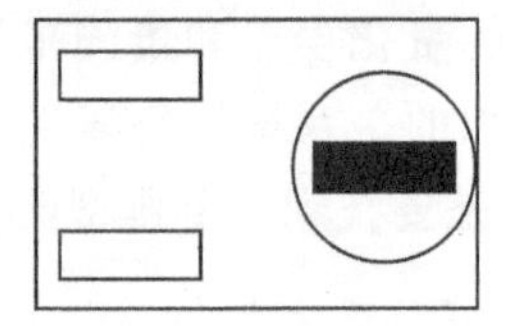
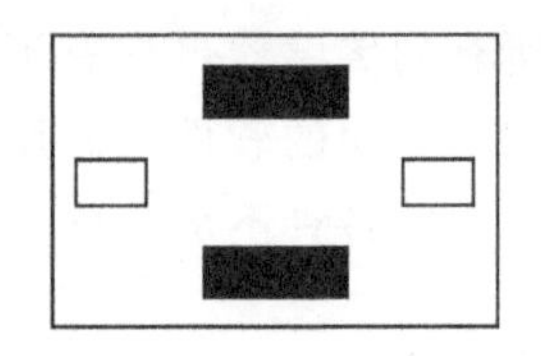
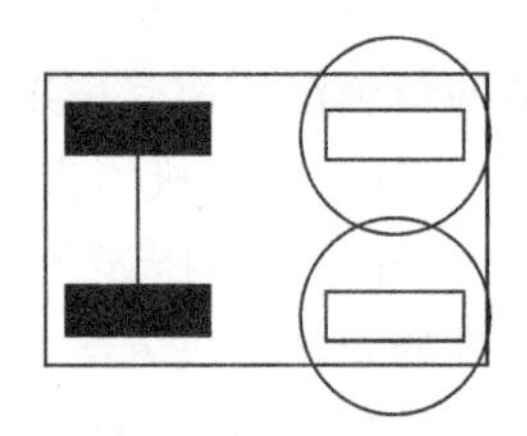

图1.2　轮式机器人

驱动轮子，另一个负责转向。这样设计的优点在于，驱动和转向的动作可以通过使用两种不同的电机来分别完成。这样，控制机器人曲线行进的程序也将变得十分简单。此设计的不足之处在于：由于驱动轮并未放置在底盘的中间，因而机器人不能实现原地转向。 P.5

图 1.2 中间的设计称之为"差速驱动"(differential drive)，这也是移动机器人中的常用设计方式之一。两个驱动轮的组合使得机器人既可以走直线、曲线，也可以实现原地转向。驱动命令的解读，例如，机器人的行进路径为给定半径的曲线，相应轮子的速度需要应用软件求得。这样设计的另一个好处是电机和轮子可以放在固定的位置，而不是像前一个设计那样需要进行调整。这无疑大大简化了机器人的机械设计。

最后，图 1.2 右图的设计就是所谓的"Ackermann 梯形转向机构"(Ackermann Steering)，这是标准的后驱式客车的驱动和转向系统。一个电机通过一个差速齿轮箱来驱动两个后轮，另一个电机则负责控制两个前轮实现转向。

有趣的是，这三种不同的设计都要用到两个电机来实现机器人的驱动和转向。

轮式机器人的一个特例是全向"Mecanum 驱动"机器人，如图 1.3 的左图所示。它使用的是四驱动的特殊轮子设计，这将会在后面的章节做详细讨论。

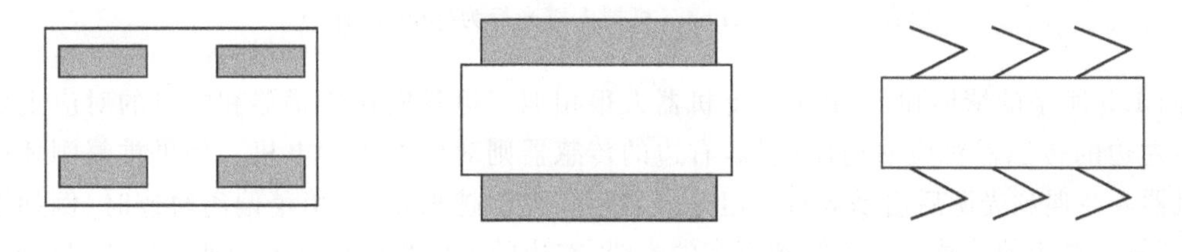

图 1.3 全方位、履带以及步行机器人

轮式机器人的不足之处在于它们只能在街道或是平坦的地面运行。履带机器人(见图1.3的中图)则更加灵活一些，它可以穿越通过不平坦的地面。但它们的导航精度不及轮式机器人。履带机器人同样也需要两个电机，每个轮子各配一个。

步行(walking)机器人(图 1.3 右图所示)是最后一种地面上的移动机器人。与履带机器人相类似，他们也能穿越通过不平坦的地势，或是沿着楼梯上下。根据腿数的不同，腿式机器人有多种不同的实现方式。一般而言：腿数越多，越易平衡。例如，如图所示的六腿机器人便可以通过将三条腿着地，另外三条腿置于空中的方式来控制平衡。这种三脚架式的支撑结构可以让机器人的中心落在其所形成的三角区域之间，使得机器人可以一直处于稳定的状态。反之，腿数越少，则机器人达到平衡并行走将越复杂。例如，四条腿的机器人控制起来就必须相当小心，稍有不慎，机器人便会跌跤。二足机器人便不能使用三角支撑的策略，因为它总共才有两条腿。因而对于二足机器人，我们必须使用其它的平衡控制策略，这将会在第 11 章详细介绍。腿式机器人每条腿上的电机数至少是 2 个("自由度")，这样，六腿机器人则至少需要 12 个电机。在大多数的二足机器人设计中，每条腿至少是 5 个电机，随之而来的是大量的自由度，惊人的重量和巨大的成本。 P.6

Braitenberg 机器人

Braitenberg (布莱腾伯格，1984)中描述了一种对执行器、传感器和机器人控制进行概念抽象的有趣方法。这样，电机和光传感器之间的通信就变得很简单。如果光传感器有光源激励，它便会成比例地增加与其相连的电机的速度。

图1.4中的机器人有两个光传感器，一个在左前方，一个在右前方。左边的传感器和左边的电机相连，右边的连到右边的电机上。如果光源出现在机器人的前方，两个传感器启动对应的电机，机器人开始向光源前进。但为什么机器人距离光源越来越近，却会出现偏离轨道的状况？这是因为两个传感器之间，总有一个距离光源近一些(例如图中左边的传感器)，结果就造成其对应电机(图中左边的电机)的速度快过另外一个。这导致机器人曲线行进，绕离了光源。

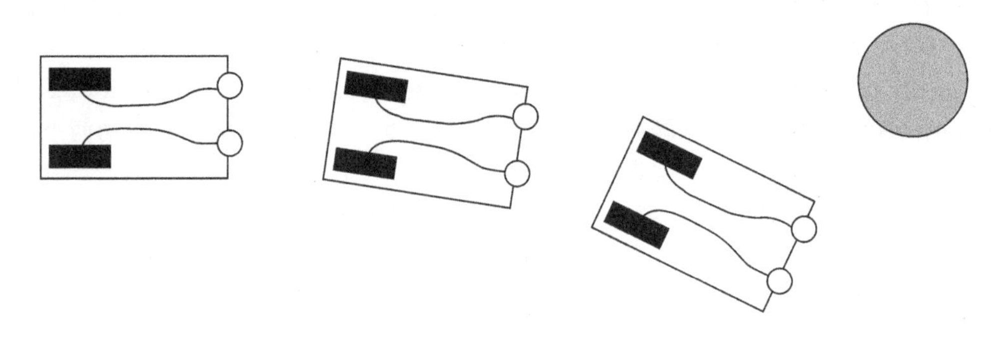

图1.4　Braitenberg机器人避光行为(phototroph)

P.7

图1.5所示的情形和Braitenberg机器人很相似。但我们在传感器和电机的对应上做了调整：左边的传感器对应右边的电机，右边的传感器则对应左边的电机。如果重复刚才的实验，机器人在遇到光源后启动运行。但是当它距离光源越来越近，稍稍偏离轨迹时(例如图中向右倾斜)，左边的传感器将会收到更多的光线，右边的电机相应地开始加速。这样，机器人往左摆重新回到正确地追踪光源的轨迹上。

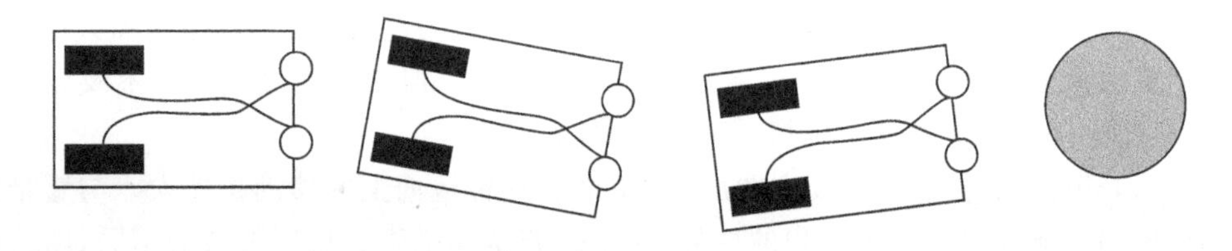

图1.5　Braitenberg机器人寻光行为(photovore)

Braitenberg机器人只对机器人做了有限的抽象。但通过它，我们还是可以很容易地阐明大量的控制概念。

1.2　嵌入式控制器

我们所有机器人的核心部件都是一块机器人板载的小型、多功能嵌入式控制器。我们称之为“EyeCon”(EyeBot控制器，见图1.6)。它的主要功能是提供一个数字摄像头接口，来驱动使用板载图像处理的移动机器人(Bräunl 2001)。

图 1.6 EyeCon 的前面板(左图)以及加载有摄像头(右图)

EyeCon 是一个小巧轻便、设备齐全的嵌入式控制板。它包含一块带有大量标准接口的 P.8 32 位 CPU,以及直流电机、伺服器、几种类型的传感器以及数字彩色摄像头的驱动。不同于众多其它类型的控制器,EyeCon 有一个完全内置的用户接口:它包含一个大型图像显示屏,用于显示文本信息、图形以及四个用户按键输入。此外,EyeCon 还包含一个麦克风以及一个扬声器。其主要特性如下:

EyeCon 说明

- 25 MHz 32 位控制器(Motorola M68332)
- 1MB RAM,容量可扩展为 2MB
- 512KB ROM(供系统和用户程序使用)
- 1 个并口
- 3 个串口(1 个是 24V 电平,另外两个是 TTL 电平)
- 8 路数字输入
- 8 路数字输出
- 16 位定时处理单元输入/输出
- 8 路模拟输入
- 单板 PCB
- 彩色或灰度摄像头接口
- 大屏 LCD(128×64 像素点)
- 4 个按键输入
- 重启键
- 电源开关
- 音频输出
  - 压电扬声器
  - 外部扬声器使用的适配器和音量电位计
- 音频输入的微型麦克风
- 电池电量指示
- 执行器和传感器插口

◦数字摄像头

◦两个带编码器的直流电机

◦12 个伺服器

◦6 个红外传感器

◦6 路自由模拟输入

EyeCon 嵌入式控制器的软硬件设计的最成功之处在于通过数字摄像头接口实现了板载的实时图像处理功能。我们一开始选择了 Connectix 公司(灰度和彩色摄像头制造商)的“QuickCam”摄像头模块,因为它们的接口协议是公开的。然而,后面的接口设计却大不相同。事实上,如果制造商没有公开通信协议,摄像头的接口设计基本上是不可能的。这促使我们使用低分辨率的 CMOS 传感器芯片,开发自己的摄像头模块“EyeCam”。现有的设计中还包含有一个硬件 FIFO 缓存,用以增加图像数据的吞吐量。

大部分的简单机器人使用的还只是 8 位微控制器(Jones, Flynn, Seiger 1999)。然而,相对于 8 位微控制器芯片而言,32 位的微控制器一个主要的优势就在于它的主频不仅有了很大的提高(后者为前者的 25 倍),而且字长也有所增加(后者为前者的 4 倍)。此外,它还可以通过现有的标准 C & C++编译器进行编程。编译相比于解释能让程序的执行速度提高 10 倍,所以使用 32 位微控制器整体效果是:系统运行速度能够提高 1000 倍。我们将在 Linux 或 Windows 环境下,使用 GNU C/C++交叉编译器来编译操作系统和用户应用程序。这种编译器是行业标准,可靠性高,是任何现有的 C 子集解释器(C-subset interpreters)所无法比拟的。

P. 9

EyeCon 嵌入式控制器运行的是我们自己编写的操作系统“RoBIOS”(机器人基本输入输出系统,Robot Basic Input Output System),此操作系统常驻在控制器的 flash-ROM 中。只需要下载一个新的系统文件,便可以轻松完成对控制器的升级。整个过程不过几秒钟,也不需要额外的硬件设备,因为 Motorola 的背景调试电路(background debugger circuitry)以及可擦写的 flash-ROM 都已经集成到了控制器之中。

RoBIOS 集成了一个小的监控程序用于加载、保存和执行带有用户函数库的程序,这些用户函数负责控制板载或板外的设备的运行(参见附录 B. 5)。库函数完成的功能包括在 LCD 上显示文本/图形、读取按键状态、读取传感器数据、读取数字图像、读取机器人位置数据、驱动电机、速度-角度(v-ω)驱动接口,等等。此外,还有一个基于线程的多任务操作系统,并且用信号量实现线程间的同步化。RoBIOS 操作系统的更多细节参见附录 B。

EyeCon 操作系统的另一个重要组成是 HDT(硬件描述表,Hardware Description Table)。它是一个与 RoBIOS 的版本无关,可以下载到 flash-ROM 中的系统表。因而,可以绕过 RoBIOS 操作系统,通过直接对 HDT 条目的改写来修改系统的配置。RoBIOS 可以显示当前的 HDT,使用特定组件的测试例程(component-specific testing routines),可以选择并测试所列出的每项系统元件(例如,红外线传感器或直流电机)。

图 1.7 出自(InroSoft 2006,IntroSoft 是一家 EyeCon 控制器的制造商),它显示了硬件原理图。上方是地址和数据总线,下方是片选信号线,其中所示的各个模块是系统的主要元件——ROM、RAM 以及数字 I/O 锁存器。LCD 模块是内存映射的(memory mapped),因而在原理图中也可以视为是一片特殊的 RAM 芯片。可选部分,如 RAM 扩展,在框图中用阴影表示。数字摄像头通过并口或可选的 FIFO 缓存进行通信。由于左侧的 Motorola M68332 CPU 已经提供了一个串口,所以我们只需要使用一片 ST16C552 为系统提供一个并口以及两

个串口即可。串口 1 通过 MAX232 转换为 V24 电平(从+12V～-12V),以便让我们直接将这个串口接到其它设备,例如 PC,Macintosh,或是工作站,以下载程序。另外两个串口,串口 2 和串口 3 的工作电平为 TTL 电平(+5V),以便和其它 TTL 电平的通信硬件相连,例如串口 2 和无线模块相连,串口 3 和 IRDA 无线红外模块相连。

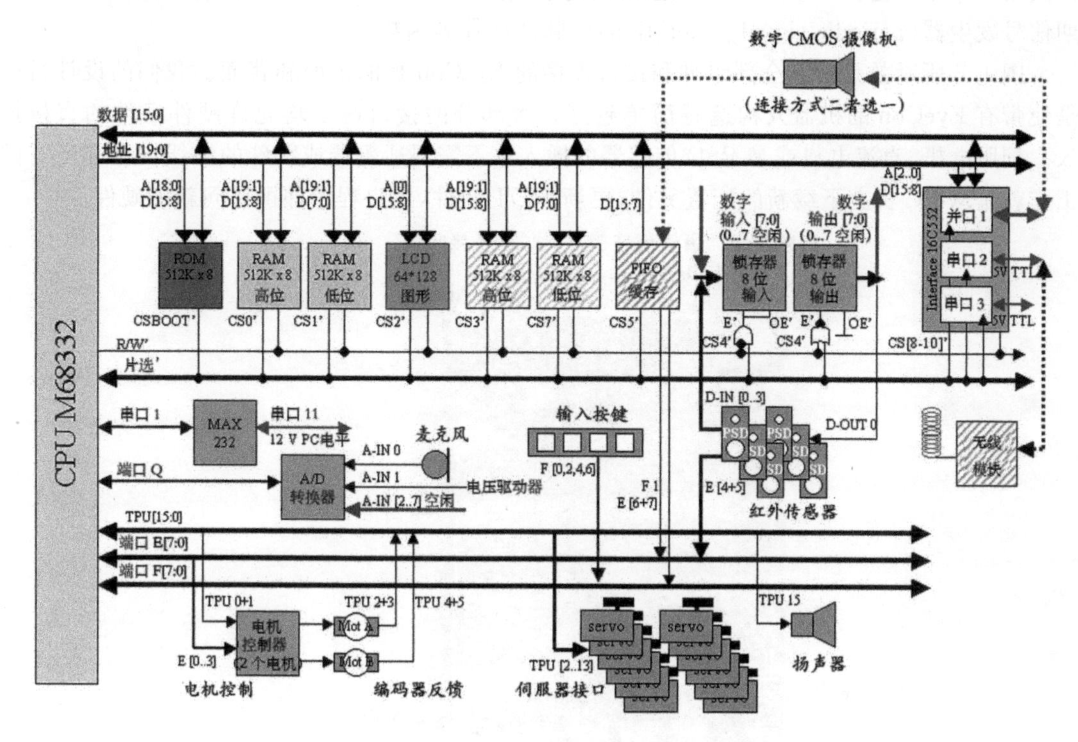

图 1.7　EyeCon 的原理图

许多的 CPU 端口都是和 EyeCon 系统的元件布线连接的,其它的端口也都可以自由地分配给传感器或执行器。通过 HDT 可以对这些硬件端口的分配进行结构化地表示,并对用户程序透明。

板载的电机控制器和反馈编码器使用的是低位的 TPU 通道(lower TPU channels),外加 CPU 端口 E 的几个引脚,而扬声器使用的是最高位的 TPU 通道(highest TPU channel)。12 路 TPU 通道带有与伺服器相匹配的连接端子,负责模型车/模型飞机电机的 PWM 控制。它们只需要和端子相连,便能实现控制。输入按键和 CPU 端口 F 相连;远程红外传感器(PSDs, position sensitive devices,位置敏感设备)和端口 E 或几路数字输入相连。 P. 10

一片 8 路模数转换器(A/D)直接连到 CPU 上。一个通道用于麦克风音频信号的输入,一个是监视电池的状态。剩下还有 6 路可供使用,用于模拟传感器的信号输入。

1.3 接口

绝大多数的嵌入式系统上都有大量可供使用的接口:数字输入、数字输出以及模拟输入。模拟输出并非必需的,并且还需要外接放大器才能驱动执行器。不同的是,直流电机的驱动常常只需要使用一路数字信号输出以及所谓的"脉宽调制"技术(pulse width modulation,PWM)

P.11 (参见第4章)。Motorola M68332微控制器已经提供了大量的数字I/O口线,并对端口进行了分 P.12 组。我们现在所使用的CPU端口,如图1.7的原理图所示,但还需要为数字I/O口外接锁存器。

最为重要的是M68332的TPU。这可以视为集成到同一块芯片上的第二片CPU,但是只负责定时任务。它极大地简化了许多与时间有关的函数,例如在机器人应用中经常需要的周期信号发生器(periodic signal generation)或脉冲计数等函数。

图1.8所示的是带有全部组件和接口连接的EyeCon板的正面和背面。我们的设计目标是使带有EyeCon的机器人构造越简单越好。大部分的接口端子均允许硬件组件的直接插入。伺服电机、直流电机或是PSD传感器的插入并不需要适配器或特殊的缆线。全部所需的工作就是从PC机上下载新的配置文件,更新HDT软件,用户程序即可访问新的硬件。

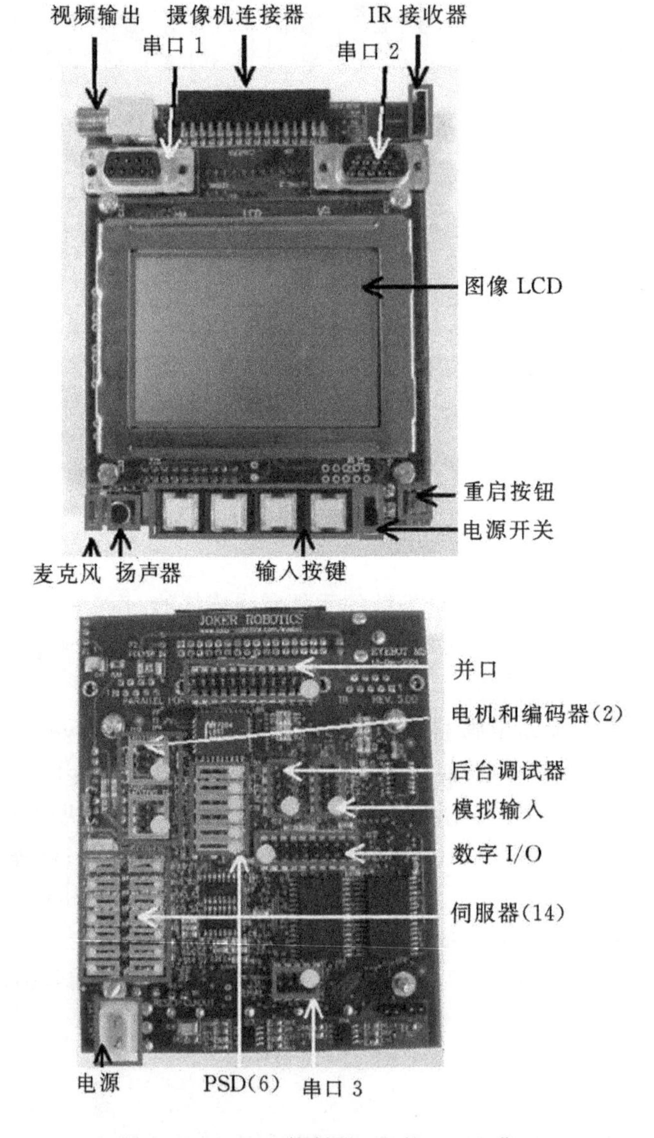

图1.8 EyeCon控制器M5的正面和背面

并口和三个串口均为标准端口,可以连接到主机、其它的控制器或是复杂的传感器/执行器上。串口1的工作电平为V24,另外两个串口则工作在TTL电平上。

Motorola后台调试器(Motorola background debugger, BDM)是M68332的一个特点。EyeCon包含了额外的调试电路,因此只需要一个缆线便可从主机PC激活BDM了。BDM可以通过断点设置,单步执行,以及内存或寄存器显示的方式来调试汇编程序。如果插入的是一块新的芯片,或是操作系统被意外擦除,还可以用BDM来初始化flash-ROM。

图1.9 EyeBox单元

我们西澳大学正使用独立的盒式EyeCon控制器(图1.9的“EyeBox”)来进行嵌入式系统课程的实验教学。在我们转换到EyeBot实验小车(Labcar)(见图8.5)前,将用它们来完成第一部分的实验教学。参见附录E一系列的实验内容。 P. 13

1.4 操作系统

嵌入式系统可以具备如Linux的复杂实时操作系统,也可以是不带操作系统的应用程序,这取决于它的应用领域。对于EyeCon控制器而言,我们开发出了自己的操作系统RoBIOS(机器人基本输入输出系统),它是一个紧凑的实时操作系统,提供了一个用作用户接口的监控程序,系统函数(其中包括多线程、信号量、定时器函数),外加一个适应于机器人或嵌入式系统应用的全功能设备驱动库。这个驱动库包含了串口/并口通信,直流电机,伺服器,各种传感器,图像/文本输出,按键输入等接口。详细资料参见附录B.5。

RoBIOS 监控程序上电启动，并提供全面的控制接口用于下载和运行程序，将程序下载并保存到 flash-ROM 之中，测试系统组件以及设置一系列的系统参数。唯一独立于 RoBIOS 的系统组件是硬件描述表(HDT，见附录 C)，它作为用户可配置的硬件抽象层来使用(Kasper et al. 2000)、(Bräunl 2001)。

P. 14

RoBIOS 是一个提前写入到控制器的 flash-ROM 的软件包。它一方面是作为基本的多线程操作系统，另一方面又提供了大量的用户函数和驱动接口，将板上和板外的设备连接到 EyeCon 控制器上。RoBIOS 所提供的全面的用户接口将会在上电后显示在集成的 LCD 上。用户可以下载、保存、执行程序，改变系统设置以及测试已连接的硬件是否已经在 HDT 中得到了注册(见表 1.1)。

表 1.1　RoBIOS 特性

监控程序	系统函数	设备驱动
Flash-ROM 管理	硬件设置	LCD 输出
OS 升级	内存管理	按键输入
程序下载	中断处理	摄像头控制
程序解压缩	异常处理	图像处理
程序运行	多线程	锁存器
硬件设置和测试	信号量	A/D 转换器
	定时器	RS232，并口
	复位电阻设置 (Reset Resist. Variables)	音频信号
	HDT 管理	伺服器，电机
		编码器
		压频控制驱动接口
		碰撞感应器，红外传感器，PSD
		电子罗盘
		电视遥控
		射频通信

RoBIOS 结构及其与系统硬件和用户程序的关系如图 1.10 所示。监控程序和用户程序需要通过 RoBIOS 库函数才能访问硬件。同时，监控程序负责下载应用程序文件，将程序保存到 ROM 或是从 ROM 中恢复程序等。

RoBIOS 操作系统及其相关的 HDT 都位于控制器的 flash-ROM 中，它们是不同的二进制文件，因而可以独立地下载。这就使得 RoBIOS 操作系统可以单独更新，而不需要重新配置 HDT，反之亦然。两个二进制文件合起来占用了 flash-ROM 的前 128KB；余下的 384KB 还可以用来保存三个用户程序，最大限制为 128KB/个(见图 1.11)。

P. 15

由于 RoBIOS 的功能还在不断的加强，新的特性和驱动也在源源不断地加入，因此增强的 RoBIOS 镜像文件是以压缩的形式保存在 ROM 之中。用户程序在下载前也可以使用 srec2bin 的方式进行压缩。上电后，bootstrap loader 将会将 ROM 中压缩过的 RoBIOS 解压

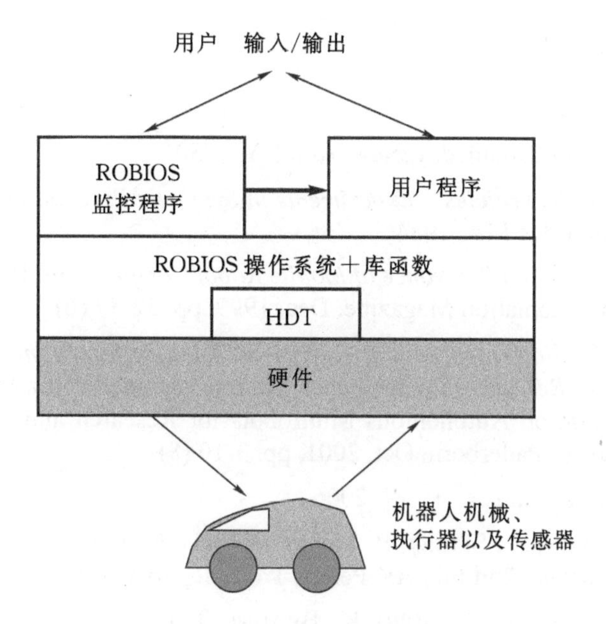

图 1.10 RoBIOS 的结构

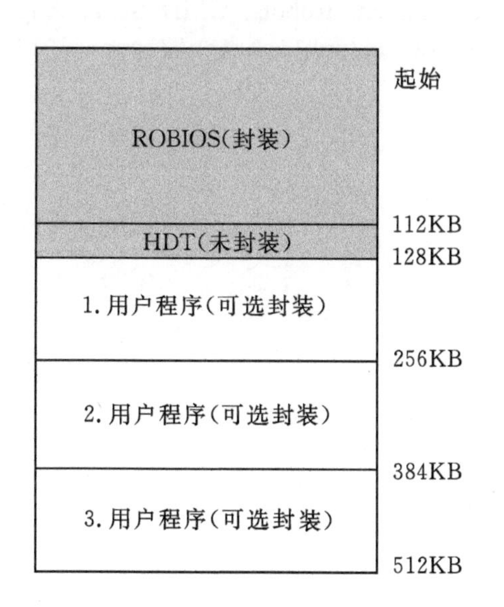

图 1.11 Flash-ROM 的分配

缩到 RAM 之中。同样地,RoBIOS 在执行程序前也会使用同样的操作,将 ROM 中用户的程序解压缩到 RAM 里。用户程序和操作系统本身在 RAM 中的运行速度快过在 ROM 中的情况,这是由于 RAM 读取速度快的原因。

每一个操作系统都可以分为设备无关部分(例如上层函数)和设备相关部分(例如针对特定硬件的设备驱动)两部分。因此需要注意让设备相关部分的程序越小越好,这样在以后的程序移植过程中代价会更小一些。

1.5 参考文献

ASIMOV I. *Robot*, Doubleday, New York NY, 1950

BRAITENBERG, V. *Vehicles – Experiments in Synthetic Psychology*, MIT Press, Cambridge MA, 1984

P. 16

BRÄUNL, T. *Research Relevance of Mobile Robot Competitions*, IEEE Robotics and Automation Magazine, Dec. 1999, pp. 32-37 (6)

BRÄUNL, T. *Scaling Down Mobile Robots - A Joint Project in Intelligent Mini-Robot Research*, Invited paper, 5th International Heinz Nixdorf Symposium on Autonomous Minirobots for Research and Edutainment, Univ. of Paderborn, Oct. 2001, pp. 3-10 (8)

INROSOFT, http://inrosoft.com, 2006

JONES, J., FLYNN, A., SEIGER, B. *Mobile Robots - From Inspiration to Implementation*, 2nd Ed., AK Peters, Wellesley MA, 1999

KASPER, M., SCHMITT, K., JÖRG, K., BRÄUNL, T. *The EyeBot Microcontroller with On-Board Vision for Small Autonomous Mobile Robots*, Workshop on Edutainment Robots, GMD Sankt Augustin, Sept. 2000, http://www.gmd.de/publications/report/0129/Text.pdf, pp. 15-16 (2)

第2章

中央处理器

CPU(中央处理单元)是所有嵌入式系统和个人电脑的核心。它包括 ALU(算术逻辑单元),负责数字运算;CU(控制单元),负责指令排序和分支跳转。现代的微处理器和微控制器片上除了单片的 CPU 外,还有或多或少其它类型的元件,如计数器、定时协处理器(timing coprocessor)、看门狗电路、SRAM(静态 RAM)以及 Flash-ROM(电可擦除 ROM)。 P.17

硬件可以分不同层次进行描述,从底层的晶体管级到顶层的硬件描述语言(hardware description languages, HDLs),而居于两者之间的寄存器传输级则用于描述构成 CPU 的元件及其之间的相互影响。在本章我们将用这一层描述来逐步介绍更为复杂的元件,并用这些元件来构建一个完整的 CPU。借助于仿真系统 Retro (Chansavat Bräunl 1999)、(Bräunl 2000),我们将对这块 CPU 进行编程、运行和测试工作。

如果要对 CPU 进行比喻,我们相信最佳的选择就是机械时钟了(见图 2.1)。大量的齿轮相互作用,并按照中心振荡器(游丝)的节奏,在正确的时间点上各自精确地运行。

图 2.1 工作原理类似时钟

2.1　逻辑门

P. 18

数字逻辑的最底层是与(AND)、或(OR)、非(NOT)等逻辑门电路(见图2.2)。这三种基本的门电路的功能可以用真值表的形式完整地描述(表2.1),真值表描述了所有可能逻辑输入与对应输出的映射关系。每个逻辑元件都有一定的延时(从输入变化至产生正确输出的这段时间),这也是动作频率的上限值。

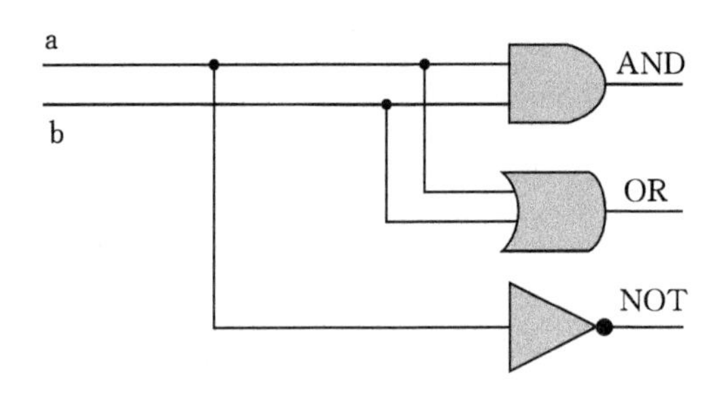

图2.2　与、或、非门

表2.1　真值表

输入 a,b	输出 a与b	输出 a或b	输出 非a
0,0	0	0	1
0,1	0	1	1
1,0	0	1	0
1,1	1	1	0

门电路由电子开关组成。现在,电子开关指的是晶体管,而之前所使用的是继电器和真空管。但是,本章的内容并不要求我们对底层细节有更深入的了解。

门级以上的抽象层由所谓的组合逻辑电路所构成,没有定时元件。这意味着,所有的逻辑都是组合逻辑,可以解释为与、或、非等门电路的一系列组合。

自此开始,我们将用一撇来表示对信号取反(例如,a'表示对a取反),在框图中,我们将在门电路的输入或输出上添加一点来表示取反(见图2.3)。

2.1.1　编码器和译码器

P. 19

译码器可以视为是一个给定二进制输入,得出相应输出的转换器件。一块n路输入的译码器输出为2^n路。只有与对应二进制输入匹配时,相应的输出位才置为“1”,而其它输出位置为“0”。转换公式如下:

$$Y_i=\begin{cases}1 & 若\ i=X\\0 & 其它\end{cases}$$

只有当与二进制输入相匹配时,对应输出位才置为“1”。

所以，如果 $n=4$，输入为二进制 2(即 $X_1=1, X_0=0$)，输出位 Y_2 置为"1"，其它位(Y_0，Y_1 与 Y_3)置为"0"。

图 2.3 所示的是一个简单的 2-4 译码器，它需要 4 个与门和 4 个非门来实现。译码器将作为存储器(ROM 和 RAM)以及复用器与解复用器(demultiplexer)模块的部件来使用。

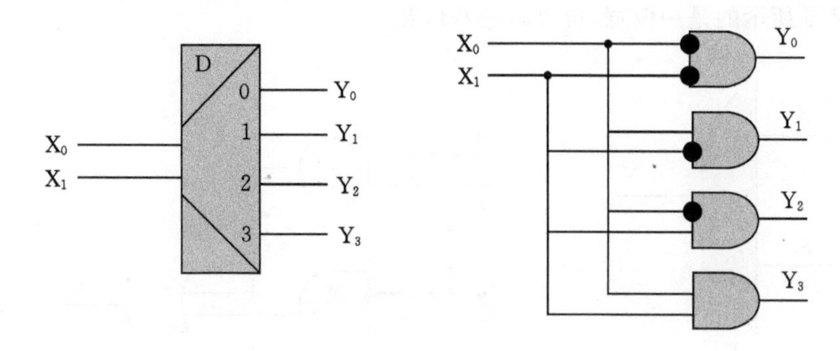

图 2.3 译码器的符号及实现

编码器的功能和译码器正好相反。它们的工作前提是每一时刻只有一条输入有效。而它是用二进制输出来表示输入。所以，2^n 路输入的编码器输出为 n 路。图 2.4 所示的是只用两个或门实现的编码器。注意，X_0 没有连接，所以，如果其它输入位均无效，则输出默认为 0。图 2.5 所示的是编码器和译码器单元的组合应用，重构出输入信号。

P.20

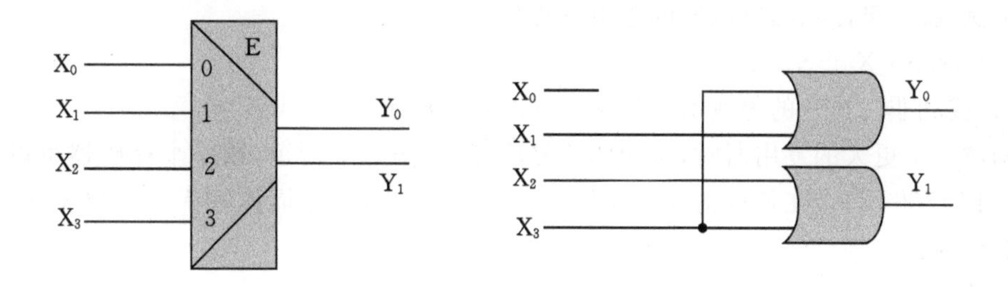

图 2.4 编码器符号及实现

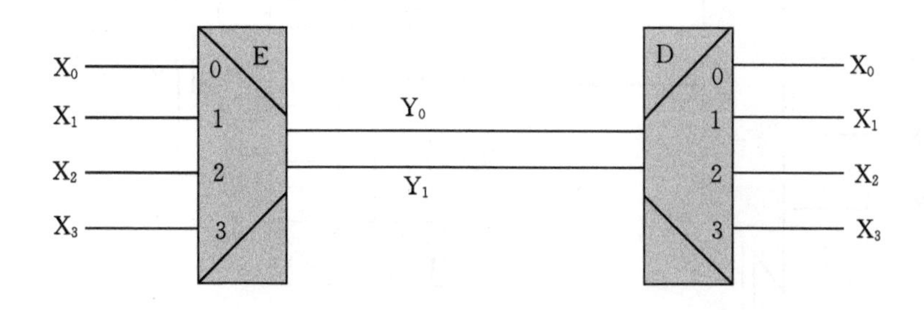

图 2.5 编码器和译码器

2.1.2 复用器与解复用器

下一层次的抽象是复用器(multiplexer)和解复用器。一个复用器根据选择线 S,将输入(X_1,…,X_n)与输出 Y 相连。每个输入 X_i 和输出都有相同的宽度(即相同的位数),所以它们既可以是图 2.6 所示的是一位宽,也可以是八位宽。

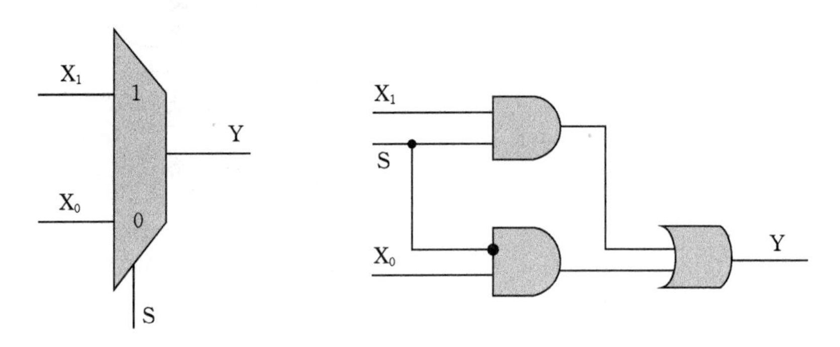

图 2.6 两路复用器及其实现

选择线 S 的宽度(位数)取决于复用器输入端的位数 n,即 2 的指数幂:

输入 $n=2^k$,k 为 S 的宽度。

在图 2.6 的例子中,输入只有两个,所以我们只需要一个选择位来区分它们。以这个简单的例子为例,我们可以列出复用器的逻辑方程如下:

$Y:=S\cdot X_1+S'\cdot X_0$

用与、或和非门搭建的等效电路如图 2.6 的右图所示。

在构建一个更大的复用器时,例如四路复用器,如图 2.7 所示,用一个译码器可以变得更简单(见图 2.7 右图)。在各种情况下,根据选择信号的不同,不同的输入和输出相连,这个结果可以简记为:

$Y:=X_S$

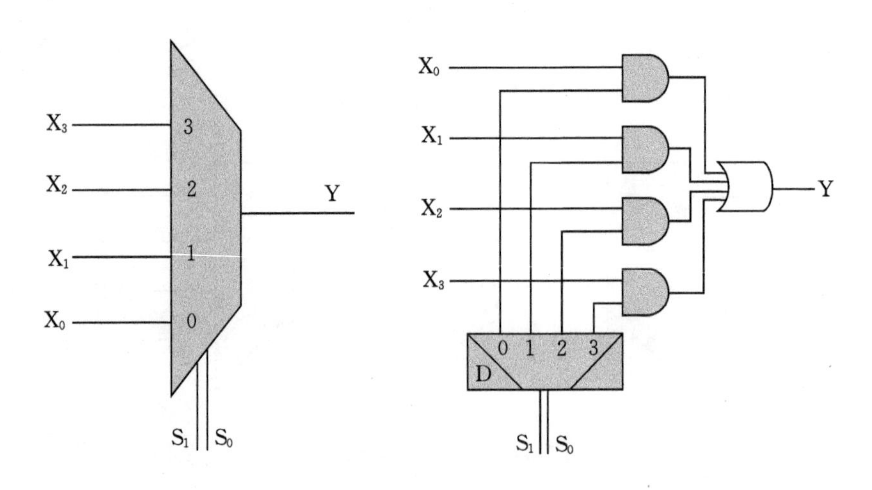

图 2.7 四路复用器及其实现

解复用器的功能与复用器的功能相反。通过选择线 S 的状态，我们将 X 输入和 $Y_1 \cdots Y_n$ 的任一输出相连。事实上，如果拿复用器和解复用器与机械管道系统作比较，将会发现它们实际上是一回事——复用器倒过来用就是解复用器，反之亦然。然而在电子世界中，输入和输出间的转换并不容易。大部分的电路都是有“方向”的，正如图 2.8 和 2.9 所示的用与门和非门所组成的解复用器的等效电路。

P.21

通用的解复用器的逻辑公式近似于解码器，但是，应注意输入 X 和输出 Y_i 的宽度可能大于 1 位：

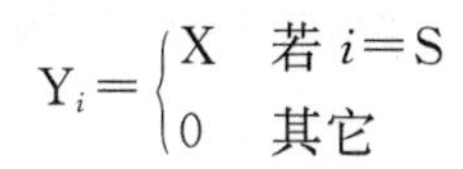

$$Y_i = \begin{cases} X & 若\ i=S \\ 0 & 其它 \end{cases}$$

P.22

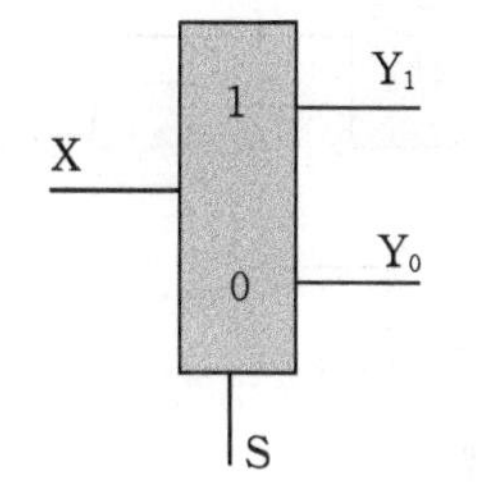

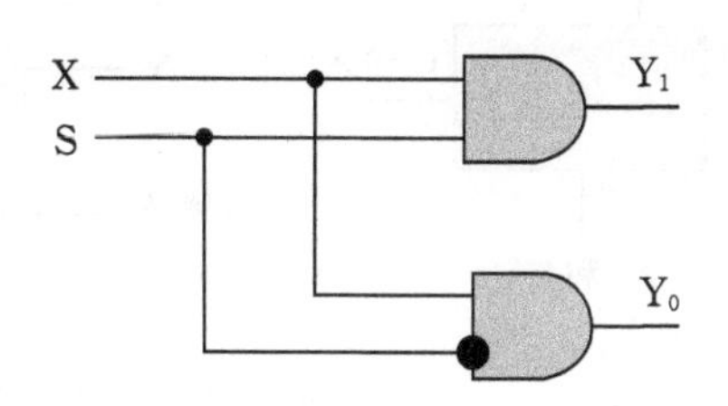

图 2.8 两路解复用器及其实现

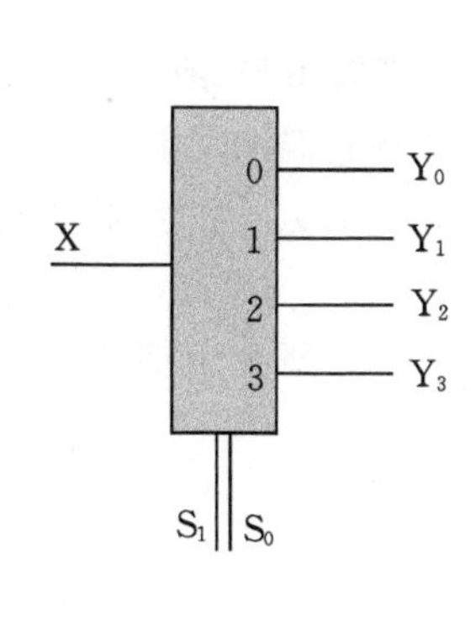

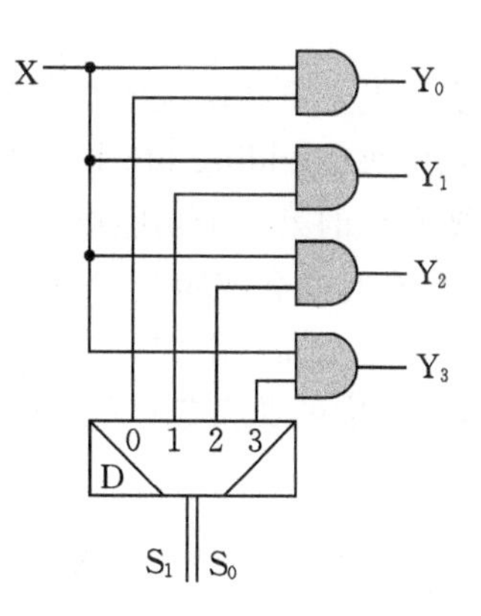

图 2.9 四路解复用器及其实现

2.1.3 加法器

加法器是大多教科书中的标准例子。所以，我们将会对其简要介绍。第一步是构建一个半加器，两路输入(X，Y)相加得到一路输出和一个进位位。它可以用异或门和与门实现(见图 2.10)。

两个半加器加上一个或门便可得到一个全加器。全加器即将两位输入位和低位进位位进行运算，得到一位“和”和“进位”位(见图 2.11)。类似地，字求和可以通过位求和的方式得到，例如一个字长为 8 位的求和。

P.23

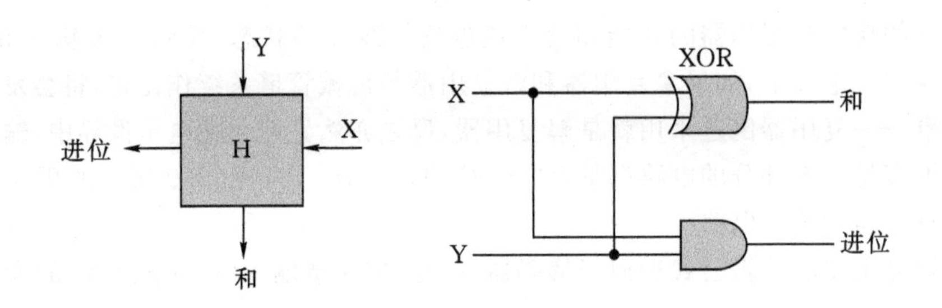

图 2.10 半加器符号(2 位)及其实现

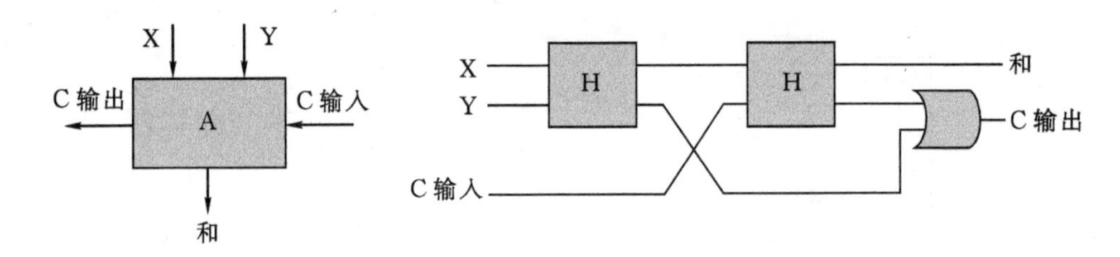

图 2.11 全加器符号(3 位)及其实现

2.2 功能单元

功能单元实际上是更高层次的组合逻辑电路,尽管它们可以用与、或、非门表示,但通过对之前章节积木式模块(building block)的使用,将更有助于理解它们的功能。

这里我们要介绍的第一个功能单元是 n 位加法器(见图 2.12)。注意:我们用粗线来表示多位输入或输出(有时候会在粗线旁边注明位数)。

加法器是由 n 个全加器组成,X 和 Y 的相应位相加。注意,整个全加器的传播延时是位全加器的 n 倍,进位位可以从右向左进行。

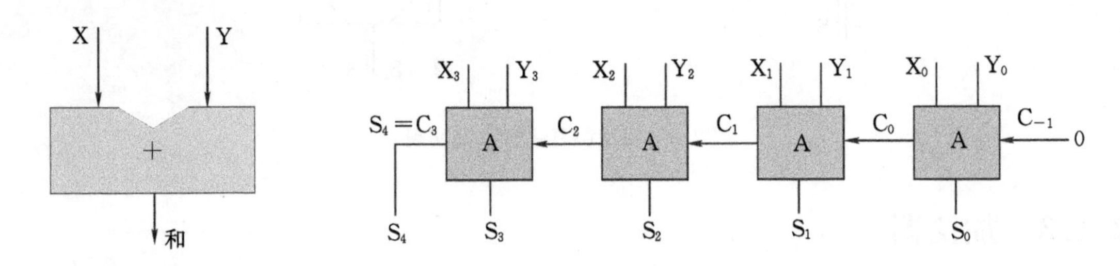

图 2.12 加法器单元及其实现

计数器按 1 递增是一个标准的操作,因此能有一个这样的功能单元是非常有用的。图 2.13所示的是递增功能单元的定义,一个 n 位数字输入以及一个 n 位数字输出。递增器可以通过使用两个 n 位数的加法器以及用 16 进制值“＄01”与其中一个输入位硬件相连来实现。这里,“硬件相连”指的是“＄01”的所有值为 0 的位都接到电气“地”上。所有值为 1 的位都和电源相连(也许还要用到上拉电阻)。

P. 24

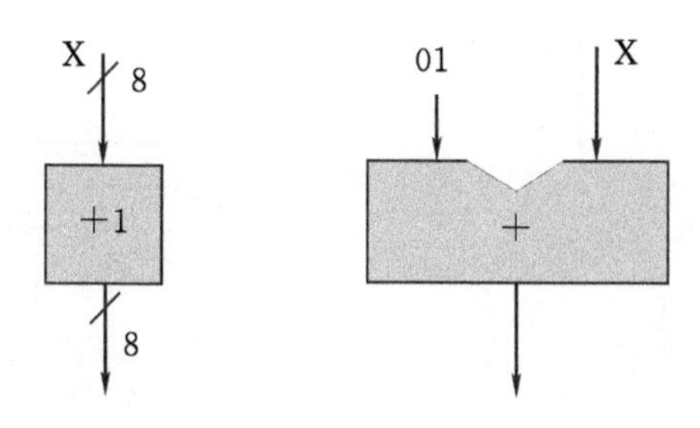

图 2.13 增计数单元及其实现

比较器是另一个非常有用的功能单元。它的输入为 n 位宽的字，输出为一位（是或非，1 或 0）。由于值为 0 的字所有位均为 0，我们可以通过将所有的输入接到 NOR 上来实现零值比较器（见图 2.14）。

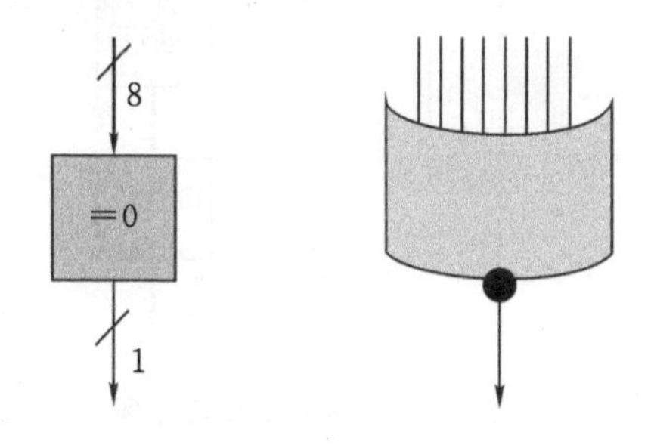

图 2.14 零值比较器及其实现

一个数的反码就是对输入的每一位按位取反。我们可以用 n 个非门来实现这个功能（见图 2.15）。

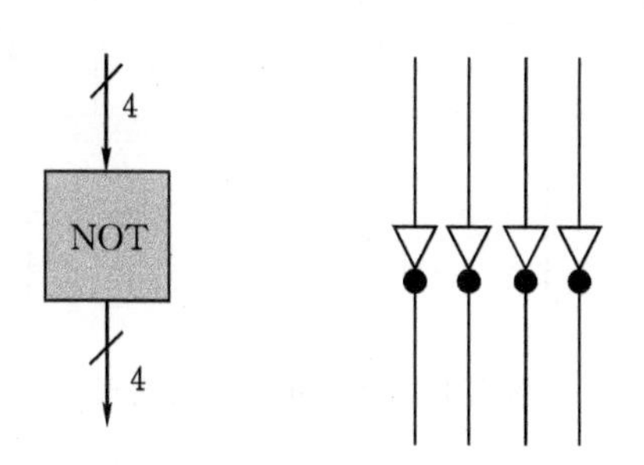

图 2.15 反码单元及其实现

AND 和 OR 的功能非常的有用，它们的实现也不复杂，每一位的操作都相互独立。图 2.16中的实现用到了 n 个与门，每一个连到 X 和 Y 的相应的输入位上。 P.25

两位的补码（two's complement）对输入值符号取反（negated value）（见图 2.17）。我们可以通过之前得到的两个功能单元来实现这个功能，将反码单元（NOT）和递增计数器（incrementer）二者级联使用。

图 2.18 所示的减法单元是也是一个重要的功能单元。我们可以借助之前定义的加法器和符号取反器来实现这个功能。

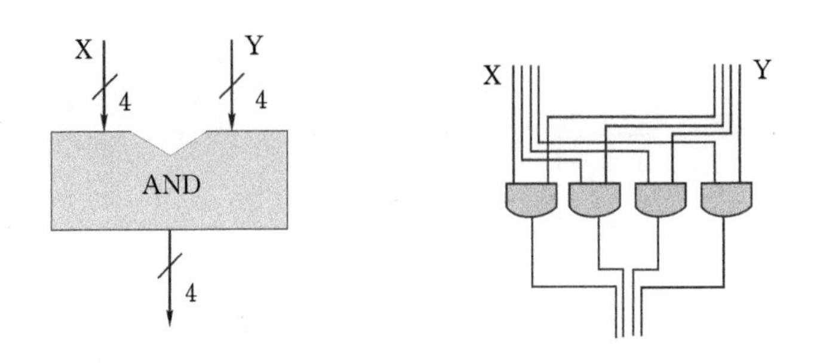

图 2.16 两个操作数的按位“与”及其实现

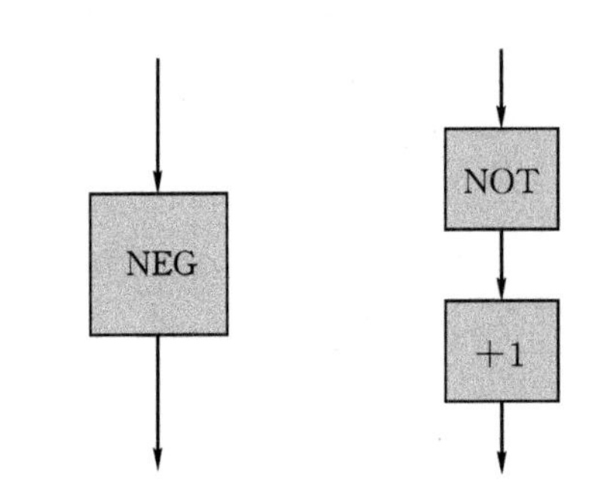

图 2.17 补码单元及其实现

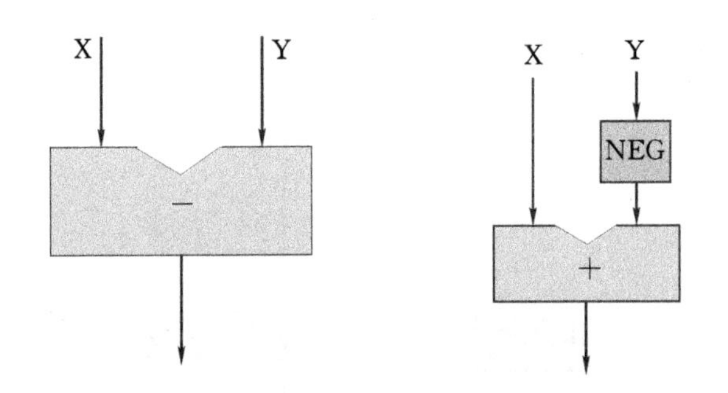

图 2.18 减法单元及其实现

P.26 很多情况下，比较两个输入数字的大小非常的重要，例如校验两个输入是否相等，因此我们定义了一个功能单元，两个 n 位宽的输入和一位输出(是或非，见图 2.19)。我们将整合前面两个设计好的功能单元，减法器和零比较器(见图 2.19 居中的图)来实现这个功能单元。然而这仅仅在数学意义上正确，在实际应用中，无论是在硬件组件的需求还是延迟(计算时间)，这种实现都显得非常不明智。校验两个 n 位的数字是否相等，可以使用 n 个 EQUIV 门(同或门)外加一个与门(见图 2.19 右图)来实现。

在进行重用设计时，需要谨慎处理那些过于复杂的功能单元或任务(见图 2.20)，其另外一个例子是对输入做乘 2 操作的功能单元。尽管只需要一个加法器便可以实现“乘 2”操作，但考虑到“乘 2”就是“左移 1 位”，但可以通过调整接线顺序来实现同样的功能。这种方法(图 2.20，右图)并不需要加入有源元件。

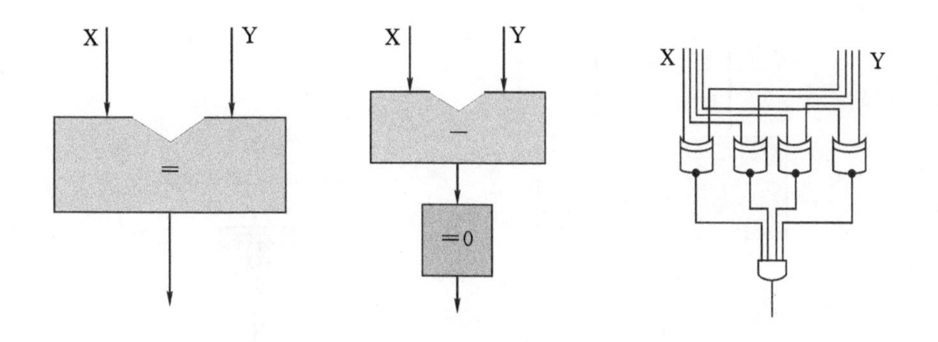

图 2.19 两个操作数的相等比较及其实现

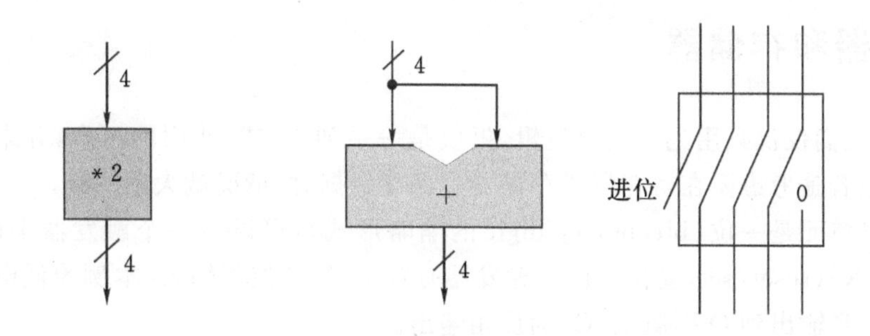

图 2.20 乘以 2 及其实现

完成整数值之间的比较非常的棘手，尤其是当一个系统中既有无符号数，又有有符号数时，问题将变得更复杂。图 2.21 所示的是用比较器来确定一个有符号输入数是否小于 0(记住无符号数永远不会小于 0)。用二位补码表示时，有符号数的最高位表示这个数是为正还是为负。图 2.21 利用这一点实现了比较，因而也不需要另外的功能模块。 P.27

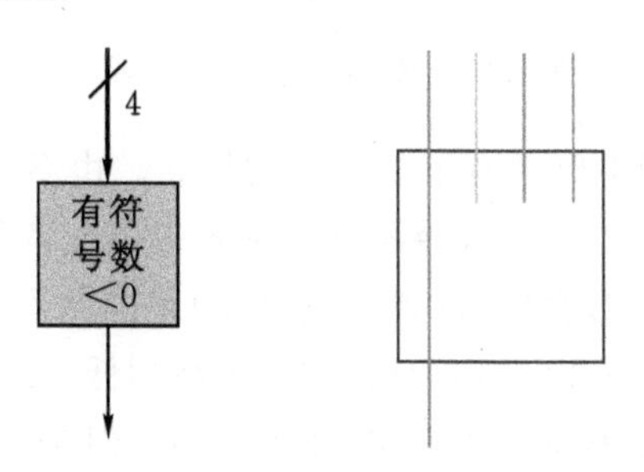

图 2.21 有符号数的比较及其实现

我们已经讨论过了比较两个数是否相等，其中的解决方法比较简单，使用的是逻辑门。然而，要比较其中一个输入是否小于另一个时，这个简单的实现方法便不那么奏效。因此，我们必须要先作减法，然后再判断结果是否小于 0(见图 2.22 右图)。

系统所用到的功能单元绝不仅仅只限于本章所讨论的。但当需要用到某一特定的功能时，可按照上面所介绍的方法设计并实现。这样逻辑抽象的好处是我们可以略去每个功能模块的底层设计，把精力放在怎样利用功能单元设计更为复杂的模块上。

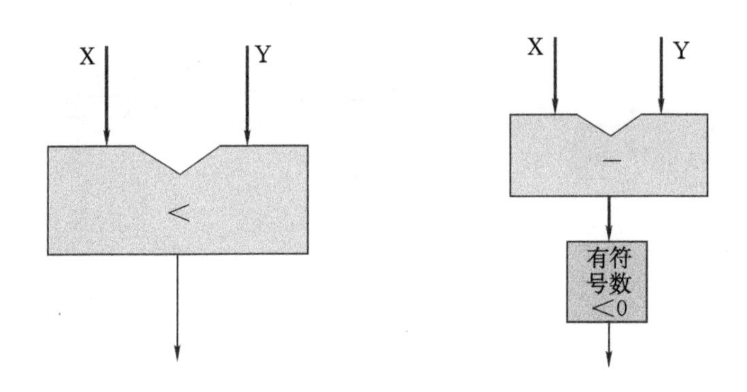

图 2.22 两个操作数的比较和实现

2.3 寄存器和存储器

P.28 目前为止,我们仅仅只用到了组合逻辑,仅仅是一系列与、或、非门的组合,并未涉及时钟与系统状态。但若是考虑要在寄存器或存储器中保存数据时,情况就大不一样。

最小的信息单元是一位(bit,binary digit 的缩略形式),可以用一个触发器来保存信息。图 2.23 所示的 RS(reset/set,复位/置位)触发器有置位、复位控制输入(本例为低电平有效)。触发器的每位信息输出到 Q 引脚上,Q'为反相输出。

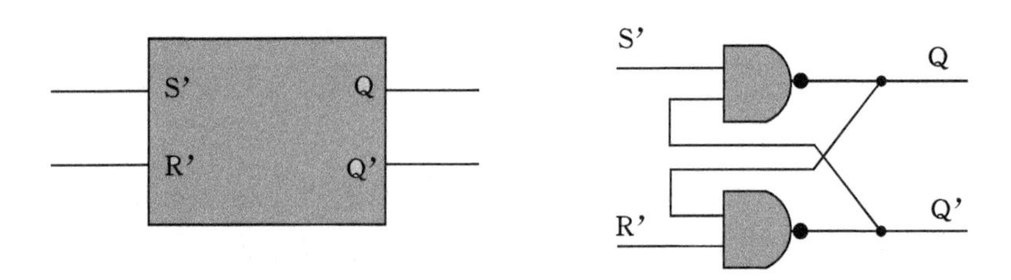

图 2.23 RS 触发器及其实现

从 RS 触发器开始,我们的电路中有了"状态"的概念。由 S'或 R'哪个被触发,来决定触发器中的状态"1"还是"0",而且一直为保持不变直到置位位或者复位位再次被触发。

RS 型触发器的一个缺点是数据输入(置位或复位)是两条不同的"电平触发"(上升沿(也称为正跳变,由低到高)或是下降沿(也称为负跳变,由高到低))线。这意味着信号线上的任何变化都会改变触发器中的数据,从而影响到输出结果 Q。但是,我们可以我们希望能够通过"边缘触发"信号来解耦输入(只有一条输入信号线)的方式去消除输入信号中的抖动激活线来解耦输入数据(象一条输入数据线)。通过将两个 RS 触发器级联组成 D 触发器的方式便能达到此种改善的目的(见图 2.24)。

P.29 如图 2.24 所示的 D 触发器只有一条信号线输入 D 和一条信号线输出 Q。时钟输入 CK 正跳变时,触发器读取当前的输入 D,然后输出到 Q 上。同样,,有一个在时钟信号负跳变时开关闭合的等效 D 触发器版本;我们在画这个框图时,将空心的时钟信号箭头替换为实心箭头。[①]

---

① 一般数字逻辑电路里面,负跳变和正跳变的区别在于三角符号外面是否有方向圆圈(bubble)。——译者注

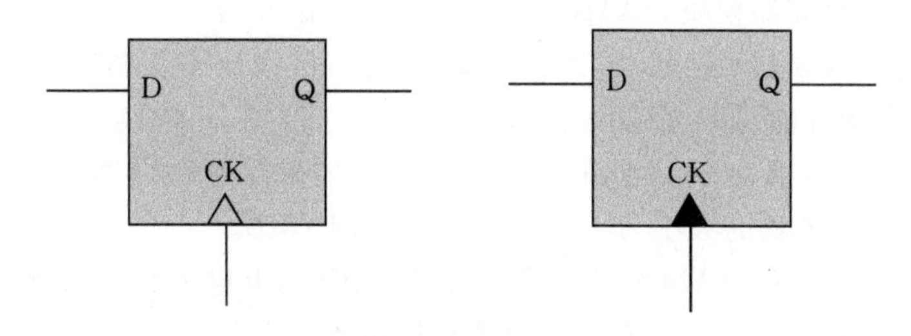

图 2.24 D 触发器，正跳变与负跳变触发

我们使用主从式结构来实现 D 触发器(正跳变，见图 2.25)，两个 RS 触发器级联的形式(FF-1 的输出通过一些与非门连到 FF-2 的输入上)，它们的复位信号是一对反相的时钟触发信号(CK 为第一个 RS 触发器的时钟触发信号，CK 为第二个 RS 触发器的时钟触发信号)。这种互锁式的设计使得电平触发式的锁存器变成了边缘触发式的寄存器。然而，为了有助于更好地理解下面的元件，相比于 D 触发器的具体实现，记住它的时序行为更为重要。

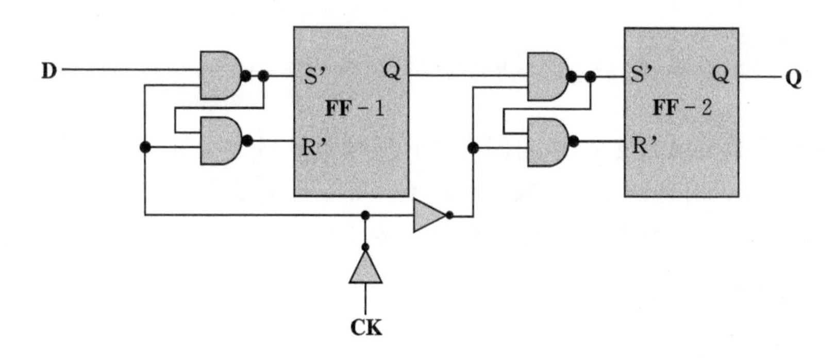

图 2.25 D 触发器的实现(正跳变)

寄存器可以简化为一组时钟信号连接在一起的 D 触发器(见图 2.26)。这样，我们便可以通过一条控制信号(时钟信号)线来保存一个完整的字节数据。我们在寄存器内使用一个带有数字的盒子来表示当前寄存器的内容(就像是它的存储器单元的窗口)。

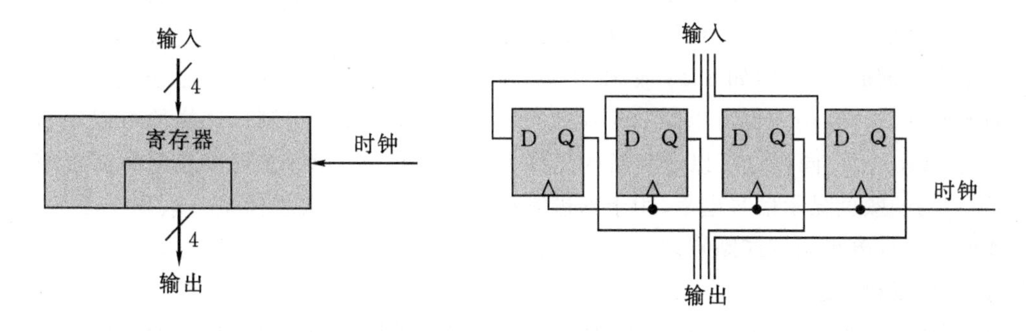

图 2.26 寄存器(4 位)及其实现

P.30 最后要提到的是存储器模块RAM(随机存储器——读和写)以及ROM(只读存储器)(如图2.27所示)。存储器模块大小不一,因而地址线的数量(决定了存储器单元的多少)和数据线的数量(决定了每个存储器单元的大小)也各不相同。例如,一块典型的存储器芯片,有20条地址线,这样它可以访问 2^{20} 个不同的存储器单元。如果这个存储器单元有8条数据线(8位=1字节),那么整个模块的大小为1 048 576字节,即1MB。

我们所表示的ROM和RAM模块都有片选信号(CS',低电平有效)和输出使能(OE',低电平有效)线,这样当我们的设计中有多个存储器模块或是有其它元件需要写数据总线时,便不会产生冲突。只有RAM模块有读/写'控制线(高电平为读操作,低电平为写操作),这样便可实现RAM中存储器的刷新。

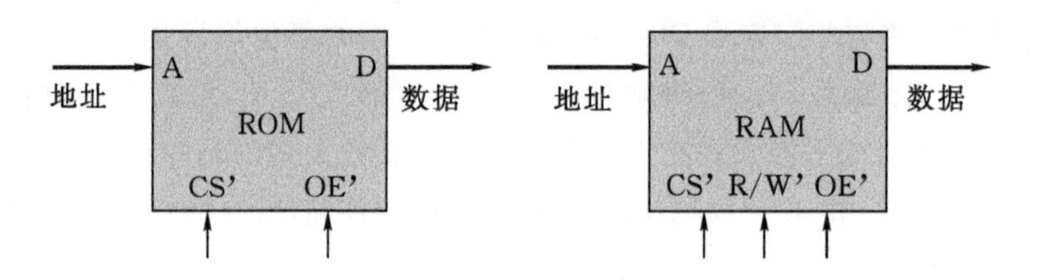

图2.27 存储器模块ROM和RAM

注意,由于存储器模块的复杂性,它们典型的延时明显高于简单的门电路或是功能单元,这样,也就限制了CPU时钟频率的上限。我们不打算在此区别不同种类的ROM(例如掩膜-ROM对flash-ROM,等等)和RAM(例如SRAM对DRAM,等等)之间的区别。这些目前并不在我们所讨论的范畴之内。

2.4 Retro

在我们开始CPU主要模块的介绍之前,让我们再来看看Retro硬件设计和仿真系统(Chansavat Bräunl 1999),(Bräunl 2000)。Retro是一款寄存器层的可视化电路设计软件,它能让学生更加深入地掌握如何构建复杂的数字系统,以及计算机系统的工作原理。

Retro提供了一系列基本的元件和功能单元(这些单元已经在前面讨论过),用户可以直接在面板上选取、拖放到画板上,然后互连构成系统。元件之间既可以通过一条信号线,也可以通过宽度不同的总线(例如8、16或32位宽)相连。所有面板上的元件都已分组成可加载至系统的元件库,这样,用户也可以对Retro的元件类型进行扩展、定制。这样便可以用新的元P.31件类型对Retro用户同样也可以定制新的元件类型进行扩展。Retro可以在几种演示模式下运行,用不同的颜色显示信号电平,用十六进制格式显示数据。它就像是一款调试软件,它的仿真器可以进行单步调试或断点调试。Retro用Java写成,因而既可以作为applet小应用程序运行,也可以独立运行。

图2.28所示的是Retro版面设置的例子,左边是元件库面板,顶端是执行控制按钮(VCR样式的控制按钮)。

所有的同步电路需要中央时钟,这可以在面板中得到。时钟速度的设置和元件的延时与仿真的时长有关。由于大多数的同步电路都需要通过全局时钟得到定时信号,因此标准的面

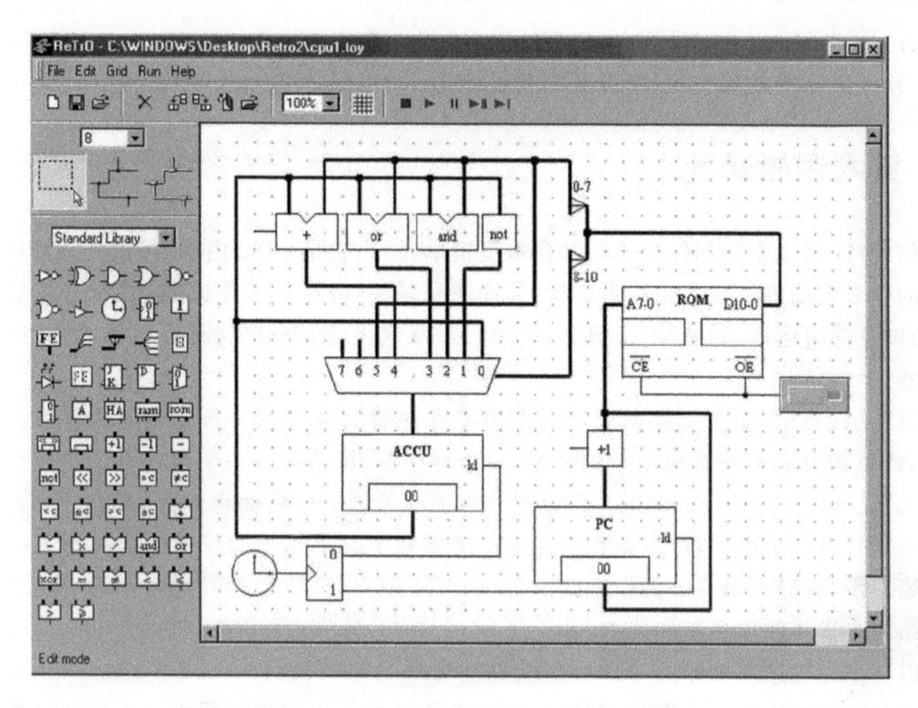

图 2.28　带元件库面板的 Retro 仿真器

板内还有一个顶层脉冲发生器(见图 2.29 的左图)。脉冲发生器的输出数目可调,并且对各个输出可以设定不同的时钟频率。

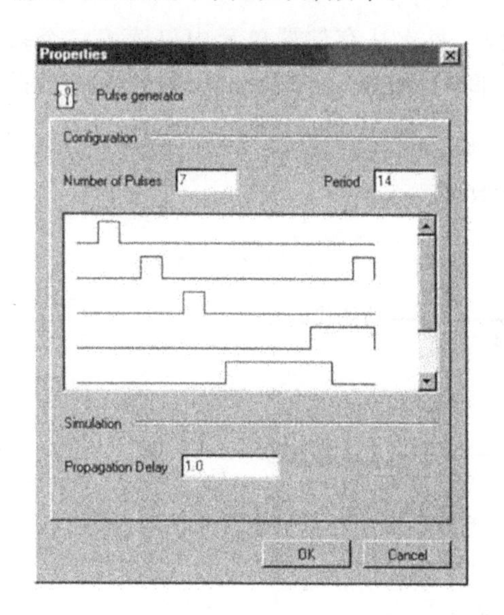

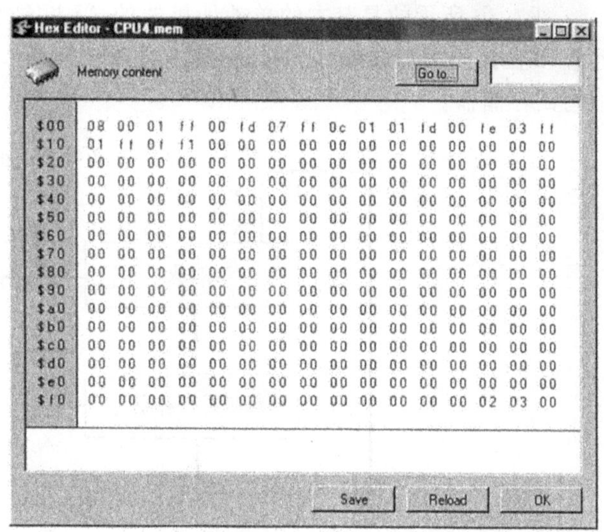

图 2.29　脉冲发生器元件和存储器内容查看工具

面板内的存储器模块元件(如 ROM 与 RAM)比其它元件更为复杂。可以针对不同的内存状况设置不同的传输延时,而且包含一个用于显示的工具并可以在一个窗口改变存储器的内容或存储至一个文件。由于存储器数据被保存在一个独立的数据文件之中,和电路设计数据没有关联,因此相同的硬件可以在不同的实验中和不同的程序配合使用(见图2.29的右图)。 P.32

Retro 在 T. Bräunl 指导下由 B. Chansavat 设计实现(Chansavat, Bräunl 1999),(Bräunl 2000)。软件的灵感来源于 N. Wirth 的教材(Wirth 1995)。

2.5 算术逻辑单元

任何 CPU 最主要的部件是 ALU(算术逻辑单元)。它是 CPU 内的"数值处理部件",对一定位宽的字节数据进行基本的算术运算,如加法和减法(现在很多先进的 ALU 还能完成乘法和除法)以及逻辑运算,如 AND、OR 以及 NOT。事实上,很容易想到 ALU 就是 CPU 内的小型计算器。

在设计 ALU 时,最为重要的决定就是确定寄存器的数目和每条指令的操作数。我们的第一个 ALU 设计将只考虑最简单的情况:一个寄存器,每条指令一个操作数。这也是所谓的*单地址机器*(one-address machine)(假设操作数就是地址——后面将作详细的介绍)。由于这里每条指令只有一个操作数,因此我们在完成诸如两个数字相加的操作时需要引入一些中间步骤。第一步,我们将第一个操作数载入寄存器(从现在起,我们称其为*累加器*)中。第二步,我们将第二个操作数加到累加器中。

可以一步完成这项操作的 ALU,我们称其为*双地址机器*(two-address machines)。它们的每条指令都能提供两个操作数(例如 a+b),并将结果保存在累加器中。*三地址机器*(three-address machines)还为结果提供一个保存结果的地址(例如 c:=a+b),因此系统并不需要中央累加器(central accumulator)。除此之外,当然还有*零地址机器*(zero-address machines),所有的操作数与结果都是通过一个栈的出栈和入栈来实现读写。

P. 33

图 2.30 所示的是基本的单地址机器的 ALU 结构。每次从存储器单元中仅读入一个操作数(8 位宽),累加器(即之前运行的结果)和操作数之间的操作码为 3 位。同时,没有将数据值写回存储器。

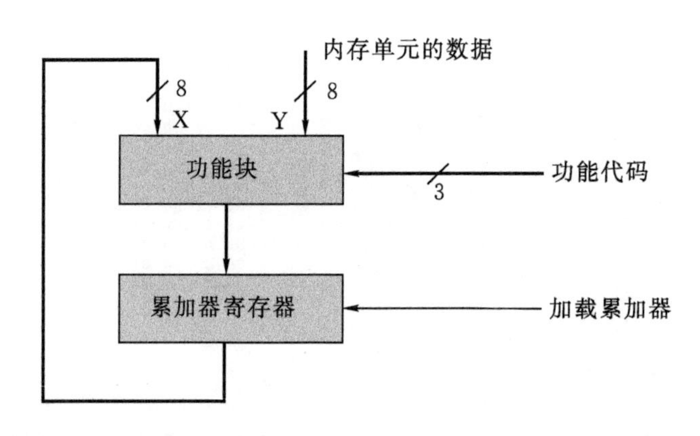

图 2.30 ALU 结构

我们已经了解了什么是寄存器,因此 ALU-1 余下的面纱就只是中央功能块了,而图 2.31 揭示的就是这个黑箱。我们用一个大型复用型通过转换以得到功能代码(也称之为操作码或机器代码)。三位功能代码总共能提供 $2^3=8$ 种不同的指令,每条指令又分别由各个复用器的输入确定。

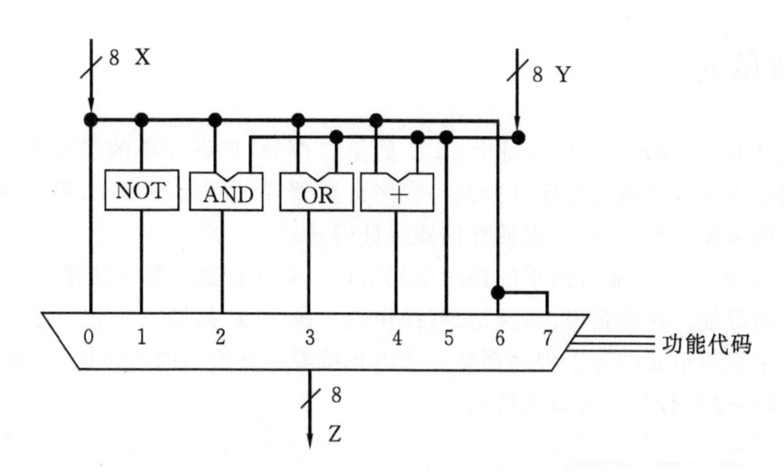

图 2.31 ALU 功能块

- **操作码 0** 左边的操作数直接通过。记住，这和累加器相连，因此，这条指令不会改变累加器中的内容。这也是所谓的 NOP(空指令，即 no operation 的缩写) P.34
- **操作码 1** 对左边的操作数取反，因此它将对累加器中的内容取反。这条指令没有用到存储器中的数据。
- **操作码 2,3 和 4** 对左边和右边的操作数(即累加器和存储器操作数)分别完成逻辑与、或、和代数求和。
- **操作码 5** 右边的操作数直接通过，累加器的内容将替换为存储器中的数据。
- **操作码 6 和 7** 和操作码 0 功能相同，因此对于 ALU 而言，它们也是空操作指令。

在每条指令执行时计算出所有可能的结果(即 NOT、AND、OR、ADD)，然后取出一个需要的结果，看起来似乎这是在浪费资源。然而，我们的程序可能会用到所有的这些操作，因此没有必要为了节省芯片空间或是缩短程序的运行时间而取消这些操作。也许，设计这样的 ALU 可能会带来功耗的问题，但是这并不是眼下我们所需要关心的。

现在通过列表的形式对这 8 个操作码总结如下，其中机器代码用助记符表示(见表 2.2)。

表 2.2 ALU-1 的操作

编号	操作码(二进制表示)	操作
0	000	Z:=X
1	001	Z:=NOT X
2	010	Z:=X AND Y
3	011	Z:=X OR Y
4	100	Z:=X+Y
5	101	Z:=Y
6	110	Z:=X
7	111	Z:=X

2.6　控制单元

控制单元(CU, control unit)是每个 CPU 的第二部分,负责程序的运行和分支跳转。控制单元中使用的中央寄存器为程序计数器。程序计数器寻址存储器单元,程序便可以从存储器中读入操作码和操作数(直接数据或存储器寻址模式)。

P. 35

图 2.32 所示的是一个非常简单的控制单元结构。程序计数器每一步递增一,然后输出用于存储器单元的寻址。这就是说,每条指令(操作码+操作数)都是一个字,这里并不考虑分支跳转。使用这个控制单元的每个程序都是一条语句接着一条语句的顺序执行,没有例外(即没有分支向前跳转,也没有分支向后跳转)。

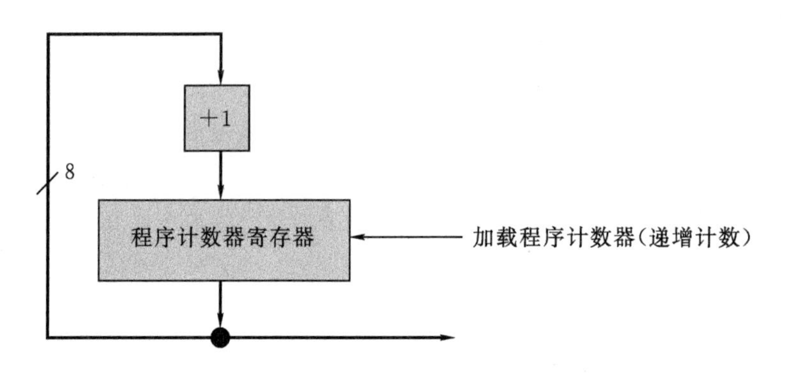

图 2.32　CU 的结构

2.7　中央处理单元

为了设计一个功能完整的 CPU,我们需要将 ALU 和控制单元通过一个存储器模块联系起来。本节,我们将介绍一系列的 CPU 设计,从最简单的设计开始,然后是引入更多的功能设计出更多复杂的 CPU。

2.7.1　CPU-1:最小设计

为了设计第一个完整的 CPU-1,我们借用前面已经做好的 ALU-1 和 CU-1,然后引入 ROM 模块(见图 2.33)。

正如控制单元一节所介绍的,这个 CPU 设计中并没有任何分支跳转功能,每条指令只能是一个立即操作数(常数),这个操作数是一个由操作码和操作数组成一个 11 位宽的存储器字。图 2.34 所示的是 Retro 系统中使用的完全相同的 CPU-1 设计(唯一不同的是,没有使用或是断开了操作码 6 和 7)。功能块给出了所有内部的细节,而累加器和程序计数器的加载信号都接到了由中央时钟驱动的脉冲发生器上。

由复用器的结构配置可知,ALU-1 支持 8 种操作码,而其中使用到的只有前 6 种(顺序为操作码 0…5):NOP, NOT, AND, OR, ADD, LOAD。

从 CU-1 的角度看,程序计数器(PC,program counter)总是取址存储器模块,然后通过一个递增器反馈到输出。这也意味着,程序是连续递增运行,不可能出现分支或跳转。

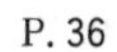

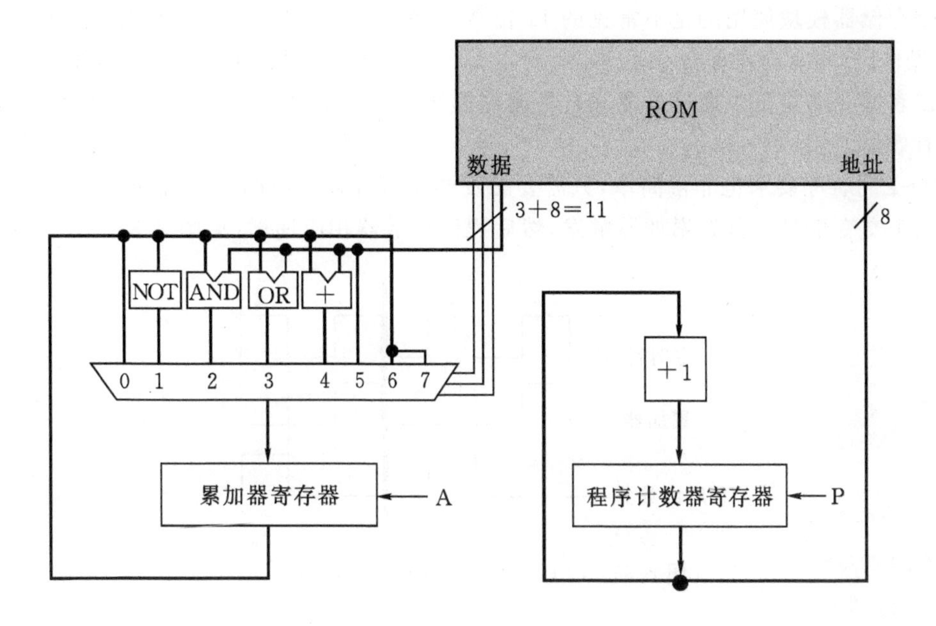

图 2.33 CPU-1 设计

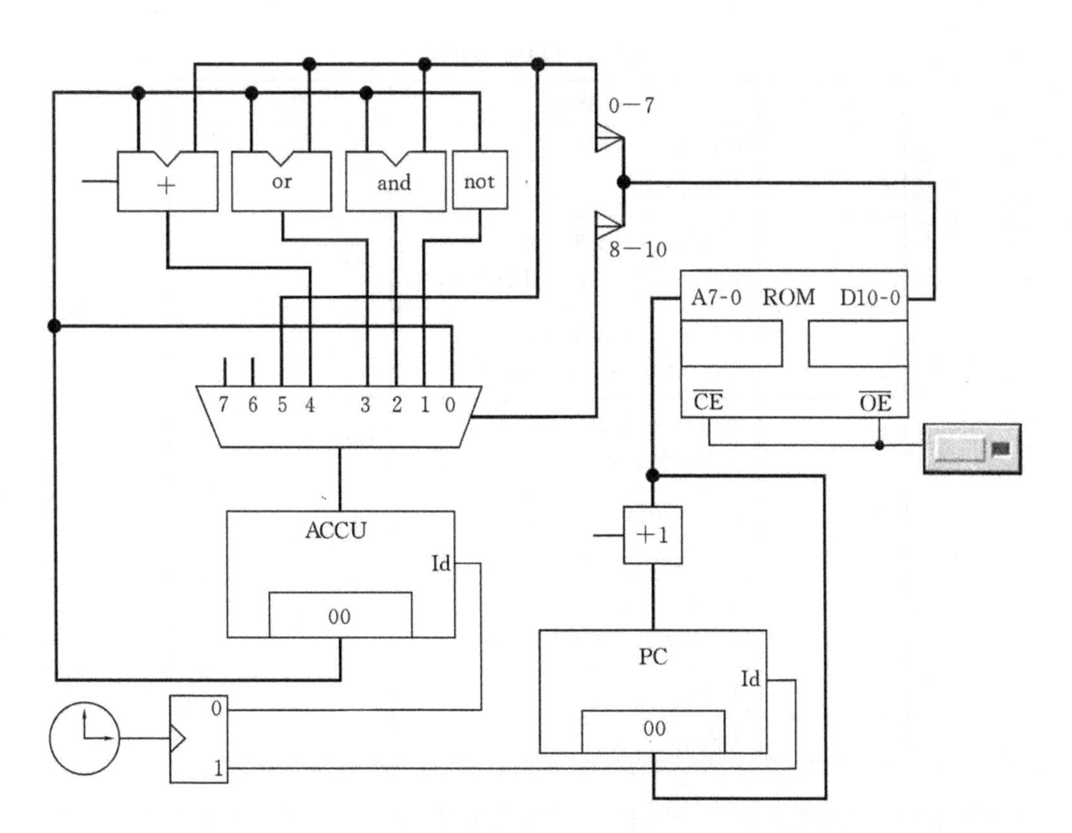

图 2.34 Retro 中的 CPU-1

P.37 这个存储器模块使用的是不常见的11位数据格式，这也更加简化了设计，这是由于操作符(3位操作码)与立即操作数(8位数据)可以编码到一条指令里，也就不需要额外的寄存器来存储。二者的分离也可以通过分离来自存储器模块的数据总线来实现，而不需要使用操作码的最高有效位。

CPU-1的时序要求也非常简单，只需要触发两个寄存器，因此，我们需要的只是从主时钟中引出两个交变信号。首先累加器触发，然后程序计数器相应递增(见图2.35)。

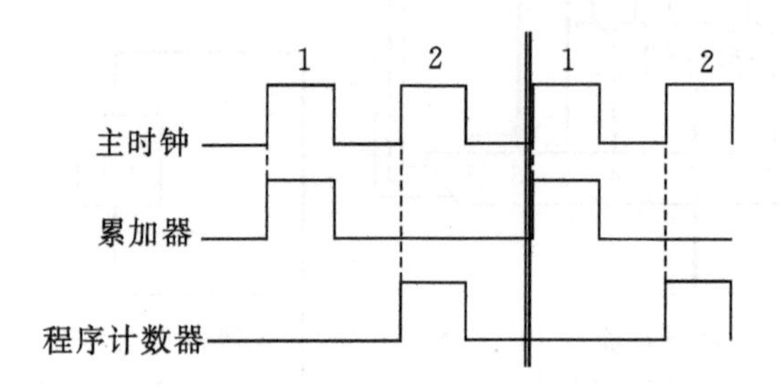

图2.35 CPU的时序图(timing diagram)

表2.3总结的是CPU-1可用的指令，列出了它们和累加器以及程序计数器相关的特定操作。

表2.3 CPU-1操作码

操作码	描述	助记符
0	累加器 ← 累加器 程序计数器 ← 程序计数器+1	**NOP**
1	累加器 ← 取反累加器 程序计数器 ← 程序计数器+1	**NOT**
2	累加器 ← 累加器与常数 程序计数器 ← 程序计数器+1	**AND** 常数
3	累加器 ← 累加器或常数 程序计数器 ← 程序计数器+1	**OR** 常数
4	累加器 ← 累加器+常数 程序计数器 ← 程序计数器+1	**ADD** 常数
5	累加器 ← 常数 程序计数器 ← 程序计数器+1	**LOAD** 常数
6	未使用	
7	未使用	

P.38 我们现在可以从软件的角度，如CPU-1的编程来思考问题。我们将操作码和数据直接写到ROM中。表2.4所示的是简单的程序，完成的是两个数1和2的求和。第一条指令，我们将常数1装载到累加器中(机器码:5 01)。第二步，我们加上常数2(机器码:4 02)。

表 2.4 CPU-1 求和程序

地址	操作码	操作数	注释
00	5	01	LOAD 1
01	4	02	ADD 2
02	0	00	NOP
…	…	…	…
FF	0	00	NOP

这个程序也反映了 CPU-1 最小化设计中的一些缺陷：

1. 操作数只能是常数(立即操作数)。
   存储器地址不可以用操作数表示。
2. 结果不能保存在存储器单元中。
3. 没有办法"停止"CPU 的运行，或者至少是动态暂停(dynamic halt)。这就意味着在执行完一大段 NOP 指令后，PC 将最终返回到地址 00，并重复整个程序，重写结果。

2.7.2 CPU-2：双字节指令和分支

CPU-1 只是建立对 CPU 设计的概念，强化了硬件与软件间定时、交互的重要性。而在第二个设计中，我们将要解决 CPU-1 中暴露的主要问题——缺乏分支跳转，缺少存储器数据访问机制(读或写)。

CPU-2 中，我们选择 8 位操作码，外加 8 位存储器地址和 8 位宽的 RAM/数据的总线设置。这种设计选择要求每条指令完成两次连续的存储器访问。CPU-2 需要两个额外的寄存器，一个代码寄存器和一个地址寄存器来分别保存前后两次由存储器访问得到的操作码和地址。图 2.36 所示的是 CPU-2 原理图(顶图)和 Retro 的实现(底图)。 P.39

指令的执行顺序由时序图(微程序设计)决定，分以下几步完成：

1. 首先装载第一个字节的指令(操作码)，并保存在代码寄存器中。 P.40
2. 程序计数器递增 1。
3. 装载第二个字节的指令(地址)，并保存在地址寄存器中。
4. 使用地址值访问存储器，并读取存储器单元的内容，然后把值传递给 ALU。
5. 用计算结果更新累加器。
6. (a)如果操作码 6 需要，将累加器结果写回存储器；
   (b)如果操作码 7 需要，使用 PC 增量作为地址参数。
7. 第二次使用增量程序计数器(+1 用于算术指令，偏置用于分支跳转)。

图 2.37 所示的是 CPU-2 的时序图，需要注意的是现在每条命令执行完毕，程序计数器递增 2。

CPU-2 使用的是与 CPU-1 相同的 ALU，但使用到了之前所没有用到的操作码 6 和 7。如图 2.36 所示，操作码 6 单独解码(box"=6")，并且将累加器的结果写回到存储器中。当然，CPU-2 正常工作的前提是要为其设计好时序图。在图 2.37 中，我们可以看到每个主周期的脉冲都用于激活信号 W，而信号 W 用于将 RAM 状态从读切换到写，并且负责启动三态门，允许累加器中的数据流向 RAM。存储器的访问地址出自地址寄存器。

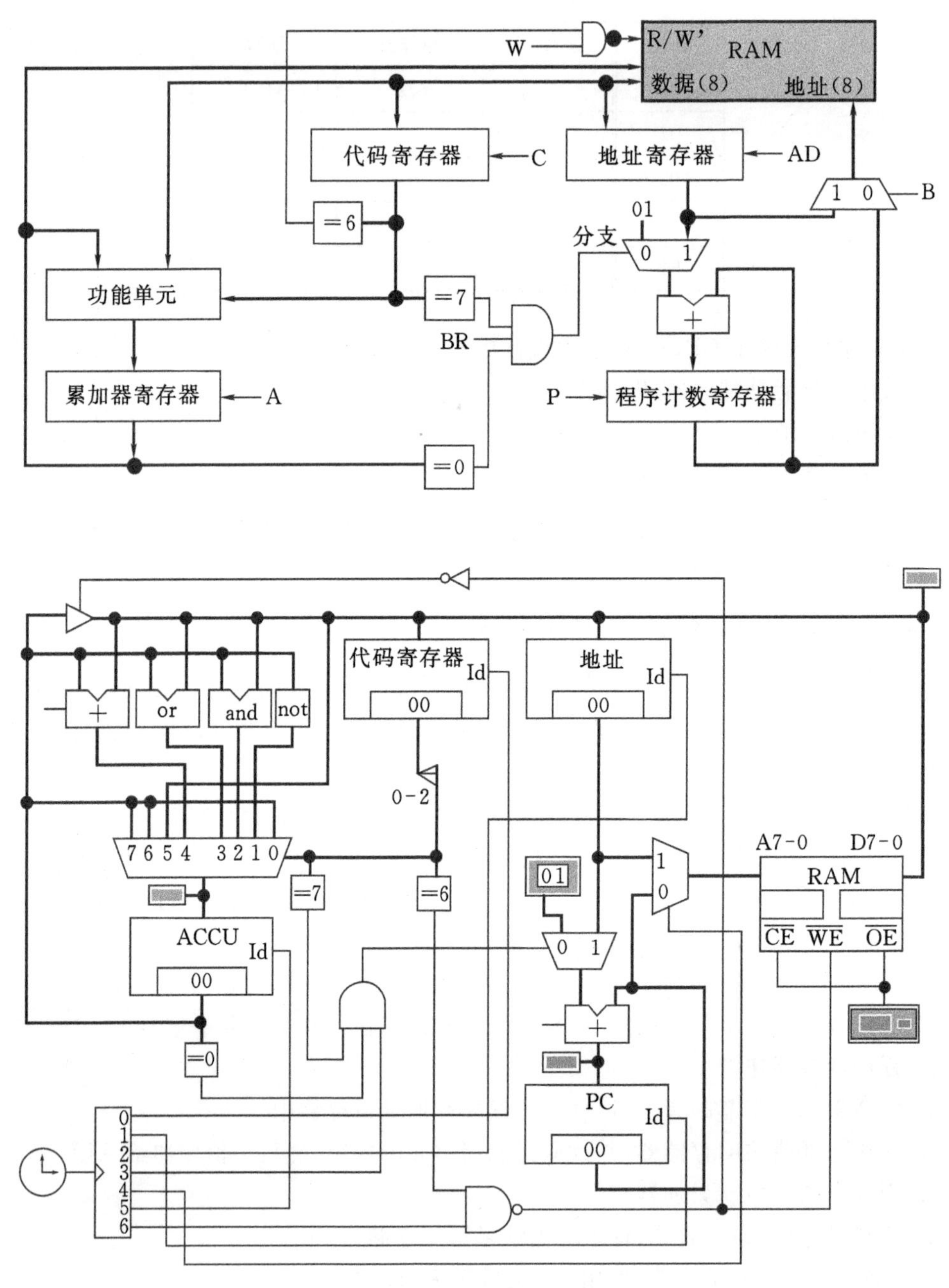

图 2.36 CPU-2 原理图和 Retro 的实现

最后一个重要的求和就是操作码 7 的条件分支(参见 box“=7”)。当累加器为 0 时,条件为真。因此,只有当操作码 7 被使用到时,分支跳转才会发生,累加器等于零,以及出现定时信号 BR。信号 BR 与时序图中的程序计数器的第二次递增发生重合,并且取代后者(见图 2.37),这也再次说明了合理设计时序的重要性。表 2.5 所示的是 CPU-2 的完整操作码集。

P.41

CPU-2 的组成之间的关系也可以通过执行指令来理解,每条指令需要七个主时钟周期(见图 2.37)。假设 PC 初始化为零,访问的是存储器的第一个字节(mem[0]),并将结果写到

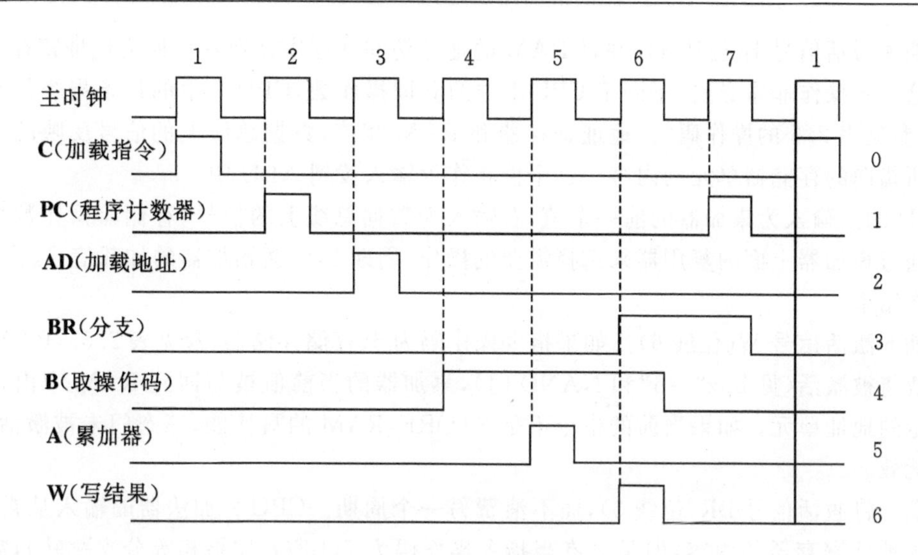

图 2.37 CPU-2 的时序图

数据总线上。数据总线和代码寄存器,地址寄存器,(通过复用器与)ALU 相连,但是每次只能有一个接受数据。由于第一个周期激活了信号 C(脉冲发生器的位线 0(line 0)),这同时触发代码寄存器的“加载操作”,复制 mem[0]的内容。

在第二个时钟周期中,(位线 PC 有效)启动“PC 加载”。PC 的输入为加法器,左边的输入为常数 1(通过一个复用器),右边的输入为 PC 的前一个值(初始值为 0)。因此,只要复用器没发生模式切换,“PC 加载”将一直递增 1。PC 保持值 1,第二个存储器字节(mem[1])发送到数据总线上,在第三个周期(位线 AD 有效)时,复制到地址寄存器中。

表 2.5 CPU-2 操作码

操作码	描述	助记符
0	累加器←累加器 程序计数器←程序计数器+2	NOP
1	累加器←取反累加器 程序计数器←程序计数器+2	NOT
2	累加器←累加器与内存 程序计数器←程序计数器+2	AND 内存
3	累加器←累加器或内存 程序计数器←程序计数器+2	OR 内存
4	累加器←累加器+内存 程序计数器←程序计数器+2	ADD 内存
5	累加器←内存 程序计数器←程序计数器+2	LOAD 内存
6	内存←累加器 程序计数器←程序计数器+2	STORE 内存
7	(* 累加器无变化 *) 若累加器=0 则　程序计数器←程序计数器+地址 其它　程序计数器←程序计数器+2	BEQ 地址

P.42　周期4激活信号B(位线4),并且RAM的地址访问从程序计数器切换为地址寄存器的当前值。这一步操作非常必要,不同于CPU-1中的立即操作数,CPU-2中的每条指令都有地址操作数(参见表2.5的操作码)。地址寄存器和RAM相连,数据总线上的信号反映的是地址寄存器所指向的存储器单元的内容。这个值将作为输入读到ALU中。

ALU的左输入为累加器的前一个值,右输入为数据总线上的信号(存储器操作数),代码寄存器通过累加器上面的复用器来选择需要的操作,周期5,激活累加器的加载信号(位线5),复制操作结果。

周期6激活信号W(位线6)。如果指令操作码为6(存储存储器,参见表2.5),RAM的输出使能线将被激活(见box"=6"和NAND门),累加器的当前值被写回到RAM中由地址寄存器确定的地址单元。如果当前的指令不是STORE,RAM的写使能,三态门未被激活,因此本周期无效。

周期6将激活信号BR(位线3),而不浪费另一个周期。CPU-2加法器的输入从常数"+1"跳变为地址寄存器的内容,但是只有当指令操作码为7(BEQ,如果相等分支跳转),或是当前累加器的内容为0(参见box"=0")。

最后一个周期——周期7,程序计数器第二次更新,或者"+1"(如果是算数指令)或者加上地址寄存器的内容(如果是BEQ指令,执行分支跳转指令)。

这样就结束了一条指令的执行过程。在下一个主时钟周期,系统将会重新从周期1开始执行。

例程程序

表2.6所示的是求和程序的实现过程,与CPU-1的相似。但是,在CPU-2中没有常数值,所有的操作数都是地址。因此,我们需要先加载存储器单元A1的内容(机器码:05 A1),然后加上单元A2的内容(机器码:04 A2),最后保存结果到单元A3(机器码:06 A3)。

接下来,我们让程序"动态暂停"[①]。借助于BEQ-1(十六进制码为:07 FF)我们可以做到。尽管每条指令都要2个字节,但是程序计数器每次递减的值是−1,而非−2。这是因为程序计数器在加上−1(FF)时,它已经递增了一次,而非两次。

我们还需要考虑分支指令是否为条件跳转,因此对于我们所需要的无条件分支跳转,我们需要保证累加器等于0。然而我现在没有了常数(立即数)可以使用,我们需要执行存储器加载指令LOAD,在执行分支指令前,加载我们已经知道的内容为0的存储器地址。示例程序中,存储器单元A0在程序开始前初始化为0。

P.43

表2.6　CPU-2加法程序

地址	代码	数据	注释
00	05	A1	LOAD mem[A1]
02	04	A2	ADD mem[A2]
04	06	A3	STORE mem[A3]
06	05	A0	LOAD mem[A0] "0"
08	07	FF	BEQ-1

① 程序不往下执行。——译者注

2.7.3 CPU-3:地址和常数

CPU-3 的设计(见图 2.38)在 CPU-2 的基础上引入了:

- 常数的加载操作(立即数)
- 无条件分支操作

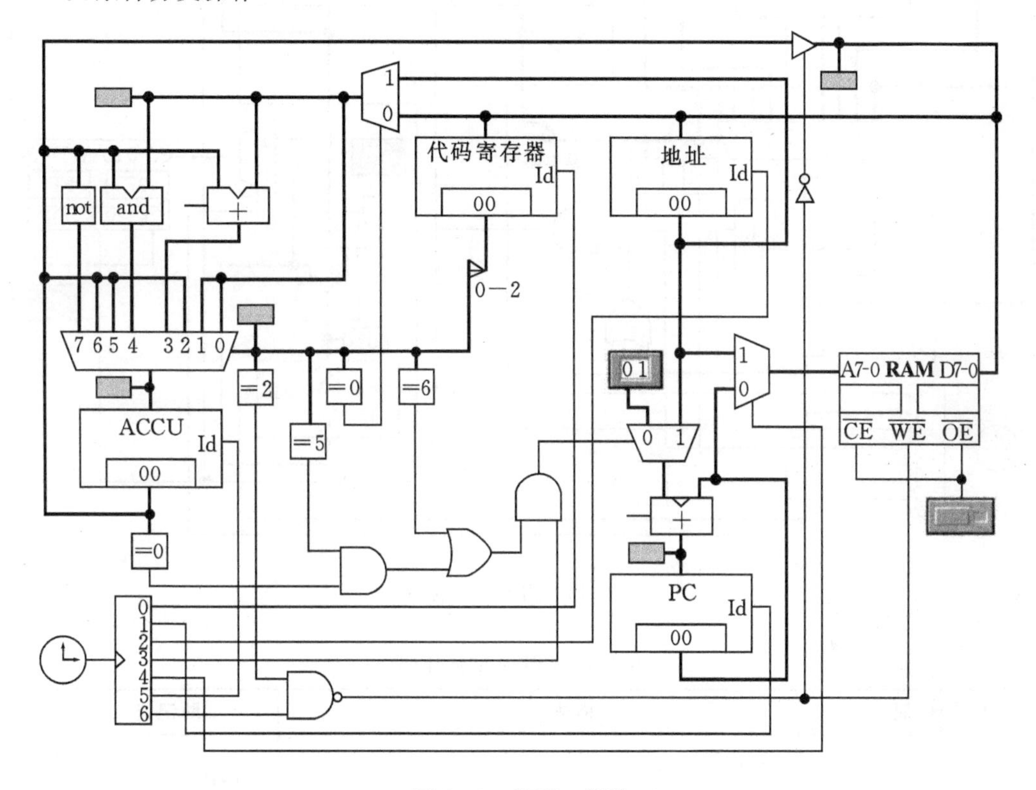

图 2.38 CPU-3 设计

CPU-3 仍然使用 8 种不同的操作码(共 3 位),因此我们需要减少本设计中 ALU-3 的功能。 P.44

通过操作码 0(参见 box"=0")控制的额外的复用器可以让 ALU-3 的输入在存储器输出(存储器操作数,直接地址模式)和地址寄存器输出(常数,立即操作数)间切换。然而,这些小技巧只对 LOAD 操作有效。由于 ADD 和 AND 操作码不为 0,所以这些指令仍然从存储器读数据。

第二个变化是包含了条件分支跳转(操作码 5)和无条件分支跳转(操作码 6)。注意,CPU-3 中的 STORE 指令已经变为操作码 2。现在执行分支的条件为操作码为 6(见 box"=6")或者操作码为 5(见 box"=5")并且累加器为 0。

2.7.4 CPU-4:对称设计(Symmetrical Design)

CPU-3 解决了 CPU-2 的部分缺陷,但这个设计更像是一个临时的方法或是权宜之计。如图 2.39 所示的是重新设计的更为简洁、对称的 CPU-4。

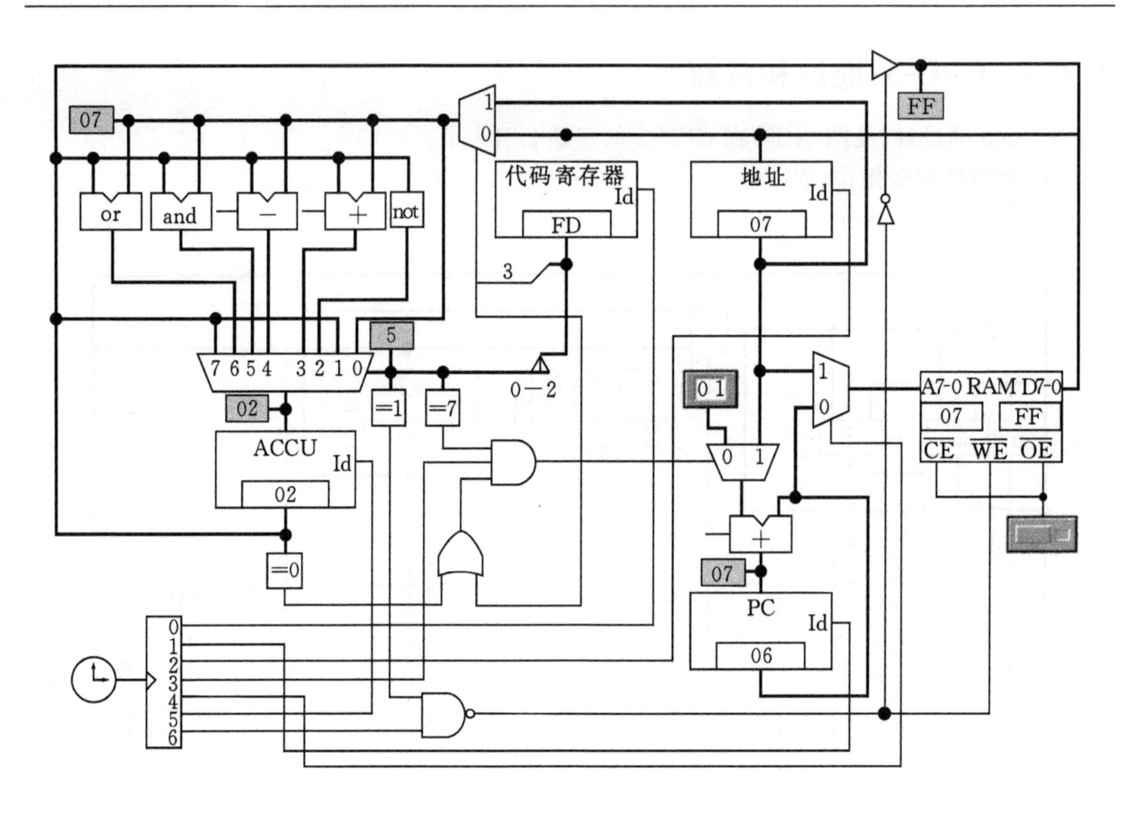

图 2.39　CPU-4 的设计

P.45

表 2.7　CPU-4 的操作码

操作码	描述	助记符
0	累加器 ← 内存 程序计数器 ← 程序计数器+2	**LOAD** 内存
1	内存 ← 累加器 程序计数器 ← 程序计数器+2	**STORE** 内存
2	累加器 ← 取反 累加器 程序计数器 ← 程序计数器+2	**NOT**
3	累加器 ← 累加器+内存 程序计数器 ← 程序计数器+2	**ADD** 内存
4	累加器 ← 累加器−内存 程序计数器 ← 程序计数器+2	**SUB** 内存
5	累加器 ← 累加器 与 内存 程序计数器 ← 程序计数器+2	**AND** 内存
6	累加器 ← 累加器 或 内存 程序计数器 ← 程序计数器+2	**OR** 内存

续表 2.7

操作码	描述	助记符
7	(* 累加器 内容不变 *) 若 累加器=0 则 程序计数器 ← 程序计数器+地址 其它 程序计数器 ← 程序计数器+2	BEQ 内存
8	累加器 ← 常数 程序计数器 ← 程序计数器+2	LOAD 常数
9	没有用	
10	没有用	
11	累加器 ← 累加器+常数 程序计数器 ← 程序计数器+2	ADD 常数
12	累加器 ← 累加器-常数 程序计数器 ← 程序计数器+2	SUB 常数
13	累加器 ← 累加器 与 常数 程序计数器 ← 程序计数器+2	AND 常数
14	累加器 ← 累加器 或 常数 程序计数器 ← 程序计数器+2	OR 常数
15	(* 累加器 内容不变 *) 程序计数器 ← 程序计数器+地址	BRA 地址

我们现在用额外的一位表示操作码(4 位),因此总共有 $2^4=16$ 种指令。本设计之所以对称是因为操作码的最高位(第 3 位)用于在常数(立即操作数)和存储器操作数间切换;因此每条指令都有两个版本存在。CPU-4 的所有操作码如表 2.7 所示。所有的指令分为两类,操作码 0 到 7 的指令使用存储器数据(直接地址寻址),操作码 8 到 15 的指令使用常数(立即数寻址)。对每一个操作码,区分存储器和常数的标志在于操作码的最高位。相同的位线(bit line)用于区分条件分支(操作码 7)和无条件分支(即一直分支,操作码 15)。CPU-4 的设计中并没有用到操作码的 4 到 7 位,但可以在 CPU 的扩展设计中使用。

P.46

如图 2.39 所示,第 3 位已从代码寄存器的输出中分离出来,用于切换复用器模式,区分每个操作码的类型,立即数(常数)还是直接(存储器)操作数。这个对称设计是非常典型的优秀 CPU 设计模式,并且深受汇编编程者和编译器设计师的好评。

针对条件分支和无条件分支语句的相似解决方法已经在 CPU-3 中设计实现。这里,操作码 7 和 15 被选中,并用操作码第 3 位区分,使用一个立即地址参数,而非存储器值。

例程程序

我们选择累加方式完成两数相乘的例程程序(见表 2.8)。两个数放在存储器单元 $FD 和 $FE,结果放在存储器单元 $FF 上。

表2.8　CPU-4程序，完成存储器中两个数的求积

地址	代码数据	助记符	注释
00	08 00	LOAD #0	清除结果存储器单元($FF)
02	01 FF	STORE FF	
04	00 FD	LOAD FD	加载第一个操作数($FD)
06	07 FF	BEQ−1	…如果为0跳过(BEQ−1相当于动态暂停)
08	0C 01	SUB #1	第一个操作数−1
0A	01 FD	STORE FD	
0C	00 FE	LOAD FE	加载第二个操作数($FE)并与结果相加
0E	03 FF	ADD FF	
10	01 FF	STORE FF	
12	0F F1	BRA−15	分支跳转到循环(地址4)

P.47

首先，存放结果的存储器单元被清空。随后，在循环的开头，第一个操作数被加载。如果等于0，程序终止。如果暂停运行，我们将使用和当前地址−1相关的分支语句。这样CPU将会陷入无限循环之中，有效地暂停运行。

如果结果不为零，当前的操作数−1(随后更新存储器内容)，并且第2个操作数被加载，随后和最后的结果相加。此程序的结尾处是一句无条件跳转至循环开头的语句。

2.8 参考文献

BRÄUNL, T. *Register-Transfer Level Simulation*, Proceedings of the Eighth International Symposium on Modeling, Analysis and Simulation of Computer and Telecommunication Systems, MASCOTS 2000, San Francisco CA, Aug./Sep. 2000, pp. 392–396 (5)

CHANSAVAT, B., BRÄUNL, T. *Retro User Manual*, Internal Report UWA/CIIPS, Mobile Robot Lab, 1999, pp. (15), web: `http://robotics.ee.uwa.edu.au/retro/ftp/doc/UserManual.PDF`

WIRTH, N. *Digital Circuit Design*, Springer, Heidelberg, 1995

第3章

传感器

现在有许多各种类型的传感器可以用于机器人设计，它们都采用了不同的测量技术和接口（与控制器的接口），因此这使得难以涵盖详述所有的传感器。我们将从中选出部分典型的传感器系统，并讨论它们硬件、软件的相关细节。本章的侧重点是传感器与控制器的接口，而非传感器本身的内部构造。 P.49

对应特定的应用，选择正确的传感器无疑是很重要的。这不仅要考虑合适的测量技术，合适的体积大小和重量，还包括它的工作温度范围与功耗，当然合理的价格也很重要。

传感器与CPU间的数据传送方式既可以由CPU控制（轮询法），也可以由传感器控制（中断法）。如果是由CPU控制，CPU就必须不断地循环查询状态位，以确认传感器是否准备就绪。这种方式比较费时，而中断法只需要使用一条中断线。传感器通过中断请求表示数据准备就绪，CPU便可以立即响应这个中断请求。

表3.1　传感器输出

传感器输出	采样应用
二进制信号（0或1）	触觉传感器
模拟信号（例如，0…5V）	倾角传感器
定时信号（例如，PWM）	陀螺仪
串口连接（RS232或USB）	GPS模块
并口连接	数字摄像机

3.1　传感器分类

从工程的角度看，根据传感器的输出信号来进行分类是可行的。这对于将它们与嵌入式系统进行连接时很重要。表3.1总结了典型的传感器信号输出及其应用范例。但是从应用的 P.50

角度看，我们还需要不同的分类(见表 3.2)。

表 3.2　传感器分类

	本体	全局
内 部	**被动式** 电池电量传感器 片上温度传感器， 轴编码器 加速度传感器 陀螺仪 倾角传感器 罗盘 **主动式——**	**被动式——** **主动式——**
外 部	**被动式** 板载摄像机 **主动式** 声纳传感器 红外测距传感器 激光扫描仪	**被动式** 高空摄像机 卫星全球定位系统 **主动式** 声纳(或是其它类型的)全局定位系统

从机器人的角度看，更重要的是区分以下概念：

- 本地或板载传感器
  (传感器安装在机器人上)
- 全局传感器
  (传感器安装在机器人所处的环境之中，而非机器人上，传感器将信号传回给机器人)

对于移动机器人系统，还需要区分以下概念：

- 内部或本体传感器
  (传感器监视机器人的内部状态)
- 外部传感器
  (传感器监视机器人周围的环境)

P.51

可更进一步地区分为：

- 被动式传感器
  (传感器监视机器人所处的环境，但不影响它。如数字摄像机，陀螺仪)
- 主动式传感器
  (传感器为了测量而给环境施加激励，如声纳传感器、激光传感器、红外测距传感器)

表 3.2 根据这些分类将安装在移动机器人上的典型传感器进行了分类。想进一步了解传感器可参看(Everett 1995)。

3.2 二值传感器

二值传感器是传感器中最简单的。它只返回1位信息，内容是0或1。典型的例子是机器人上使用的触觉传感器，如微型开关。用控制器或者锁存器的一个数字输入口就能容易使传感器与控制器连接起来。图3.1给出了怎样用一个电阻去连接一个数字输入。这样的话，如果开关断开，上拉电阻就会产生一个高电平。这就是所谓的“低态有效”设置。

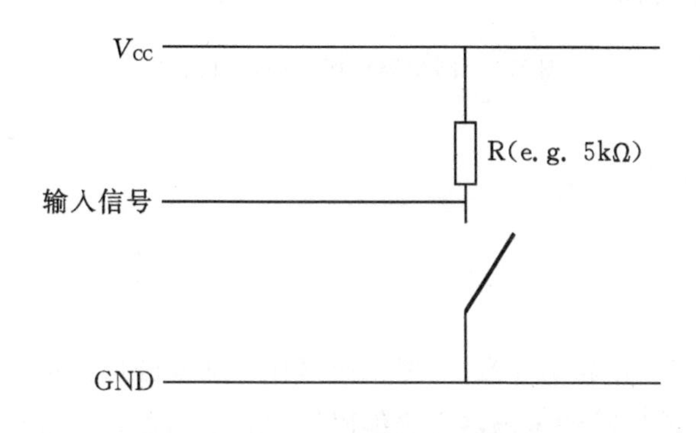

图3.1 触觉传感器的接口电路

3.3 模拟与数字信号传感器

很多传感器的输出都是模拟信号，而非数字信号。这意味着传感器到微控制器的接口电路还需要一个A/D转换器(将模拟量转换为数字量，参见3.5节)。使用这种传感器的典型例子是：

- 麦克风
- 模拟红外测距传感器
- 模拟电子罗盘
- 气压传感器(Barometer sensor)

P.52

从另一方面讲，数字传感器往往比模拟传感器要复杂，并且准确度也要高些。如果同一传感器既有模拟输出，也有数字输出，那么后者实际上就是模拟传感器和A/D转换器的打包产品。

数字传感器的输出信号有不同的形式——既可以是并行接口(如8位或16位数字输出线)，也可以是串行接口(如标准的RS232接口)或是“异步串行”接口。

“异步串行”说的是数据转换结果一位一位地从传感器发出。在传感器上设置完芯片使能线后，CPU会通过串行时钟信号线发出脉冲，同时在每个脉冲到来的时候从传感器的单输出线读取一位信息(如每个脉冲的上升沿)。如图3.2所示的是输出字宽度为6位的传感器。

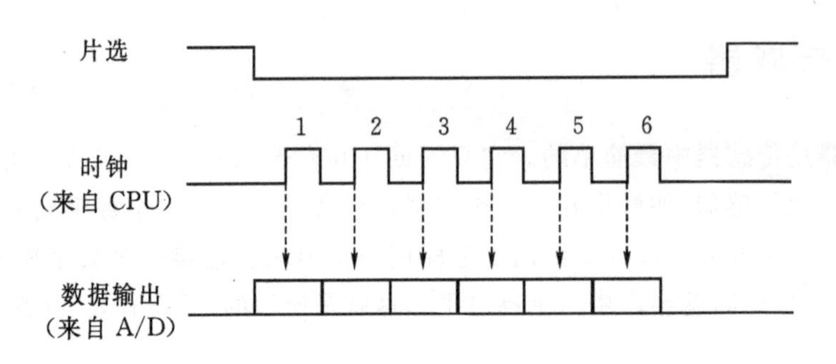

图3.2 同步串行接口的定时信号

3.4 轴编码器

编码器信号

对于电机控制(见第4章和第5章)需要编码器作为基本的反馈传感器。有很多构建编码器的方法。目前用的比较广泛的编码器是磁编码器和光编码器。磁编码器使用一个霍尔效应传感器和在电机转轴上的带有许多(例如16个)磁性点的旋转圆盘。电机每转一圈,磁性点便经过霍尔传感器产生16个脉冲或"信号"到编码输出上。标准的光编码器使用的是黑色和白色扇区相间的扇区盘(如图3.3左边)让LED和光电二极管连到一起。光电二极管检测到白色部分反射的光信号,而在黑色部分检测不到。因此,如果圆盘有白色和黑色区域各16个,电机每转一圈,传感器则可以收到16个脉冲信号。

编码器往往直接装在电机转轴上(也就是在齿轮箱前面),所以相比于齿轮箱下面的轴上P.53的慢转速,它有完全分辨率。例如,如果我们有一个每圈可以检测16个脉冲的编码器,和一个100∶1的变速箱(电机和汽车车轮的转速比为100∶1),那么光编码盘编码器的精度就是1600脉冲/圈。

上述的两种编码器被称为增量型编码器,因为它们只能从某个初始点计算经过的区域数。这并不足以确定电机转轴的绝对位置。如果需要确定电机转轴的绝对位置,就需要用到格雷码编码盘(见图3.3右边)及配套传感器。传感器的数量决定了这种编码器类型的最高精度

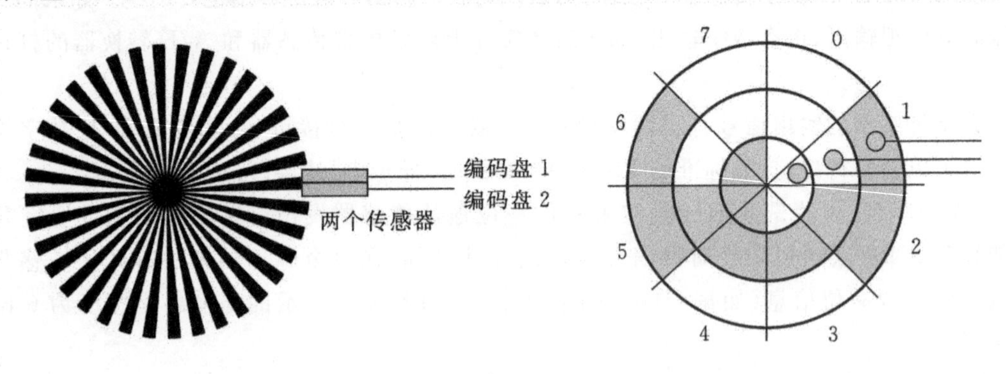

图3.3 光编码盘:增量型与绝对型(灰色编码)

(例如有 3 个传感器,精度就是 $2^3=8$ 个扇区)。注意格雷码编码盘上任意相邻扇区间只有一位不同(如 1=001 和 2=010 之间就相差了两位)。这正是这种类型编码器的本质特征,即使转盘是在两个区域的分界线上,仍可以正确读数。(对于二进制编码盘,在 111 和 000 区域的分界线上时,结果就会是任意的。)

正如前所述,若只有单个磁或光传感器单元的编码器时,就只能记录经过区域的多少,不能区分电机转轴是在顺时针还是在逆时针旋转。而这点对于机器人的双轮应用显得非常的重要——机器人既要能向前走,也要能向后走。由于这个原因,大多数的编码器都装有两个传感器(磁学或光学),两个传感器以一定相位差安装。这样的安排便可以根据脉冲接受的先后顺序确定电机转轴的旋转方向:如果图 3.3 的编码器 1 首先收到信号,则电机是顺时针旋转的;如果是编码器 2 先收到信号,则电机为按逆时针方向旋转。

因为每个编码器都只是二进制的数字传感器,我们可以用两条数字信号输入线将它们与微控制器连起来。但是这样做的效率不高,因为控制器可能需要不断地查询传感器的数据线,以记录上面的任何变化,并更新扇区计数。

幸好,这并不是必须的,现在大多数微控制器(与标准的微处理器不同)都有特殊的输入硬件来解决这样的情况。通常称它们为"脉冲计数寄存器",并可完全不依赖 CPU 记录一定频率范围内的脉冲。完全不依赖 CPU 意味着 CPU 不会降低工作速度,因而可以解放出来运行顶层的应用程序。 P.54

转轴编码器是移动机器人上的标准传感器,用于确定机器人的位置和方向(见 16 章)。

3.5 A/D 转换器

一个 A/D 转换器可以将模拟信号转换为数字信号。A/D 转换器的特征指标有:

- 精度
  用位数/值表示
  (例如 10 位 A/D 转换器)
- 速度
  用每秒的最大转换次数表示
  (例如 500 次转换/秒)
- 测量范围
  用伏特表示
  (例如 0～5V)

A/D 转换器有很多种,因而输出的格式也各不相同。典型的是并行接口(例如精度为 8 位)或是同步串行接口(见 3.3 节)。后者有个好处,就是每次测量的位数没有限制,例如 10 或 12 位精度。图 3.4 所示的是典型的 A/D 转换器到 CPU 的接口设置。

很多 A/D 转换器模块还包含一个多路复用器,这样便可以连接多个传感器,顺序地读入并转换数据。这样,A/D 转换器还需要一个 1 位输入线,这样可以通过同步串行传输(从 CPU 到 A/D 转换器)来设置特定的信号输入线。

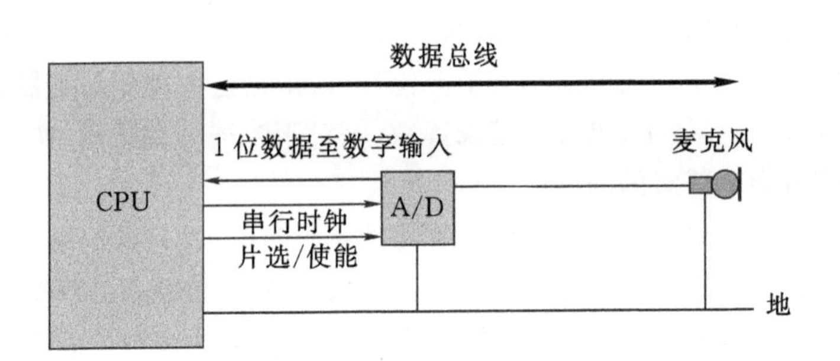

图 3.4 A/D转换器的接口电路

3.6 位置敏感传感器

P. 55

用于测距的传感器在机器人中无疑是最重要的传感器之一。过去的数十年中,移动机器人身上装上了各种类型的传感器,用于测量离最近障碍物的距离以实现机器人导航的目的。

声纳传感器

过去,很多的机器人加装的都是声纳传感器(常常是偏振片传感器)。由于这些传感器的锥面角度相对狭窄,典型的配置即给圆形的机器人覆盖一圈需要 24 个传感器,也就是每个传感器安装角度相差 15°。声纳传感器的原理如下:发出 1ms 的超声波,频率从 50～250 kHz。记录声纳信号从发出到被接受所用的时间。测得的飞越时间正比于离传感器圆锥上最近障碍物距离的 2 倍。如果一定时间内没有收到任何信号,则说明相应的距离内没有检测到障碍物。每秒进行 20 次测量,使传感器发出典型的"滴答声"(见图 3.5)。

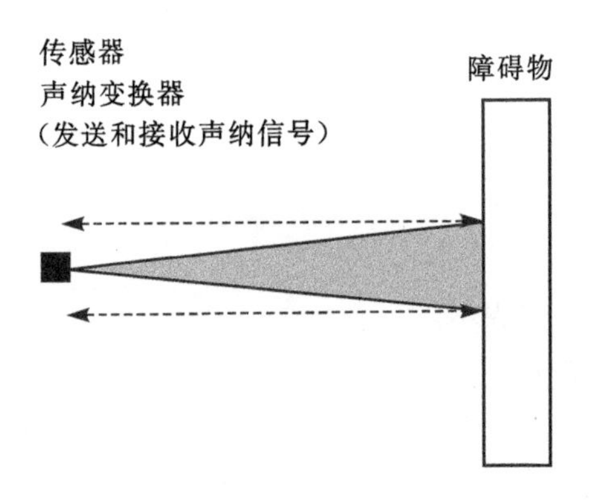

图 3.5 声纳传感器

声纳传感器有很多的缺点,但仍不失为是一种有用的传感器系统。同时,有大量如何解决这些缺点的文章(Barshan, Ayrulu, Utete 2000)、(Kuc 2001)。声纳传感器最为显著的问题是反射和干扰。当声音信号反射时,假如以一定的角度从墙面被反射,则从测量结果得出的障碍物距离比实际要远得多。如果一次有几个声纳传感器同时工作,就会发生干扰(一个机器人上的 24 个传感器,或是几个相互独立的机器人)。这样,一个传感器会收到另一个传感器所发出的声音信号,结果会误认为与障碍物间的距离比实际近。对声纳信号进行编码可以避免这个问题，例如使用伪随机码(Jörg，Berg 1998)。

激光传感器

今天，在很多的移动机器人系统中，声纳传感器已被红外传感器或是激光传感器所取代。现在移动机器人的标准传感器是激光传感器(例如 Sick Auto Ident (Sick，2006))，它可以从机器人的视角返回近乎完美的2D地图，或是完整的3D距离图。然而遗憾的是，这些传感器对于小型移动机器人系统而言仍然太大太重(而且太贵)。这也就是我们重点讨论红外测距传感器的原因。 P.56

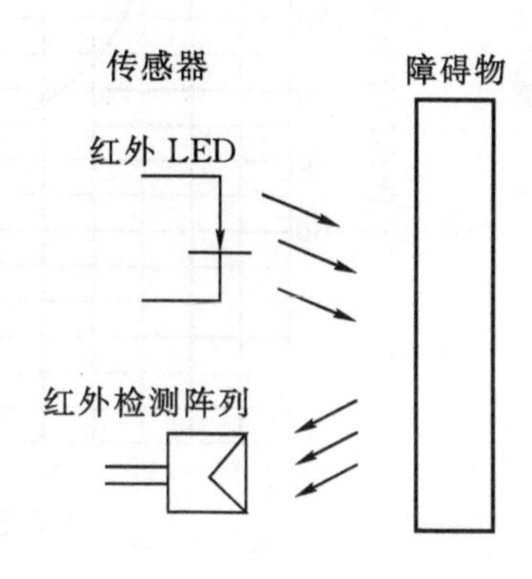

图 3.6 红外传感器

红外传感器

由于光子的飞越时间对于简单而廉价的传感器阵列来说太短了，因此红外测距传感器不能采用与声纳传感器相同的方法。取而代之的是，红外(IR)传感器通常使用频率在40 kHz左右的脉冲的红外 LED 以及一个检测阵列(见图 3.6)。反射光线的相角随着目标的变化而变化，这样便可用来测量距离。使用的波长一般是880nm。尽管人眼不可见，但是可用红外检测卡或用红外摄像机(IR-sensitive camera)将光束捕获后，转换为可见光。

图 3.7 所示的是 Sharp 的 GP2D02 (Sharp 2006)，工作原理与上面所述的相似。这种传感器有两种不同的类型：

- 模拟输出的 Sharp GP2D12
- 数字串行输出的 Sharp GP2D02

模拟传感器电压返回值和测量距离有关(但不是成比例，如图 3.7 的右图和下面的文字)。数字传感器有一个数字串行接口。由如图 3.2 的 CPU 时钟信号触发，它的8位测量数据在一条数据线上按位传输。

图 3.7 的右图所示的是数字传感器的读出数据(原始数据)与实际距离之间的关系。从这个图表可以清楚地看到传感器的返回值和实际距离间并不成线性或比例关系，因而需要对传感器的原始数据做后期处理。解决这个问题最简单的方法是使用查表法，一个传感器对应一个参数表。因为返回的数据只有8位，查找表也相应有256个检索值。在 RoBIOS 操作系统的硬件描述表(hardware description table，HDT)表中提供了一张这样的参数表(见附录

B.3)。基于这个方法,每个传感器只需校正一次,而且对于应用程序是完全透明的[①]。

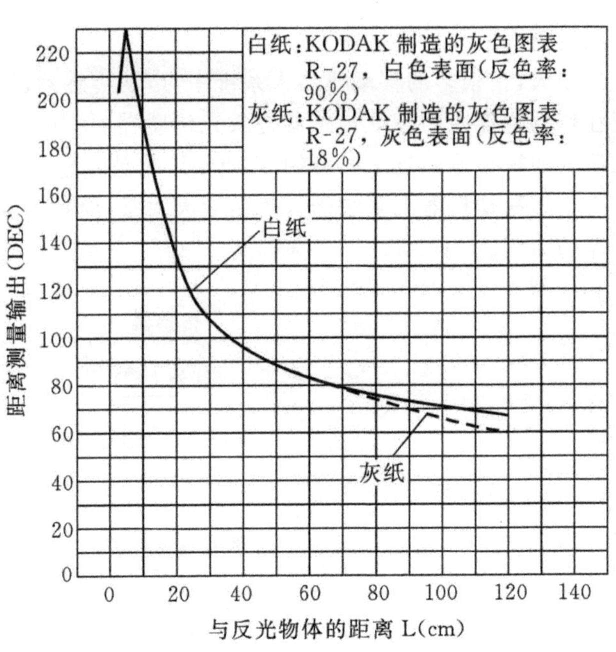

图 3.7 Sharp PSD 传感器和传感器图表(来源:(Sharp 2006))

P.57 观察这张图表会发现,当实际距离低于 6cm 时会有另外一个问题。因为这个距离脱离传感器的测量范围,因而会导致比实际距离要远的错误读数。更为严重的是,解决这个问题并不容易。例如,可以连续地观察传感器的测量距离直到它接近了 6cm。但是,从那时起便不知道障碍物是离得更近还是更远。最为安全的方法是安装机械传感器,这样,离障碍物的距离便不可能低于 6cm,或者增加使用一个红外近距离传感器来检测最小距离范围内的障碍物。

红外接近开关(IR proximity switches)本质上比红外 PSD 更为简单。红外接近开关相当于 3.2 节所示的接触式二进制传感器。这些传感器也可以只返回 0 或 1,这取决于传感器的前面是否有空余的空间(例如 1～2cm)。红外接近开关可以在大多数应用中替代接触式传感器,包括障碍物有反光表面的情况。它们与机械式微型开关相比,优点是没有移动的部件。

3.7 电子罗盘

在许多移动机器人应用中,电子罗盘是非常有用的传感器,尤其是自我定位。一个自主式机器人需要依靠自己的板载传感器来了解自己的当前位置和方位。移动机器人上实现实时定位的标准方法是在每个轮子上加装轴编码器,然后通过"航位推算(dead reckoning)"来实现。这种方法需要知道初始的位置和方向,然后累积机器人所有的移动和转变来求解现在的方位。然而,由于轮子的滑动以及其它的原因,"航位推算"的估算误差会随时间的增加而不断积累变大。

① 完全透明意味着这些参数可以在顶层获取或修改,随着环境的改变,可以动态地调整传感器的参数表。——译者注

因而，最好是用板载的电子罗盘传感器来确定机器人的绝对方向。 P.58

接下来，所有全局传感器的方向应该和基于卫星的全球定位系统(global positioning system，GPS)的接收模块相连。GPS模块相当的复杂，并且内置一个微控制器。接口电路一般使用串口(见自动驾驶飞机上GPS模块的使用，第12章)。另一方面，GPS模块只能在户外无遮挡的区域使用。

模拟罗盘

有很多种电子罗盘可以集成到控制器上使用。最简单的是模拟电子罗盘，它只能区分出八个方向，这八个方向分别用不同的电压等级表示。这些相当便宜的传感器可以作为罗盘方向指示器，用在某些四轮驱动的汽车模型中。可直接将罗盘接到EyeBot的模拟输入上，然后设定可以区分8个方向的电压阈值。一个适合的模拟电子罗盘型号是：

- Dinsmore数字传感器No. 1525或1655
  (Dinsmore，1999)

数字罗盘

数字罗盘相对要复杂，但它也提供了更高的方向分辨率。我们在大多数项目中所选的传感器的分辨率为1°，精度为2°，并且可以在室内使用：

- Vector 2X
  (Precision Navigation 1998)

这种传感器有分别用于重启、测量和模式选择的控制线，但并不是在所有的场合下都要全部使用这些控制线。传感器使用相同的数字串行接口(已在第3.3节介绍过)来发送数据。这种传感器有两种样式——标准的(见图3.8)和装有万向接头的样式。装有万向接头的电子罗盘在倾斜达15°时仍能精确测量。

图3.8 Vector 2X电子罗盘

3.8 陀螺仪、加速度传感器、倾角传感器

在像履带式机器人(见图8.7)、平衡机器人(第10章)、步行机器人(第11章)以及无人机(第12章)的应用中，需要使用方向传感器在3D空间中确定机器人的方向。有很多种传感器可以实现这个目的(见图3.9)，可构成复杂的模块确定对象在全三维坐标系下的方向。但是，我们在这 P.59

里着重讨论稍微简单一些的传感器,大多数这样的传感器只能测量一个维度。两个或三个同样模块的传感器可以组合在一起测出二维或三维坐标系下的方向。传感器的类别如下:

- **加速度传感器**
  测量单轴加速度
  - Analog Devices ADXL05 (单轴,模拟输出)
  - Analog Devices ADXL202 (双轴,PWM 输出)
- **陀螺仪**
  测量单轴上方向的转动变化
  - HiTec GY 130 压电陀螺 (PWM 输入、输出)
- **倾角传感器**
  测量单轴绝对方向角
  - Seika N3(模拟输出)
  - Seika N3d(PWM 输出)

图 3.9 HiTec 压电陀螺仪, Seika 倾角传感器

3.8.1 加速度传感器

所有这些简单的传感器都有很多缺陷和局限。大多数这样的传感器不能很好地处理抖动。在行使机器人上就经常会发生抖动,尤其是步行机器人更为严重。因此需要用软件对信号进行滤波。一个非常好的办法是将两个不同类型的传感器组合,如陀螺仪和倾角传感器,并在软件中进行传感器融合(sensor fusion)(见图 8.7)。

模拟器件公司(Analog Devices)有很多种型号的加速度传感器可以进行单轴或双轴的测P.60量。传感器的输出为模拟信号或是 PWM 信号,PWM 信号需要用 CPU 的定时器测量并转换成二进制数值。

我们测试过的加速度传感器对位置噪声(例如步行机器人中的伺服抖动)相当的敏感。因此,需要给模拟传感器输出信号附加一个低通滤波器,或是对数字传感器输出信号进行数字滤波。

3.8.2 陀螺仪

我们选用的是 HiTec 的陀螺仪,它是模型飞机和模型直升机的众多陀螺仪制造商产品系列中的一个代表。这些模块需要连接在接收器和伺服执行器之间,因此它要有一个 PWM 输入和一个 PWM 输出。以模型直升机为例，正常操作时，来自接收器的 PWM 输入信号会根据陀螺仪的轴所测得的转动做相应的修正，并在传感器的输出端生成 PWM 信号以补偿这个角转动。

显然，我们想将陀螺仪作为传感器使用。为此，我们使用 RoBIOS 库中的 SERVOSet 例程来产生一个固定的在中间位置上的 PWM 信号，作为陀螺仪的输入，并用 EyeBot 控制器的 TPU 输入来读取陀螺仪的 PWM 输出信号。PWM 周期输入信号被转换成二进制值后，就可以作为传感器数据使用了。

观察所使用的压电陀螺仪(HiTec GY 130)会发现一个很明显的问题——漂移。即使不移动传感器，而且它的 PWM 输入信号也保持不变，但是它输出的漂移电压会随时间变化，如图 3.10(Smith 2002)，(Stamatiou 2002)所示。原因可能是传感器内的温度变化，因而需要对温度进行补偿。

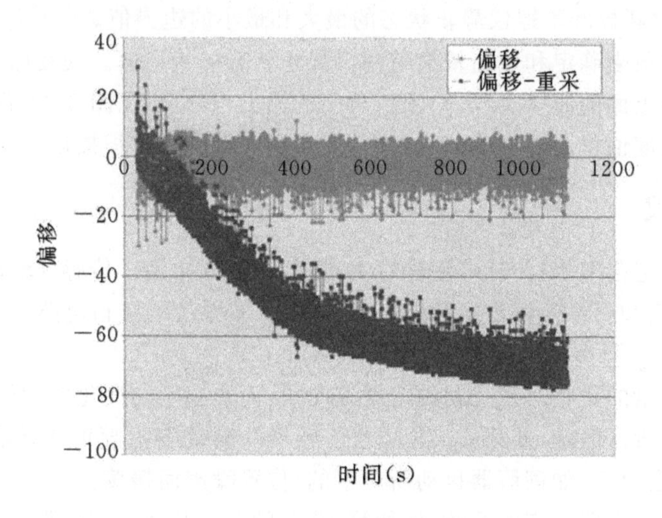

图 3.10　静止时和修正后的陀螺仪漂移

这些陀螺仪还有一个普遍的问题就是它们只能检测方向上的变化(单轴旋转)，而非绝对位置。为了记录当前的方向，我们需要将传感器信号对时间做积分，例如使用 Runge-Kutta 积分法。这种方法在某种程度上和用于确定行驶机器人的 x/y一位置的“航位推算”法是等价的。积分应当在有规律的时间区间，例如 1/100s；可是，与“航位推算”的共同问题是：求得的方向会随着时间的推移其误差越来越大。 P.61

图 3.11(Smith 2002)，(Stamatiou 2002)所示的是通过使用伺服驱动让一个陀螺在两个方向间连续运动，所测得的陀螺积分传感器信号。如图 3.11 的左图，角度值在前几次迭代中保持在正确的范围内，但随后很快漂移到范围之外，使传感器信号变得毫无用处。误差的形成既有传感器漂移的原因(见图 3.10)也有迭代误差的原因。接下来需要使用传感器数据处理技术来解决问题。

1. 去掉数据中的界外值以减少噪声。
2. 使用滑动平均法减少噪声。
3. 使用比例因子来增加/减少绝对角度值。
4. 通过采样重新校准陀螺仪静止状态的平均值。

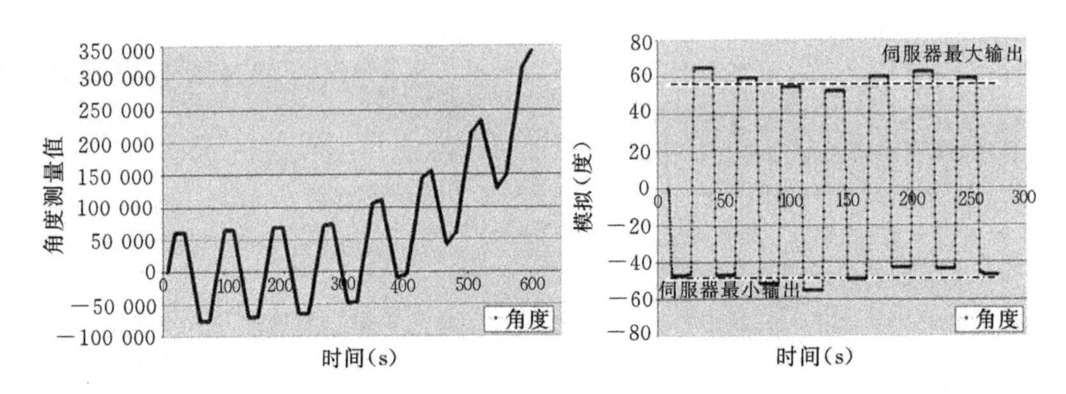

图 3.11 运动陀螺的测量值(积分)原始值的和修正值

5. 通过采样重新校准陀螺仪静止状态的最大和最小的边界值。

使用两套边界值来确定和重新校准陀螺仪静止状态的特征值。现在已经消除了传感器的漂移(见图 3.10 中上面的曲线)。反映倾斜角度的输出积分值(见图 3.11 右)是修正后的无噪声信号。测得的角度值目前在正确的范围内,并且和实际的角度很接近。

3.8.3 倾角仪

P.62

倾角仪测量特定范围(与传感器型号有关)内的绝对方向角。传感器输出模式也与型号有关,有模拟信号输出和 PWM 输出两种。所以,与嵌入式系统的接口电路也和加速度传感器的相同(见 3.8.1 节)。

由于倾角仪测量的是相对于某轴的绝对方向角,而非角度的变化率,所以它们似乎比陀螺仪更适合于方向测量。但是,使用 Seika 倾角传感器的测量表明倾角传感器在测量时会有时延的问题,同时也会由于(如伺服器抖动所产生的)位置噪声而振荡。

尤其是对于需要立即响应的系统,例如第 10 章的平衡机器人,陀螺仪比起倾角仪更具优势。通过对器件进行了测试,最好的解决方案是同时使用倾角仪和陀螺仪。

3.9 数字摄像机

数字摄像机是机器人所使用的最为复杂的传感器。由于对处理器速度和存储能力的要求,直到最近才在嵌入式系统中得以使用。1995 年 EyeBot 设计的重点就是构建一个小而紧凑的嵌入式视觉系统,并成为第一个此类的产品。而今天,PD 和电子玩具一般都带有摄像机,消费市场中也出现了带有板载图像处理功能的数字摄像机。

对于移动机器人的应用而言,我们感兴趣的是高帧速率(high frame rate),因为机器人在移动时,希望传感器的数据更新得越快越好。由于高帧速率和高分辨率之间有相互制约的关系,我们就不能过多地考虑摄像机的分辨率。对于很多小型移动机器人而言,60×80 像素的分辨率足够了。尽管分辨率低,但我们还是能够分辨出挡在机器人(见图 3.12 中足球机器人是 60×80 的图像例子)前面的有色物体或障碍物。在这个分辨率下,EyeBot 控制器上的帧速率(只读)可以达到 30fps(帧每秒,frames per second)。然而,使用图像处理算法后,帧速率会下降,下降的程度取决于算法的复杂度。

图 3.12 60×80 分辨率下的图像例子

图像分辨率必须足够高以便能够在一定距离内检测出目标物体。当远处的物体变得仅有几个像素点时，便不足以使用检测算法。很多高级图像处理例程对时间的要求是非线性的，但即使是简单的线性滤波器（如 Sobel 边缘检测器）也需要对所有的像素点循环检测，而这需要消耗一定时间（Bräunl 2001）。60×80 像素，每个像素点 3 字节的色彩值，总计是 14 400 字节。

P. 63

然而，对于嵌入式视觉应用而言，随着摄像芯片的更新换代，分辨率会越来越高，例如 QVGA（quarter VGA）的分辨率可以达到 1024×1024，而厂家也不会再生产低分辨率的传感器芯片。这样，需要传输的视频数据就越来越多，传输率也就越来越高。因此，系统需要额外的高速率硬件来支持嵌入式视觉系统，保证它们能跟得上摄像机的传输速率。由于没有足够的内存空间来保存这些高清图片，结果是系统可达到的帧速率就降为每秒若干帧，而并无其它益处，更不用说应用典型图像处理算法处理它们所要求的 CPU 速度了。

数字+模拟

摄像机输出

图 3.13 所示的是 EyeBot 嵌入式控制器中所使用的 EyeCam 摄像机模块。EyeCam C2 除了有数字输出外，还有模拟灰度视频输出口，模拟灰度视频输出可以用于高速摄像机聚焦（camera lens focusing）或是模拟视频记录，例如以演示为目的的应用。

图 3.13 EyeCam 摄像机模块

接下来，我们将探讨摄像机的硬件接口和系统软件。有关用户应用的图像处理程序将在第 19 章介绍。

3.9.1 摄像机传感器硬件

近些年来，摄像机传感器技术有了日新月异的发展。多年的霸主 CCD（电荷耦合器件，charge coupled device）传感器芯片被更为廉价的 CMOS（互补金属氧化物半导体，complementary metal oxide semiconductor)芯片所取代。CMOS传感器的亮度敏感区域也要比CCD传感器大数个数量级。然而对于与嵌入式系统的接口来说,它们之间没有什么区别。大多数的传感器会提供几种不同的接口协议,可以通过软件进行选择。一方面,这可以实现更多用途的硬件设计,而另一方面,传感器也越来越像一个微控制器系统,因此也需要投入更多的精力进行软件设计。

摄像机传感器硬件接口一般为16位并行、8位并行、4位并行或是串行。此外,还需要控制器提供一些控制信号。仅仅只有少数传感器能够缓存视频数据,并允许控制器通过握手信号的方式进行任意的低速读取。这对于低速控制器显然最佳,但是标准的摄像芯片有自己的时钟信号,并且通过帧起始(frame-start)信号以数据流的方式发送完整的视频数据。这要求控制器CPU能够足够快以保持和数据流同步。

P.64

软件设置的参数类型因传感器芯片的不同而不同,常见的需设置参数是帧速率、在(x,y)的图片起始点、在(x,y)的图片大小、亮度、对比度、色彩强度或是自动亮度[①]。

CPU最简单的摄像机接口如图3.14所示。摄像机时钟和CPU的中断相连,而并行摄像机数据输出直接连到数据总线上。摄像机每字节的视频数据都会使得CPU产生中断,然后CPU使能摄像机输出,并从数据总线上读取一个字节的视频数据。

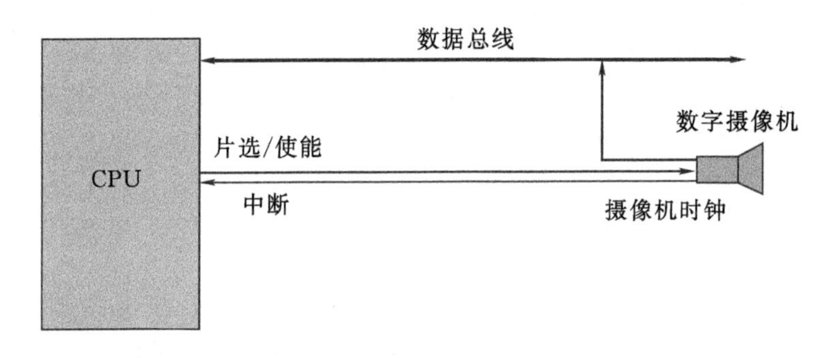

图3.14 摄像机的接口

每次中断的开销是巨大的,由于系统寄存器需要在中断发生时保存到堆栈中,在中断返回时恢复。中断的启动和返回的耗时是一条普通指令的执行时间的10倍,具体的时间开销与所使用的微控制器有关。所以,每个视频字节产生一次中断不是最好的办法。最好是将多个字节数据缓存,然后间歇性地使用数据块传输视频数据。图3.15所示的方法是使用FIFO缓存作为中介来保存视频数据。FIFO缓存器的好处是它能支持非同步的并行读写模式,即摄像机在向FIFO缓存器写数据时,CPU可以同时读数据,而缓存器中的其它数据保持不变。摄像机的输出和FIFO输入相连,摄像机的像素时钟(pixel clock)触发FIFO的写信号线。从CPU的内部看,FIFO的数据输出和系统的数据总线相连,而片选信号触发FIFO的读信号。FIFO还有三条状态信号线:

P.65

- 空标志位
- 满标志位
- 半满标志位

① 根据环境亮度做调整。——译者注

FIFO 的这些数字输出可用于控制 FIFO 缓存器的数据块传输。由于 FIFO 接收的数据流是连续的，在我们的应用中，半满标志位是这些状态信号线中最重要的一条，它用于连接 CPU 的中断线。只要 FIFO 的状态为半满，系统会对 FIFO 缓存器中另一半的数据进行批量读取操作。假定 CPU 的响应很快，这将意味着不会产生视频数据的丢失，全满标志位也将永远不会被置位。

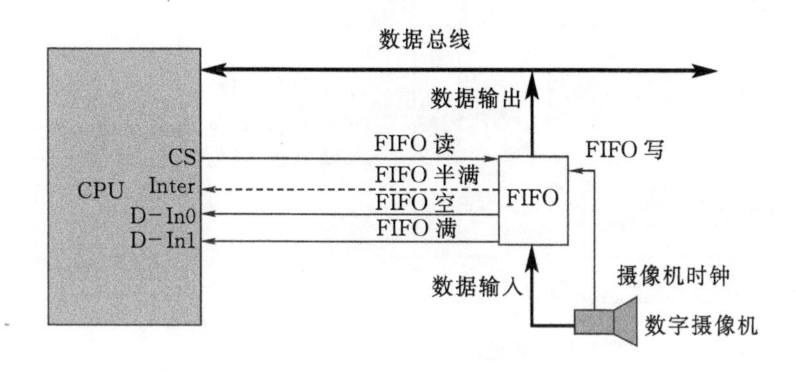

图 3.15 FIFO 缓存器的摄像机接口

3.9.2 摄像机传感器数据

我们必须要区分灰度和彩色摄像机这两个概念，尽管如我们所见，这两者的差别很小。最常见的传感器芯片所能提供的灰度图片为 120 行乘 160 列，每个像素点为一字节（例如 VLSI Vision 公司的灰度摄像机 VV5301 或彩色摄像机 VV6301）。值为 0 表示像素点为黑色，值为 255 表示像素点为白色，二者之间的值表示的是一系列的灰度值。图 3.16 所示的是一张灰度图片。摄像机在一个特定的帧开始序列后，便按行主序列传输图像数据。

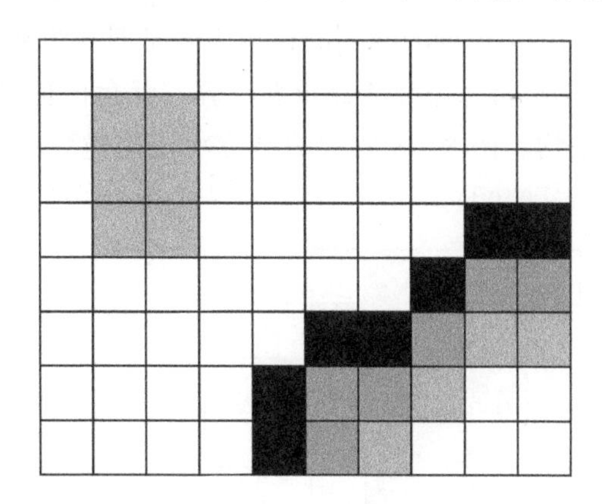

图 3.16 灰度图片

贝尔模板

由灰度摄像机传感器芯片得到彩色摄像机传感器芯片非常简单，只需要在像素蒙板（pixel mask)上铺一层颜色(paint)。在栅格中排列像素的一种标准技术是拜尔图(Bayer pattern)(见图3.17)。奇数行的像素点(1,3,5,…)交替为绿色和红色,而偶数行的像素点(2,4,6,…)交替为蓝色和绿色。

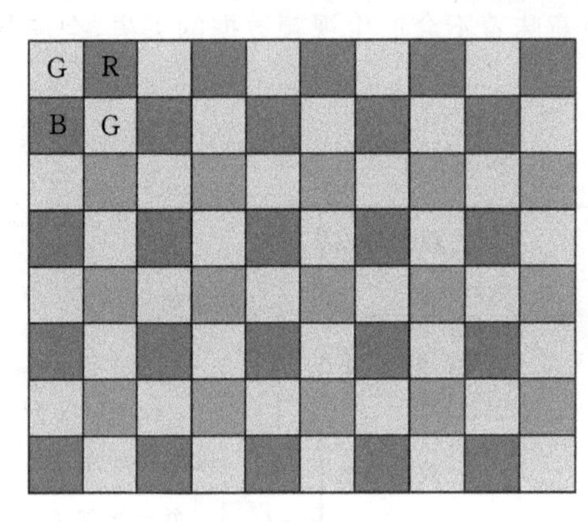

图3.17 彩色图片

P.66

有了这个颜色滤波器覆盖在像素阵列上,每个像素点只需要记录某种颜色的强度。例如,红色滤波后的像素点只需要记录该点上红色的强度。乍一看,每个彩色像素点需要四个字节:一行是绿色和红色,下一行是蓝色和绿色(再一次)。这实际上会生成一个60×80的彩色图像,每一个像素点带有一个额外的、冗余的绿色字节。

然而,很容易忽略一点,即对红、绿$_1$、蓝、绿$_2$这四部分的采样并不是在同一个位置。例如,蓝色传感器像素点在隔一行,而右边的是红色像素点。因此,将这四种颜色作为一个像素点来对待,等于我们施加了某种滤波,并丢失了信息。

逆马赛克

有一种称之为"逆马赛克(demosaicing)"的技术用来将图片恢复为120×160满像素全彩图片。事实上,这项技术就是针对每个像素点重新计算三元色的值(R,G,B),例如,将最近的同样颜色的四个像素值求平均。图3.18所示的是三次使用逆马赛克得到[3,2]点的像素点(假设左上角为图像的起始点[0,0])。

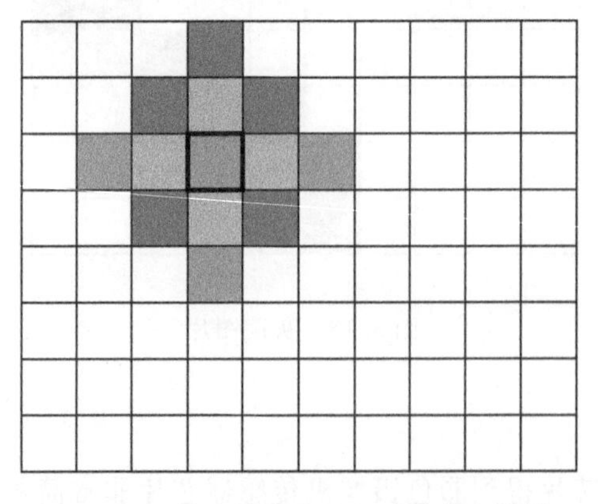

图3.18 单个像素位置的逆马赛克结果

然而,求平均只是一种最简单的视频数据恢复的方法,但效果并不是最好。更好的逆马赛克算法文章参见(Kimmel 1999)、(Muresan, Parks 2002)。

P.67

3.9.3 摄像机驱动

有三种用于接收数字摄像机数据的常用捕获模式:

- **读模式**:应用程序需要接收驱动的一帧数据,并阻塞 CPU 的运行。驱动将等待并捕获摄像机发来的下一个完整的数据帧。一旦完整地读入一帧数据,将传给应用程序,并且程序继续运行。在这种模式下,驱动必须首先等待新的一帧来启动。这意味着应用程序阻塞的时间将高达两帧,一帧的时间用来寻找新帧的开始,一帧的时间用来读当前帧的数据。
- **连续捕获模式**:这种模式下,驱动会连续捕获摄像机发送的数据帧,并保存到两个缓存器中的一个。当应用程序需要读取帧数据时,将会把最后一个读入缓存的指针发送给应用程序。
- **同步连续捕获模式**:这种模式下,驱动在后台工作,它从摄像机读取每一帧数据然后保存在缓存器中。每当完整地读入一帧数据,就会有一个捕获信号/软件中断发送给应用程序。随后,应用程序的信号处理程序(signal handler)将会处理这些数据。中断处理程序的运行时间受到摄像机捕获一张图片所需时间的限制。

大多数型号可以通过使用额外的缓存器来扩展。例如,在同步捕获模式下,驱动器可能会写满不止一个缓存器。很多运行在工作站上的高端捕获程序在记录视频时使用的是同步捕获模式。对于视频记录而言,这显然是有意义的。所有的数据帧(或者是足够多的数据帧)将生成最佳的效果。

P.68

现在的问题是在面对处理速度较慢的微处理器时,上述哪一种捕获模式最适用于移动机器人。通过并口从摄像机中读数据帧对 M68332 而言开销巨大。摄像机通过并口一字节一字节地读取数据,如果假定摄像机传感器芯片为低分辨率的彩色摄像机 VLSI Vision VV6301,读入一帧的开销占到 CPU 的 54%,而其中大部分的帧数据实际上应用程序并未使用。

另一个问题是显示的图片已经过时(数据帧过时)会影响到结果。例如当快速摇摆摄像机时,就需要在程序中加入一定的延时,以等待图像捕获驱动跟上机器人的运动。

因而,"读"接口被认为是最适合于移动机器人的应用,他的处理器开销最小,代价是很小延迟。此延迟通常可以通过在运动指令结束前发送帧请求来加以消除。

3.9.4 摄像机 RoBIOS 接口

摄像机和 CPU 所有的数据交换在后台通过传感器外部中断或是周期定时器中断进行,这使得摄像机用户接口会非常的简单。程序 3.1 所列的例程适用于很多不同的摄像机和接口(即带或不带硬件缓存器的接口),而在 EyeBot 上也针对这些摄像机和接口写好了相应的驱动。

程序3.1 摄像机接口例程

```
typedef BYTE image   [imagerows][imagecolumns];
typedef BYTE colimage[imagerows][imagecolumns][3];

int CAMInit    (int mode);
int CAMRelease (void);

int CAMGetFrame    (image *buf);
int CAMGetColFrame (colimage *buf, int convert);

int CAMGetFrameMono  (BYTE *buf);
int CAMGetFrameRGB   (BYTE *buf);
int CAMGetFrameBayer (BYTE *buf);

int CAMSet  (int  para1, int  para2, int  para3);
int CAMGet  (int *para1, int *para2, int *para3);
int CAMMode (int mode);
```

唯一能支持当前EyeCam型号的模式是NORMAL,而更老的QuickCam摄像机还支持放大/P.69缩进模式。CAMInit返回的是摄像机的代码号(code number)或是不成功时返回错误代码(参见附录B.5.4)。

灰度和彩色图片的标准大小为62×82。灰度图片的每个像素点为1字节,数值从0(黑色)到128(中等灰度)到255(白色)。彩色图片的每个像素点包含3个字节,依次为红色、绿色和蓝色。例如,中等绿色表示为(0,128,0),全红为(255,0,0),嫩黄为(200,200,0),黑色为(0,0,0),白色为(255,255,255)。

对于所有的摄像机型号(与分辨率无关),标准摄像机读取函数返回的图片大小为62×82(其中包括1像素宽的白色边界):

- CAMGetFrame (读取一张灰度图片)
- CAMGetColFrame (读取一张彩色图片)

这起源于早期的支持60×80的摄像机传感器芯片(QuickCam和EyeCam C1),沿着图像增加一个1像素宽的边界,因为不需要再检查图像的边缘,这将简化图像操作的编程。

函数CAMGetColFrame还有一个参数,用来将彩色图片转换为灰度图片。下面的调用允许使用彩色摄像机进行灰度图像处理:

```
Image buffer;
CAMGetColFrame((colimage *)&buffer,1);
```

新式摄像机如EyeCam C2,已经支持全VGA分辨率(full VGA resolution)。为了能够使用全图像分辨率,还需要三个摄像机接口函数来读取摄像机传感器上的视频数据(即根据不同的摄像机型号返回不同图像尺寸的视频数据,参见附录B.5.4)。这些函数是:

- CAMGetFrameMono (读取一张灰色图片)
- CAMGetFrameColor (按照RGB三字节格式读取彩色图片)
- CAMGetFrameBayer (按照Bayer四字节格式读取彩色图片)

由于这些数据容量比这些函数相对要大,比起CAMGetFrame/CAMGetColFrame函数它们可能需要更长的传输时间。

不同的摄像机型号支持不同的参数设置,返回不同的摄像机控制值。正因为如此,不同摄像机之间的例程 CAMSet 和 CAMGet 的语义并不相同。对于摄像机型号 EyeCam C2，只使用了 CAMSet 的第一个参数，来描述摄像机的运行速度(参见附录 B.5.4)：

FPS60, FPS30, FPS15, FPS7_5, FPS3_75, FPS1_875

对于摄像机 EyeCam C2，例程 CAMGet 返回以帧每秒(fps)为单位的当前帧速率以及完全支持的图像的宽度和高度(详细内容参见附录 B.5.4)。如果所用的摄像机支持函数 CAMMode，那么便可以用它实现自动亮度调节的功能(见附录 B.5.4)。

这个摄像机接口程序有很多缺陷，尤其是在处理分辨率不同、参数各异的各种摄像机时，而这个问题可以通过面向对象的方法解决。 P.70

摄像机应用实例

程序 3.2 所示的是一个简单的程序，在最右边的键按下(KEY4 与菜单上的文字“End”相关联)之前，不断地读图像并实时显示在控制器的 LCD 上。函数 CAMInit 返回的是摄像机的版本号或错误码。通过查看代码中的这个值便可以区分不同的摄像机型号。特别地，通过比较系统常数 COLCAM 便可以知道是灰度摄像机还是彩色摄像机。例如：

```
if (camera<COLCAM) /* then grayscale camera... */
```

除此之外，读取、显示彩色图像的例程是 CAMGetColFrame 和 LCDPutColorGraphic，它们可以替代程序 3.2 中灰度程序的位置。

程序 3.2　摄像机应用程序

```
 1  #include "eyebot.h"
 2  image    grayimg; /* picture for LCD-output */
 3  int      camera;  /* camera version */
 4
 5  int main()
 6  { camera=CAMInit(NORMAL);
 7    LCDMenu("","","","End");
 8    while (KEYRead()!=KEY4)
 9    { CAMGetFrame  (&grayimg);
10      LCDPutGraphic(&grayimg);
11    }
12    return 0;
13  }
```

3.10 参考文献

BARSHAN, B., AYRULU, B., UTETE, S. *Neural network-based target differentiation using sonar for robotics applications*, IEEE Transactions on Robotics and Automation, vol. 16, no. 4, August 2000, pp. 435-442 (8)

BRÄUNL, T. *Parallel Image Processing*, Springer-Verlag, Berlin Heidelberg, 2001

DINSMORE, *Data Sheet Dinsmore Analog Sensor No. 1525*, Dinsmore Instrument Co., http://dinsmoregroup.com/dico, 1999

EVERETT, H.R. *Sensors for Mobile Robots*, AK Peters, Wellesley MA, 1995

P.71

JÖRG, K., BERG, M. *Mobile Robot Sonar Sensing with Pseudo-Random Codes*, IEEE International Conference on Robotics and Automation 1998 (ICRA '98), Leuven Belgium, 16-20 May 1998, pp. 2807-2812 (6)

KIMMEL, R. *Demosaicing: Image Reconstruction from Color CCD Samples*, IEEE Transactions on Image Processing, vol. 8, no. 9, Sept. 1999, pp. 1221-1228 (8)

KUC, R. *Pseudoamplitude scan sonar maps*, IEEE Transactions on Robotics and Automation, vol. 17, no. 5, 2001, pp. 767-770

MURESAN, D., PARKS, T. *Optimal Recovery Demosaicing*, IASTED International Conference on Signal and Image Processing, SIP 2002, Kauai Hawaii, `http://dsplab.ece.cornell.edu/papers/conference/sip_02_6.pdf`, 2002, pp. (6)

PRECISION NAVIGATION, *Vector Electronic Modules*, Application Notes, Precision Navigation Inc., `http://www.precisionnav.com`, July 1998

SHARP, *Data Sheet GP2D02 - Compact, High Sensitive Distance Measuring Sensor*, Sharp Co., data sheet, `http://www.sharp.co.jp/ecg/`, 2006

SICK, *Auto Ident Laser-supported sensor systems*, Sick AG, `http://www.sick.de/de/products/categories/auto/en.html`, 2006

SMITH, C. *Vision Support System for Tracked Vehicle*, B.E. Honours Thesis, The Univ. of Western Australia, Electrical and Computer Eng., supervised by T. Bräunl, 2002

STAMATIOU, N. *Sensor processing for a tracked vehicle*, B.E. Honours Thesis, The Univ. of Western Australia, Electrical and Computer Eng., supervised by T. Bräunl, 2002

执行器

机器人的执行器有很多种构建方法,其中最主要的方法是使用电机和带阀门的气动执行器。本章将主要研究使用直流电的电机,它们包括标准的直流电机、步进电机和伺服器(servo,也称为舵机),这里的伺服器指带有内置定位硬件的一种直流电机,不要与伺服电机(servo motors)相混淆。 P.73

4.1 直流电机

电机可以是:交流电机、直流电机、步进电机以及伺服器

在移动机器人的运动学设计中,直流电机无疑最为常用。直流电机干净、安静,可以为众多任务提供充足的动力。与气动执行器相比,直流电机更易控制;气动执行器则通常适用于高转矩输出,或是转轴能够外接压力泵的场合,因而对于移动机器人通常不会采用。

与步进电机(见4.4节)不同,标准的直流电机转速不稳。因而,电机转速控制需要一个使用轴编码器(见图4.1和3.4节)的反馈装置。

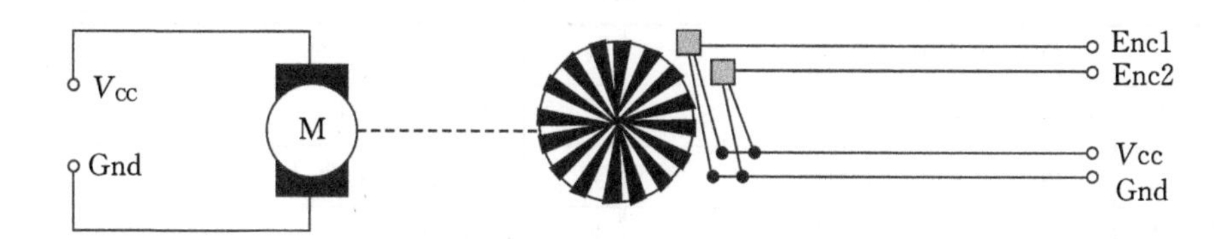

图4.1 电机与编码器的结合

建造机器人硬件的第一步是选择合适的电机系统。最好是选择配套封装的电机,其中包含:

P.74

- 直流电机
- 变速箱

- 光电或磁编码器

  （两个互差一定角度的编码器可以检测电机的转速和方向）

使用密封型电机系统的好处是——相比于使用独立的模块体积要小很多，系统还可以防尘，可避免杂散光线的干扰（对于光电编码器是必须的）。但缺点也很明显——系统结构固定，传动比调整起来就显得相当麻烦，甚至完全无法调整。最坏的情况下，必须要更换一套新的电机/变速箱/编码器系统。

磁编码器包含一个装有数个磁铁的转盘，以及一个或两个霍尔效应传感器（Hall-effect sensor）。光电编码器则是一个带有黑白区域的转盘，一个LED以及一个反射式或透射式光电传感器。如果两个传感器之间互差一定的角度，便能检测出哪一个先被触发（磁编码器用磁铁，光电编码器用亮扇区），这样便能判别电机是顺时针还是逆时针旋转。

有很多公司供应密封变速箱和编码器的小型、高精度直流电机：

- Faulhaber http://www.faulhaber.de
- Minimotor http://www.minimotor.ch
- MicroMotor http://www.micromo.com

它们都有一系列的电机和变速箱的组合可供选择。为了给机器人项目挑选合适的电机和变速箱，首先要做好功率需求计算。例如，Faulhaber有一个电机系列，其功率范围为2～4W，可供选择的传动比范围从3∶1～1 000 000∶1。

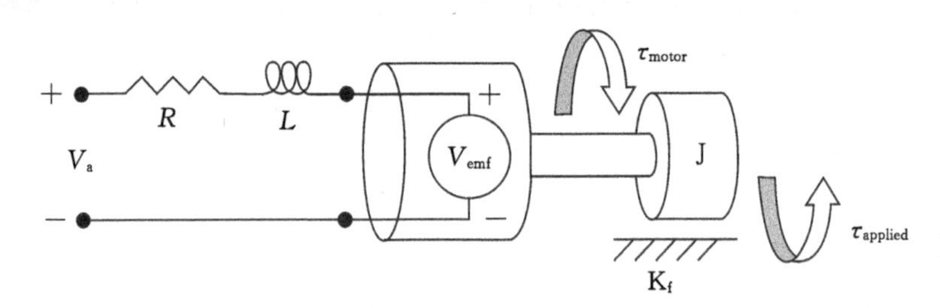

图4.2 电机模型

图4.2所示的是直流电机的一个等效线性化模型，相关参数和常量如表4.1所示。电机两端的电压为V_a，在电枢回路中产生的电流为i。电机的转矩τ_m与电流成正比，其中K_m为电机的转矩常数：

P.75

表4.1 直流电机的参数和常量表

θ	电机转轴的角位置，rad	R	额定端电阻，Ω
ω	电机的角速度，rad/s	L	转子电感，H
α	电机的角加速度，rad/s^2	J	转子惯性系数，kg·m^2
i	电枢回路中的电流，A	K_f	摩擦系数，N·m·s/ rad
V_a	施加的端电压，V	K_m	转矩惯量，N·m / A
V_e	反电动势，V	K_e	反电动势常数，V·s/ rad
τ_m	电机转矩，N·m	K_s	速度常数，rad/ (V·s)
τ_a	施加的转矩（负载），N·m	K_r	调速常数，(V·s)/ rad

$\tau_m = K_m i$

根据特定的任务，选择相应功率输出的电机非常重要。输出功率 P_o 定义为工作的速率，对于转动的直流电机而言，它等同于电机的角速度 ω 乘以施加的转矩 τ_a（即负载转矩）：

$P_o = \tau_a \omega$

电机的输入功率 P_i 等于电机的端电压乘以电枢回路中的电流：

$P_i = V_a i$

电流在电枢回路中流动会产生热量，对应的热功率损失为：

$P_t = R i^2$

电机的效率 η 表征了电能转化为机械能的效率。它可定义为电机的输出功率除以电机所需的输入功率：

$$\eta = \frac{P_o}{P_i} = \frac{\tau_a \omega}{V_a i}$$

需要注意的是，在不同转速范围内，电机的效率并非为恒值。电机的电气部分可以建模表示为一组串联的电阻-电感，所受电压为 V_{emf}，这对应的是电机的反电动势（见图 4.2）。这个电压是由电机线圈切割磁感线运动所产生的，这和发电机的工作原理相同。所得到的电压与电机转速近似成线性关系，K_e 为反电动势常数：

$V_e = K_e \omega$

简单的电机模型

在简化的直流电机模型中，电机的电感和摩擦均忽略不计，电机的转动惯量用 J 表示。这样，电流和角加速度可以近似表示为：

$$i = \frac{-K_e}{R}\omega + \frac{1}{R}V_a$$

P.76

$$\frac{d\omega}{dt} = \frac{K_m}{J} i - \frac{\tau_a}{J}$$

图 4.3 所示的是理想的直流电机的性能曲线。随着转矩的增加，电机转速线性减小，电流线性增加。当功率输出达到最大时，转矩输出居于中等水平，而转矩输出较低时，电机的效率最高。扩展阅读参见（Bolton 1995）和（El-Sharkawi 2000）。

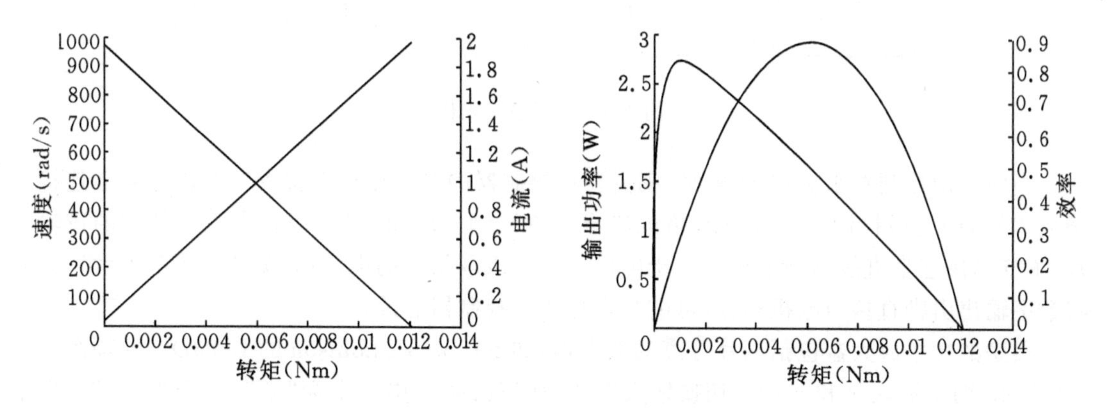

图 4.3 理想的直流电机性能曲线

4.2 H桥

H桥用于控制电机的正转、反转

在绝大多数的应用场合中，我们希望电机能够实现两种功能：

1. 正转、反转。
2. 调速。

使用H桥可实现电机的正/反转。在下一节将会讨论一种称为“脉宽调制”的方法来改变电机的转速。图4.4所示的是H桥的结构，因其外形酷似字母“H”而得名。电机的两个端子a和b分别对应电源输入的“＋”、“－”。合上开关1和2，a和b分别与“＋”和“－”相连，此时电机正转；同理，合上开关3和4，a和b分别和“－”和“＋”相连，此时电机反转。

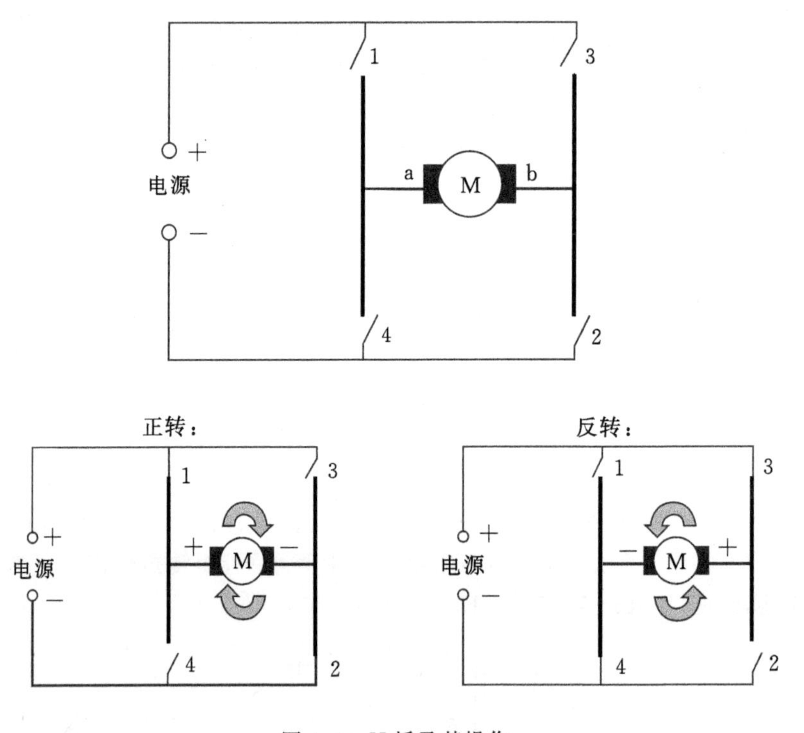

图4.4　H桥及其操作

当使用微控制器来实现H桥时，则需要在控制器的数字输出引脚或外部锁存器上连接功率放大器，因为微控制器有非常严格的输出功率限制。因而，只能用它来驱动其它的逻辑芯片，不可以用它来直接驱动电机。由于电机可能会汲取很大的电流(例如1A甚至更大)，如果将数字输出引脚直接与电机相连，可能会损坏整块控制器芯片！

P.77

典型的功率放大器包括两片分离的放大器，如ST SGS-Thomson的L293D。原理图如图4.5所示，两个输入x和y用来切换输入电压，所以必须其中一个为“＋”，一个为“－”。由于它们与电机已经实现了电气隔离，所以x和y可以直接连到微控制器的数字输出上。现在则可以编程确定电机的转向，例如，将x设置为1，y设置为0。因为x与y总是反向，所以它们可以简化为一个输出端口和一个非门。电机转速由“转速”输入来确定(参见下一节的脉宽调制)。

电机停转主要有两种方法：

- 将 x 和 y 均设为逻辑 0(或逻辑 1)或
- 将转速设为 0

P.78

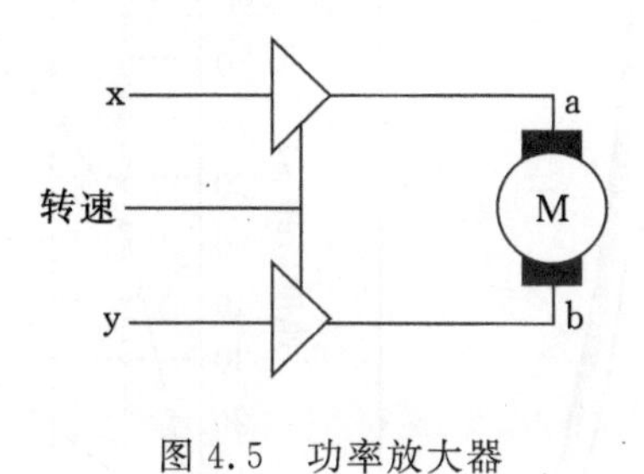

图 4.5 功率放大器

4.3 脉宽调制

PWM 是数字控制

脉宽调制(Pulse width modulation)或简称 PWM,它巧妙地利用机械系统的惯性,而避免了使用模拟功率电路。不同于生成使电压正比于电机期望转速的模拟信号输出,PWM 输出的是全系统电平(full system voltage level)(例如 5V)。这些脉冲的生成频率固定,如 20 kHz,所以在人耳的听力范围之外。

通过在软件中改变脉冲宽度(见图 4.6,上图与下图比较),我们可以改变等效或有效模拟电机信号,从而达到控制电机转速的目的。

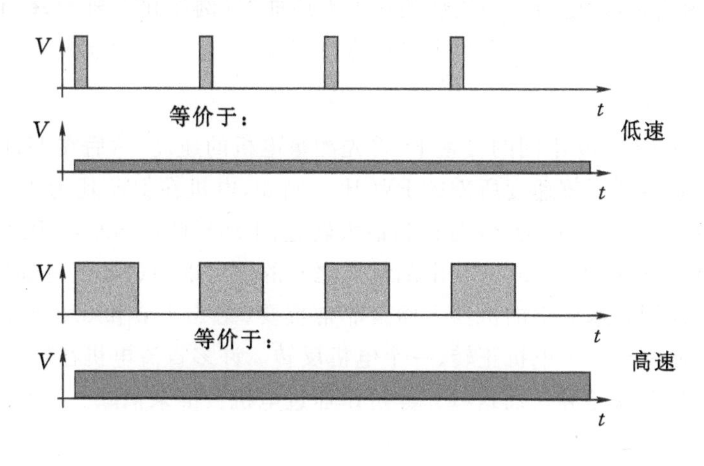

图 4.6 PWM

占空比

也可以说电机系统的行为就像是一个积分器,在一定时间的范围内对数字信号脉冲进行积分。t_{on}/t_{period}则称为“脉宽比”或“占空比”。

PWM 信号可以由软件生成。许多微控制器,例如 M68332,有很多支持 PWM 输出的特殊模式和输出端口。然后,再将带有 PWM 信号输出的数字输出端口连到如图 4.5 所示功率放大器的速度引脚上。

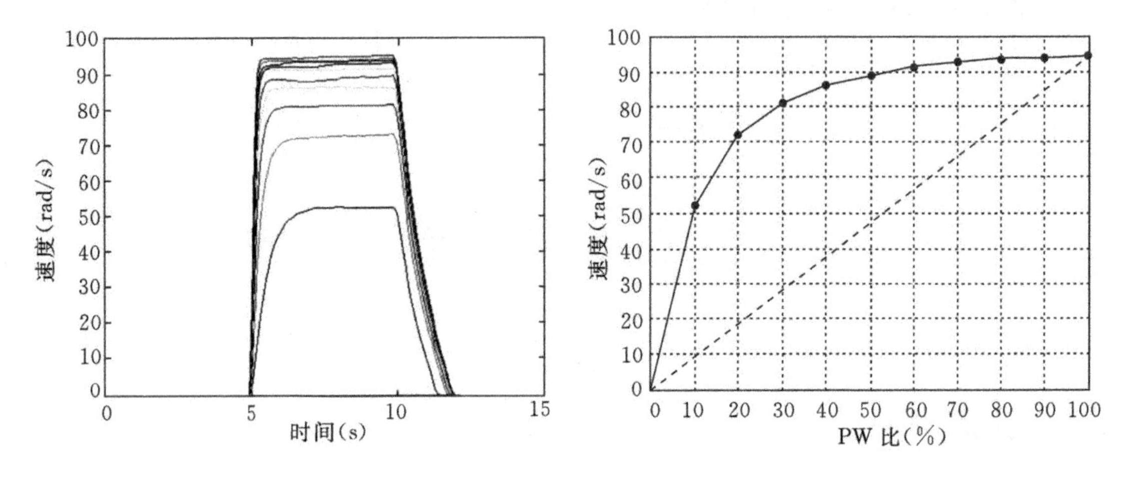

图 4.7 测量的电机阶跃响应与速度/PW 比

P.79 图 4.7 左所示的是 PWM 分别设置为 10,20,…,100 时,电机转速的时间响应曲线。每一次都从 5s 时开始建立转速,开始时略有延时,然后保持恒定,到 10s 时,由于惯性作用开始缓慢下降。由于电机的输入信号为从零跳到期望 PWM 值的阶跃信号,因此这些测量值称为"阶跃响应"。

然而遗憾的是,通常情况下,电机所产生的速度与 PWM 信号比不是线性关系,正如图4.7 右所示的测量曲线和虚线的对比图,这是使用 Faulhaber 2230 电机的典型测量结果。为了在使用 MOTORDrive 函数时,能重新得到线性的速度响应曲线(例如 MOTORDrive(m1,50)的速度为 MOTORDrive(m1,100)的一半),需要对每个电机进行校准。

电机校准

电机的校准是在 0～100 不同的设置下,首先测量电机的速度,然后在 HDT(硬件描述表)的电机校准表中记录达到期望速度所需的 PW 比。例如,电机在 PW 比为 100 时达到最大转速,大约为 1300rad/s;在 PW 比为 20 时达到最大转速的 75%(975rad/s),因而在电机校准硬件描述表中与 75 项对应的值是 20。10 个测量点之间的值可以通过插值得到(见 B.3 节)。

电机校准对于采用差速驱动的机器人而言非常重要(见 5.4 节和 8.2 节),因为差速驱动的机器人在运行时通常要一个电机正转、一个电机反转。许多直流电机在转动方向不同时,速度对 PW 比的曲线也各有差异。而这些差异可以通过电机校准来消除。

开环控制

我们现在能够实现之前所设定的两个目标了:机器人正/反转,速度可调。但是,我们却并不知道电机实际的运行速度。应注意到电机的实际运行速度不仅只与输入的 PWM 信号有关,还会受到负载(例如机器人的重量或是行驶区域的倾斜程度)等外部因素的影响。我们现P.80在所做的仅仅是开环控制。借助于传感器的反馈信号,我们将实现闭环控制(或简记为"控制"),这对于电机在不同负载的情况下能以设定的转速运行而言非常的重要(见第 5 章)。

4.4 步进电机

有两种与标准的直流电机区别很大的电机设计——即本节所讨论的步进电机和下节将要讨论的伺服器。

步进电机与标准直流电机的不同之处在于——步进电机有两个独立的线圈，可分别进行控制。这样，步进电机便可以通过脉冲实现精确地单步正/反转，而不是像标准直流电机那样不变的连续运行。典型的步进数为每转 200，步进角则为 1.8°。有些步进电机还可以实现半步运行，可实现更精细的步进角度。每秒的最大步进数是有限制的，这取决于负载，进而限制了步进电机的速度。

图 4.8 所示的是步进电机的原理图。两个 H 桥(这里标注为 A,$\overline{A}$ 与 B,$\overline{B}$)分别控制不同的线圈。每按 1…4 序列执行四步循环，电机正转一步。如果反序执行序列，电机反转一步。注意开关序列按格雷码方式编排。更多关于步进电机和接口的细节参见(Harman, 1991)。

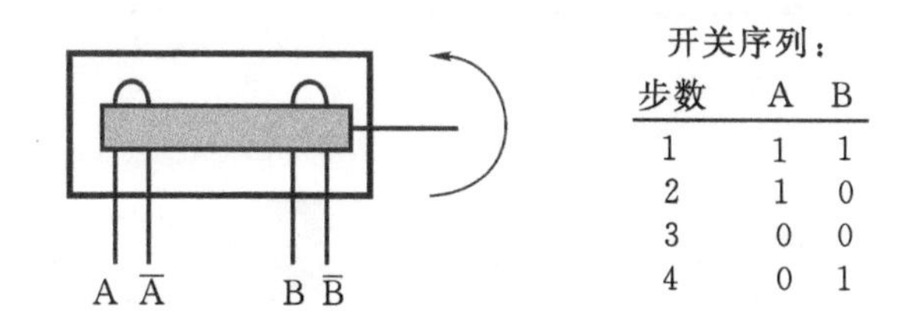

A $\overline{A}$
B $\overline{B}$
开关序列：
步数 A B
1 1 1
2 1 0
3 0 0
4 0 1

图 4.8 步进电机的原理图

考虑到标准直流电机速度控制和位置控制所需的工作量，步进电机似乎是移动机器人设计的自然选择。然而，步进电机却很少用于驱动移动机器人。因为它缺少负载和实际速度(如丢失的步进执行)的反馈。此外，步进电机还需要 2 倍的功率电子器件。因而，步进电机在重量/性能比上也要低于直流电机。

4.5 伺服器

P. 81

伺服器不是伺服电机

直流电机有时也称为“伺服电机(servo motors)”，但这并非我们所指的“伺服器(servo)”。伺服电机是高品质的直流电机，可用于“伺服应用”的场合，即闭环控制之中。这样的电机一定要能处理位置、速度以及加速度的快速变化，并且必须能应对高间歇性的转矩输出。

而伺服器就是一个直流电机内封装有用于 PW 控制的电子器件，并且主要用于业余爱好者领域，如模型飞机、汽车或是舰船(见图 4.9)。

图 4.9 伺服器

一个伺服器有三根线：V_{CC}、地以及 PW 输入控制信号。不同于直流电机的 PWM，伺服器的输入脉冲信号并不会转化为速度，而是模拟用来确定伺服器旋转头位置的控制输入。伺服器的转盘并不能像直流电机那样连续地转动，而只能在中点位置±120°附近范围内转动。伺服器的内部由直流电机和简单的反馈电路所组成，通常用电位计来检测伺服器转头所在的位置。

伺服器所使用的PW信号频率始终是50 Hz，所以每20ms生成一个脉冲。每个脉冲的宽度表示了伺服器转盘的给定位置（见图4.10）。例如，脉宽为0.7ms时，转头将旋转到左极限位置（－120°）；脉宽为1.7ms时，将旋转到右极限位置（＋120°）。脉冲的持续时间和角度取决于伺服器的品牌与型号。

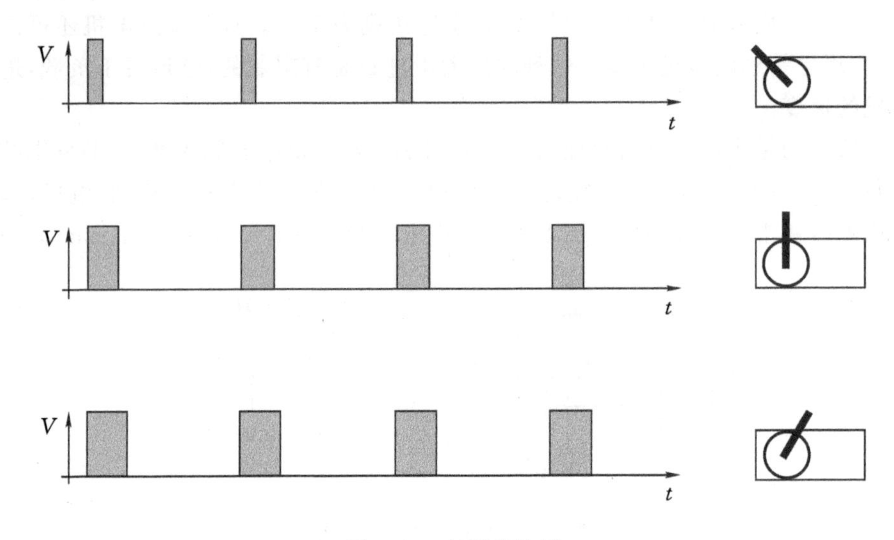

图4.10　伺服器控制

和步进电机一样，伺服器看起来也非常适合于机器人应用。然而，伺服器也存在与步进电机相同的问题：它们不能向外部提供反馈信号。当给伺服器施加一定的PW信号时，我们并不清楚伺服器何时能达到给定位置，甚至是否能达到给定位置，例如负载过大或是遇到了障碍物时。

4.6　参考文献

P.82

BOLTON, W. *Mechatronics – Electronic Control Systems in Mechanical Engineering*, Addison Wesley Longman, Harlow UK, 1995

EL-SHARKAWI, M. *Fundamentals of Electric Drives*, Brooks/Cole Thomson Learning, Pacific Grove CA, 2000

HARMAN, T. *The Motorola MC68332 Microcontroller - Product Design, Assembly Language Programming, and Interfacing*, Prentice Hall, Englewood Cliffs NJ, 1991

第5章

控 制

闭环控制是嵌入式系统的一个重要环节，它在软件中通过控制算法将执行器、传感器连接起来。本章的重点是通过编码器使用电机反馈来实现电机转速和位置的闭环控制。我们将逐步地举例介绍 PID(比例，积分，微分)控制。 P.83

在第 4 章中，我们已经清楚了如何驱动电机向前、向后运动，以及如何改变它的转速。但是由于缺少反馈信号，却不能检验电机的实际转速。这点很重要，因为给电机提供相同的模拟电压(或是等效的 PWM 信号)时，并不能保证电机在所有的情况下都能以相同的转速运行。例如，给定相同的 PWM 信号，电机空载时的转速要大于有负载时(例如带动小车)的转速。为了控制电机的转速，我们必须要从电机的轴编码器那里获得反馈信号。反馈控制也称为“闭环控制”，下文简称为“控制”，以此和第 4 章所讨论的“开环控制”相对应。

5.1 开关控制

反馈就是一切

如前所述，为了控制转速，我们就需要电机当前转速的反馈信号。由于电机的转速还与其负载有关，仅仅设定一个定值 PWM 输出是不够的。

反馈控制的思想非常简单：我们有期望的转速，这由用户或应用程序设定；我们还有电机当前的实际转速，这通过轴编码器测量得到。测量及其相关的动作的执行速度可以非常得快，例如每秒 100 次(EyeBot)，或是高达每秒 20 000 次。动作则取决于控制器模型，下面几节中将介绍其中数种。但动作基本上都类似如下：

- 如果期望转速大于实际转速：
  按一定程度增加电机的驱动功率。
- 如果期望转速小于实际转速：
  按一定程度减小电机的驱动功率。

P.84

最简单的情况是，电机的电源接通(转速太低时)，或是关闭(转速太高时)。这种控制律可以用下面的公式表示，其中：

$R(t)$　　电机输出的时间 t 函数

$v_{act}(t)$　　t 时刻电机实际测量的转速

$v_{des}(t)$　　t 时刻电机的期望转速

K_C　　控制常数

$$R(t)=\begin{cases}K_C, & \text{如果 } v_{act}(t)<v_{des}(t)\\ 0, & \text{其它}\end{cases}$$

Bang-bang 控制器

前面所定义的即是开关控制器的概念，也称之为"分段常数控制器"或是"bang-bang 控制器"。如果测得的转速太低，电机的输入将设为常数 K_C；反之，设为 0。注意，这种控制器只对 v_{des} 为正时有效。原理图如图 5.1 所示。

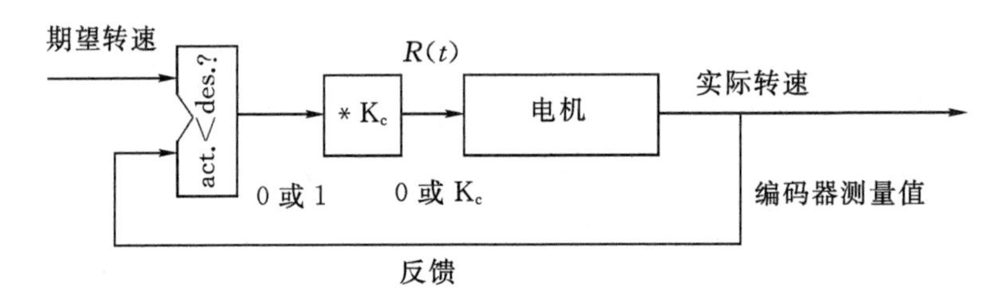

图 5.1　开关控制器

开关控制器的时间输出曲线如图 5.2 所示。假设初始时电机处于静止状态，实际转速小于期望转速，于是电机的控制信号是一恒定的电压值。该输出将保持，直到实际转速大于期望转速某一程度，此时控制信号变为 0。经过一段时间，实际转速再次降低并小于期望转速，控

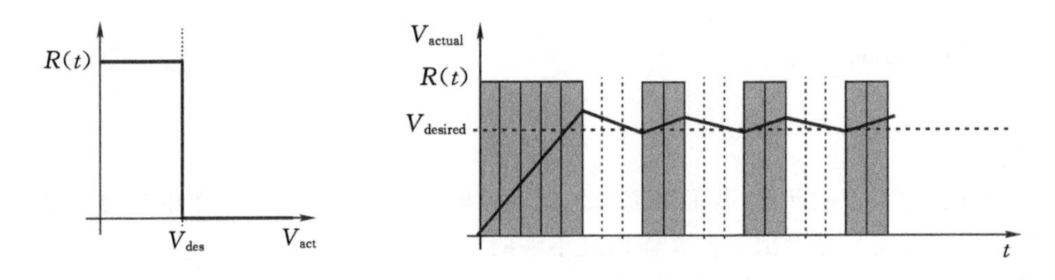

图 5.2　开关控制信号

制信号又会变为相同的恒定电压输出。此算法无限持续运行，并能很好地适应期望转速的改变。注意，电机控制信号并非连续更新，而只是周期性地更新(例如，图 5.2 所示的每隔 10ms 更新一次)。时间间隔所产生的延迟会引起电机实际转速的上冲(overshoot)或下冲(undershoot)，从而导致滞环(hysteresis)现象。

P.85

滞环

开关控制器是最为简单的控制方法。不仅在电机控制领域，很多工程系统中都能看到它

的应用。例如电冰箱、加热器、恒温器等。绝大多数这样的系统都使用一个滞环区间,其包括两个期望值,一个用于开启,一个用于关闭。这样便于防止在期望值附近出现过于频繁的开关切换,从而减少额外的耗损。带滞环区间的开关控制器的公式如下:

$$R(t+\Delta t)=\begin{cases}K_C, & \text{如果 } v_{act}(t)<v_{des}(\mathrm{t}) \\ 0, & \text{如果 } v_{act}(t)>v_{des}(t) \\ R(t), & \text{其它}\end{cases}$$

注意,这个定义并非是数学意义下的函数,滞环区间内实际速度对应的电机新的输出与之前的输出保持一致。这表示滞环区间内的电机输出非 K_C 即 0。图 5.3 所示的是滞环曲线与相应的控制信号。

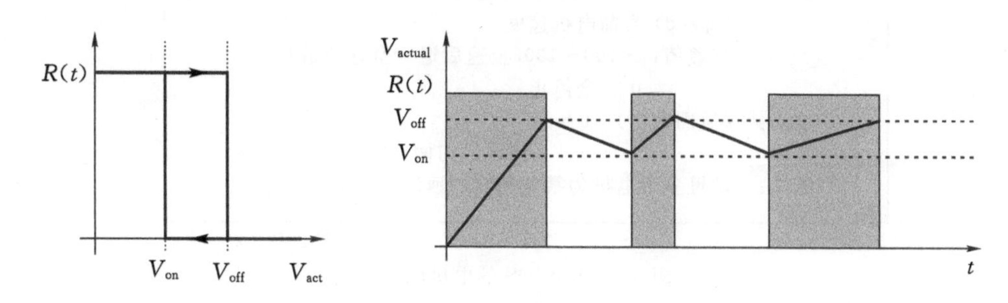

图 5.3 带滞环区间的开关控制信号

实际上,所有的工程系统都存在一定程度的延迟,即使没有特意地添加,也会表现出某种内在的滞环效应。

从理论到实践

一旦我们掌握了理论,便有可能将其付诸实践,并用软件实现开关控制器。我们将以如下步骤进行:

1. 我们需要一个子程序用来计算图 5.1 公式中所定义的电机控制信号。子程序完成的功能有:
   a. 读入编码器数据(输入)
   b. 计算新的输出值 $R(t)$
   c. 设定电机转速(输出)
2. 周期性地调用该子程序(如每 1/100s 调用一次)。由于电机控制是“底层”任务,所以我们希望该程序在后台运行,不需要用户程序接口。

我们先来考虑如何实现步骤 1。RoBIOS 操作系统中有一些函数能够读取编码器的输入并设定电机输出(见附录 B.5 和图 5.4)。 P.86

子程序的编写大致如程序 5.1。变量 r_mot 表示控制参数 $R(t)$。点画线将由图 5.1 中的控制函数“K_C,如果 $v_{act}<v_{des}$”所代替。

1. 编写子控制例程

a. 读取编码器输入(输入)
b. 计算新的输出量 $R(t)$
c. 设置电机转速(输出)

见 library. html:

int **QUADRead** (QuadHandle hanle);

输入: (handle) 一个编码器句柄

输出: 32位计数器数值(—2^31…2^31—1)

语义: 读取实际的正交解码计数器,初始为0

int **MOTORDrive** (MotorHandle handle,int speed);

输入: (handle)所有需驱动的电机句柄的逻辑或

(speed) 当前电机速度

有效值: -100～100(全速后退～全速前进)

0 完全停止

输出: (返回数值) 0 = ok

-1 = 错误的句柄

语义: 设置多个电机为某一相同的速度

图 5.4　RoBIOS 的电机函数

程序 5.1　控制子程序的框架

```
1   void controller()
2   { int enc_new, r_mot, err;
3     enc_new = QUADRead(enc1);
4     ...
5     err = MOTORDrive(mot1, r_mot);
6     if (err) printf("error: motor");
7   }
```

程序 5.2 所示的是完整的控制程序,假定此程序每隔 10ms 调用一次。

程序 5.2　开关控制器

```
1   int v_des;      /* user input in ticks/s */
2   #define Kc 75   /* const speed setting   */
3
4   void onoff_controller()
5   { int enc_new, v_act, r_mot, err;
6     static int enc_old;
7
8     enc_new = QUADRead(enc1);
9     v_act = (enc_new-enc_old) * 100;
10    if (v_act < v_des) r_mot = Kc;
11                  else  r_mot = 0;
12    err = MOTORDrive(mot1, r_mot);
13    if (err) printf("error: motor");
14    enc_old = enc_new;
15  }
```

上溢和下溢

目前为止，我们并未考虑可能出现的计数器上溢或下溢问题。然而如下面的例子所示，当使用标准的有符号整型数时，发生上溢或下溢时，依然能得到正确的差值。

正数上溢变为负数：

7F FF FF FC = $+2147483644_{Dec}$

80 00 00 06 = -6_{Dec}

后项减前项的差值为：

P.87

00 00 00 0A = $+10_{Dec}$

这是正确的编码器的计数值。

负数上溢为正数的情况：

FF FF FF FD = -3_{Dec}

00 00 00 04 = $+4_{Dec}$

后项减前项的差值为+7，同样正确。

```
2. 周期性调用控制子例程
比如每 1/100s
见 library.html：
TimerHandle OSAttachTimer (int scale, TimerFnc function);
输入：(scale) 100Hz 计时器的预定标值(1 至…)
      (TimerFnc) 需周期调用的函数
输出：(TimerHandle) 提示 IRQ-位置的句柄
      值为 0 表示由于列表写满(最大 16)所造成的错误
语义：将一个 irq-例程(void function (void)) 添加至 irq-列表
      scale 参数调整此例程的调用频率(100/scale Hz)以满足不同的应用
int osDetachTimer (TimerHandle handle)
输入：(handle)先前安装的定时器 irq 的句柄
输出：0 = 非法句柄
      1 = function 成功地将函数从定时器 irq 列表中完全移除
语义：从 irq-列表中移除先前安装的 irq-例程
```

图 5.5 RoBIOS 的定时器函数

让我们再来考虑如何用 RoBIOS 操作系统中的定时器函数来实现步骤 2(见附录 B.5 和图 5.5)。操作系统中有用于初始化、调用及终止定时器的例程。

P.88

程序 5.3 所示的是用系统例程实现的简单应用。任何顶层用户程序应该在其它空闲 while 循环中执行。在那种情况下，while 循环的判别条件应从如下的无限循环：

```
while (1) /* endless loop-never returns */
```

变为带终止条件的循环，如：

```
while (KEYRead() ! = KEY4)
```

用来检查特定的终止按键是否按下。

程序 5.3 定时器的启动

```
1 int main()
2 { TimerHandle t1;
3
4   t1 = OSAttachTimer(1, onoff_controller);
5   while (1) /* endless loop - never returns */
6   { /* other tasks or idle */ }
7   OSDetachTimer(t1); /* free timer, not used */
8   return 0;          /* not used */
9 }
```

图 5.6 所示的是开关控制器阶跃响应的典型测量结果，明显看到转速响应曲线为锯齿型。

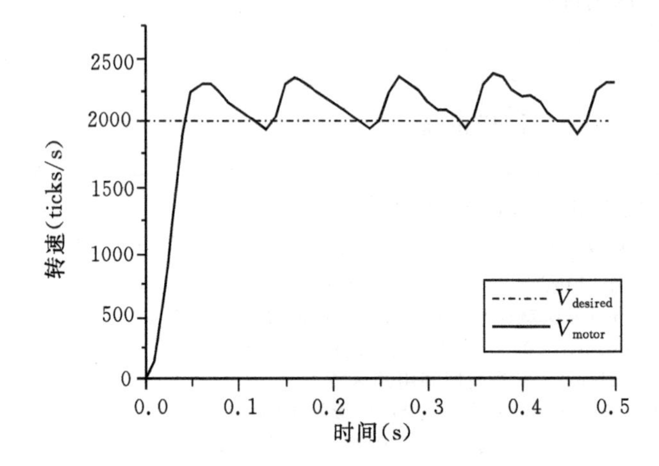

图 5.6 开关控制器的阶跃响应

5.2 PID 控制

PID＝P ＋ I ＋ D

P. 89

最简单的控制方法并非总是最好的。另一个更为高级的控制器便是 PID 控制器，它近乎是工业标准，其中包括比例、积分和微分三个控制部分。接下来将先分别讨论控制器这三个部分的作用以及组合使用。

5.2.1 比例控制器

对于很多的控制应用而言，在 0 与固定的电机控制信号之间的突变并不能产生平滑的控制效果。我们可以通过使用线性或是比例项予以替代来加以改进。这种比例控制器(P 控制器)的公式为：

$$R(t)=K_P(v_{des}(t)-v_{act}(t))$$

期望与实际转速的差值称为“误差函数”。图 5.7 所示的是 P 控制器的原理图，其与开关控制器略有不同。图 5.8 所示的是电机转速典型的时间响应曲线。改变“控制器增益”K_P 将改变控制器的控制效果。K_P 取值越高，控制器的响应就越快；然而，K_P 过高会使系统产生振荡。所以，合理选择 K_P 非常重要，既要保证系统快速响应，也要避免系统超调过大，以至于产生振荡。

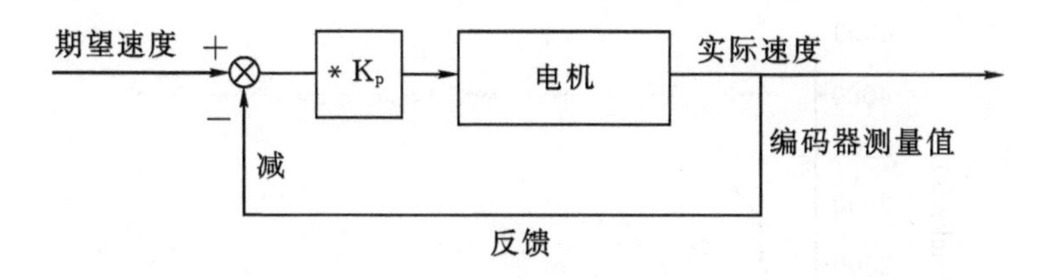

图 5.7 比例控制器

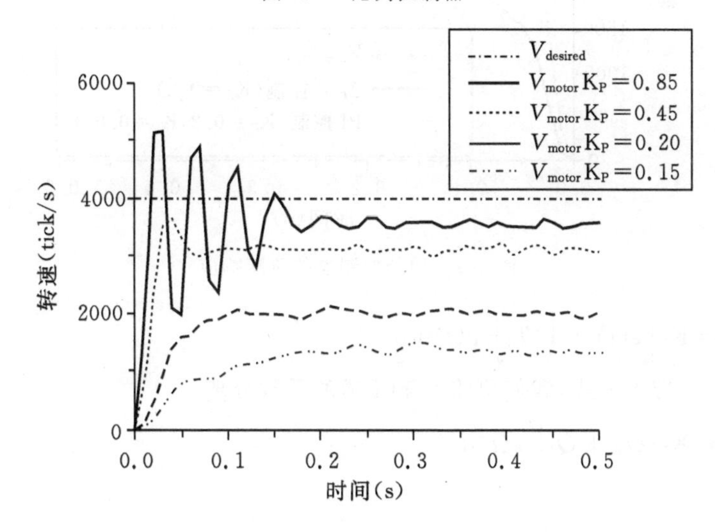

图 5.8 P 控制器的阶跃响应

稳态误差

注意,P 控制器的稳定状态不是期望转速。按照上文中 P 控制器定义的公式:如果恰好达到期望转速,电机的控制输出将变为 0。所以每个 P 控制器都有一定程度的"稳态误差",这个误差的大小取决于控制器的增益 K_P。如图 5.8 所示,K_P 越大,稳态误差越小。然而,如果增益过大,系统会发生振荡。

程序 5.4 所示的是插入到程序 5.1 控制框架中的 P 控制器代码,以构成一个完整的电机控制程序。

程序 5.4 P 控制器代码 P.90

```
1   e_func = v_des - v_act;   /* error function */
2   r_mot  = Kp*e_func;       /* motor output */
```

5.2.2 积分控制器

与 P 控制器不同,I 控制器(积分控制器)很少单独使用,大部分时候是与 P 控制器或 PD 控制器配合使用。I 控制器的目的是消除 P 控制器所产生的稳态误差。如图 5.9 所示,通过加入积分项可最终消除稳态误差。尽管较之纯 P 控制器,到达稳态的速度要慢,但消除了系统的稳态误差。

如果 $e(t)$ 为误差函数时,则 PI 控制器的公式可表示为:

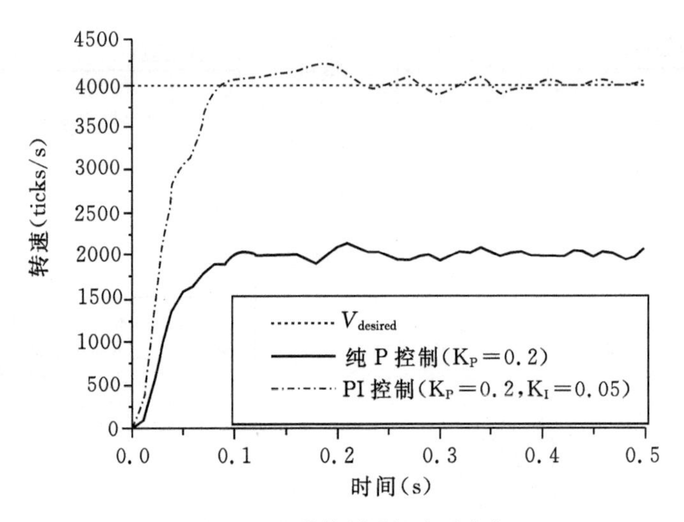

图5.9　积分控制器的阶跃响应

$$R(t) = K_P\left[e(t) + 1/T_I\int_0^t e(t)\mathrm{d}t\right]$$

将$Q_I = K_P/T_I$带入上式，我们可将P和I项的系数分离：

$$R(t) = K_P e(t) + Q_I\int_0^t e(t)\mathrm{d}t$$

简单的方法

实现积分控制器最简单的方法就是将积分转变为此前一定数量(例如10个)的误差值之和。这10个误差值将用数组保存，并在每次循环后加入新的误差值。

P.91

恰当的PI控制器实现方法

恰当的PI控制器实现方法是先将其离散化，用梯形求和来替换积分部分。

$$R_n = K_P e_n + Q_I t_{delta}\sum_{i=1}^{n}\frac{e_i + e_{i-1}}{2}$$

现在我们用前一次的输出R_{n-1}来取代上式中的求和项：

$$R_n - R_{n-1} = K_P(e_n - e_{n-1}) + Q_I t_{delta}(e_n + e_{n-1})/2$$

因而可得(用K_I替换$Q_I t_{delta}$)：

$$R_n = R_{n-1} + K_P(e_n - e_{n-1}) + K_I(e_n + e_{n-1})/2$$

程序5.5　PI控制器代码

```
1  static int r_old=0, e_old=0;
2  ...
3  e_func = v_des - v_act;
4  r_mot  = r_old + Kp*(e_func-e_old) + Ki*(e_func+e_old)/2;
5  r_mot = min(r_mot, +100);   /* limit output */
6  r_mot = max(r_mot, -100);   /* limit output */
7  r_old  = r_mot;
8  e_old  = e_func;
```

控制器输出限幅

我们只需要保存前一次的控制输出和误差量，然后用一个非常简单的公式便可计算得到

PI 控制器的输出。非常重要的是将控制器的输出限幅在正确的范围内(例如 RoBIOS 中的 −100～+100),同时将限幅后的值保存以用于后续迭代。否则,如果达不到期望转速时,控制器输出和误差值将任意放大,导致整个控制过程失效(Kasper, 2001)。

程序 5.5 所示的是 PI 控制器的代码片段,可插入到程序框架 5.1 之中。 P. 92

5.2.3 微分控制器

和 I 控制器相相似,D 控制器(微分控制器)也很少单独使用,更多的是和 P 或 PI 控制器一起使用。加入微分项的目的是,改善 P 控制器对输入变化的响应速度。图 5.10 所示的是 P 控制器和 PD 控制器(上图),PD 控制器和 PID 控制器(下图)之间阶跃响应的对比结果。尽管仍然有稳态误差存在,PD 控制器比 P 控制器能更快达到稳态。PID 控制器则结合了 PI,PD 控制器二者的优点,因此它不仅动态响应好,且没有稳态误差。

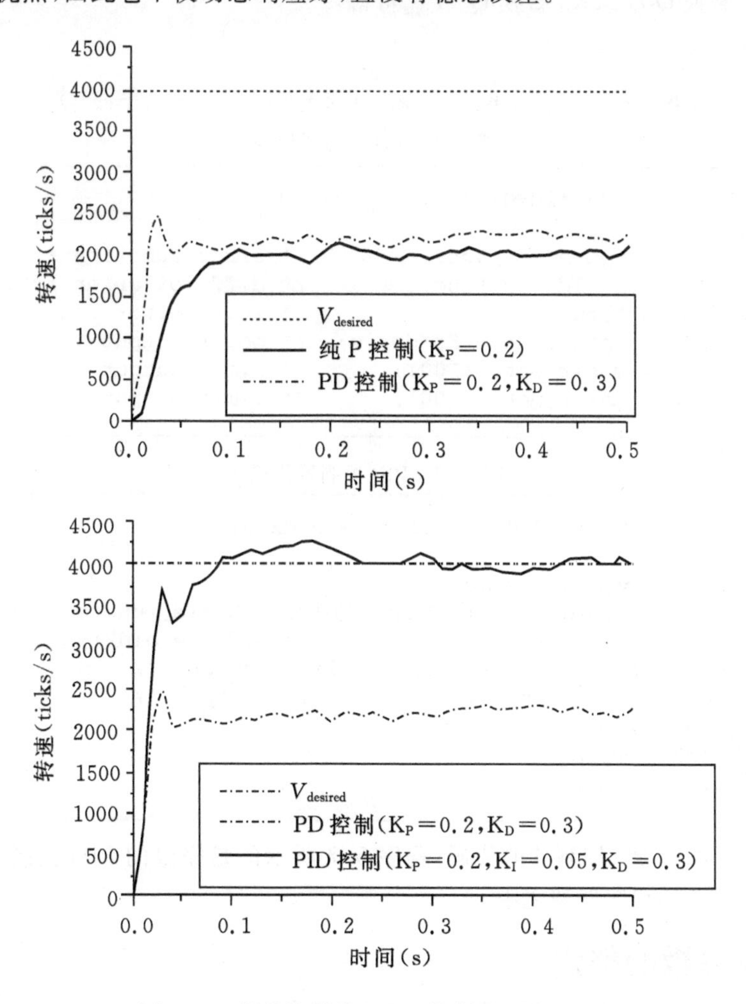

图 5.10 微分控制器和 PID 控制器的阶跃响应

用 $e(t)$表示误差项,则组合的 PD 控制器的公式可表示为: P. 93

$$R(t)=K_P[e(t)+T_D de(t)/dt]$$

完整的 PID 控制器的公式可表示为:

$$R(t)=K_P[e(t)+1/T_I\int_0^t e(t)dt+T_D de(t)/dt]$$

同样地，我们对 T_D 和 T_I 做相应的替换，可以将比例项、积分项以及微分项的系数分离。这点非常重要，以便于通过实验调整这三个系数的相对增益。

$$R(t)=K_P e(t)+Q_I\int_0^t e(t)dt+Q_D de(t)/dt$$

将 PI 控制器离散化，可得：

$$R_n=K_P e_n+Q_I t_{delta}\sum_{i=1}^{n}\frac{e_i+e_{i-1}}{2}+Q_D/t_{delta}(e_n-e_{n-1})$$

同样地，使用控制器连续两次输出的差值，可得：

$$R_n-R_{n-1}=K_P(e_n-e_{n-1})+Q_I t_{delta}(e_n+e_{n-1})/2+Q_D/t_{delta}(e_n-2e_{n-1}+e_{n-2})$$

最后，用 K_I 替换 $Q_I t_{delta}$，K_D 替换 Q_D/t_{delta} 可得：

完整的 PID 公式

$$R_n=R_{n-1}+K_P(e_n-e_{n-1})+K_I(e_n+e_{n-1})/2+K_D(e_n-2e_{n-1}+e_{n-2})$$

程序 5.6 PD 控制器代码

```
1  static int e_old=0;
2  ...
3  e_func = v_des - v_act;         /* error function */
4  deriv  = e_old - e_func;        /* diff. of error fct.  */
5  e_old  = e_func;                /* store error function */
6  r_mot  = Kp*e_func + Kd*deriv;  /* motor output */
7  r_mot  = min(r_mot, +100);      /* limit output */
8  r_mot  = max(r_mot, -100);      /* limit output */
```

程序 5.7 PID 控制器代码

```
1  static int r_old=0, e_old=0, e_old2=0;
2  ...
3  e_func = v_des - v_act;
4  r_mot  = r_old + Kp*(e_func-e_old) + Ki*(e_func+e_old)/2
5                 + Kd*(e_func - 2* e_old + e_old2);
6  r_mot = min(r_mot, +100);  /* limit output */
7  r_mot = max(r_mot, -100);  /* limit output */
8  r_old  = r_mot;
9  e_old2 = e_old;
10 e_old  = e_func;
```

P.94 程序 5.6 所示的是 PD 控制器的代码，程序 5.7 所示的是完整的 PID 控制器代码。二者都可插入到程序 5.1 的程序框架之中。

5.2.4 PID 参数的整定

通过实验获得参数

对 PID 控制器的三个参数 K_P，K_I 与 K_D 的整定是非常重要的问题。下面是一些指导原则，用于通过实验的方法找到合适的参数值(修改自(Williams 2006))：

1. 针对期望转速选择一个典型的运行设置，关闭积分项和微分项，然后增加 K_P 到最大，或是直到发生振荡。

2. 如果系统振荡,将 K_P 除以 2。
3. 增大 K_D 并观察系统在给定转速增加/减少约 5%之后的响应曲线,选择可实现阻尼响应的 K_D 值。
4. 缓慢减小 K_I,直到系统开始振荡,然后将 K_I 除以 2 或 3。
5. 在典型的系统条件下,检验控制器的整体性能是否满足要求。

关于数字控制的更多细节参见(Åström, Hägglund 1995)和(Bolton 1995)。

5.3 速度控制和位置控制

关于启动和停止

到目前为止,我们已经可以按一个特定的转速来控制单个电机控制,但是仍不能保证电机按期望的转速运行数圈并恰好停在正确的位置上。前者,保持一个特定的转速,通常称为*速度控制*。而后者,达到期望位置,则通常称为*位置控制*。

位置控制在之前所讨论的转速控制器的上层还需要一个附加控制器。位置控制器设定所有运行阶段相应的期望转速,尤其是加速或减速(启动或停止)阶段。

速度斜坡

假设由一个电机驱动一个初始状态静止的小车,并希望小车停在特定的位置。如图 5.11 所示的是启动阶段、匀速阶段以及停止阶段的"速度斜坡"。若忽略摩擦的影响,我们只需要在启动时施加一定的力(这里为恒力),将使小车产生加速度。恒定的加速度将使小车的速度 v(a 的积分)线性的从 0 增加到期望值 v_{max},而位置 s(v 的积分)也成二次方地增加。

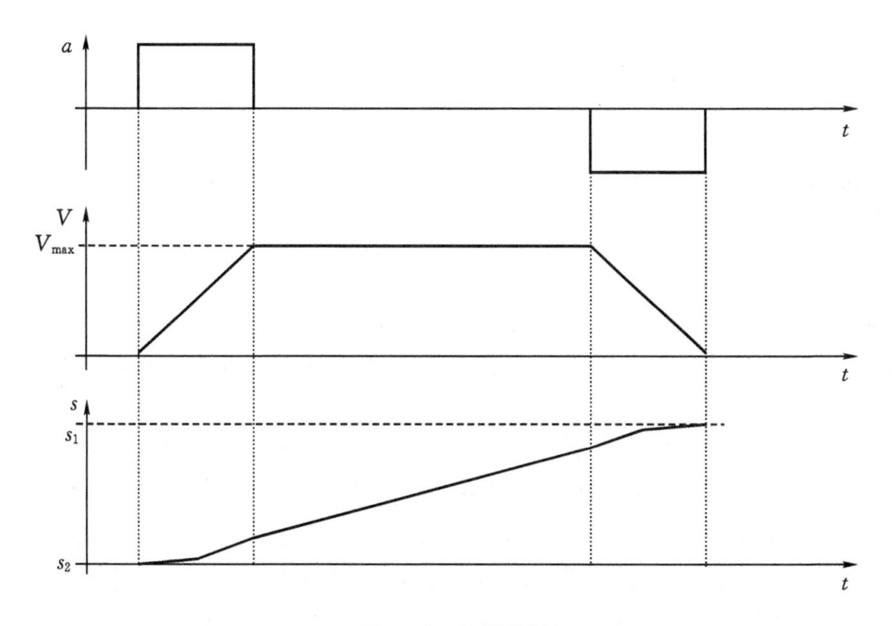

图 5.11 位置控制

作用力(加速)停止,假如没有摩擦力,小车的速度将会维持不变,位置则会继续线性地增加。 P.95

如果是停车阶段(减速、刹车),则需要对小车施加反向作用力(负的加速度)。它的速度将会线性地减为0(如果持续施加反向作用力的时间过长,速度也许还会变为负值,此时小车将反向行驶)。小车的位置将会按平方根函数缓慢增加。

现在按照下面的动作来控制小车加速度的量,小车将表现为:

a. 行驶至停止

(不会缓慢地反向运动)

b. 行驶至期望位置停止

(例如,我们需要让小车精确行驶1m,误差范围±1mm)

图5.12所示的是通过控制(持续更新)刹车加速度实现的方法。此控制过程不仅需要当前速度作为反馈,还需要当前位置的信息,因为之前速度的改变或是不准确可能已经对小车的位置产生了影响。

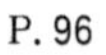

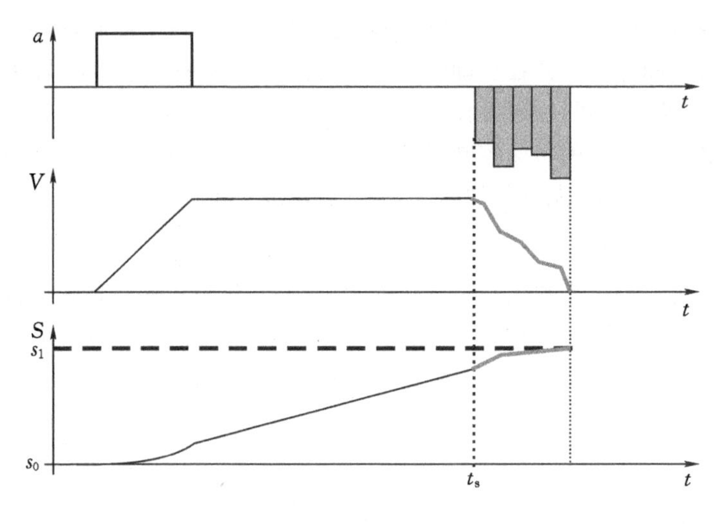

图5.12 刹车过程

5.4 多电机直线行驶

还有更多的任务

很遗憾,这仍不是最后一个电机控制难题。到目前为止,我们已经分析了单个独立电机的转速控制,并简要地介绍了位置控制。然而,机器人小车的构造方式表明一个电机是不够的(见图5.13,本图摘自第1章)。

图中所有机器人的结构都需要两个电机,通过独立或是协同控制的方式来完成驱动和转向功能。在右边和左边的设计中,驱动与转向功能是分离的。因此,驱动机器人按直线(转向角保持在表示"直行"的角度上)或是圆形(转向角保持在相应的角度上)行驶是非常容易的。而在图5.13居中的是"差分转向"设计,这种设计在小型移动机器人中非常流行。这里的情况就大不相同,需要不断地监视和更新两个电机的转速来保证直线行驶。圆形行驶可以通过对其中一个电机施加一定的偏移量来实现。所以,需要对两个电机的转速进行同步(synchronization)。

P. 97

有很多种实现直线行驶的方法。下面所介绍的方法来自(Jones, Flynn, Seiger 1999)。

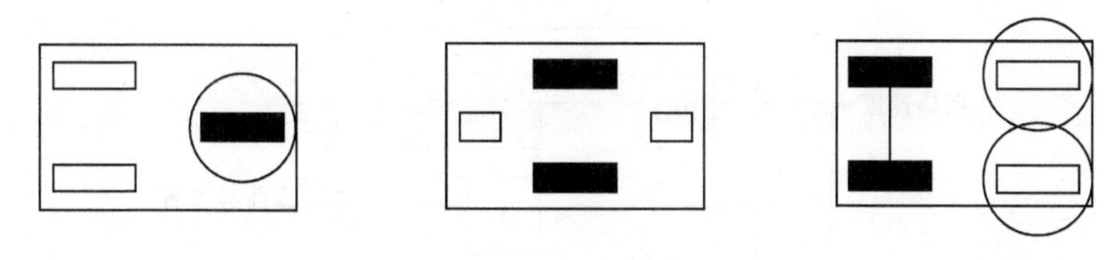

图 5.13 轮式机器人

如图 5.14 所示，是对差速转向小车直线行驶的首次尝试。两个独立的控制回路分别用于左右两个电机，通过 P 控制器进行反馈控制。将期望的前进速度作为控制器的输入。遗憾的是，这种设计并不能产生完美的直线运动。尽管每个电机都是自行控制，但没有对两个电机细小的速度差进行控制。这样的设置很可能导致机器人沿蛇形曲线前进，而非直线行驶。

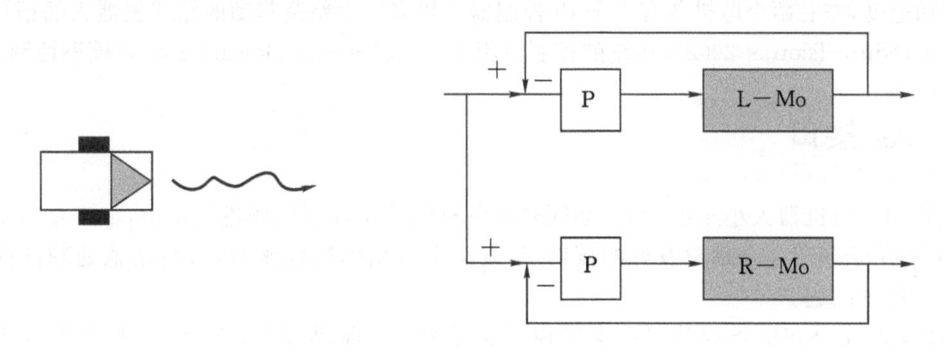

图 5.14 直线行驶——第一次试验

在第二次试验中，对控制结构进行了改进，如图 5.15 所示。我们现在还计算电机运行的(位置，而非速度)差值，通过附加的 I 控制器将位置差值反馈给两个 P 控制器。I 控制器积分(或累加)位置差值，并随后通过两个 P 控制器加以消除。注意，差值输入的符号与对应的 I 控制器输入符号相反。这个原则基于整个控制电路比实际电机或机器人的响应速度快这一事实，否则机器人可能会停在与期望线路平行的路线上。 P.98

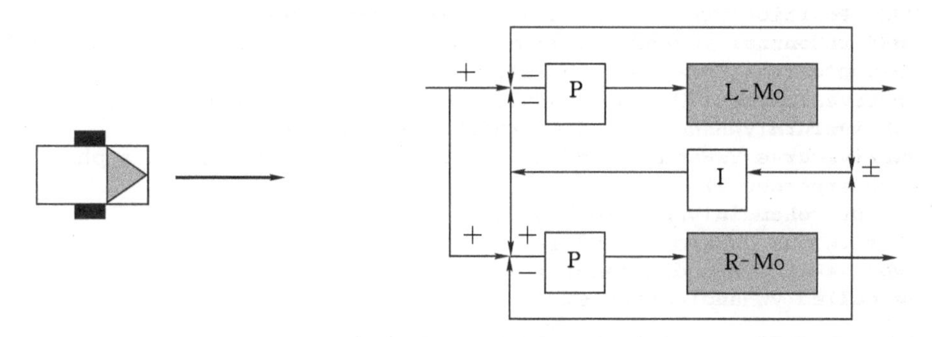

图 5.15 直线行驶——第二次试验

在如图 5.16(改自(Jones，Flynn，Seiger 1999))所示的最终版本中，我们增加了另一项用户输入：曲线偏置。如果曲线偏置为 0，系统响应和之前的直线行驶完全一致。而固定的正或负偏置则会使得机器人相应地顺时针或逆时针地圆形行驶。圆的直径可以由曲线偏置量计算得到。

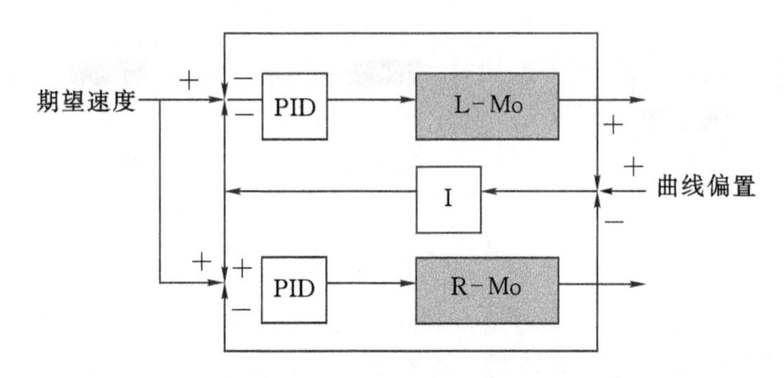

图 5.16 直线行驶或是圆形行驶

RoBIOS $v\omega$ 库中使用的控制器比图 5.16 中所示的更复杂一些。它使用了一个 PI 控制器来控制转动速度,左右两个电机各有一个 PI 控制器。更多用于差速驱动的轮式机器人的精巧控制模型参见(Kim, Tsiotras 2002)(传统的控制器模型)以及(Seraji, Howard 2002)(模糊控制器)。

5.5 $v\omega$ 接口

当我们进行机器人小车编程时,必须要对电机的底层控制问题进行抽象,如本章所示。另外,我们更乐于使用一个用户友好的接口,带有小车专用的行驶函数,可自动地处理前面所讨论的反馈控制问题。

我们已经在 RoBIOS 操作系统中实现了这样的一个驱动接口,称为"$v\omega$ 接口",因为它能让我们设定机器人小车的线性和转动速度。它有一些底层函数用于直接对电机的转速进行控制,还有一些上层函数用于按直线或是曲线的完整轨迹运动(程序 5.8)。

P.99

程序 5.8 $v\omega$ 接口

```
VWHandle VWInit(DeviceSemantics semantics, int Timescale);
int VWRelease(VWHandle handle);
int VWSetSpeed(VWHandle handle, meterPerSec v, radPerSec w);
int VWGetSpeed(VWHandle handle, SpeedType* vw);
int VWSetPosition(VWHandle handle, meter x, meter y, radians phi);
int VWGetPosition(VWHandle handle, PositionType* pos);
int VWStartControl(VWHandle handle, float Vv,float Tv, float Vw,float Tw);
int VWStopControl(VWHandle handle);
int VWDriveStraight(VWHandle handle, meter delta, meterpersec v)
int VWDriveTurn(VWHandle handle, radians delta, radPerSec w)
int VWDriveCurve(VWHandle handle, meter delta_l, radians delta_phi,
      meterpersec v)
float VWDriveRemain(VWHandle handle)
int VWDriveDone(VWHandle handle)
int VWDriveWait(VWHandle handle)
int VWStalled(VWHandle handle)
```

航位推算(Dead reckoning)

$v\omega$ 接口的初始化例程 VWInit 设置电机指令的更新速率,通常为 1/100s,但它不启动 PI 控制。控制例程 VWStartControl 将启动 PI 控制器作为后台进程,使用提供的 PI 参数进行行驶和转向。相应的定时器中断例程中也包含了所有相关的程序代码,包括用于控制两个驱动电机，以及更新机器人位置和方向的内部变量，这些变量可由 VWGetPosition 读取。这种通过连续累加行驶向量(driving vectors)确定机器人的位置，并对所有转动求和确定方向的方法称为“航位推算”。函数 VWStalled 比较期望转速和实际转速以确定电机的轮子是否已停转，这有可能是因为撞上了障碍物。

P. 100

现在可以只用 $v\omega$ 接口来编写行驶的应用程序。程序 5.9 所示的是一个简单的程序，机器人先直线行驶 1m，然后 180°转向，再沿途返回。函数 VWDriveWait 暂停用户程序的执行，直到完成行驶指令。所有的行驶指令只能注册驱动参数，并立即返回到用户程序。两个轮子的 PI 控制器在之前所介绍的后台例程中的实际运行，对于编程人员是完全透明的。

程序 5.9 $v\omega$ 应用程序

```
1  #include "eyebot.h"
2  int main()
3  { VWHandle vw;
4    vw=VWInit(VW_DRIVE,1);
5    VWStartControl(vw, 7.0, 0.3 , 10.0, 0.1);/* emp. val.*/
6
7    VWDriveStraight(vw, 1.0, 0.5);              /* drive 1m */
8    VWDriveWait(vw);                        /* wait until done */
9
10   VWDriveTurn(vw, 3.14, 0.5);          /* turn 180 on spot */
11   VWDriveWait(vw);
12
13   VWDriveStraight(vw, 1.0, 0.5);             /* drive back */
14   VWDriveWait(vw);
15
16   VWStopControl(vw);
17   VWRelease(vw);
18 }
```

借助于行驶指令的后台运行，可以实现行驶时的高级控制回路。例如，机器人可以直线行驶，直到探测到障碍物(例如使用内置 PSD 传感器)便停止运行。不需要预先设置移动的距离，而是因所处的环境而异。

程序 5.10 使用传感器的典型行驶回路

```
1  #include "eyebot.h"
2  int main()
3  { VWHandle  vw;
4    PSDHandle psd_front;
5
6    vw=VWInit(VW_DRIVE,1);
7    VWStartControl(vw, 7.0, 0.3 , 10.0, 0.1);
8    psd_front = PSDInit(PSD_FRONT);
9    PSDStart(psd_front, TRUE);
10
11   while (PSDGet(psd_front)>100)
12     VWDriveStraight(vw, 0.05, 0.5);
13
14   VWStopControl(vw);
15   VWRelease(vw);
16   PSDStop();
17   return 0;
18 }
```

程序5.10所示的是本例的程序代码。在 $v\omega$ 接口和PSD传感器初始化之后，只需要一个while循环。这个循环连续监视PSD传感器的数据(PSDGet)，只有当距离大于特定阈值时，系统会调用行驶指令(VWDriveStraight)。在本例中循环的速度比执行行驶0.05m指令要快很多倍，在此没有使用等待函数。每个新发送的行驶指令会替代前一个行驶指令。因此在本例中，最终的行驶指令并不能使机器人完整地行驶0.05m，因为一旦PSD传感器标记出较短的距离，行驶控制将马上结束，整个程序也随之终止。

P.101

5.6　参考文献

ÅSTRÖM, K., HÄGGLUND, T. *PID Controllers: Theory, Design, and Tuning*, 2nd Ed., Instrument Society of America, Research Triangle Park NC, 1995

BOLTON, W. *Mechatronics – Electronic Control Systems in Mechanical Engineering*, Addison Wesley Longman, Harlow UK, 1995

JONES, J., FLYNN, A., SEIGER, B. *Mobile Robots - From Inspiration to Implementation*, 2nd Ed., AK Peters, Wellesley MA, 1999

KASPER, M. *Rug Warrior Lab Notes*, Internal report, Univ. Kaiserslautern, Fachbereich Informatik, 2001

KIM, B., TSIOTRAS, P. *Controllers for Unicycle-Type Wheeled Robots: Theoretical Results and Experimental Validation*, IEEE Transactions on Robotics and Automation, vol. 18, no. 3, June 2002, pp. 294-307 (14)

SERAJI, H., HOWARD, A. *Behavior-Based Robot Navigation on Challenging Terrain: A Fuzzy Logic Approach*, IEEE Transactions on Robotics and Automation, vol. 18, no. 3, June 2002, pp. 308-321 (14)

WILLIAMS, C. *Tuning a PID Temperature Controller*, web: http://newton.ex.ac.uk/teaching/CDHW/Feedback/Setup-PID.html, 2006

第6章

多任务处理

并行操作是每个机器人程序所必需的。由于或多或少需要处理多个独立的任务,因此即使机器人的控制器只有一个处理器,也需要引入某种多任务处理机制。

P. 103

可以设想一下,机器人程序在进行图像处理的同时,还要监视红外传感器以防撞上障碍物。如果没有多任务处理的能力,整个程序将包含一个大循环,先进行图像处理,再读取红外传感器的数据。如果图像处理耗时过多,超过了更新红外传感器信号的时间间隔就会出现问题。解决的方法是为每项操作使用单独的进程或任务,由操作系统负责任务切换。

线程与进程

处于效率的考虑,RoBIOS 的使用的是“线程”而非“进程”。从共享相同的内存地址空间上讲,可看做线程是“轻量进程”。因此,线程切换的速度要远快于进程。本章将考察协作式(cooperative)与抢占式(preemptive)两种多任务处理机制,以及通过信号量与定时器中断实现同步。在这里,“多任务处理”、“进程”与“多线程处理”、“线程”是同义的,因为前者与后者的区别仅仅是在于实现机制和对应用程序的透明度上。

6.1 协作式多任务处理

最简单的多任务处理方式是“协作式”方案。协作意味着每个平行任务都需要“良好运行”,并明确地将控制权转给下一个处于等待的线程。如果即便只有一个例程不释放控制权,那它将一直独占 CPU,使得其它任何任务都将无法执行。

由于应用程序可以确定控制权释放的时间,协作式方案的潜在问题较之抢占式的要少。然而,由于需要合适的负责任务切换的代码段,所以并非所有的程序都适合应用协作式方案。

P. 104

程序 6.1 所示是最简单的协作式多任务处理的程序。我们使用相同的代码段 mytask 运行两个任务(当然也可以并行运行不同的代码)。通过调用系统函数 OSGetUID,任务可以恢复自己的任务 ID 号。这点非常适用于区分需要运行相同代码的几个不同任务。本例中的全部任务就是执行一个循环:首先打印一行文本显示自己的 ID 号,然后再调用 OSReschedule 函数。OSReschedule 是一个系统函数,负责控制权的传递。这样,两个任务便可以交替打印自己的 ID 号。循环结束后,每个任务调用函数 OSKill,终止运行。

程序 6.1　协作式多任务处理

```
1   #include "eyebot.h"
2   #define SSIZE  4096
3   struct tcb *task1, *task2;
4
5   void mytask()
6   { int id, i;
7     id = OSGetUID(0); /* read slave id no. */
8     for (i=1; i<=100; i++)
9     { LCDPrintf("task %d : %d\n", id, i);
10      OSReschedule();   /* transfer control */
11    }
12    OSKill(0);  /* terminate thread */
13  }
14
15  int main()
16  { OSMTInit(COOP);  /* init multitasking */
17    task1 = OSSpawn("t1", mytask, SSIZE, MIN_PRI, 1);
18    task2 = OSSpawn("t2", mytask, SSIZE, MIN_PRI, 2);
19    if(!task1 || !task2) OSPanic("spawn failed");
20
21    OSReady(task1); /* set state of task1 to READY */
22    OSReady(task2);
23    OSReschedule(); /* start multitasking */
24    /* ------------------------------------------------- */
25    /* processing returns HERE, when no READY thread left */
26    LCDPrintf("back to main");
27    return 0;
28  };
```

主程序必需通过调用 OSMTInit 函数初始化多任务处理;参数 COOP 表示协作式多任务处理。进程的启动分三步完成:首先,生成所有的任务。并创建一个新的任务结构体,其中包含任务名(字符串型),一个带有给定大小的局部任务栈的函数调用(这里是 mytask),一定的优先级以及 ID 号。任务栈的大小取决于局部变量的数量和任务的调用深度(迭代调用)。其次,每个任务都要切换到“就绪(ready)”模式。最后,主程序通过调用 OSReschedule 函数将控制权传递给一个并行的任务,此过程交替运行直至所有任务都终止运行。如果两个任务运行结束,或是所有的并行进程堵塞时,即发生“死锁”,主程序重新激活,在下一个指令继续其控制流程。本例中,它只是打印出最后一条消息,然后终止整个程序。

P.105

系统的输出将大致如下:

```
task 2 : 1
task 1 : 1
task 2 : 2
task 1 : 2
task 2 : 3
task 1 : 3
...
task 2 : 100
task 1 : 100
back to main
```

两个任务如设想的一样交替运行。然而,哪个任务先运行取决于系统。

6.2 抢占式多任务处理

初看起来,抢占式多任务处理和协作式多任务处理并无不同之处。程序 6.2 是将程序6.1 改写为抢占式多任务处理的首次尝试,然而不幸的是,它不是完全正确的。除了没有对 OSReschedule 函数的调用之外,函数 mytask 和前面协作式多任务处理的 mytask 完全相同。这在意料之中,因为抢占式多任务处理不需要明确地传递控制权,而是用系统定时器实现任务切换。仅有的另外两个改动:一个是将初始化函数的参数变为 PREEMPT;另一个是系统通过调用 OSPermit 使能定时器中断,从而实现任务间的切换。紧随其后的对 OSReschedule 的调用可有可无,但它能确保主程序能够立即释放控制权。

这种方法对于两个相互独立的任务非常有效。但是,本例中的两个任务之间在向 LCD 输出信号时会产生冲突。由于任务切换会随时发生,因而也有可能(也将会)发生在打印输出的过程中。这种情况下,task1 和 task2 的输出的字符会混杂在一起。例如,task1 只输出了三个字符就被打断:

P.106

```
task 1 : 1
task 1 : 2
tastask 2 : 1
task 2 : 2
task 2 :k 1: 3
task 1 : 4
...
```

但更糟糕的情况是任务的切换发生在往 LCD 屏写字符的系统调用操作中,这样就导致输出各种奇怪的结果,甚至会因为数据区的破坏而导致任务中止。

很明显,当有两个或多个任务交互或是共享资源时,就需要任务间的同步。在接下来的一节中会给出修改后的抢占式操作的程序代码,它使用了信号量来实现任务间的同步。

程序 6.2 抢占式多任务处理——首次尝试(不正确)

```
 1  #include "eyebot.h"
 2  #define SSIZE  4096
 3  struct tcb *task1, *task2;
 4
 5  void mytask()
 6  { int id, i;
 7    id = OSGetUID(0); /* read slave id no. */
 8    for (i=1; i<=100; i++)
 9      LCDPrintf("task %d : %d\n", id, i);
10    OSKill(0);   /* terminate thread */
11  }
12
13  int main()
14  { OSMTInit(PREEMPT);   /* init multitasking */
15    task1 = OSSpawn("t1", mytask, SSIZE, MIN_PRI, 1);
16    task2 = OSSpawn("t2", mytask, SSIZE, MIN_PRI, 2);
17    if(!task1 || !task2) OSPanic("spawn failed");
18
```

```
19     OSReady(task1);  /* set state of task1 to READY */
20     OSReady(task2);
21     OSPermit();      /* start multitasking */
22     OSReschedule();  /* switch to other task */
23     /* ------------------------------------------------- */
24     /* processing returns HERE, when no READY thread left */
25     LCDPrintf("back to main");
26     return 0;
27   };
```

6.3 同步

P.107
用于同步的信号量

如前一节所示，几乎所有的抢占式多任务应用都要用到某种同步机制。只要是两个或多个任务间存在信息交换或资源共享(例如，LCD 打印输出，读入传感器的数据或是设定执行器的参数)时，都必须要有任务间的同步。标准的同步方法是(见(Bräunl 1993))：

- 信号量(semaphores)
- 监视器(monitors)
- 消息传递(message passing)

这里，我们关注的是使用信号量来实现同步。信号量是一种较为底层的同步工具，因此更适用于嵌入式控制器的应用。

6.3.1 信号量

信号量的概念历史悠久，Dijkstra 将其形式化为一个类似于铁路信号灯的模型(Dijkstra 1965)。更多的历史资料见(Hoare 1974)，(Brinch Hansen 1977)或是最近的(Brinch Hansen 2001)。

信号量是一种同步对象，可以是两种状态，或是*空闲*(free)，或是*占用*(occupied)。每个任务可对信号量进行*锁定*(lock)或*释放*(release)两种不同操作。当任务锁住一个之前“空闲”的信号量时，信号量的状态就会变为“占用”。如果当前(第一个)任务一直运行，任何试图锁定占用的信号量的后继任务都会被阻塞(block)，直至第一个任务释放信号量。信号量释放后其状态立刻变为空闲，下一个处于等待的任务解除阻塞，并重新锁定该信号量。

在我们的设计中，声明信号量并初始化为具有两个特定状态(0：阻塞，≥1：空闲)的整型值。下面的代码定义了一个信号量，并将其初始化为空闲状态：

```
struct sem my_sema;
OSSemInit (my_sema, 1);
```

信号量锁定和释放操作的调用函数沿袭了传统的命名方式，其由 Dijkstra 所创造：P 为锁定(“**p**ass”)，V 为释放(“lea**v**e”)。下面例子锁定和释放信号量，同时执行独占的代码块：

```
OSSemP(my_sema);
/* exclusive block, for example write to screen */
OSSemV(my_sema);
```

当然，所有的共享某一资源或者相互影响的任务，它们必须要按以上的方法使用 P 和 V。否则，如果缺少 P 操作会导致程序崩溃(如前一节所述)，缺少 V 操作则会让某些或全部的任务处于阻塞状态，而永远无法释放。如果是任务共享多个资源时，那么每个资源都要有相对应的信号量，否则会造成任务不必要的堵塞。P. 108

由于信号量是用整型计数器变量来实现的，它们实际上是"计数信号量"。例如，计数信号量初始化为 3，这意味着，它将完成 3 个并发的无阻塞 P 操作(计数器减三次计数到 0)。将信号量的值初始化为 3，相当于先将其初始化为 0，再对其进行 3 次随后的 V 操作。信号量可以为负值，例如，如果信号量初始化为 1，两次 P 操作后便成为负值。第一次 P 操作信号量值减为 0，不会产生阻塞；而第二次 P 操作将阻塞任务的调用，并将计数器设为－1。

在下面这个简单的例子中，我们只使用到了两个信号量状态：0(阻塞)和 1(空闲)。

程序 6.3 使用同步的抢占式多任务

```
1  #include "eyebot.h"
2  #define SSIZE 4096
3  struct tcb *task1, *task2;
4  struct sem lcd;
5
6  void mytask()
7  { int id, i;
8    id = OSGetUID(0); /* read slave id no. */
9    for (i=1; i<=100; i++)
10   { OSSemP(&lcd);
11       LCDPrintf("task %d : %d\n", id, i);
12     OSSemV(&lcd);
13   }
14   OSKill(0);   /* terminate thread */
15 }
16
17 int main()
18 { OSMTInit(PREEMPT);  /* init multitasking */
19   OSSemInit(&lcd,1);  /* enable semaphore  */
20   task1 = OSSpawn("t1", mytask, SSIZE, MIN_PRI, 1);
21   task2 = OSSpawn("t2", mytask, SSIZE, MIN_PRI, 2);
22   if(!task1 || !task2) OSPanic("spawn failed");
23   OSReady(task1);  /* set state of task1 to READY */
24   OSReady(task2);
25   OSPermit();      /* start multitasking */
26   OSReschedule();  /* switch to other task */
27   /* ---- proc. returns HERE, when no READY thread left */
28   LCDPrintf("back to main");
29   return 0;
30 };
```

6.3.2 同步实例

我们将通过引入信号量来解决程序 6.2 中的问题。程序 6.3 和程序 6.2 的不同之处仅仅是在主程序中增加了信号量的声明及其初始化，同时在打印语句前后加入了一对函数 OSSemP 和 OSSemV。P. 109

信号量的作用是每次只允许有一个任务打印语句。如果另一个任务也想在此时打印输出，那它将被 P 操作阻塞，直至第一个任务完成打印并发出 V 操作。这样就避免了在字符行打印输出时,或是更为严重的,在某个字符输出过程中(这将导致系统中止)发生任务切换。

与协作式多任务处理不同,在程序6.3中,task1和task2并不需要交替地完成打印输出行。每次任务会发生一次或多次递归调用,这取决于系统时间片、任务优先级设置、P和V操作之间打印语句的执行时间等因素。

6.3.3 复杂的任务同步

接下来,我们将介绍一个更为复杂的例子——运行的任务涉及不同的代码块以及多个信号量。主程序如程序6.4所示,其中从任务为程序6.5,主任务为程序6.6。

主程序和前面的例子相似——需要OSMTIint、OSSpawn、OSReady以及OSPermit等操作来启动多任务处理,并使能所有任务的执行。同时,我们也定义了多个信号量:每个从进程一个信号量,打印操作一个信号量(如前例)。整个运行的思路是一个主任务控制三个从任务的运行。通过向主任务键入不同的值,使能或阻塞相应的从任务。

所有的从任务跟以前一样完成一行文本的打印输出,但出于可读性的考虑,每次循环迭代只传递两个信号量块:第一个确保从任务启用,另一个防止在打印过程中,激活的多个从任务之间产生相互干扰。这些循环无限运行,从任务都由主任务来终止其运行。

主任务中也有一个无限循环;然而,通过按键KEY4可以使其终止所有从任务并终止自身的运行。根据从任务当前的状态,按键KEY1…KEY3分别使能和禁用相应的从任务,并在菜单显示上实时更新。

P.110

程序6.4 抢占式多任务处理的主程序

```
1  #include "eyebot.h"
2  #define SLAVES 3
3  #define SSIZE  8192
4  struct tcb *slave_p[SLAVES], *master_p;
5  struct sem sema[SLAVES];
6  struct sem lcd;
7
8  int main()
9  { int i;
10   OSMTInit(PREEMPT); /* init multitasking */
11   for (i=0; i<SLAVES; i++) OSSemInit(&sema[i],0);
12   OSSemInit(&lcd,1);  /* init semaphore */
13   for (i=0; i<SLAVES; i++) {
14     slave_p[i]= OSSpawn("slave-i",slave,SSIZE,MIN_PRI,i);
15     if(!slave_p[i]) OSPanic("spawn for slave failed");
16   }
17   master_p    = OSSpawn("master",master,SSIZE,MIN_PRI,10);
18   if(!master_p) OSPanic("spawn for master failed");
19   for (i=0; i<SLAVES; i++) OSReady(slave_p[i]);
20   OSReady(master_p);
21   OSPermit();     /* activate preemptive multitasking */
22   OSReschedule(); /* start first task */
23   /* -------------------------------------------------- */
24   /* processing returns HERE, when no READY thread left */
25   LCDPrintf("back to main\n");
26  return 0;
27  }
```

程序 6.5 从任务

```
1   void slave()
2   { int id, i, count = 0;
3
4     /** read slave id no. */
5     id = OSGetUID(0);
6     OSSemP(&lcd);
7       LCDPrintf("slave %d start\n", id);
8     OSSemV(&lcd);
9
10    while(1)
11    { OSSemP(&sema[id]); /* occupy semaphore */
12        OSSemP(&lcd);
13          for (i=0; i<2*id; i++) LCDPrintf("-");
14          LCDPrintf("slave %d:%d\n", id, count);
15        OSSemV(&lcd);
16        count = (count+1) % 100;    /* max count 99 */
17      OSSemV(&sema[id]); /* free semaphore */
18    }
19  } /* end slave */
```

程序 6.6 主任务

P.111

```
1   void master()
2   { int i,k;
3     int block[SLAVES] = {1,1,1};  /* slaves blocked */
4     OSSemP(&lcd);  /* optional since slaves blocked */
5       LCDPrintf("master start\n");
6       LCDMenu("V.0", "V.1", "V.2", "END");
7     OSSemV(&lcd);
8
9     while(1)
10    { k = ord(KEYGet());
11      if (k!=3)
12      { block[k] = !block[k];
13        OSSemP(&lcd);
14          if (block[k]) LCDMenuI(k+1,"V");
15            else LCDMenuI(k+1,"P");
16        OSSemV(&lcd);
17        if (block[k])    OSSemP(&sema[k]);
18          else OSSemV(&sema[k]);
19      }
20       else /* kill slaves then exit master */
21       { for (i=0; i<SLAVES; i++) OSKill(slave_p[i]);
22         OSKill(0);
23       }
24    } /* end while */
25  } /* end master */
26
27  int ord(int key)
28  { switch(key)
29    {
30      case KEY1: return 0;
31      case KEY2: return 1;
32      case KEY3: return 2;
33      case KEY4: return 3;
34    }
35    return 0; /* error */
36  }
```

6.4 调度

调度器是一个处理任务间切换的操作系统部件。在抢占式多任务处理中，在以下情形时产生任务切换：1.当前任务时间片结束；2.任务被阻塞(例如通过对信号量进行P操作)；3.当前任务主动交出对处理器的控制权(例如调用系统函数 OSReschedule)。而在协作式多任务处理中，只有在明确地调用 OSReschedule 时才会发生任务切换。

P.112

每一个任务的状态只能是以下三种状态中的一种(见图6.1)：

- **就绪(Ready)**
  任务准备就绪并等待执行。
- **运行(Running)**
  任务正在执行。
- **阻塞(Blocked)**
  任务尚未就绪，例如，任务在等待空闲的信号量。

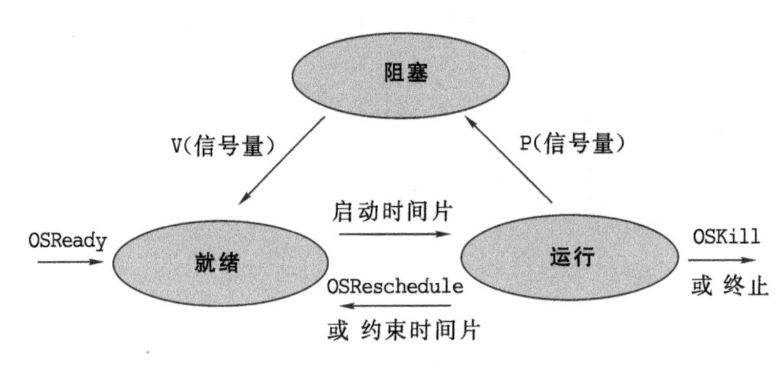

图6.1 任务模型

每个任务都有相应的任务控制块，其中包含了所有所需的控制参数——任务的起始地址、任务号、堆栈起始地址及大小、与任务相关的文本字符串，以及整型优先级。

轮转(Round robin)

如果没有使用优先级，即像本例一样，每个任务的优先级都一样，那么任务调度就需要通过“轮转”的方式来完成。例如，如果一个系统中有三个“就绪”的任务 t_1、t_2、t_3，则执行的顺序将是：

$t_1, t_2, t_3, t_1, t_2, t_3, t_1, t_2, t_3, \cdots$

将“运行”的任务用粗体标识，“就绪”等待队列的任务用方括号括起来，整个顺序可以重新表示为：

$\mathbf{t_1}[t_2, t_3]$

$\mathbf{t_2}[t_3, t_1]$

$\mathbf{t_3}[t_1, t_2]$

…

每个任务得到的系统时间片长度相同，在 RoBIOS 中，这个时间为0.01s。换句话说，每个任务平等的分享处理器时间。如果一个任务在运行阶段被阻塞并随后解除阻塞，它将做为最后的“就绪”任务会重新进入队列。这样，整个执行顺序会有所改变，例如：

t_1(阻塞 t_1)t_2,t_3,t_2,t_3(解除阻塞 t_1)t_2,t_1,t_3,t_2,t_1,t_3,…

使用方括号来表示就绪的任务所组成的队列,而大括号用来表示阻塞的进程所组成的队列,则任务调度可以重新表示为:

P.113

t_1[t_2,t_3]　　{}　　→t_1 阻塞

t_2[t_3]　　{t_1}

t_3[t_2]　　{t_1}

t_2[t_3]　　{t_1}　　→t_3 解除阻塞 t_1

t_3[t_2,t_1]　　{}

t_2[t_1,t_3]　　{}

t_1[t_3,t_2]　　{}

t_3[t_2, t_1]　　{}

…

不管任务何时返回“就绪”队列(从运行状态返回,或是从阻塞状态返回),因为优先级相同,它都将排到队列的末尾。因此,如果所有的任务优先级相同,则刚“就绪”的任务总是最后一个被执行。

优先级

如果涉及不同的优先级,情况将变得更为复杂。任务的优先级可以从 1(最低)到 8(最高)。最简单的优先级模型(RoBIOS 未采用)是静态优先级模型。在这个模型中,刚“就绪”的任务会排在相同优先级任务的后面、低优先级任务的前面。此调度之所以简单是因为:只需要维护一个等待队列。然而,这个模型会发生任务“饿死”现象,如下面例子所示。

饿死

假设任务 t_A 和 t_B 具有较高优先级 2;任务 t_a 和 t_b 具有稍低优先级 1。那么在后续调度队列中,t_a 和 t_b 只能在 t_A 和 t_B 同时被某些事件所阻塞时,才有可能被执行(即免于饿死)。

t_A　[t_B,t_a,t_b]　　{}

t_B　[t_A,t_a,t_b]　　{}

t_A　[t_B,t_a,t_b]　　{}　　→t_A 阻塞

t_B　[t_A,t_a,t_b]　　{t_A}　→t_B 阻塞

t_a　[t_b]　　{t_A,t_B}

…

动态优先级

正是出于这样的考虑,RoBIOS 采用的是更为复杂的动态优先级模型。调度器维护着 8 个不同的“就绪”队列,每个队列对应一个优先级。任务生成后,会插入到与其优先级相对应的“就绪”队列之中,各个队列又按照前述的“轮转”方式顺序完成。因此,调度器每次只需要确定下一个执行的队列。

每个队列(而非任务)均分配有一个静态优先级(1～8)和一个动态优先级,动态优先级初始化为静态优先级的 2 倍乘以队列中“就绪”任务的数目。这个因子可以保证任务调度对不同队列长度的公平性(参见后文)。每当“就绪”队列中有任务执行,此队列的动态优先级就递减 1。只有当所有队列的动态优先级都减小为 0 时,动态队列的优先级才会恢复为初始值。

P. 114

调度器只需要从具有最高动态优先级的(非空)“就绪”队列中选出下一个任务。如果所有“就绪”队列中都没有合适的任务,多任务处理将中断,并继续调用 main 函数。这个模型避免了任务饿死的情况,而且还会给高优先级的任务更多的时间片运行。参见下文中讨论三个优先级的例子,静态优先级在右、动态优先级在左。递减后的最高动态优先级以及下一个时间片将要执行的任务用粗体表示:

任务	动态优先级	队列	
→ —	6	$[t_A]_3$	(2・优先级・任务数=2・3・1=6)
	8	$[\mathbf{t_a}, t_b]_2$	(2・2・2=8)
	4	$[t_x, t_y]_1$	(2・1・2=4)
t_a	6	$[t_A]_3$	
	7	$[\mathbf{t_b}]_2$	
	4	$[t_x, t_y]_1$	
t_b	**6**	$[\mathbf{t_A}]_3$	
	6	$[t_a]_2$	
	4	$[t_x, t_y]_1$	
t_A	5	$[\,]_3$	
	6	$[\mathbf{t_a}, t_b]_2$	
	4	$[t_x, t_y]_1$	
t_a	**5**	$[\mathbf{t_A}]_3$	
	5	$[t_b]_2$	
	4	$[t_x, t_y]_1$	
	…		
t_a	3	$[t_A]_3$	
	3	$[t_b]_2$	
	4	$[\mathbf{t_x}, t_y]_1$	
t_x	**3**	$[\mathbf{t_A}]_3$	
	3	$[t_a, t_b]_2$	
	3	$[t_y]_1$	
←	…		

6.5 中断和定时器激活的任务

另一种并发程序的设计方法是使用中断。中断源既可以是外部设备,也可以是内部的定时器。两者都是非常重要的手段,外部中断可以用于响应外部传感器的操作,例如读取轴编码器的计数;而内部定时器中断则可以用来执行某些周期性重复的任务,例如电机控制例程。

外部中断信号事件将打断当前任务的执行,转而执行所谓的“中断服务程序”(interrupt P. 115 service routine, ISR)。通常中断服务程序的运行时间很短,并且在结束前恢复堆栈,这样便不会对前台任务(foreground task)产生任何影响。由于中断线直接与 CPU 相连,所以因机器而异；因而在中断服务程序的初始化时往往会用到汇编指令(见图 6.2)。

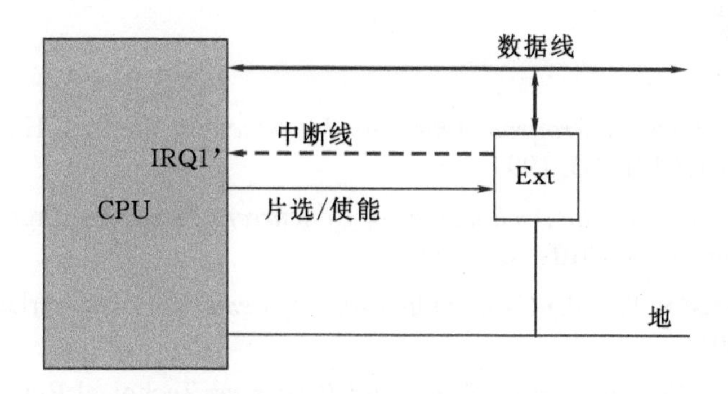

图 6.2 来自外设的中断

更为常见的是软件中断，而非来自外设的硬件中断。而在所有软件中断之中，最为重要的是定时器中断，即周期性中断。

在 RoBIOS 操作系统中，我们采用了一个频率为 100 Hz的通用定时器中断。用户程序可以通过设置一个整型的分频器，将其设计成至多为 16 个，中断频率在 100 Hz(0.01s)与 4.7×10^{-8} Hz(248.6 天)之间的定时中断服务程序。只需完成以下操作便可实现：

```
TimerHandle    OSAttachTimer (int scale, TimerFnc function);
int            OSDetachTimer (TimerHandle handle);
```

使用定时 scale 参数(范围 1～100)对 100 Hz定时器进行分频，从而得到每秒对定时器调用的次数(100 Hz 1 次，1 Hz 100 次)。参数 TimerFct 仅仅只是一个不带参数或是无返回值(void)的函数的名称。

现在，应用程序可以执行后台程序，例如 PID 电机控制器(见 5.2 节)可以每秒钟执行若干次。尽管中断服务程序的处理方法与抢占式多任务(见 6.2 节)相同，但是中断服务程序本身不会被抢占，而是在结束运行前一直占有对 CPU 的控制权。这也是一个中断服务程序运行时间应当非常短的原因之一。很显然，中断服务程序的运行时间(若是有多个中断，则为所有中断服务程序运行时间之和)不能超过两次定时中断的时间间隔，否则将无法实现正常的激活。

程序 6.7 所示的例子是 timer 函数和相应的 main 函数。主函数将定时器中断初始化为每秒中断一次。当前台任务向屏幕打印输出连续的数字时，后台任务每秒产生一个声音信号。

程序 6.7 定时器中断的例子

P. 116

```
1  void timer()
2  { AUBeep();  /* background task */
3  }
```

```
1  int main()
2  { TimerHandle t; int i=0;
3    t = OSAttachTimer(100, timer);
4      /* foreground task: loop until key press */
5      while (!KEYRead()) LCDPrintf("%d\n", i++);
6    OSDetachTimer(t);
7    return 0;
8  }
```

6.6 参考文献

BRÄUNL, T. *Parallel Programming - An Introduction*, Prentice Hall, Englewood Cliffs NJ, 1993

BRINCH HANSEN, P. *The Architecture of Concurrent Programs*, Prentice Hall, Englewood Cliffs NJ, 1977

BRINCH HANSEN, P. (Ed.) *Classic Operating Systems*, Springer-Verlag, Berlin, 2001

DIJKSTRA, E. *Communicating Sequential Processes*, Technical Report EWD-123, Technical University Eindhoven, 1965

HOARE, C.A.R. *Communicating sequential processes*, Communications of the ACM, vol. 17, no. 10, Oct. 1974, pp. 549-557 (9)

无线通信

在机器人的很多任务中，基于无线通信的自配置（self-configuring）网络有助于自主移动机器人组群或单个机器人与主机之间的联系： P. 117

1. 允许机器人间相互通信
   例如，共享传感器数据、协作完成共同任务或制定一个共同执行的计划。
2. 远程控制一个或多个机器人
   例如，发送低层次驱动命令或是确定所需实现的高级目标。
3. 监视机器人的传感器数据
   例如，显示一个或多个机器人的摄像机数据，或是记录相应时间的移动距离。
4. 使用离线处理来运行机器人
   例如，综合前两项功能：首先，将传感器数据包发回主机，然后，主机完成运算处理，再将驱动命令发回给机器人。
5. 为一个或多个机器人创建控制台程序
   例如，在一个平常的环境中，存在多个机器人的情况下，监视每个机器人的位置、方向和状态。这有助于针对特定任务，对机器人组群的性能和效率进行事后分析。

此网络需要做到自配置。换言之，主节点既不固定，也非预先设置，每个智能体都能充当主节点。但每个智能体都必须能探测到其它智能体，从而参与组建通信链接。并且能够检测到新加入的智能体并集成到网络中，同时删除掉退出的智能体。由于移动无线数据传输的误码率高，因而整个网络需要一种特殊的防差错协议。关于此项目的更多细节参见（Bräunl，Wilke 2001）。

7.1 通信模型

原则上，可认为无线网络是一个全连接网络（fully connected network），所有的节点都可以通过一次跳跃而访问其它任何节点，即数据可以无需第三方而直接传输。 P. 118

但是,如果我们允许每个节点在每个时间点都可以发送数据,我们便需要类似于CSMA/CD (Wang, Premvuti 1994)的某种数据冲突检测和恢复的手段。随着网络中智能体数目的增加,数据间的冲突也随着急剧增长。因此,我们决定另外使用一个时分复用网络。这样,几个智能体之间便可以通过TDMA(时分多址)协议利用现有的带宽来构成一个网络。在TDMA网络中,一次只允许一个收发器(transceiver)发送数据,这样就消除了传输冲突所带来的数据丢失。因此不可能出现两个收发器模块同时发送数据的情况。满足这一条件的技术主要有两种(图7.1):

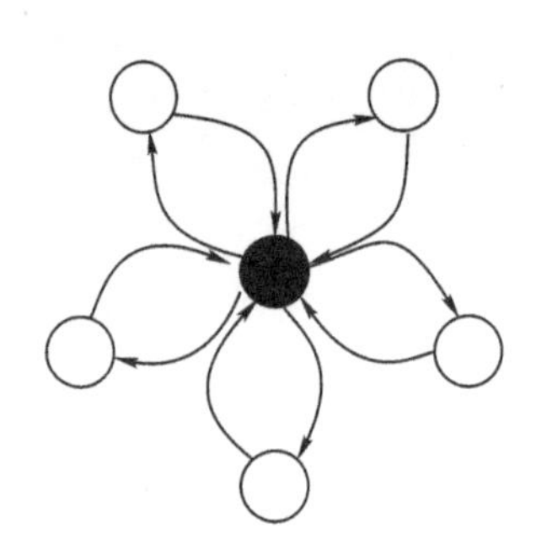

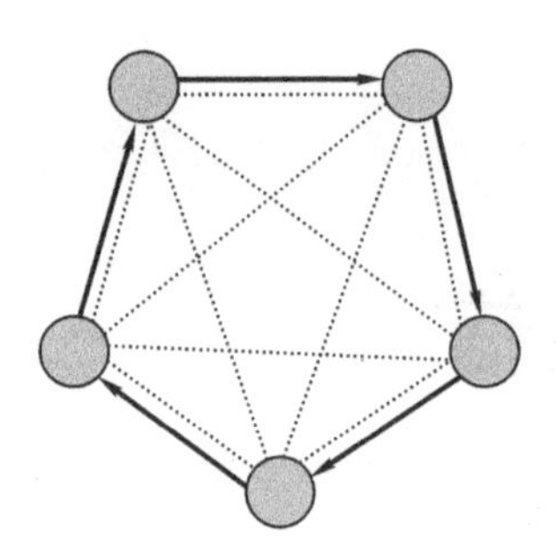

图7.1　轮询与虚拟令牌环

- 轮询:

  一个智能体(或是一个基站)定义为"主"节点。按照轮转(round-robin)方式,主节点依次呼叫每个节点,让其发送一条消息;同时,每个智能体均接受广播消息并筛选出和自己相对应的消息。
- 虚拟令牌环:

  一个令牌(特定的数据字)在循环列表中的一个智能体传递给下一个智能体。每个收到令牌的智能体,都可以发送消息,然后再将令牌传给下一个智能体。与前一种方式不同,每个智能体都可以充当主节点,在错误发生时(例如令牌环丢失,见7.3节),初始化令牌环并接管。

尽管两种方法相近,但令牌环的系统开销更小、更灵活,且具有相同的功能和安全性。因此,我们选择了"虚拟令牌环"。

P. 119

1. 初始化时,主节点必须要通过轮询的方式创建一个无线网络中所有有效的机器人节点的列表。在网络的运行过程中(见下文),要对这个列表进行维护,并广播通报给网络中的所有机器人(每个机器人都必须知道令牌的下一个占有者)。
2. 主节点通过超时看门狗定时器来监控数据通信。如果在一定时间内,没有数据传输发生,主节点则假定令牌已丢失(例如,碰巧持有令牌的机器人关机了),并创建一个新的令牌。
3. 如果令牌被同一智能体连续丢失(例如发生三次丢失),主节点则认为此智能体工作不正常,并把它从有效节点列表中剔除。
4. 主节点周期性地发送"通配符"消息,检查是否有新的智能体可用(例如,刚刚运行的机器人或是故障修复的机器人)。然后,主节点更新有效智能体的列表,这些新的智能体便能参与到整个令牌环网络之中。

所有的智能体(和基站)都有唯一的用来标识地址的ID号,一个特定的ID号用于广播,严格遵循相同的通信模式。按照相同的方法,可以实现子节点群,这样一组机器人便可以接收特定的消息。

按照预先定义的规则集,在网络节点之间传递令牌,持有令牌的节点可以访问网络媒介。初始化时,令牌由主站生成并在整个网络节点间传递一次,以确保所有站点工作正常。

只有在持有令牌时,节点才能发送数据。在发送完指定数量的数据帧后,此节点必须将令牌传递给下一个节点。整个过程如下:

1. 组建一个逻辑环,链接所有接入网络中的节点,然后主控制站创建一个令牌。
2. 令牌在环路的节点间依次传递。
3. 如果一个节点正等待发送一帧数据,那么在它得到令牌后,会先发送数据帧,然后再将令牌传递给下一个节点。

在网络层中,主要的错误恢复工具是主站的定时器。这个定时器监视着整个网络,确保令牌不会丢失。如果令牌在一定时间内没有发生传递,那么主站将生成新的令牌,实际上等于重启整个控制环路。

假设我们有一个由10个移动智能体(机器人)所组成的网络,这些机器人之间距离足够近,以至于可以不通过中间站而直接互相通信。这样,基站(例如PC或工作站)也可以成为网络中的一个节点。

7.2 消息

消息以帧结构的形式传输。每一帧除了包含待发的数据部分外,还有很多带有特定信息的部分。 P.120

帧结构

- 起始字节
  作为帧起始的特定比特位。
- 消息类型
  区分用户数据、系统数据等等(参见下文)。
- 目的ID
  消息接受方的ID、子群组的ID,或发给所有的智能体的广播。
- 源ID
  发送方的ID。
- 下个发送者的ID
  令牌环中下一个有效智能体的ID。
- 消息长度
  整个消息中所含的字节数(可以为0)。
- 消息内容
  实际的消息内容,受消息长度的限制(可以为空)。
- 校验和(checksum)
  对整个数据帧进行循环冗余码校验(CRC, Cyclic Redundancy Checksum);针对错误的校验的自动差错处理。

因此,每一帧都包含有发送方、接收方和下一个发送方的 ID 号以及待发送的数据。在很多组织函数中需要用到消息类型。因而,有必要在此区分清楚三种主要的消息类型:

1. 应用程序层的交换消息。
2. 系统层,用于远程控制的交换消息(例如按键、向 LCD 输出、驱动电机)。
3. 需要即时解释,与无线网络结构相关的系统消息。

由于网络所执行的任务往往不止一个,因此有必要区分前两种消息类型。应用程序应能自由地发送消息给其它任意智能体(或智能体群组)。同样,整个网络也应当支持远程控制或是仅仅通过发送消息的方式对智能体的行为进行监视,这些行为对应用程序完全透明。

这需要使用和维护两个独立的接收缓存器,一个用于用户消息,另一个用于系统消息。另外,每个智能体还需要一个发送缓存器。这样就能在智能体间,同时透明地执行远程控制和数据通信这两个功能。

P. 121

消息类型:

- 用户(USER)
  在智能体间传递的消息。
- 操作系统(OS)
  操作系统发送的消息,例如在基站上对智能体的行为进行监视。
- 令牌(TOKEN)
  不提供消息内容,即这是一条空消息。
- 通配符(WILD CARD)
  当前的主节点周期性地发送通配符消息,以取代使能发送列表中的下一个智能体。任何想要加入到网络结构中的新智能体都需要等待这条通配符消息。
- 纳新(ADDNEW)
  想要联入网络的新智能体对"通配符"的回复消息。借助于这条消息,新的智能体告知当前主节点自己的 ID 号。
- 同步(SYNC)
  如果主节点对列表的成员进行了添加和剔除操作,它会实时更新当前有效智能体的列表,并广播给所有的成员。

7.3　容错自配置

令牌环网络是一种对称网络,因此在通常的运行过程中,网络中不需要有主节点。然而,还是需要有一个主节点来生成第一个令牌,并在发生通信问题或是智能体发生故障而导致令牌丢失时,对整个令牌环网络进行重启。

主节点的功能并不需要固定在某个特定节点上;事实上,如果需要完成上述主节点的功能,网络中任何一个节点都可以临时指派为主节点。但由于没有主节点,整个网络就必须在初始化时或是故障发生时进行自配置。

当智能体被激活(即机器人启动运行),它仅仅只知道自己的 ID 号,而并不清楚网络中智能体的数量,也不了解其它智能体的 ID 号以及谁是主节点。因此,第一轮的通信仅仅解决以下问题:

- 有多少智能体正在通信?
- 它们的ID号?
- 谁作为主节点来完成令牌环的启动或执行恢复工作?

智能体的ID号用于发起通信的初始化。当智能体在发起无线网络初始化时,它首先是收听当前发送的所有消息。如果在给定的时间(一定的时间间隔×该节点自己的ID号)内,智能体没有收到任何的消息,它便可以假定自己的ID号最小,从而充当网络的主节点。 P.122

主节点定期发送"通配符"消息,将新来的机器人纳入到网络之中。在收到新智能体的ID号后,主节点会为其在网络中分配一个位置,然后通过发送广播消息SYNC通知其它节点网络中成员的数目和虚拟环中新的邻居结构(见图7.2)。这里假定在任何时刻只有一个新的智能体等待加入。

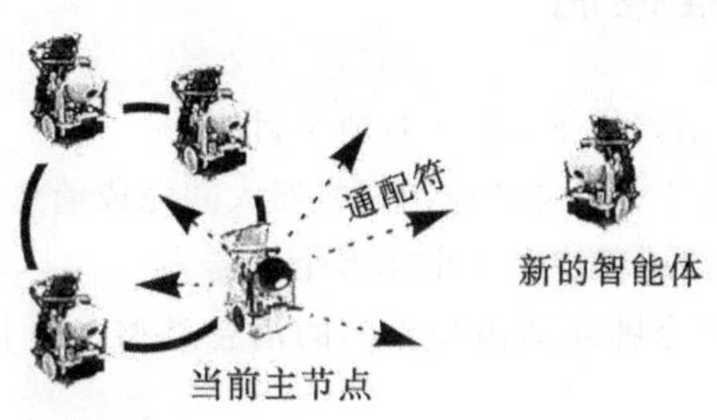

步骤1:主节点广播通配符

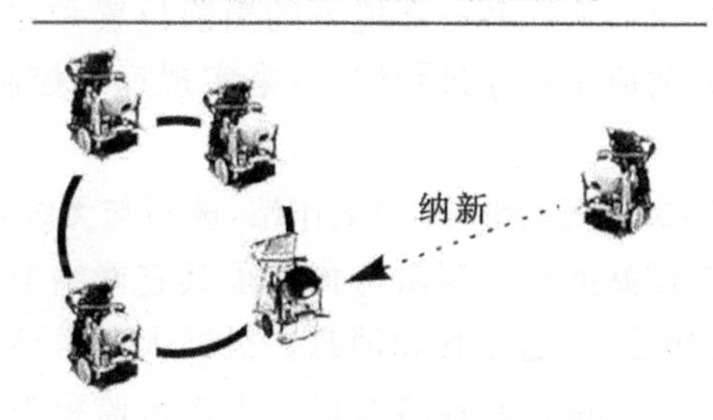

步骤2:新智能体回答纳新

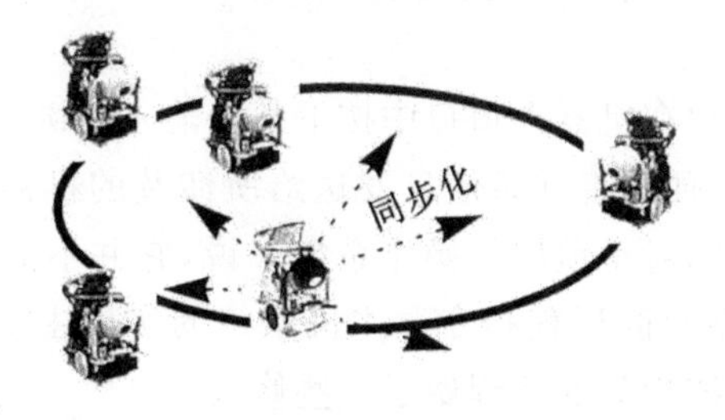

步骤3:主节点通过广播同步化来更新网络

图7.2 网络中添加新节点的过程

每个智能体都有一个内部定时器进程。如果在给定时间内,网络节点间没有通信,便可以假定令牌已经丢失。其原因可能是通信错误、智能体故障,或仅仅是其中一个智能体关闭等等。如果是第一种状况,可以重发消息;但如果是第二种状况(同一智能体连续丢失令牌),那么该智能体就会被剔除出网络。 P.123

如果主节点依然有效，它会重新创建一个令牌，并监视在下一轮中是否还会发生同一节点丢失令牌的现象。如果问题依旧，则将故障节点清除出网络。随后，主节点发送广播消息通知其它节点网络中的节点数和虚拟环邻居结构上的变化。

如果在一定时间之后，网络仍无反应，每个智能体就应当假定前一个主节点发生了故障。如果是这样的话，虚拟环中前一个主节点的后继(successor)将会成为新的主节点。然而，如果在一段时间之后，此过程依然不起作用，整个网络将被重启，并重新确定新的主节点。

更多本领域相关项目的细节可参阅(Balch, Arkin 1995)，(Fukuda, Sekiyama 1994)，(MacLennan 1991)，(Wang, Premvuti 1994)，(Werner, Dyer 1990)。

7.4　用户接口和远程控制

如前所述，无线机器人通信网络 *EyeNet* 有两个目的：

- 在用户程序的控制下，针对特定的应用在机器人间完成消息的传递
- 在主机工作站上监视和远程控制一个或多个机器人

这两种通信协议使用相同令牌环结构和不同的消息类型，它们对用户程序以及 RoBIOS 操作系统的顶层均完全透明。

接下来，我们将讨论多机器人控制台程序的设计与实现。整个控制台监控机器人的行为、传感器读数、内部状态以及每个机器人在共有环境下的当前位置和方向。可以通过发送输入的按钮数据，然后由每个机器人的应用程序进行解读，来实现远程控制单个机器人、机器人群组或是所有的机器人。

可选的主机系统是运行 Unix 或 Windows 的工作站，读写与无线模块(和机器人上的无线模块完全一样)相连的串口。工作站的行为逻辑与构成了其它网络节点的机器人相似。即工作站有唯一的 ID 号，并且能够接受、发送令牌和消息。机器人发送给主机的系统消息对用户程序完全透明，同时更新机器人显示窗口和环境窗口。主机可监视整个网络中所有传递的消息，而无需专门发送信息给主机。EyeBot 主控制面板(Master Control Panel)上有所有有效的机器人的入口。

P. 124

如果有用户操作(例如，用户在机器人窗口中按下某个输入按键)发生，主机将主动地发送一条消息。只要主机得到令牌，便会将这条信息发送给所涉及的机器人。机器人在收到消息后，由底层的系统例程进行处理，对于顶层的操作系统来说，它并不能区分是按下了机器人的物理按键，还是来自于主机控制台的远程指令。主机系统的实现主要是靠重用 EyeCon 的通信例程，只是在必要时，对和系统相关的例程做了一些修改。

远程控制

一个使用无线库函数连接 EyeCon 和运行 Linux/Windows 系统 PC 的特殊的应用程序是远程控制程序。PC 上运行“remote”，并激活机器人上的“remote option”(`Hrd/Set/Rmt/On`)，PC 主机和许多机器人之间便建立起了一个无线网络。远程控制可以通过串口线(串口 1)进行操作；或是当 EyeCon 可以无线接收按键命令的话(`<I>/Reg`)，也可通过无线端口(串口 2)实现。

远程控制协议是所有网络节点(机器人和 PC)间无线通信的一部分。但是，如前所述，整

个网络可以支持很多不同的消息类型。因此，除机器人间的通信外，远程控制协议还可服务于其它的应用程序。启动或停止远程控制并不会影响到机器人间的通信。

远程控制可以双向独立运行。机器人上所有的 LCD 输出都发送给 PC 主机，并在 EyeCon 控制台窗口上显示。反之，也可以在 PC 主机上用鼠标点选按键，然后将信号发送给相应的机器人，这就好像直接在机器人上操作按键一样(参见图 7.3)。 P. 125

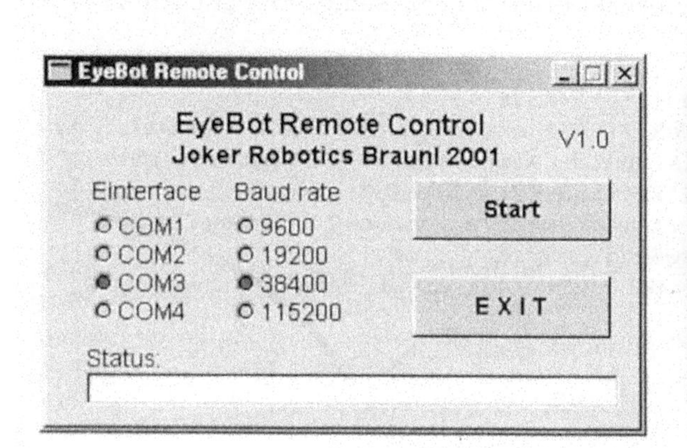

启动界面

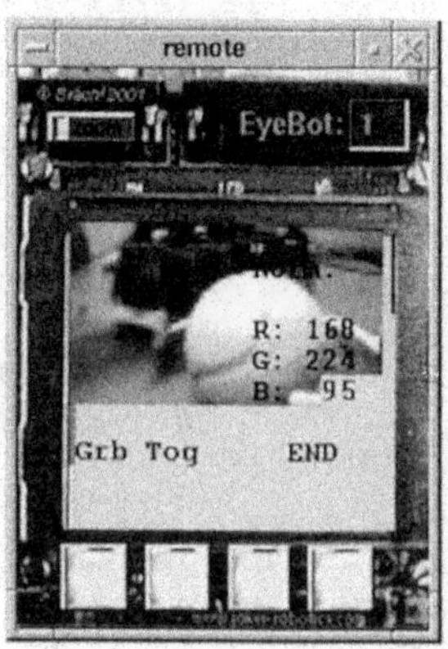

彩色图像传送

图 7.3 远程控制窗口

远程控制的另一个好处是 PC 主机可以支持彩色显示，而处于成本的考虑，EyeCon 的 LCD 还是单色屏。如果在 EyeCon 的 LCD 上显示彩色图像，该图像完整的或压缩后的色彩信息将发送并显示到 PC 主机上(和远程控制设置有关)。这种方法使得测试和调试 EyeCon 的彩色图像数据处理变得更加简单。

程序 7.1 控制器的无线“ping”程序

```
 1  #include "eyebot.h"
 2
 3  int main()
 4  { BYTE myId, nextId, fromId;
 5    BYTE mes[20]; /* message buffer */
 6    int  len, err;
 7
 8    LCDPutString("Wireless Network");
 9    LCDPutString("----------------");
10    LCDMenu(" "," "," ","END");
11
12    myId = OSMachineID();
13    if (myId==0) { LCDPutString("RadioLib not enabled!\n");
14                   return 1; }
15      else LCDPrintf("I am robot %d\n", myId);
16    switch(myId)
17    { case 1 : nextId = 2; break;
18      case 2 : nextId = 1; break;
19      default: LCDPutString("Set ID 1 or 2\n"); return 1;
20    }
21
22    LCDPutString("Radio");
```

```
23    err = RADIOInit();
24    if (err) {LCDPutString("Error Radio Init\n"); return 1;}
25      else LCDPutString("Init\n");
26
27    if (myId == 1)  /* robot 1 gets first to send */
28    { mes[0] = 0;
29      err = RADIOSend(nextId, 1, mes);
30      if (err) { LCDPutString("Error Send\n"); return 1; }
31    }
32
33    while ((KEYRead()) != KEY4)
34    { if (RADIOCheck())   /* check whether mess. is wait. */
35      { RADIORecv(&fromId, &len, mes);  /* wait for mess. */
36        LCDPrintf("Recv %d-%d: %3d\a\n", fromId,len,mes[0]);
37        mes[0]++; /* increment number and send again */
38        err = RADIOSend(nextId, 1, mes);
39        if (err) { LCDPutString("Error Send\n"); return 1; }
40      }
41    }
42    RADIOTerm();
43    return 0;
44  }
```

P. 126

远程控制的一个有趣的扩展是传送所有机器人的传感器和位置数据。这样便可以像在仿真环境中一样追踪一组机器人的移动(参见第 15 章)。

7.5 应用程序范例

程序 7.1 所示的是无线库函数的一个简单的应用。这个程序仅仅是让两个 EyeCon 之间互发“pings”来互相通信,即一方接收到消息后,便马上发送一条新消息。为了简化设计,程序将参与的机器人的 ID 设置为 1 和 2,并且 1 号机器人负责发起通信。

程序 7.2 无线主机程序

```
 1  #include "remote.h"
 2  #include "eyebot.h"
 3
 4  int main()
 5  { BYTE myId, nextId, fromId;
 6    BYTE mes[20]; /* message buffer */
 7    int  len, err;
 8    RadioIOParameters radioParams;
 9
10    RADIOGetIoctl(&radioParams); /* get parameters */
11     radioParams.speed = SER38400;
12     radioParams.interface = SERIAL3; /* COM 3 */
13    RADIOSetIoctl(radioParams);   /* set parameters */
14
15    err = RADIOInit();
16    if (err) { printf("Error Radio Init\n"); return 1; }
17    nextId = 1; /* PC (id 0) will send to EyeBot no. 1 */
18
19    while (1)
```

```
20    { if (RADIOCheck())  /* check if message is waiting */
21      { RADIORecv(&fromId, &len, mes);  /* wait next mes. */
22        printf("Recv %d-%d: %3d\a\n", fromId, len, mes[0]);
23        mes[0]++;       /* increment number and send again */
24        err = RADIOSend(nextId, 1, mes);
25        if (err) { printf("Error Send\n"); return 1; }
26      }
27    }
28    RADIOTerm();
29    return 0;
30  }
```

每个 EyeCon 都是通过使用“RADIOInit”函数来初始化无线通信的，并由 1 号 EyeCon 发送第一条消息。在后面的 while 循环中，每个 EyeCon 等待消息，收到消息后，发送另一条消息，其中消息的内容是一个整型数，此整型数随着每次数据交换而递增。 P. 127

这个程序例子不需要作很大的调整，便可以实现 PC 主机和 EyeCon 间的通信。对于 EyeCon，只需要调整其 ID 号(PC 主机默认为 0)。用于 PC 主机的程序如程序 7.2 所示。

可以看到，PC 主机的程序基本上和 EyeCon 的程序一样。通过向 Linux 或 Windows 提供与 RoBIOS 相似的 EyeBot 库，实现了程序开发的一致性。通过这种方法，可以用同样的方式在 PC 主机上开发源程序，甚至在很多情况下，其源代码与机器人应用程序的代码完全一致。

7.6 参考文献

BALCH, T., ARKIN, R. *Communication in Reactive Multiagent Robotic Systems*, Autonomous Robots, vol. 1, 1995, pp. 27-52 (26)

BRÄUNL, T., WILKE, P. *Flexible Wireless Communication Network for Mobile Robot Agents*, Industrial Robot International Journal, vol. 28, no. 3, 2001, pp. 220-232 (13)

FUKUDA, F., SEKIYAMA, K. *Communication Reduction with Risk Estimate for Multiple Robotic Systems*, IEEE Proceedings of the Conference on Robotics and Automation, 1994, pp. 2864-2869 (6)

MACLENNAN, B. *Synthetic Ecology: An Approach to the Study of Communication*, in C. Langton, D. Farmer, C. Taylor (Eds.), Artificial Life II, Proceedings of the Workshop on Artificial Life, held Feb. 1990 in Santa Fe NM, Addison-Wesley, Reading MA, 1991

WANG, J., PREMVUTI, S. *Resource Sharing in Distributed Robotic Systems based on a Wireless Medium Access Protocol*, Proceedings of the IEEE/RSJ/GI, 1994, pp. 784-791 (8)

WERNER, G., DYER, M. *Evolution of Communication in Artificial Organisms*, Technical Report UCLA-AI-90-06, University of California at Los Angeles, June 1990

第Ⅱ部分
移动机器人设计

第8章

行驶机器人

在本章将使用两个直流电机和两个轮子组成最简单的移动机器人,探讨以下几种机器人设计方式:差速驱动、同步驱动、阿克曼转向,在第9章将探讨全向机器人的设计。相关的研究论文集可参考(Rückert, Sitte, Witkowski 2001)以及(Cho,Lee 2002)。介绍性的书籍有(Borenstein, Everett, Feng 1998),(Arkin 1998),(Jones, Flynn, Seiger 1999),以及(McKerrow 1991)。 P.131

8.1 单轮驱动

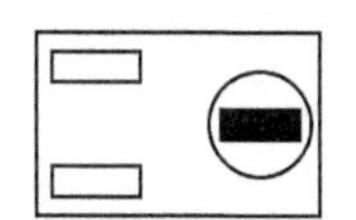

移动机器人最简单的设计方式是使用一个轮子来移动和转向,因为至少需要三个支撑点才能稳定,所以此设计需要在机器人背面增加两个从动的活动轮(passive caster wheel)。

机器人移动的线速度和角速度已完全解耦,因此为实现直线行动,将前轮定位在中间位置并按照要求的线速度移动;沿曲线行驶时,前方移动轮子会定位在与预定的曲线移动相匹配的角度上。

图8.1显示了按不同的操纵设置所产生的行驶行为。曲线移动的轨迹是沿一个圆的圆 P.132

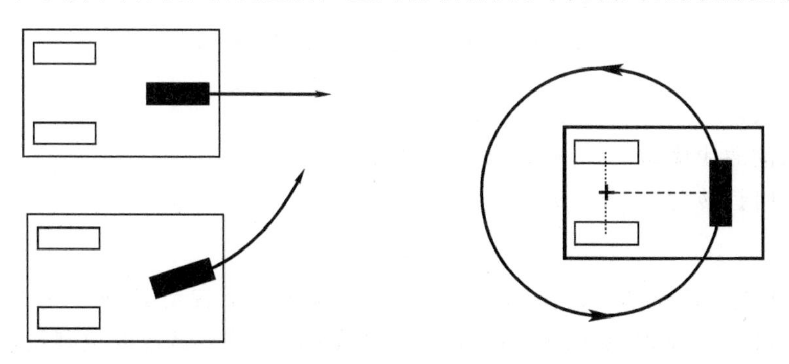

图8.1 单移动轮的移动和转向

弧；然而此类机器人的设计方式无法实现原地转向。将前方轮子角度设成90°，使之绕着两个脚轮连线中心点旋转(见图8.1右边图例)。因此，最小转弯半径等于前轮与两个后轮中心点之间的距离。

8.2 差速驱动

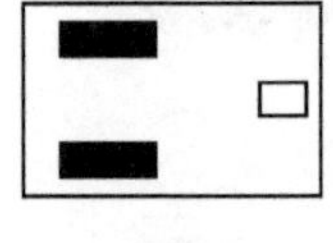

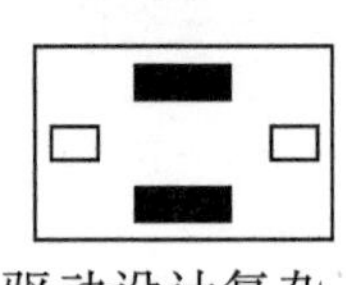

差速驱动(difference drive)设计中，在机器人左右两侧固定位置安装两个电机，分别独立地驱动一个轮子。由于需要三个与地面的接触点，因此设计中需要外加一个或者两个从动脚轮或者滑动件(passive caster wheels or sliders)，其数量取决于驱动轮的位置。差速驱动在机械实现上比单轮驱动简单，因为(该设计)不需要绕从动轮中心轴的旋转。但是由于该设计要求两个从动轮(driven wheels)之间协调，所以驱动控制要比单轮驱动设计复杂。

最小的差速驱动设计只有一个从动脚轮，考虑到平衡性，两个驱动轮不能安装在机器人的中间部位。因此在做原地的转身动作时，机器人需要绕着中央点转动，该点偏离两个驱动轮连线的中心点。而在有两个从动脚轮或者滑动件的设计中，在机器人的前部和后部分别安装一个，这样允许机器人绕着其自身的中心点转动。然而由于与地面有四个接触点，会引入接触面的问题。

图8.2是差速驱动机器人的几种动作方式。如果两个电机以相同的速度(向相同的方向)运转，机器人将沿直线做前后的移动；如果其中一个电机运行比另一个快，机器人将沿着圆弧做曲线运动；如果两个电机以相同的速度向相反的方向运行，机器人则在原地转动。

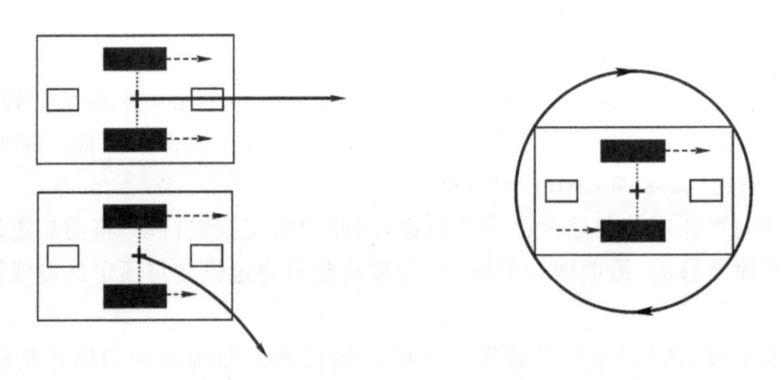

图8.2　差速驱动机器人的移动和转动

P. 133

- 直线前行：　$v_L = v_R$，　$v_L > 0$
- 沿向右的曲线移动　$v_L > v_R$，　例如 $v_L = 2v_R$
- 原地逆时针转动：　$v_L = -v_R, v_L > 0$

Eve

我们已经根据差速驱动方式设计出若干机器人。第一个就是*Eyebot*小车，缩写是*Eve*。它携带一个EyeBot控制器(见图8.3)及外形与机器人的轮廓相匹配的定制接口板，这是最初采用的设计，但后来为了支持标准的多用途控制器而放弃了。

图 8.3 Eve

该机器人的执行器采用差速驱动设计，使用两个冯哈伯[①]电机，该电机集成封装了变速器和编码器。该机器人还装备了一些传感器，其中部分为实验设备：

- 轴编码器（2 个）
- 红外位置敏感设备（1～3 个）
- 红外接近传感器（7 个）
- 声学碰撞传感器（2 个）
- 数字黑白或彩色 QuickCam 摄像机（1 个）

声学碰撞传感器(acoustic bumper)是一个新颖的想法，在机器人底盘围绕一圈填满了空气的软管，软管两端贴附两个麦克风。机器人发生的任何撞击将会产生足以被麦克风摄取的音频冲击。只要能够以足够快的速度查询两个麦克风或是由其产生中断，缓冲器从声学上足以同底盘的其它部分区分开，就有可能通过两个扩音器信号的时间差来判定碰撞发生的具体位置。

SoccerBot

Eve 是在机器人足球比赛流行之前完成的。机器人足球比赛出现后，按照 RoboCup 的规则，Eve 宽出约 1cm。因此后来我们重新设计了一个机器人，满足了参加了机器人足球赛事的条件，如 RoboCup (Asada 1998)小尺寸组的比赛以及 FIRA RoboSot (Cho, Lee 2002)。

通过使用齿轮并将电机紧靠在一起，使该机器人的轮子基座更窄。这里增加了两个伺服电机，一个用来摇动摄像机，另一个用来操纵踢球的机械装置。该机器人没有使用红外接近传感器或者碰撞传感器，而是使用了三个 PSD。尽管如此，可以不用增加传感器，而是通过一些行驶例程的反馈仍然可以检测到碰撞(参见附录 B.5.12 中的 `VWStalled` 函数)。 P. 134

SoccerBot 上使用 *EyeCam* 数字彩色摄像机代替已经过时的 *QuickCam*。通过可选的通信模块，机器人可以向其它机器人或者 PC 主机系统传送消息，采用虚拟令牌网(参见第 7 章)的网络软件架构，该架构是自组织的不需要确定的主控节点。

有一队机器人参加了 RoboCup 小尺寸组以及 FIRA RoboSot 比赛，其中只有 RoboSot 是

① Faulhaber Group——冯哈伯集团，是由德国 Dr. Fritz Faulhaber GmbH & Co. KG，瑞士 Minimotor SA，美国 Micro Mo Electronic Inc. 和瑞士 ARSAPE 组成的著名微电机制造国际集团，是世界直流微电机第一大品牌。欧美及日本制造的半导体工业设备及各种高档自动化设备有 50%以上使用冯哈伯集团的各类微电机系列产品。——译者注

自动移动机器人赛事。在 RoboCup 小尺寸组比赛中,允许使用置于顶部的摄像机作为全局感应器,允许使用中央主机系统进行远程信息处理,因此该赛事所涉及的更多的是实时图像处理而不是机器人技术。

图 8.4 中是目前第三代 SoccerBot 的设计,它携带 EyeBot 控制器以及 EyeCam 摄像机进行板上的图像处理,使用可重复充电的锂离子电池供电。在市场上可以到 InroSoft 购买该机器人(InroSoft 2006)。

图 8.4 SoccerBot

LabBot

在机器人学的实验室课程中,我们希望的是一个更简单但鲁棒性更强的 SoccerBot,而不是一定非要符合某种尺寸限制。LabBot 回归到 Eve 的简化设计,省去了齿轮和附加的轴承而直接将电机与轮子相接。控制器重新平放在机器人顶部,底盘是由两部分连接而成的便于拆开安装的传感器或者执行器。

P. 135

抛开机器人足球的话题,我们想做一项实验任务,即仿真觅食行为。机器人应当能够发现、收集有颜色的金属罐,并将其搬到指定的地点。基于以上任务要求,LabBot 没有安装踢球的装置,取而代之的是在前端设计了环形的带(图 8.5),并且装备了电磁体,可以用一路数字输出来控制电磁体的通断。

图 8.5 带有用于辨别的彩带的 LabBot

一个实验室课程中的典型实验是在封闭的环境中，用一个机器人或者两个机器人比赛寻找收集金属罐(见图 8.6)。每个机器人都必须避开障碍(围墙或者其它机器人)，利用图像处理技术来搜集金属罐。在检测到并靠近金属罐之后，控制电磁体导通，当机器人到达收集地点之后需要控制电磁体关断，这还需要具备自身定位能力。

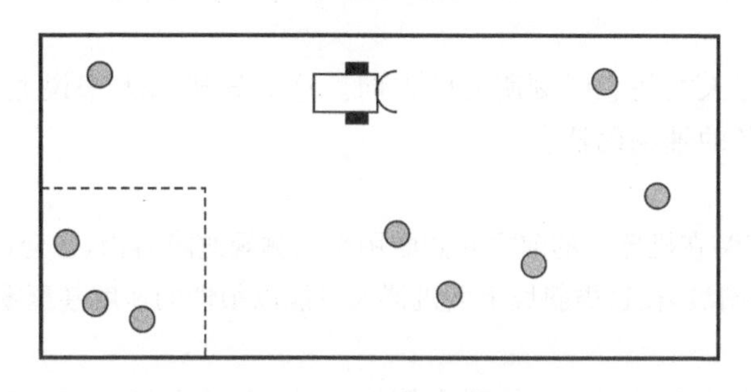

图 8.6 金属罐收集任务

8.3 履带机器人

P. 136

履带机器人可以看成是采用差速驱动轮式机器人的一个特例，实际上(与轮式机器人)唯一的区别是履带机器人在崎岖不平地面上具有更好的机动性，再就是由于履带跟地面有很多接触点，机器人旋转时会受到更大的摩擦力。

图 8.7 中是雪地卡车模型改进而成的移动机器人 Eyetrack，在 8.2 节中讨论过，汽车模型可以方便的连接 EyeBot 控制器，EyeBot 控制器代替遥控接收器来控制速度控制器和方向操纵伺服器。通常履带机器人有两个驱动电机，每个驱动一根履带。然而出于成本原因，在这个特殊模型中只有一个驱动电机外加一个用于转向的伺服器用来制动左边或者右边的履带。

图 8.7 EyeTrack 机器人以及传感器安装的底部视图

为满足在不平坦地面上导航的要求，EyeTrack 安装了若干传感器，大部分传感器贴装在机器人的底部。从图 8.7 右边图例中可以看到：上部为 PSD 传感器；中部(依次从左到右)为数字罗盘、制动伺服器、电子速度控制器；下部为陀螺仪。各种传感器在该机器人上的用途如下：

- 数字彩色摄像机

与我们所有的机器人一样，EyeTrack配备了摄像机并安装在“驾驶室”，通过三个伺服器实现在三个轴向上的控制，与底部的方向传感器结合使用可保持摄像机的稳定。这样机器人的底盘在地面上移动时，摄像机可以主动地保持锁定目标。

- 数字罗盘

P. 137

罗盘可以确定机器人在任意时刻所处的方向。这对该机器人来说尤为重要，因为其没有差速驱动机器人所装备的轴编码器。

- 红外PSD

PSD不仅仅可以安装在机器人的前方和侧面用来探测规避障碍物，也会以45°角安装在前端或后端处用来检测陡峭的斜坡，在这类斜坡上面机器人只能以很慢的速度甚至零速度上下行驶。

- 压电陀螺仪

有两个陀螺仪用来确定机器人的倾斜和俯仰角度，电子罗盘确定偏航角度。由于陀螺仪的输出与角度变化率成正比，必须对数据进行积分以得到机器人当前的方位角。

- 数字倾角仪

有两个数字倾角仪用来辅助两个陀螺仪，倾角仪是液体式的，返回值与机器人的姿态成正比。尽管倾角仪的数据不需要积分，但仍存在时间延迟和振荡的问题。当前的解决方法是：组合陀螺仪和倾角仪的数据，在软件中进行传感器融合以生成更好的结果。

带有本地智能的履带机器人有广泛的应用领域，其中一个重要的应用是作为沙漠地区的“营救机器人”。例如，机器人仍可以遥控指挥并传回视频图像和传感器数据，但它可以根据车载姿态传感器数据自动地调整速度，甚至会拒绝执行可能损毁机器人的行驶命令，例如当传感器探测到危险的陡坡悬崖时。

8.4 同步传动

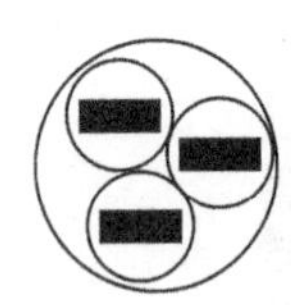

同步传动是使用一个单独的驱动轮和转向轮的机器人设计的扩展，在此我们使用了三个既可驱动又可转向的轮子。这三个轮子同步转动(例如，可用一个电机和一个链锁操纵三个轮子转向、用一个电机驱动三个轮子)，因而总是指向相同的行驶方向(见图8.8)。因此，同步传动机器人在整体上仍只有两个自由度。

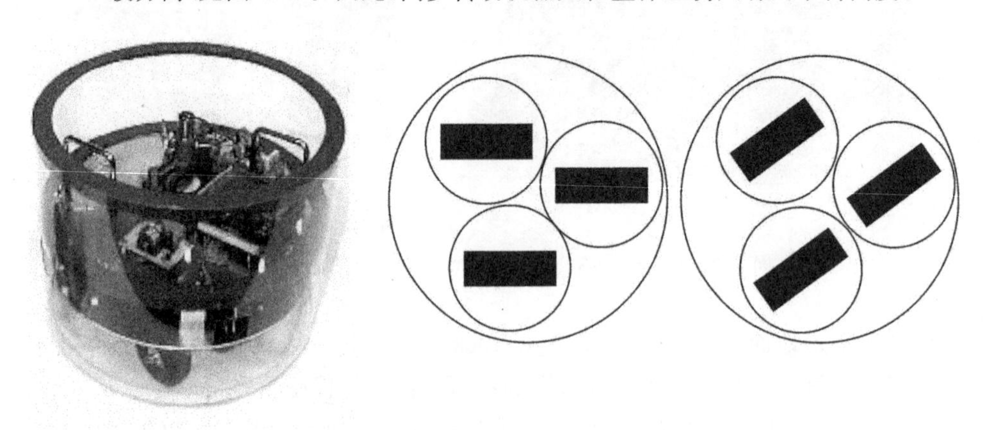

图8.8 Xenia实物与原理图，凯撒斯劳滕大学

同步传动的机器人差不多是一个完整的小车(holonomous vehicle),即可以朝任一期望的方向行驶(因为这个原因,它的外形通常是圆柱形)。但是,机器人从前行向侧行转换时,必须停下来重新对正轮子,它也不能在行驶的同时转动。真正的完整的小车将在第 9 章进行介绍。

可以展现出同步传动优势的一个任务例子是:机器人在一个特定环境下的"完全区域覆盖"(或称为"遍历",complete area coverage)。在现实环境中与之相对应的任务是清洁地板或吸尘。

业已开发了一个基于行为的方法用来执行面向目标的遍历任务,这可以作为商用地面清洁机器人的基础。此算法首先进行了仿真测试,然后移植到同步传动机器人 Xenia 上在实际环境下进行验证。Xenia 开发了一套低价且易用的外部激光定位系统为机器人提供绝对位置信息,这有助于消除本体传感系统造成的位置误差例如推算导航。使用一个简单的不带任何压缩的占据栅格(occupancy-grid)表示方法,机器人可以用少于 1Mb 的 RAM"清净"一个 10m×10m 的区域。图 8.9 描绘了在一个 3.3m×2.3m 的区域内典型的行驶结果(没有初始的沿墙行走),图 8.9 照片中的枕形畸变是由悬置摄像机摄制所致。详细内容可参阅(Kamon,Rivlin 1997),(Kasper,Fricke,von Puttkamer 1999),(Peters et al. 2000)和(Puttkamer 2000)。 P. 138

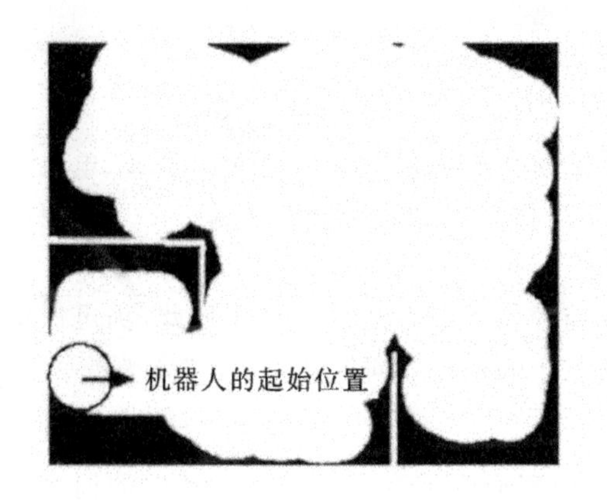

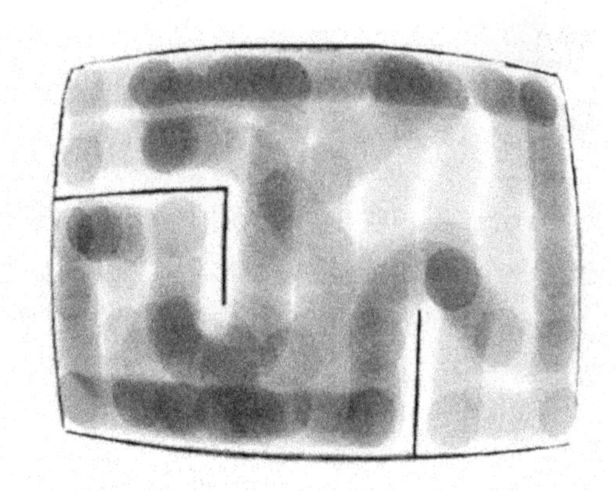

图 8.9 清洁行驶的结果、地图表示与照片

8.5 阿克曼转向

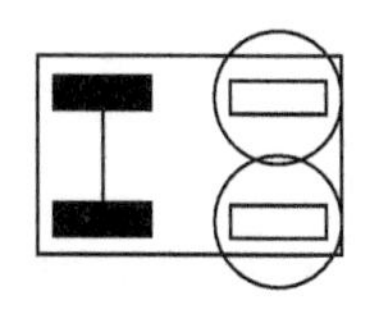

汽车的标准驾驶与转向系统由两个联动的驱动后轮和两个联动的转向前轮组成,这就是*阿克曼转向*(*Ackermann steering*)。与差速驱动相比,有很多优势亦有诸多不足: P. 139

\+ 由于两个后轮通过共轴驱动,因而直行不成问题。

\- 小车无法原地转弯,而需要一个特定的最小转弯半径。

\- 曲线运动时,后驱动轮有滑动。

很明显,阿克曼转向需要一个不同的驱动接口。由于线速度和角速度由不同的电机所产生,因而可以完全解耦,这使得转向非常容易,尤其是直行。驱动库里包含了两个独立的速度/位置控制器,一个用于后轮驱动、一个用于前轮转向。驱动轮需要一个速度控制器;而转向轮由于需要设置在一个特定的角度以保持恒定的转动速度，因而需要一个位置控制器。同时也需要一个额外的传感器来确定前轮的零转向位置。

图8.10所示是奥克兰大学的“Four Stooges”足球队在RoboCup机器人足球世界杯中比赛的照片，每一个机器人都有一个模型车底座并装备有一个EyeBot控制器和一个数字摄像机（作为唯一的传感器）。

图8.10　Four Stooges，奥克兰大学

模型车

建造一个移动机器人最廉价的方式大概就是使用模型车改造了，我们保留了底座、电机和伺服器，增加了一些传感器，用EyeBot控制器替换了遥控接收器。这只需要近一个小时便可建造出一个可以行驶的移动机器人来，例如图8.10。

P.140

模型车的驱动电机和转向伺服器与接收器断开与控制器直接相连。尽管如此，仍可保留接收器并与EyeBot输入接口连接，这样我们可以通过车的遥控器向控制器发送“高级指令”。

带有伺服和速度控制器的模型车

将模型车与EyeBot连接比较容易，高品质的模型车通常带有合适的用于转向的伺服器和一个用于速度调节的伺服器或电子功率控制器。将伺服器和速度控制器从遥控单元中取出，插入EyeBot 2个伺服器的输出接口中。全部工作完成，一个全新的自主小车便可以行驶了。

通过SERVOSet命令实现转向和速度的行驶控制，一个伺服器通道用来设置行驶速度（－100…＋100，快速前进……停止……快速倒车）；一个伺服器通道用来设置转弯角度（－100…＋100，左全向……直行……右全向）。

带有集成电路的模型车

对于小型、廉价的模型车情况要稍微复杂些，它们的伺服器有时并不匹配，由于成本的原因，可能只有一个电子盒，其中包括一个整合在一起的接收器和电机控制器。但这不算问题，由于EyeBot控制器已经有了两个电机驱动器，我们只需将电机直接与EyeBot的DC电机驱动器连接，并通过模拟输入读取转向传感器（通常是一个电位计）。我们可以将EyeBot控制器置于转向电机的控制回路中，通过软件编程将其等效成一个伺服器。

图8.11所示是连线详图。驱动电机有两条连线，需要连至EyeBot的Motor A连接器的Motor＋和Motor－引脚。转向电机有五条连线，两条用于电机、三条用于位置反馈。两条电

机线需要连至 EyeBot 的 Motor B 连接器的 Motor＋和 Motor－引脚。反馈电位计的连线需要连至模拟输入连接器的 V_{CC}(5V)和 Ground 引脚,反馈电位计的滑动片则连至模拟输入引脚。需要注意的是:一些伺服器只有 4.8V 的额定值,而另一些则是 6.0V 的额定值,使用前要观察清楚,否则会造成电机严重损坏。

驾驶这样的模型车比带有伺服器的要更为复杂,我们使用例程库 MOTORDrive 来设置驱动电机的线速度,另外转向电机需要使用简单的 PID 或 bang-bang 控制器,用电位计的模拟输入作为反馈(如第 5 章所述)。

程序 8.1 是一个简单的 bang-bang 控制器的定时中断例程,例程 IRQSteer 需要关联到定时器中断并在后台每秒调用 100 次。此例程可以精确设置－100 至＋100 的转弯角度,但是大多数模型车可能会使用不合标准的电位计而无法精确定位转弯角。这种情况下可以采用更为简化的转向设置,例如 5 个或 3 个值(左、中、右)便足够了。

P. 141

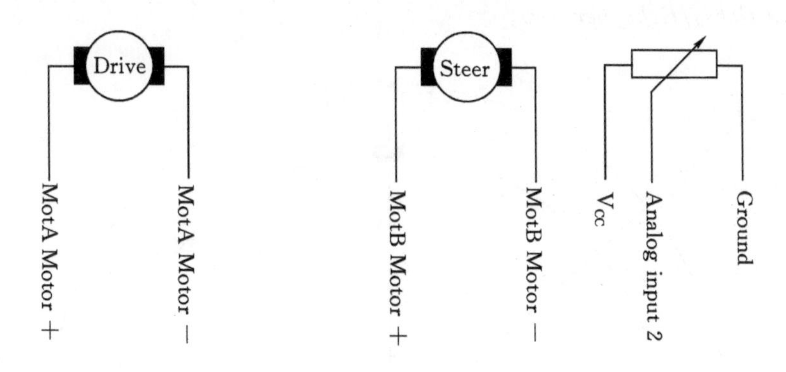

图 8.11 模型车连线简图及引脚编号

程序 8.1 模型车转弯控制

```
 1  #include "eyebot.h"
 2  #define STEER_CHANNEL 2
 3  MotorHandle MSteer;
 4  int steer_angle; /* set by application program */
 5
 6  void IRQSteer()
 7  { int steer_current,ad_current;
 8    ad_current=OSGetAD(STEER_CHANNEL);
 9    steer_current=(ad_current-400)/3-100;
10    if (steer_angle-steer_current >  10)
11                 MOTORDrive(MSteer,  75);
12     else if (steer_angle-steer_current < -10)
13                 MOTORDrive(MSteer, -75);
14            else MOTORDrive(MSteer,   0);
15  }
```

8.6 行驶运动学

为获取小车当前轨迹,我们需要持续地监视两个轴编码器(例如采用差速驱动的小车),图

8.12 是采用差速驱动的机器人行驶的路程。

已知：

- r 车轮半径
- d 驱动轮间距离
- $ticks\_per\_rev$ 车轮一次完整旋转的编码器计数
- $ticks_L$ 左编码器的测量计数
- $ticks_R$ 右编码器的测量计数

P. 142

我们首先分别计算左右轮行驶的距离值 s_L 和 s_R(以 m 为单位)。用测得的计数值除以车轮旋转一周的计数值得到车轮的转数，车轮的转数乘以车轮的周长便可得到小车行驶的距离(以 m 为单位)。

$s_L = 2\pi r \cdot ticks_L / ticks\_per\_rev$

$s_R = 2\pi r \cdot ticks_R / ticks\_per\_rev$

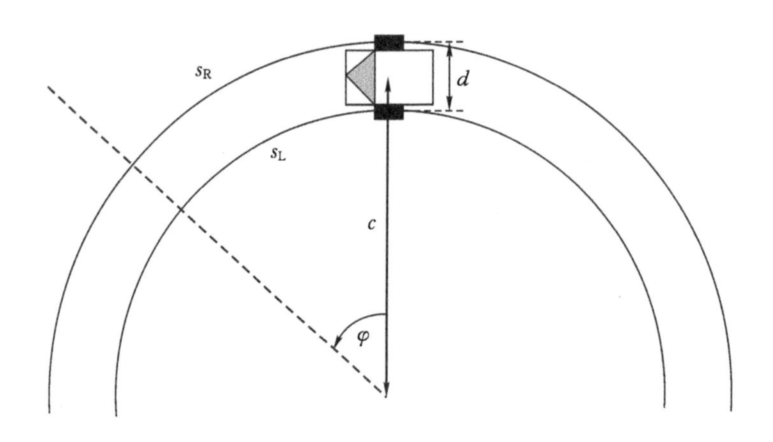

图 8.12 差速驱动的轨迹计算

于是我们可得小车行驶的距离，如：

$s = (s_L + s_R)/2$

此公式适用于小车前行、后退与原地转向。但我们仍需知道小车在行驶时所转动的角度 φ。假设小车沿一段圆弧行进，我们可定义 s_L 和 s_R 为在圆中转过的弧度(φ 单位：rad(弧度))乘以每个轮子的转弯半径。如果小车的转弯半径为 c，则左转时，右轮的转弯半径为 $c+d/2$、左轮的转弯半径为 $c-d/2$。这两个圆的圆心重合。

$s_R = \varphi(c + d/2)$

$s_L = \varphi(c - d/2)$

等式两边相减消掉 c：

$s_R - s_L = \varphi d$

φ 最终的解是：

$\varphi = (s_R - s_L)/d$

使用轮子的速度值 v_L、v_R 来替代距离值 s_L、s_R，使用 $\dot{\theta}_{L,R}$ 表示轮子转速(r/s)，r 表示左右轮的半径，可得到：

$v_R = 2\pi r\dot{\theta}_R$

$v_L = 2\pi r\dot{\theta}_L$

差速驱动运动学

差速驱动小车的公式现在可以用矩阵的形式描述，这称为前向运动学：P. 143

$$\begin{bmatrix} v \\ \omega \end{bmatrix} = 2\pi r \begin{bmatrix} \frac{1}{2} & \frac{1}{2} \\ -\frac{1}{d} & \frac{1}{d} \end{bmatrix} \begin{bmatrix} \dot{\theta}_L \\ \dot{\theta}_R \end{bmatrix}$$

在此：

v 是小车的线速度(等于 ds/dt 或 $\dot{s}$)

ω 是小车的转动速度(等于 $d\varphi/dt$ 或 $\dot{\varphi}$)

$\dot{\theta}_{L,R}$ 是每个轮子的转速(r/s)

r 是轮子半径

d 是两个轮子间距离

逆向运动学

逆向运动学由上一个公式推导得到，用来求解每一个轮子的速度。逆向运动学根据期望的小车运动(线速度和角速度)可以求得所需要的轮子速度，我们可由前向运动学的 2×2 矩阵求逆得到。

$$\begin{bmatrix} \dot{\theta}_L \\ \dot{\theta}_R \end{bmatrix} = \frac{1}{2\pi r} \begin{bmatrix} 1 & -\frac{d}{2} \\ 1 & \frac{d}{2} \end{bmatrix} \begin{bmatrix} v \\ \omega \end{bmatrix}$$

阿克曼转向运动学

如果我们考察的小车的运动采用阿克曼转向，则它前轮的运动等同于小车沿轮子的方向的前向运动 s。由图 8.13 很容易观察到，小车整个的向前和向下(引起小车的转动)的运动可由下式得到：

$\text{forward} = s \cdot \cos\alpha$

$\text{down} = s \cdot \sin\alpha$

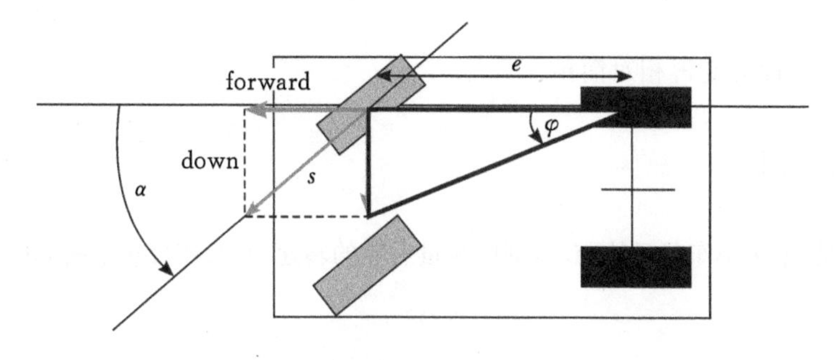

图 8.13 采用阿克曼转向的小车运动

P. 144

如果 e 表示前后轮之间的距离，考虑到转动时前轮沿一段圆弧行进，则小车总体的转动角度为 $\varphi=\mathrm{down}/e$。

采用阿克曼转向的小车的行驶距离和转动角度的计算如图 8.14 所示，在此：

α 操纵角度

e 前后轮之间的距离

s_{front} 测量前轮的行驶距离

$\dot{\theta}$ 驱动轮每秒的转数

s 沿圆弧整个的行驶距离

φ 小车的整个旋转角度

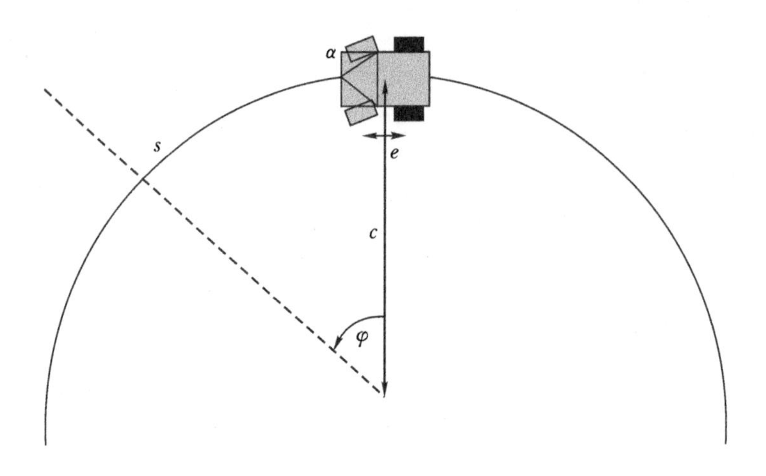

图 8.14 阿克曼转向的轨迹计算

小车的操纵角和整体运动的三角关系为

$s=s_{\mathrm{front}}$

$\varphi=s_{\mathrm{front}}\sin\alpha/e$

用速度表达此关系式，可得

$v_{\mathrm{forward}}=v_{\mathrm{motor}}=2\pi r\dot{\theta}$

$\omega=v_{\mathrm{motor}}\sin\alpha/e$

此时，运动学方程会变得相对简单

$$\begin{bmatrix} v \\ \omega \end{bmatrix}=2\pi r\dot{\theta}\begin{bmatrix} 1 \\ \dfrac{\sin\alpha}{e} \end{bmatrix}$$

需要注意的是：如果小车是后轮驱动，则应测量后轮的转速，并要在公式中用 tan 替换 sin。

8.7 参考文献

P. 145

ARKIN, R. *Behavior-Based Robotics*, MIT Press, Cambridge MA, 1998

ASADA, M., *RoboCup-98: Robot Soccer World Cup II*, Proceedings of the Second RoboCup Workshop, Paris, 1998

BORENSTEIN, J., EVERETT, H., FENG, L. *Navigating Mobile Robots: Sensors and Techniques*, AK Peters, Wellesley MA, 1998

CHO, H., LEE, J.-J. (Eds.) *Proceedings of the 2002 FIRA World Congress*, Seoul, Korea, May 2002

INROSOFT, http://inrosoft.com, 2006

JONES, J., FLYNN, A., SEIGER, B. *Mobile Robots - From Inspiration to Implementation*, 2nd Ed., AK Peters, Wellesley MA, 1999

KAMON, I., RIVLIN, E. *Sensory-Based Motion Planning with Global Proofs*, IEEE Transactions on Robotics and Automation, vol. 13, no. 6, Dec. 1997, pp. 814-822 (9)

KASPER, M. FRICKE, G. VON PUTTKAMER, E. *A Behavior-Based Architecture for Teaching More than Reactive Behaviors to Mobile Robots*, 3rd European Workshop on Advanced Mobile Robots, EUROBOT '99, Zürich, Switzerland, September 1999, IEEE Press, pp. 203-210 (8)

MCKERROW, P., *Introduction to Robotics*, Addison-Wesley, Reading MA, 1991

PETERS, F., KASPER, M., ESSLING, M., VON PUTTKAMER, E. *Flächendeckendes Explorieren und Navigieren in a priori unbekannter Umgebung mit low-cost Robotern*, 16. Fachgespräch Autonome Mobile Systeme AMS 2000, Karlsruhe, Germany, Nov. 2000

PUTTKAMER, E. VON. *Autonome Mobile Roboter*, Lecture notes, TU Kaiserslautern, Fachbereich Informatik, 2000

RÜCKERT, U., SITTE, J., WITKOWSKI, U. (Eds.) *Autonomous Minirobots for Research and Edutainment – AMiRE2001*, Proceedings of the 5th International Heinz Nixdorf Symposium, HNI-Verlagsschriftenreihe, no. 97, Univ. Paderborn, Oct. 2001

全向机器人

P. 147

在第 8 章中介绍的所有机器人小车中，除了同步传动小车外，都有一个共同的缺陷：不能够朝所有可能的方向行驶。因此，这些机器人被称为“非完整”(non-holonomic)机器人。与之相反的是，能够朝任何方向行驶的机器人被称为“完整”(holonomic)或全向机器人。大多数非完整机器人无法朝垂直于驱动轮的方向行驶。例如，差速驱动机器人可以前行/后退、曲线运动或原地转弯，却不能侧向行驶。而本章所介绍的全向机器人在 2D 平面内具有朝任意方向行驶的能力。

9.1 Mecanum 轮

本章下面将介绍全向驱动设计中的一枝奇葩：Mecanum 轮。该设计由瑞典公司 Mecanum AB 的 Bengt Ilon 于 1973 年开发并取得了专利(Jonsson 1987)，而在此后迅速地流行起来。更多关于 Mecanum 轮和全向行驶机器人的细节可参阅(Carlisle 1983)，(Agullo，Cardona，Vivancos 1987)和(Dickerson，Lapin 1991)。

P. 148

Mecanum 轮有很多不同的变种，图 9.1 中所示是我们的两种设计，每一个轮的表面覆盖有很多自由滚动的圆筒。需要特别强调的是：轮毂由一个电机驱动，但轮表面的滚柱却不是，它们由滚球轴承夹持住并可绕轴自由转动。在图 9.1 中，轮子使滚柱处于＋/－45°，图中是轮

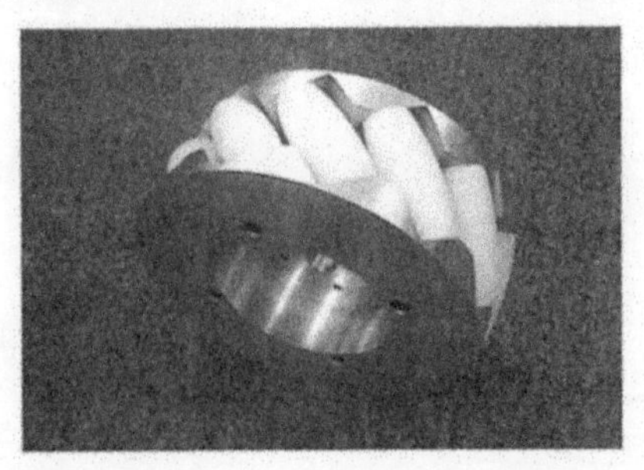

图 9.1　滚柱位于 45°时的 Mecanum 轮设计

子左旋(逆时针)和右旋(顺时针)的情况。在图 9.2 中,是滚柱设置为 90°时的 Mecanum 轮,在这种轮子模式下不需要区别左旋和右旋。

图 9.2 滚柱位于 90°时的 Mecanum 轮设计

使用 3 个或 4 个独立驱动的 Mecanum 轮可以构建出一个基于 Mecanum 的机器人。采用 Mecanum 三轮设计的小车,需要将轮上滚柱设置成相对于轮轴 90°的角度;我们在此采用的 Mecanum 四轮设计,则需要将轮上滚柱设置成相对于轮轴 45°的角度。对于采用 Mecanum 四轮结构的小车,需要有 2 个左旋轮(滚柱处于相对于轮轴+45°位置)和两个右旋轮(滚柱处于相对于轮轴−45°位置),见图 9.3。

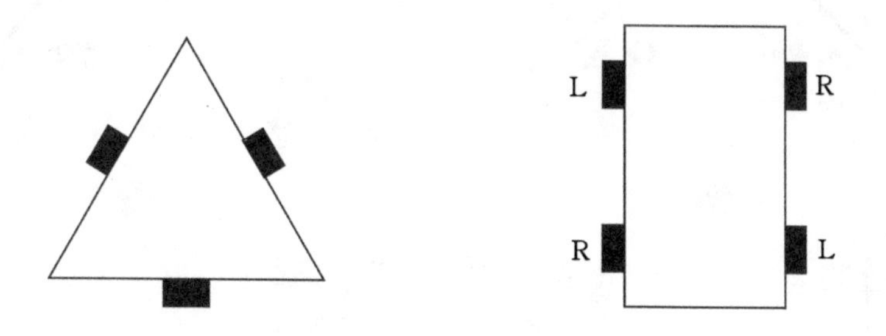

图 9.3 三轮和四轮全向小车

尽管滚柱可以自由的转动,但这并不意味着机器人只是旋转轮子而不移动,只有当滚柱与轮轴平行放置时会发生这种情况。我们将 Mecanum 轮的滚柱设置为一个角度(在图 9.1 为 45°),下面考察一个单独的车轮的情况(见图 9.4,透过一个"玻璃地板"从下向上看):车轮旋转产生的力通过与地面接触的滚柱作用于地面,在这个滚柱上,力可以分解为一个垂直于滚柱轴的矢量和一个平行于轴的矢量。与滚柱轴垂直的力会导致小滚柱转动,而平行于滚柱轴的力则会生成一个施加到轮子上的力,并对小车产生作用。 P.149

由于 Mecanum 轮不会单独出现,例如一个四轮组合的形式,所以需要将每一个轮子在 45°时所产生的力结合起来以确定小车的运动。如果机器人的前轮是图 9.4 中所示的形式并

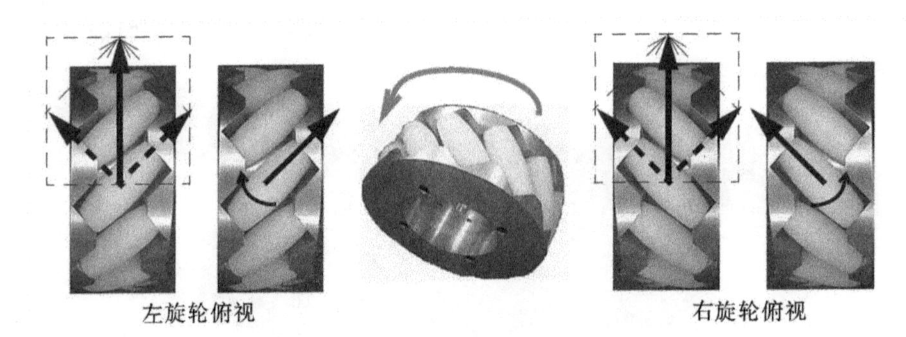

图 9.4　Mecanum 原理，向量分解

且均向前转动，则两个 45°的力矢量可分解为前向力矢量和侧向力矢量，两个前向矢量相叠加而两个侧向矢量（一个向左一个向右）则相互抵消。

9.2　全向行驶

图 9.5 左所示是一个使用四个独立驱动的 Mecanum 轮小车的情形，与上文的情形相同，例如四个轮均前向转动，我们可以分解出四个指向前方的矢量和四个指向侧方的矢量（两个向左、两个向右，并相互抵消）。因此，小车的底盘虽然侧向上受力，但仍只是向前直线行驶。

在图 9.5 右中，假设 1 和 4 号轮向后转动，而 2 和 3 号轮向前转动。在这种情形下，小车所有的前向和后向力相互抵消，这四个力矢量的左向分量叠加使得小车向左滑动。

P. 150

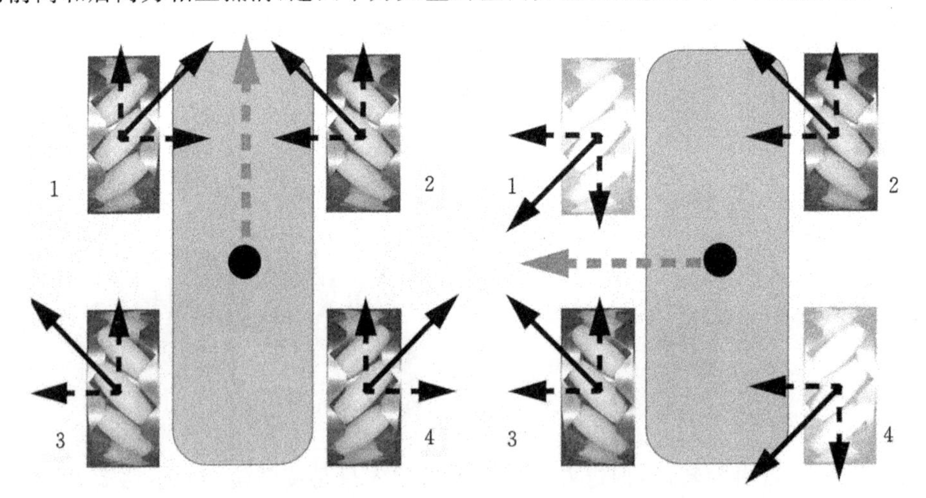

图 9.5　前向运动和侧向运动的 Mecanum 原理

深色轮子向前转动、浅色轮子向后转动（从下向上观察）

图 9.6 所示是第三种情形，在此不需要做矢量分解便可以清楚地观察出小车的整体运动情况：小车将绕其中心做顺时针转动。

P. 151

下面列出基本的运动方式和相应的轮子方向，有前向运动、侧向运动、原地转弯（见图 9.7）。

- 前向运动　　4 个轮均向前转动

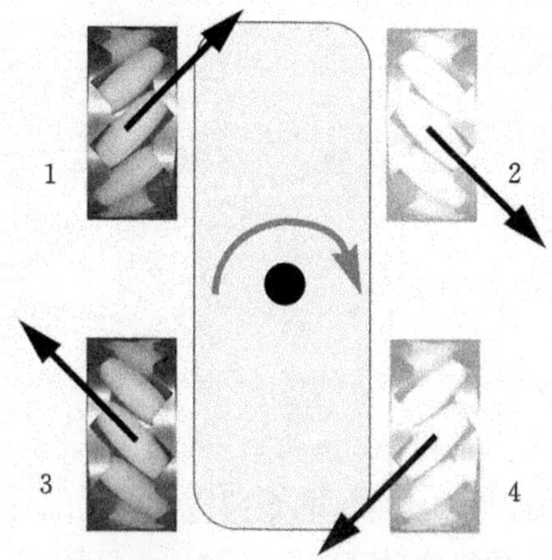

图 9.6 顺时针转动的 Mecanum 原理(从下向上观察)

- 后向运动　4 个轮均向后转动
- 向左滑动　1、4:向后,2、3:向前
- 向右滑动　1、4:向前,2、3:向后
- 顺时针转弯　1、3:向前,2、4:向后
- 逆时针转弯　1、3:向后,2、4:向前

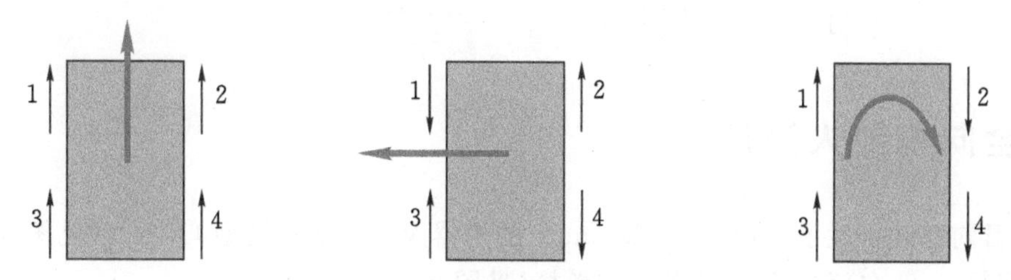

图 9.7 全向机器人的运动学

到目前为止,我们只考虑了 Mecanum 轮向前或向后全速转动的情况,但是通过改变个别轮子的速度和在基本运动中增加线性内插值,可以在 2D 平面内实现任意方向的直线运动。

9.3 运动学

前向运动学

前向运动学是一个由给定每一个轮转速 $\dot{\theta}_{FL}$,…,$\dot{\theta}_{BR}$ 以及轮距 d(左右)和 e(前后)得到机器人的移动方向(线速度 v_x 沿机器人中轴方向,v_y 垂直于中轴方向)和旋转速度 ω 的矩阵方程:

$$\begin{bmatrix} v_x \\ v_y \\ \omega \end{bmatrix} = 2\pi r \begin{bmatrix} \frac{1}{4} & \frac{1}{4} & \frac{1}{4} & \frac{1}{4} \\ -\frac{1}{4} & \frac{1}{4} & \frac{1}{4} & -\frac{1}{4} \\ -\frac{1}{2(d+e)} & \frac{1}{2(d+e)} & -\frac{1}{2(d+e)} & \frac{1}{2(d+e)} \end{bmatrix} \begin{bmatrix} \dot{\theta}_{FL} \\ \dot{\theta}_{FR} \\ \dot{\theta}_{BL} \\ \dot{\theta}_{BR} \end{bmatrix}$$

其中

$\dot{\theta}_{\mathrm{FL}}$等	每个轮的转速(r/s)
r	轮子半径
d	左右轮之间距离
e	前后轮之间距离
v_x	小车的前向速度
v_y	小车的侧向速度
ω	小车的旋转速度

P. 152

逆向动力学

*逆向动力学*是一个由给定的期望线速度和角速度(v_x,v_y,ω)得到每个轮子速度的矩阵方程,并可由前向动力学的逆阵推导得到(Viboonchaicheep,Shimada,Kosaka 2003)。

$$\begin{bmatrix}\dot{\theta}_{\mathrm{FL}}\\ \dot{\theta}_{\mathrm{FR}}\\ \dot{\theta}_{\mathrm{BL}}\\ \dot{\theta}_{\mathrm{BR}}\end{bmatrix}=\frac{1}{2\pi r}\begin{bmatrix}1 & -1 & -\frac{d+e}{2}\\ 1 & 1 & \frac{d+e}{2}\\ 1 & 1 & -\frac{d+e}{2}\\ 1 & -1 & \frac{d+e}{2}\end{bmatrix}\begin{bmatrix}v_x\\ v_y\\ \omega\end{bmatrix}$$

9.4 全向机器人设计

我们目前已经研发了三种基于 Mecanum 的机器人——演示模型 Omni-1(见图 9.8,左),Omni-2(见图 9.8,右)和实际大小的全向轮椅(见图 9.9)。

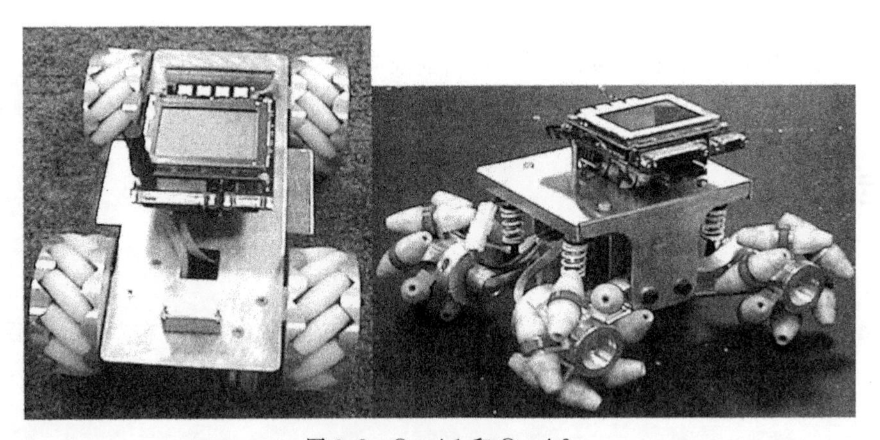

图 9.8 Omni-1 和 Omni-2

第一个设计 Omni-1 将电机和轮子装配起来紧固地连接到机器人的底座上,它的 Mecanum 轮设计有镶边,只给滚柱留有数毫米的空隙。其结果是机器人在坚实的地面上行驶得很好,但是在松软的地面上(例如地毯)上会失去全向能力。因为在松软地面上车轮可能会陷下去一点,此时机器人只是靠轮子镶边行驶而失去侧向行驶的能力。

图 9.9 轮椅仿真与 CAD 设计(Woods 2006)

由于 Omni-1 的缺陷促使了 Omni-2 的开发。首先,Omni-2 机器人是悬臂轮(cantilever wheel suspension)并带有减震器,这可以保证所有的轮子与地面接触,因此此设计有利于在粗糙的地面上行驶。其次,此机器人采用完全无镶边的 Mecanum 轮设计,可以避免在柔软的地面上行驶时由于下陷而影响全向行驶。 P. 153

经过缩小版的模型试验后,我们建造了一个全尺寸的全向轮椅,并采用了更加坚固的镶边的 Mecanum 轮设计。此轮椅设计负载为 100kg,使用了四个大功率电机,由一个 EyeBot 嵌入式系统通过外部的功率放大器进行控制。轮椅通过一个三自由度(DOF)的操纵杆进行操纵,操纵杆可以前/后(向前/向后行驶)、左/右移动(侧向滑动)和左/右扭转(轮椅左/右旋转),或是上述三种指令的任意组合。

我们业已为此轮椅研发了一套驾驶辅助系统,以方便重度残障者进行导航控制(Woods 2006)。此轮椅配备了两个按钮,分别用于启动穿越狭窄的门道(例如,进出电梯)以及沿走廊行驶(沿墙行驶以及避障)。轮椅装备了很多红外传感器以实现这些半自动任务,任何的操纵杆输入都具有较高优先级并会中止半自动操作,有一个紧急按钮可以使轮椅完全停止。

9.5 行驶程序

扩展的 $v\omega$ 接口

很明显,操作全向机器人需要扩展驱动接口。由于描述行驶方向的矢量增加了旋转方向,用于差速驱动或阿克曼操纵的机器人的 $v\omega$ 例程在此已经不足以胜任。另外,对于全向机器人而言,在沿着矢量行驶的同时有可能还要进行旋转,这是软件接口所必须要考虑的。扩展的例程库有: P. 154

```
int OMNIDriveStraight(VWHandle handle, meter distance,
    meterPerSec v, radians direction);
int OMNIDriveTurn(VWHandle handle, meter delta1,
    radians direction, radians delta_phi,
    meterPerSec v, radPerSec w);
int OMNITurnSpot(VWHandle handele, radians delta_phi,
    radPerSec w);
```

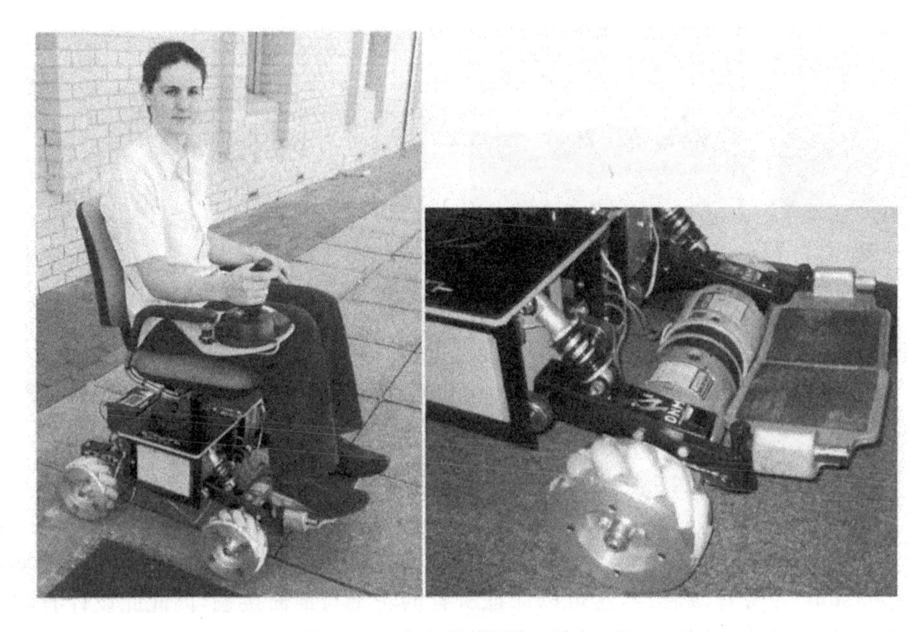

图 9.10 全向轮椅(Woods 2006)

但是在程序 9.1 中没有使用这些高级驱动接口,而是作为一个样例展示了如何设置每个轮子的速度以实现基本的全向行驶动作:前进/后退、侧移以及原地转向。

P. 155

程序 9.1 全向行驶(摘录)

```
 1  LCDPutString("Forward\n");
 2  MOTORDrive (motor_fl, 60);
 3  MOTORDrive (motor_fr, 60);
 4  MOTORDrive (motor_bl, 60);
 5  MOTORDrive (motor_br, 60);
 6  OSWait(300);
 7  LCDPutString("Reverse\n");
 8  MOTORDrive (motor_fl,-60);
 9  MOTORDrive (motor_fr,-60);
10  MOTORDrive (motor_bl,-60);
11  MOTORDrive (motor_br,-60);
12  OSWait(300);
13  LCDPutString("Slide-L\n");
14  MOTORDrive (motor_fl,-60);
15  MOTORDrive (motor_fr, 60);
16  MOTORDrive (motor_bl, 60);
17  MOTORDrive (motor_br,-60);
18  OSWait(300);
19  LCDPutString("Turn-Clock\n");
20  MOTORDrive (motor_fl, 60);
21  MOTORDrive (motor_fr,-60);
22  MOTORDrive (motor_bl, 60);
23  MOTORDrive (motor_br,-60);
24  OSWait(300);
```

9.6 参考文献

AGULLO, J., CARDONA, S., VIVANCOS, J. *Kinematics of vehicles with directional sliding wheels*, Mechanical Machine Theory, vol. 22, 1987, pp. 295-301 (7)

CARLISLE, B. *An omni-directional mobile robot*, in B. Rooks (Ed.): Developments in Robotics 1983, IFS Publications, North-Holland, Amsterdam, 1983, pp. 79-87 (9)

DICKERSON, S., LAPIN, B. *Control of an omni-directional robotic vehicle with Mecanum wheels*, Proceedings of the National Telesystems Conference 1991, NTC'91, vol. 1, 1991, pp. 323-328 (6)

JONSSON, S. *New AGV with revolutionary movement*, in R. Hollier (Ed.), Automated Guided Vehicle Systems, IFS Publications, Bedford, 1987, pp. 345-353 (9)

VIBOONCHAICHEEP, P., SHIMADA, A., KOSAKA,Y. *Position rectification control for Mecanum wheeled omni-directional vehicles*, 29th Annual Conference of the IEEE Industrial Electronics Society, IECON'03, vol. 1, Nov. 2003, pp. 854-859 (6)

WOODS, B., *Omni-Directional Wheelchair*, Final Year Honours Thesis, University of Western Australia, Mechanical Eng., Supervisor T. Bräunl, Oct. 2006, pp. (141)

平衡机器人

P. 157

平衡机器人近来由于赛格威(Segway)商用车(Segway 2006)的引入而变得流行起来,其实在此以前已经有过很多类似的小车研发。大多数平衡机器人是基于倒立摆的原理,使用腿或是轮子运动。平衡机器人可就本身进行单独研究,也可作为双足机器人的初期形式进行研究(见第 11 章):例如用来试验单独的传感器或执行器。倒立摆模型被用作多足行走策略的基础,如(Caux, Mateo, Zapata 1998),(Kajita, Tani 1996),(Ogasawara, Kawaji 1999)和(Park, Kim 1998)。由于倒立摆机器人有着极少的活动部件,因此可将其动力学限定在二维内,而且生产的成本相对要低。

10.1 仿真

在已知仿真的传感器噪声和精度的条件下,使用了一个平衡机器人的仿真软件作为控制策略的验证工具。机器人模型作为一个 ActiveX 控件使用,这是一种便于代码重用的软件结构设计。采用这种方法来构建系统模型,将会得到一个便于使用的系统状态实时图形显示组P. 158件(见图 10.1)。

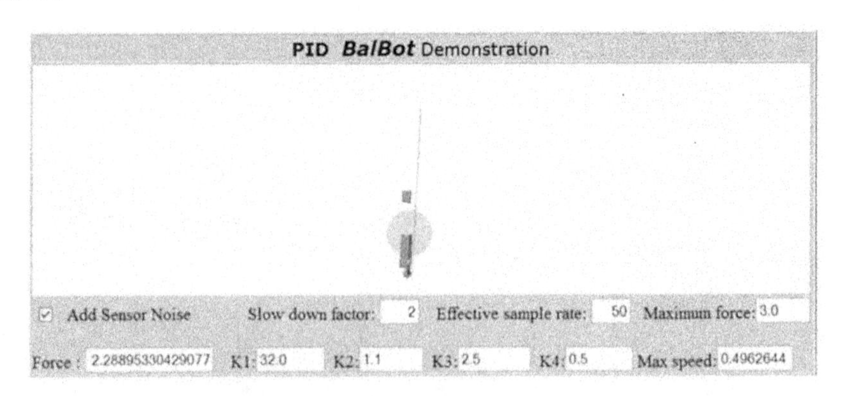

图 10.1　仿真系统(Sutherland 2006)

用于仿真的系统模型可以模拟机器人的结构变化。例如,可用来研究机器人长度变化或控制器安装位置的变化导致重量结构变化所产生的影响。而这些变化都会影响到机器人的质心和惯性矩。

可以用软件仿真来研究倒立摆平衡控制系统的相关技术。我们首先研究的控制方法是基于反向传播神经网络的自适应控制系统。在仿真中,机器人跌倒时会产生单一的失败信号,系统通过此反馈来学习平衡。此种方法的缺点之一,是在获得满意性能之前需要大量的训练周期;另外,一旦网络训练完成后,不可能快速手动改写控制器的操作。介于此,在实际的机器人中,我们选择了另外一种控制策略。

一种替代方法是使用一个简单的PD控制回路,具有以下形式:

$u(k)=[W][X(k)]$

在此:

$u(k)$ 由电机施加在地面上的水平方向上的力

$X(k)$ 第 k 个系统状态的测量值

W 加在机器人状态测量值上的权向量

用手工方式调整控制回路,再使用软件仿真来观察回路参数调整所产生的影响,此种方法可以在软件模型中快速地得到满意解,因而在实际的机器人应用中选用了此方法(Sutherland 2006)。

10.2 倒立摆机器人

倒立摆

实际的平衡机器人是一个倒立摆,它带有两个独立驱动的电机,既可以用来平衡,也可以用来直行或转向(见图10.2)。与此机器人一同试验的传感器有:倾斜传感器、倾角仪、加速度计、陀螺仪和数字摄像机,讨论如下。

- 陀螺仪(Hitec GY-130)

这是一款为遥控的载体(如直升机航模)而设计的压电陀螺仪。陀螺仪测量欧拉角速度,用正比于此角速度的值来修正伺服器的控制信号。我们也可以读取修正后的伺服器信号来测量欧拉角速度,可以此来取代陀螺仪来控制伺服器。通过角速度值对时间的积分可估算出角度的偏移量。

- 加速度传感器(Analog Devices ADXL05)

P. 159

这些加速度传感器的模拟输出信号正比于敏感轴方向上的加速度值。按照90°角安装两个加速度计,可测量出机器人在此平面内运动的线加速度。由于重力在此加速度中占主要成分,因此可以估算出机器人的姿态。

- 倾角仪(Seika N3)

使用一个倾角仪来辅助陀螺仪。尽管倾角仪由于存在时间滞后而不能单独使用,但可以在机器人处于竖直位置并接近静止时,用它来重置陀螺仪的软件积分值。

- 数字摄像机(EyeCam C2)

已经用它进行了人工地平的试验,或更为概括的讲,使

图10.2 BallyBot平衡机器人

用视野的视觉流来探测机器人的轨迹并以此来平衡(见第 11 章)。

表 10.1　状态变量

变　量	描　述	传感器
x	位置	轴编码器
v	速度	编码器读数的微分值
Θ	角度	陀螺仪读数的积分值
ω	角速度	陀螺仪

P. 160

实际机器人所选择使用的 PD 控制策略需要测量 4 个状态变量$\{x,v,\Theta,\omega\}$,见表 10.1。

仅仅依靠陀螺仪并不能完全解决实际机器人的平衡问题,而只能平均保持 5～15 秒钟平衡就跌倒了。虽然开始的结果是令人鼓舞的,但这还不是一个强健的系统。机器人增加了倾角仪后,系统的平衡能力得到显著提高。虽然倾角仪精度低、存在时间延迟,无法单独使用以实现机器人的平衡,但组合使用陀螺仪与倾角仪却是最佳的解决方案。在短期内,陀螺仪读数的积分可得到精确的姿态值;当机器人行走速度较慢时,在一定的时间间隔内则使用倾角仪校正机器人的姿态和陀螺仪的零位。

陀螺漂移

在使用这些传感器的时候遇到了很多问题。随着时间的推移,尤其是在最初 15 分钟,陀螺仪获得的"零速"观测信号会产生偏移(见图 10.3)。这意味着不仅所得到的角速度的估计值会不准确,我们使用不准确的角速度值积分得到的角度值同样也是不准确的。

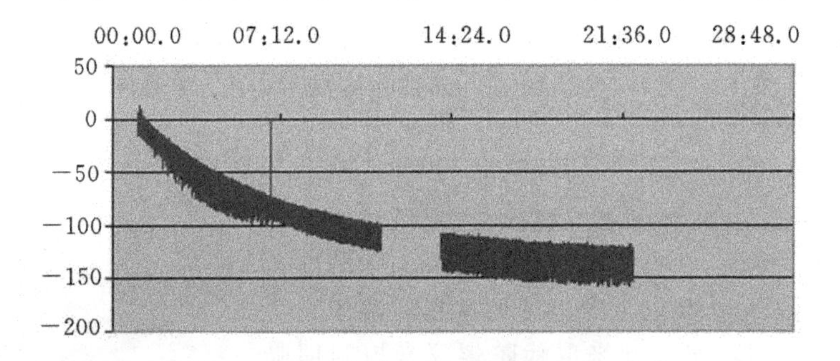

图 10.3　反映陀螺漂移的测量值

电机作用力

控制系统假定使用机器人的电机可以生成精确的水平作用力。电机产生的力不仅与其所施加的电压有关,还与当前的轴速和摩擦有关,之间的关系可通过试验获得,其中包括了一些简化和一般化。

车轮滑动

在特定的情况下,机器人需要生成相当大的水平力以保持平衡。在一些地面上,这个力可能会超过机器人轮胎与地面之间的摩擦力。此时,机器人将无法获取位移量,控制回路也不会生成正确的输出。这可以通过观察机器人突发的和意外的位移测量值变化而获得。

程序 10.1 是平衡程序的摘录,它是用于读取传感器值和更新系统状态的周期定时器例程。控制方法的详细介绍参阅文献(Sutherland, Bräunl 2001)和(Sutherland, Bräunl 2002)。

P. 161

程序 10.1 保持平衡的定时器例程

```
1   void CGyro::TimerSample()
2   { ...
3    iAngVel = accreadX();
4    if (iAngVel > -1)
5    {
6     iAngVel = iAngVel;
7     // Get the elapsed time
8     iTimeNow = OSGetCount();
9     iElapsed = iTimeNow - g_iSampleTime;
10    // Correct elapsed time if rolled over!
11    if (iElapsed < 0) iElapsed += 0xFFFFFFFF; // ROLL OVER
12    // Correct the angular velocity
13    iAngVel -= g_iZeroVelocity;
14    // Calculate angular displacement
15    g_iAngle += (g_iAngularVelocity * iElapsed);
16    g_iAngularVelocity = -iAngVel;
17    g_iSampleTime = iTimeNow;
18    // Read inclinometer (drain residual values)
19    iRawADReading = OSGetAD(INCLINE_CHANNEL);
20    iRawADReading = OSGetAD(INCLINE_CHANNEL);
21    // If recording, and we have started...store data
22    if (g_iTimeLastCalibrated > 0)
23      { ... /* re-calibrate sensor */
24      }
25   }
26   // If correction factor remaining to apply, apply it!
27   if (g_iGyroAngleCorrection > 0)
28   { g_iGyroAngleCorrection -= g_iGyroAngleCorrectionDelta;
29     g_iAngle -= g_iGyroAngleCorrectionDelta;
30   }
31  }
```

第二个平衡机器人

在后期的项目中制作了第二个双轮机器人(Ooi 2003),见图 10.4。与第一个机器人相似

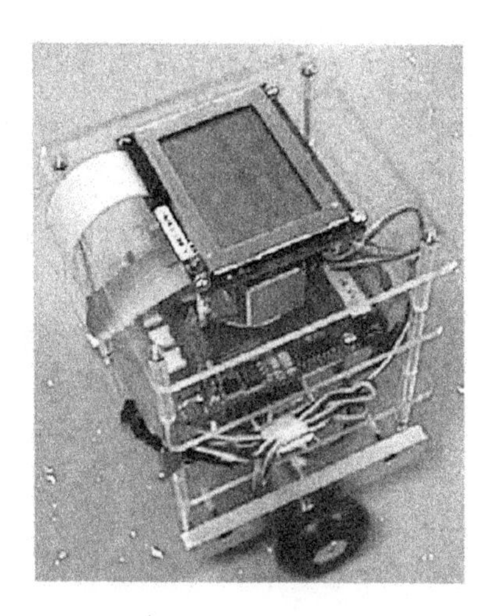

图 10.4 第二个平衡机器人设计

的是:使用了陀螺仪和倾角仪作为传感器;不同的是:采用了卡尔曼滤波的方法实现平衡(Kalman 1960),(Del Gobbo, Napolitano, Famouri, Innocenti 2001)。在此应用了很多种基于卡尔曼滤波的控制算法并进行了比较,其中包括一个极点配置控制器和一个线性二次型调节器(LQR)(Nakajima, Tsubouchi, Yuta, Koyanagi 1997),(Takahashi, Ishikawa, Hagiwara 2001)。一个控制系统的概图如图 10.5 所示,摘自文献(Ooi 2003)。

这个机器人还可以接收来自红外遥控的行驶指令,这可理解为由平衡控制系统产生的偏航。此指令用来操纵机器人前进/后退或原地左转/右转。

P. 162

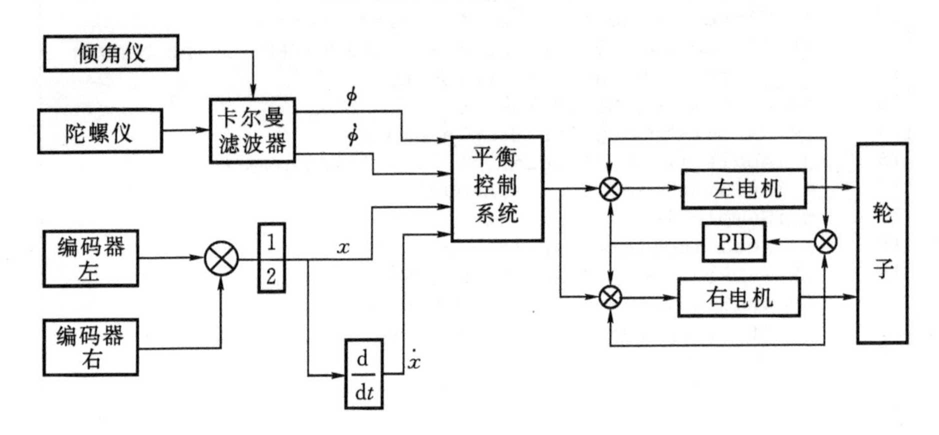

图 10.5 基于卡尔曼滤波的控制系统(Ooi 2003)

10.3 二级倒立摆

另一种设计将倒立摆方法更进了一步,用四个独立的腿关节取代两个车轮。它相当于一个二级倒立摆,尽管如此,我们使用两个电机独立地控制两条腿,这样机器人不仅仅局限于保持平衡,还可以行走了。

Dingo(澳洲野犬)

二级倒立摆机器人 Dingo 已经非常接近于行走机器人,但它只局限在二维平面内的运动。由于它有一对长条形的脚,因此可以忽略任何侧向的运动,但它移动时必须抬起一只脚以越过另外一只脚。由于每只脚与地面只有一个最小接触面,因此机器人必须不断地运动以保持平衡。

P. 163

图 10.6 是机器人的原理图和实际的机器人,机器人装备有与 BallyBot 相同的传感器,即一个倾角仪与一个陀螺仪。

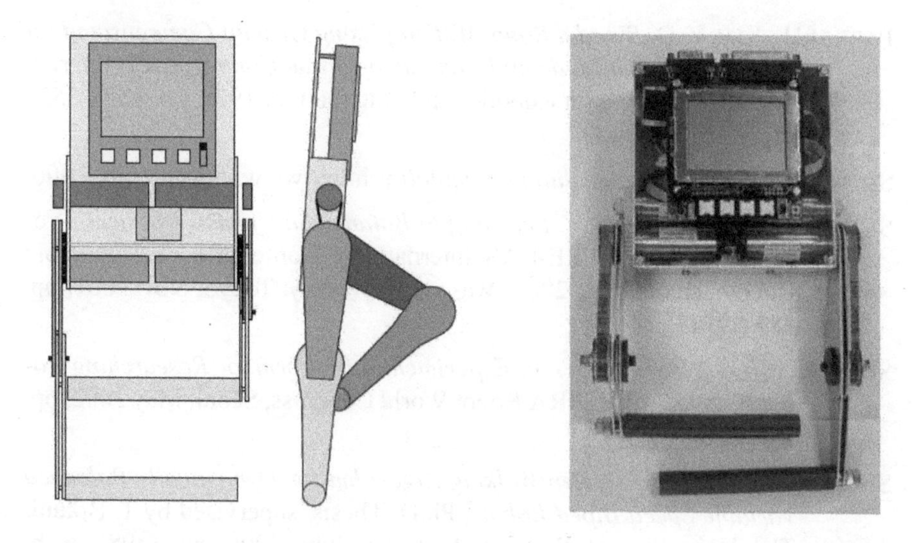

图 10.6 二级倒立摆机器人

10.4 参考文献

CAUX, S., MATEO, E., ZAPATA, R. *Balance of biped robots: special double-inverted pendulum*, IEEE International Conference on Systems, Man, and Cybernetics, 1998, pp. 3691-3696 (6)

DEL GOBBO, D., NAPOLITANO, M., FAMOURI, P., INNOCENTI, M., *Experimental application of extended Kalman filtering for sensor validation*, IEEE Transactions on Control Systems Technology, vol. 9, no. 2, 2001, pp. 376-380 (5)

KAJITA, S., TANI, K. *Experimental Study of Biped Dynamic Walking in the Linear Inverted Pendulum Mode*, IEEE Control Systems Magazine, vol. 16, no. 1, Feb. 1996, pp. 13-19 (7)

KALMAN R.E, *A New Approach to Linear Filtering and Prediction Problems*, Transactions of the ASME - Journal of Basic Engineering, Series D, vol. 82, 1960, pp. 35-45

NAKAJIMA, R., TSUBOUCHI, T., YUTA, S., KOYANAGI, E., *A Development of a New Mechanism of an Autonomous Unicycle*, IEEE International Conference on Intelligent Robots and Systems, IROS '97, vol. 2, 1997, pp. 906-912 (7)

OGASAWARA, K., KAWAJI, S. *Cooperative motion control for biped locomotion robots*, IEEE International Conference on Systems, Man, and Cybernetics, 1999, pp. 966-971 (6)

OOI, R., *Balancing a Two-Wheeled Autonomous Robot*, B.E. Honours Thesis, The Univ. of Western Australia, Mechanical Eng., supervised by T. Bräunl, 2003, pp. (56)

P. 164

PARK, J.H., KIM, K.D. *Bipedal Robot Walking Using Gravity-Compensated Inverted Pendulum Mode and Computed Torque Control*, IEEE International Conference on Robotics and Automation, 1998, pp. 3528-3533 (6)

SEGWAY, *Welcome to the evolution in mobility*, http://www.segway.com, 2006

SUTHERLAND, A., BRÄUNL, T. *Learning to Balance an Unknown System*, Proceedings of the IEEE-RAS International Conference on Humanoid Robots, Humanoids 2001, Waseda University, Tokyo, Nov. 2001, pp. 385-391 (7)

SUTHERLAND, A., BRÄUNL, T. *An Experimental Platform for Researching Robot Balance*, 2002 FIRA Robot World Congress, Seoul, May 2002, pp. 14-19 (6)

SUTHERLAND, *A. Torso Driven Walking Algorithm for Dynamically Balanced Variable Speed Biped Robots*, Ph.D. Thesis, supervised by T. Bräunl, The University of Western Australia, June 2006, pp. (398), web: `http://robotics.ee.uwa.edu.au/theses/2006-Biped-Sutherland-PhD.pdf`

TAKAHASHI, Y., ISHIKAWA, N., HAGIWARA, T. *Inverse pendulum controlled two wheel drive system*, Proceedings of the 40th SICE Annual Conference, International Session Papers, SICE 2001, 2001, pp. 112 -115 (4)

第11章

步行机器人

考虑到世界上大部分的地形是非平整的，因此步行机器人是行驶机器人的一个重要替代选择。尽管行驶机器人是专门为平坦地形而设计，也更适合平坦的地形，能够以更快的速度、更高的导航精度行驶，但步行机器人可以在更为广泛的环境下工作，具有穿越崎岖不平的地形的能力，甚至能够爬楼梯或翻越室内环境中常见的障碍物，这些对于大多数行驶机器人而言可能是无法实现的。

P. 165

六足或有更多腿的机器人具有稳定的优点。六足机器人典型的行走方式是：当三条腿在移动时，始终有另外三条腿支撑在地面上，这使机器人的重心始终位于地面上三条腿构成的三角形支撑之中，从而使机器人在行走过程中具有静态稳定性。保持四足机器人的平衡则相当的困难，但与保持双足机器人的平衡相比就不足为道了。双足机器人是最难于保持平衡的，因为在行走过程中，一条腿在空中运动，就只有一条腿在地面支撑了。如果双足机器人的脚足够的大并且机器人双脚与地面的接触区域有重叠，则可以实现静态平衡。但这并不是与人类相似的"类人机器人(android)"，类人机器人的行走所依靠的是动态平衡。可参阅相关研究的论文集(Rückert, Sitte, Witkowski 2001)和(Cho, Lee 2002)。

11.1 六足机器人的设计

图11.1所示是两种不同的六足机器人设计，"蟹(Crab)"式机器人是从无到有进行构建的，而"六足虫(Hexapod)"则使用了Lynxmotion行走机器人的机械结构，并安装了一个EyeBot控制器及一些附加的传感器。这两种机器人机械结构的不同，可能在照片中难以观察到。这两种机器人的每条腿都使用两个伺服器(见4.5小节)，一个用于升降(上/下)，另一个用于转动(前/后)。但"蟹"式采用了一种可以使所有伺服器稳固地安装在机器人主干上的机械结构，而"六足虫"则只有转动伺服器安装在机器人身体上，升降伺服器安装在一个小的部件上，与腿一起移动。

P. 166

二者另一个显著不同是所装备的传感器，"蟹"式使用了声纳传感器及大量特种设计的电子器件，而"六足虫"则使用了红外PSD传感器用于探测障碍物。这些可以直接与EyeBot相连接而无需任何额外的电路。

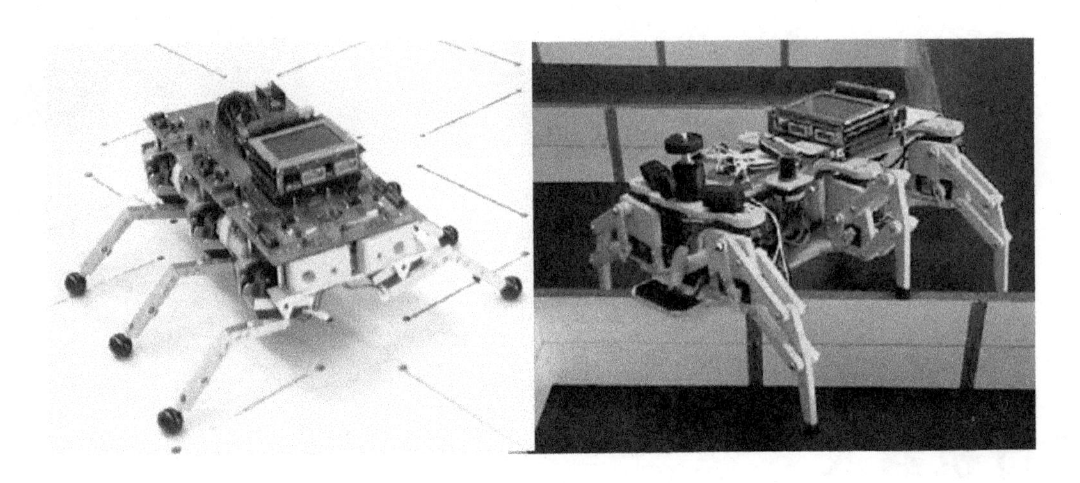

图 11.1　“蟹”式六足机器人，斯图加特大学
及 Lynxmotion 使用 EyeCon 的“六足虫”，斯图加特大学

程序 11.1 是一个用于生成六足机器人行走方式的简单程序。由于行驶和行走机器人使用了相同的 EyeCon 控制器和 RoBIOS 操作系统，这就需要修改机器人的硬件描述表(Hardware Description Table，HDT)以匹配机器人的物理外形及相应的执行器和传感器设备。

P. 167

程序 11.1　六足步态设定

```
 1  #include "eyebot.h"
 2  ServoHandle servohandles[12];
 3  int semas[12]= {SER_LFUD, SER_LFFB, SER_RFUD, SER_RFFB,
 4                  SER_LMUD, SER_LMFB, SER_RMUD, SER_RMFB,
 5                  SER_LRUD, SER_LRFB, SER_RRUD, SER_RRFB};
 6  #define MAXF  50
 7  #define MAXU  60
 8  #define CNTR 128
 9  #define UP (CNTR+MAXU)
10  #define DN (CNTR-MAXU)
11  #define FW (CNTR-MAXF)
12  #define BK (CNTR+MAXF)
13  #define GaitForwardSize 6
14  int GaitForward[GaitForwardSize][12]= {
15   {DN,FW, UP,BK, UP,BK, DN,FW, DN,FW, UP,BK},
16   {DN,FW, DN,BK, DN,BK, DN,FW, DN,FW, DN,BK},
17   {UD,FW, DN,BK, DN,BK, UP,FW, UP,FW, DN,BK},
18   {UP,BK, DN,FW, DN,FW, UP,BK, UP,BK, DN,FW},
19   {DN,BK, DN,FW, DN,FW, DN,BK, DN,BK, DN,FW},
20   {DN,BK, UP,FW, UP,FW, DN,BK, DN,BK, UP,FW},
21  };
22  #define GaitTurnRightSize 6
23  int GaitRight[GaitTurnRightSize][12]= { ...};
24  #define GaitTurnLeftSize 6
25  int GaitLeft[GaitTurnLeftSize][12]= { ...};
26  int PosInit[12]=
27   {CT,CT, CT,CT, CT,CT, CT,CT, CT,CT, CT,CT};
```

像 GaitForward 这样的数据结构包含了步态的实际位置数据。在本例中，所有腿的一个完整的运动周期有六个关键帧。函数 gait（见程序 11.2）使用了此数据结构，随后通过调用 move_joint 来“分步通过”这六个独立关键帧的位置。

函数 move_joint 使用关键帧的平均值将机器人的 12 个关节从一个位置移动到下一个位置。每进行一次上述的迭代运算，都会计算出 12 个腿关节的新的位置并发送给伺服器。在继续运行例程前需要插入一段等待时间，以便伺服器有时间来执行指定的位置指令。

程序 11.2 行走例程

```
1  void move_joint(int pos1[12], int pos2[12], int speed)
2  { int i, servo, steps = 50;
3    float size[12];
4    for (servo=0; servo<NumServos; servo++)
5      size[servo] = (float) (pos2[servo]-pos1[servo]) /
6                    (float) steps;
7    for (i=0;i<steps;i++)
8    { for(servo=0; servo<NumServos; servo++)
9        SERVOSet(servohandles[servo], pos1[servo]+
10                         (int)((float) i *size[servo]));
11     OSWait(10/speed);
12   }
13 }
```

```
1  void gait(int g[][12], int size, int speed)
2  { int i;
3    for (i=0; i<size; i++)
4      move_joint(g[i], g[(i+1)%size], speed);
5  }
```

11.2 双足机器人设计

当大多数人听到“机器人”这个词的时候，首先就会联想到双足机器人。因为其外形类似于人类，双足行走机器人又称为“humanoid”或“android robots[①]”，下面将对其展开讨论。 P. 168

我们最初尝试设计人形机器人是于 1998 年制作的尊尼获加（Johnny Walker）和杰克丹尼[②]（Jack Daniels）这两个机器人，以此命名是因为它们在行走中要挣扎着保持平衡（见图 11.2，（Nicholls 1998））。我们的目标是用有限的资金来设计和控制机器人。在此使用了伺服电机作为执行器，并连接在一个 U 型铝制槽上。尽管伺服器很容易与 EyeBot 控制器相连接并且不需要显式反馈回路（explicit feedback loop），恰恰是这个特性（使用内置的硬连线反馈回路而缺少外部反馈）导致了大部分的控制问题，缺少关节反馈的传感器将导致无法获得关节的位置或关节力矩。

第一代的机器人安装了脚踏开关（微动开关和红外测距开关），在髋关节安装了双轴加速度

---

① 均为“人形机器人”或“类人机器人”之意。——译者注

② 尊尼获加和杰克丹尼是两个威士忌酒的品牌，因为这两个机器人行走的样子类似于醉酒者，故设计者以此命名。——译者注

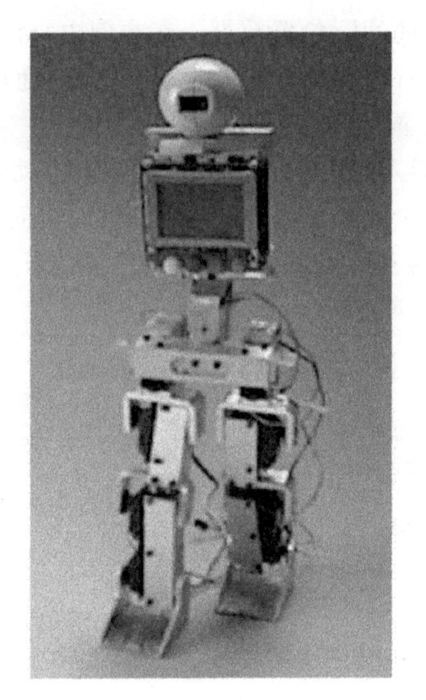

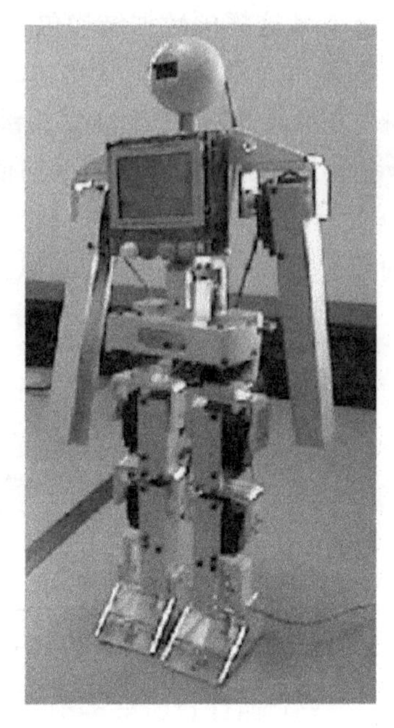

图 11.2　尊尼和杰克人形机器人

计。如同我们其它的机器人，尊尼和杰克是完全自主的机器人，不需要任何“脐带[①]”或“远程大脑”，每一个机器人携带一个 EyeBot 控制器作为本体智能以及一组可充电电池作为能量源。

尊尼的机械结构有 9 个 *dof*（自由度），每条腿有 4 个 *dof*、躯干有 1 个 *dof*，杰克有 11 个 *dof*，增加的是两只手臂的 *dof*。这两种机器人的每条腿都有 4 个 *dof*，使用了 3 个伺服器来弯曲腿的踝、膝盖和主干关节，这三个伺服器均在同一平面内。

P. 169

髋关节处有一个伺服器用来转动腿以便机器人转身。这两个机器人都有一个额外的 *dof* 用来侧身以提供平衡力。杰克有两个手臂，每个手臂 1 个 *dof*，可以用摆动手臂来保持平衡或触摸其他物体。

第二代人形机器人是安迪·德罗伊德（Andy Droid），由 IntroSoft 研发（见图 11.3），此机器人与第一代设计有很多不同之处（Bräunl，Sutherland，Unkelbach 2002）：

- 每条腿有 5 个 *dof*
  机器人可以弯腿并可侧向屈身。
- 轻量设计
  尽量少地使用铝和钢铁材料。
- 控制器和电机分别供电
  避免了行走时因电流和电压的大幅波动而产生错误的传感器读数。

图 11.3 左侧所示是没有手臂和头部的 Andy 机器人，采用了第二代的脚部设计，每一只脚有三个可调节的脚趾，每个脚趾安装有一个形变测量器。通过这些传感器反馈，板载控制器可以直接测定机器人每只脚支撑面的压力点，因此能够立即采取措施来消除不平衡或调整步态参数（见图 11.3 右（Zimmermann 2004））。

Andy 总计有 13 个 *dof*，每条腿 5 个、每只手臂 1 个、有一个用于头部摄像机的可选 *dof*。

① 形容机器人连接在外部控制设备上的电缆。——译者注

每条腿的 5 个 *dof* 包含有 3 个伺服器来弯曲腿的踝、膝盖和主干关节，这三个伺服器均在同一平面内(与尊尼机器人相同)，每条腿增加了两个伺服器用于脚踝和髋关节位置的侧向弯曲，

P. 170

这样可以使机器人侧向屈身的同时保持躯干水平。髋关节不再有旋转伺服器，转向运动由不同的左右腿步长来实现。每个手臂有一个自由度用来摆动胳膊。Andy 高 39cm，无电池的情况下重约 1kg(Bräunl 2000)，(Montgomery 2001)，(Sutherland, Bräunl 2001)，(Bräunl, Sutherland, Unkelbach 2002)。

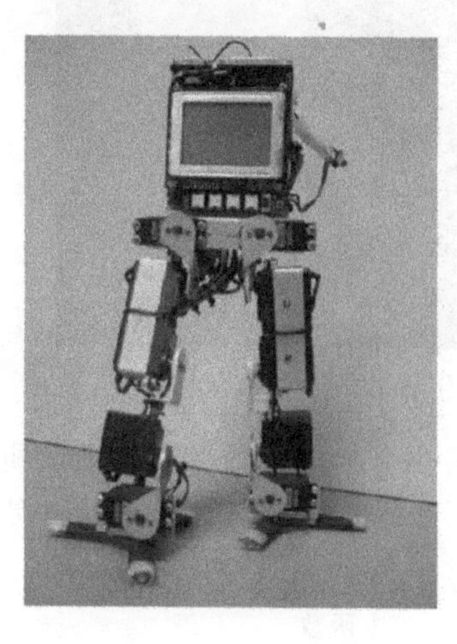

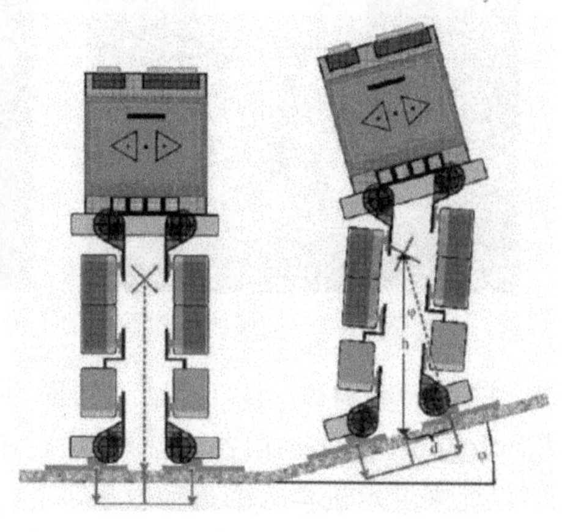

图 11.3 Andy Droid 人形机器人

数字伺服器

IntroSoft 的 Andy 2(见图 11.4)是 Andy Droid 的后续产品，使用了数字伺服器替代了模拟伺服器。此数字伺服器既可作为伺服器也可作为传感器使用，通过 RS232 以菊花链的方式与控制器连接，因而控制器只需要一个串行端口便足以控制所有的伺服器。与以往使用脉宽调制(PWM)信号不同，数字伺服器接受 ASCII 格式的指令序列，指令包括独立的伺服器号或是一个广播指令，这将进一步减少控制器负荷并在总体上简化了操作。数字伺服器也可用作传感器，当接收相应的指令序列的时候会返回位置和电流数据。

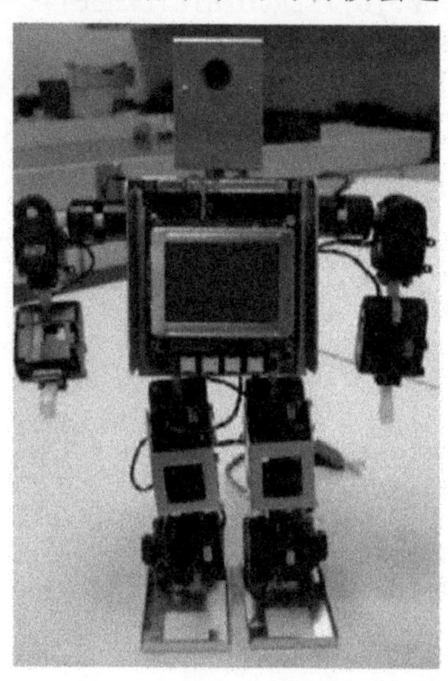

图 11.4 Andy 2 人形机器人

图 11.5 所示是数字伺服器反馈数据的可视化显示，显示了行走时机器人的关节位置和电流(与关节力矩直接相关)(Harada 2006)。电流(力矩)大的关节用彩色显示，从而可以在图中方便的找到问题区域，如机器人的右胯伺服器。

图 11.5　伺服传感器数据的可视化显示(Harada 2006)

程序 11.3(主程序)和程序 11.4(运动子例程)是一个未使用传感器反馈的机器人运动程序。此程序用于 Johnny/Jack 伺服器的排列，通过不断的弯曲双膝再直立起来使机器人执行一些蹲起运动，以此来展示机器人的运动效果。

P. 171

程序 11.3　机器人体操——主函数

```
 1  int main()
 2  { int i, delay=2;
 3    typedef enum{rHipT,rHipB,rKnee,rAnkle, torso,
 4                 lAnkle,lKnee,lHipB,lHipT}   link;
 5    int up   [9] = {127,127,127,127,127,127,127,127,127};
 6    int down[9] = {127, 80,200, 80,127,200, 80,200,127};
 7
 8    /* init servos */
 9    serv[0]=SERVOInit(RHipT);  serv[1]=SERVOInit(RHipB);
10    serv[2]=SERVOInit(RKnee);  serv[3]=SERVOInit(RAnkle);
11    serv[4]=SERVOInit(Torso);
12    serv[5]=SERVOInit(LAnkle); serv[6]=SERVOInit(LKnee);
13    serv[7]=SERVOInit(LHipB);  serv[8]=SERVOInit(LHipT);
14    /* put servos in up position */
15    LCDPutString("Servos up-pos..\n");
16    for(i=0;i<9;i++) SERVOSet(serv[i],up[i]);
17    LCDMenu(""," "," ","END");
18
19    while (KEYRead() != KEY4) /* exercise until key press */
20    { move(up,down, delay);    /* move legs in bent pos.*/
21      move(down,up, delay);    /* move legs straight    */
22    }
23
24    /* release servo handles */
25    SERVORelease(RHipT);  SERVORelease(RHipB);
26    SERVORelease(RKnee);  SERVORelease(RAnkle);
27    SERVORelease(Torso);
28    SERVORelease(LAnkle); SERVORelease(LKnee);
29    SERVORelease(LHipB);  SERVORelease(LHipT);
30    return 0;
31  }
```

程序 11.4 机器人体操——运动函数

```
 1  void move(int old[], int new[], int delay)
 2  { int i,j; /* using int constant STEPS */
 3    float now[9], diff[9];
 4
 5    for (j=0; j<9; j++) /* update all servo positions */
 6    { now[j]  = (float) old[j];
 7      diff[j] = (float) (new[j]-old[j]) / (float) STEPS;
 8    }
 9    for (i=0; i<STEPS; i++) /* move servos to new pos.*/
10    { for (j=0; j<9; j++)
11      { now[j] +=  diff[j];
12        SERVOSet(serv[j], (int) now[j]);
13      }
14      OSWait(delay);
15    }
16  }
```

主程序的运行包括四个阶段：

P. 172

- 初始化所有伺服器。
- 设置所有伺服器为“up”位置。
- 在“up”和“down”之间循环直至有键按下。
- 释放所有伺服器。

类似于“up”和“down”这些机器人配置采用数组存储，其中每个 *dof* 使用一个整型数（在本例中有 9 个）。这些数组作为参数传递给子例程“move”，由子例程以增计数方式驱动伺服器，经由一系列的中间位置最终达到指定位置。

子例程“move”使用局部数组来存储位置（now）和单个伺服器增量（diff），这些值只计算一次。按照预先定义的常数步数值，所有的伺服器设置为下一个状态位置。在循环迭代间插入 OSWait 语句，以便留有时间让伺服器执行实际动作。

11.3 行走机器人的传感器

总的来说，传感器反馈是动态平衡和双腿行走的基础，这也是我们为何如此强调选择和使用合适的传感器来控制机器人的原因。而另一方面，也有很多其它地方研发的双足机器人根本就未使用任何传感器，而仅仅是靠很大的支撑面所产生的机械结构的稳定性来平衡和行走。

我们所设计的人形机器人 Andy 使用了以下传感器以用于平衡：

P. 173

- 脚上的红外接近传感器

  每只脚使用了两个传感器，用来反馈脚趾和脚跟是否与地面接触。
- 脚上的形变测量器

  每只脚有三个长度可变且只有一个接触点的脚趾，这可以用来试验不同尺寸的脚。每个脚趾有一个形变测量器，可用来计算脚的力矩以及“零力矩点(zero moment point)”（见 11.5 小节）。
- 加速度传感器

  在两个轴向上使用加速度传感器测量机器人所受的动态力，以保持平衡。

- 压电陀螺

  加速度传感器会受到伺服器高频噪声的影响，可使用两个压电陀螺作为替代方案。由于陀螺只得到加速度的变化率，因此需要进行积分以保持总体的方向。
- 倾角仪

  使用两个倾角仪来辅助陀螺仪，由于倾角仪存在时间延迟，因而无法单独使用，但可用倾角仪来消除陀螺仪的漂移和积分误差。

另外，Andy 使用了以下传感器用于导航：

- 红外 PSDs

  在机器人胯部的前、左、右方向上安装此传感器，可以感知周围的物体。
- 数字摄像机

  安装在机器人头部的摄像机有两种用途：用来保持平衡(见 11.5 的"人工地平"方法)或是用来探测物体、行走路径等。

两个轴向上的加速度传感器是用于平衡和行走的主要传感器。这些传感器得到的读数取决于一个或两个轴向上的加速度以及所安装的角度。当机器人缓慢移动时，传感器的读数相当于机器人的相对姿态，例如前/后或左/右的倾斜。来自红外和加速度传感器的输入可作为平衡或行走控制算法的反馈。

11.4 静态平衡

P. 174

有两种行走的模式：

- 静态平衡

  机器人的质心始终位于由地面上的脚构成的支撑区域上，或是在当两只脚都在地面上时的组合支撑区域上(凸形外壳)。
- 动态平衡

  在步态的某个阶段，机器人的质心可能在脚的支撑区域外。

在本节中，我们将侧重于静态平衡，动态平衡将在下一节中作重点介绍。

我们的人形机器人设计首先进行的是半稳定、预编程、参数化的步态设计。步态参数有：

1. 步长
2. 抬腿高度
3. 行走速度
4. 躯干向前方向的倾斜角度(常数)
5. 躯干侧向最大倾斜角度(变量，与步态同步)

我们将根据传感器实时地更新步态参数，在步态的每一个时间点比较当前的与所期望的传感器读数，其差值会直接修改参数以适应步态模式。为得到正确的步态参数，我们使用 BallyBot 平衡机器人作为试验平台来测试加速度、倾斜和陀螺传感器(见第 10 章)。

我们建造了一个步态生成工具(Nicholls 1998)，可用它来离线生成步态序列并下载至机器人。此工具可以在每个时间片内独立的设置每个 dof，并用三视图的形式图形化地显示机器人的姿态(见图 11.6)。此步态生成工具还支持整个步态序列的重放。但是，此工具没有在机械结构方面对步态的可行性进行分析。

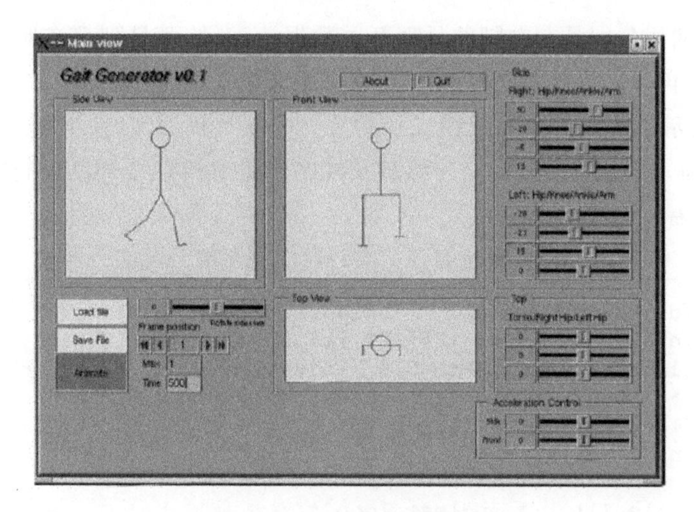

图 11.6 步态生成工具

行走的第一步是要获得静态平衡，为此我们让机器人站直，并使用加速度传感器作为反馈、用软件实现 PI 控制器来控制两个髋关节。此时机器人可以自动地站直，如果向后推它，它会向前弯曲以保持平衡，反之亦然。解决此问题的方法类似于倒立摆。

典型的传感器数据并不是如我们想象的那么规则，图 11.7 所示是行走试验所得到的是典型的倾角仪和足部开关的传感器数据(Unkelbach 2002)：

- 顶部曲线是主干侧向摆动的倾角仪数据，测量的数据是绝对的角度，因而不像陀螺仪数据还需要进行积分。 P. 175

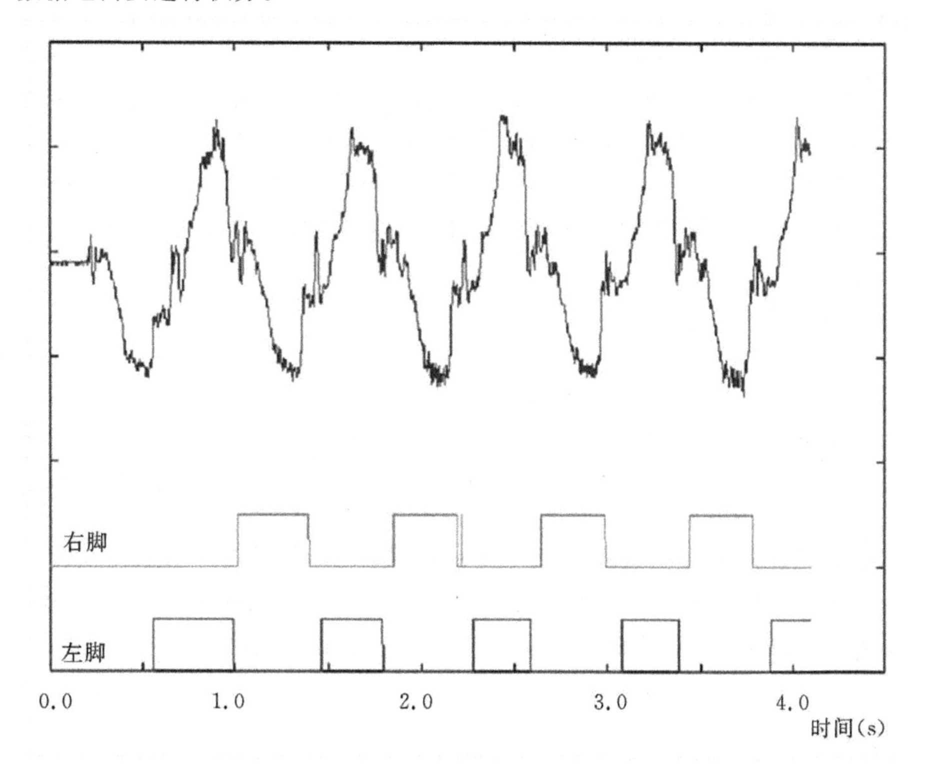

图 11.7 倾角仪侧向摆动数据和左/右脚开关数据

- 底部两条曲线分别是左右脚的足部开关数据，一开始两只脚都在地面上，然后抬起左脚再放下，再后来抬起右脚再放下，以此不断重复。

程序11.5演示了使用传感器反馈来平衡直立的双足机器人，在本例中只控制一个单轴（在此是前/后方向）；但通过增加一个传感器及控制回路中相应的PID控制器，程序也可很容易地扩展实现左/右方向的平衡。

P.176

程序11.5 双足机器人的平衡

```
1   void balance( void ) /* balance forward/backward */
2   { int posture[9]= {127,127,127,127,127,127,127,127,127};
3     float err, lastErr =0.0, adjustment;
4     /* PID controller constants */
5     float kP = 0.1, kI = 0.10, kD = 0.05, time = 0.1;
6     int i, delay = 1;
7
8     while (1)  /* endless loop */
9     { /* read derivative. sensor signal = error */
10      err = GetAccFB();
11      /* adjust hip angles using PID */
12      adjustment =  kP*(err)
13                  + kI*(lastErr + err)*time
14                  + kD*(lastErr - err);
15      posture[lHipB] += adjustment;
16      posture[rHipB] += adjustment;
17      SetPosture(posture);
18      lastErr = err;
19      OSWait(delay);
20    }
21  }
```

程序的无限while循环从读取加速度传感器前/后方向的新数据开始，当机器人静止时此值为0。因此我们可以将此值直接作为PID控制器的偏差值。所采用的PID控制器是最简可行方案。对于积分部分，应当累加多个(例如10个)误差值，在本例中只使用了2个：前一个加上当前的误差值。微分项使用前一个误差和当前误差的差值，所有的PID参数必须要通过试验来整定。

11.5 动态平衡

P.177

依赖于静态平衡的步态方式不是非常高效，为保持较小的动态作用力，这种方式往往需要较大的脚接触面并且只能实现相对较慢的步态。另一方面，采用动态平衡的行走机械结构允许机器人使用更小的脚，甚至小到只有一个接触点，并且可以使用速度更快的行走步态，甚至能够实现跑动。

如前一节中所定义，动态平衡意味着：至少在机器人步态的某些阶段，质心不在双脚的支撑区域内。不考虑任何动态力和力矩，这意味着若是不能实时的施加平衡力，机器人将会倒伏。有很多种不同的方法可以实现动态行走，接下来将对其进行讨论。

11.5.1 动态行走方式

在本节中将讨论一些不同的动态行走技术，以及所需要的相应传感器。

1. 零力矩点(ZMP)

(Fujimoto,Kawamura 1998),(Goddard,Zheng,Hemami 1992),(Kajita,Yamaura,Kobayashi 1992),(Takanishi et al. 1985)

这是一种用于动态平衡的标准方法，并著述于大量文献之中。应用此方法需要知道所有作用在机器人身体上的动态作用力，以及作用在机器人脚和脚踝之间的所有力矩。这些数据可以通过使用机器人身上的加速度计和陀螺仪，以及脚上的压力传感器或踝上的力矩传感器来测定。

已知机器人身上所有的触点压力和动态力，就有可能计算出机器人身上的"零力矩点(ZMP)"，这是一个动态的点，可等效于静态质心。如果ZMP位于机器人脚(或双脚)的支撑区域内，则机器人是动态平衡的，否则的话，则要采取校正动作改变机器人的身体姿态以避免倒伏。

2. 倒立摆

(Caux, Mateo,Zapata 1998),(Park,Kim 1998),(Sutherland,Bräunl 2001)

双足行走机器人可以看作一个倒立摆进行建模(可参阅第10章的平衡机器人)，通过持续地监控机器人的加速度并调整相应的腿部运动，可以实现动态的平衡。

3. 神经网络

(Caux,Mateo,Zapata 1998),(Park,Kim 1998),(Sutherland,Bräunl 2001)

像其它很多控制问题一样，可采用神经网络实现动态平衡。当然，此种方法依然需要其它方法中所使用的传感器反馈。

4. 遗传算法

(Boeing,Bräunl 2002),(Boeing,Bräunl 2003)

使用随机的初始控制参数生成虚拟的机器人群体，通过遗传算法将性能最优的机器人复制给下一代。 P. 178

此种方法实际实现需要一个力学仿真系统来评估每个机器人个体的性能，甚至需要数天的计算(CPU-days)进化出一个好的行走性能。此方法的主要研究焦点是从仿真结果到实体机器人的可移植性。

5. PID 控制

(Bräunl 2000),(Bräunl,Sutherland,Unkelbach 2002)

使用经典的PID控制来控制机器人的前/后和左/右倾斜类似于静态的平衡方法。尽管如此，我们并不想让机器人保持竖直站立。在示教阶段，我们记录下机器人在其步态所有阶段所期望的前向和侧向的屈身。然后，在控制行走步态时，通过PID控制器补偿前向和侧向屈身的偏移量。可在标准步态中设置以下参数，以实现这些屈身：

- 步长
- 抬腿高度
- 行走速度

- 躯干前倾量
- 最大侧摆量

6. 模糊控制

(未发表)

我们正在对 PID 控制进行改进,用模糊逻辑替代传统 PID 控制以实现动态平衡。

7. 人工地平

(Wicke 2001)

这是一种新颖的方法,它不需要其它方法中所使用的运动传感器,而是一个单目灰度摄像机。在一个简化的方案里,在机器人视野内白色的地面上放置一条黑线(作为一个"人工地平")。我们可以根据这条线在图像内位置和方向的改变测量出机器人方位。例如,如果机器人前倾则线向上移动,左倾则线偏离一个角度,等等(见图 11.8)。

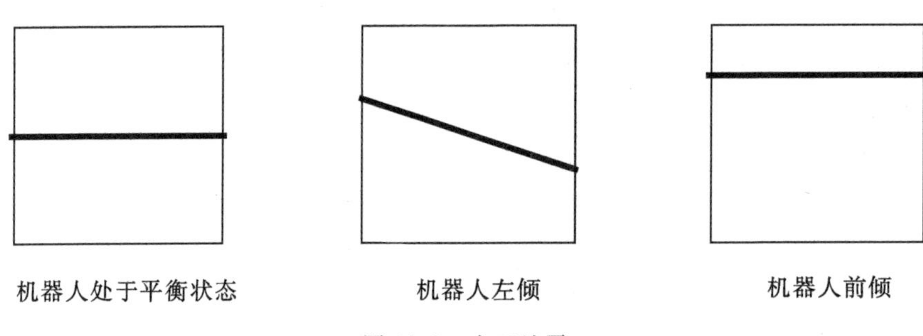

图 11.8 人工地平

使用一个更为强大的控制器用于图像处理(即便是不使用人工地平),只要地面上有足够的纹理,就可使用一般的光流来探测机器人的运动。

图 11.9 所示是尊尼获加的一个行走循环,应注意到其中具有代表性的用于平衡抬腿运动的主干侧摆运动,这会绕机器人的质心产生一个很大的力矩,如果作为执行器的伺服器精度不够的话则会造成机器人不稳定。

P. 179

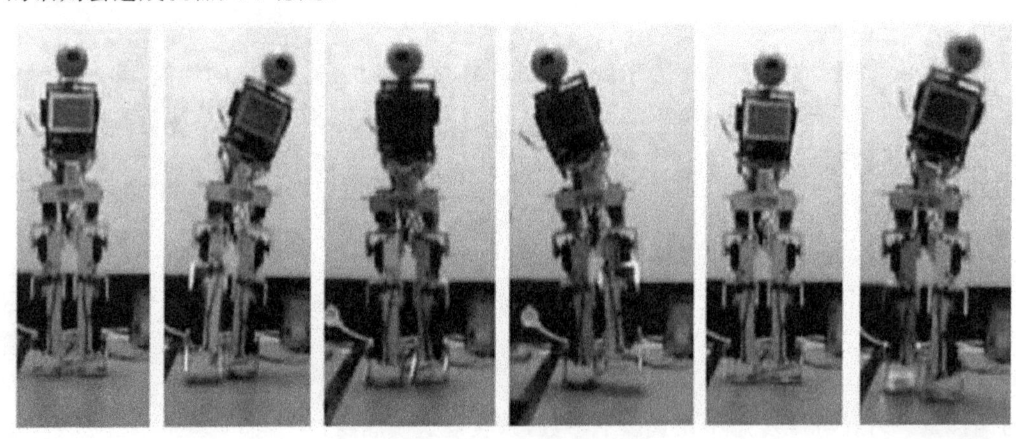

图 11.9 尊尼获加的行走顺序

图 11.10 所示是 Andy Droid 与之类似的行走动作序列,与尊尼获加相比由于其胯部的机

械设计允许更为平滑的侧向重量转移，因此机器人步态的平滑性和可控性更好。

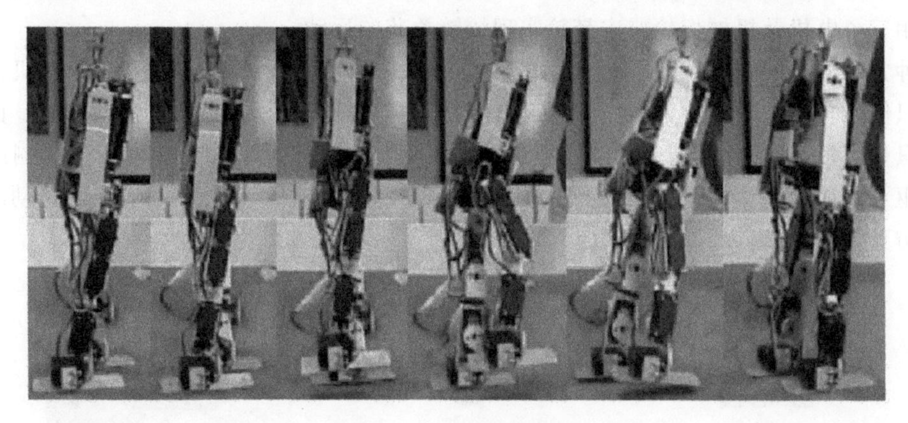

图 11.10 Andy 行走顺序

11.5.2 其它的双足机器人设计

前面所讨论的机器人都是以伺服器作为执行器的，这样做的好处是可以高效率地实现机械和电子设计，因而成为许多设计团队常用的设计方法。在 2002 年的国际机器人足球联合会(FIRA)类人机器人世界杯锦标赛(HuroSot World Cup Competition) (Baltes, Bräunl 2002)的照片中可以看到，除了一个例外，所有的机器人均使用了伺服器(见图 11.11)。

其它使用 EyeCon 的机器人有新西兰奥克兰大学和加拿大曼尼托巴大学的 *Tao Pie Pie* (Lam, Baltes 2002)，德国多特蒙德大学的 *ZORC*(Ziegler et al. 2001)。

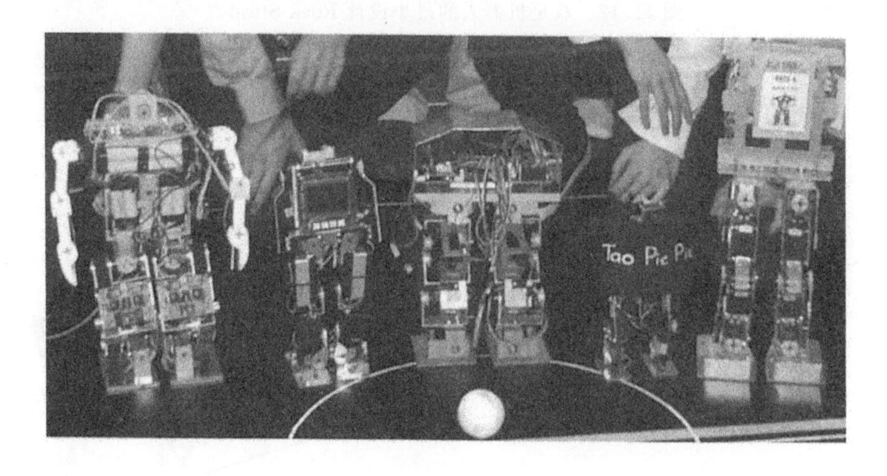

图 11.11 FIRA HuroSot 2002 中的类人机器人
从左至右为：韩国、澳大利亚、新加坡、新西兰和韩国

P. 180

前文中提到过，由于一系列的原因伺服器具有严重的缺陷，最主要的还是因为缺少外部反馈。但是采用直流电机、编码器和终点开关来建造双足机器人的成本将更为昂贵，这需要额外的电机驱动电路，而且软件开发也相当费劲。因此我们决定不用直流电机代替伺服器来重新设计一个具有相同自由度的双足机器人，而寻求一种最小实现。尽管 Andy 每条腿有 10 个

dof，但这种方案只使用了 3 个 dof 来实现腿的上下弯曲和整个身体的左右侧倾。因此应当可以只用三个电机及机械齿轮或皮带轮实现铰链关节的运动。

P. 181

这种方法的 CAD 设计及所完成的机器人如图 11.12 所示(Jungpakdee 2002)。机器人的每条腿只使用一个电机驱动，在每个电机旋转时，其机械结构使得脚沿椭圆曲线运动。由于脚与地面只是点接触，因此机器人必须持续地运动以保持动态平衡。只使用一个电机侧向摆动机器人躯干以取得平衡(图 11.12 的原始设计中标明了两个电机)。图 11.13 所示是动态行走序列的仿真结果(Jungpakdee 2002)。

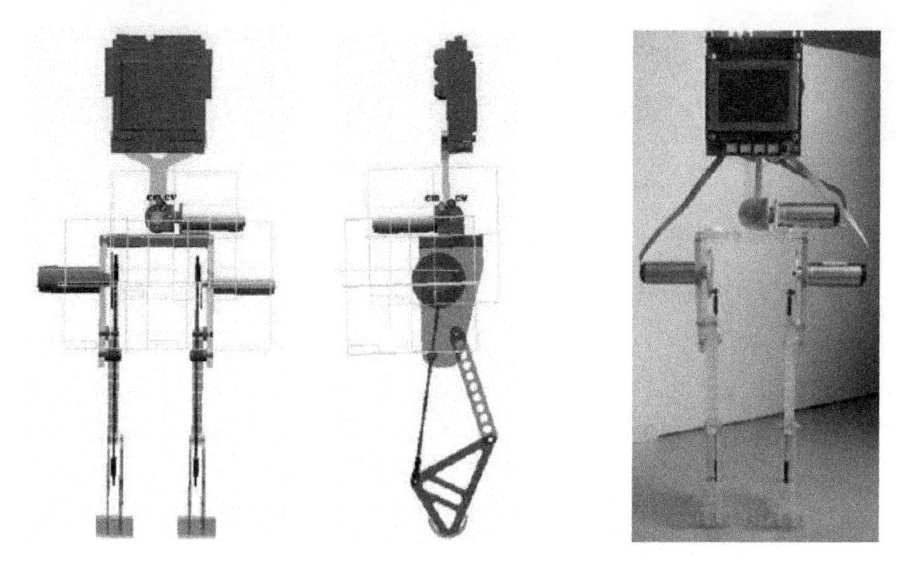

图 11.12　双足机器人的最小设计 Rock Steady

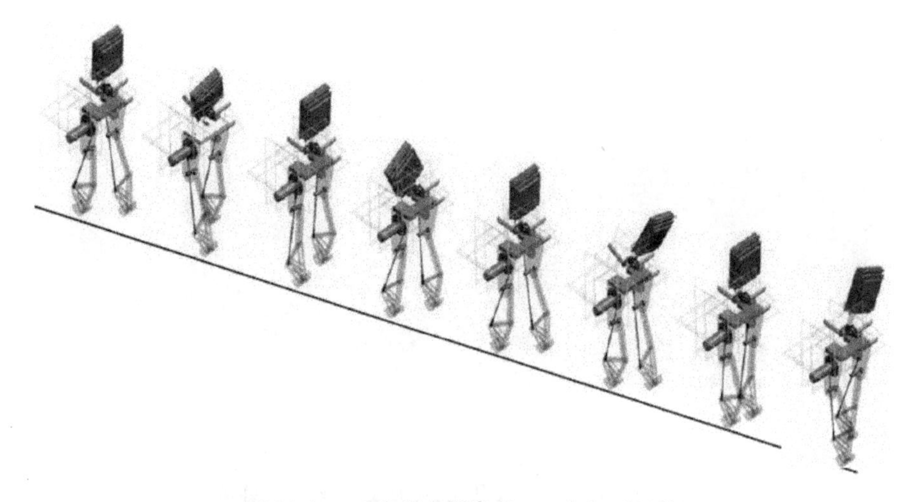

图 11.13　动态行走顺序(Jungpakdee 2002)

11.6 参考文献

P. 182

BALTES. J., BRÄUNL, T. *HuroSot - Laws of the Game*, FIRA 1st Humanoid Robot Soccer Workshop (HuroSot), Daejeon Korea, Jan. 2002, pp. 43-68 (26)

BOEING, A., BRÄUNL, T. *Evolving Splines: An alternative locomotion controller for a bipedal robot*, Seventh International Conference on Control, Automation, Robotics and Vision, ICARV 2002, CD-ROM, Singapore, Dec. 2002, pp. 1-5 (5)

BOEING, A., BRÄUNL, T. *Evolving a Controller for Bipedal Locomotion*, Proceedings of the Second International Symposium on Autonomous Minirobots for Research and Edutainment, AMiRE 2003, Brisbane, Feb. 2003, pp. 43-52 (10)

BRÄUNL, T. *Design of Low-Cost Android Robots*, Proceedings of the First IEEE-RAS International Conference on Humanoid Robots, Humanoids 2000, MIT, Boston, Sept. 2000, pp. 1-6 (6)

BRÄUNL, T., SUTHERLAND, A., UNKELBACH, A. *Dynamic Balancing of a Humanoid Robot*, FIRA 1st Humanoid Robot Soccer Workshop (HuroSot), Daejeon Korea, Jan. 2002, pp. 19-23 (5)

CAUX, S., MATEO, E., ZAPATA, R. *Balance of biped robots: special double-inverted pendulum*, IEEE International Conference on Systems, Man, and Cybernetics, 1998, pp. 3691-3696 (6)

CHO, H., LEE, J.-J. (Eds.) *Proceedings 2002 FIRA Robot World Congress*, Seoul, Korea, May 2002

DOERSCHUK, P., NGUYEN, V., LI, A. *Neural network control of a three-link leg*, in Proceedings of the International Conference on Tools with Artificial Intelligence, 1995, pp. 278-281 (4)

FUJIMOTO, Y., KAWAMURA, A. *Simulation of an autonomous biped walking robot including environmental force interaction*, IEEE Robotics and Automation Magazine, June 1998, pp. 33-42 (10)

GODDARD, R., ZHENG, Y., HEMAMI, H. *Control of the heel-off to toe-off motion of a dynamic biped gait*, IEEE Transactions on Systems, Man, and Cybernetics, vol. 22, no. 1, 1992, pp. 92-102 (11)

HARADA, H. *Andy-2 Visualization Video*, `http://robotics.ee.uwa.edu.au/eyebot/mpg/walk-2leg/`, 2006

JUNGPAKDEE, K., *Design and construction of a minimal biped walking mechanism*, B.E. Honours Thesis, The Univ. of Western Australia, Dept. of Mechanical Eng., supervised by T. Bräunl and K. Miller, 2002

KAJITA, S., YAMAURA, T., KOBAYASHI, A. *Dynamic walking control of a biped robot along a potential energy conserving orbit*, IEEE Transactions on Robotics and Automation, Aug. 1992, pp. 431-438 (8)

P. 183

KUN, A., MILLER III, W. *Adaptive dynamic balance of a biped using neural networks*, in Proceedings of the 1996 IEEE International Conference on Robotics and Automation, Apr. 1996, pp. 240-245 (6)

LAM, P., BALTES, J. *Development of Walking Gaits for a Small Humanoid Robot*, Proceedings 2002 FIRA Robot World Congress, Seoul, Korea, May 2002, pp. 694-697 (4)

MILLER III, W. *Real-time neural network control of a biped walking robot*, IEEE Control Systems, Feb. 1994, pp. 41-48 (8)

MONTGOMERY, G. *Robo Crop - Inside our AI Labs*, Australian Personal Computer, Issue 274, Oct. 2001, pp. 80-92 (13)

NICHOLLS, E. *Bipedal Dynamic Walking in Robotics*, B.E. Honours Thesis, The Univ. of Western Australia, Electrical and Computer Eng., supervised by T. Bräunl, 1998

PARK, J.H., KIM, K.D. *Bipedal Robot Walking Using Gravity-Compensated Inverted Pendulum Mode and Computed Torque Control*, IEEE International Conference on Robotics and Automation, 1998, pp. 3528-3533 (6)

RÜCKERT, U., SITTE, J., WITKOWSKI, U. (Eds.) *Autonomous Minirobots for Research and Edutainment – AMiRE2001*, Proceedings of the 5th International Heinz Nixdorf Symposium, HNI-Verlagsschriftenreihe, no. 97, Univ. Paderborn, Oct. 2001

SUTHERLAND, A., BRÄUNL, T. *Learning to Balance an Unknown System*, Proceedings of the IEEE-RAS International Conference on Humanoid Robots, Humanoids 2001, Waseda University, Tokyo, Nov. 2001, pp. 385-391 (7)

TAKANISHI, A., ISHIDA, M., YAMAZAKI, Y., KATO, I. *The realization of dynamic walking by the biped walking robot WL-10RD*, in *ICAR'85*, 1985, pp. 459-466 (8)

UNKELBACH, A. *Analysis of sensor data for balancing and walking of a biped robot*, Project Thesis, Univ. Kaiserslautern / The Univ. of Western Australia, supervised by T. Bräunl and D. Henrich, 2002

WICKE, M. *Bipedal Walking*, Project Thesis, Univ. Kaiserslautern / The Univ. of Western Australia, supervised by T. Bräunl, M. Kasper, and E. von Puttkamer, 2001

ZIEGLER, J., WOLFF, K., NORDIN, P., BANZHAF, W. *Constructing a Small Humanoid Walking Robot as a Platform for the Genetic Evolution of Walking*, Proceedings of the 5th International Heinz Nixdorf Symposium, Autonomous Minirobots for Research and Edutainment, AMiRE 2001, HNI-Verlagsschriftenreihe, no. 97, Univ. Paderborn, Oct. 2001, pp. 51-59 (9)

P. 184

ZIMMERMANN, J., *Balancing of a Biped Robot using Force Feedback*, Diploma Thesis, FH Koblenz / The Univ. of Western Australia, supervised by T. Bräunl, 2004

自动驾驶飞机

相比于前文介绍的自主行驶或行走机器人而言，建造一架自主飞行的航模是相当困难的。飞机模型或直升机模型显然需要更高级别的安全性，一方面是因为航模坠落会损失其所配备的昂贵设备，更重要的是防止其危及地面上人的安全。 P. 185

过去生产的很多自主飞机或无人机都是用于监视用途的，例如 Aerosonde（Aerosonde 2006）。此类的项目通常会得到数百万美元的预算支持，这是本书所展示的小规模项目所无法比拟的。但有两个项目在级别和范围上比本文所要介绍的设计还要小，它们分别是航模爱好者用的商业化系统："微驾驶仪"（MicroPilot）（MicroPilot 2006），以及为国际飞行机器人大赛（AUVS 2006）设计的自主航模："火螨"（FireMite）（Hennessey 2002）。

12.1 应用

低成本自动驾驶仪

我们的目标是改造一架远程遥控航模，使其可以按照一系列给定航路点飞行（自动驾驶）。

- 飞机通过遥控起飞。
- 升空后，便进入自动驾驶状态，并使用 GPS 数据按照预先录入的航路点进行飞行。
- 飞机切换到遥控状态并降落。

起飞和降落是飞机最难完成的任务，这由操作员通过遥控进行操纵。飞机需要一个包含 GPS 及其他传感器接口并能驱动伺服器的嵌入式控制器。大致有两种构建自动驾驶系统的设计方案，见图 12.1。

A 设计方案是一个相对简单直接的解决方法。地面可通过一个单独的通道来控制自动驾驶与人工操作之间的切换。控制器读取包括 GPS 在内的传感器及接收机的数据，它始终与伺服器相连并生成驱动它们的 PWM 信号。但当在人工操作模式时，控制器读取接收器的输出并生成与其完全一致的伺服信号。 P. 186

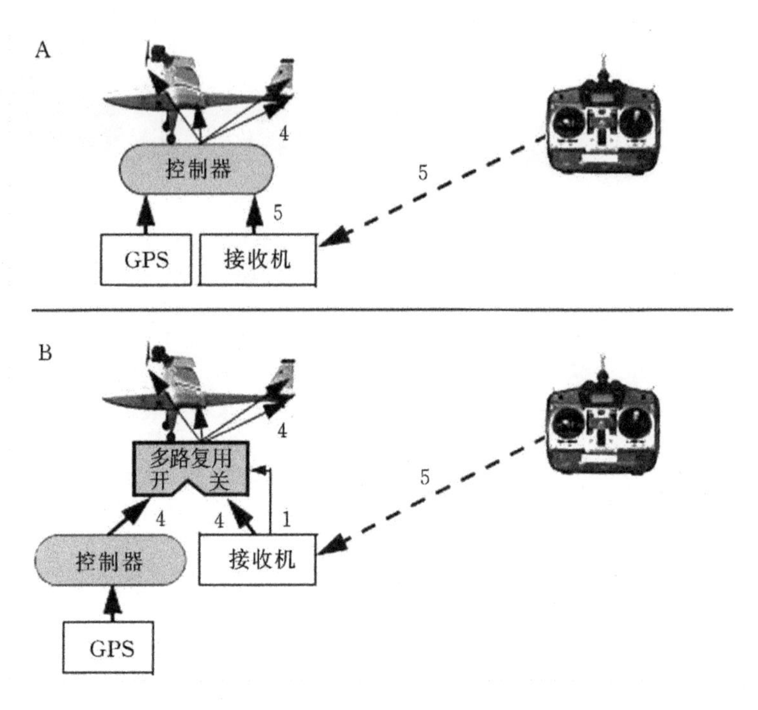

图12.1　系统设计方案选择

A. **嵌入式控制器始终驱动着飞机的伺服器，接收传感器及来自地面发射机的输入。**

B. **有一个中央(远程控制)多路复用开关，在地面发射机控制与自动驾驶仪控制间切换，决定由谁来控制飞机伺服器。**

B设计方案在硬件上需要额外增加一个四通道多路复用开关(A设计在软件里需要有与多路复用开关相似的功能)，多路复用开关将控制器或接收器的四路伺服输出与飞机的伺服器相连，并需要一个特殊的接收器通道用于遥控切换多路复用开关的状态。

尽管A设计在理论上是较好的方案，但它要求控制器有非常高的可靠性。并且无论是控制器的软件还是硬件出现错误时，例如某一应用程序的"挂起"，都将立即导致所有操纵面的失控，进而会导致飞机的失控。介于此，我们倾向于采用设计B，尽管在硬件上需要增加一个定制的多路复用开关，但这是一个相当简单的可通过遥控直接操纵的电磁器件，且无软件故障之虞。

P. 187

图12.2展示了我们的第一架自动驾驶飞机制作和飞行的照片，在机身对边安装了EyeCon控制器和多路复用开关组件。

12.2　控制系统和传感器

P. 188

黑匣子

采用了一个EyeCon系统作为机载飞行控制器。起飞前将期望飞行路线的GPS航路点下载至控制器中。降落后，将所有机载传感器的飞行数据上传，这类似于真实飞机"黑匣子"数据记录仪的操作。

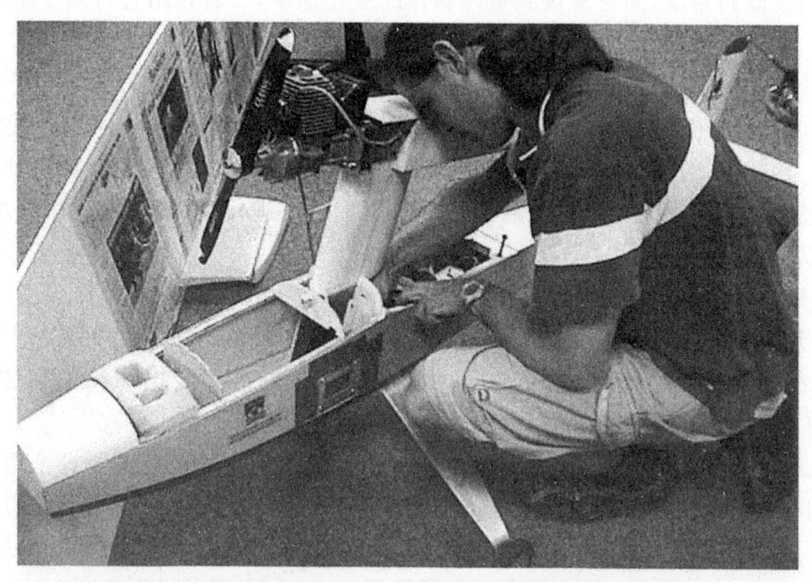

图 12.2 制作和飞行过程中的自动驾驶航模

EyeCon 的定时处理器输出生成可直接驱动伺服器的 PWM 信号，在此次应用中，它们是多路复用开关的一组输入，另一组输入来自飞机的接收器。EyeCon 使用了两路串口，一路用于上传/下载数据和程序，另一路用于连续的 GPS 数据输入。

尽管 GPS 是自动飞行的主要传感器，但仅靠它是不够的，因为它更新速度非常慢 0.5～1 Hz，且无法测定飞机航向，因此我们正在对其它众多的传感器（第 3 章有这些传感器的详细介绍）进行试验。

- 数字罗盘

尽管 GPS 能给出航向数据，但当绕航路点曲线飞行时更新速率不够。

- 压电陀螺仪和倾角仪

倾角仪测量倾斜角度，而陀螺仪测量倾斜角的变化速率，二者相结合可减少单独使用时所存在的问题。

• 高度计和空速传感器

高度计和空速传感器均使用了大气压力传感器，这些传感器在不同的高度和温度下使用时需要校准。构建空速传感器需结合多个气压传感器进行工作，有两个在翼尖处通过"皮托管"测量大气压力，并与安装在机体内的第三个气压传感器进行比较。另外，可再增加一个机体内传感器以作为高度计。

图12.3展示了"EyeBox"，其包含了除传感器外自动飞行所需的大部分设备，如EyeCon控制器、多路复用开关组件、可充电电池。由于接收机要求不受处理器或多路复用开关的辐射干扰，因此它的盒子由铝合金制成，这也是非常重要的。标准无线电操纵的载波频率为35 MHz，与EyeCon的运行频率处在同一范围，因此屏蔽是必须的。

采用B设计的另一个结果是飞机必须保持在遥控范围内。如果离开了这个范围，多路复用开关会发生不可预测的输入切换，飞机的控制会在正确的自动驾驶仪设定和噪声信号之间来回的切换。虽然A设计也会出现类似的问题，但控制器可以通过真实性校验将噪声从正常的遥控信号区分出来。通过有效地测定发射机的强度，控制器可以操纵飞机在发射机遥控范围之外飞行。

P.189

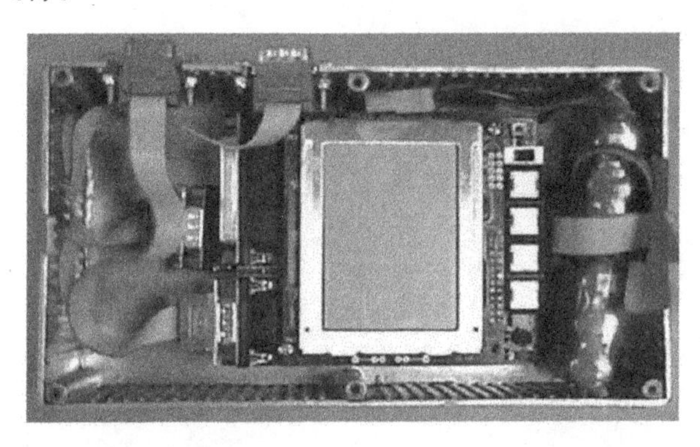

图12.3　EyeBox和多路复用开关组件

12.3　飞行程序

根据所采用GPS组件的性能以及飞行系统所要求的功能和适应性不同，飞行程序及飞行系统的用户接口的设计方法主要分为以下两类：

A. 小、轻型嵌入式GPS模块

在航模上使用小型嵌入式GPS模块的优势很明显，但必须将所有航路点直接录入到EyeCon，并且必须由EyeCon处理器进行航迹的计算。

B. 带有屏幕和按键的标准手持GPS

(如Magellan GPS 315(Magellan 1999))

标准手持GPS系统与GPS模块价格相当，且带有内置LCD屏幕及输入按键。因此它们也就更重，并需要额外的电池，在硬着陆时也更容易损坏。大多数手持GPS系统支持航路点记录及路径生成，因此无需使用机上嵌入式控制器便可生成完整的航迹。GPS同样需要支持

NMEA 0183(美国海洋电子协会)数据信息格式 V2.1 GSA,通过 GPS 的 RS232 接口输出 ASCII 数据格式。此格式不仅包含有当前 GPS 位置,还有先前输入 GPS 航路点路径所需的操纵角度(早期设计用于船只的自动掌舵)。此种方法下,板载控制器只需相应地设置飞机的伺服器,而所有的导航工作则由 GPS 系统完成。

程序 12.1 是 NMEA 输出的例子。启动程序后,将得到用于定位和时间的规码字符串,但我们只解码线字符串,用 $GPGGA 指令开头。起初 GPS 并没有连接上足够数量的卫星,因此它将持续显示地理坐标为 0 N 和 0 E,如果位于第六位的性能指标(在“E”之后)为零,则坐标是无效的。在程序 12.1 的第二部分,$GPRMC 字符串的性能指标为 1,并显示澳大利亚西部的相应坐标。 P. 190

程序 12.1 NMEA 输出的样本

```
$TOW: 0
$WK:  1151
$POS: 6378137  0        0
$CLK: 96000
$CHNL:12
$Baud rate: 4800  System clock: 12.277MHz
$HW Type: S2AR
$GPGGA,235948.000,0000.0000,N,00000.0000,E,0,00,50.0,0.0,M,,,,0000*3A
$GPGSA,A,1,,,,,,,,,,,,,50.0,50.0,50.0*05
$GPRMC,235948.000,V,0000.0000,N,00000.0000,E,,,260102,,*12
$GPGGA,235948.999,0000.0000,N,00000.0000,E,0,00,50.0,0.0,M,,,,0000*33
$GPGSA,A,1,,,,,,,,,,,,,50.0,50.0,50.0*05
$GPRMC,235948.999,V,0000.0000,N,00000.0000,E,,,260102,,*1B
$GPGGA,235949.999,0000.0000,N,00000.0000,E,0,00,50.0,0.0,M,,,,0000*32
$GPGSA,A,1,,,,,,,,,,,,,50.0,50.0,50.0*05
...
$GPRMC,071540.282,A,3152.6047,S,11554.2536,E,0.49,201.69,171202,,*11
$GPGGA,071541.282,3152.6044,S,11554.2536,E,1,04,5.5,3.7,M,,,,0000*19
$GPGSA,A,2,20,01,25,13,,,,,,,,,6.0,5.5,2.5*34
$GPRMC,071541.282,A,3152.6044,S,11554.2536,E,0.53,196.76,171202,,*1B
$GPGGA,071542.282,3152.6046,S,11554.2535,E,1,04,5.5,3.2,M,,,,0000*1E
$GPGSA,A,2,20,01,25,13,,,,,,,,,6.0,5.5,2.5*34
$GPRMC,071542.282,A,3152.6046,S,11554.2535,E,0.37,197.32,171202,,*1A
$GPGGA,071543.282,3152.6050,S,11554.2534,E,1,04,5.5,3.3,M,,,,0000*18
$GPGSA,A,2,20,01,25,13,,,,,,,,,6.0,5.5,2.5*34
$GPGSV,3,1,10,01,67,190,42,20,62,128,42,13,45,270,41,04,38,228,*7B
$GPGSV,3,2,10,11,38,008,,29,34,135,,27,18,339,,25,13,138,37*7F
$GPGSV,3,3,10,22,10,095,,07,07,254,*76
```

在我们目前的飞行系统中采用了方法 A,在飞行路线生成上这将具有更大的灵活性。在第一次试飞中,只在自动驾驶仪和遥控间切换方向舵控制,飞机通过陀螺仪自动控制副翼以消除倾斜,而出于安全性考虑,电机和升降舵仍保留为遥控控制,但未来可逐渐增加自动驾驶仪的可控制舵面。

飞行控制器需完成一系列的任务,并需通过用户界面进行操作。

起飞前 P. 191

- 初始化并检测所有传感器

校准传感器

- 初始化并检测所有伺服器

使能伺服器零位置设置

使能伺服器极限位置设置

- 下载航路点(仅方法 A)

飞行中(连续循环)

- 生成期望航向(仅方法 A)
- 根据期望航向设置飞机伺服器
- 记录传感器的飞行数据

飞行后

- 上传飞行数据

在飞行系统菜单不同的页面里,操作实现这些任务及设置,如图 12.4(Hines 2001)。EyeCon 既可以显示设置,也可以通过按键直接操作或是通过 PDA(掌上电脑,如 Compaq IPAQ)上的数据连接线间接操作。

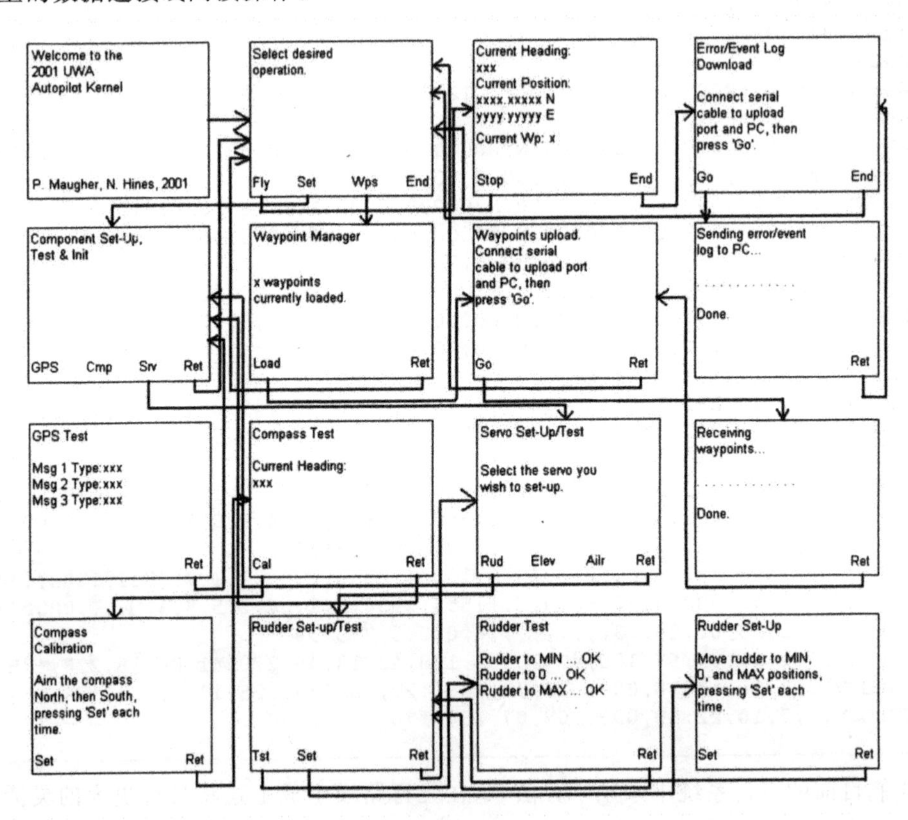

图 12.4　飞行系统用户界面(Hines 2001)

P. 192

在 EyeCon 和 PDA 之间的连接功能已进行扩展,能够在起飞前、降落后远程遥控(通过线缆)飞行控制器,特别是在起飞前下载航路点及降落后上传飞行数据。所有的启动前检测信息,如所有传感器的正确动作、GPS 接收的卫星,都会从 EyeCon 传到 PDA 的屏幕上。

飞行结束后,EyeCon 中所有飞行过程中的传感器输出将注上时间标签上传至 PDA,并可绘图显示。图 12.5 展示了一个上传航迹的例子(Purdie 2002)(GPS 传感器获取的$[x,y]$坐标),其他传感器的输出也能同样地提取出来以用于飞行后分析。

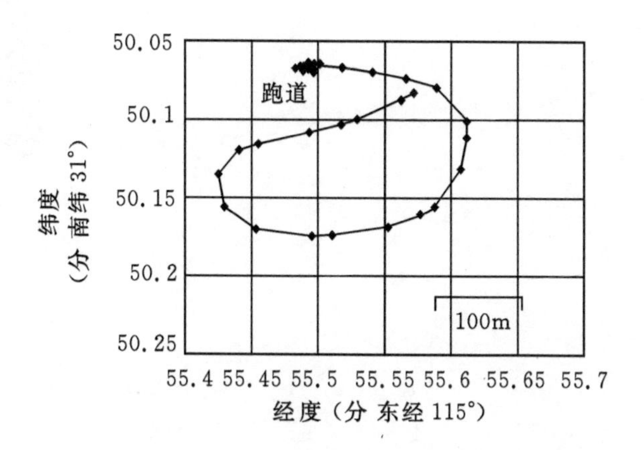

图 12.5 航迹(Purdie 2002)

这种设置的一个可行扩展是在飞机上加载向地面发射信号的无线数据传送器(见第 7 章)。这将能够实时地得到飞机传感器的数据及控制器的状态，而不只是做一些飞行后分析。但是，考虑到与自动驾驶仪其它部件的干扰问题，无线数据传输器只能留在项目的最后阶段进行。

12.4 参考文献

AEROSONDE, *Global Robotic Observation System Aerosonde*, http://www.aerosonde.com, 2006

AUVS, *International Aerial Robotics Competition*, Association for Unmanned Vehicle Systems, http://avdil.gtri.gatech.edu/AUVS/IARCLaunchPoint.html, 2006

HENNESSEY, G. *The FireMite Project*, http://www.craighennessey.com/firemite/, May 2002

HINES, N. *Autonomous Plane Project 2001 – Compass, GPS & Logging Subsystems*, B.E. Honours Thesis, The University of Western Australia, Electrical and Computer Eng., supervised by T. Bräunl and C. Croft, 2001

P. 193

MAGELLAN, *GPS 315/320 User Manual*, Magellan Satellite Access Technology, San Dimas CA, 1999

MICROPILOT, *MicroPilot UAV Autopilots*, http://www.micropilot.com, 2006

PURDIE, J. *Autonomous Flight Control for Radio Controlled Aircraft*, B.E. Honours Thesis, The University of Western Australia, Electrical and Computer Eng., supervised by T. Bräunl and C. Croft, 2002

ROJONE, *MicroGenius 3 User Manual*, Rojone Pty. Ltd. CD-ROM, Sydney Australia, 2002

自主水上和水下机器人

P. 195

比起先前讨论的机器人设计,自主水上和水下机器人需要一项额外的技术:水密性。这对于自主水下机器人(AUV)尤其具有挑战性,因为下潜时需要应对不断增加的水压,并且需要对暴露在船壳外的执行器与传感器做防水处理。在本章,我们将侧重介绍 AUV,因为自主水上机器人(或称为船)可以视作为一种不具有下潜功能的 AUV。

考虑到当前能源产业的繁荣和通过人工或遥控来执行水下任务的巨额成本,AUVs 领域似乎极具有商业发展前景。

13.1 应用

不同于其它很多领域中的移动机器人,AUV 在能源产业的很多领域可以马上得到应用,例如海底监视和作业。在下文中我们希望侧重于智能控制,而不是侧重于像 AUV 建造等一般性的工程任务,这其中每一项内容都可以做深入地研究。虽然目前工业上已有 ROV(遥控操作航行器)的解决方案,但在本书中亦不做讨论。

虽然说大多数机器人可以通过无线通信与基站进行联系,但对于 AUV 而言,这将非常困难。因为 AUV 一旦下潜,将没有一种标准的通信方式可以工作,蓝牙和 WLAN 只能在水深约 50cm 之上工作。唯一可用的无线通信方式是声纳,其传输速率非常低。但不幸的是,此类系统是为在广阔的海洋环境下工作而设计的,通常不适用于存在信号反射的池塘环境。因此要么使用某种有线通信方式,要么 AUV 必须实现完全自主。

AUV 比赛

P. 196

国际无人机系统联合会(AUVSI)每年要举行一系列的无人机和自主水下机器人的比赛(AUVSI 2006)。不幸的是,这些任务要求非常之高,相对于新的研究团体而言进入门槛较高。因此我们决定开发一系列简化的任务,以用于地方性的或入门级的 AUV 竞赛(见图 13.1)。

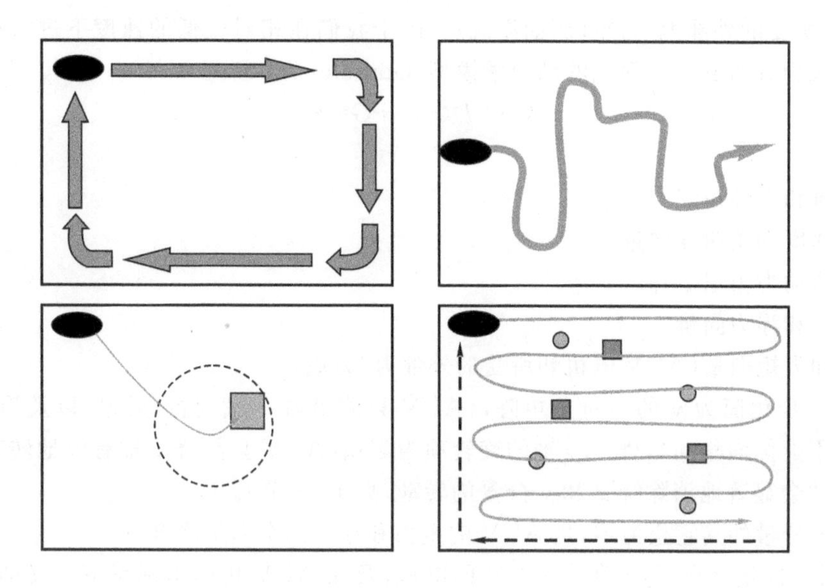

图 13.1 AUV 比赛任务

我们进一步开发了 AUV 仿真系统 SubSim(见 15.6 小节),以此可以无需建造实体的 AUV 而进行设计实验,以及验证单项任务的控制程序。仿真系统可以作为一个平台来仿真 AUV 比赛的航迹。

在一个奥林匹克比赛尺寸的游泳池里,要求完成以下四项任务:

1. 沿墙行进

AUV 放置在贴近泳池的角落里,要求沿墙行进但不能碰墙。AUV 应绕池塘一周,返回到起始位置后停止。

2. 沿管路行进

将一条塑料管放置在泳池底,起始端在泳池一侧,终止端在对面的另一侧。管子每一段按直线放置,转弯角度为 90°。

AUV 放在泳池管子起始端一侧,要求沿管子行驶直至到达对面的池壁。

P. 197

3. 目标搜索

AUV 要求能够定位一个目标碟子,此碟子具有特征明显的纹理,放置在距泳池中央 3m 范围内的随机位置。

4. 物体定位

将很多简单的物体(颜色易于区别的小球或盒子)分散放置在整个泳池底部。AUV 必须检查整个泳池区域,例如按照扫描模式潜航,并记录下在泳池底找到的所有物体。最后 AUV 必须返回出发位置的泳池角并上传所有找到物体的坐标。

13.2 动力学模型

用来描述 AUV 运动的动力学模型由以下因素所决定:形状、质量分布、AUV 电机输出的力/力矩以及所受的外部力/力矩(例如洋流)。由于我们在相对较低的速度下进行操作,因此可以忽略科氏力并得到一个简化的动力学模型(Gonzalez 2004):

$$M\dot{v}+D(v)v+G=\tau$$

其中:

M　质量和惯性矩阵

v　线速度和角速度向量

D　流体动力阻尼矩阵

G　重力和浮力向量

τ　力和力矩向量(AUV 电机和所受的外部力/力矩)

D 可进一步化简为 y 的零对角矩阵,(AUV 只能沿着 x 轴前行/后退,以及沿着 z 轴下潜/上浮,而不能侧向移动),绕 x、y 轴的旋转项为零项(AUV 只能绕 z 轴有效地转动,而它的自动扶正运动会显著地消除绕 x 和 y 分量的转动,见 13.3 节)。

G 除了 z 分量外其它全为零,是 AUV 的重力和浮力两个向量之合。

τ 是所有力向量之合,包括所有 AUV 的电机,及在 AUV 机体坐标系下定义的每一个电机的位置和方向的姿态矩阵。

13.3　AUV 设计实例 Mako

Mako(见图 13.2)是从零开始进行设计的,两个的 PVC 船体内安装了所有的电子设备以及电池,使用铝制框架连接,由 4 个旋转电机提供动力,其中有 2 个用于下潜。此种设计用于比赛用途的优势可参见文献(Bräunl et al. 2004),(Gonzalez 2004)。

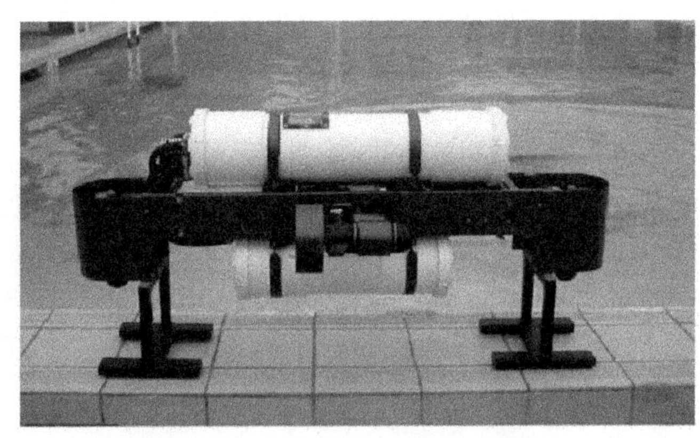

图 13.2　自主水下机器人 Mako

P. 198

- 结构简单,便于机械加工和建造。
- 由于没有旋转的机械设备,例如水平面和升降舵,因而更易于保证水密性。
- 有两个舱体,因而内部空间更大。
- 高度的模块化,因而组件可相对容易地连接到舱体骨架上。
- 使用了通用的材料和组件,降低了成本。
- 比起使用沉浮水箱和单一的推进系统,更易于应用软件控制。

- 具有两个垂直推进器，因而便于下潜。
- 重心和浮力中心分离，因而具有静稳定性，由于推进器的对齐而具有动稳定性。

简单化和模块化是机械和电子系统设计的共同目标。由于此潜水器的设计目标是不超过在 5m 以下的深度工作，因而压力不会成为主要问题。Mako AUV 的尺寸为：长 1.34m，宽 64.5cm，高 46cm。

潜水器包括有两个 PVC 水密舱，安装在铝制支撑骨架上，两个推进器分别安装在左右船舷上，以用于纵向运动。还有两个推进器竖直安装在船首和船尾，以用于深度控制。Mako 采用垂直的推进器进行下潜虽然并不节省能量，但与机械设备复杂的水箱压舱系统相比，由这两个垂直推进器所带来的高精度和简单化要远胜于使用水箱压舱的系统。

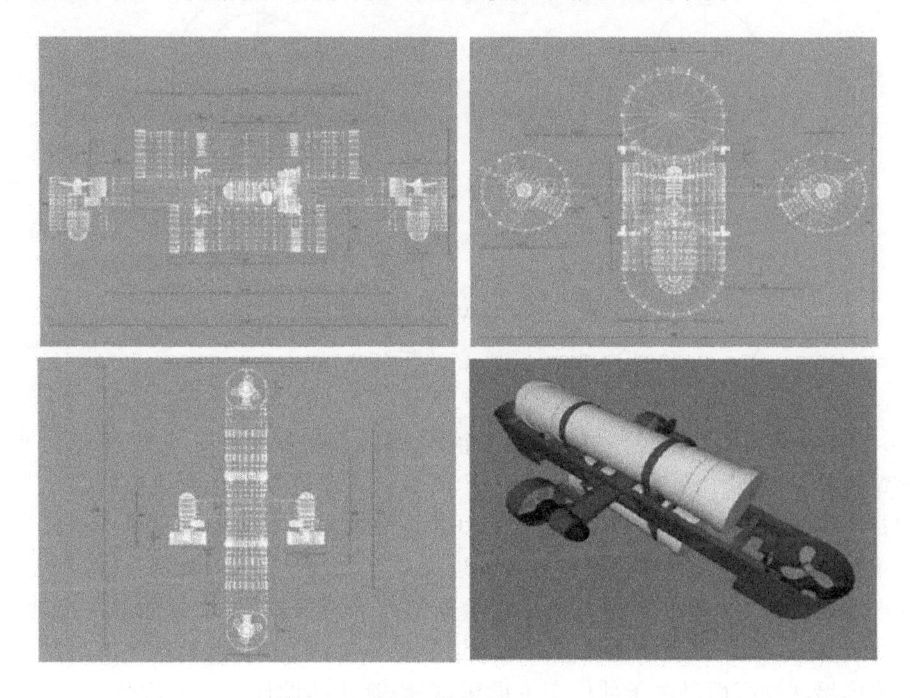

图 13.3 Mako 设计(Gonzalez 2004)

由四个改进的 12V、7A 的旋转电机提供动力，以实现潜水器水平和垂直方向上的运动。P. 199选择这种电机的原因是体积小，以及它们是为水下使用而设计的。这些特点将降低随后的建造复杂度并能保证水密性。

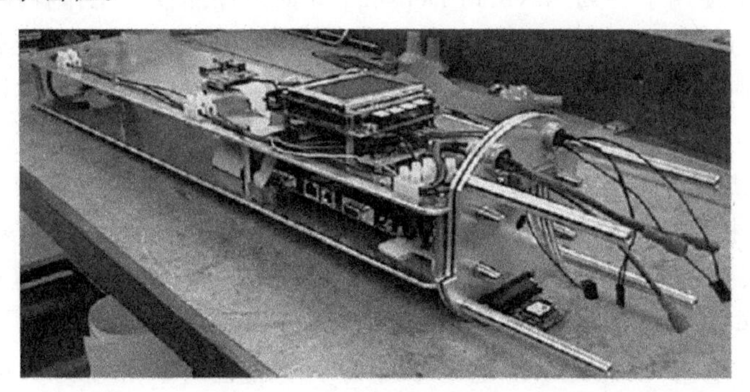

图 13.4 Mako 上层舱里安装的电子设备和控制组件

P.200

左右弦的电机实现前进或后退运动，头部尾部的电机则提供升降运动以实现深度控制。横滚则是由船体本身的自恢复力矩被动实现(见图13.5)。顶部船舱除了安装有重量较轻的电子设备外，大部分空间充满了空气；而底部船舱则安装了较重的电池。因此浮力会使顶部船舱向上，而重力则使底部船舱向下。如果由于某种原因使AUV倾斜如图13.5右所示，则重力和浮力会自动调整AUV至平衡状态。

总之，此种设计的AUV可拥有4DOF并能有效的进行控制。此4DOF拥有足够大的运动范围可满足众多的应用需求。

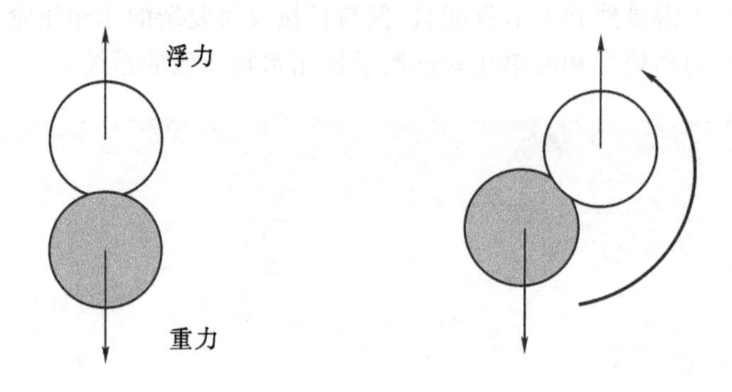

图13.5　AUV的自恢复运动

控制器

Mako的控制系统由二个控制器组成：一个EyeBot微控制器和一个微型PC。EyeBot的任务是通过传感器和四个推进器来控制AUV的运动。即使没有其它的控制器，它也可以完成整个的自动驾驶任务。微型PC的配置是：Cyrix 233 MHz处理器、32Mb RAM和5GB硬盘，运行Linux操作系统。它唯一的任务是处理大计算量的视觉系统任务。

为推进器提供转速和转向控制的电机控制器进行了特殊的设计，每个电机控制器通过两个伺服器端口与EyeBot控制器连接。由于推进器工作电流较大，造成电机控制器热量增加。为防止舱体内温度过高而对电子部件产生损坏，在船舱外部设计了一个散热片并与内部的控制器电路相连接。由此一来，水会持续的冷却散热片并使舱体内的温度保持在一个合适的水平。

传感器

声纳/导航系统使用了一列Navman Depth2100回声探测仪。工作频段为200 kHz。其中一个方向朝下，作为深度传感器使用(假设水池的深度已知)；其它三个传感器作为距离传感器使用，安装方向分别是前、左、右。设计有一个基于PIC控制器的辅助控制板用来多路复用四个声纳，并与EyeBot连接(Alfirevich 2005)。

P.201

使用了一个低成本的Vector 2X数字磁罗盘模块用于偏航或航向控制。将一个简单的双路漏水探测电路连接到EyeBot控制器的模数转换器(ADC)通道上，以此来探测可能发生的舱体破裂。两个探针沿着每个舱的底部放置，因此可以定位渗水的位置(顶舱还是底舱)。EyeBot周期性地监控舱体的密封性是否遭到破坏，如果是则立即上浮。EyeBot的另一个ADC输入用来监控电量，以保证系统电压维持在一个适宜的水平，图13.6所示是运行中的Mako。

图 13.6 运行中的 Mako

13.4 AUV 设计实例 USAL

USAL AUV 使用一个商用 ROV 作为基础，并进行了较大地修改和扩展(见图 13.7)。用一个 EyeBot 控制器替换了所有原来的电子器件(见图 13.8)。船体进行了分割并扩展了一个旋转电机以实现下潜，这可以实现 AUV 的盘旋，而以前 ROV 的下潜必须要在向前运动的同时使用活动舵面来得以实现(Gerl 2006)，(Drtil 2006)。图 13.8 所示是 USAL 的全部电子设备。

P.202

图 13.7 自主水下机器人 USAL

图 13.8 USAL 的控制器和传感器子系统

为了简化设计并考虑到成本，我们决定在 USAL 上实验用红外 PSD 传感器(见 3.6 小节)来代替 Mako 的回声探测仪。由于舱体的前端部分使用的是透明有机玻璃，我们可以将 PSD 传感器放置在舱体内，因此便无需考虑传感器和电缆的水密性。图 13.9 所示是(Drtil 2006)

文中将传感器放置在空气中(穿过透明舱壳),以及不同级别的水中所得到的测量结果。假设水质优良,如泳池中,传感器返回距离高达1.1m的可靠结果,这足以用作防撞传感器,但用作在大泳池里的辅助导航却远远不够。

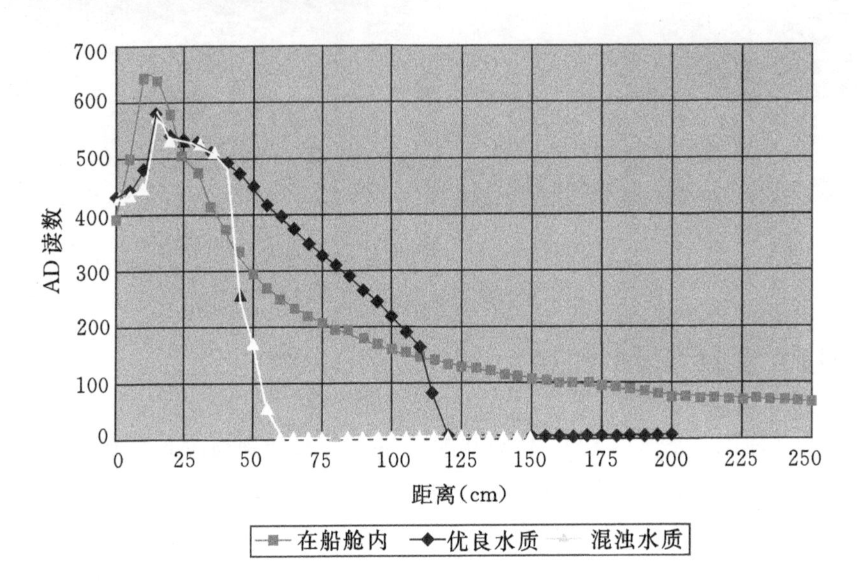

图13.9　水下PSD测量值(Drtil 2006)

P.203

USAL系统概图如图13.10所示,在EyeBot板载控制器上连接了许多传感器,其中包括一个数字摄像机,四个模拟PSD红外测距传感器,一个数字罗盘,一个三轴固态加速度计和一个水深压力传感器。蓝牙无线通信系统只能够在AUV浮在水面上或接近水面处使用。能量控制子系统包括电压稳压器和电平变换器,增加了电压和渗漏传感器,以及用于操纵船尾主驱动电机、舵伺服器、下潜旋转电机和船首推进器泵的电机驱动电路。

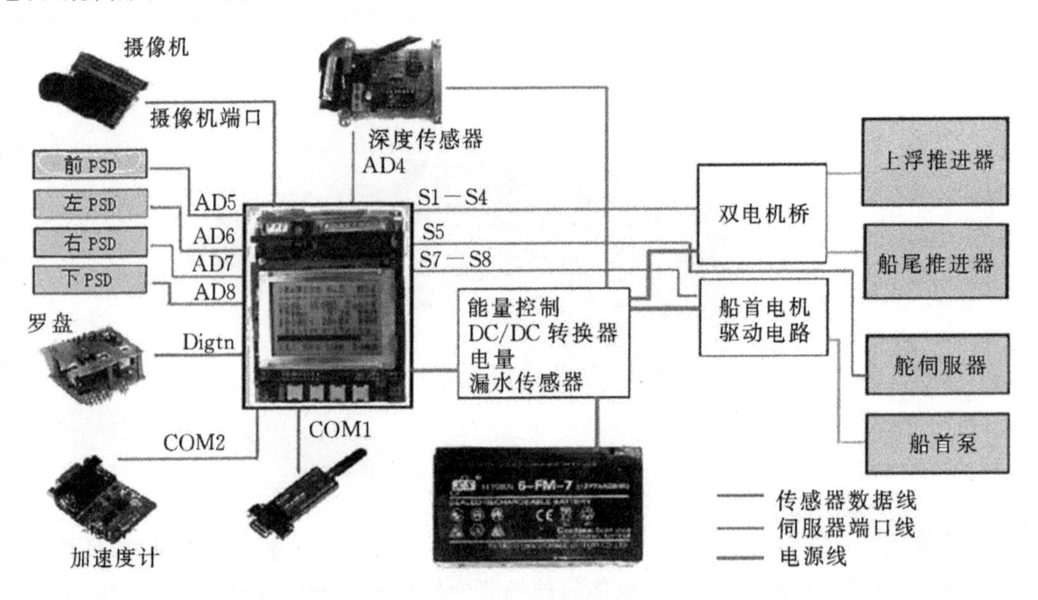

图13.10　USAL系统概图(Drtil 2006)

图 13.11 所示是 USAL 的三个推进器和尾舵的分布，以及一个典型的转弯动作。

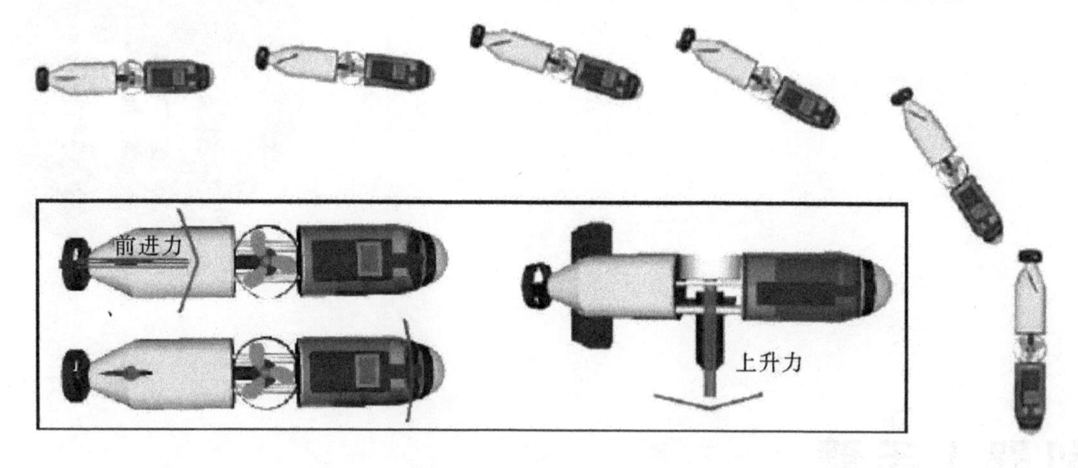

图 13.11 USAL 推进器和舵转弯动作(Drtil 2006)

13.5 参考文献

P. 204

ALFIREVICH, E. *Depth and Position Sensing for an Autonomous Underwater Vehicle*, B.E. Honours Thesis, The University of Western Australia, Electrical and Computer Eng., supervised by T. Bräunl, 2005

AUVSI, *AUVSI and ONR's 9th International Autonomous Underwater Vehicle Competition*, Association for Unmanned Vehicle Systems International, `http://www.auvsi.org/competitions/water.cfm`, 2006

BRÄUNL, T., BOEING, A., GONZALES, L., KOESTLER, A., NGUYEN, M., PETITT, J. *The Autonomous Underwater Vehicle Initiative – Project Mako*, 2004 IEEE Conference on Robotics, Automation, and Mechatronics (IEEE-RAM), Dec. 2004, Singapore, pp. 446-451 (6)

DRTIL, M. *Electronics and Sensor Design of an Autonomous Underwater Vehicle*, Diploma Thesis, The University of Western Australia and FH Koblenz, Electrical and Computer Eng., supervised by T. Bräunl, 2006

GERL, B. *Development of an Autonomous Underwater Vehicle in an Interdisciplinary Context*, Diploma Thesis, The University of Western Australia and Technical Univ. München, Electrical and Computer Eng., supervised by T. Bräunl, 2006

GONZALEZ, L. *Design, Modelling and Control of an Autonomous Underwater Vehicle*, B.E. Honours Thesis, The University of Western Australia, Electrical and Computer Eng., supervised by T. Bräunl, 2004

机器人手臂

P.205

本书主要关注的机器人领域是自主移动机器人，尽管如此，我们仍希望能就固定机器人手臂(stationary manipulators)——这一在当前商用机器人系统中仍占绝大多数的应用领域，做一个简要介绍。传统的机器人手臂应用有：点焊和喷漆(见图 14.1、14.2)，例如在汽车工厂；包装和填充，例如在化学和制药工厂；高危环境下的工作，例如核电站。机器人手臂可以从事从简单的重复性运动，直至复杂的基于传感器装配的一系列工作。

图 14.1　机器手臂的工业应用。
图片由库卡系统有限公司(Kuka Systems GmbH)提供

P.206

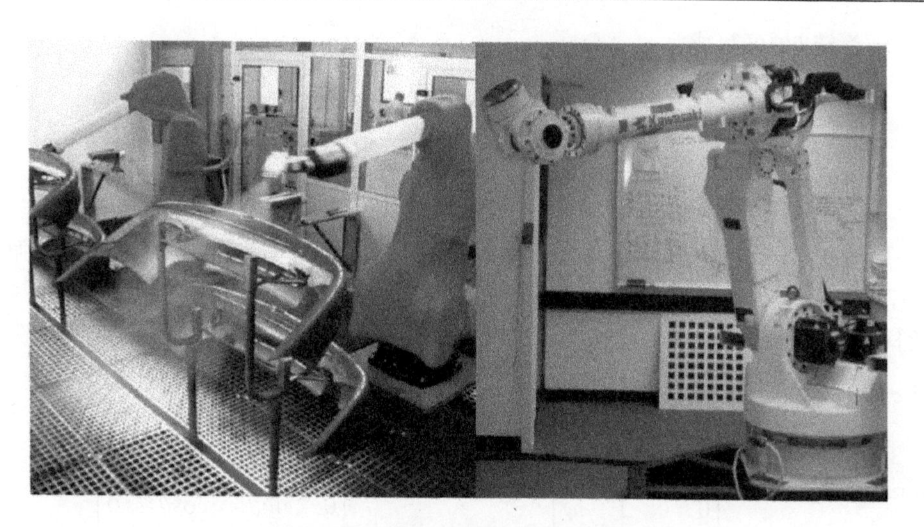

图 14.2 喷漆室以及单个机器人手臂。
左图由 ABB Robotics 提供

14.1 齐次坐标

任何涉及机器人手臂的设计均要以运动学为基础，而齐次坐标是其必要的理论基础。

在传统的三维几何学中，使用 3×1 维向量的加法来进行平移运算、使用 3×3 矩阵的乘法来进行转动运算。这对于简单的应用非常好用，但对于机器手臂而言，经常需要进行一系列较为复杂的平移和转动，比如：

$\mathrm{Trans}(x_1,y_1,z_1)\rightarrow \mathrm{Rot}(x,90)\rightarrow \mathrm{Trans}(x_2,y_2,z_2)\rightarrow \mathrm{Rot}(z,-45)$（Trans 表示平移，Rot 表示转动）

在三维空间中，以 p 为起点，经此变换后，终点 p' 将是：

$p'=(((p+\mathrm{Trans}(x_1,y_1,z_1))\times \mathrm{Rot}(x,90))+\mathrm{Trans}(x_2,y_2,z_2))\times \mathrm{Rot}(z,-45)$

若是采用标准的三维空间运算，则无法将此表达式简化为从起始点到目标点的单一变换运算。如果要对很多点进行相同的变换，这将会影响计算性能。

齐次坐标（Möbius 1827）巧妙地解决了这一问题，在其发现的近两个世纪后，它成为了机器人手臂几何计算的标准。

齐次坐标扩展出第四个坐标（比例因子），在此我们将其设置为 1，这样可以在一个 4×4 矩阵里使用相同的形式来表示平移和转动。在齐次变换阵中包含有旋转项和在其后的平移项。矩阵的部分项可以为零（或是恒等变换）。例如，三维平移 Trans(1,2,3) 现在可写成：

P.207

$$\begin{bmatrix}1&0&0&\mathbf{1}\\0&1&0&\mathbf{2}\\0&0&1&\mathbf{3}\\0&0&0&1\end{bmatrix}$$

注意到左上角的 3×3 子矩阵是一个单位矩阵（主对角线是三个 1），在最底一行是三个 0 和一个 1。

绕 x 轴旋转 90°可写成：

$$\begin{bmatrix} \mathbf{1} & \mathbf{0} & \mathbf{0} & 0 \\ \mathbf{0} & \mathbf{0} & \mathbf{-1} & 0 \\ \mathbf{0} & \mathbf{1} & \mathbf{0} & 0 \\ 0 & 0 & 0 & 1 \end{bmatrix}$$

左上角的 3×3 子矩阵表示了旋转运动，在最右一列添 0,0,0 作为平移项，在最底行依旧添加 0,0,0,1。

我们可以得到以下 4×4 矩阵作为沿 x,y,z 轴平移，以及绕 x,y,z 轴转动的一般表达式，分别为：

$$\mathrm{Trans}(v_x,v_y,v_z)=\begin{bmatrix} 1 & 0 & 0 & v_x \\ 0 & 1 & 0 & v_y \\ 0 & 0 & 1 & v_z \\ 0 & 0 & 0 & 1 \end{bmatrix} \qquad \mathrm{Rot}(x,\theta)=\begin{bmatrix} 1 & 0 & 0 & 0 \\ 0 & \cos\theta & -\sin\theta & 0 \\ 0 & \sin\theta & \cos\theta & 0 \\ 0 & 0 & 0 & 1 \end{bmatrix}$$

$$\mathrm{Rot}(y,\theta)=\begin{bmatrix} \cos\theta & 0 & \sin\theta & 0 \\ 0 & 1 & 0 & 0 \\ -\sin\theta & 0 & \cos\theta & 0 \\ 0 & 0 & 0 & 1 \end{bmatrix} \qquad \mathrm{Rot}(z,\theta)=\begin{bmatrix} \cos\theta & -\sin\theta & 0 & 0 \\ \sin\theta & \cos\theta & 0 & 0 \\ 0 & 0 & 1 & 0 \\ 0 & 0 & 0 & 1 \end{bmatrix}$$

4×4 矩阵也是一个用单一数据结构描述一个物体的三维位置和姿态(例如机器手)的非常方便的工具，在此称为位姿(pose)。

14.2　运动学

本书只是简要地介绍机器人运动学的相关知识，运动学方面标准的教科书有(Paul 1981),(Craig 2003)。机器手臂由很多连杆(金属杆)和关节(电动轴枢)构成。典型的机器手臂有一个基座、一个末端执行器(例如夹钳、焊枪或喷雾嘴)以及它们之间的六个连杆和关节，这样机器手可以在其活动范围内实现任意的三维位置和朝向(位姿)。每一个活动的关节称为一个自由度，于是有六个关节的机器手臂称为六自由度机器手，或简写为：6-dof。

P.208

我们首先介绍标准的机器手臂关节并确立它们无歧义的绘图规范，机器手臂的关节有三个基本类型(见图 14.3)：转轴沿连杆方向的旋转关节、转轴与连杆方向垂直的旋转关节(铰链关节)以及移动关节(伸缩节)。其它所有关节，例如较复杂的球形关节，均可由以上这几种基本关节类型组合表示。

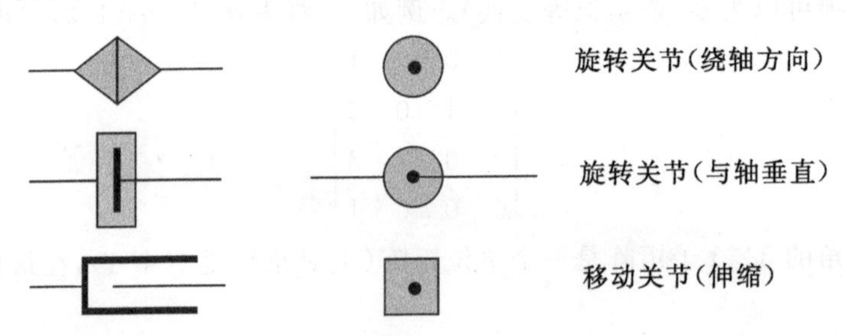

图 14.3　机器手臂的基本关节类型

在教材中经常会用 Unimation/Stäubli 的 Puma 560 作为例子介绍，这是一个标准的 6-*dof*机器手。图 14.4 所示是此机器人在 RoboSim (Bräunl 1999)中的仿真截图以及概念图，它的关节编号为 $\theta_1,\cdots,\theta_6$。

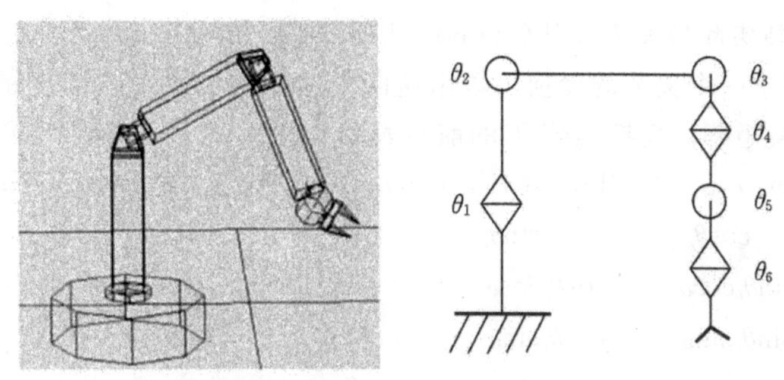

图 14.4 Puma 560 仿真图和概念图

机器手运动学若要实现给定的空间定位需要解决以下两个基本问题：

1. 给定一系列关节的状态，如何确定机器手末端操作器的位姿？
   这可由前向运动学解决。
2. 为达到机器手末端操作器的一个位姿，需要如何设置关节的角度？
   这可由逆向运动学解决。

当然，除此以外机器手运动学中仍有很多且更为复杂的问题，以下是两个例子，但这些不在本章所讨论的范围内。 P.209

- 如何让末端操作器沿直线运动？
  (运动方程式)
- 如何让末端操作器给物体施加特定的力？
  (雅可比矩阵)

14.2.1 前向运动学

机器手的前向运动学描述了从基座经由一些列的关节到末端执行器的变换，每一步变换，例如从一个关节到另一个关节，可以由一个 4×4 的齐次矩阵表示。将所有的 4×4 矩阵相乘(例如 6-*dof* 的机器手需要有 6 个矩阵)，可以得到一个单独的 4×4 矩阵来表示从基座到末端操作器完整的变换。

德纳维特-哈登伯格

从关节到关节的变换可以用一个 4×4 矩阵来表示，但德纳维特和哈登伯格(Denavit-Hartenberg)发展了一系列的标准，称之为德纳维特-哈登伯格标记法，不管何种关节配置，它都可以只用四个变换式来实现从一个关节到下一个关节的标准化转换。假定旋转关节的轴向与本地坐标系的 z 轴相一致，当从关节 $i-1$ 到关节 i 转换时，我们进行以下转换(两次平移和两次转动)：

1. $\mathrm{Trans}(a_{i-1},0,0)$
   沿 x_{i-1} 平移位置至新的 z_i 轴上
2. $\mathrm{Rot}(x_{i-1},\alpha_{i-1})$
   绕 x_{i-1} 旋转对准新的 z_i 轴

3. $\mathrm{Trans}(0,0,d_i)$

沿新的 z_i 平移位置至新的 x_i 轴上

4. $\mathrm{Rot}(z_i,\theta_i)$

绕新的 z_i 轴实际的关节旋转(±max. 范围内)

从一个关节到下一个关节的变换可以由这四个独立的变换式进行描述,并可进一步简化为一个 4×4 的变换矩阵。变换矩阵 T 的前标表示从关节 $i-1$ 开始转换至关节 i:

$$ {}^{i-1}_{\ \ i}T=\mathrm{Rot}(x,\alpha_{i-1})\cdot\mathrm{Trans}(a_{i-1},0,0)\cdot\mathrm{Rot}(z,\theta_i)\cdot\mathrm{Trans}(0,0,d_i) $$

$$ {}^{i-1}_{\ \ i}T=\begin{bmatrix}\cos\theta_i & -\sin\theta_i & 0 & a_{i-1}\\ \sin\theta_i\cos\alpha_{i-1} & \cos\theta_i\cos\alpha_{i-1} & -\sin\alpha_{i-1} & -d_i\sin\alpha_{i-1}\\ \sin\theta_i\sin\alpha_{i-1} & \cos\theta_i\sin\alpha_{i-1} & \cos\alpha_{i-1} & d_i\cos\alpha_{i-1}\\ 0 & 0 & 0 & 1\end{bmatrix} $$

P.210 图 14.5 是一个基本的例子,一个在平面内(2D)运动的机器手有三个关节,第一个关节与基座相连,在关节 3 的末端是一个未定义尺寸的工具。

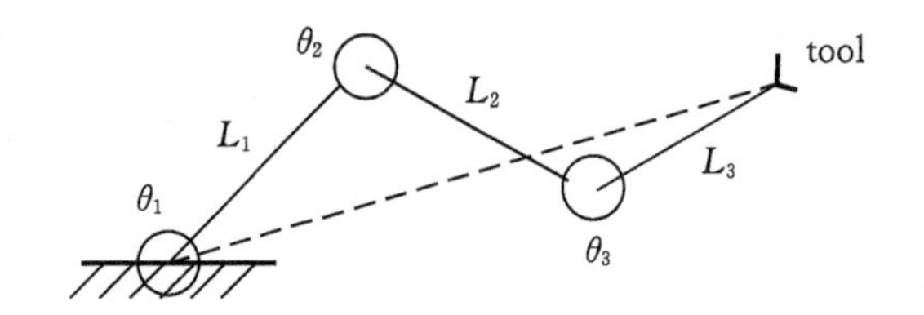

图 14.5 3-dof 机器手示例

现在我们在德纳维特-哈登伯格表格中填写上面例子中机器手的参数,在每一个关节的本地坐标系下写出从关节间的变换参数(见图 14.6)。注意:在本书中始终使用右手坐标系。

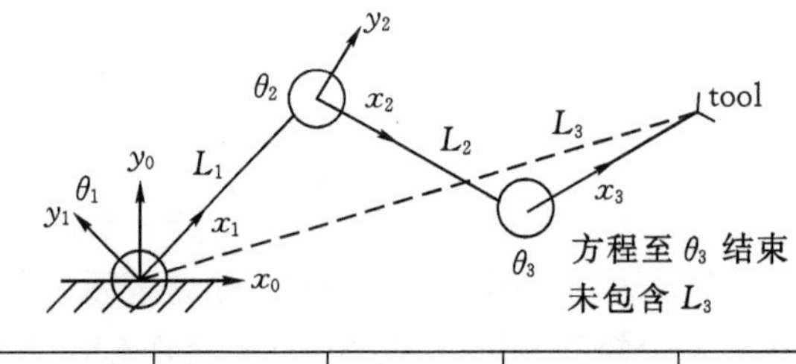

i	α_{i-1}	a_{i-1}	d_i	θ_i
1	0	0	0	θ_1
2	0	L_1	0	θ_2
3	0	L_2	0	θ_3

图 14.6 德纳维特-哈登伯格示例

机器手总体的变换式(从基座 0 至关节 3)可写成:

$$ {}^0_3T={}^0_1T\cdot{}^1_2T\cdot{}^2_3T $$

我们可以得到所有的从 $i-1$ 到 i 的单独变换矩阵。按照德纳维特-哈登伯格标记法,它们均为沿 x 轴平移并随后转动 θ_i 角度。也可以直接推导出变换式,这对于简单的机器手而言可能会更方便一些(下面使用缩写 s、c 来替换 sin、cos):

P.211

$$
{}^{0}_{1}T=\begin{bmatrix} c\theta_1 & -s\theta_1 & 0 & 0 \\ s\theta_1 & c\theta_1 & 0 & 0 \\ 0 & 0 & 1 & 0 \\ 0 & 0 & 0 & 1 \end{bmatrix} \quad {}^{1}_{2}T=\begin{bmatrix} c\theta_2 & -s\theta_2 & 0 & L_1 \\ s\theta_2 & c\theta_2 & 0 & 0 \\ 0 & 0 & 1 & 0 \\ 0 & 0 & 0 & 1 \end{bmatrix} \quad {}^{2}_{3}T=\begin{bmatrix} c\theta_3 & -s\theta_3 & 0 & L_2 \\ s\theta_3 & c\theta_3 & 0 & 0 \\ 0 & 0 & 1 & 0 \\ 0 & 0 & 0 & 1 \end{bmatrix}
$$

由于所有的变换式均是4×4矩阵,因此我们可以将其相乘(见(Craig 2003))以得到一个从基座到末端的完整变换式——如果不使用齐次坐标系,将无法进行这种运算(c_{123}是$\cos(\theta_1+\theta_2+\theta_3)$的缩写,$s_{123}$、$c_{12}$、$s_{12}$同上):

$$
{}^{0}_{3}T=\begin{bmatrix} c_{123} & -s_{123} & 0 & c_1+L_2\cdot c_{12} \\ s_{123} & c_{123} & 0 & s_1+L_2\cdot s_{12} \\ 0 & 0 & 1 & 0 \\ 0 & 0 & 0 & 1 \end{bmatrix}^{①}
$$

此变换式可以用来求解末端工具上一点p的三维位姿(位置和方向),如果机器手移动,我们不必重新推算此4×4矩阵,只需更新其中的参数(θ_1、θ_2、θ_3)。

我们假设配置为$\theta_1=0°$,$\theta_2=90°$,$\theta_3=-90°$,计算末端操作器L_3的位置如图14.7所示(P的上标表示所使用的坐标系,${}^{0}P$表示基座坐标)。

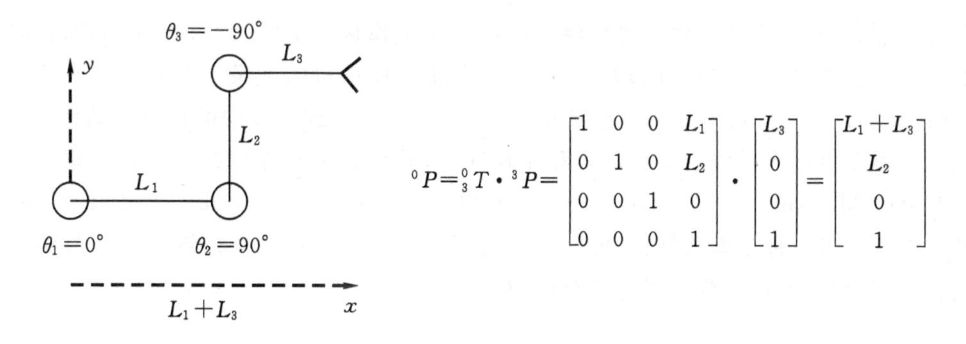

图14.7 配置示例

14.2.2 逆向运动学

逆向运动学的计算比起前向运动学来要复杂得多,甚至有一些机器手生产商修改他们的机械设计以简化逆向运动的求解。从另一方面讲,逆向运动学也更为重要,因为我们不仅仅要能根据给定的关节角度计算出机器手的位姿,还要能根据所要求机器手的位姿求解出如何来实现。

P.212

不幸的是,目前没有一个统一的、简单的方法来求解任何给定的机器手的逆向运动学问题。在(Craig 2003)中,对Puma 560的代数求解超过了五页的篇幅,机器手的机械结构若是采用余度配置,对于大多数目标位姿而言会有多个解。另一种求解的方法是数值逼近法。

14.3 仿真和编程

目前有很多种机器人手臂的仿真系统,这其中既有商业软件,也有共有软件(public do-

① 原书似有误,已更正。——译者注

main systems)，如图 14.8 中的 RoboSim (Bräunl 1999)。所有的机器人手臂的生产商均提供仿真系统以用于其产品的应用设计，在很多情况下还提供定制的编程环境。

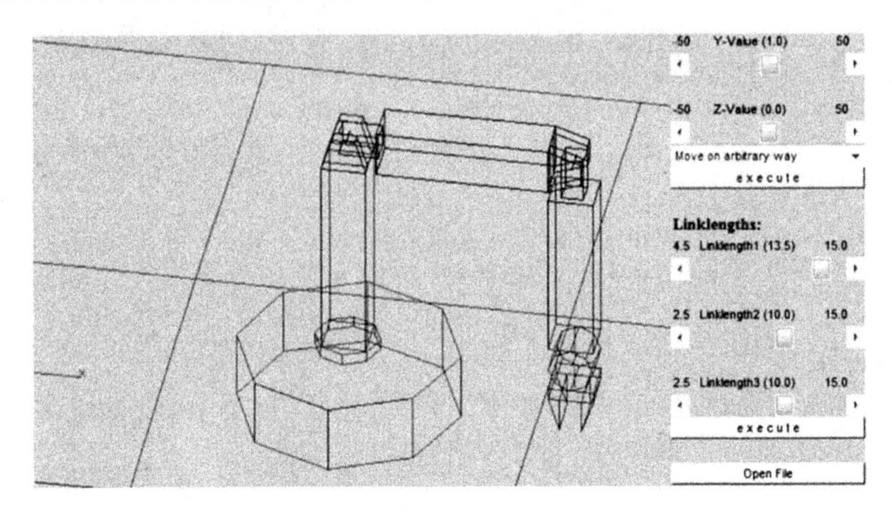

图 14.8　RoboSim 机器手臂仿真软件

仿真结束后，对真实的机器人进行编程的第一步工作称之为“示教(teaching)”，这时操作者按照特定的配置来手动驾驶机器人，并在控制台按下操作按钮记录下此时机器人手臂的位姿，这些记录的位姿用作随后机器人编程的参考点，例如捡—放任务中的重复性动作。

现在有很多机器人手臂的编程语言和库软件包，并且其数目在持续地增长。程序语言中传统的有 AL(Mujtaba and Goldman 1981)，VAL-II (Shimano，Geschke，Spalding 1984)，以及函数式语言。另一种是库软件包，可以用来与 C/C++或 Matlab 进行链接。这些编程语言的语法、语义及功能不在本章所讨论的范围内。

14.4　参考文献

P. 213

BRÄUNL, T. *RoboSim - A Simple 6-DOF Robot Manipulator Simulation System*, 1999, `http://robotics.ee.uwa.edu.au/robosim/`

CRAIG, J. *Introduction to Robotics*, 3rd Ed., Addison-Wesley, Reading, MA, 2003

MÖBIUS, A. *Der barycentrische Calcül: ein neues Hilfsmittel zur analytischen Behandlung der Geometrie*, Crelle's Journal, Leipzig, 1827

MUJTABA, S., GOLDMAN, R. *AL Users' Manual*, 3rd Ed., Stanford Department of Computer Science, report no. STAN-CS-81-889, Dec. 1981

PAUL, N. *Robot Manipulators: Mathematics, Programming, and Control*, MIT Press, Cambridge, MA, 1981

SHIMANO, B., GESCHKE, C., SPALDING, C. *VAL-II: A New Robot Control System for Automatic Manufacturing*, IEEE International Conference on Robotics and Automation, March 1984, pp. 278–292 (15)

仿真系统

无论是在移动机器人、固定机械手臂、还是工厂自动化的整个生产过程，仿真都是机器人技术中必不可少的一部分。近年来我们开发了很多机器人仿真系统，本章将介绍其中的两个。 P.215

EyeSim 是一个用于多移动机器人协作的仿真系统。采用 2½ 维环境建模，同时为每个机器人的摄像机生成三维的视景。机器人的应用程序编译成动态链接库，并可为仿真器所加载。系统集成的控制台包含有文本及彩色图像显示、传感器、速度/位置($v\omega$)控制级别的执行器。

SubSim 是一个包含有刚体系统及水动力学仿真库，用于自主水下航行器(AUV)的三维物理仿真系统。它运行的仿真层面比 EyeSim 仿真器更低。运行 SubSim 需要相当大的计算开销，但它可以仿真任何用户自定义的 AUV。它可以在一个 XML 描叙文件里自由地设定电机及传感器的数量与安装位置，并由物理仿真引擎计算出 AUV 相应的正确运动。

此两种仿真系统均可通过因特网免费下载：

http://robotics.ee.uwa.edu.au/eyebot/ftp/ (EyeSim)

http://robotics.ee.uwa.edu.au/auv/ftp/ (SubSim)

15.1 移动机器人仿真

仿真模拟器可运行于不同层次

近年来，产生了大量的移动机器人模拟器，其中很多可作为免费或共享软件得到。模拟器之间的仿真层次差距也很大，有的可运行于很高的层次并可由用户设定机器人的行为及规划，有的则运行于很低的层次，只能用来验证机器人行进的特定路径轨迹。

我们于 1996 年开发了第一个移动机器人仿真系统，使用了合成视景作为反馈传感器，发表于(Bräunl, Stolz 1997)。此系统仅限于载有视觉系统的单个机器人，并需要使用特殊的图像绘制硬件。 P.216

下文介绍的两个仿真系统均可以使用合成视景作为机器人控制程序的反馈。其可以仿真包括图像处理在内的高级机器人应用程序，这是仿真系统的一项巨大进步。EyeSim 可以用于多机器人仿真，而 SubSim 目前仅限于单个的 AUV 仿真。

其他大多数移动机器人仿真系统，如 *Saphira* (Konolige 2001)及 *3D7*(Trieb 1996)，仅限于相对简单的传感器仿真，如声纳、红外线或激光，而不能处理视觉系统。(Matsumoto et al. 1999)使用的视觉仿真系统与我们前期的系统(Bräunl, Stolz 1997)非常相似。*Webots* 仿真环境(Wang, Tan,Prahlad 2000)模拟了 *Khepera* 移动机器人，但仅具有有限的视觉处理能力。文献(Kuffner,Latombe 1999)对虚拟人移动规划的视觉仿真提出了有趣的展望。

15.2 EyeSim 仿真系统

所有的 EyeBot 均运行于 EyeSim

EyeSim 仿真系统的目的是：在将程序应用到真实的机器人前，对机器人环境进行仿真并进行程序测试。此仿真环境对于神经网络以及遗传算法的程序设计是非常有帮助的，此类算法必须聚合大量的训练数据，这在现实运行中有时是很难得到的。再比如在仿真系统里不必担心未经训练的神经网络或因错误造成的碰撞会导致载体的损坏；同样也可以仿真一个"完美"的环境，没有传感器误差，没有执行器误差，或是为每一个传感器设定特定的误差级别。通过仿真系统，我们可以在一个近似于真实世界的场景中充分测试机器人应用程序的鲁棒性(Bräunl,Koestler,Waggershauser 2005)，(Koestler,Bräunl 2004)。

在仿真库里有着与 RoBIOS 库(见附录 B.5)相同的接口，这样机器人的应用程序只需要简单的再编译就可以在真实的或仿真的机器人中运行。将真实的机器人的应用程序移植到仿真系统时，无需任何改动，反之亦然。

现有大多数机器人仿真系统将仿真系统作为单独的程序或是进程，通过一些消息传递机制与其它应用程序进行通信。而我们采用了与此不同的技术，将仿真器作为一个系统库函数集，并以此取代机器人应用程序所调用的传感器/执行器函数。仿真器有一个独立的主程序，同时将应用程序编译到动态链接库里并在运行时链接。

在真实的机器人系统中，如图 15.1(上)所示，为了运行机器人应用程序，而将其编译并链接至 RoBIOS 库里。应用程序会发出指向特定 RoBIOS 库函数的系统调用，例如用来启动驱动电机或读取传感器输入。在仿真脚本中，如图 15.1(中)所示，编译的应用程序库是链接在 EyeSim 仿真器上的。仿真器的程序库部分执行相同的功能，但现在启动了机器人控制台和行驶环境的屏幕显示。

在多机器人仿真中，如图 15.1(下)，其编译及链接过程与单个机器人是相同的。但在运行过程中会同时为每个仿真机器人建立起单独的线程，每个线程使用局部参数独立地执行机器人应用程序，但所有的线程共用公共环境数据，并以此相互作用。

EyeSim 的用户界面可分为两部分：每个仿真机器人所使用的独立控制台和一个公用的行驶环境(图 15.2)。机器人控制台模拟 EyeBot 的控制器，它包括一个显示框和一些输入按钮作为用户交互界面，可以通过按钮来进行直接控制，并在屏幕上显示状态信息、数据值及图像。在仿真环境中，每一个机器人都有一个单独的控制台并共用一个行驶环境。机器人的行驶区域采用三维视景显示，仿真程序使用 *OpenGL* version *Coin3D* (Coin3D 2006)开发，可以实现三维视景的全景显示，并可按大家所熟悉的方式进行摇摄、旋转和缩放操作。机器人的模型文件可以是 *Milkshape* MS3D 格式(Milkshape 2006)，它可以使用任意的机器人三维模型，甚至在一个仿真中可为不同的机器人设计不同的模型。但是,这些图形对象的描述只能用于显示目的,机器人的几何仿真模型始终是一个圆柱体。 P.217

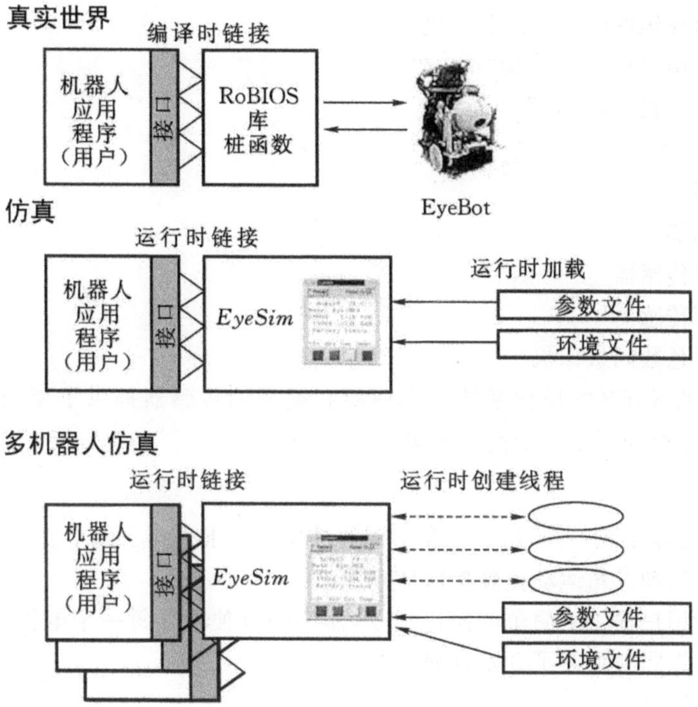

真实世界
编译时链接
机器人
应用
程序
(用户)
接口
RoBIOS
库
桩函数
EyeBot
仿真
运行时链接
机器人
应用
程序
(用户)
接口
EyeSim
运行时加载
参数文件
环境文件
多机器人仿真
运行时链接
运行时创建线程
机器人
应用
程序
(用户)
接口
EyeSim
参数文件
环境文件

图 15.1 系统模型

Sim time to real time ratio
normal
max
Time elapsed
00:01:58
Zoom
EyeSim v 6.3
EyeBot: 1
GOAL y,x: 0 0>

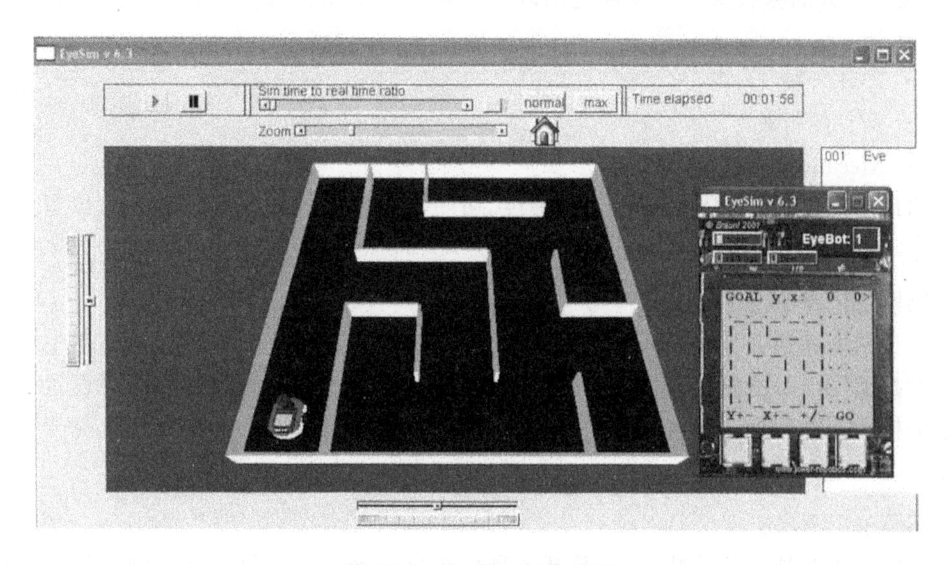

图 15.2 EyeSim 操作界面

可以通过“暂停”按钮来暂停仿真运行,并可通过菜单来重新放置或旋转机器人,以及设定包括误差级别在内的所有参数。在环境窗口的右侧列出所有活动的机器人,每个机器人分配有唯一的编号并可运行不同的程序。 P.218

传感器-执行器建模

EyeBot 系列机器人通常装备有很多执行器：

- 带有差速操纵的多个直流驱动电机
- 摄像机摇摄电机
- 物体操作电机(“kicker”)

传感器有：

- 轴编码器
- 碰撞检测器
- 红外接近传感器
- 红外测距传感器
- 灰度或彩色数码摄像机

真实机器人的 RoBIOS 操作系统为上述所有类型的传感器提供了库例程，而在 EyeSim 仿真程序里我们选择使用了一个高级子集。

驱动接口

与 RoBIOS 操作系统一样，仿真器在不同的抽象层次上采用了两个驱动接口：

P.219

- 高层的线运动及角运动速度接口(VW)
  此接口为用户提供了简单的操作指令，而不必单独配置每一个电机的转速，这将极大地简化仿真同时加速了开发过程。
- 底层电机接口
  EyeSim 没有全物理仿真引擎，因此无法在机器人的任意位置来安置电机。但仍可以在机器人的参数文件里设置使用以下三种传动机制。在仿真过程中可直接给出电机指令。
  - 差速行驶
  - 阿克曼行驶
  - Mecanum 轮行驶

根据最新的操作指令及相应的当前速度，由一个周期进程对所有机器人的位置及方向进行更新。

触觉传感器的仿真

触觉传感器通过计算机器人(圆柱体模型)与环境中的障碍物(线段模型)或其它机器人的交汇来模拟实现。可将机器人边缘的一部分设置为碰撞传感器的感应区，并可设置多个碰撞传感器来检测接触位置。也可以由操作接口的 VWStalled 函数通过检测机器人轮子停转来感知碰撞。

红外传感器的仿真

机器人使用两种红外传感器，一是开关量传感器(Proxy)，如果与某一物体的距离低于特定的门限值便发出有效信号；另一种是位置敏感装置(PSD)，可返回离最近物体的距离。可在机器人参数文件里任意的设置传感器在机器人上的位置和朝向，这样可以测试和比较不同放置方式的效果。对于仿真过程，每一个红外传感器当前所在位置与前方最近障碍物之间的距离是确定的。

合成摄像机图像

仿真系统为每个机器人所在位置的视野生成人工合成的摄像机图像，所有的机器人及环境数据被重新建构成 OpenInventor 库所需的面向对象的数据格式，并发送到 Coin3D 库(Coin3D 2006)的图像生成器。在此可以为有视觉功能的机器人群组测试、调试及优化程序。EyeSim 可为每一个仿真机器人生成单独的视景，每个机器人接收到自己的视景后便可以进行随后的图像处理任务，参见文献(Leclercq，Bräunl 2001)。

误差模型

仿真程序内有不同的误差模型，既可以仿真“理想的情况”也可以设定执行器、传感器及通讯的误差级别以更接近现实，以此可以检验机器人程序对于传感器误差的鲁棒性。传感器读数及执行器的位置误差使用了标准高斯分布的误差模型。从用户界面可以为每一个传感器及执行器设定误差百分比，误差值将加到传感器(红外、编码器)的距离测量值或机器人的$[x,y]$坐标和航向上。

P.220

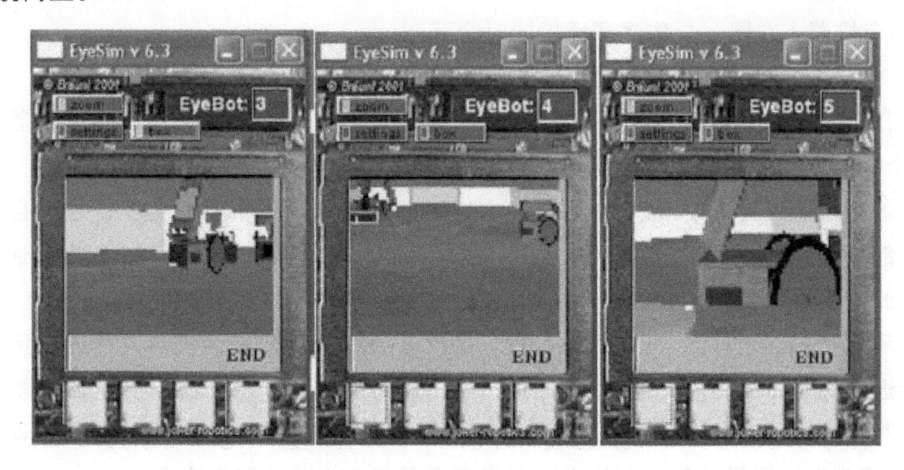

图 15.3 生成的摄像机图像

仿真的通信错误包括在机器人之间数据传输过程中的部分或全部的数据丢失以及数据错误。

在摄像机图像生成过程中，使用了一些标准图像误差的生成方法，对应的是典型的图像传输误差及丢失(图 15.4)：

图 15.4 摄像机原始图像，与加入椒盐噪声、100s&1000s 噪声、高斯噪声的图像

- 椒盐噪声
  插入随机比例的黑白像素
- 100s&1000s 噪声
  插入随机比例的彩色像素
- 高斯噪声
  一定比例的像素按零均值随机过程进行变化

15.3 多机器人仿真

P.221

通过在参数文件中设定多个机器人的参数来初始化多机器人的仿真。并发性在三个层次上进行：

- 每一个机器人可包含多个线程用于局部并行处理
- 多个机器人在同一个仿真环境里同时交互
- 系统异步更新所有机器人的位置和速度，同时并行运行仿真显示和用户输入

在运行期间为每个机器人创建单独的线程，使用 *Posix* 线程和信号量实现多机器人的同步，每一个机器人当创建线程时会获得一个唯一的 id 号。

在实际的机器人脚本中，每一个机器人通过两种方式与其他机器人交互。首先自身作为环境的一部分，当四处移动时便使环境发生改变，从而影响到其他的机器人。其次是通过使用携带的无线电通信设备向其它机器人发送信息。EyeSim 均可仿真上述两种方式。

由于环境是二维表示的，每一条线代表一个没有高度的障碍物。机器人的测距传感器测量前方最近的障碍物的距离并返回相应的信号值，这里并不意味着传感器会返回在物理意义上正确的距离值，例如红外传感器只能工作于特定的范围，如果距离大于或小于传感器的测量范围，传感器就会返回界外值。在仿真中已经实现了与此相同的行为建模。

当多个机器人在同一个环境中相互作用时，它们各自的线程并发执行。通过调用库函数来实现机器人(因行驶造成的)位置的改变，进而更新公共的环境。所有后续的传感器读取动作同样是通过调用库函数实现，但现在还需要考虑更新后的机器人位置对传感器值的影响(例如一个机器人被另一个机器人的传感器当作障碍物探测到)。当探测到机器人之间或机器人与障碍物之间发生碰撞时，会在控制台上显示报告，同时停止运行发生碰撞的机器人。

避免使用全局变量

既然我们使用了比分开的进程效率更高的线程模式来实现多个机器人，这就限制了全局(和静态)变量的使用。在仿真单个机器人的时候可以使用全局变量，然而当仿真多个机器人时这会出现问题。例如当只有一个副本时，不同的机器人便都可以通过线程访问它。因此应尽可能避免使用全局和静态变量。

15.4 EyeSim 应用

程序 15.1 是一个实例应用，让一个机器人直行直到它接近一个障碍物，然后停止、后退、再转动一个随机的角度直至可以继续沿直线行驶。每一个机器人装备有三个 PSD 传感器(红外测距传感器)。每一个机器人所有的三个传感器及停止函数均处于被监控状态。图 15.5 所示为六个机器人同时行驶的仿真实验。 P.222

程序 15.1 随机行驶

```
 1  #include "eyebot.h"
 2  #include <stdlib.h>
 3  #include <math.h>
 4  #define SAFETY 300
 5
 6  int main ()
 7  { PSDHandle front, left, right;
 8    VWHandle  vw;
 9    float     dir;
10
11    LCDPrintf("Random Drive\n\n");
12    LCDMenu("", "", "", "END");
13    vw=VWInit(VW_DRIVE,1);
14    VWStartControl(vw, 7.0,0.3,10.0,0.1);
15    front = PSDInit(PSD_FRONT);
16    left  = PSDInit(PSD_LEFT);
17    right = PSDInit(PSD_RIGHT);
18    PSDStart(front | left | right , TRUE);
19
20    while(KEYRead() != KEY4)
21    { if ( PSDGet(left) >SAFETY && PSDGet(front)>SAFETY
22        && PSDGet(right)>SAFETY && !VWStalled(vw) )
23              VWDriveStraight(vw, 0.5, 0.3);
24      else
25      { LCDPutString("back up, ");
26        VWDriveStraight(vw,-0.04,0.3);
27        VWDriveWait(vw);
28        LCDPutString("turn\n");         /* random angle */
29        dir = M_PI * (drand48() - 0.5); /* -90 .. +90   */
30        VWDriveTurn(vw, dir, 0.6);
31        VWDriveWait(vw);
32      }
33      OSWait(10);
34    }
35    VWRelease(vw);
36    return 0;
37  }
```

P. 223

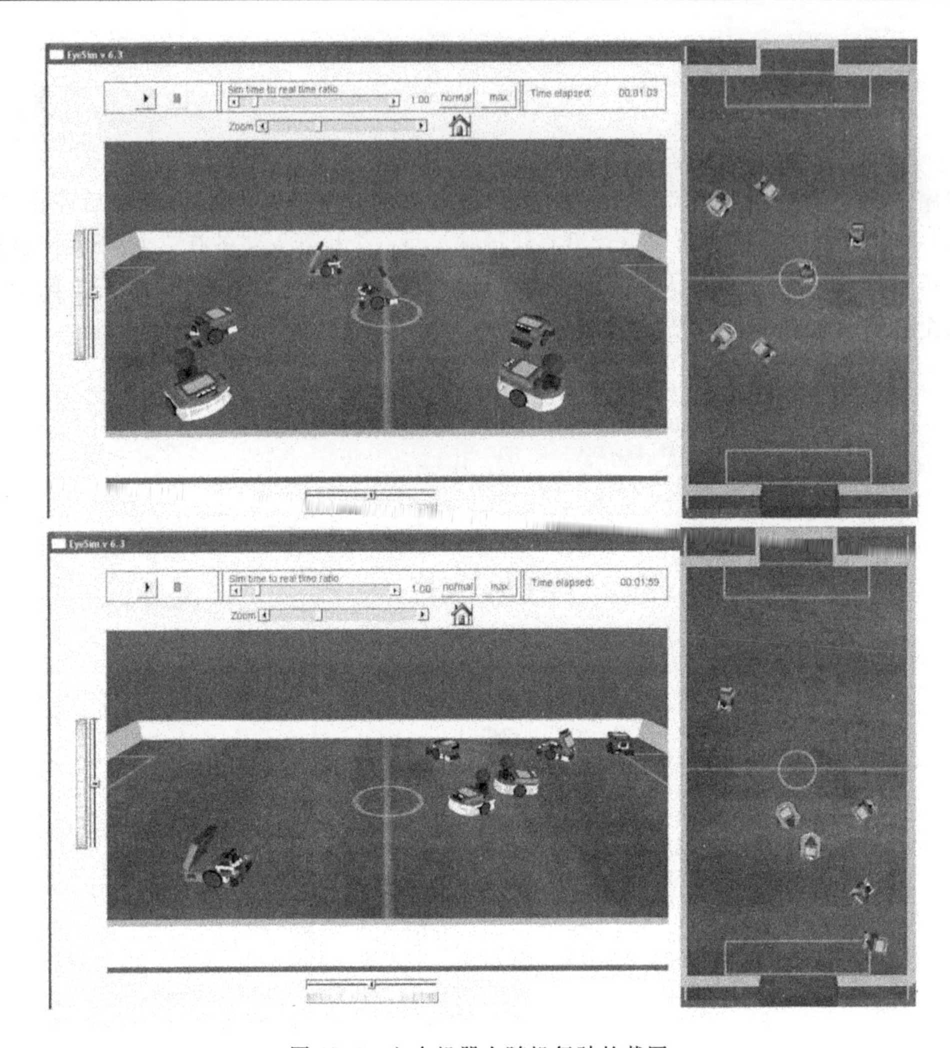

图 15.5　六个机器人随机行驶的截图

15.5 EyeSim 环境和参数文件

所有的仿真环境通过二维线段建模并可从文本文件加载，可用的文件格式有用于 *Saphira* 机器人操作系统的 *world* 格式(Konolige 2001)或是由布劳恩开发的遵循广泛使用的“微型鼠竞赛”(Micro Mouse Contest)标记法的 *maze* 格式(Bräunl 1999)。

world 格式

P. 224

采用 world 格式的环境使用文本文件进行描述，将墙体表示为直线线段，以毫米为单位定义起点、终点。通过一个隐式堆栈(implicit stack)可以无需平移旋转线段而用局部坐标系定义一个子结构。可在同一行命令语句后添加分号进行注释。

World 格式一开始首先定义整个世界的尺寸(按 mm 单位)，例如：

```
width 4680
height 3240
```

将墙体线段定义为二维线段[$x1$, $y1$, $x2$, $y2$]，因此每条线段需要四个整数来定义，例如：

```
;rectangle
0 0 0 1440
0 0 2880 0
0 1440 2880 1440
2880 0 2880 1440
```

局部位姿(位置和方向)可通过一个隐式堆栈进行设定。对象坐标系可以在世界坐标系里偏移和旋转，这样便于在一个对象坐标系里描述一个对象。如此一来，一个对象(线段的集合)的定义封装成可以嵌套的入栈和出栈语句。入栈需要姿态参数[x, y, φ]，出栈不需要任何参数，例如将两条线段转移到点[100,100]并旋转 45 度：

```
;two lines translated to [100,100] and rotated by 45 deg.
push 100 100 45
0 0 200 0
0 0 200 200
pop
```

机器人的起始位置和姿态可由位姿参数[x, y, φ]定义，例如：

```
position 180 1260 - 90
```

Maze 格式

对于仅有直角墙体的环境，如小老鼠竞赛，maze 格式是非常简单的输入格式。我们希望仿真器可以读取本身具有图形显示特性的 ASCII 迷宫表示，它可以在网页上获得，如下面的一个例子。

每段墙由一个单字表示，一个“|”(在一条线上的奇数位置：1、3、5…)表示一段 y 轴方向的墙，一个“_”(在一条线上的偶数位置：2、4、6…)表示一段 x 轴方向的墙。于是，每一条线实际上包含了其坐标系上水平的墙以及在其上的垂直墙段。

P. 225

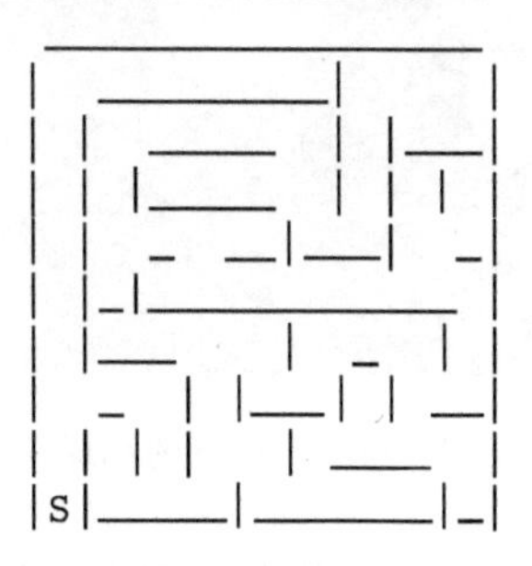

下面的例子定义了一个带有两个分隔墙的矩形：

```
 _ _ _
|    _|
|_|_ _|
```

下面所示是与上文相同的例子，只是表示上有所不同，减少了水平线的缝隙(采用 ASCII 表示)，因而看起来更为美观。

```
 _____
|    _|
|_|___|
```

可在迷宫中添加扩展字符以表示一个或多个机器人的起始位置。大写字母表示字母下有墙，小写字母则表示没有。可用字母 U(或 S)、D、L、R 在迷宫中表示机器人的起始位置和方向，对应的是上(等同于起始点)、下、左、右。在迷宫文件中的最后一行，可以用一个整型数设置墙体段的尺寸(默认值为 360mm)，单位为 mm。

加入的球用“o”表示，加入的箱子用“x”表示，这样机器人们就可以通过推或踢的动作与小球或箱子互动了(见图 15.6)。

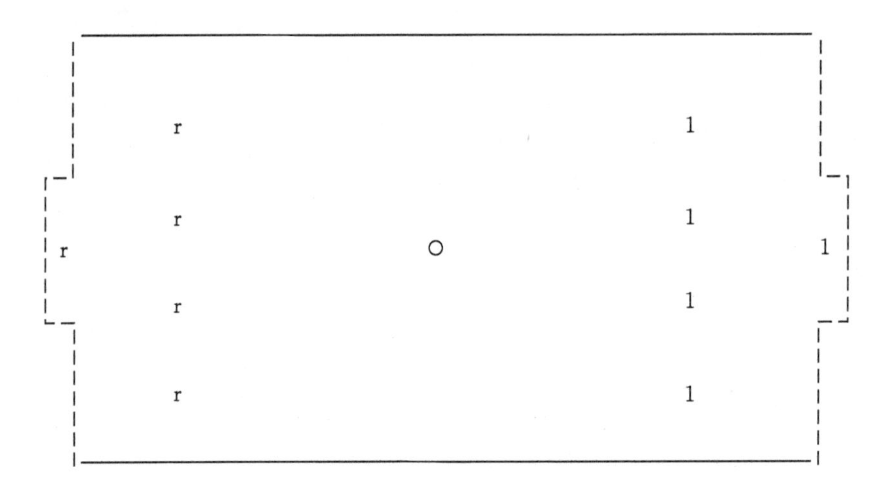

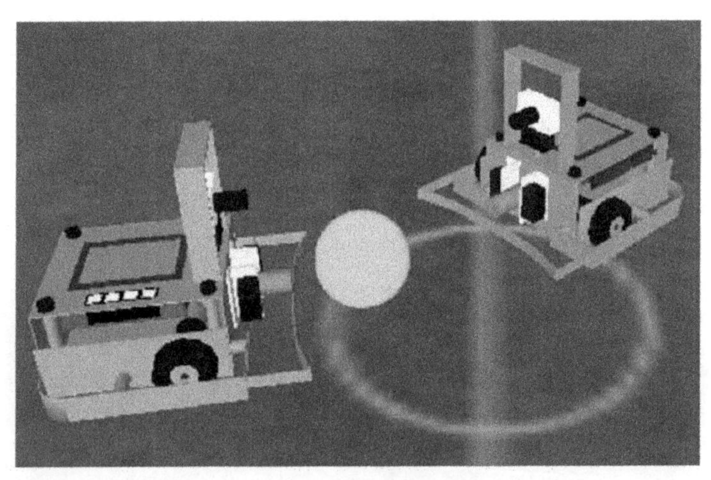

图 15.6 仿真的小球

P.226

EyeSim 仿真器使用一些参数文件来设定仿真参数、机器人的物理描述、传感器布局、仿真环境和图形显示。

- myfile.sim

  主要的仿真说明文件，包含有环境和机器人应用程序二进制文件的链接。

- myfile.c(或.cpp)和 myfile.dll

  机器人应用程序的源文件和编译成动态链接库(DLL)的代码。

以下的参数文件可由应用程序的编程者提供，但不是必需的。很多环境以及机器人类型、图形显示等文件可作为库文件来调用。

- myenvironment.maz 或 myenvironment.wld
  Maze 或 world 格式的环境文件(见 15.5 节)。
- myrobot.robi
  机器人类型描述文件,包括物理尺寸、传感器的安装位置等。
- myrobot.ms3d
  机器人三维外形的 Milkshape 图形类型文件(仅有显示作用)。

SIM 参数文件

程序 15.2 是一个“.sim”的样例,它说明了正在使用哪个环境文件(在此是“maze1.maz”)以及哪个机器人类型描述文件(在此是“S4.robi”)。

机器人的起始位置和朝向可作为可选参数在“robi”行中进行设定,对于未设定的机器人环境需要此工作,例如:

robi S4.robi DriveDemo.dll 400 400 90

程序 15.2 EyeSim 参数文件“.sim”

P. 227

```
1  # world description file (either maze or world)
2  maze  maze1.maz
3
4  # robot description file
5  robi  S4.robi  DriveDemo.dll
```

ROBI 参数文件

机器人和仿真之间的参数有明显的区别,它们使用了不同的参数文件。这种分割有利于在同一个仿真中使用多个具有不同物理的尺寸、装备不同的传感器的机器人。

程序 15.3 S4 足球机器人的机器人参数文件“.robi”

```
1  # the name of the robi
2  name S4
3
4  # robot diameter in mm
5  diameter 186
6
7  # max linear velocity in mm/s
8  speed    600
9
10 # max rotational velocity in deg/s
11 turn     300
12
13 # file name of the graphics model used for this robi
14 model    S4.ms3d
15
16 # psd sensor definition: (id-number from "hdt_sem.h")
17 # "psd", name, id, relative position to robi center(x,y,z)
18 # in mm, angle in x-y plane in deg
19 psd PSD_FRONT  -200    60  20  30      0
20 psd PSD_LEFT   -205    56  45  30     90
21 psd PSD_RIGHT  -210    56 -45  30    -90
22
```

```
23  # color camera sensor definition:
24  # "camera", relative position to robi center (x,y,z),
25  # pan-tilt-angle (pan, tilt), max image resolution
26  camera  62  0  60    0  -5    80  60
27
28  # wheel diameter [mm], max. rotational velocity [deg/s],
29  # encoder ticks/rev., wheel-base distance [mm]
30  wheel  54  3600  1100  90
31
32  # motors and encoders for low level drive routines
33  # Diff.-drive: left motor, l. enc, right motor, r. enc
34  drive  DIFFERENTIAL_DRIVE  MOTOR_LEFT QUAD_LEFT
35                             MOTOR_RIGHT QUAD_RIGHT
```

P. 228

每一个机器人的类型由以下两个文件进行描述:“.robi”参数文件包含了一个机器人与仿真相关的所有参数;以及默认的 Milkshape“.ms3d”图形显示文件,它包含了机器人可视的彩色三维模型(见下一节)。有了这些特征区分,我们可以在仿真中使用很多机器人,并通过设置不同的外形、颜色很容易将其区别开来。程序 15.3 是一个“.robi”文件的典型例子,它包含有:

- 机器人的类型名称
- 物理尺寸
- 最大行驶及旋转速度
- 默认的可视化文件(在“.sim”文件中可能会有所变化)
- PSD 传感器的放置
- 数字摄像机的放置及像素分辨率
- 车轮的转速及尺寸
- 驾驶系统:可以实现低层(电机级或车轮级)的驾驶,所支持的驾驶系统有 DIFFERENTIAL_DRIVE, ACKERMANN_DRIVE 和 OMNI_DRIVE。

通过使用机器人参数文件,可以在同一个仿真中使用不同的机器人传感器设置。例如,可以在参数文件里改变传感器的安装位置,不断重复仿真过程,以寻找特定问题的最优解决方案。

15.6 SubSim 仿真系统

SubSim 是一个用于自主水下航行器(AUVs)的仿真系统,因此需要一个完全三维的物理仿真引擎。设计此仿真软件需要广泛地考虑各种用户的不同需求:例如用户界面的结构、抽象的层次、物理和传感器模型的复杂程度。因此,软件最重要的设计目标就变成了开发一款扩展性和灵活性尽可能好的仿真工具。整个系统采用基于插件的体系设计,所有的组件,例如终端用户的 API、用户界面和物理仿真库,都可按用户的要求更换。用户可以通过自定义插件来方便的扩展仿真系统,任何支持动态库的语言都可用来编写插件,例如标准的 C 或 C++。

仿真系统提供一个软件开发工具(SDK),包含有用于插件开发的框架和用于设计、实现潜水器可视化的工具。用于生成仿真器的软件包有:

- wxWidgets (wxWidgets 2006)(早期为 wxWindows)

  这是一个成熟、易于理解的开源跨平台的 C++GUI 框架。选择此软件包的原因是它可极大简化跨平台接口开发的任务,同时提供便捷的插件管理和线程库。

P. 229

- TinyXML (tinyxml 2006)
  选择 XML 描述语言的原因是它使用简单并且体积足够小可以与仿真系统一起发布。
- 牛顿动力学游戏引擎(Newton Game Dynamics Engine)(Newton 2006)
  用户可以选择更换物理仿真库,但牛顿系统作为一个快速而准确的物理解决方案,是 SubSim 默认的物理学引擎。

物理仿真

基本的底层物理仿真库用于在仿真中计算所有机体和关节的位置、方向、受力、力矩和速度。由于底层的物理仿真库完成了大多数的物理学计算,因此高一级的物理抽象层(PAL)只需要仿真电机和传感器。PAL 允许将定制的插件加入到已存在的库,允许替换定制的传感器和电机模型,或是增补已存在的应用。

应用编程接口

此仿真系统使用了两个独立的应用编程接口(APIs),底层的 API 是内部 API,提供给开发者使他们能够封装自己的控制器 API。高层的 API 是 RoBIOS API(见附录 B.5),这是一个用户友好的 API,映射了在 Mako 和 USAL 潜水器上使用的 EyeBot 控制器的功能。

内部 API 只含有五个函数

```
SSID InitDevice(char * device_name);
SSERROR QueryDevice (SSID device, void * data);
SSERROR SetData(SSID device, void * data);
SSERROR GetData(SSID device, void * data);
SSERROR GetTime(SSTIME time);
```

函数 InitDevice 按给定的名称初始化设备并将其存储在内部注册文件里,它将返回一个唯一的将来可以引用这个设备(如传感器、电机)的句柄。QueryDevice 按提供的模式存储设备的状态,如果操作失败便返回一个错误。GetTime 返回一个潜水器程序执行时间的时间标签,以 ms 为单位,操作失败则返回一个错误代码。

GetData 或 SetData 函数实际操作传感器和执行器并进而影响了潜水器与所在环境的相互作用。GetData 检索数据(例如读传感器),SetData 向设备传递控制及(或)信息数据来改变设备的内部状态。两个函数在操作失败时都会返回相应的错误代码。

15.7 执行器和传感器模型

推进器模型

仿真中所使用的电机模型(推进器模型)是基于标准的电枢控制式直流电机模型(Dorf, Bishop 2001),输入电压(V)和输出转速(θ)的传递函数为: P.230

$$\frac{\theta}{V}=\frac{K}{(Js+b)(Ls+R)+K^2}$$

公式中:

J 为转子惯性矩

s 为复杂的拉普拉斯参数

b　为机械系统的阻尼系数

L　为转子电感

R　为输出端电阻

K　为电动势常数

推进器模型

默认执行的模型是基于文献(Yoerger,Cook,Slotine 1991)的集总参数动态推进器模型,所产生的推进力由下式得到:

$$\text{Thrust}=C_t\Omega\mid\Omega\mid$$

Ω　是推进器的欧拉角速度

C_t　是比例常数

操纵面

AUV的仿真,例如USAL,需要对操纵面进行建模(例如方向舵)。此模型用于产生相对安装的的鳍板的升力(Ridley,Fontan,Corke 2003),由下式可得:

$$L_{\text{fin}}=\frac{1}{2}\rho C_{L_{\text{df}}}S_{\text{fin}}\delta_e v_e^2$$

此式中:

L_{fin}　为上升力

ρ　为密度

$C_{L_{\text{df}}}$　为升力变化率系数

与鳍板的有效攻角相关

S_{fin}　为鳍板面积

δ_e　为有效鳍板角度

v_e　为有效鳍板速度

SubSim还提供了一个用于推进系统的更为简单的模型,使用了内插值替换的查表形式。用户可以用实验性的方法采集输入值并测量相应的推进力,可将这些力直接施加在潜水器模型上。

P.231

传感器模型

PAL已经对很多传感器进行了仿真。每一个传感器可结合误差模型,使所仿真的传感器输出精度接近于实际设备。许多位置和方向传感器可直接由底层物理库的数据进行建模,每一个传感器连接在一个表示AUV实体部分的机体上。

通过计算所连接的船体方向与倾角仪的初始方向的偏离得到仿真的倾角仪的方向,通过计算所依附船体的角速度和绕自身轴的转速得到仿真的陀螺仪的方向。测速计则计算给定方向的速度和所依附船体的速度信息。

查询底层物理库的碰撞探测例程以获取碰撞发生的位置,通过这种方式来仿真接触传感器。如果查询到的碰撞发生在接触传感器所在的区域,便记录此碰撞。

测距传感器如回声探测器、位置敏感探测器(PSD),使用传统的光线投射技术进行仿真,并提供支持所需数据结构的底层物理库。

仿真系统还可以生成逼真的合成摄像机图像,这样用户的应用程序在仿真系统中可以使用图像处理算法进行AUV的导航。摄像机的用户接口和应用与EyeSim移动机器人仿真系统相类似。

环境

再现仿真 AUV 所要面对的复杂任务需要对环境进行细致的建模。AUV 需要不断的调整动作以适应动态的环境，例如引入（海洋）水流的影响迫使潜水器持续地调整位置；差的光线和能见度会降低图像的质量，最终造成 PSD 和视觉传感器噪音的增加。地形也是环境中必不可少的部分，它定义了仿真的空间和 AUV 可能遇到的障碍物。

误差模型

类似于仿真系统中的其它部分，误差模型作为一个插件来使用。所有模型的传感器读数和执行器的控制信号可叠加特征噪声、随机噪声或统计选取的噪声。我们可以将误差分为两类：全局误差，例如电压增益将影响所有的连接设备；局部误差，只在特定的时间影响特定的设备。通常情况下，局部误差可以是数据丢失、设备失灵或设备超限造成的特定误差。例如，摄像机可能会受到很多误差的影响，例如检波器噪声、高斯噪声和椒盐噪声。电压增益（定常或时变）会影响电机控制和传感器的读数。

还需考虑所仿真介质的特性，例如光在玻璃与水之间传播产生的折射，船体内的光学器件由于温差造成的凝结现象。

15.8 SubSim 应用

程序 15.4 中的例子使用上层的 RoBIOS API（见附录 B.5）进行编写，执行了一个浮在水面上的 AUV 的沿墙行驶的简单任务。沿墙行驶使用了一个 bang-bang 控制器（见第 5.1 节），只使用一个 PSD 传感器（PSD_LEFT）。没有对 AUV 前方进行障碍探测。

P.232

程序 15.4 AUV 控制程序示例

```
1   #include <eyebot.h>
2
3   int main(int argc, char* argv[])
4   { PSDHandle psd;
5     int distance;
6     MotorHandle left_motor;
7     MotorHandle right_motor;
8     psd = PSDInit(PSD_LEFT);
9     PSDStart(psd, 1);
10    left_motor = MOTORInit(MOTOR_LEFT);
11    right_motor= MOTORInit(MOTOR_RIGHT);
12    MOTORDrive(right_motor, 50);    /* medium speed */
13    MOTORDrive(left_motor,  50);
14    while(1)   /* endless loop */
15    { distance = PSDGet(psd);    /* distance to left */
16      if (distance < 100) MOTORDrive(left_motor, 90);
17      else if (distance>200) MOTORDrive(right_motor, 90);
18        else { MOTORDrive(right_motor, 50);
19               MOTORDrive(left_motor,  50);
20             }
21    }
22  }
```

Mako AUV一开始将两个前进引擎设置为中速，在无限循环中，不停地计算PSD传感器的左侧测距值并设置相应的左/右电机速度，以避免与墙体碰撞。

P.233

如图15.7是Mako在海洋地形中使用视觉反馈进行管道检测的截图，这些仿真过程中的截图充分地展示了图形用户接口(GUI)。用户可以使用主仿真窗口的控制条来旋转、摇摄、缩放窗口，也可以切换至潜水器视角。控制台窗口显示的是带有按键和LCD的EyeBot控制器，在LCD上显示应用程序的文字和图像输出。

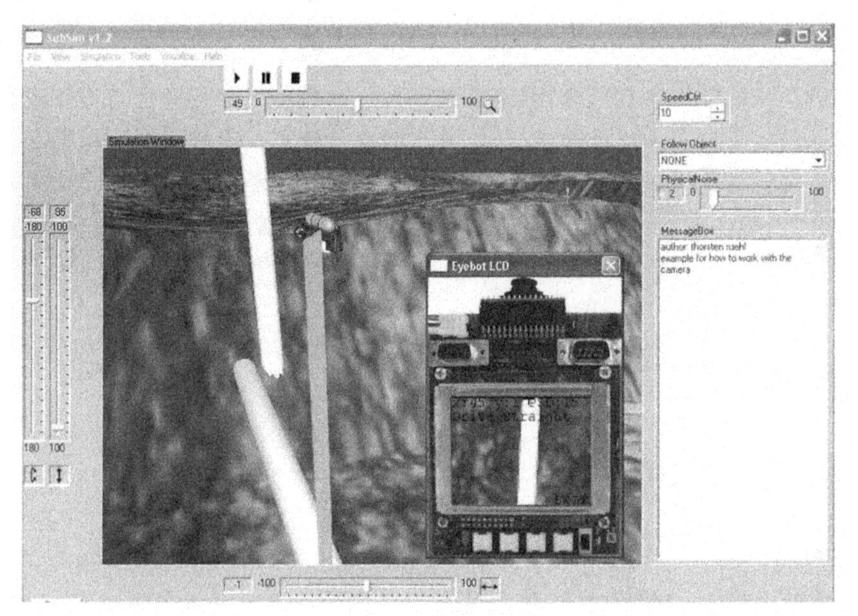

图15.7　Mako管路巡视

图15.8所示是开启传感器可视化的USAL在水池水面上盘旋的仿真。摄像机视野的方向和开角显示为潜水器前端的一个截头锥体。PSD距离传感器通过从潜水器到下一个障碍物或池壁的射线进行可视化显示(右图15.7中同样在管道上有向下的射线。)

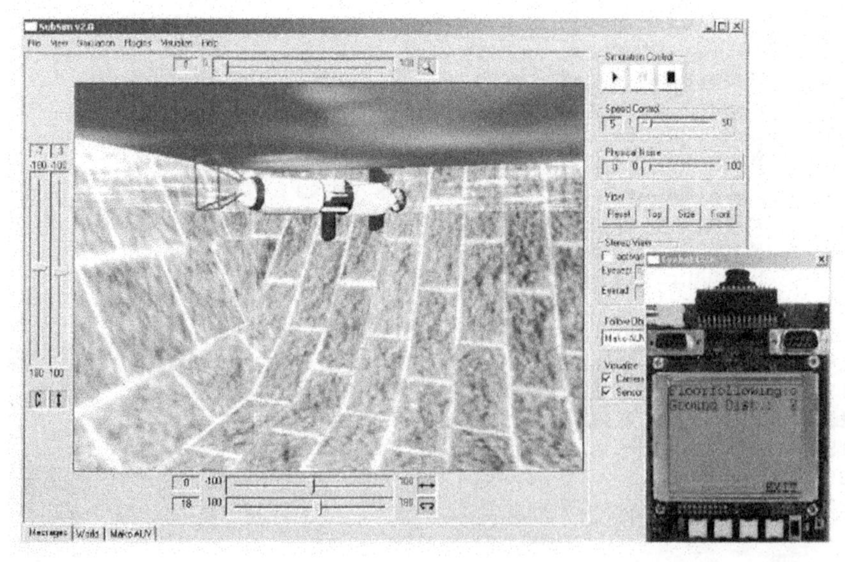

图15.8　USAL泳池任务

15.9 SubSim 环境和参数文件

使用 XML(可扩展标记语言,Extensible Markup Language)(Quin 2006)作为 SubSim 中所有参数文件的基础,这些参数文件包括:总体仿真设置的参数文件(.sub)、AUV 和场景中任意被动物体的参数文件(.xml)以及环境/地形本身的参数文件(.xml)。 P.234

仿真文件 SUB

程序 15.5 中所示是一般的仿真参数文件(.sub)。它描述了所使用的环境(包括一个世界环境)、用于仿真的潜水器(在此是到 Mako.xml 的链接)、仿真中的被动的物体(在此是 buoy.xml)和许多一般性的仿真设置(在此是 physics、view 和 visualize)。

扩展文件名“.sub”将写入 Windows 注册表中,双击此参数文件将自动启动 SubSim 及相应的应用程序。

程序 15.5 总体仿真文件(.sub)

```
 1  <Simulation>
 2    <Docu text="FloorFollowing Example"/>
 3    <World file="terrain.xml" />
 4
 5    <WorldObjects>
 6      <Submarine file="./mako/mako.xml"
 7                 hdtfile="./mako/mako.hdt">
 8         <Client file="./floorfollowing.dll" />
 9      </Submarine>
10      <WorldObject file="./buoy/buoy.xml" />
11    </WorldObjects>
12
13    <SimulatorSettings>
14      <Physics noise="0.002" speed="40"/>
15      <View rotx="0" roty="0" strafex="0" strafey="0"
16            zoom="40" followobject="Mako AUV"/>
17      <Visualize psd="dynamic"/>
18    </SimulatorSettings>
19  </Simulation>
```

物体文件 XML

物体 XML 文件格式(见程序 15.6)应用的对象有:活动的物体,例如程序控制的 AUV;不活动的物体,例如浮标、水下的管路或不主动活动的船只。

图形段(graphics)通过链接到一个 *ms3d* 图形模型对 AUV 或物体的图形外观进行定义。物理学段(physics)处理所有物理学的仿真项,在物理学段的初始小段(primitive)里描述了物体的位置、方向、体积和质量,随后的传感器和执行器段只用于(活动的)AUV,在此定义了 AUV 每一个传感器和执行器的相关细节。

P. 235

程序15.6　用于Mako的AUV目标文件

```
1   <?xml version="1.0"?>
2   <Submarine name="Mako AUV">
3     <Origin x="10" y="0" z="0"/>
4     <Graphics>
5       <Origin x="0" y="0" z="0"/>
6       <Scale x="0.18" y="0.18" z="0.18" />
7       <Modelfile="mako.ms3d" />
8     </Graphics>
9     <Noise>
10      <WhiteNoise strength="5.0" connects="psd_down" />
11      <WhiteNoise strength="0.5" connects="psd_front"/>
12    </Noise>
13
14    <Physics>
15      <Primitives>
16        <Box name="Mako AUV">
17          <Position x="0" y="0" z="0" />
18          <Dimensions width="1.8" height="0.5"
19                      depth="0.5" />
20          <Mass mass= "0.5"> </Mass>
21        </Box>
22      </Primitives>
23
24      <Sensors>
25          <Velocimeter name="vel0">
26            <Axis x="1" y="0" z="0"></Axis>
27            <Connection connects="Mako AUV">
28            </Connection>
29          </Velocimeter>
30  ...
31      </Sensors>
32
33      <Actuators>
34        <ImpulseActuator name="fakeprop1">
35          <Position x="0" y="0" z="0.25"></Position>
36          <Axis x="1" y="0" z="0"></Axis>
37          <Connection connects="Mako AUV"></Connection>
38        </ImpulseActuator>
39  ...
40        <Propeller name="prop0">
41          <Position x="0" y="0" z="0.25"></Position>
42          <Axis x="1" y="0" z="0"></Axis>
43          <Connection connects="Mako AUV"></Connection>
44          <Alpha lumped="0.05"></Alpha>
45        </Propeller>
46  ...
47      </Actuators>
48    </Physics>
49  </Submarine>
```

世界文件 XML

xml 格式的世界文件(见程序 15.7)可对典型的水下场景进行描述,例如,一个游泳池或一个任意剖面深度的海底地形。P. 236

水和物理学段设置相关的仿真参数;地形段设置“世界”的范围并链接到用于可视化的等高图文件和纹理文件;可视化段影响世界的图形化显示和摄像机仿真的合成视景;可以选用的段是 WorldObjects,它用来描述在世界背景中始终存在的被动物体(在此是一个浮标)。单个物体也可在“.sub”仿真参数文件里进行描述。

程序 15.7 泳池的世界文件

```
1  <?xml version="1.0"?>
2  <World>
3    <Environment>
4      <Physics>
5        <Engine engine="Newton" />
6        <Gravity x="0" y="-9.81" z="0" />
7      </Physics>
8
9      <Water density="1030.0"linear_viscosity="0.00120"
10                       angular_viscosity="0.00120">
11         <Dimensions width="24" length="49" />
12         <Texture file="water.bmp" />
13     </Water>
14
15     <Terrain>
16         <Origin x="0" y="-3" z="0" />
17         <Dimensions width="25" length="50" depth="4" />
18         <Heightmap file="pool.bmp" />
19         <Texture file="stone.bmp" />
20     </Terrain>
21
22     <Visibility>
23        <Fog density="0.0" depth="100" />
24     </Visibility>
25   </Environment>
26
27   <WorldObjects>
28     <WorldObject file="buoy/buoy.xml" />
29   </WorldObjects>
30 </World>
```

15.10 参考文献

P. 237

BRÄUNL, T. *Research Relevance of Mobile Robot Competitions*, IEEE Robotics and Automation Magazine, vol. 6, no. 4, Dec. 1999, pp. 32-37 (6)

BRÄUNL, T., STOLZ, H. *Mobile Robot Simulation with Sonar Sensors and Cameras*, Simulation, vol. 69, no. 5, Nov. 1997, pp. 277-282 (6)

BRÄUNL, T. KOESTLER, A. WAGGERSHAUSER, A. *Mobile Robots between Simulation & Reality*, Servo Magazine, vol. 3, no. 1, Jan. 2005, pp. 43-50 (8)

COIN3D, *The Coin Source*, `http://www.Coin3D.org`, 2006

DORF, R. BISHOP, R. *Modern Control Systems*, Prentice-Hall, Englewood Cliffs NJ, Ch. 4, 2001, pp 174-223 (50)

KOESTLER, A., BRÄUNL, T., *Mobile Robot Simulation with Realistic Error Models*, International Conference on Autonomous Robots and Agents, ICARA 2004, Dec. 2004, Palmerston North, New Zealand, pp. 46-51 (6)

KONOLIGE, K. *Saphira Version 6.2 Manual*, [originally: Internal Report, SRI, Stanford CA, 1998], `http://www.ai.sri.com/~konolige/saphira/`, 2001

KUFFNER, J., LATOMBE, J.-C. *Fast Synthetic Vision, Memory, and Learning Models for Virtual Humans*, Proceedings of Computer Animation, IEEE, 1999, pp. 118-127 (10)

LECLERCQ, P., BRÄUNL, T. *A Color Segmentation Algorithm for Real-Time Object Localization on Small Embedded Systems*, in R. Klette, S. Peleg, G. Sommer (Eds.), Robot Vision 2001, Lecture Notes in Computer Science, no. 1998, Springer-Verlag, Berlin Heidelberg, 2001, pp. 69-76 (8)

MATSUMOTO, Y., MIYAZAKI, T., INABA, M., INOUE, H. *View Simulation System: A Mobile Robot Simulator using VR Technology*, Proceedings of the International Conference on Intelligent Robots and Systems, IEEE/RSJ, 1999, pp. 936-941 (6)

MILKSHAPE, *Milkshape 3D*, `http://www.swissquake.ch/chumbalum-soft`, 2006

NEWTON, *Newton Game Dynamics*, `http://www.physicsengine.com`, 2006

QUIN, L., *Extensible Markup Language (XML)*, W3C Architecture Domain, `http://www.w3.org/XML/`, 2006

RIDLEY, P., FONTAN, J., CORKE, P. *Submarine Dynamic Modeling*, Australasian Conference on Robotics and Automation, CD-ROM Proceedings, 2003, pp. (6)

TINYXML, *tinyxml*, `http://tinyxml.sourceforge.net`, 2006

P. 238

TRIEB, R. *Simulation as a tool for design and optimization of autonomous mobile robots* (in German), Ph.D. Thesis, Univ. Kaiserslautern, 1996

WANG, L., TAN, K., PRAHLAD, V. *Developing Khepera Robot Applications in a Webots Environment*, 2000 International Symposium on Micromechatronics and Human Science, IEEE, 2000, pp. 71-76 (6)

WXWIDGETS, *wxWidgets, the open source, cross-platform native UI framework*, `http://www.wxwidgets.org`, 2006

YOERGER, D., COOKE, J, SLOTINE, J. *The Influence of Thruster Dynamics on Underwater Vehicle Behaviours and their Incorporation into Control System Design*, IEEE Journal on Oceanic Engineering, vol. 15, no. 3, 1991, pp. 167-178 (12)

第Ⅲ部分
移动机器人应用

定位与导航

定位与导航是移动机器人的两个最重要的任务。我们需要获知当前位置，并且具有制定到达目的地的规划能力，当然这两个问题不是彼此孤立的，而是紧密联系的。如果机器人在执行规划路径之初，不知道其确切位置，那么在前往目的地时将会遇到问题。

P.241

过去，出现了大量的关于定位、导航、地图绘制的算法。目前，最大限度地减少不确定性的概率统计方法已经迅速地应用到整个复杂的问题中(例如 SLAM，同时定位和地图绘制)。

在本章，我们将考察在有地图和无地图不同情况下的导航算法，无地图的导航算法(例如，DistBug)常常用于持续变化的环境下，或者一条路径仅仅只经过一次、不需要优化的情况。如果能够提供地图，在机器人行驶前可以用类似于 Dijkstra 或者 A^* 的算法来寻找最短路径。无地图的导航算法在行驶中与机器人的传感器直接进行交互。有地图的导航算法则需要一个节点距离图，此图需事先提供或是从环境中提取(例如四叉树方法)。

16.1 定位

驾驶机器人的一个中心问题是定位。对许多应用情景而言，我们需要知道机器人在所有时间的位置和方向。例如，一个清洁机器人要保证能够完全覆盖整个地板区域，不重复并无遗漏；或是一个办公室传递机器人，需要具有在房间地板上行驶的能力，并且必须知道它相对于起始点的位置和方向。在缺少全局传感器的情况下，这是一个复杂的问题。

P.242

可以通过一个全局定位系统来解决定位问题。在室外可以使用全球卫星定位系统。在室内可以使用红外、声纳、激光，或无线信标的全局传感器网络。这样我们可直接得到所期望的机器人的坐标，如图 16.1 所示。

我们假设在行驶环境中有很多同步信号发射塔，它们按规定好的相同时间间隔发出不同(可区别)频率的声纳信号，通过接收两个或者三个不同的发射塔信号，机器人可以从信号到达的时间差来确定它此时的位置。

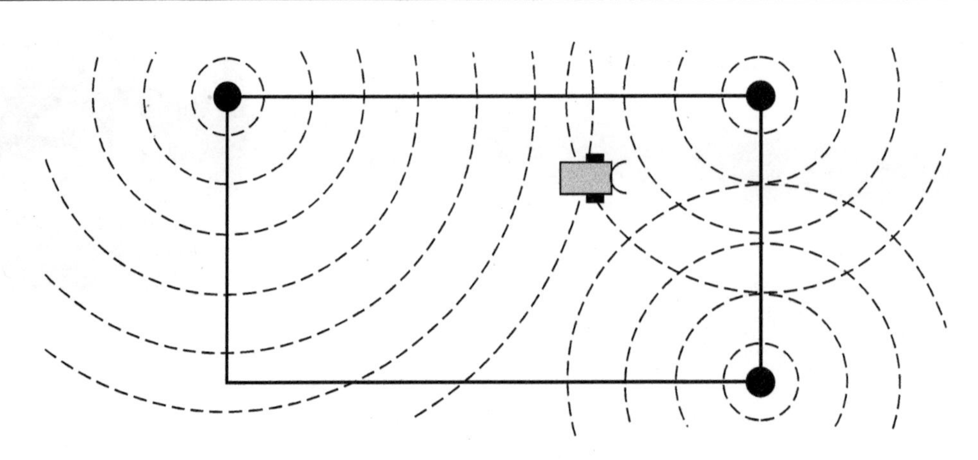

图 16.1　全局定位系统

因为两个圆会有两个交点，所以使用两个信号发射塔可将机器人可能的位置减少至两个。例如，如果两个信号同时到达，则机器人就定位在两个发射塔的中间。如果左边的信号发射塔的信号比右边的先到，根据距离正比于时间差，那么机器人离左边的信号发射塔要近一些。利用本体位置的连贯性，这可能已经足够进行全局定位了。然而，如果没有本体传感器，则需要3个发射塔才能够确定其2维空间的位置。

通过以上的方法仅仅能够确定机器人的位置，不能够确定其方向。方向的确定必须通过位置的改变(两个连续位置的变化)得到，这正是基于卫星的全球定位系统所使用的方法，或者也可以通过增加一个罗盘传感器得到。

由于行驶环境的限制，在很多情况下不可能使用全局传感器，或是因为它限制了移动机器人的自主能力，因而我们并不希望使用(参见在第20章有关机器人足球所讨论的头顶式或全局可视系统的讨论)。另一方面，在某些情况下，可以将一个如图16.1中的全局传感器系统转换成一个本体传感器系统。举例来说，如果可以将声纳安装在机器人上并且能够将信号发射塔替换为反射标记，这样我们就可以得到一个使用本体传感器的自主机器人。

归航信标

P.243

另一个观点是利用发光信标代替声纳信标，即相当于一个灯塔。使用两个不同颜色的光信标，机器人通过测量光信标的角度确定相交线的位置以得到自己的位置。这种方法的优点是机器人能够确定其位置和方向。然而，为了做到这一点，该机器人要执行360°旋转，或者拥有全方位可视系统，才可以确定一个识别的灯标角度。

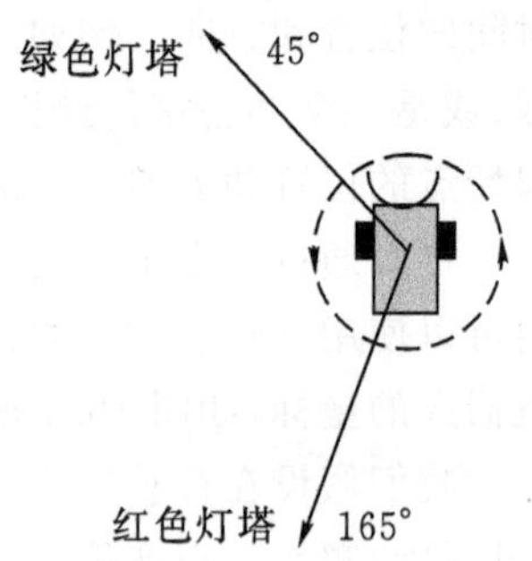

图 16.2　信号塔测量

例如，在图16.2中机器人旋转360°后，可得到在其本地坐标系中绿色灯塔角度为45°，红色塔角度为165°。

我们仍然需要在机器人环境中将这两个向量与已知的灯塔位置(见图16.3)相匹配。由于不知道从发射塔到机器人的距离，所以我们所知道的只是机器人看到的信号塔的角度差(这里是165°−45°=120°)。

在图16.3顶部可以看出，只知道两个发射塔的角度不足以确定机器人的位置。如果知道机器人的全局方向的额外信息，例

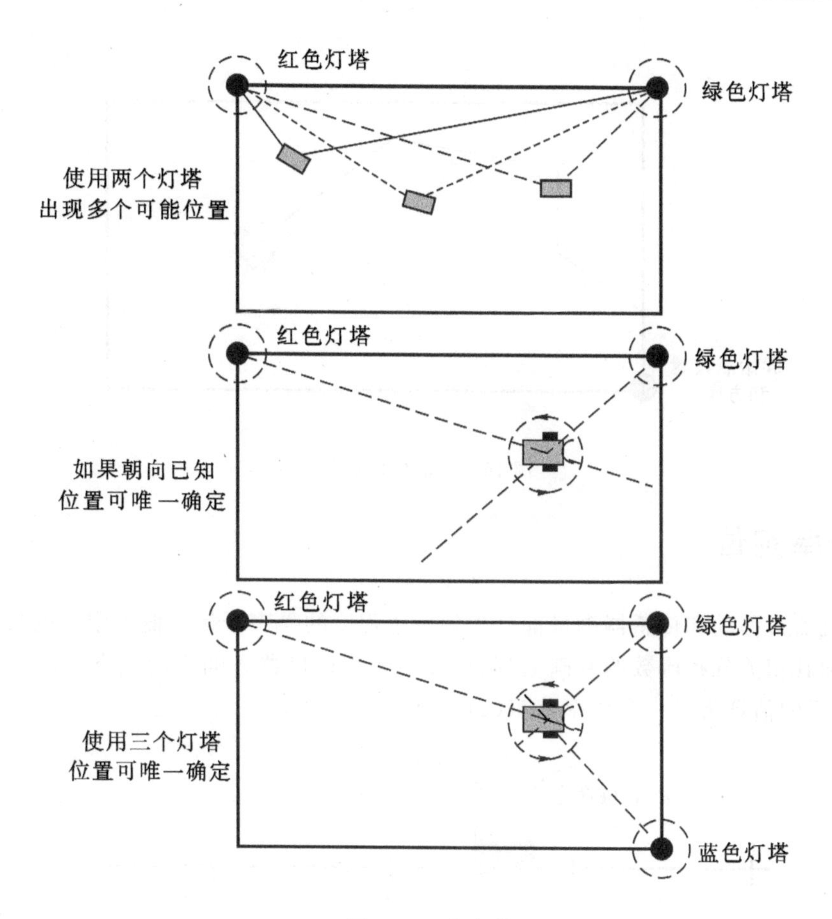

图 16.3 归航信标

如是通过使用板载罗盘得到，那么可以实现定位（见图16.3，中）。在没有额外方向的情况下，使用三个光发射塔也可以定位（见图 16.3，底）。

航位推算

在许多情况下，行驶中的机器人只能仅依赖于它的轮编码器进行短期定位，并不时地更新其位置和方向。例如，当达到特定的航路点时就需要更新位置和方向。所谓的“航位推算”就是这种情况下的标准定位方法。航位推算是 18 世纪的航海术语，当时船舶航海没有现代化的导航设备，它们的航海过程必须依靠航线段的矢量加法来确定其当前的位置。航位推算可以在本体的极坐标中，或是在更实用的龟标几何（*turtle graphics geometry*）中使用。在图 16.4 中可以看到，它需要知道机器人的起始位置和方向。对于所有后续的行驶动作（例如原地旋转、直线或曲线路段），机器人通过每一次轮子编码器的反馈来更新当前的位置。

显然，较长时间应用这种方法会存在严重的限制。所有由于传感器误差或轮打滑造成的不精确，都将随着时间而不断累积。尤其严重的是方向误差，因为它对定位精度的影响最大。 P.244

这就是为什么在缺少全局传感器的情况下，板载罗盘仪是非常有价值的。它利用地球的磁场来确定机器人的绝对方向，即使是简单的数字罗盘在室内与室外都能工作，并且其能精确到 1°左右（见 3.7 节）。

P. 245

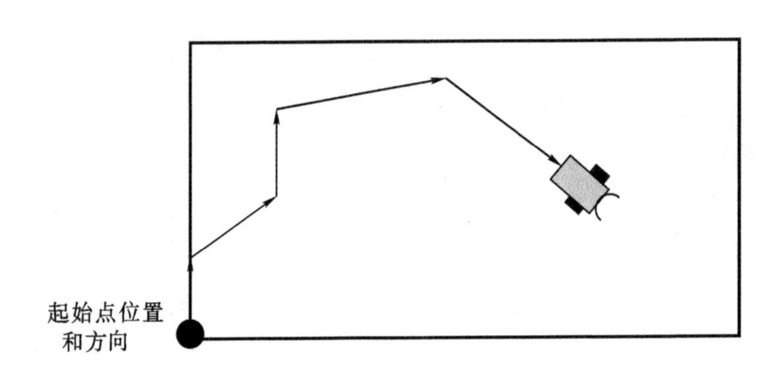

图 16.4 航位推算

16.2 概率定位

所有的机器人移动和传感器测量都会受到一定程度的噪声干扰。概率定位的目的是在以前所有数据和其相关分布函数的基础上，能够最好地估计机器人的当前状态。由于其固有的不确定性，最后的估算将是一个概率分布(Choset et al. 2005)。

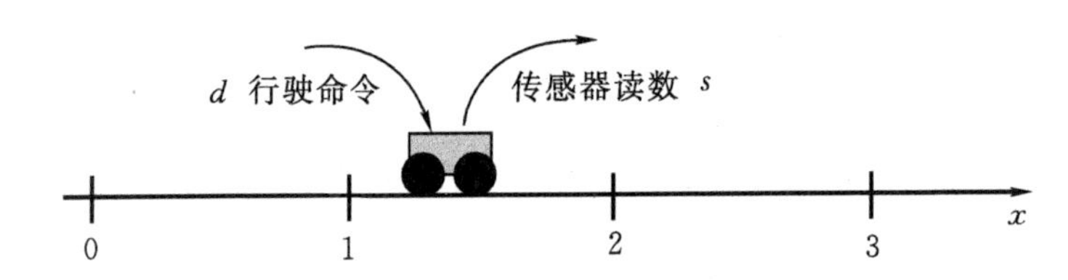

图 16.5 实际位置的不确定性

举例

假定一个机器人从 $x=0$ 处开始沿 x 轴行驶，执行移动距离 d 的指令，其中 d 是一个整数，并且它从板载全局(绝对)定位系统(如 GPS 接收器)接收传感器数据 s，其中 s 是一个整数。数值 d 和 $\Delta s=s-s'$(用当前的位置测量值减去在执行行驶命令前的位置测量值)，可能会偏离真实位置 $\Delta x=x-x'$。

必须要通过大量的实验来测量机器人从任意的起始位置的行驶精度，然后由一个 PMF (概率密度函数)表示出来，例如：

$p(\Delta x=d-1)=0.2$; $p(\Delta x=d)=0.6$; $p(\Delta x=d+1)=0.2$

请注意在这个例子中，只能加上或减去一个单位(如 cm)来变更机器人的真实位置；所有的位置数据都是离散的。

P. 246

在可以表示为一个 PMF 之前，必须以类似的方式通过测量得到机器人位置传感器的精度。在我们的例子中，偏离真实位置的值只可能是加上或减去一个单位：

$p(x=s-1)=0.1$; $p(x=s)=0.8$; $p(x=s+1)=0.1$

假设机器人执行 $d=2$ 的行驶命令并且完成后，本体传感器报告其位置为 $s=2$。实际位置 x 的概率如下，其中 n 作为归一化因子：

$p(x=1)=n\times p(s=2|x=1)\times p(x=1|d=2,x'=0)\times p(x'=0)$
$=n\times 0.1\times 0.2\times 1=0.02n$
$p(x=2)=n\times p(s=2|x=2)\times p(x=2|d=2,x'=0)\times p(x'=0)$
$=n\times 0.8\times 0.6\times 1=0.48n$
$p(x=3)=n\times p(s=2|x=3)\times p(x=3|d=2,x'=0)\times p(x'=0)$
$=n\times 0.1\times 0.2\times 1=0.02n$

由于我们的 PMF 对于所有偏差大于 1(加或减)的概率为 0,因此机器人执行行驶距离为 2 的命令后,位置只有可能是位置 1、位置 2 和位置 3。因此,这三个概率加起来必须等于 1,我们可以依据这个事实来确定归一化因子 n:

$0.02n+0.48n+0.02n=1$
$\rightarrow n=0.92$

机器人的可信度

现在,我们可以计算这三个位置的概率,它反映了机器人的可信度:

$p(x=1)=0.04$
$p(x=2)=0.92$
$p(x=3)=0.04$

因此,机器人最有可能在位置 2,但它仍会记住在这个阶段所有的概率。

继续这个例子,假设机器人执行第二个行驶指令,这一次使 $d=1$,但在执行指令后其传感器仍然报告 $s=2$。机器人将根据条件概率重新计算其位置的可信度,用 x 表示机器人行驶后的真实位置,用 x' 表示行驶前的位置。

$p(x=1)=n\times p(s=2|x=\mathbf{1})[p(x=1|d=1,x'=1)\times p(x'=1)+p(x=1|d=1,x'=2)$
$\times p(x'=2)+p(x=1|d=1,x'=3)\times p(x'=3)]$
$=n\times 0.1\times(0.2\times 0.04+\mathbf{0}\times 0.92+\mathbf{0}\times 0.04)$
$=0.0008n$

$p(x=2)=n\times p(s=2|x=\mathbf{2})[p(x=2|d=1,x'=1)\times p(x'=1)+p(x=2|d=1,x'=2)$　P. 247
$\times p(x'=2)+p(x=2|d=1,x'=3)\times p(x'=3)]$
$=n\times 0.8\times(0.6\times 0.04+0.2\times 0.92+\mathbf{0}\times 0.04)$
$=0.1664n$

$p(x=3)=n\times p(s=2|x=\mathbf{3})[p(x=3|d=1,x'=1)\times p(x'=1)+p(x=3|d=1,x'=2)$
$\times p(x'=2)+p(x=3|d=1,x'=3)\times p(x'=3)]$
$=n\times 0.1\times(0.2\times 0.04+0.6\times 0.92+0.2\times 0.04)$
$=0.0568n$

请注意,由于机器人的真实位置与传感器的读数偏差只能为 1,因此只能计算出 $x=1,2,3$ 的情形来。接下来,概率归一化为 1。

$0.0008n+0.1664n+0.0568n=1$
$\rightarrow\ n=4.46$
$\rightarrow\ p(x=1)=0.0036$
$p(x=2)=0.743$
$p(x=3)=0.254$

这些最终的概率是合理的，因为机器人的传感器比其推算结果更准确。因此 $p(x=2)>p(x=3)$。另外，机器人在 $x=1$ 位置的可能性很小，实际上，这正是它在可信度上的表现。

这个方法的最大问题是所配置的空间必须是离散的，即机器人的位置只能离散地表示。可用一个简单的技巧来克服这个问题，即将离散值设置为行驶命令和传感器的最小分辨值。例如，如果我们所期望的行驶或传感器的精度不能超过 1cm，我们就可以让所有的距离以 1cm 递增。不过，这将导致产生大量的测量值和大量的使用个别概率的离散距离值。

粒子滤波器

可用一种称为*粒子滤波器*的技术来解决这个问题，它允许使用非离散的配置空间。粒子滤波器的关键技术思想是将机器人位置的可信度表示为 N 个粒子的集合 M，每个粒子包含有一个机器人的配置 x 和权重 $w\in[0,1]$。

行驶后，机器人通过第一次取样的 PDF(probability density function，概率密度函数) $p(x_j|d,x'_j)$ 更新第 j 个粒子 x_j 的构型，典型的 $p(x_j|d,x'_j)$ 是高斯分布。在此之后，机器人为第 j 个粒子分配一个新的权重 $w_j=p(s|x_j)$。然后，权重归一化使得权重总和为 1。最后，重新采样，保留最有可能的粒子。标准的重新采样算法(Choset et al. 2005)如下：

P. 248

```
M = { }
R = rand(0, 1/N)
c = w[0]
i = 0
for j=0 to N-1 do
        u = R + j/N
        while u > c do
                i = i + 1
                c = c + w[i]
        end while
        M = M + { (x[i], 1/N) }   /* add particle to set */
end for
```

举例

如上例中，机器人从 $x=0$ 开始，但是这一次行驶的 PDF 用均匀分布表示：

$$p(\Delta x=d+b)=\begin{cases}1 & b\in[0.5,0.5]\\0 & 其它\end{cases}$$

传感器的 PDF 为：

$$p(x=s+b)=\begin{cases}16b+4 & b\in[-0.25,0]\\-16b+4 & b\in[0,0.25]\\0 & 其它\end{cases}$$

$x'=0$ 和 $d=2$ 时的 PDF 如图 16.6 左，$s=2$ 时的 PDF 如图 16.6 右：

假设初始配置 $x=0$ 是确知的，我们的系统包括 4 个粒子(这是一个非常小的数目，在实际中大约要使用 10 000 粒子)。于是初始集合可确定为：

$M=\{(0,\ 0.25),\ (0,\ 0.25),\ (0,\ 0.25),\ (0,\ 0.25)\}$。

P. 249

现在，发给机器人 $d=2$ 的行驶命令，完成后，其传感器报告的位置为 $s=2$。机器人首先通过 PDF(见图 16.6 左)的 4 次采样来更新每个粒子的配置。可能的取样结果是：1.6，1.8，

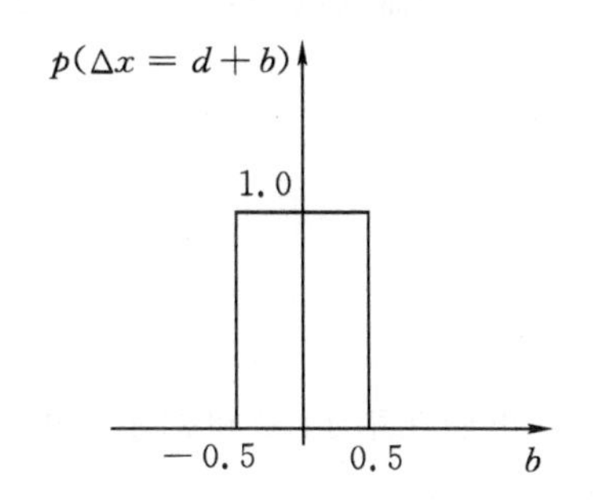

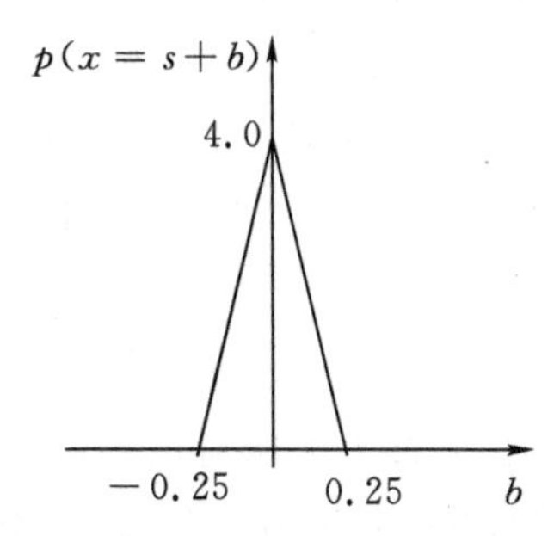

图 16.6 概率密度函数

2.2 和 2.1。因此，M 更新为：

$M=\{(1.6, 0.25), (1.8, 0.25), (2.2, 0.25), (2.1, 0.25)\}$

现在，根据图 16.6 右的 PDF 更新粒子的权重。结果是：

$p(x=1.6)=0$, $p(x=1.8)=0.8$, $p(x=2.2)=0.8$, $p(x=2.1)=2.4$.

因此，M 更新为：

$M=\{(1.6, 0), (1.8, 0.8), (2.2, 0.8), (2.1, 2.4)\}$

在此之后，归一化权重使其和为一。这样得到：

$M=\{(1.6, 0), (1.8, 0.2), (2.2, 0.2), (2.1, 0.6)\}$

最后，使用 $R=0.1$ 重新采样，于是更新的 M 为：

$M=\{(1.8, 0.25), (2.2, 0.25), (2.1, 0.25), (2.1, 0.25)\}$

请注意，数值为 2.1 的粒子出现了 2 次，因此它的可能性最大，同时丢弃了 1.6。如果我们需要知道机器人在任何 P 时刻的位置，我们可以简单地计算所有粒子的权重和。如下例：

$P=1.8\times0.25+2.2\times0.25+2.1\times0.25+2.1\times0.25=2.05$

16.3 坐标系

全局和本体坐标系

我们已经知道了机器人在本体坐标系中如何行驶一定距离或旋转一定角度。然而对许多应用而言，首先（在未知环境中）建立一个地图或（在已知环境中）规划路径是很重要的。这些路径点通常是在全局或世界坐标下进行定义。

将本体坐标转化为全局坐标

将机器人本体坐标转化成全局坐标是一个二维坐标转换，为了匹配两个坐标系，需要一个平移和一个旋转变换（见图 16.7）。

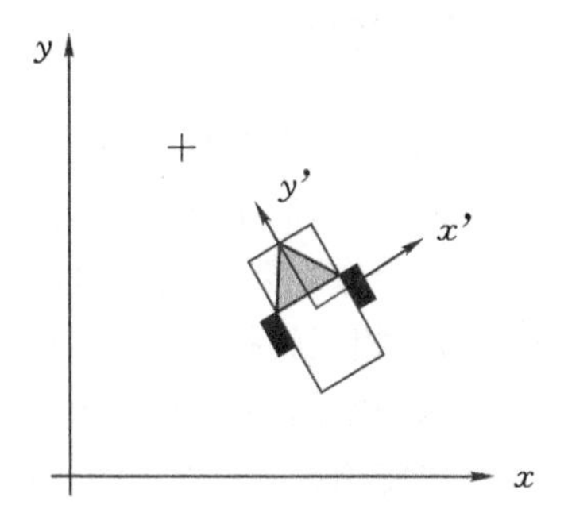

图 16.7 全局和本体的坐标系统

设该机器人具有全局位置坐标$[r_x, r_y]$和全局方向φ。设其本体坐标是$[o_{x'}, o_{y'}]$，然后按照如下的公式可以计算其全局坐标$[o_x, o_y]$：

$$[o_x, o_y]=\text{Trans}(r_x, r_y)\text{Rot}(\varphi)[o_{x'}, o_{y'}]$$

例如，在图16.7标注的位置具有本体坐标[0,3]。该机器人的位置是[5,3]及其方向角度为30°。因此全局坐标是：

P.250

$$[o_x, o_y] = \mathrm{Trans}(5,3)\mathrm{Rot}(30°)[0,3] = \mathrm{Trans}(5,3)[-1.5, 2.6] = [3.5, 5.6]$$

齐次坐标

可以使用齐次坐标大大地简化上述的坐标变换。正如在第14章机器手臂中所指出，任意长的3D变换序列可以归纳为单个的4×4矩阵(Craig 1989)。

在上面二维的情况下，一个3×3矩阵便足够了：

$$\begin{bmatrix} o_x \\ o_y \\ 1 \end{bmatrix} = \begin{bmatrix} 1 & 0 & 5 \\ 0 & 1 & 3 \\ 0 & 0 & 1 \end{bmatrix} \begin{bmatrix} cos\alpha & -sin\alpha & 0 \\ sin\alpha & cos\alpha & 0 \\ 0 & 0 & 1 \end{bmatrix} \begin{bmatrix} 0 \\ 3 \\ 1 \end{bmatrix}$$

$$\begin{bmatrix} o_x \\ o_y \\ 1 \end{bmatrix} = \begin{bmatrix} cos\alpha & -sin\alpha & 5 \\ sin\alpha & cos\alpha & 3 \\ 0 & 0 & 1 \end{bmatrix} \begin{bmatrix} 0 \\ 3 \\ 1 \end{bmatrix}$$

对于 $\alpha = 30°$，上式变成了：

$$\begin{bmatrix} o_x \\ o_y \\ 1 \end{bmatrix} = \begin{bmatrix} 0.87 & -0.5 & 5 \\ 0.5 & 0.87 & 3 \\ 0 & 0 & 1 \end{bmatrix} \begin{bmatrix} 0 \\ 3 \\ 1 \end{bmatrix} = \begin{bmatrix} 3.5 \\ 5.6 \\ 1 \end{bmatrix}$$

导航算法

然而，导航不仅仅是行驶到某一特定的位置——它完全取决于需要解决的具体任务。例如：目的地是否已知，还是要搜索？行驶环境的大小是否已知？环境中所有对象是否已知？目标是移动的还是静止的？等等。

P.251

下面我们将简要介绍一些著名的导航算法。然而，其中一些太过理论化，不能与实际导航中遇到的问题密切联系。例如，一些最短路径的算法要求有一个位置节点集和关于它们距离的充分信息。但是在许多实际应用中并没有自然的节点(如广阔而空旷的行驶空间)，或是由于存在部分或完全未被探索的环境，节点位置以及是否存在都是未知的。

更详细的内容参阅(Arkin 1998)，相关主题参见第17和18章。

16.4 环境表示

二维空间环境的两种基本表示方法是构型空间和栅格法。在构型空间中，我们给定环境维数和所有障碍墙的坐标(例如，线段表示)。在栅格法中，按照一定的分辨率使用单个像素来描述环境，每个像素要么代表自由空间(白色像素)，要么是一个障碍(黑色像素)。这两种格式可以很容易地相互转换。通过“打印”障碍的坐标数据到一个具有所需分辨率的画布数据结构上，可以将构型空间转换成栅格。通过合并相邻的障碍像素点组成独立的线段，来提取障碍线段信息，可以将栅格转换成一个构型空间。

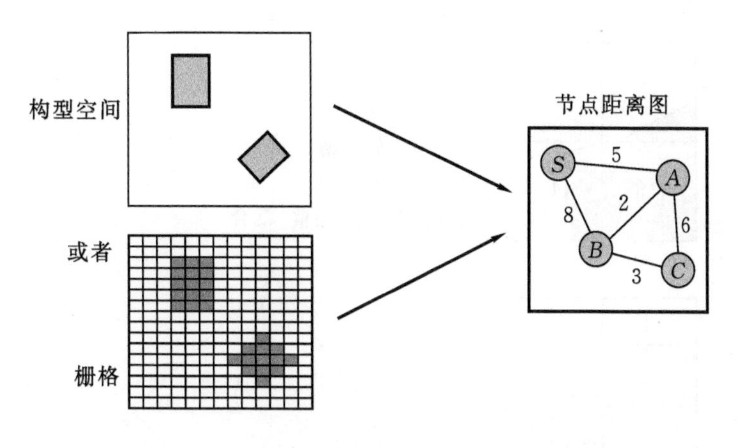

图 16.8 基本环境表示

虽然有许多导航算法可以直接工作于环境描述(构型空间或栅格法),但是有些算法,如 Dijkstra 和 A*,需要一个距离图作为输入。距离图是对环境的一个更高层次的描述。它虽不包含完整的环境信息,但它可以实现高效率的初始路径规划(例如,从一个房间到另一个房间),并随后加以完善(例如,从 x,y 位置到 x,y 位置)。 P.252

距离图只包含环境中少量的标识的节点和它们的相对距离。而上文中的两个基本环境格式都不能直接应用距离图,因此,我们会对自动获得距离图的算法(见图 16.8)感兴趣。

用蛮力的方法解决这个问题,是从栅格法入手,将每一个像素点看作为距离图中的节点。如果给定的环境是构型空间格式,通过以所需的分辨率“打印”在画布上,可以很容易地转换为栅格。

但是,这种方法存在若干问题。首先,所产生的距离图的节点数目将会很大,这对于较大的环境或较精细的网格将会不可行。其次,在这样一个图里的路径规划将导致次优路径。因为相邻的像素已经转换成相邻的图节点,而距离图只支持转向角度是±45°(8 近邻)的倍数和±90°的倍数(4 近邻)。

使用四叉树将会改善以上两方面的情况,它将显著减少节点数量,且没有硬性的转角限制。为了产生一个四叉树,给定的环境(构型空间或栅格法)将递归划分为四个象限。如果一个象限全空(自由空间)或被一个障碍完全覆盖,那么它将成为一个末端节点,也称为叶。如果象限节点中混合包含自由空间和障碍,将在下一步递归中做进一步的划分(见图 16.9)。此过程直到所有节点达到终端或达到最大分辨率为止。

四叉树所有的自由节点(或更确切地说是其中心位置)现在可以当做距离图的节点。我们通过连接每个节点构建出一个完整的图,然后去除那些两个节点间由于存在一个阻断障碍(如图 16.10 中的线 c-e 和 b-e)而不能够通过一条直线相连的边。对于其余的边,我们在原始环境中测量它们的距离值并输入到距离图(图 16.10,右)中以确定它们的相应距离。作为路径规划的最后步骤,我们可以在距离图上使用,例如 A* 算法。 P.253

该算法可以使用框架四叉树进一步加以改进,如(Yahja et al. 1998)所示。以下两节将讨论更多的为了自动生成距离图而改进的方法。

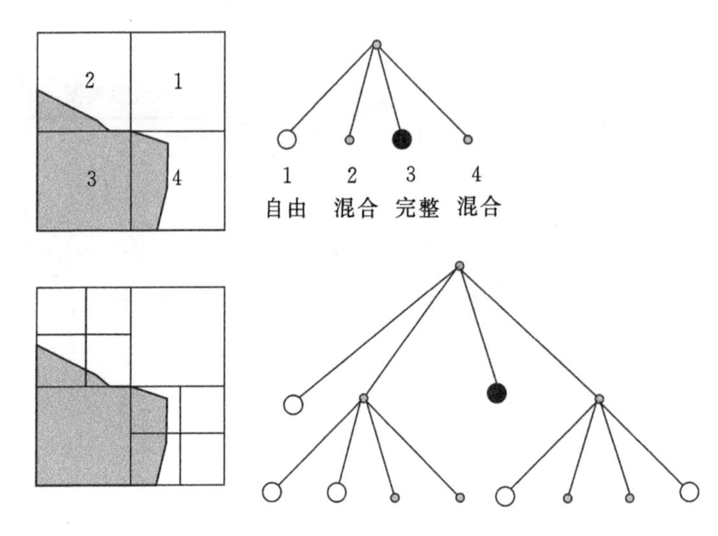

图 16.9 四叉树的构建

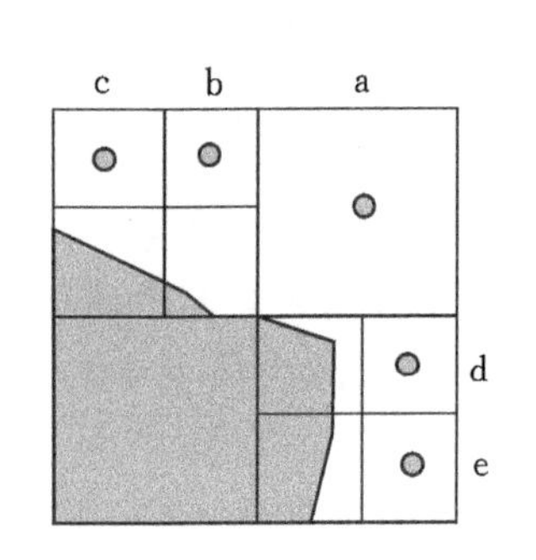

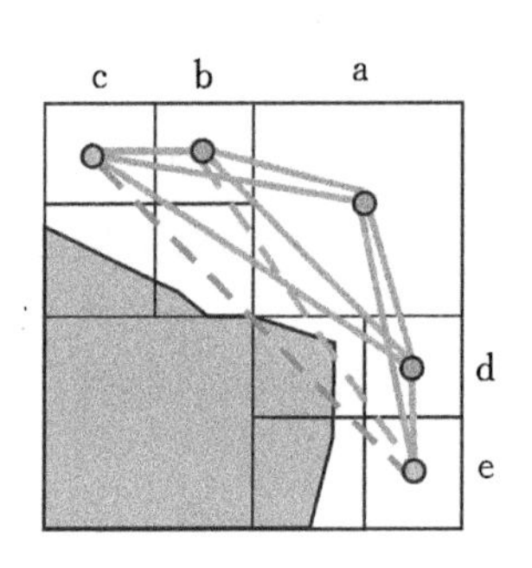

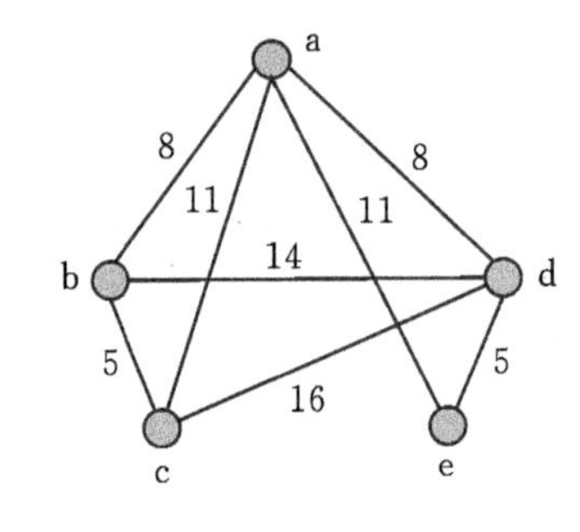

图 16.10 由四叉树构建距离图

16.5 可视图

可视图方法是使用了一个不同的思想来确定距离图中节点的位置。四叉树方法使用周围的一些自由空间来区分节点，而可视图方法是替代使用障碍物的角点。

P.254

如果环境表示为一个构型空间，那么我们已经有了一切障碍物的多边形描述。则只需要收集所有障碍物边线的起始和结束点，以及机器人的起始和目标位置。

如图 16.11(中)所示，然后通过连接每一个节点与其它每一个节点构建一个完整的图。最后，我们删除所有与障碍相交的线，留下使我们能够从一个节点直线行驶到另一个节点的连线，如图 16.11(右)。

这一方法的一个问题是允许连线与障碍非常近，因此它将仅仅在理论上对直径为零的机器人有效。尽管如此，在应用此算法以前，可以虚拟扩大每个障碍物的尺寸最少是机器人直径的一半，这个问题就可以很容易地解决了(见图 16.12)。

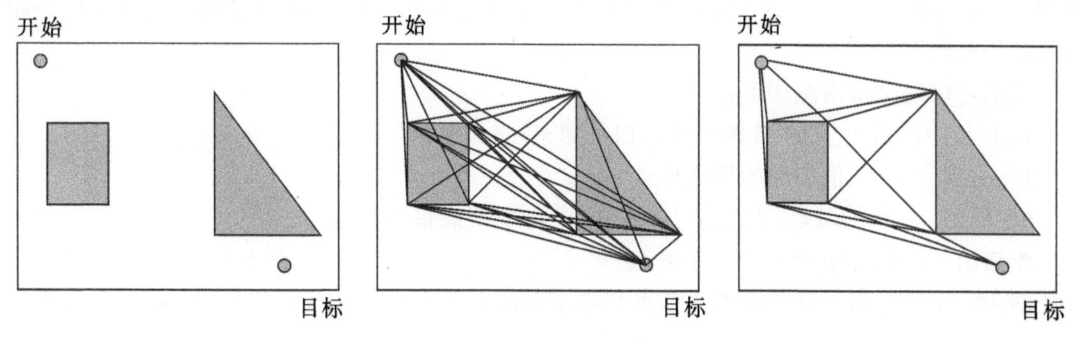

图 16.11 可视图节点的选择

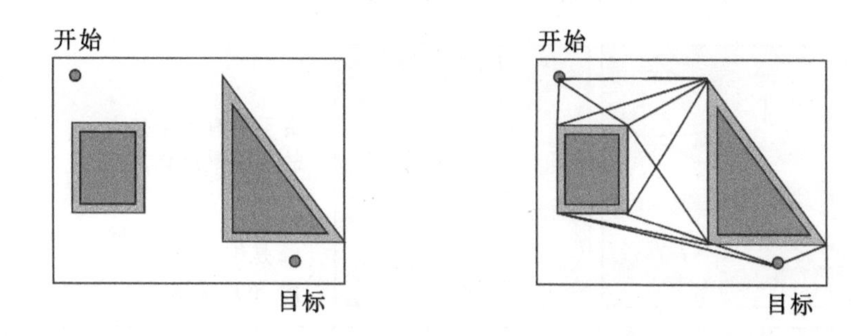

图 16.12 扩大障碍物的尺寸为机器人直径的一半

钢琴移动者的问题

还可使用包含机器人行驶方向的更为先进的可视图算法，这对于非圆柱形的机器人来说特别重要(Bicchi, Casalino, Santilli 1996)。对于非圆柱形的机器人(它们的二维投影是非圆的)，可能存在需要改变方向的路径，以通过两障碍之间的狭窄通道。更复杂的问题称为“钢琴移动者的问题”(Hopcroft, Schwartz, Sharir 1987)(图 16.13)。

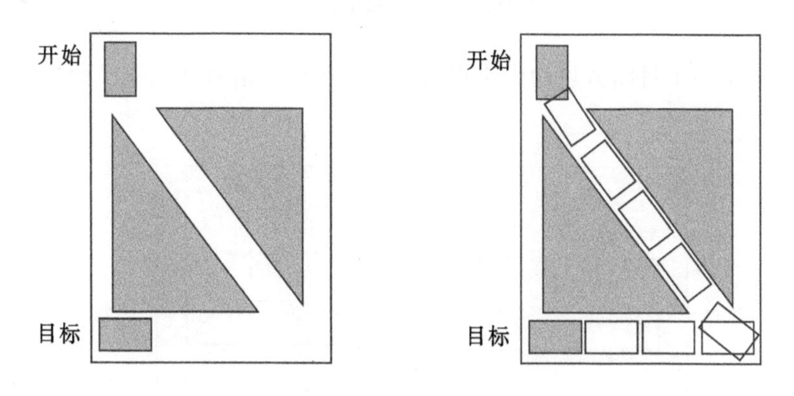

图 16.13 钢琴移动者的问题

16.6 维诺图

维诺图(Voronoi Diagram)是从某给定的二维环境数据中提取出节点距离信息的另一种方法，该方法可以追溯到 Voronoi、Dirichlet 和 Delaunay 的工作(Voronoi 1907)，(Dirichlet

P.255

1850),(Delaunay 1934)。这个算法的主要工作原理是构建一个与障碍物和墙壁具有最小距离的点的框架。

我们可以定义维诺图如下:

F:环境中的自由空间(二值图像的白色像素)

F':占据空间(二值图像的黑色像素)

$b\in F'$是$p\in F$的基点,当且仅当b是F'中与p距离最近的点

维诺图$=\{p\in F \mid p$至少有2个基点$\}$

图16.14通过两个例子来表明基点和维诺点的关系。至少有两个基点的点才适合作维诺点。

由于只有单个基点,故p不是维诺点,$p2$是维诺点,$p1$不是维诺点

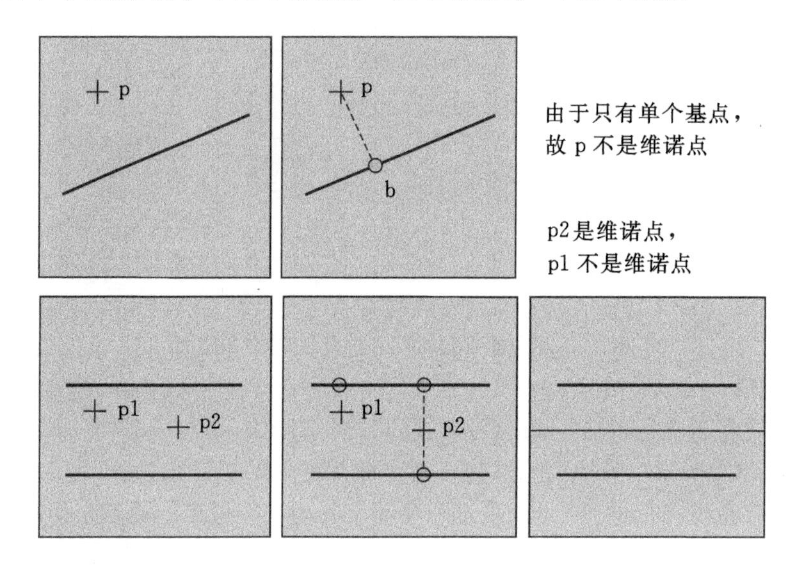
p
p
b
由于只有单个基点,
故p不是维诺点
p2是维诺点,
p1不是维诺点
p1
p2
p1
p2

图16.14　基点和维诺点

图16.15显示了一个封闭方块的维诺点的集合。维诺点清晰地描绘了此环境结构的最小距离框架。

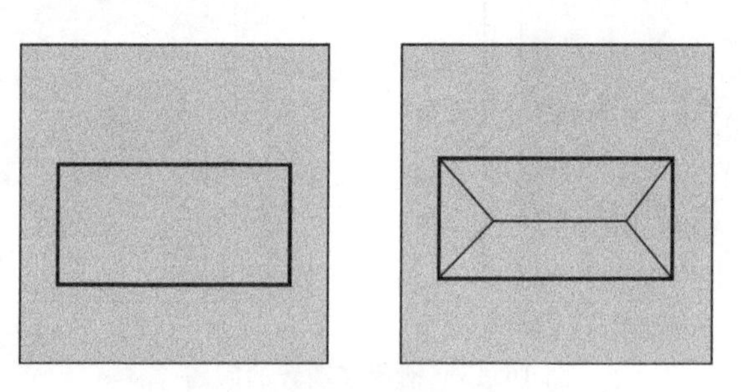

图16.15　维诺例子

如果我们有一个维诺图,我们可以简单地用所有维诺直线的终点作为节点来构造距离图。然而,获取所有的维诺点并不像简单的定义那么简单。用蛮力法检查图像中每一个像素的维诺性质将需要很长的时间,因为这将涉及包含所有像素点的两个嵌套循环。用来确定维诺点

P.256

更有效的方法是德洛涅三角测量法(Delaunay triangulation)(Delaunay 1934)和局部算法(Brushfire algorithm)(Lengyel et al. 1990),我们将对此进行详细的描述。

16.6.1 德洛涅三角测量法

德洛涅三角测量法(Delaunay 1934)试图用较少的计算量来构建维诺图。我们首先定义一个德洛涅三角形:

$q1, q2, q3 \in F'$构成一个德洛涅三角形,当且仅当有一点 $p \in F'$到 $q1, q2, q3$ 距离相等,且 F'中没有其它点离 p 更近。

德洛涅三角中的点 p 是一个维诺点。

F'中所有的角点也是维诺点。

这意味着:维诺点 p 是一个与障碍/边界点 q_1, q_2, q_3 相接触的自由空间圆的圆心,且在圆的内部没有任何障碍点。

图 16.16(左)所示是一个两个在圆内的维诺点加上四个维诺角点的例子。维诺点可直接用作导航算法的图节点,或者可以使用直线和它们最近的邻点相接,从而形成一个完整的维诺图。(见图 16.16 右)P.257

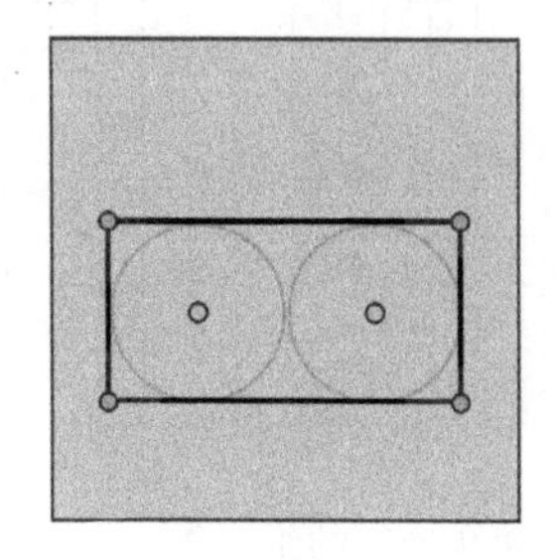
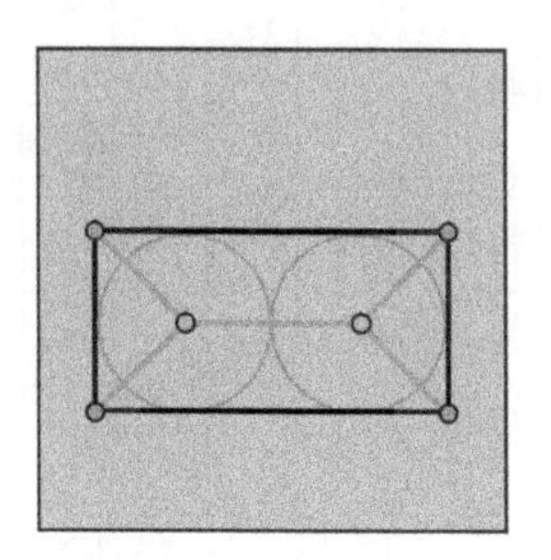

图 16.16 德洛涅三角的例子

16.6.2 局部算法

局部算法(Lengyel et al. 1990)是一种在栅格中(1 代表占用域,0 代表空白)生成维诺图的离散图形算法。该算法的步骤如下:

1. 用唯一的标号(颜色)来区别每个障碍物及各个边界。
2. 迭代($i=2$;直到没有任何变化;i++):
   a) 如果一个已标号的像素(或边界)的邻域(4 邻域或 8 邻域)是自由像素,则用相同的颜色将像素标号为"i"。
   b) 如果一个自由像素被此过程用不同颜色重写两次或更多,则将此点作为一个维诺点。P.258
   c) 如果一个像素和它的上或右邻(两个最近邻)被此过程用不同颜色的"i"重写,则将此点作为一个维诺点。

边界标号(或"颜色")从边向中心缓慢移动,所以在这个意义上局部算法类似于漫水填充算法。图 16.17 显示了一步一步执行的局部算法和样本环境生成的维诺图。

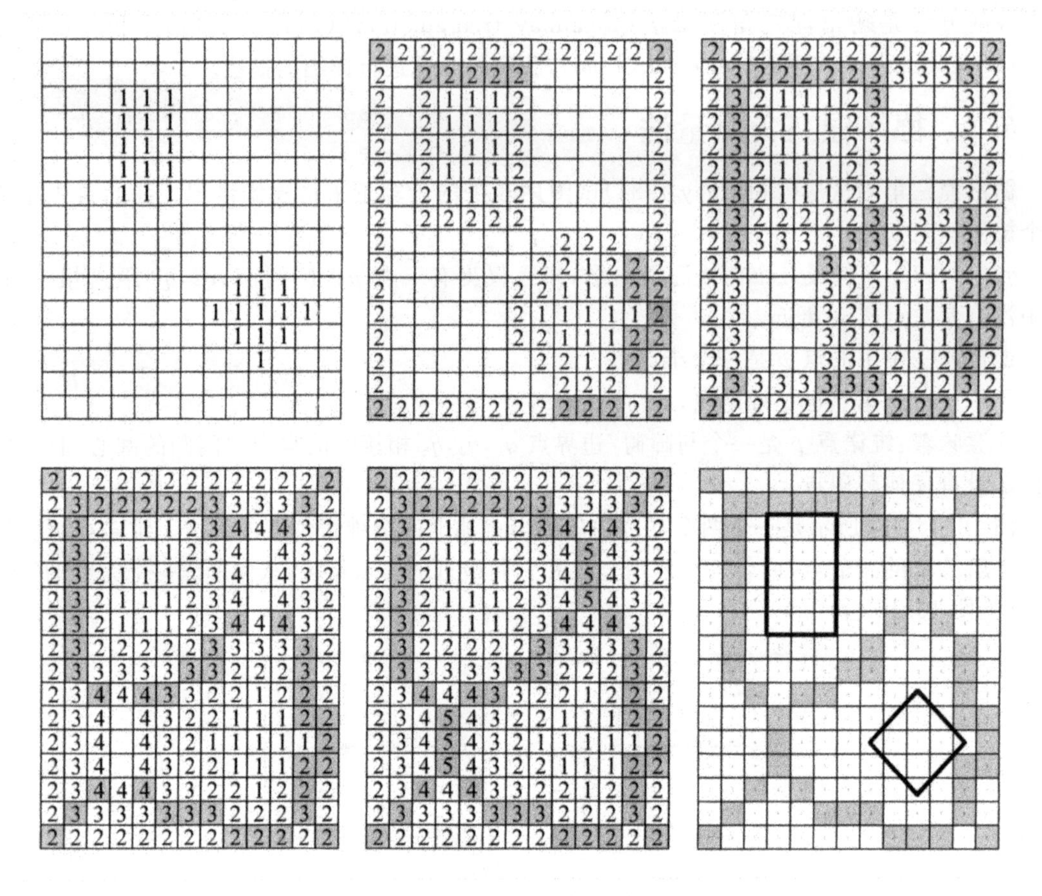

图 16.17 局部算法步骤和最终的维诺图

16.7 势场法

参考资料

(Arbib, House 1987),(Koren, Borenstein 1991),(Borenstein, Everett, Feng 1998)

描述

具有虚拟力的全局地图生成算法。

要求

起始点和目标位置,所有障碍物和墙壁的位置。

算法

生成具有虚拟引力和斥力的地图。起点、障碍物和墙壁生成斥力,目标生成引力,力的强度与目标的距离成反比,机器人则只需要简单地随力的矢量场移动。

举例

图 16.18 所示的例子是障碍物和墙壁产生斥力,再叠加一个从起点到终点的通用势场方向。

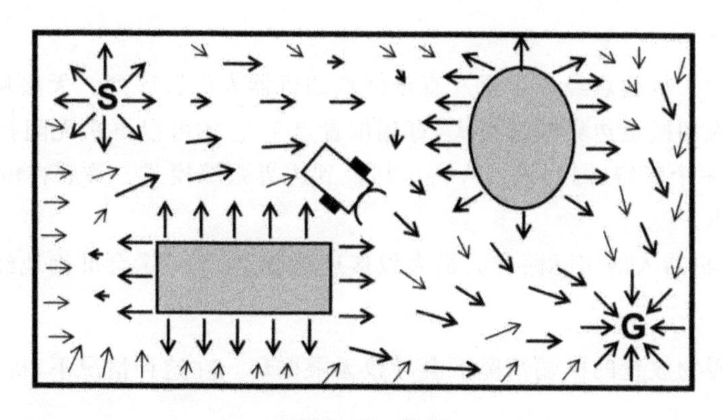

图 16.18 势场

图 16.19 以三维曲面图的形式显示了势场的生成步骤。放在这个曲面起点的球将滚向终点——这显示了导出的机器人行驶路线。左边的三维曲面仅仅表示起点和终点的一个位势(高度)差以及墙的斥力。右边的三维曲面则增加了两个障碍的斥力。

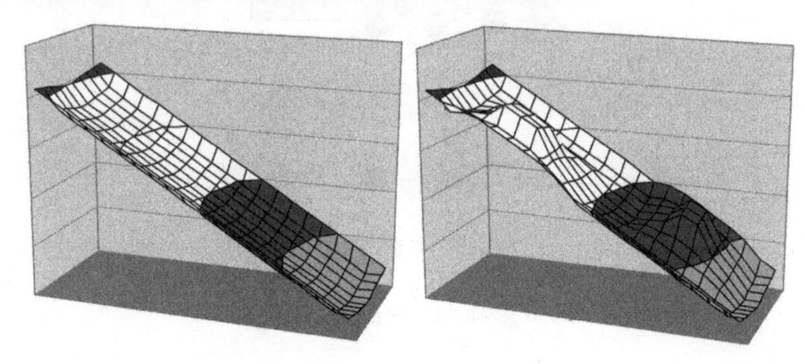

图 16.19 三维曲面的势场

P. 259

问题

机器人可能会陷入局部极小值。在这种情况下,机器人进入了零力(或水平位势)点,在此处吸引力和排斥力将相互抵消。因此,机器人会停止,并将永远不能达到目标。

16.8 漫游观看位算法(Wandering Standpoint Algorithm)

参考文献

(Puttkamer 2000)

描述

本体的路径规划算法。

要求

本体的距离传感器。

算法

尝试从起点沿直线到达目标。当遇到一个障碍时,测量左转和右转的规避角度,按较小的角度转向。继续沿物体进行边界追踪,直到目标方向再次明确。

举例

图16.20显示了从起点经由1至6直至终点的机器人位置序列。无法从出发点直接到达终点，因此，机器人切换至边界跟踪模式，直到位置点1，它才可以再次无阻挡地驶向终点。在位置点2，遇到另一个障碍，因此机器人再次切换到边界跟踪模式。最后在位置点6，可以无障碍地直线到达终点。

事实上，每个机器人的实际路径只是大致接近这些点，不一定会准确地经过它们。

问题

该算法在障碍物放置的极端情况下会导致无限循环。在这种情况下，机器人持续行驶，但不能达到目标。

P.260

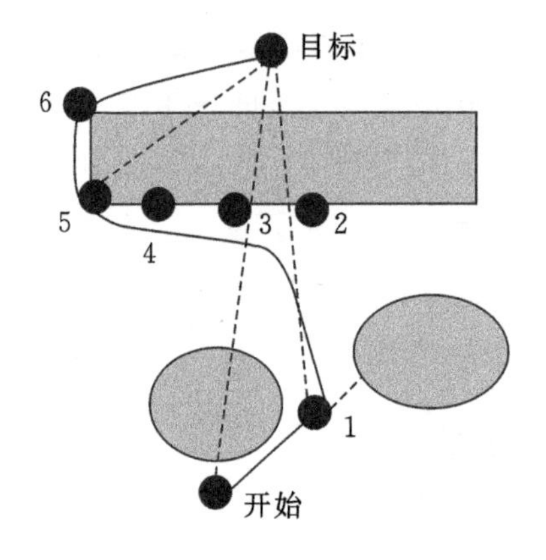

图16.20　漫游观看位

16.9　BUG算法系列

参考资料

Bug1 (Lumelsky, Stepanov 1986)

Bug2 (Lumelsky, Stepanov 1986)

DistBug (Kamon, Rivlin 1997)

Bug算法的总结和比较可参阅(Ng,Bräunl 2007)。

描述

局部规划算法可保证收敛性，该算法将找到一个路径(如果存在)或报告目标无法到达。

要求

自己的位置、目标位置、接触传感器(Bug1和Bug2)或测距传感器数据(DistBug)。

算法

Bug1:直线驶向目标，直到碰到障碍(碰撞点，*Hit Point*)。然后执行边界跟踪同时记录到目标的最短距离(离开点，*Leave Point*)。当再次行驶至碰撞点后，则驶向离开点，并在此处继续此算法。

Bug2：使用一条从起点到目标的一条假想直线 M，沿着 M 直线直到碰到一个物体（碰撞点）。然后沿着边界行驶直到到达 M 上一个离目标更近的点（离开点），在此继续此算法。

DistBug：直线驶向目标，直到碰到障碍（碰撞点）。然后执行边界跟踪同时记录到目标的最短距离。如果目标是可见的，或是目标周围有足够的自由空间，则从这里（离开点）继续进行这种算法。但是，如果机器人又回到前一个碰撞点，则目标无法到达。

以下是我们的 DistBug 算法版本，改编自原始论文。

常数：

STEP 两个离开点的最小距离，例如 1cm。

P. 261

变量：

P	机器人的当前位置(x,y)
G	目标位置(x,y)
Hit	当前障碍首次被碰到的位置
Min_dist	在边界跟踪过程中距离目标的最短距离

1. 主程序

```
Loop
    "drive towards goal"  /* non-blocking, proc. continues while driv. */
    if P=G then {"success"; terminate;}
    if "obstacle collision" { Hit = P; call follow; }
End loop
```

2. 跟踪子例程

```
Min_dist = ∞;  /* init */
Turn left;  /* to align with wall */
Loop
    "drive following obstacle boundary";  /* non-block., cont. proc. */
    D = dist(P, G)  /* air-line distance from current position to goal */
    F = free(P, G)  /* space in direction of goal, e.g. PSD measurement */
    if D < Min_dist then Min_dist = D;

    if F ≥ D  or  D–F ≤ Min_dist – STEP  then return;
    /* goal is directly reachable or a point closer to goal is reachable */
    if P = Hit then { "goal unreachable"; terminate; }
End loop
```

问题

虽然该算法的理论性很好，但由于通常无法达到定位精度和传感器测距的要求，因而它并不是很实用。DistBug 算法的大多数变种也存在缺乏抗传感器读值和机器人行驶/定位噪声的鲁棒性的问题。

举例

图 16.21 显示两个标准的 DistBug 例子，在此使用了 EyeSim 仿真系统。左手边的例子中机器人从主程序循环开始运行，驶向目标直到它到达 U 形障碍。此时记录下碰撞点并调用跟踪（*follow*）子例程。一个左转后，机器人沿着 U 形障碍左半边的边界行驶。一开始远离目

标，然后越来越靠近目标。最终，目标方向的自由空间的距离将大于或等于距目标的剩余距离(这种情况发生在离开点)。于是由边界跟踪子程序返回到主程序，机器人将第二次朝目标直行。这一次将抵达目标，算法同时结束。

图16.21右，显示了另一个例子。该机器人在第一个离开点将停止边界跟踪，因为它的传感器探测到它可以到达一个比先前更接近目标的点。到达第二个碰撞点后，将第二次调用边界跟踪，直到机器人在第二个离开点可以直线驶向目标。

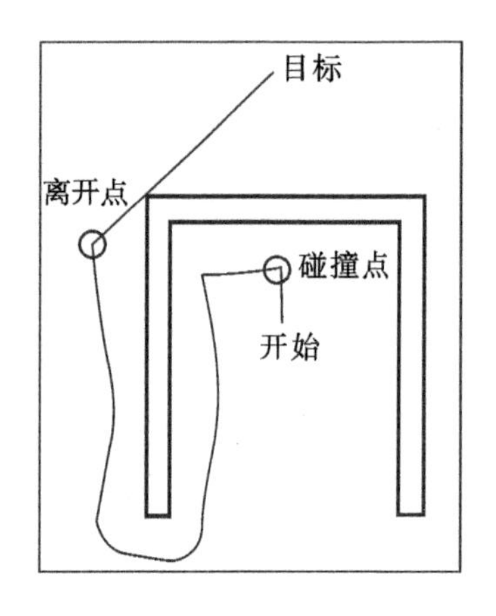

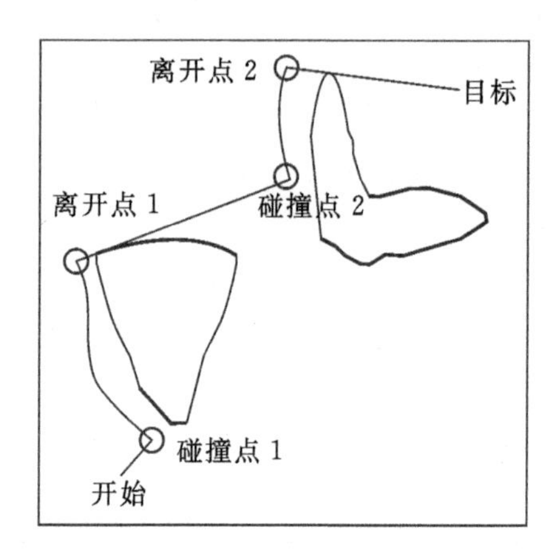

图16.21　Distbug例子(Ng, Bräunl 2007)

P. 262

图16.23显示两个例子，进一步展示了Distbug算法。在图16.23左，我们的目标在E形障碍里面且无法到达。机器人首次直接驶向目标，遇到障碍后记录碰撞点，然后开始边界跟踪。围绕障碍物完成一个完整的圆圈后，机器人返回碰撞点，这是它对无法到达目标的终止条件。

为指出两算法间的区别，我们展示了在与图16.21右相同的环境下执行算法Bug1(图16.22，左)和Bug2(图16.22，右)的情况。

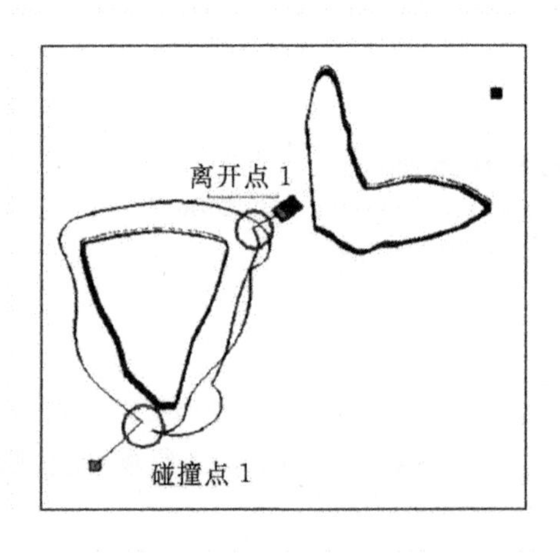

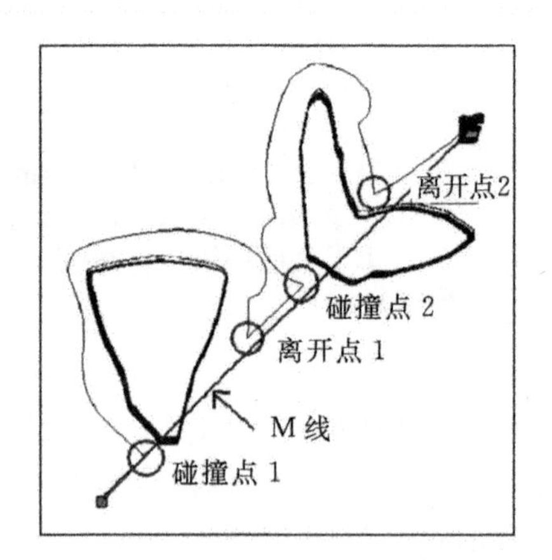

图16.22　Bug1和Bug2例子

图16.23右显示了更复杂的例子。机器人到达碰撞点后，在找到类似于迷宫结构的入口前，其路径几乎围绕了所有的障碍物。机器人继续执行边界跟踪直到从离开点可以直线到达

目标。

P. 263

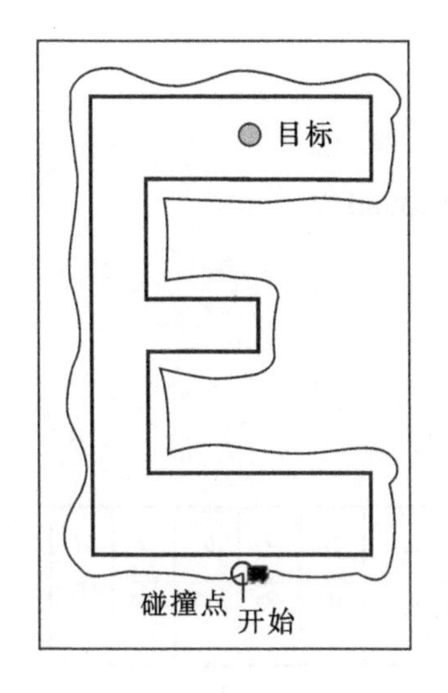

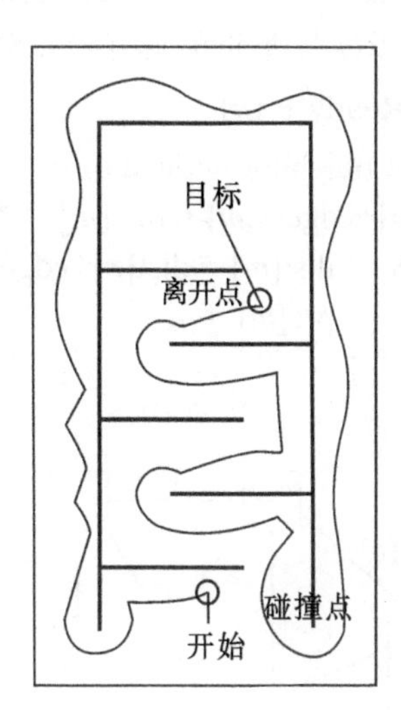

图 16.23 复杂的 Distbug 例子(Ng, Bräunl 2007)

16.10 迪杰斯特拉算法

参考文献

(Dijkstra 1959)

描述

迪杰斯特拉算法(Dijkstra's algorithm)计算在全连通图中从某一特定节点开始的所有最短路径。简单地使用时,算法的复杂度是 $O(e+v^2)$,也可以减少到 $O(e+v\cdot\log v)$,其中 e 表示边缘、v 表示节点。相邻节点之间的距离由 edge(n,m)给出。

要求

需要所有节点之间的相对距离信息,距离不可忽略。

算法

先前所有的算法都是直接使用环境数据,而 Dijkstra(和下面的 A^*)则要求首先构建一个距离图(见 16.4 节)。

用开始节点启动"ready 集"。在循环内的每一步中选择具有最短距离的节点,然后计算它到所有邻近点的距离并存储前一路径。添加当前节点至"ready 集",当"ready 集"里包括了所有节点时循环终止。

1. 初始化

将起始距离设置为 0, dist[s]=0,

将其它节点设为无穷大:dist[i]=∞ (for $i\neq s$),

Set Ready={ }.

P. 264

2. 循环直至 Ready 集里包含所有的节点

选择未在 Ready 集里的具有最短路径节点 n

```
Ready = Ready + {n} .
FOR each neighbor node m of n
  IF dist[n]+edge(n,m) < dist[m]    /* shorter path found */
    THEN  { dist[m] = dist[n]+edge(n,m);
             pre[m] = n;
          }
```

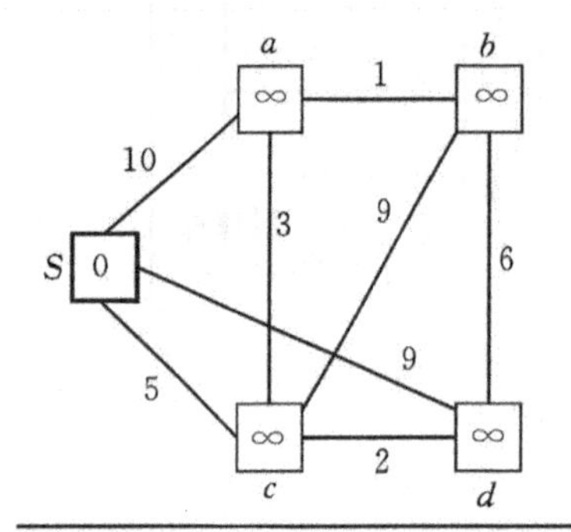

从 s 到:	S	a	b	c	d
先前的 距离	0 —	∞ —	∞ —	∞ —	∞ —

步骤 0:初始化列表,没有先前路径

Ready={ }

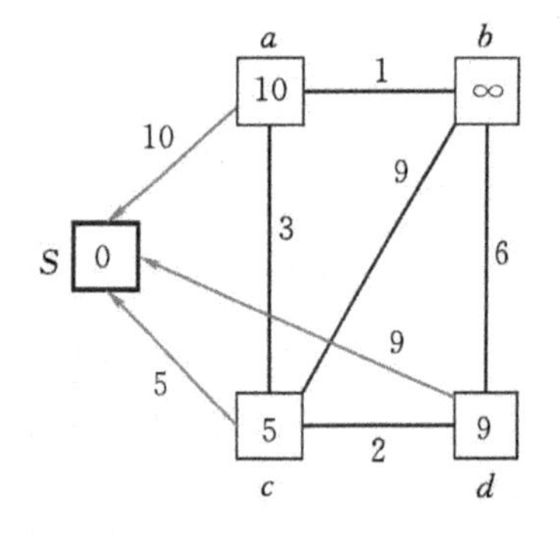

从 s 到:	S	a	b	c	d
先前的 距离	0 —	10 S	∞ —	5 S	9 S

步骤 1:最近的节点是 s,加入到 Ready

更新距离和先前到 s 的所有相邻节点

Ready={S}

图 16.24 Dijkstra 算法的步骤 0 和步骤 1

举例

考虑图 16.24 中的节点和距离,左手边是距离图,右手边是当前所找到的最短距离表和直接产生这些距离的前任路径。

在开始时(初始化),我们只知道开始节点 S 达到的距离是 0(依据定义),到其它所有节点的距离为无限大,且我们没有前任路径的记录。从步骤 0 到步骤 1,我们选择未包含在"Ready 集"且距离最短的节点。由于 Ready 仍是空的,我们必须查看所有节点。

P. 265

显然 s 是距离(为 0)最短的点,而所有其它节点的距离仍是无限大。

P. 266

对于第一步,图 16.24 底,现在 S 归入了 Ready 集中,所有邻近点的距离和前任路径(相当于 S)将更新。由于 S 是 a,c,d 这三个点的近邻,因此将更新它们的距离,且将它们的前任路径放入 S。

当我们进行至第二步,由于 S 已经在 Ready 集中,我们必须从 a,b,c,d 中选择距离最短的节点。在这之中,c 具有最短路径(5)。此表将更新 c 所有的邻近点——S,a,b 和 d。如图 16.25 所示,在 a,b 和 d 中发现新的更短的距离,每个进入 c 的都作为它们的即刻前任路径。

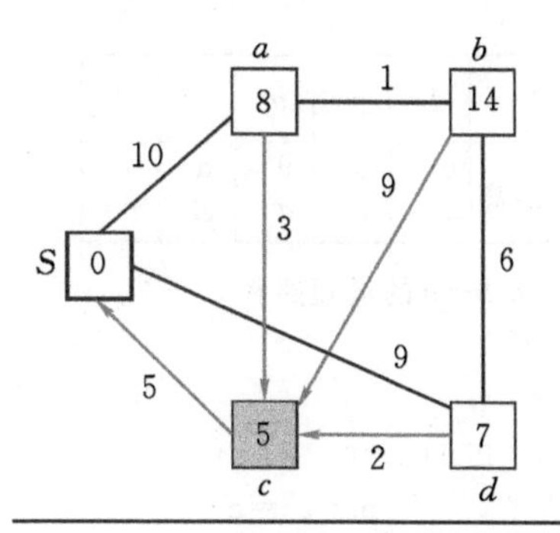

从 s 到：	S	a	b	c	d
先前的距离	0 —	~~10~~ 8 ~~S~~ c	14 c	5 S	~~9~~ 7 ~~S~~ c

步骤 2：下一个最近节点是 c，加入到 Ready
对 a 和 b 更新距离和先前
Ready＝{S,c}

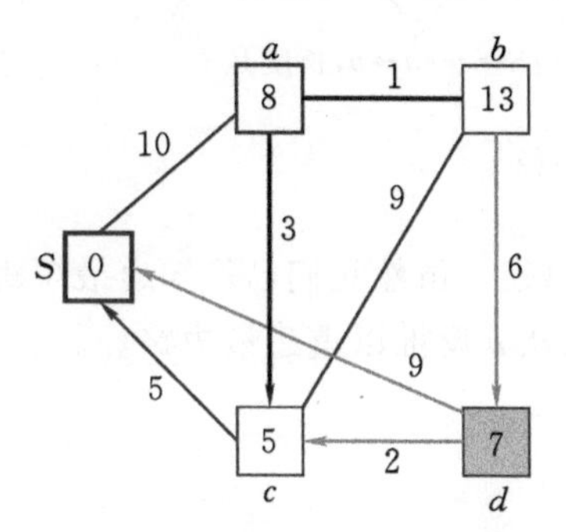

从 s 到：	S	a	b	c	d
先前的距离	0 —	8 c	~~14~~ 13 ~~c~~ d	5 S	7 c

步骤 3：下一个最近节点是 d，加入到 Ready
对 b 更新距离和先前
Ready＝{S,c,d}

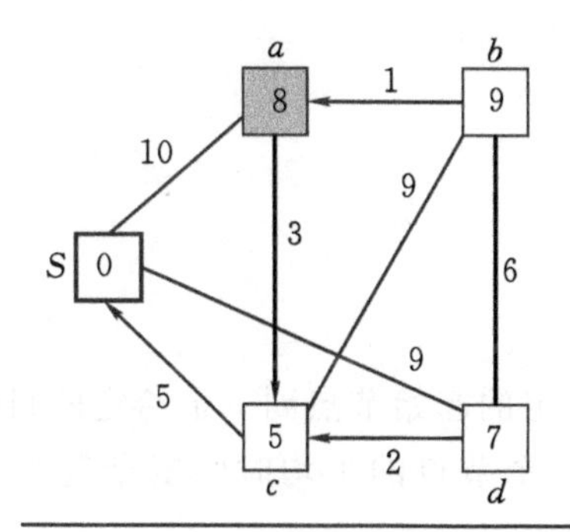

从 s 到：	S	a	b	c	d
先前的距离	0 —	8 c	~~13~~ 9 ~~d~~ a	5 S	7 c

步骤 4：下一个最近节点是 a，加入到 Ready
对 b 更新距离和先前
Ready＝{S,a,c,d}

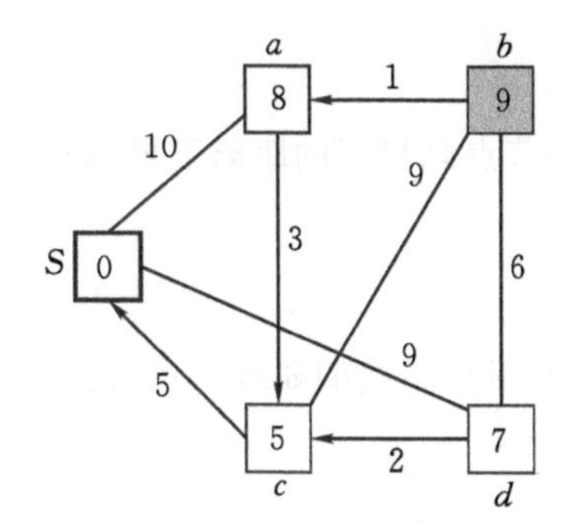

从 s 到：	S	a	b	c	d
先前的距离	0 —	8 c	9 a	5 S	7 c

步骤 5：下一个最近节点是 b，加入到 Ready
检查 s 的所有的相邻节点
Ready＝{S,a,b,c,d} 完成！

图 16.25 Dijkstra 算法步骤 2～5

在下面 3 到 5 的步骤中，反复循环该算法，直到最后所有的节点都包含在 Ready 集中，此时算法终止。表中现在包含了从开始节点到其它每个节点的最短路径，以及各个节点前任路径，这使得我们可以重建最短路径。

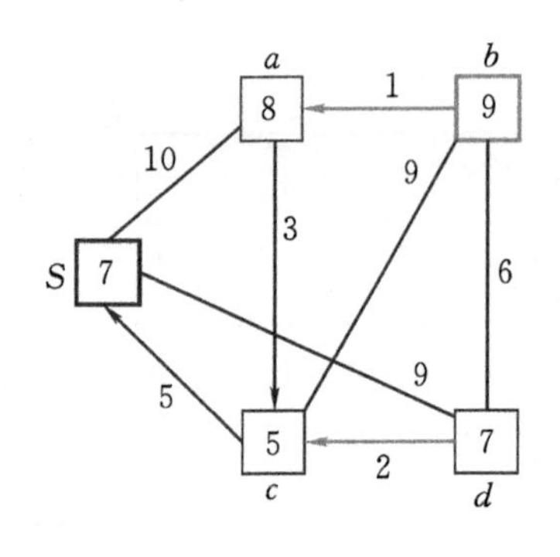

从 s 到：	S	a	b	c	d
先前的距离	0 _	8 c	9 a	5 S	7 c

例如：寻找从 $S\to b$ 的最短路径

Dist[b]=9

Pre[b]=a

pre[a]=c

pre[c]=S

最短路径：$S\to c\to a\to b$，长度是 9

图 16.26　确定最短路径

图 16.26 显示了如何从每个节点的前任构造最短路径。虽然我们已经知道最短距离(9)，但为在 S 与 b 之间寻找最短路径，我们必须用以下步骤从 b 反推以重建最短路径。

pre[b]=a，　pre[a]=c，　pre[c]=S

因此，最短路径是：$S\to c\to a\to b$

16.11　A* 算法

P. 267

参考文献

(Hart，Nilsson，Raphael 1968)

描述

英文发音为"A-Star"，这是一种用来计算从一个给定的起始节点到一个给定的目标节点的最短路径的启发式算法。对于具有分支因子 k 的 v 个节点的平均时间复杂度为 $O(k\cdot\log_k v)$，但在最坏的情况下可能是二次方。

要求

具有所有节点之间的相对距离信息的距离图和每个节点到目标的**距离下界**(如 air-line 或直线距离)。

算法

维护到目标的路径分类表，在每一步中通过增加具有最短距离的邻近节点(包括到目标剩余距离的估计值)来只扩展当前的最短路径。

举例

考虑图 16.27 中的节点和局部距离。每个节点也有到目标的下界距离(例如，利用全局定位系统的欧几里德距离)。

节点值是到目标 b 的较小的边界距离(比如：线性距离)

弧线值是相邻节点之间的距离

第一步中，有三个选择：

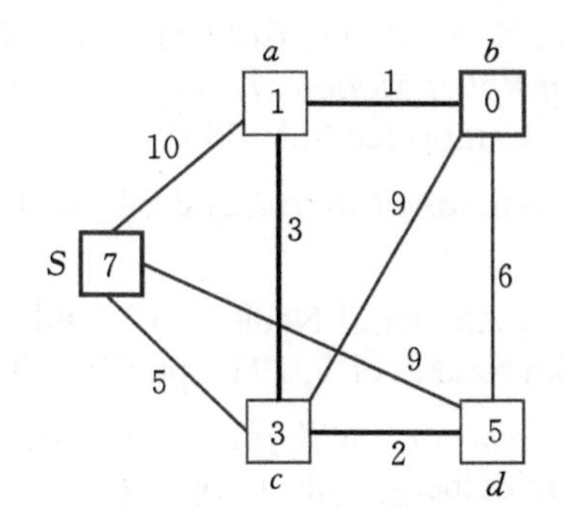

图 16.27 A* 例子

- $\{S,a\}$具有最小长度 10+1=11
- $\{S,c\}$具有最小长度 5+3=**8**
- $\{S,d\}$具有最小长度 9+5=14

使用一个"最优者优先"的算法,我们首先探索最短估计的路径:$\{S,c\}$,现在从部分路径$\{S,c\}$的下一个扩展是:

- $\{S,c,a\}$具有最小长度 5+3+1=**9**
- $\{S,c,b\}$具有最小长度 5+9+0=14
- $\{S,c,d\}$具有最小长度 5+2+5=12

事实证明,目前的最短部分路径是$\{S,c,a\}$,我们将进一步扩展: P.268

- $\{S,c,a,b\}$具有最小长度 5+3+1+0=**9**

这里只有一个能够到达目标节点 b 的扩展路径,并且是迄今发现的最短路径,因此该算法终止。此时已经找到了最短路径和相应的距离。

注意

该算法可能看起来复杂,因为似乎需要在不同地方存储不完整的路径和它们的长度。然而,使用一个最优者优先的递归搜索可以很完美地解决这个问题,而不需要详细的路径存储。

从每个节点下界到目标距离的质量极大地影响了该算法的时间复杂度。给定的下界离真实距离越近,执行时间越短。

16.12 参考文献

ARBIB, M., HOUSE, D. *Depth and Detours: An Essay on Visually Guided Behavior*, in M. Arbib, A. Hanson (Eds.), Vision, Brain and Cooperative Computation, MIT Press, Cambridge MA, 1987, pp. 129-163 (35)

ARKIN, R. *Behavior-Based Robotics*, MIT Press, Cambridge MA, 1998

BICCHI, A., CASALINO, G., SANTILLI, C. *Planning Shortest Bounded-Curvature Paths*, Journal of Intelligent and Robotic Systems, vol. 16, no. 4, Aug. 1996, pp. 387-405 (9)

BORENSTEIN, J., EVERETT, H., FENG, L. *Navigating Mobile Robots: Sensors and Techniques*, AK Peters, Wellesley MA, 1998

CHOSET H., LYNCH, K., HUTCHINSON, S., KANTOR, G., BURGARD, W., KAVRAKI, L., THRUN, S. *Principles of Robot Motion: Theory, Algorithms, and Implementations*, MIT Press, Cambridge MA, 2005

CRAIG, J. *Introduction to Robotics – Mechanics and Control*, 2nd Ed., Addison-Wesley, Reading MA, 1989

DELAUNAY, B. *Sur la sphère vide*, Izvestia Akademii Nauk SSSR, Otdelenie Matematicheskikh i Estestvennykh Nauk, vol. 7, 1934, pp. 793-800 (8)

DIJKSTRA, E. *A note on two problems in connexion with graphs*, Numerische Mathematik, Springer-Verlag, Heidelberg, vol. 1, pp. 269-271 (3), 1959

DIRICHLET, G. *Über die Reduktion der positiven quadratischen Formen mit drei unbestimmten ganzen Zahlen*, Journal für die Reine und Angewandte Mathematik, vol. 40, 1850, pp. 209-227 (19)

P. 269

HART, P., NILSSON, N., RAPHAEL, B. *A Formal Basis for the Heuristic Determination of Minimum Cost Paths*, IEEE Transactions on Systems Science and Cybernetics, vol. SSC-4, no. 2, 1968, pp. 100-107 (8)

HOPCROFT, J., SCHWARTZ, J., SHARIR, M. *Planning, geometry, and complexity of robot motion*, Ablex Publishing, Norwood NJ, 1987

KAMON, I., RIVLIN, E. *Sensory-Based Motion Planning with Global Proofs*, IEEE Transactions on Robotics and Automation, vol. 13, no. 6, Dec. 1997, pp. 814-822 (9)

KOREN, Y., BORENSTEIN, J. *Potential Field Methods and Their Inherent Limitations for Mobile Robot Navigation*, Proceedings of the IEEE Conference on Robotics and Automation, Sacramento CA, April 1991, pp. 1398-1404 (7)

LENGYEL, J., REICHERT, M., DONALD, B., GREENBERG, D. *Real-time robot motion planning using rasterizing computer graphics hardware*, Proceedings of ACM SIGGRAPH 90, Computer Graphics vol. 24, no. 4, 1990, 327–335 (9)

LUMELSKY, V., STEPANOV, A. *Dynamic Path Planning for a Mobile Automaton with Limited Information on the Environment*, IEEE Transactions on Automatic Control, vol. 31, Nov. 1986, pp. 1058-1063 (6)

NG, J., BRÄUNL, T. *Performance Comparison of Bug Navigation Algorithms*, Journal of Intelligent and Robotic Systems, Springer-Verlag, no. 50, 2007, pp. 73-84 (12)

PUTTKAMER, E. VON. *Autonome Mobile Roboter*, Lecture notes, Univ. Kaiserslautern, Fachbereich Informatik, 2000

VORONOI, G. *Nouvelles applications des paramètres continus à la théorie des formes quadratiques*, Journal für die Reine und Angewandte Mathematik, vol. 133, 1907, pp. 97-178 (82)

YAHJA, A., STENTZ, A. , SINGH, S , BRUMMIT, B. *Framed-Quadtree Path Planning for Mobile Robots Operating in Sparse Environments*, IEEE Conference on Robotics and Automation (ICRA), Leuven Belgium, May 1998, pp. (6)

第17章

迷宫探索

移动机器人竞赛的历史已逾30多年,其中第一次微型鼠竞赛于1977年举办。这些赛事曾激励了数代学生、研究人员和非专业人员,同时也花费了大量的研究经费、时间和精力。比赛提供了一个具有客观性能标准的目标,同时经广大媒体的宣传报道,可使参赛选手在更大的舞台展示他们的作品。 P.271

随着多年来机器人在竞赛中的发展,机器人变得更快、更聪明,竞赛本身也有所发展。今天,人们的兴趣已从以前"大致已解决了"的迷宫问题转移到机器人足球比赛(见第20章)。

17.1 微型鼠竞赛

开端:1977年纽约

"舞台已准备就绪。观众们主要是工程师,也已到场。华尔街日报,纽约时报,其它出版物和电视台记者也都来了。所有人都在期待中等待着论坛中神秘的小鼠迷宫(Spectrum's Mystery Mouse Maze)的到来。随后CBS和NBC的彩色电视摄像机开始运转了;今晚将为Walter Cronkite和John Chancellor David Brinkley新闻节目的观众们重现这一时刻"(Allan 1979)。

这是1977年纽约第一届"惊奇的微型鼠迷宫竞赛"(Amazing Micro-Mouse Maze Contest)上的报道,移动机器人的竞赛引起了媒体极大的兴趣。学术界的反应也是巨大的。

在唐·克里斯琴森(Don Christiansen)第一个提出竞赛倡议后(Christiansen 1977),超过6000只参赛队伍响应了这一倡议。

此竞赛的任务是让机器鼠用最短时间从起始点行驶到目的地。随着时间的推移,比赛的规则也稍微有所改变,这是为了允许微型鼠机器人探索整个迷宫并计算最短的路径,同时以一个缩小的尺度来计算探索时间。

第一个微型鼠的制作相当简单,甚至一些微型鼠都没有微处理器作为控制器,但是简单的"wall huggers"通过始终跟踪左边(或右边)的墙总是能够找到目的地。少数机械速度相对慢 P.272

的微型鼠的成绩甚至比一些智能微型鼠还要高。

约翰·比林斯利(John Billingsley)(Billingsley 1982)使得微型鼠竞赛在欧洲大受欢迎，他要求改进第一条比赛规则：为了避免 wall huggers，微型鼠应该是从一个拐角出发，它们的目标应该在中心位置，而不是在另一个拐角。从此，需要更加智能化的行为来走出迷宫(见图17.1)。实际上当时几乎所有的机器人实验室都在以某种形式制造微型鼠，一个真正的微型鼠风潮正在世界各地掀起。突然间，人们有了一个共同的目标，并可以与许多正在研究的这一问题的同行们分享想法。

图 17.1　1986 年伦敦的微型鼠竞赛的迷宫

微型鼠技术随着时间的推移得到了相当大的发展。一种典型的传感器配置是使用三个传感器，分别用来检测微型鼠的前方、左边和右边的墙。早期的微型鼠使用的是简单的微动开关接触传感器，后来流行的是声纳、红外，甚至是光学传感器(Hinkel 1987)(见图 17.2)。

P.273

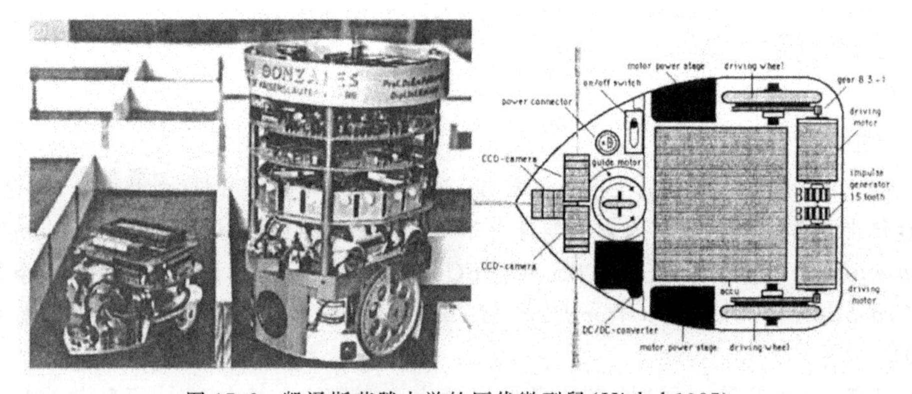

图 17.2　凯泽斯劳滕大学的历代微型鼠(Hinkel 1987)

虽然微型鼠的大小受到迷宫中墙壁间的距离的限制，但是小的尤其是重量轻的微型鼠的优势是可以更快地加速/减速，因此容易获得更快的速度。在大部分迷宫中，小的微型鼠能够沿着直的对角线行驶用以取代一连串的左转弯或者右转弯。

澳大利亚昆士兰大学的微型鼠(见图 17.3——微型鼠竞赛直至今日依然存在!)是当今世界上速度最快的之一，它使用三个伸展的手臂，每一个上面带有若干个红外传感器以可靠地测量微型鼠与墙之间的距离。总的来说，微型鼠的问题看起来已经解决了，可能唯一可能改进的是在机械方面，而不是电子、传感器或者软件(Bräunl 1999)。

图 17.3 微型鼠,昆士兰大学

17.2 迷宫探索算法

我们将开发两种迷宫探索的算法:一是跟踪迷宫左墙(“wall hugger”)的简单迭代程序和稍微复杂的探索整个迷宫的递归程序。

17.2.1 墙体跟踪算法

用于此问题探索阶段的第一个简单的方法是始终跟踪左边的墙。例如,如果一个机器人进入一个有数个开口的交叉路口,它将沿着左边的路径行驶。程序 17.1 显示的是函数 explore_left 的实现,假设起始方格在[0,0]点,而北、西、南、东四个方向编码为整数 0、1、2、3。

程序 17.1 Explore-Left

```
 1  void explore_left(int goal_x, int goal_y)
 2  { int x=0, y=0, dir=0; /* start position */
 3    int front_open, left_open, right_open;
 4
 5    while (!(x==goal_x && y==goal_y)) /* goal not reached */
 6    { front_open = PSDGet(psd_front) > THRES;
 7      left_open  = PSDGet(psd_left)  > THRES;
 8      right_open = PSDGet(psd_right) > THRES;
 9
10      if (left_open) turn(+1, &dir); /* turn left */
11       else if (front_open);          /* drive straight*/
12        else if (right_open) turn(-1, &dir);/* turn right */
13         else turn(+2, &dir);        /* dead end - back up */
14      go_one(&x,&y,dir);          /* go one step in any case */
15    }
16  }
```

程序 explore_left 非常简单,仅由几行代码组成。它包含一个 while 循环,在到达目标(x 和 y 坐标相匹配)方格时终止该循环。在每一次迭代中,由机器人红外传感器的数值确定前方、左边,以及右边是否存在墙壁(布尔变量 front_open, left_open, right_open)。然后该机器人选择“最左”的方向,进行下一步的行程。也就是说如果可能,它会一直向左行驶;如果不行,它将尝试直线行驶,当且仅当这两个方向都被阻断时,它才会尝试向右行驶。如果这

P.274

三个方向都不可以，显然是进入了一个死胡同，机器人将原地后转并返回到前面的方格。

程序 17.2　行驶支持函数

```
1   void turn(int change, int *dir)
2   {   VWDriveTurn(vw, change*PI/2.0, ASPEED);
3       VWDriveWait(vw);
4       *dir = (*dir+change +4) % 4;
5   }
```

```
1   void go_one(int *x, int *y, int dir)
2   { switch (dir)
3     { case 0: (*y)++; break;
4       case 1: (*x)--; break;
5       case 2: (*y)--; break;
6       case 3: (*x)++; break;
7     }
8     VWDriveStraight(vw, DIST, SPEED);
9     VWDriveWait(vw);
10  }
```

用于旋转 90°的倍数并行驶一个方格的支持函数很简单，如程序 17.2 所示。函数 turn 按所要求的角度 P. 275 (±90°或 180°)转动机器人，然后更新方向参数 dir。函数 go_one 根据当前 dir 的方向更新机器人的位置坐标 x 和 y。然后，机器人向前行驶一个固定的距离。

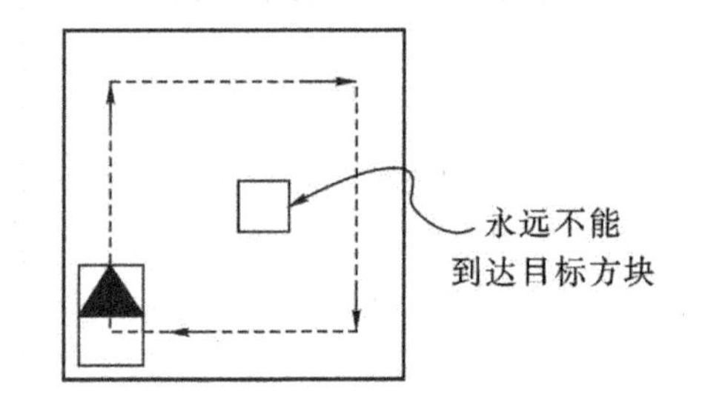

图 17.4　墙体跟踪的问题

这个简单而优雅的算法对大部分的迷宫都非常有效。但是，当在迷宫的中间设置目标位置时，如图17.4 所示，该算法对此迷宫就不适用了，采用墙体跟踪算法的机器人将永远无法到达该目标。而在接下来一节中所展示的递归算法，则能够处理任意的迷宫。

17.2.2　递归探索

用于完整迷宫探索的算法能够保证访问迷宫的每一个可到达的方格，而不依赖于迷宫的结构。当然，这需要建立迷宫的一个内部表示，并需要维护一个 bit-field 以标记每一个方格是否已经访问过。我们的新算法按以下几个阶段进行组织以实现探索和导航：

1. 探索整个迷宫：

   从起始方格开始，访问迷宫中所有可达的方格，然后返回到起始方格(通过一个递归算法实现)。

2. 使用“漫水填充”算法计算从起始方格到其它任何方格的最短距离。

3. 允许用户输入要求的终点方格的坐标：然后通过反转漫水填充数组的路径以确定从终点至起始方格的的最短路径。

墙体跟踪算法和探索所有路径的递归算法之间的区别如图 17.5 所示。墙体跟踪算法只能得到一个单一的路径，而递归算法却可以探索出所有可能的路径。当然，这里需要对已经访问过的方格进行记录，以避免进入一个无限循环。

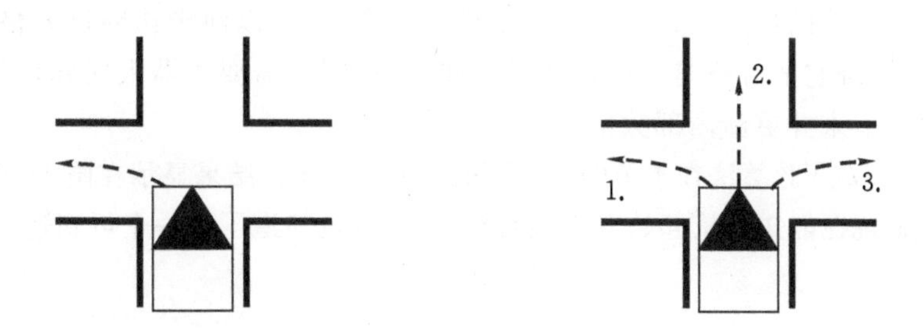

图 17.5 左墙跟踪探索与递归探索

程序 17.3 显示的是核心递归函数 explore 的摘录。与之前相类似，我们首先确定当前方格左、右和前方是否有墙，我们也标记出当前已访问过的方格（数据结构 mark），使用辅助函数 maze_entry 将发现的所有墙壁都输入至内在表示。接下来，我们将最多执行三次递归调用，P.276 这取决于前方、左边或右边的方向是否开放（无墙体）以及在这一方向上的下一个方格是否尚未访问过。如果是，机器人将行驶至下一个方格，并递归调用 explore 程序。调用终止时，机器人将返回到先前的方格。总而言之，这将使得机器人能够探索整个迷宫，当算法完成时返回 P.277 到初始位置。

程序 17.3 探索

```
1  void explore()
2  { int front_open, left_open, right_open;
3    int old_dir;
4
5    mark[rob_y][rob_x] = 1;   /* set mark */
6    PSDGet(psd_left), PSDGet(psd_right));
7    front_open = PSDGet(psd_front) > THRES;
8    left_open  = PSDGet(psd_left)  > THRES;
9    right_open = PSDGet(psd_right) > THRES;
10   maze_entry(rob_x,rob_y,rob_dir,        front_open);
11   maze_entry(rob_x,rob_y,(rob_dir+1)%4, left_open);
12   maze_entry(rob_x,rob_y,(rob_dir+3)%4, right_open);
13   old_dir = rob_dir;
14
15   if (front_open  && unmarked(rob_y,rob_x,old_dir))
16     { go_to(old_dir);   /* go 1 forward */
17       explore();        /* recursive call */
18       go_to(old_dir+2); /* go 1 back */
19     }
20  if (left_open && unmarked(rob_y,rob_x,old_dir+1))
21     { go_to(old_dir+1); /* go 1 left */
22       explore();        /* recursive call */
23       go_to(old_dir-1); /* go 1 right */
24     }
25  if (right_open && unmarked(rob_y,rob_x,old_dir-1))
26     { go_to(old_dir-1); /* go 1 right */
27       explore();        /* recursive call */
28       go_to(old_dir+1); /* go 1 left */
29     }
30  }
```

此算法的一个可能的扩展是在每次迭代中检查一个新的、以前未访问过方格的四周是否都是已知的(例如围绕它的方格是否已访问过),如果是,则不需要机器人实际访问这个方格,这次行程可以保存下来并更新内部数据库。

我们现在已经完成了该算法在本节的开始所概括的第一步。结果显示在图 17.6 的顶部。对于每一个方格,我们现在都知道从起始方格能否到达,并且也知道了每一个可到达方格的所有墙壁。

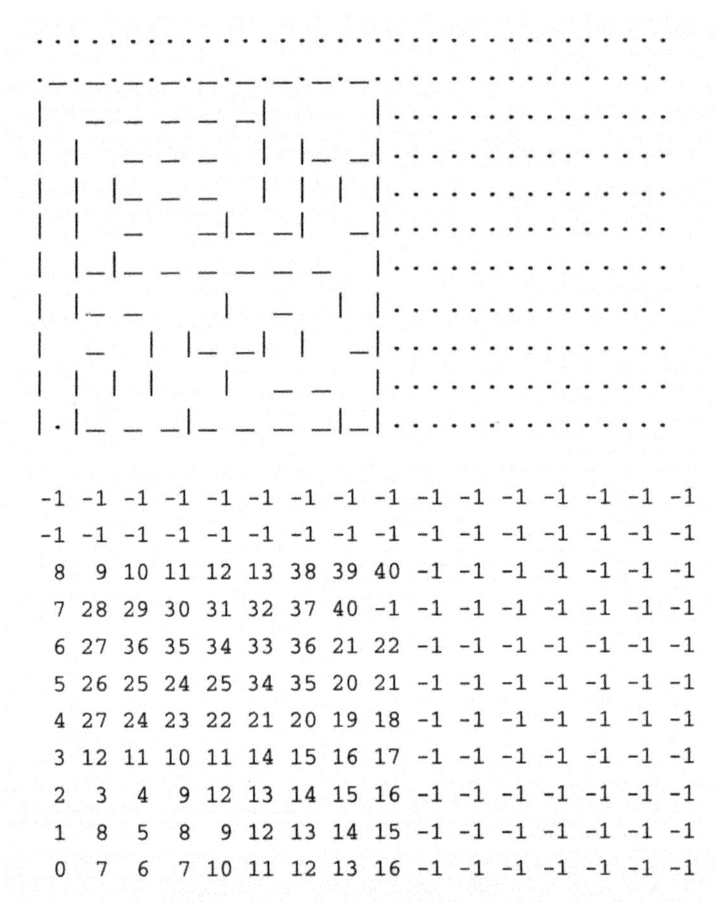

图 17.6 迷宫算法的输出

漫水填充算法

在第二步中,我们希望得到从起始方格到迷宫中每个方格的最小距离(方格单位)。图 17.6 底显示了从起点到迷宫里的每个点的最短距离。值−1 表示这是一个不可达的方格(例如迷宫边界以外的位置)。我们使用漫水填充算法来实现这一目的(见程序 17.4)。

P. 278

该程序采用了二维整数数组 map 来记录距离并增加一个 nmap,用它来在每一次迭代之后对 map 进行备份。一开始,除了可以在零步骤到达的初始方格[0,0]以外,其它每个方格(数组元素)都被标记为是不可到达的(值为−1)。然后,只要有一个 map 项发生了改变,则运行 while 循环。因为每一个"变化"都至少减少了一个未知方格(值为−1)的数量,该循环迭代的上界是总面积数($MAZESIZE^2$)。在每一次迭代中,我们使用两个嵌套的 for-循环来检查所有未知的方格。如果有一个到已知方格(值≠−1)的路径(北、南、东或西方向上没有墙),将计算新的距离值并输入到距离数组 nmap 中。需要另外一个 if-选择来处理迷宫边界,图 17.7 显示了单步生成的距离图。

程序 17.4 漫水填充

```
1     for (i=0; i<MAZESIZE; i++) for (j=0; j<MAZESIZE; j++)
2     {  map [i][j] = -1;  /* init */
3        nmap[i][j] = -1;
4     }
5     map [0][0] = 0;
6     nmap[0][0] = 0;
7     change = 1;
8
9     while (change)
10    { change = 0;
11      for (i=0; i<MAZESIZE; i++) for (j=0; j<MAZESIZE; j++)
12      { if (map[i][j] == -1)
13        { if (i>0)
14            if (!wall[i][j][0]   && map[i-1][j] != -1)
15             { nmap[i][j] = map[i-1][j] + 1; change = 1; }
16          if (i<MAZESIZE-1)
17            if (!wall[i+1][j][0] && map[i+1][j] != -1)
18             { nmap[i][j] = map[i+1][j] + 1; change = 1; }
19          if (j>0)
20            if (!wall[i][j][1]   && map[i][j-1] != -1)
21             { nmap[i][j] = map[i][j-1] + 1; change = 1; }
22          if (j<MAZESIZE-1)
23            if (!wall[i][j+1][1] && map[i][j+1] != -1)
24             { nmap[i][j] = map[i][j+1] + 1; change = 1; }
25        }
26      }
27      for (i=0; i<MAZESIZE; i++) for (j=0; j<MAZESIZE; j++)
28        map[i][j] = nmap[i][j];   /* copy back */
29    }
```

```
-1 -1 -1 -1 -1 -1     -1 -1 -1 -1 -1 -1     -1 -1 -1 -1 -1 -1
-1 -1 -1 -1 -1 -1     -1 -1 -1 -1 -1 -1     -1 -1 -1 -1 -1 -1
-1 -1 -1 -1 -1 -1     -1 -1 -1 -1 -1 -1     -1 -1 -1 -1 -1 -1
-1 -1 -1 -1 -1 -1     -1 -1 -1 -1 -1 -1      2 -1 -1 -1 -1 -1
-1 -1 -1 -1 -1 -1      1 -1 -1 -1 -1 -1      1 -1 -1 -1 -1 -1
 0 -1 -1 -1 -1 -1      0 -1 -1 -1 -1 -1      0 -1 -1 -1 -1 -1

-1 -1 -1 -1 -1 -1     -1 -1 -1 -1 -1 -1      5 -1 -1 -1 -1 -1
-1 -1 -1 -1 -1 -1      4 -1 -1 -1 -1 -1      4 -1 -1 -1 -1 -1
 3 -1 -1 -1 -1 -1      3 -1 -1 -1 -1 -1      3 -1 -1 -1 -1 -1
 2  3 -1 -1 -1 -1      2  3  4 -1 -1 -1      2  3  4 -1 -1 -1
 1 -1 -1 -1 -1 -1      1 -1 -1 -1 -1 -1      1 -1  5 -1 -1 -1
 0 -1 -1 -1 -1 -1      0 -1 -1 -1 -1 -1      0 -1 -1 -1 -1 -1
```

图 17.7 距离图的生成(节选)

在第三步中,即算法的最后一步,我们现在能够确定从起始方格到迷宫内任何方格的最短路径。我们已经有了所有墙壁的信息和到每个方格的最短距离(见图 17.6)。如果用户希望机器人行驶到迷宫方格[1,2](第 1 行,第 2 列,假设初始方格是在[0,0]),那么由距离图(见图 P.279 17.7 右下)已知,这一方格可以在五步内到达。为了找到最短的行驶路径,我们现在可以简单地从要求的目标方格[1,2]至初始方格[0,0]的路径进行回溯。每一步我们从当前方格的相邻方格(之间没有墙)中选择比当前方格的距离小 1 的相邻方格。即:如果当前方格具有距离 d,新选出的相邻方格必须具有距离 $d-1$(见图 17.8)。

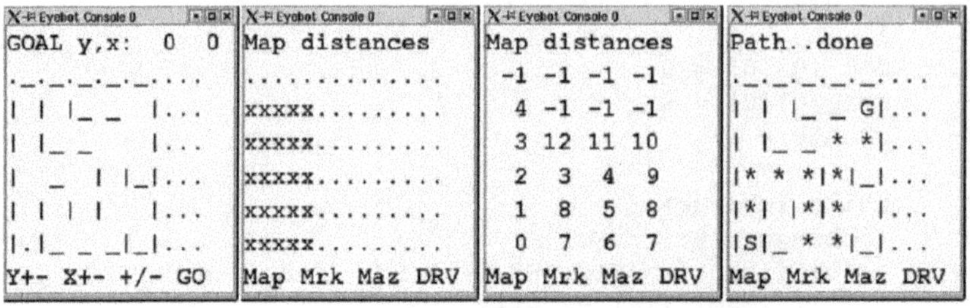

```
GOAL y,x:  0  0 | Map distances  | Map distances  | Path..done
._._._._.....   | ...........    |  -1 -1 -1 -1   | ._._._._.....
| | |_ _  |...  | xxxxx........  |   4 -1 -1 -1   | | | |_ _ G|...
| |_ _    |...  | xxxxx........  |   3 12 11 10   | | |_ _ * *|...
|  _  | |_|...  | xxxxx........  |   2  3  4  9   | |* * *|*|_|...
| | | |   |...  | xxxxx........  |   1  8  5  8   | |*| |*|*  |...
|.|_ _ _|_|...  | xxxxx........  |   0  7  6  7   | |S|_ * *|_|...
Y+- X+- +/- GO  | Map Mrk Maz DRV| Map Mrk Maz DRV| Map Mrk Maz DRV
```

图 17.8 屏幕更新:探索、访问的单元、距离、最短路径

程序 17.5 显示寻找路径的程序,图 17.9 演示了例子[1,2]。因为我们已经知道了路径的长度(map 中的项),一个简单的 for-循环便足够构建最短路径。在每一次迭代中,检查方格的四个方向是否有一个路径,以及邻近方格与起点的距离是否小于当前方格一个距离。必须至少有一边符合以上要求,否则我们的数据结构中将会产生一个错误。当然,也有可能存在超过一个方向满足要求的情况,在这种情况下,则存在多个最短路径。

P.280 程序 17.5 最短路径

```
1   void build_path(int i, int j)
2   { int k;
3     for (k = map[i,j]-1; k>=0; k--)
4     {
5       if (i>0 && !wall[i][j][0] && map[i-1][j] == k)
6       { i--;
7         path[k] = 0;  /* north */
8       }
9      else
10      if (i<MAZESIZE-1  &&!wall[i+1][j][0] &&map[i+1][j]==k)
11      { i++;
12        path[k] = 2;  /* south */
13      }
14     else
15      if (j>0  && !wall[i][j][1] && map[i][j-1]==k)
16      { j--;
17        path[k] = 3;  /* east */
18      }
19    else
20      if (j<MAZESIZE-1  &&!wall[i][j+1][1] &&map[i][j+1]==k)
21      { j++;
22        path[k] = 1;  /* west */
23      }
24    else
25      { LCDPutString("ERROR\a");
26      }
27    }
28  }
```

```
5 -1 -1 -1 -1 -1      5 -1 -1 -1 -1 -1      5 -1 -1 -1 -1 -1
4 -1 -1 -1 -1 -1      4 -1 -1 -1 -1 -1      4 -1 -1 -1 -1 -1
3 -1 -1 -1 -1 -1      3 -1 -1 -1 -1 -1      3 -1 -1 -1 -1 -1
2  3  4 -1 -1 -1      2  3  4 -1 -1 -1      2  3  4 -1 -1 -1
1 -1  5 -1 -1 -1      1 -1  5 -1 -1 -1      1 -1  5 -1 -1 -1
0 -1 -1 -1 -1 -1      0 -1 -1 -1 -1 -1      0 -1 -1 -1 -1 -1
```

Path: {}　　**Path: {S}**　　**Path: {E,S}**

```
5 -1 -1 -1 -1 -1      5 -1 -1 -1 -1 -1      5 -1 -1 -1 -1 -1
4 -1 -1 -1 -1 -1      4 -1 -1 -1 -1 -1      4 -1 -1 -1 -1 -1
3 -1 -1 -1 -1 -1      3 -1 -1 -1 -1 -1      3 -1 -1 -1 -1 -1
2  3  4 -1 -1 -1      2  3  4 -1 -1 -1      2  3  4 -1 -1 -1
1 -1  5 -1 -1 -1      1 -1  5 -1 -1 -1      1 -1  5 -1 -1 -1
0 -1 -1 -1 -1 -1      0 -1 -1 -1 -1 -1      0 -1 -1 -1 -1 -1
```

Path: {E,E,S}　　**Path: {N,E,E,S}**　　**Path: {N,N,E,E,S}**

图 17.9　位置 [y,x]=[1,2]的最短路径

17.3　仿真与真实的迷宫程序

P.281

仿真永远不够:在现实世界中有着现实的问题

我们首先使用 EyeSim 仿真器来执行并测试迷宫探索问题,然后再在一个真实的机器人上运行相同的程序(Koestler,Bräunl2005)。首先使用仿真器是为了在更高层次上进行程序设计,而且对于调试是非常有益的,因为它使我们能够集中精力于逻辑问题,并使我们摆脱了所有现实世界中的机器人问题。一旦验证了探索的逻辑和路径规划算法,便可以集中精力于底层的问题上,如容错的墙体检测,和为传感器/执行器添加现实中机器人通常会遇到的误差级别的噪声后的行驶精确度问题。这基本上把计算机科学的问题转化为了计算机工程的问题。

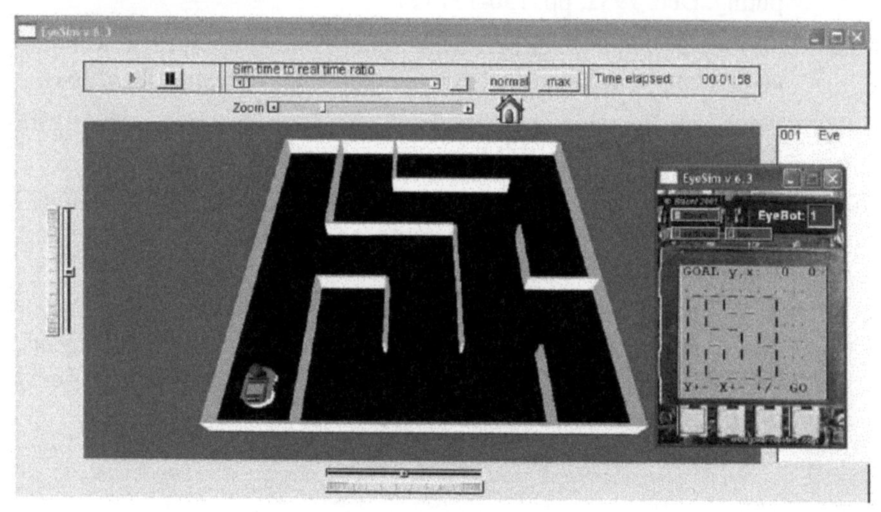

图 17.10　仿真的迷宫求解

现在,我们必须要处理错误的和不准确的传感器读数,以及机器人定位的偏移。在我们最终将该算法用于一个真正的机器人在迷宫环境中运行前,仍然需要使用仿真器对算法作必要的修改,以改进应用程序的鲁棒性和容错性。

在前面所示的迷宫探索程序中需要增加点什么,才能做到容错?我们不能假定给予转动 90°度命令后,一个机器人就一定会实现相应的动作。实际上它有可能是转动了 89°或 92°。让机器人行驶一定距离或读取传感器读数也会出现同样的问题。这只需修改行驶例程,而无需改变程序的逻辑。

提高迷宫程序容错性的最好方法是让机器人在行驶中持续监控它所在的环境(见图 P.282 17.10),而不是发出直线行驶特定距离的命令后,就坐等它完成该任务。机器人在行驶时应不断测量其与左右墙间的距离,并在前行时不断地修正操纵。这样可以修正行驶误差以及先前转向可能的方向误差。如果左边、右边或是两边都没有墙,这些信息可以用来调整机器人在所在方格内的位置,例如避免行驶太远或太近(见图 17.11)。同样,机器人需要不断监测其与前方的距离,以防止有墙。

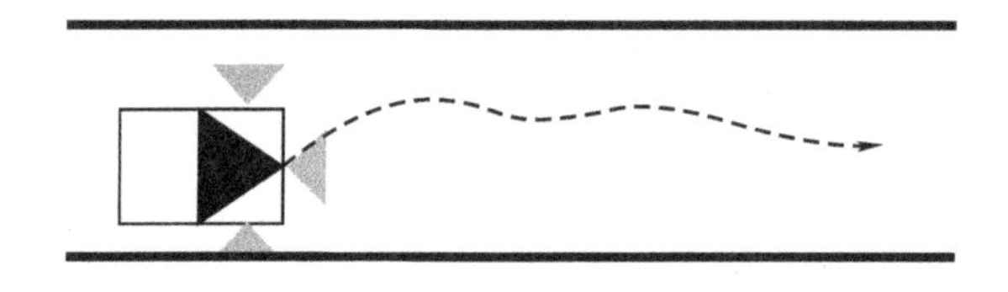

图 17.11　使用三个传感器的自适应驾驶

17.4　参考文献

ALLAN, R. *The amazing micromice: see how they won*, IEEE Spectrum, Sept. 1979, vol. 16, no. 9, pp. 62-65 (4)

BILLINGSLEY, J. *Micromouse - Mighty mice battle in Europe*, Practical Computing, Dec. 1982, pp. 130-131 (2)

BRÄUNL, T. *Research Relevance of Mobile Robot Competitions*, IEEE Robotics and Automation Magazine, vol. 6, no. 4, Dec. 1999, pp. 32-37 (6)

CHRISTIANSEN, C. *Announcing the amazing micromouse maze contest*, IEEE Spectrum, vol. 14, no. 5, May 1977, p. 27 (1)

HINKEL, R. *Low-Level Vision in an Autonomous Mobile Robot*, EUROMICRO 1987; 13th Symposium on Microprocessing and Microprogramming, Portsmouth England, Sept. 1987, pp. 135-139 (5)

KOESTLER, A., BRÄUNL, T., *Mobile Robot Simulation with Realistic Error Models*, International Conference on Autonomous Robots and Agents, ICARA 2004, Dec. 2004, Palmerston North, New Zealand, pp. 46-51 (6)

第18章

地图生成

比起上一章章节所介绍的迷宫探索，生成未知环境的地图这一任务更为艰巨。因为在迷宫中，我们确切地知道所有墙的分割段都具有的固定长度、所有的拐角都是90°。然而，一般的环境却并非如此。因此，机器人想在任意的、未知的环境中进行探索并生成相应地图，比如说迷宫探索，则必须要使用更精巧的技术、更高精确度的传感器和执行器。

P.283

18.1 地图生成算法

在过去已经有了许多种地图生成系统（Chatil1987），（Kampmann 1990），（Leonard, Durrant-White1992），（Melin 1990），（Piaggio，Zaccaria 1997），（Serradilla，Kumpel 1990）。但是一些算法只局限于特定的传感器，如声纳传感器（Bräunl，Stolz 1997）。还有许多偏重于理论，因而不能直接应用于移动机器人控制。我们结合了构形空间（configuration space）和栅格法（occupancy grid）两种方法，研发一个实用的地图生成算法。该算法用于一个存在静止障碍物的二维环境，并假设没有任何关于障碍物形状、大小或位置的先验信息，我们采用了"Dist-Bug"算法（Kamon，Rivlin 1997）的一个版本以用于确定绕过障碍物的路线。该算法可以处理非理想的距离传感器和定位误差（Bräunl，Tay 2001）。

在具体应用中我们使用了机器人Eve，这是第一个基于EyeBot的移动机器人，它使用两种不同类型的红外传感器：一种是开关传感器（IR-proxy），如果到障碍物的距离值低于某一阈值，它将激活；另一种是位置敏感器（IR-PSD），它返回一个与最近障碍物的距离值。原则上，可以在机器人上自由地安装传感器以及设置朝向。这样可以测试和比较传感器安装在不同位置的工作情况。这里使用的传感器分布如图18.1。

P.284

准确性和生成速度是地图生成的两个主要评价标准。虽然四叉树表示似乎符合上述两个标准，但这对我们使用有限精度传感器的情况并不合适，我们使用了具有配置空间表示的可视图（visibility graphs）的方法（Sheu，Xue 1993）。由于在我们所工作的典型环境中，仅有少数几个障碍物，其余大部分是自由空间，因此使用构形空间表示比自由空间表示更加有效率。不

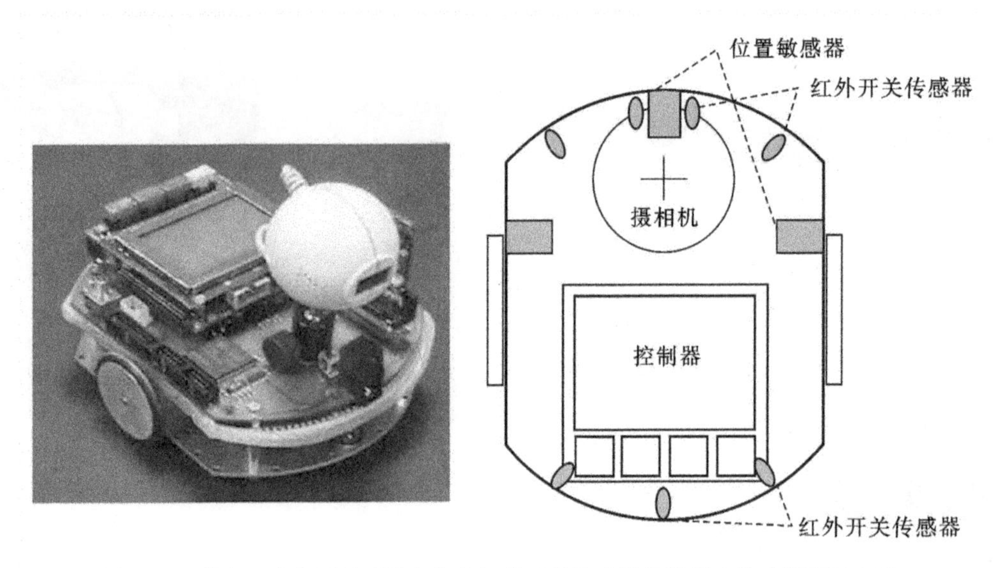

图 18.1 带有三个位置敏感器和七个红外开关传感器的机器人传感器配置方案

过，我们的构形空间方法没有使用 Sheu 和 Xue 所发表的形式，而是改进了此方法以精确记录障碍物在环境中的轮廓，而不在它们周围添加安全领域，以此得到更精确的地图。

第二个改进是采用栅格结构来表示环境，这简化了界标的定位，并增加了一定程度的容错能力。通过使用双地图表示，相互补偿消除了单独使用一个方法存在的很多问题。构形空间表示会生成一个由线条构成的轮廓分明的地图，而栅格表示则提供了一个非常高效的数组结构，机器人可以轻松地使用此结构进行导航。

地图生成的基本任务是探索环境并列出所有遇到的障碍。在我们的任务中，机器人首先探索它所在的环境。如果它定位了一些障碍物，它将驶向其中最近的一个，绕着它执行边界跟踪算法，并为此障碍定义一个地图项目。此过程将不断执行，直至探索完局部环境的所有障碍物为止。然后该机器人前往物理环境中另一未知区域并不断重复这一过程。当物理环境的内部地图完全定义后，探索结束。

这一任务的规划安排如图 18.2 的结构图所示。

P. 285

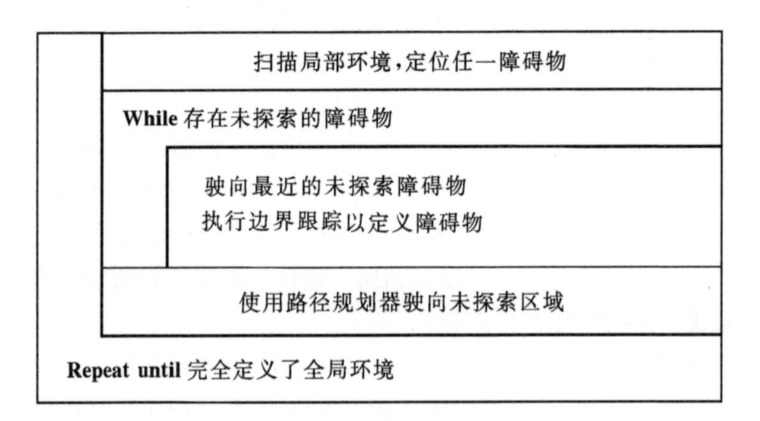

图 18.2 地图生成算法

18.2 数据表示

在两个不同的地图系统中(构形空间和栅格法)来表示物理环境。

构形空间由洛扎诺-佩雷斯引入(Lozano-Perez 1982),并由藤村(Fujimura 1991)和Sheu、Xue(Sheu,Xue 1993)进行了改进。此数据表示是通过一对顶点-边(V,E)的表格来定义障碍物轮廓。栅格法(Honderd,Jongkind,Aalst 1986)将二维空间分割成方格,方格数量取决于所选的解析度。每个方格要么是空白的要么是被占用的(一个障碍物的一部分)。

由于构形空间表示可以实现更高精度的环境表示,所以我们使用这个数据结构来存储地图生成算法的结果。在这一表示中,当机器人的传感器以最好的精度工作时,才能输入数据。这在我们的应用中,即当机器人接近目标时精度最好,才会输入数据。因为在执行边界跟踪算法时,机器人最接近目标,此时才会有数据输入构形空间。在我们的算法中,构形空间用于以下任务:

- 记录障碍物的位置

第二个地图表示是栅格法,当机器人在其环境中移动时用红外线传感器测量距离,并不断更新栅格。在(至障碍物)测量距离或在传感器量程范围内的,沿测量方向一条直线上的所有单元格可以设定为"空白"状态。但是,由于存在传感器噪声和位置误差,因此当初次探测一个单元格子时,我们使用"初步空白"或"初步占据"状态。当机器人以更近的距离再次访问同一个区域时,这个值可以确认或者是更改。由于栅格法不用于记录所生成的地图(由构形空间实现),所以我们可以使用一个相当小的、粗糙的、高效率的栅格结构。因此,每一个单元格可能表示我们环境中的一个相当大的区域。在我们的算法中,栅格法执行下列任务:

P.286

- 导航至物理环境中未探测区域。
- 追踪机器人的位置。
- 记录空白或占据(初始或最终)格子的位置。
- 确定地图生成是否已经完成。

图18.3显示的是,当机器人完成迷宫探索并生成一个构形空间地图后板载LCD的截图。

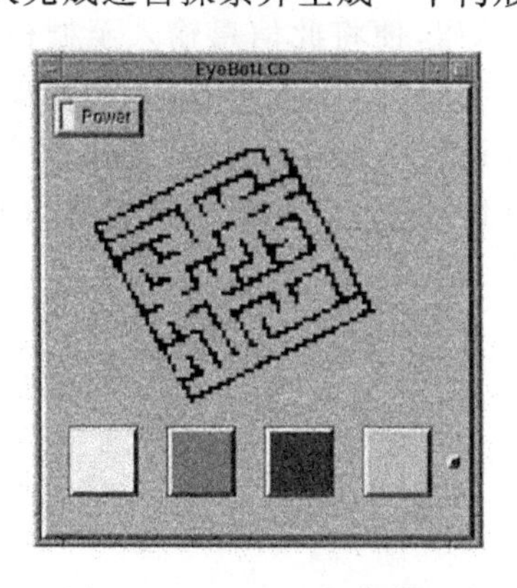

图18.3 EyeBot屏幕截图

18.3 边界跟踪算法

当一个机器人遇到障碍物时，将激活边界跟踪算法，以确保检测所有围绕障碍物的路径。这将找出围绕障碍物导航的所有可能路径。

在我们的方法中，机器人将跟踪一个障碍物(或墙)的边缘直到它返回到初始位置附近，从而路径完全包围障碍物。保持跟踪机器人的确切的位置和方向是至关重要的，如果跟踪不准确不仅会导致地图不精确，还有可能导致同一障碍物两次生成地图或回不到初始位置。由于我们没有使用全局定位系统，并且允许使用不完善的传感器，因而这项任务是艰巨的。

还需要注意机器人与障碍物或墙壁之间保持很小的距离。需要保证传感器最大的可能精度，同时避免碰撞障碍物。如果机器人碰撞障碍物，就会失去自己的位置和方向的准确性，也会因卡在活动受限的地方而结束定位。

障碍物必须是静止的，但不需要假定其大小和形状。例如，我们不事先假设障碍的边缘是直线或拐角是直角。介于此，边界跟踪算法必须考虑任意形状的障碍物、任意的拐角角度和表面曲率的任意变化。路径规划要求能够引导机器人到达某一目的地，如物理环境中未探索的区域。有许多由已有的地图计算路径的方法。然而，当机器人处于地图生成阶段，这只局限在早期探测过的区域。因此，在早期阶段，所生成的地图将是不完整的，有可能造成机器人采用次优路径。

P. 287

我们的方法类似于 DistBug 算法(Kamon，Rivlin 1997)使用最小地图数据来实施路径规划。DistBug 算法朝着目标的方向进行规划，而不要求有一个完整的地图。这使得路径规划可以横越物理环境中未被探索的区域而达到其目标。当遇到障碍物时，该算法允许机器人自由选择边界跟踪的方向，以提高算法性能。

18.4 算法执行

栅格法的每一个单元有许多状态定义。开始时，将每个栅格单元的初始状态设置为“未知”。每当遇到一个空地或一个障碍，便将此信息输入至栅格的数据结构，此时单元不是“空白”就是包含一个“障碍”。此外，我们引入“初步空白”和“初步障碍”两个状态来处理传感器的误差和噪声。当机器人近距离靠近该单元时，将确认或是改变这些暂定的状态。当地图完成后，此算法将结束。此时(初始环境扫描后)，格子的数据结构中将不再有初始状态。

栅格单元的状态

- 未知　　o
- 初步空白　　▫
- 空白　　□
- 初步障碍　　▪
- 障碍　　■

我们的算法使用相当粗糙的栅格结构来记录机器人已经访问的空间，配合使用解析度更高的构形空间来记录遇到的所有障碍。图 18.4 显示的快照是在地图生成的几个步骤中相对应的栅格法和构形空间地图。

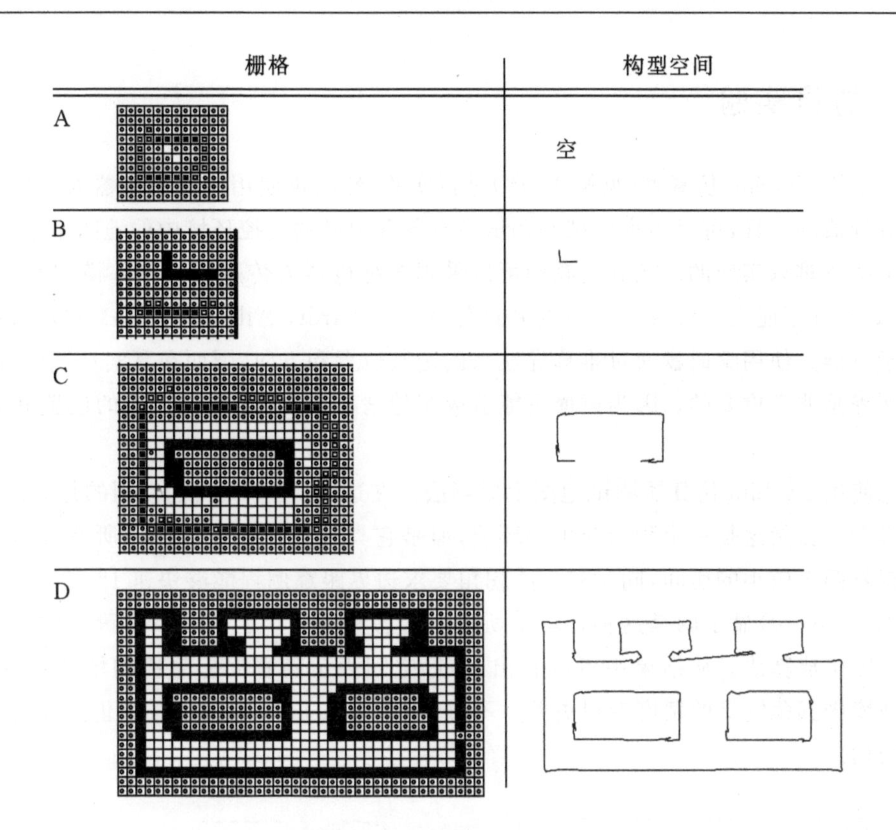

图 18.4 使用相应栅格和构形空间进行的单步环境探索

在步骤 A 中,机器人从一个完全未知的栅格和一个相对应的空构形空间(没有障碍物)开始。第一步是机器人对周围做一个 360°的扫描。为此,机器人需在原地旋转。机器人需要旋转的角度由测距传感器的数量和安装位置所决定。在我们的例子中,机器人将旋转到+90°和−90°。步骤 A 显示的是初始范围扫描之后的一个快照。当距离传感器传回的值小于最大量程时,按测量的距离在单元栅格中记录初步障碍物。这个障碍物和机器人当前位置之间的所有单元栅格则标记为初步空白。当没有探测到障碍物时,以同样的方式来标记量测直线里的所有单元栅格。而其他所有单元格仍是“未知”。只有最后的障碍物状态进入了构形空间,因此空间 A 仍然为空。 P.288

在步骤 B 中,机器人驶向最近的障碍(在此是朝向页面顶端的墙)以便更近距地检测。机器人围绕障碍物执行边界跟踪动作,同时更新栅格和空间。此时在近距,初步障碍已变为确定障碍,并将它们的确切位置输入构形空间 B。 P.289

在步骤 C 中,机器人通过执行墙体跟踪算法已经完全绕行目标一周。现在机器人再一次接近了起始位置。由于围绕矩形障碍左边没有初步单元,所以该算法终止障碍物跟踪行为,并寻找最近的初步障碍。

在步骤 D 中,机器人已经探索过了整个环境,后续的绕右手侧矩形障碍的障碍跟踪例程已消除了初步状态。读者可以看到最终的栅格图和最终的构形空间是相匹配的。

18.5 仿真实验

首先采用 EyeSim 仿真器(见第 15 章)进行实验,然后再使用实际的机器人。仿真器是一个非常有价值的工具,可以用来测试和调试在有各种限制的受控环境中的地图生成算法,这是现实环境中所难以实现的。尤其是我们可以采用多种机器人传感器的误差模型和误差量级。但是,仿真永远不能完全代替真实环境中的实验(Bernhardt, Albright 1993),(Donald 1989)。

由于机器人使用编码盘通过推算导航来确定其位置和方向,因而在真实环境中,碰撞检测和避障例程是非常重要的。因为碰撞可能造成车轮滑移,这将导致机器人的位置和方向数据无效。

首先使用 EyeSim 仿真器测试地图生成算法。在这个实验中,我们使用的是如图 18.5(a)的世界模型。虽然这是一个相当简单的环境,但是它具有测试我们算法的所有必需特征。外边界围绕着两个较小的房间,同时有一些拐角要求边界跟踪例程能够快速 180°转向。

图 18.5(b～d)显示的是这种环境下所产生的各种地图。引入了不同量级的误差来测试我们的地图生成算法。从结果中可以看出,构形空间表示随着误差量级的增加而逐渐变差。尤其是环境中拐角定义的精度变得更差。不过,尽管引入了误差,地图系统仍然保持了正确的形状和结构。

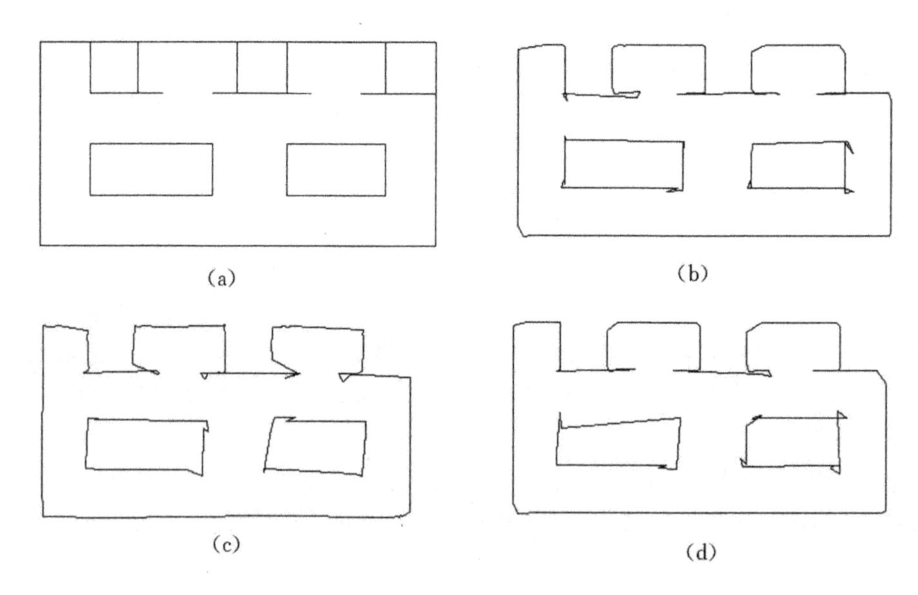

图 18.5 仿真实验

(a)仿真环境;(b)采用零误差模型所生成的地图;

(c)采用 20%的 PSD 误差;(d)采用 10%的 PSD 误差和 5%的定位误差

我们采用下列技术以实现高度容错:

- 控制机器人尽可能接近障碍。
- 限制红外线传感器的误差偏移。

• 有选择地说明地图中所包含的点。

通过限制写入构形空间表示中的关键点,如拐弯点,我们不会记录沿障碍直线边缘的任何变化。这使得该地图生成算法对沿直线的小扰动不敏感。此外,在执行边界跟踪算法的时候,与障碍保持一个很近的距离,可以检测到红外传感器读数的突变并将其作为误差消除。 P.290

18.6 机器人实验

我们使用一个可拆卸墙来构成真实迷宫,以此建造了多个环境来测试地图生成算法的性能。下面的数据显示的是一张环境照片和测量地图,还有通过机器人探索所生成的地图。

图 18.6 是一个简单的环境,我们用它来测试地图生成算法的工作情况。通过比较测量的地图和生成的地图会发现它们之间非常的接近。

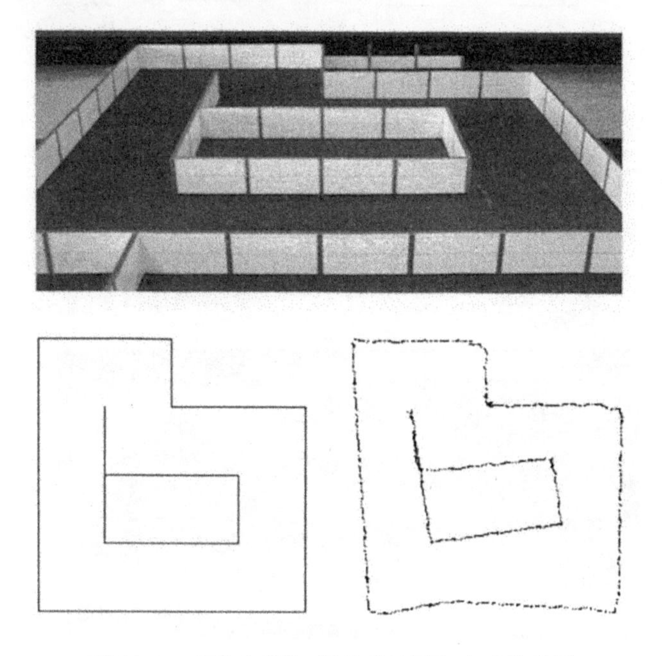

图 18.6 实验 1 照片,测量的地图与生成的地图

图 18.7 显示了更为复杂的地图,需要机器人更为频繁地转向。其次,尽管在这个例子中地图角度接近程度不如上一个例子,但是两个地图表示出相同的形状。

最后一个环境图 18.8 中包含有非矩形墙,测试算法在不事先假定是直角的环境中生成地图的能力。再次,生成的地图形状很明显地与之相似。 P.291

地图生成算法的主要误差来源可归结至红外传感器。这些传感器只能在 50～300mm 范围内给出可靠的测量值。但是,个别读数甚至会偏离 10mm。因此,在仿真环境中必须考虑并加入这些误差。 P.292

误差的第二个来源是机器人定位所使用的航位推算算法。随着机器人的每一次移动,摩擦和轮子滑动会导致机器人在位置和方向上产生误差。虽然这些误差开始时很小,但是这些小误差的积累可能会使机器人的定位和路径规划产生大问题,并会直接影响地图生成的精度。

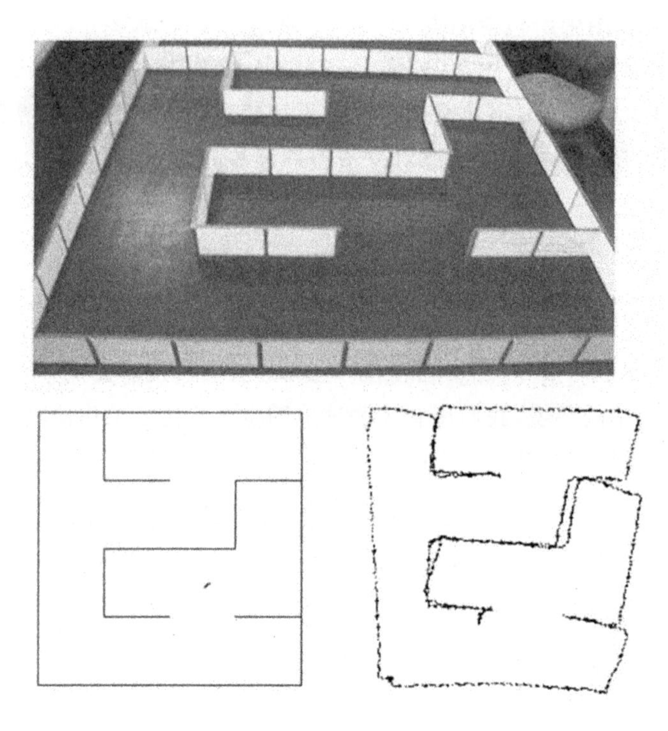

图 18.7　实验 2 照片,测量的地图与生成的地图

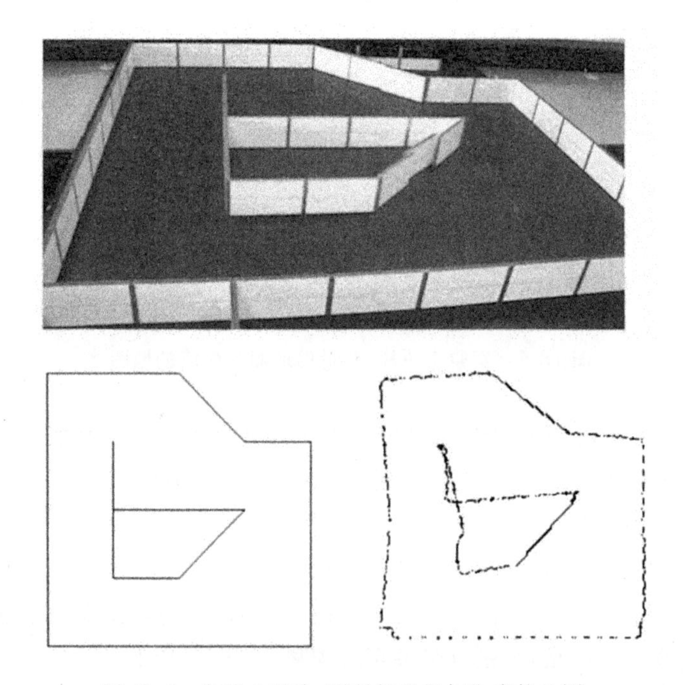

图 18.8　实验 3 照片,测量的地图与生成的地图

为了比较测量的地图和生成的地图,就必须要找到二者之间的联系。其中一个地图必须能够平移和旋转,以便使二者使用相同的参考点和朝向。接下来,就需要寻找一个测量地图相

近度的客观方法。虽然可以通过比较地图的每一行的每一个点来确定相近度，但是我们认为这种方法效率低下，也无法得到令人满意的结果。于是我们改为区别出测量地图中的关键点，并与所生成地图中的点作比较。这些关键点是每个地图中自然的角点、顶点和可区别的线段终点。应注意排除掉地图上机器人不能识别或不可达区域中的点，因为处理这些点将导致生成地图的不正确的低匹配度。在测量偏差前，使用欧几里德最小距离匹配两个地图的角点。

18.7 结果

表 18.1 总结了图 18.5 地图生成的准确度。为了使测量结果更为形象，误差描述为每个像素的中间误差值和中间误差与机器人尺寸(约 170mm)的比值。 P.293

表 18.1 仿真结果

	中间误差	中间误差与机器人尺寸的比值
图 b(无误差)	21.2mm	12.4%
图 c(20%PSD)	29.5mm	17.4%
图 d(10%PSD,5%位置)	28.4mm	16.7%

从这些结果中我们可以观察到，地图生成误差保持在机器人的尺寸的 17%以下，这对我们的实验来说是令人满意的。需要注意到非常有趣的一点是在使用理想传感器的环境中，地图上的误差仍高于 10%。这是由于 EyeSim 仿真器不准确所致，主要因为以下两个因素：

- 我们假定机器人获得数据读数是连续的。但实际情况并非如此，仿真器获取的读数是离散的，存在时间间隔，这可能导致机器人仿真丢失拐角的确切位置。
- 我们假定机器人同时执行许多功能，例如移动和获取传感器读数。但实际上程序是顺序执行的，动作之间的时间延迟是不可避免的。经过大量的计算后，时间延迟将在仿真器中显现出来，例如图形输出和更新机器人位置的计算。

表 18.2 真实机器人的结果

	中间误差	与机器人尺寸相比的中间误差
试验 1	39.4mm	23.2%
试验 2	33.7mm	19.8%
试验 3	46.0mm	27.1%

对于真实环境中的实验(总结于表 18.2)而言，会产生相对于仿真更大的误差值。这是在意料之中的，因为我们的仿真系统不可能对真实环境的各个方面进行建模。然而，中间误差值约是机器人大小的 23%，考虑到有限的传感器精度和噪声环境，这对我们的应用来说仍是一个不错的值。 P.294

18.8 参考文献

BERNHARDT, R., ALBRIGHT, S. (Eds.) *Robot Calibration*, Chapman & Hall, London, 1993, pp. 19-29 (11)

BRÄUNL, T., STOLZ, H. *Mobile Robot Simulation with Sonar Sensors and Cameras*, Simulation, vol. 69, no. 5, Nov. 1997, pp. 277-282 (6)

BRÄUNL, T., TAY, N. *Combining Configuration Space and Occupancy Grid for Robot Navigation*, Industrial Robot International Journal, vol. 28, no. 3, 2001, pp. 233-241 (9)

CHATILA, R. *Task and Path Planning for Mobile Robots*, in A. Wong, A. Pugh (Eds.), Machine Intelligence and Knowledge Engineering for Robotic Applications, no. 33, Springer-Verlag, Berlin, 1987, pp. 299-330 (32)

DONALD, B. (Ed.) *Error Detection and Recovery in Robotics*, Springer-Verlag, Berlin, 1989, pp. 220-233 (14)

FUJIMURA, K. *Motion Planning in Dynamic Environments*, 1st Ed., Springer-Verlag, Tokyo, 1991, pp. 1-6 (6), pp. 10-17 (8), pp. 127-142 (16)

HONDERD, G., JONGKIND, W., VAN AALST, C. *Sensor and Navigation System for a Mobile Robot*, in L. Hertzberger, F. Groen (Eds.), Intelligent Autonomous Systems, Elsevier Science Publishers, Amsterdam, 1986, pp. 258-264 (7)

KAMON, I., RIVLIN, E. *Sensory-Based Motion Planning with Global Proofs*, IEEE Transactions on Robotics and Automation, vol. 13, no. 6, 1997, pp. 814-821 (8)

KAMPMANN, P. *Multilevel Motion Planning for Mobile Robots Based on a Topologically Structured World Model*, in T. Kanade, F. Groen, L. Hertzberger (Eds.), Intelligent Autonomous Systems 2, Stichting International Congress of Intelligent Autonomous Systems, Amsterdam, 1990, pp. 241-252 (12)

LEONARD, J., DURRANT-WHITE, H. *Directed Sonar Sensing for Mobile Robot Navigation*, Rev. Ed., Kluwer Academic Publishers, Boston MA, 1992, pp. 101-111 (11), pp. 127-128 (2), p. 137 (1)

LOZANO-PÉREZ, T. *Task Planning*, in M. Brady, J. HollerBach, T. Johnson, T. Lozano-Pérez, M. Mason (Eds.), Robot Motion Planning and Control, MIT Press, Cambridge MA, 1982, pp. 473-498 (26)

P. 295

MELIN, C. *Exploration of Unknown Environments by a Mobile Robot*, in T. Kanade, F. Groen, L. Hertzberger (Eds.), Intelligent Autonomous Systems 2, Stichting International Congress of Intelligent Autonomous Systems, Amsterdam, 1990, pp. 715-725 (11)

PIAGGIO, M., ZACCARIA, R. *Learning Navigation Situations Using Roadmaps*, IEEE Transactions on Robotics and Automation, vol. 13, no. 6, 1997, pp. 22-27 (6)

SERRADILLA, F., KUMPEL, D. *Robot Navigation in a Partially Known Factory Avoiding Unexpected Obstacles*, in T. Kanade, F. Groen, L. Hertzberger (Eds.), Intelligent Autonomous Systems 2, Stichting International Congress of Intelligent Autonomous Systems, Amsterdam, 1990, pp. 972-980 (9)

SHEU, P., XUE, Q. (Eds.) *Intelligent Robotic Planning Systems*, World Scientific Publishing, Singapore, 1993, pp. 111-127 (17), pp. 231-243 (13)

实时图像处理

P. 297

目前每一台日用数码摄像机都可以做到从传感器芯片读取图像，并（可选择）以某种形式在屏幕上显示。然而，我们希望实现的是一个*嵌入式视觉系统*，因而读取和显示数据只是所需的第一步。我们希望从图像中提取信息来引导机器人，例如跟踪一个着色的物体。因为机器人和物体可能都在移动，所以处理速度必须要快。对于整个感知——作用周期，理想的获取帧速是 10fps（帧每秒）。当然，由于嵌入式控制器的处理能力有限，这限制了选择使用高分辨率的图像和复杂的图像处理算法。

接下来，将研究一些基本的图像处理例程。它们将复用于后面更为复杂的机器人应用程序中，如第 20 章的机器人足球。

关于机器人视觉可进一步阅读（Klette，Peleg，Sommer 2001）和（Blake，Yuille 1992）。通用的图像处理教材有（Parker 1997），（Gonzales，Woods 2002），（Nalwa 1993）和（Faugeras 1993）。一本不错的实践性导论是（Bässmann，Besslich 1995）。

19.1 摄像机接口

因为摄像机芯片发展非常快，我们已经有了 5 代连接至 EyeBot 的摄像机芯片，并且已经实现了相应的摄像机驱动。对于机器人的应用程序而言，这是完全透明的。访问图像数据的程序是：

- `CAMInit(NORMAL)`
  摄像机初始化，与型号无关。老型号的摄像机支持的模式不同于“normal”。

P. 298

- `CAMRelease()`
  禁用摄像机。
- `CAMGetFrame (image * buffer)`
  从摄像机读取单幅灰度图像，保存在 buffer。
- `CAMGetColFrame (colimage * buffer, int convert)`

从摄像机读取单幅彩色图像，如果“convert”等于1，立即转换成8位灰度图像。

- int CAMSet (int para1, int para2, int para3)

  设置摄像机参数，参数的含义依赖于摄像机的模式（见附录B.5.4）。

- int CAMGet (int * para1, int * para2,int * para3)

  获得摄像机参数，参数的含义依赖于摄像机的模式（见附录B.5.4）。

使用摄像机时，第一个重要的步骤是设定它的焦距。Eye-Cam C2摄像机能够输出模拟的灰度视频，它可以直接插入显示器来显示摄像机的图像。镜头必须按预期的目标距离进行对焦。

西门子星

仅使用EyeBot的黑白显示便可以进行调焦。为此，我们在镜头前面所需的距离放置一个称为“西门子星”的调焦图（见图19.1），然后调整焦距直到图像出现锐化。

图19.1 调焦图

19.2 自动亮度

自动亮度函数调整摄像机的光圈以适应连续变化的亮度条件。如果一个传感器芯片支持光圈设置，但是没有自动亮度功能，便可以通过软件来实现自动亮度。对于一幅灰度图像，实现自动亮度功能的第一个思路如下：

P.299

1. 计算图像中所有灰度值的平均值。

2.a 如果该平均值低于阈值No1：打开光圈。

2.b 如果该平均值高于阈值No1：关闭光圈。

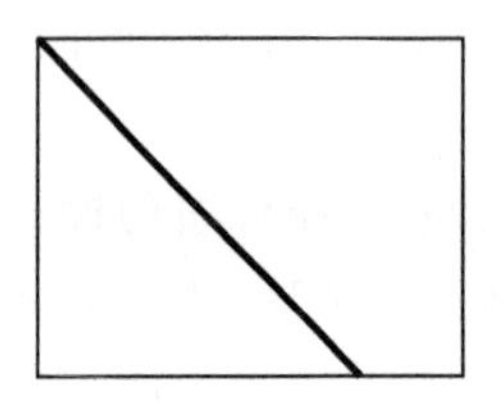

图19.2 仅使用主对角线的自动亮度

从目前看来尚好，但是考虑到计算所有像素的平均值非常费时，所以需要改进程序。假设灰度值在某种程度上均匀地分布在图像中，那么计算像素平均值只需使用整个图像的一个截面，如图像的主对角线部分(见图19.2)就足够了。

程序19.1 自动亮度

```
1   typedef BYTE image    [imagerows][imagecolumns];
2   typedef BYTE colimage[imagerows][imagecolumns][3];
```

```
1   #define THRES_LO  70
2   #define THRES_HI 140
3
4   void autobrightness(image orig)
5   { int i,j, brightness = 100, avg =0;
6     for (i=0; i<imagerows; i++) avg += orig[i][i];
7     avg = avg/imagerows;
8
9     if (avg<THRES_LO)
10    { brightness = MIN(brightness * 1.05, 200);
11      CAMSet(brightness, 100, 100)
12    }
13    else if (avg>THRES_HI)
14    { brightness = MAX(brightness / 1.05,  50);
15      CAMSet(brightness, 100, 100)
16    }
17  }
```

P. 300

程序19.1展示了为灰度图像和彩色图像预定义的数据类型以及自动亮度的实现，假设一幅图像的行数小于或者等于列数(在这个实现中行数是60，列数是80)。CAMSet例程将摄像机的亮度设置调整至新计算得到的值，另外两个参数(这里是：offset和contrast)保持不变。这个例程现在可以按固定间隔(如每秒一次，或者每十幅图像一次，或者每偶数次图像一次)进行调用来更新摄像机的亮度设置。注意这个程序仅仅适用于QuickCam，它允许光圈设置，但没有自动亮度。

19.3 边缘检测

边缘检测是图像处理最基本的操作之一，目前已有大量的并在工业中得到应用的算法。但是，对于我们的目的而言，非常基本的算法就足够了。在这里将介绍拉普拉斯和Sobel边缘检测算子，这是两个非常普通和简单的边缘检测算子。

拉普拉斯算子通过一个像素灰度值的 4 倍减去它的左、右、上、下邻域的灰度值(见图 19.3)以生成一个灰度图像的局部微分。对整幅图像的每一个像素进行上述运算。

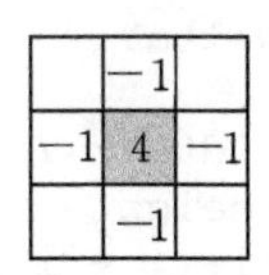

图 19.3 拉普拉斯算子

代码如程序 19.2 所示,通过一个单循环覆盖图像的所有像素。图像的边界外没有任何像素,所以我们必须避免由于访问边界定义外的数组元素所造成的访问错误。为此,这个循环开始于第二行,结束于倒数第二行。如果需要,这两行可以设置为零。这个算法也限定了灰度最大值是 white(255),因此任何一个结果值都可以用字节类型表示。

机器人应用中经常使用的 Sobel 算子,只是较之稍微复杂一点而已(Bräunl 2001)。

在图 19.4 我们可以看出 Sobel 滤波由两个滤波器组成。Sobel-x 仅寻找 x 方向(垂直线)的不连续,而 Sobel-y 仅寻找 y 方向(水平线)的不连续。通过图 19.4 右边的公式组合两个滤波器,它给出了边缘的强度(它取决于不连续性的大小)和边缘方向(如与 x 轴成 45°角方向的从暗到明的变化)。

程序 19.2 拉普拉斯边缘检测算子

P. 301

```
 1  void Laplace(BYTE * imageIn, BYTE * imageOut)
 2  { int i, delta;
 3  for (i = width; i < (height-1)*width; i++)
 4      { delta = abs(4 * imageIn[i]
 5                      -imageIn[i-1]     -imageIn[i+1]
 6                      -imageIn[i-width] -imageIn[i+width]);
 7        if (delta > white) imageOut[i] = white;
 8        else imageOut[i] = (BYTE)delta;
 9      }
10  }
```

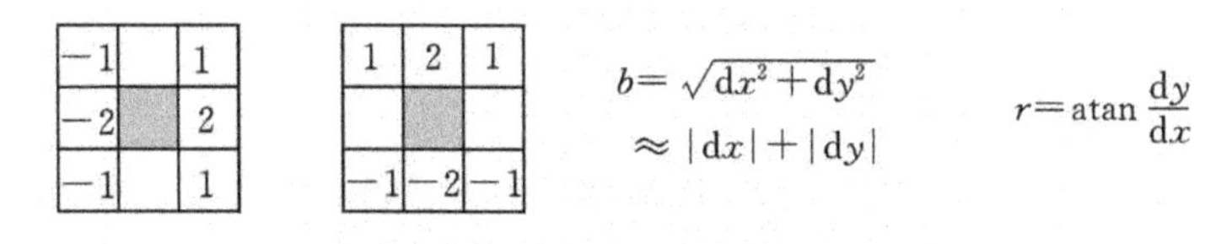

图 19.4 Sobel-x 和 Sobel-y 掩膜,计算强度和角度的公式

现在,我们仅仅对边缘强度感兴趣,并且也希望避免在函数计算上浪费时间,例如平方根或者任何三角函数。因此我们用 dx 和 dy 绝对值的和来近似两者的平方根。

代码如程序 19.3 所示,该程序仅使用了一个循环来覆盖所有像素。我们再一次忽略单像素宽的边界线,将生成图像的第一列和最后一列的像素值设置为零。这个程序使用了启发式缩放(heuristic scaling)(除以 3)并且限定最大值为 white(255),因此计算结果仍为单字节类型。

P. 302

程序 19.3 Sobel 边缘算子

```
1   void Sobel(BYTE *imageIn, BYTE *imageOut)
2   { int i, grad, delaX, deltaY;
3
4     memset(imageOut, 0, width); /* clear first row */
5     for (i = width; i < (height-1)*width; i++)
6     { deltaX = 2*imageIn[i+1] + imageIn[i-width+1]
7                + imageIn[i+width+1] - 2*imageIn[i-1]
8                - imageIn[i-width-1] - imageIn[i+width-1];
9
10      deltaY =   imageIn[i-width-1] + 2*imageIn[i-width]
11               + imageIn[i-width+1] - imageIn[i+width-1]
12               - 2*imageIn[i+width] - imageIn[i+width+1];
13
14      grad = (abs(deltaX) + abs(deltaY)) / 3;
15      if (grad > white) grad = white;
16      imageOut[i] = (BYTE)grad;
17    }
18    memset(imageOut + i, 0, width); /* clear last line */
19  }
```

19.4 运动检测

运动检测算法的一个非常基本的思想是对两个连续图像作减法运算(见图 19.5):

1. 计算 2 幅连续图像的所有像素对的灰度值差值的绝对值。
2. 计算所有像素对差的平均值。
3. 如果这个平均值超过给定的阈值,则表示检测到了运动。

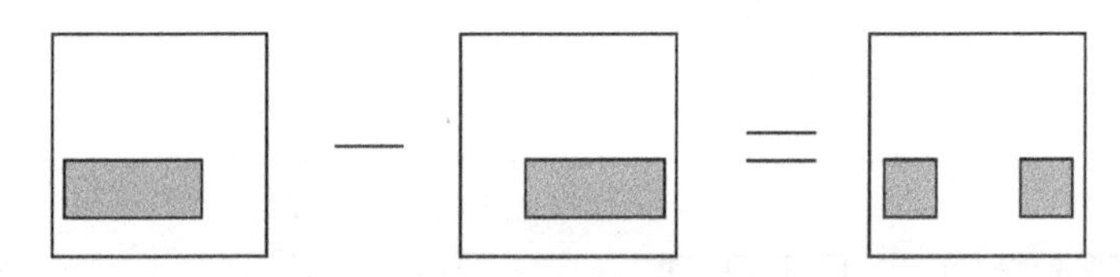

图 19.5 运动检测

该方法仅仅能够检测图像对中运动的存在性,但是不能够获得运动的方位和区域信息。程序 19.4 是对此问题的一个应用,通过一个单循环对所有像素进行计算,将所有像素对差的绝对值求和。如果每个像素的平均差值大于特定的阈值,该程序返回 1,否则返回 0。

程序 19.4 运动检测

```
1   int motion(image im1, image im2, int threshold)
2   { int diff=0;
3     for (i = 0; i < height*width; i++)
4       diff += abs(i1[i][j] - i2[i][j]);
5     return (diff > threshold*height*width); /* 1 if motion*/
6   }
```

也可将此算法进行扩展，通过对图像的不同区域（如将一个图像分为四部分）分别进行计算以粗略地定位运动的位置。

19.5 颜色空间

在介绍更为复杂的图像处理算法之前，先暂且介绍一下不同的颜色表示法或是“颜色空间”。到目前为止，已经介绍了灰度和 RGB 颜色模型，以及贝尔模板（RGGB）。目前颜色信息没有一个最优的表示方式，但很多不同的模型在特定的应用中都具有各自的优势。 P.303

19.5.1 红绿蓝(RGB)

RGB 空间可看作是以红、绿、蓝为坐标轴的三维立方体（见图 19.6）。点(0,0,0)和点(1,1,1)的连线，也就是立方体的主对角线，代表灰度从黑到白的所有渐变。在使用浮点型运算时，通常将 RGB 值规范化为 0 到 1 之间；或者在使用整型运算时，用一个字节表示从 0 到 255 的整型操作。对于不带硬件浮点单元的嵌入式系统通常倾向于后者。

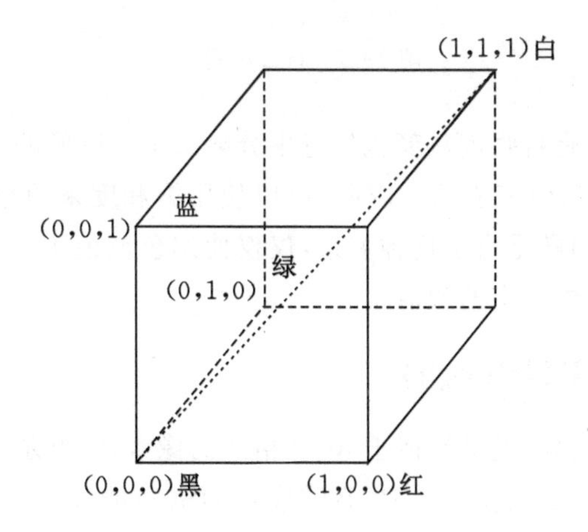

图 19.6 RGB 颜色立方体

在 RGB 颜色空间中，颜色由它的红、绿、蓝分量所合成。这种颜色空间的主要缺点是色调不能独立于颜色的强度和饱和度。

在 RGB 颜色空间中，亮度 L 定义为 3 个分量的和：

$$L=R+G+B$$

因此，亮度依赖于 R、G、B 三个分量。

19.5.2 色度、饱和度、强度(HSI)

HSI 颜色空间（见图 19.7）是一个锥，它的中心轴表示强度，相位角表示颜色的色度，径向距离表示饱和度。下面的这组方程将 RGB 颜色空间变换到 HSI 颜色空间： P.304

$$I=\frac{1}{3}(R+G+B)$$

$$S=1-\frac{3}{(R+G+B)}[\min(R,G,B)]$$

$$H=\cos^{-1}\left\{\frac{\frac{1}{2}[(R-G)+(R-B)]}{[(R-G)^2+(R-B)(G-B)]^{\frac{1}{2}}}\right\}$$

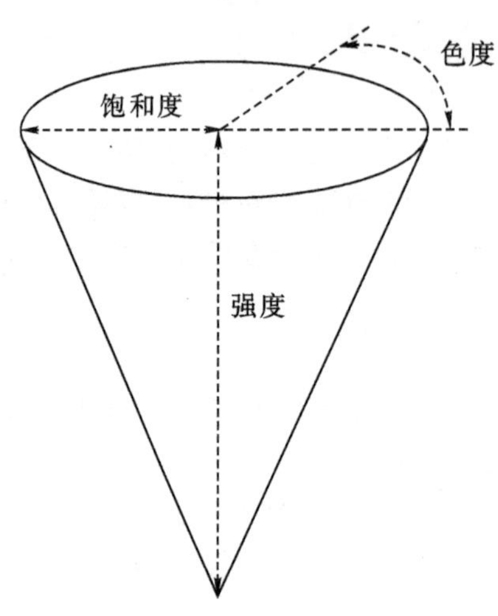

图 19.7　HSI 颜色锥

HSI 颜色空间的优点是将强度从颜色信息中分离出来。图像的一个灰度值可由一个强度值、零饱和度值和任意的色调值表示。因此，可以使用饱和度来简单地区分彩色像素和消色（灰度）像素。另一方面，同样是由于这种关系，仅仅使用色调值不足以确定像素是何种颜色。还必须需要饱和度必须超过一定的阈值。

19.5.3　规范化的 RGB(rgb)

P. 305

大多数摄像机图像传感器发送类似于 RGB 格式的像素，如贝尔模板（见第 3.9.2 节）。对于嵌入式控制器来说，把所有的像素从 RGB 转换到 HSI 可能计算量太大。因此，需要寻找一种具有相似性质且更快速的方法。

一种方法是使用“规范化的 RGB”颜色空间（用“rgb”表示），它使 RGB 颜色空间对于光线条件的鲁棒性更强，定义如下：

$$r=\frac{R}{R+G+B}\quad g=\frac{G}{R+G+B}\quad b=\frac{B}{R+G+B}$$

因为在 rgb 颜色空间里亮度总是等于 1：

$r+g+b=1\quad \forall (r,g,b)$

所以该规范化的 RGB 颜色空间允许使用不依赖于亮度（所有分量的总和）的方式来描述特定的颜色。

19.6　彩色物体检测

在机器人所处的环境中，如果能够保证一种特定的颜色只存在于一个特定的物体，那么便可以使用颜色检测来找到这个物体。这个假设广泛地用于移动机器人比赛，例如 AAAI′96 机器人竞赛(收集黄色网球)或 RoboCup 和 FIRA 机器人足球比赛(将橙色高尔夫球踢入黄色或蓝色的球门)。参见(Kortenkamp, Nourbakhsh, Hinkle 1997),(Kaminka, Lima, Rojas 2002)和(Cho, Lee 2002)。

下面的色调直方图算法由 Bräunl 于 2002 年为检测彩色物体而研发。它只需要很少的计算时间,因此非常适用于嵌入式视觉系统。该算法按下列步骤执行:

1. 将 RGB 彩色图像转换为色调图像(HSI 模型)。
2. 对与物体颜色相匹配的所有的像素的图像列创建直方图。
3. 查找列直方图中最大的位置。

第一步仅仅是简化了两个颜色的像素是否相似的比较。它仅需比较色调值,而不必比较红、绿、蓝三个值的差异(见(Hearn, Baker 1997))。第二步,我们分别检查每一个图像列并记录有多少像素相似于所要求的小球颜色。对于一个 60×80 的图像,直方图只包含 80 个整型数(每列一个),每一列的取值介于 0(此列中没有相似的像素)与 60(每一个像素均与小球的颜色相似)之间。

在这个层次上,我们不关心直方图中匹配像素在一列中的连续性。这里可能有匹配像素的两个或多个独立部分,这可能是由于对同一物体的遮挡或反射所造成的,也可能是两个具有相同颜色的不同物体造成的。对直方图结果进行更详细的分析,可以区分这些情况。 P.306

程序 19.5 展示的是按照(Hearn, Baker 1997)所给出的由一个 RGB 图像转换成(色调、饱和度、值)图像的算法。我们丢弃了饱和度和值分量,因为我们只需要用色度来检测一个类似球的彩色物体。尽管如此,仍可以用它们来检测无效的色调(NO_HUE),因为在饱和度过低的情形下(r、g 和 b 具有类似的或相同的灰度值),可能出现任意的色调值。

程序 19.5 RGB 到色调的转换

```
1  int RGBtoHue(BYTE r, BYTE g, BYTE b)
2  /* return hue value for RGB color */
3  #define NO_HUE -1
4  { int hue, delta, max, min;
5
6    max   = MAX(r, MAX(g,b));
7    min   = MIN(r, MIN(g,b));
8    delta = max - min;
9    hue =0; /* init hue*/
10
11   if (2*delta <= max) hue = NO_HUE; /* gray, no color */
12   else {
13     if (r==max) hue = 42 + 42*(g-b)/delta;      /* 1*42 */
14     else if (g==max) hue = 126 +42*(b-r)/delta; /* 3*42 */
15     else if (b==max) hue = 210 +42*(r-g)/delta; /* 5*42 */
16   }
17   return hue; /* now: hue is in range [0..252] */
18 }
```

下一步对图像的所有的 x 位置(所有的列)生成直方图,如图 19.8 所示。需要两个嵌套循环检查每一个像素并在相应的位置递增直方图数组。规定的阈值限定了与期望物体颜色色调的允许偏差。程序 19.6 显示了这一实现。 P.307

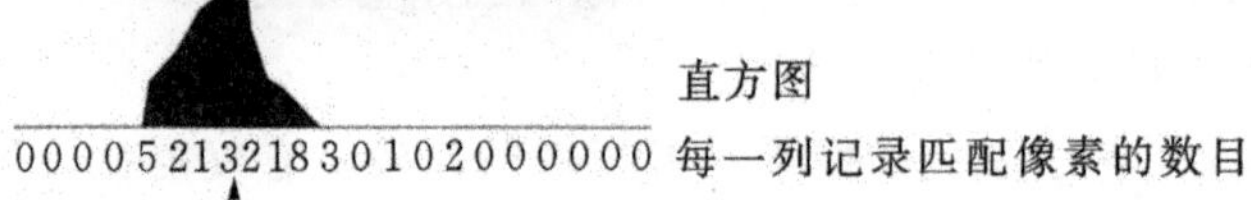

图 19.8 颜色检测的例子

程序 19.6 直方图的生成

```
1   int GenHistogram(image hue_img, int obj_hue,
2                    line histogram, int thres)
3   /* generate histogram over all columns */
4   { int x,y;
5     for (x=0;x<imagecolumns;x++)
6     { histogram[x] = 0;
7       for (y=0;y<imagerows;y++)
8         if (hue_img[y][x] != NO_HUE &&
9             (abs(hue_img[y][x] - obj_hue) < thres ||
10             253 - abs(hue_img[y][x] - obj_hue) < thres)
11              histogram[x]++;
12    }
13  }
```

最后,需要在生成的直方图中找到最大的位置。这又是一个检查直方图所有位置的简单循环操作,该函数返回最大的位置和最大的值,调用此程序则可以判断是否找到了足够数目的匹配像素。程序 19.7 显示了其实现。

程序 19.7 物体定位

```
1   void FindMax(line histogram, int *pos, int *val)
2   /* return maximum position and value of histogram */
3   int x;
4   { *pos = -1; *val = 0;  /* init */
5     for (x=0; x<imagecolumns; x++)
6       if (histogram[x] > *val)
7         { *val = histogram[x]; *pos = x; }
8   }
```

可将程序 19.6 和 19.7 结合起来,只需要使用一个循环,这样可以效率更高、运行时间更短。因为我们只对最大值感兴趣,因而不必完全存储直方图。程序 19.8 显示了完整算法的优化版本。

程序 19.8 优化的颜色搜索 P.308

```
1  void ColSearch(colimage img, int obj_hue, int thres,
2                 int *pos, int *val)
3  /* find x position of color object, return pos and value*/
4  { int x,y, count, h, distance;
5    *pos = -1; *val = 0;  /* init */
6    for (x=0;x<imagecolumns;x++)
7    { count = 0;
8      for (y=0;y<imagerows;y++)
9      { h = RGBtoHue(img[y][x][0],img[y][x][1],
10                    img[y][x][2]);
11       if (h != NO_HUE)
12       { distance = abs((int)h-obj_hue); /* hue dist. */
13         if (distance > 126) distance = 253-distance;
14         if (distance < thres) count++;
15       }
16     }
17     if (count > *val) { *val = count; *pos = x; }
18     LCDLine(x,53, x, 53-count, 2); /* visualization only*/
19   }
20 }
```

出于演示的目的,程序对每一个像素列绘制一条代表匹配像素数目的线,从而实现可视化的直方图。无论对于真实的还是仿真的机器人,这都是个不错的方法。在图 19.9 中显示的是带有彩球的环境窗口和带有显示图像和直方图的控制台窗口。

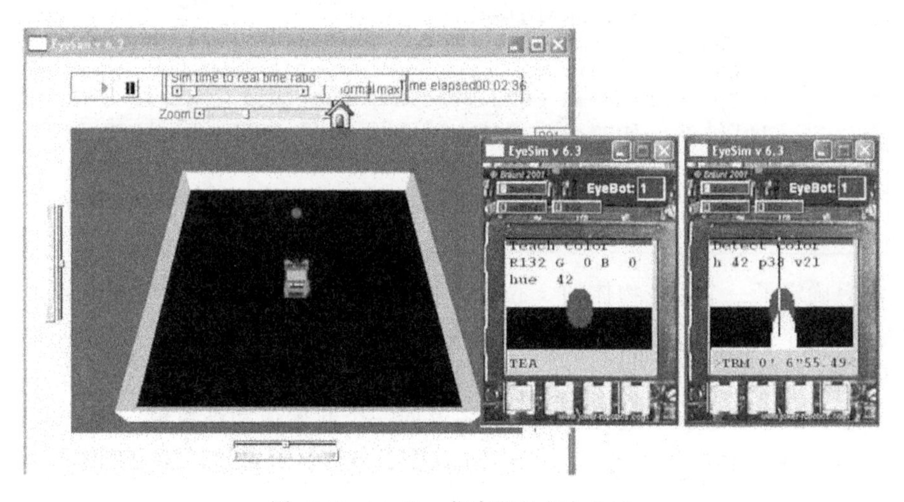

图 19.9 EyeSim 仿真器的颜色检测

程序 19.9 所示的是用于颜色搜索的主程序。在第一阶段,持续显示摄像机图像以及中间位置的 RGB 值和色调值。用户可以记录一个待搜索物体的色调值。在第二阶段,每显示一副图像时都将调用颜色搜索例程。这将显示颜色检测直方图并定位物体的 x 位置。

P.309

程序 19.9　颜色搜索主程序

```
1   #define X 40  // ball coordinates for teaching
1   #define Y 40
2
3   int main()
4   { colimage c;
5     int hue, pos, val;
6
7     LCDPrintf("Teach Color\n");
8     LCDMenu("TEA","","","");
9     CAMInit(NORMAL);
10    while (KEYRead() != KEY1)
11    { CAMGetColFrame(&c,0);
12      LCDPutColorGraphic(&c);
13      hue = RGBtoHue(c[Y][X][0], c[Y][X][1], c[Y][X][2]);
14      LCDSetPos(1,0);
15      LCDPrintf("R%3d G%3d B%3d\n",
16                c[Y][X][0], c[Y][X][1], c[Y][X][2]);
17      LCDPrintf("hue %3d\n", hue);
18                  OSWait(100);
19    }
20
21    LCDClear();
22    LCDPrintf("Detect Color\n");
23    LCDMenu("","","","END");
24    while (KEYRead() != KEY4)
25    { CAMGetColFrame(&c,0);
26      LCDPutColorGraphic(&c);
27      ColSearch(c, hue, 10, &pos, &val);  /* search image */
28      LCDSetPos(1,0);
29      LCDPrintf("h%3d p%2d v%2d\n", hue, pos, val);
30      LCDLine  (pos, 0, pos, 53, 2);  /* vertical line */
31    }
32    return 0;
33  }
```

该算法只确定了一个彩色物体的 x 位置。也可以很容易地将它扩展至对以上所有的行(取代所有的列)作直方图分析，从而生成一个物体完整的[x,y]坐标。为使物体检测的鲁棒性更好，可通过保持检测到的物体在每一行或每一列相似像素的数目大于一个特定的最小值，以此来进一步扩展该算法。通过为行图和列图返回一个起始值和结束值，我们将得到物体的开始坐标[x_1,y_1]和物体的结束坐标[x_2,y_2]。这个长方形区域可以转化为物体的中心和物体的大小。

19.7　图像分割

P.310

检测一个形状或颜色与背景显著不同的物体要相对容易些，一个更具进取性的应用是将图像分割成不相交的区域。例如在灰度图像中，其中一个方法是使用连通性和边缘信息(见19.3 节，(Bräunl 2001)，用于反应式系统见(Bräunl 2006))。但是在这里所示的算法使用了颜色信息以实现更快的分割(Leclercq, Bräunl 2001)。

这种颜色分割的方法在预处理阶段将所有图像从 RGB 变换到 rgb(规范化的 RGB 颜色空间)。然后创建一个颜色类的查询表,将每个 rgb 值转换为一个"颜色类",在此每个不同的颜色类在理想的情况下代表不同的物体。该颜色类表是一个以(rgb)为下标的三维数组。该数组的每个元都是一个特定"颜色类"的索引号。

19.7.1 静态颜色类分配

确定性应用的优化

如果我们事先知道需要区分颜色类的数量和特征,我们可以使用一个静态的颜色类分配方案。例如,对于机器人足球(见第 20 章),只需要区分三个颜色类:橙色的球、黄色的球门和蓝色的球门。类似于这样的情况,可以事先计算颜色类的位置并填入表中。例如,可以将 3D 颜色表中以蓝色为主的所有的点定义为"蓝色的球门",或简化为:

$b > \text{threshold}_b$

按照类似的方式,可以由红色和绿色分量的阈值组合起来以区分橙色和黄色。

$$\text{颜色类} = \begin{cases} \text{蓝色球门} & \text{如果 } b > \text{thres}_b \\ \text{黄色球门} & \text{如果 } r > \text{thres}_r \text{ 且 } g > \text{thres}_g \\ \text{橙色球} & \text{如果 } r > \text{thres}_r \text{ 且 } g < \text{thres}_g \end{cases}$$

如果(rgb)的编码为 8 位数值,该表将包括$(2^8)^3$ 个项,当每项使用 1 个字节时,该表将达到 16MB。这对于一个小型嵌入式系统来说所需的内存太大了,并且相对于颜色分割任务而言,分辨率也太高了。因此,我们只用每个颜色分量中 5 个最有意义的位,这样表的大小就变为易于管理的$(2^5)^3=32$KB。

为了确定正确的阈值,我们从蓝色球门的一个图像开始,不断变化蓝色的阈值,直至在图像中识别的矩形与正交投影的球门尺寸相匹配。再以同样的方式确定红色和绿色的阈值。尝试不同的阈值设置直到找到最好的区分(例如,橙色的球不应被分类为黄色的球门,反之亦然)。确定所有的阈值后,计算相应的颜色类(例如 1 表示球,2 或者 3 表示球门),并录入至颜色表中的每个 rgb 位置。如果某一 rgb 值不符合任一个标准,则此 rgb 值就不属于颜色类中的任何一个颜色,便将 0 输入表中。如果满足一个以上的标准,那么表明没有很好地界定颜色类,它们之间有重叠。 P.311

19.7.2 动态颜色类分配

一般性技术

通常来说,还可以使用一种动态的颜色类分配,例如用示教一个特定的颜色类来代替设置固定的颜色拓扑边界。定义一个颜色空间的简单方法是在整个 rgb 立方体中划分出一个子立方体。例如,我们允许与期望(示教)的 r′g′b′值有一定的偏移:

$r \in [r' - \delta \cdots r' + \delta]$

$g \in [g' - \delta \cdots g' + \delta]$

$b \in [b' - \delta \cdots b' + \delta]$

从一个空的颜色表开始,可以通过三个嵌套循环将每一个新的子立方体输入到颜色类中,并对所有子立方体设置一个新的颜色类标识符。当然，根据应用的需要，也可以是其它的拓扑形式。

通过在镜头前放置样本物体可以将一种新的颜色添加到先前已示教的颜色中去；通过对少量中央像素点的平均来确定物体的色调，4×4像素的中值滤波将足以达到这一目的。

19.7.3 物体定位

完成了颜色类表，分割图像似乎变得很简单了。我们要做的就是为每个像素的rgb值查找颜色类。如同图19.10中所描绘的情况。虽然对于人类观察者而言，很容易发现颜色连续的区域并辨别出物体；但是对于计算机而言，从2D分割的输出图像中提取这些信息却并非那么简单。

在某些应用中，如果只需确定矩形区域，那么这项任务就变得相对简单了。现在我们假设在图像中每一个颜色类所表示的最多有一个连续的物体。对于同一个颜色类有多个物体的情况，则必须扩展该算法以进行连贯性检查。在简单的情况下，每个颜色类只需要确定四个参数，即左上角和右下角，或以坐标的形式：

P. 312

$[x_{tl}, y_{tl}], [x_{br}, y_{br}]$

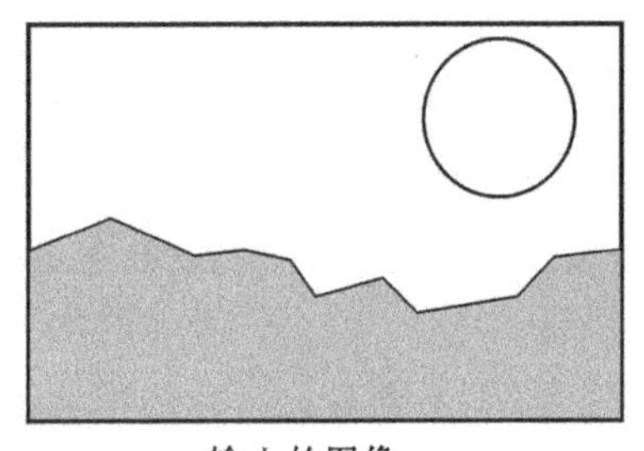

输入的图像

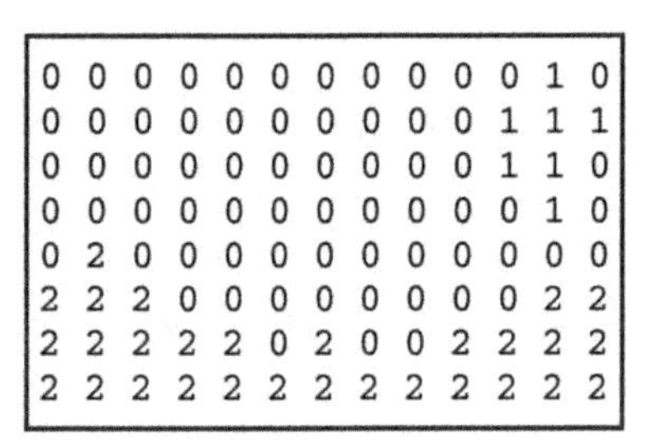

分割的图像

图19.10 分割示例

为每一个颜色类寻找这些坐标仍然需要一个循环遍历分割图像的所有像素，来比较当前像素位置的索引值与先前访问过的具有相同颜色类像素确定的极限位置(上/左，下/右)。

19.8 图像坐标与全局坐标

图像坐标

每当在图像中发现一个物体，便得到了它的图像坐标。在标准60×80的分辨率下计算，我们所知道的是我们的理想物体在位置[50,20](即左下)并且大小为5×7个像素。

全局坐标

虽然此信息对一些简单的应用程序来说可能已经足够了(我们已经可以朝着物体的方向来行驶机器人了)，但在许多应用中，我们想知道物体在全局坐标中x和y方向上更确切的位置(见图19.11)。

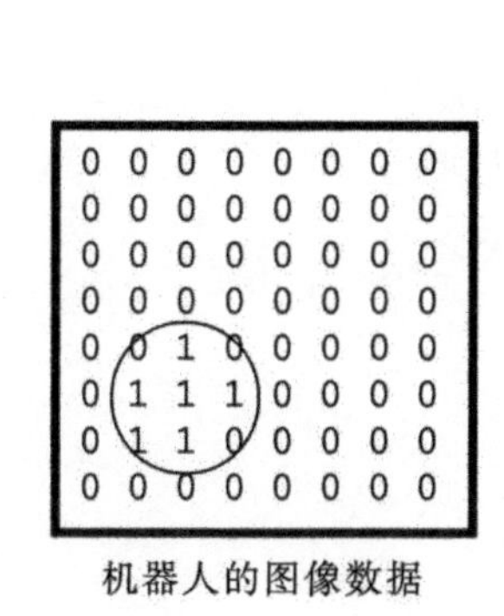

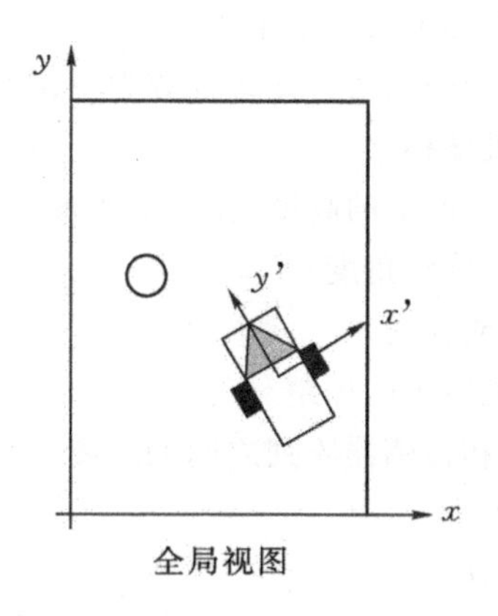

图 19.11 图像和全局坐标

现在，我们只关心在机器人的局部坐标系中物体的位置$\{x',y'\}$，而不是全局坐标系统中的位置$\{x,y\}$。一旦确定了物体在机器人坐标系中的坐标，并已知机器人的(绝对)位置和方向，就可以将物体的局部坐标转换为全局的全局坐标。 P. 313

作为一个简化，假设我们正在寻找的物体是轴向对称的，如一个球或一个罐子，因为从任何角度观察它们都是相同的(或至少类似)。第二个简化是，假设物体不会浮在空中，而是停在地面上，例如机器人正驶向的一个桌子。图 19.12 所示的是机器人在局部坐标系中此种情形的一个侧视图和一个顶视图。我们必须要确定的是球在局部坐标中的位置$[x',y']$和在图像坐标中的位置$[j,i]$之间的关系：

$y'=f(i,h,\alpha,f,d)$

$x'=g(j,0,\beta,f,d)$

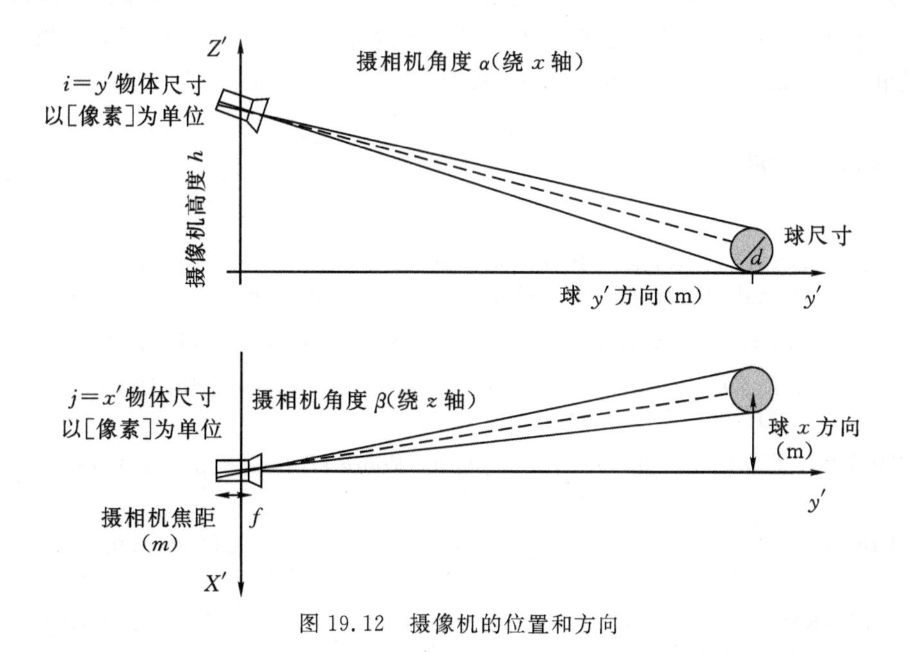

图 19.12 摄像机的位置和方向

显然，f 和 g 是相同的函数，使用以下参数：

- 图像坐标中的一维距离
  （以图像的像素行数或列数为单位的物体长度）
- 摄相机偏移
  （在 $y'z'$ 面上的高度，在 $x'y'$ 平面上的偏移量为 0）
- 摄相机旋转角度
  （倾斜或摇摆）

P. 314

- 摄相机镜头的焦距
  （镜头和传感器阵列之间的距离）
- 球的大小
  （直径 d）

只要知道待检测物体的真实物理尺寸（例如机器人足球用的高尔夫球），便可以使用截线定理计算其局部位移。在镜头零偏移和零角度（没有倾斜或摇摆）的情况下，我们可得到正比例的关系：

$$\frac{y'}{f}\sim\frac{d}{i} \qquad \frac{x'}{f}\sim\frac{d}{j}$$

上式可以通过引入镜头的描述参数 $g=k\cdot f$ 来简化像素与米制之间的转化。

$$y'=g\cdot d/i$$

$$x'=g\cdot d/j$$

因此可以说，图像的像素尺寸越大越接近物体。像素和距离之间的转化只是一个线性常数因子，但由于镜头失真和其它来源的噪音，这些理想的情况在实验中不会出现。因此，在一系列距离测量的基础上，为转换提供一个查询表效果会更好。

当摄相机存在偏移时，无论是侧向的还是高于行驶平面的，或是以某一角度放置，或者绕 z 轴的摇摆以及绕 x 轴的倾斜，这都会使三角公式在某种程度上变得更为复杂。但这可以通过在公式中增加所需的三角函数公式，并对每帧图像进行计算来加以解决；或是为摄相机所有可用的视角独立提供查询表。在第 20.5 节，机器人足球比赛中应用了后一方法。

19.9 参考文献

BÄSSMANN, H., BESSLICH, P. *Ad Oculos: Digital Image Processing*, International Thompson Publishing, Washington DC, 1995

BLAKE, A., YUILLE, A. (Eds.) *Active Vision*, MIT Press, Cambridge MA, 1992

BRÄUNL, T. *Parallel Image Processing*, Springer-Verlag, Berlin Heidelberg, 2001

BRÄUNL, T. *Improv – Image Processing for Robot Vision*, `http://robotics.ee.uwa.edu.au/improv`, 2006

CHO, H., LEE., J.-J. (Ed.) *2002 FIRA Robot World Congress*, Proceedings, Korean Robot Soccer Association, Seoul, May 2002

FAUGERAS, O. *Three-Dimensional Computer Vision*, MIT Press, Cambridge MA, 1993

P. 315

GONZALES, R., WOODS, R., *Digital Image Processing*, 2nd Ed., Prentice Hall, Upper Saddle River NJ, 2002

HEARN, D., BAKER, M. *Computer Graphics - C Version*, Prentice Hall, Upper Saddle River NJ, 1997

KAMINKA, G. LIMA, P., ROJAS, R. (Eds.) *RoboCup 2002: Robot Soccer World Cup VI*, Proccedings, Fukuoka, Japan, Springer-Verlag, Berlin Heidelberg, 2002

KLETTE, R., PELEG, S., SOMMER, G. (Eds.) *Robot Vision*, Proceedings of the International Workshop RobVis 2001, Auckland NZ, Lecture Notes in Computer Science, no. 1998, Springer-Verlag, Berlin Heidelberg, Feb. 2001

KORTENKAMP, D., NOURBAKHSH, I., HINKLE, D. *The 1996 AAAI Mobile Robot Competition and Exhibition*, AI Magazine, vol. 18, no. 1, 1997, pp. 25-32 (8)

LECLERCQ, P., BRÄUNL, T. *A Color Segmentation Algorithm for Real-Time Object Localization on Small Embedded Systems*, Robot Vision 2001, International Workshop, Auckland NZ, Lecture Notes in Computer Science, no. 1998, Springer-Verlag, Berlin Heidelberg, Feb. 2001, pp. 69-76 (8)

NALWA, V. *A Guided Tour of Computer Vision*, Addison-Wesley, Reading MA, 1993

PARKER, J. *Algorithms for Image Processing and Computer Vision*, John Wiley & Sons, New York NY, 1997

机器人足球

P. 317 足球(football 英语),也有一些国家称为英式足球(soccer 美语),经常认为这是一种“世界级运动”(the world game)。没有其它哪项运动会赢得世界上如此多的国家青睐,因此没有多久便产生了机器人足球比赛的想法。正如前面微型鼠竞赛(Micro Mouse Contest)中所描述的一样,机器人比赛是一个分享新思想,检验新概念的绝好机会。

机器人足球不仅仅是超越了解决简单迷宫问题的新一代的机器人,在足球比赛中,我们不仅缺少环境结构(墙壁更少),而且还有机器人之间的分组对抗,包括移动的目标(球和其它队员),还需要规划、战略和战术——而所有这些都要实时完成。所以很明显,这将开启一扇探索全新问题领域的大门。在可以预见的将来,机器人足球也仍将是个巨大的挑战。

20.1 机器人足球世界杯(RoboCup)和国际机器人足球联赛(FIRA)

详细内容请参考 www.fira.net,www.robocup.org

当今世界有两大机器人足球组织,机器人足球世界杯(RoboCup)和国际机器人足球联赛(FIRA)。FIRA(Cho, Lee 2002)于 1996 年在韩国与 Jong-Hwan Kim 首次组织了机器人锦标赛。随后,RoboCup(Asada 1998)于 1997 年在日本与 Asada、Kuniyoshi、Kitano(Kitano et al. 1997),(Kitano et al. 1998)首次组织了比赛。

国际机器人足球联赛的“微型机器人足球(MiroSot)”联盟(微型机器人足球世界杯锦标赛)对机器人的尺寸有很严格的限制(FIRA 2006)。机器人最大的尺寸是边长为 7.5cm 的立方体。一个悬挂在运动场上方的摄像机是它们主要的传感器。所有的图像处理都在一个场外的工作站或者 PC 机上集中完成,并且所有的驱动指令均由无线遥控器发送给机器人。近几年来,FIRA 增加了许多不同的比赛,最著名的是“SimuroSot”仿真比赛和小型自主式机器人(无全局视觉系统)的“RoboSot”比赛。在 2002 年,FIRA 举办了“HuroSot”比赛,这是第一个类人足球机器人比赛。在此之前,都是轮式驱动的机器人。

RoboCup 开始时只有"小型组"、"中型组"和"仿真组"(RoboCup 2006)。参加小型机器人足球比赛的机器人必须符合的条件是一个直径为 18cm 的圆柱体,并有一定的高度限制。至于 MiroSot 的机器人,它们在运动场上依靠悬顶的摄像机。经过两年比赛后,中型组便废弃了全局视觉系统。考虑到这些机器人非常大,机器人大多采用了商用机器人底座,上面配备有笔记本电脑或者小型 PC 机。尽管这使它们提高了至少一个量级的处理能力,但也大大增加了构建这样一个机器人球队的花销。在此后的几年中,RoboCup 增加了评论员比赛(commentator league)(但后来被取消),营救比赛(跟足球无关),"索尼 4 足机器人比赛"(不足的是它仅允许一个公司的机器人参加),最后是 2002 年的"类人机器人比赛"。 P.318

下面的话引自 RoboCup 的官方网站,但也许事实上对两大机器人组织均适用(RoboCup 2006):

"*RoboCup* 是一个国际化的合作项目,旨在促进人工智能、机器人学和相关领域的发展。希望通过提供一个可涵盖并检验众多技术的标准问题,能够以此促进人工智能和智能机器人的研究。*RoboCup* 选择足球运动作为研究的中心议题,目的在于将创新应用于解决具有重大社会意义的问题和工业之中。*RoboCup* 项目的终极目标是:到 2050 年,研发出全自主的类人机器人,并在足球比赛中战胜人类的世界冠军队。"

真实的机器人不使用全局视觉!

在这里,我们将探讨没有全局视觉系统辅助的轮式机器人的足球赛(类人机器人足球比赛仍然是个梦想)。小型组允许使用一个悬挂在运动场上方的摄像机,而中型组或 FIRA RoboSot 则没有。这样导致各队使用一个中心工作站来为所有的机器人进行图像处理以及规划。这里没有任何遮挡,球、机器人和球门总是完全可见的。通过无线链路将行驶指令发布给每个机器,机器人不是完全自主的并且在某些方面已经降低到遥控玩具车的水平。而随后来自新西兰奥克兰的"AllBots"队,事实上就是使用了玩具车以减少开支(Baltes 2001a)。显然,全局视觉足球(*global vision soccer*)与本体视觉足球(*local vision soccer*)的任务完全不同,后者更接近在机器人学中共同的研究领域,包括视觉、自我定位和分布式规划。

我们的"CIIPS Glory"队的机器人采用板载的 EyeCon 控制器实现局部视觉。其它一些机器人足球队,例如来自新西兰奥克兰的"4 Stooges"也使用了 EyeCon 控制器(Baltes 2001b)。

机器人足球赛一方有 5 个队员,采用的比赛规则由 FIFA soccer 自由修改而来。因为在场地的周围有边界,这个比赛实际上更接近于冰球。最大的挑战不仅在于必须实时完成的、可靠的图像处理,而且还要组织、协调好团队中的 5 个机器人。此外,还有一支对手球队,它们将改变环境(例如踢球)。因此,如果计划比不上变化快,将毫无意义。 P.319

机器人比赛经常令人感到遗憾的原因之一是巨大的研究投入最后沦落成为一个特定活动的"表演秀",而且不能被充分地欣赏。从实验室环境到比赛环境,其转变过程总是十分棘手,许多程序并非如其作者所期望的一样鲁棒。但从另外一方面讲,真实的比赛只是整个活动的一部分。大部分竞赛可能只是会议的一部分,并鼓励参与者给出参赛机器人背后的研究,并为他们提供一个合适的平台来讨论相关的想法。

移动机器人竞赛通过激发人类思考的潜能不断地拓展着可能的疆界,引领着这个领域不断前进。通过机器人比赛,在机械、电子和算法等领域已经取得了长足的进步(Bräunl 1999)。

CIIPS Glory 每一个机器人都配有局部视觉系统的注意，Lilliputs 球员在顶部带有彩色块。全局视觉系统需要以此来确定每个机器人的位置和方向。

CIIPS Glory 每一个机器人都配有局部视觉系统的

注意，Lilliputs 球员在顶部带有彩色块。全局视觉系统需要以此来确定每个机器人的位置和方向。

图 20.1 CIIPS Glory 的阵容以及和 Lilliputs 的比赛(1998)

20.2 队形结构

P. 320

CIIPS Glory 机器人足球队(见图 20.1)由 4 个前场机器人和一个守门员机器人组成(Bräunl, Graf 1999),(Bräunl, Graf 2000)。在此没有使用全局的传感器和控制系统，取而代之的是采用了本体智能的方法(local intelligence approach)。每一个前场机器人都安装了相同的控制软件，仅守门员机器人(由于其任务和设计不同)执行不同的程序。

对四个前场机器人分配不同的角色(左/右后卫，左/右前锋)。因为每个机器安装的都是本体摄像机(local cameras)，因而在场地上的视野受限，所以很重要的是它们总要能在球场上分散开。因此每一个前场机器人分工至场上的特定区域。当在某一特定位置发现球时，只有负责那个区域的机器人可以传球或者带球。机器人发现球以后，则通知队友球的位置，队友则努力找到场上的有利位置，以便准备好一旦球进入其辖区时便能接住并控制球。

在比赛中，也可能会发生没有机器人找到球的情况。在这种情况下，所有的机器人在它们所分派的区域内按照特定的路径进行巡逻，并努力搜索球。守门员通常呆在球门中间或者仅仅当球相当近时才会移动(见图 20.2)。

这种方法显得非常的高效，特别的是因为机器人独立行动，以及不依赖任何全局传感器和通信系统。例如，关闭通信系统，对比赛不会有重大影响，参赛机器人仍然能独立继续比赛。

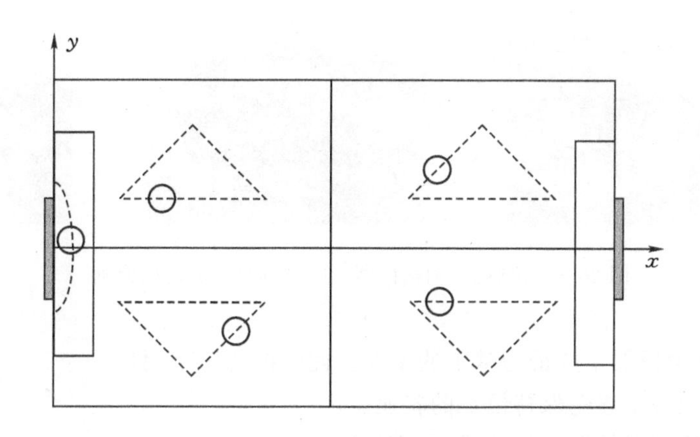

图 20.2 机器人搜巡运动

20.3 机械和执行器

P.321

根据机器人世界杯小型组(RoboCup Small-Size League)和 FIFA RoboSot 的规定,足球机器人的大小限制为 10cm×15cm 范围以内,高度也有限制。因此 EyeCon 控制器要以一定角度安装在机器人移动平台上。为了接住球,机器人的正面为曲线形。根据规则——小球至少要有三分之二的投影面积在机器人凸型外壳以外。由于球的直径约为 4.5cm,所以机器人弯曲正面的深度不能超过 1.5cm。

机器人装有两个电机驱动的轮子,并在机器人的前后部有两个小脚轮(caster)。每一个轮子都是单独控制,这使得机器人可以前进、后退、曲线移动和原地转向。在迅速变化的环境中(例如机器人足球比赛),这种快速的运动转换能力是导航成功所必需的。

使用了两个额外的伺服电机用于驱动机器人前面的踢球装置并调整车载摄像机的位置。

除了球队的 4 个前场球员外,还制作了一个稍微不同的守门员机器人。为了能够成功地守住球门,它必须能够在门前侧向移动,并且要能够向前观看和踢球。为了达到这一目的,机器人的上部以 90 度角安装在底板上。为了在比赛中取得最佳的性能,踢球装置已扩大到了所允许的最大尺寸——18cm。

20.4 感知

感知机器人所在的环境是大多数移动机器人应用中最重要的部分,其中包括机器人足球。我们选用了以下传感器:

- 轴编码器
- 红外测距传感器
- 罗盘模块
- 数码摄像机

此外,机器人间的通信是每个机器人的另外一个信息源。图 20.3 详细展示了轮式足球机器人(SoccerBot)的主要传感器。

图20.3　传感器：轴编码器、红外感应器、数码摄像机

轴编码器

电机内置的轴编码器生成最为基本的反馈。此数据有三个用途：

- PI控制器使每个车轮保持恒定的转速。
- PI控制器用以保持期望的路线（如直线）。
- 航位推算用以更新机器人的位置和方向。

P.322

用控制器专用的计时处理器单元（TPU）作为一个后台处理，对轴编码器的反馈信号进行处理。

红外测距

每个机器人都配有三个红外传感器来测量前、左、右（PSD）的距离。这些数据可用于：

- 避免与障碍物相撞。
- 在未知环境中导航、创建地图。
- 在已知环境中更新在其内的位置。

由于我们使用的是低成本器件，所以要为每个机器人校准好传感器，并且由于一些原因，会时不时产生错误的读数。因而在编写应用程序时必须认真考虑这些问题，并要求软件具备一定的容错能力。

罗盘模块

在移动机器人中，使用航位推算法进行位置和方向估计的最大问题是：随着时间的推移，除非在特定的参考点上进行更新，否则估计精度会不断变差。边界墙配合距离传感器可以作为机器人位置的一个参考点；但如果没有额外的传感器，想要更新机器人的方向是非常困难的。

在这些情况下，能感知地球磁场的罗盘模块就有很大帮助了。然而，这些传感器通常只在一定的程度上是正确的，并可能受到附近金属的严重干扰。因此，必须仔细选择传感器的放置位置。

数码摄像机

我们使用基于CMOS传感器芯片的EyeCam摄像头。它提供32位色彩、60×80分辨率的像素。由于所有图像采集、图像处理和图像显示都是由板载的EyeCon控制器处理完成，所以无需发送图像数据。控制器速度运行在35 MHz，在没有FIFO缓存时帧捕捉速率可以达到7fps左右，而外加FIFO缓存则可以达到30fps。最终的帧捕捉速率当然取决于处理每一帧图像的图像处理例程。

机器人之间的通信

虽然确切地讲机器人之间的无线通信网络并不是传感器，但它仍是机器人的一个获取外部环境信息的输入源。其中可能包含其它机器人的传感器数据、共享计划部分、其它机器人的意图描述，或者来自其它机器人的命令或人工操作。

20.5 图像处理

视觉是一个人类足球运动员最重要的能力。同样，视觉也是一个机器人足球程序的核心。P.323我们不断分析板载的彩色数码摄像机的视觉输入，来检测足球场上的物体。我们使用基于颜色的物体检测，因为它比基于形状的物体检测计算复杂度要小得多，并且机器人足球规则定义了不同颜色的球和球门，它们的色调在比赛开始前便已经告诉了机器人。

机器人在输入图像中不断地搜索输入图像的线条，以寻找颜色平均值在先前训练的色度值范围内、具有给定大小的区域。这是为了从一个区域（黄色球门）中区分出颜色相似但形状不同的物体对象（球）。图 20.4 所示的是简化后的像素线，颜色匹配的物体像素点用灰色（不同的灰度值）表示，其它的用白色表示。该算法一开始在线的一端搜索匹配的像素点（如区域(a)：开始＝0，结束＝18），然后计算出平均颜色值。如果结果在设定的颜色色调阈值内，则找到了物体。否则减小搜索区域，以寻找更好的匹配（如区域(b)：开始＝4，结束＝18）。当所分析的区域小于目标物体的大小时便立即停止运算。如图 20.4 的直线所示，经过两次迭代便找到大小为 15 个像素点的物体。

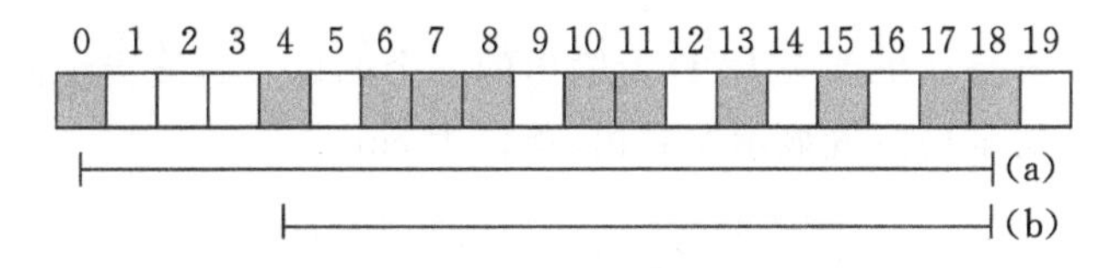

图 20.4 分析彩色图像线

距离估计

一旦在图像中区分出物体，下一步便是将局部图像坐标（x 和 y，以像素为单位）转换为机器人所处环境的全局世界坐标（x'和 y'以 m 为单位）。这可以通过以下两个步骤实现：

- 首先，假设摄像机的位置和方向固定，机器人所看到的球的位置可以通过给定的像素值计算得到，这种计算方法依赖于物体在图像中的高度：物体在图像中的位置越高，距离机器人的位置也就越远。
- 其次，考虑机器人当前的位置和方向，将局部坐标转换为全局坐标下在球场中的位置和方向。

由于摄像机具有一定的俯视角，这就可以从图像坐标中确定物体的距离。在实验中（见图 20.5），测定了像素坐标和以 m 为单位物体距离之间的关系。我们决定使用更快也更准确的查表法，而非函数逼近。这样我们可以根据小球在屏幕中以像素点为单位的坐标以及当前摄P.324像机所在的位置/方向，计算得到小球以 m 为单位的确切位置。

可以通过对每个摄像机的位置和每条图像线进行一系列的测量以得到距离值。为了减少工作量，我们只用了 3 个不同的摄像机位置（对于倾斜安装的摄像机是上、中、下；对于平摇式摄像机是左、中、右），这样就可以得到三个不同的查找表。

根据机器人当前的摄像机方向，选择相应的查找表进行距离变换，然后将得到的相对距离转化为使用极坐标系的全局坐标。

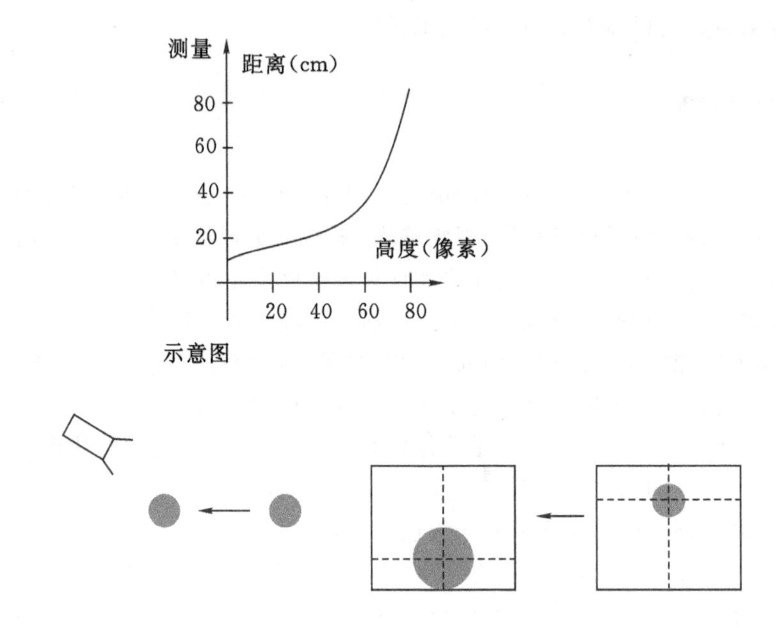

图 20.5 物体的高度和距离之间的关系

图 20.6 所示的例子是在机器人 LCD 上输出的一个图像。直线指示出在图像中检测到的小球位置,而它在球场的全局位置显示在右边(单位为 cm)。

图 20.6 检测到球后的 LCD 输出

P. 325

这个简单的图像分析算法非常的高效,不会过多地降低整个系统的速度。这点至关重要,因为控制器除了要完成图像处理,还必须要处理传感器读数、运动控制和定时器中断。当图像中没有球时,帧速率为 3.3fps,当前一帧图像检测到球时,帧速率变为 4.2fps。使用 FIFO 缓存从摄像机读取图像可显著提高帧速率(这里没有使用)。

20.6 轨迹规划

一旦确定了球的位置,机器人就要靠近球——移动到一个位置向前踢球,甚至是将球踢向对方的球门。为此,必须要进行轨迹规划。通过航位推测法,机器人可以知道自己的位置和方向;通过局部搜索行为,或者与球队中其它机器人的通信可以确定球的位置。

20.6.1 直线和圆弧行驶

轨迹的起始位置和方向由机器人的当前位置确定，终点位置就是球的位置，并且最终的方向是沿着球和对手球门之间的连线方向。对于给定且有方向的起点和终点的条件下，生成光滑路径的一个快捷方法是埃尔米特样条曲线(Hermite Splines)。然而，为了将球踢入对方球门，机器人必须移动到球的附近，我们使用事件区分的方式在轨迹上增加“中继点”(见图20.7)。这些点将引导机器人移动到球的附近，使它不致离球太近，同时保持移动曲线的平滑。

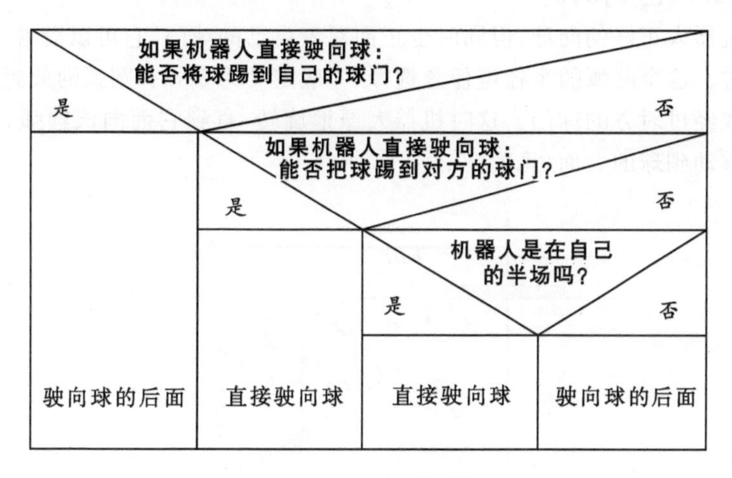

图 20.7 接近球的策略

在该算法中，直接移动意味着机器人接近球的路径中没有中继点。如果这样的轨迹是不可行的(例如机器人位于球和自己的球门之间)，算法会插入一个中继点以避开自己的球门。这使得机器人通过特定的路径后才能接近球。如果机器人在自己的半场，这足够它移动到球的位置并且将球踢到对方球队的半场。但是当一名球员已在对方球队的半场时，这需要它以正确的方向接近球，才能将球直接踢向对方的球门。 P. 326

如图 20.8 所示的是不同的移动行为。机器人或是直接驶向球(见图 20.8 a,c,e)或是通过包含中继点的曲线(直线、圆弧线段或是样条曲线)从正确的一侧接近球(见图 20.8 b,d)。

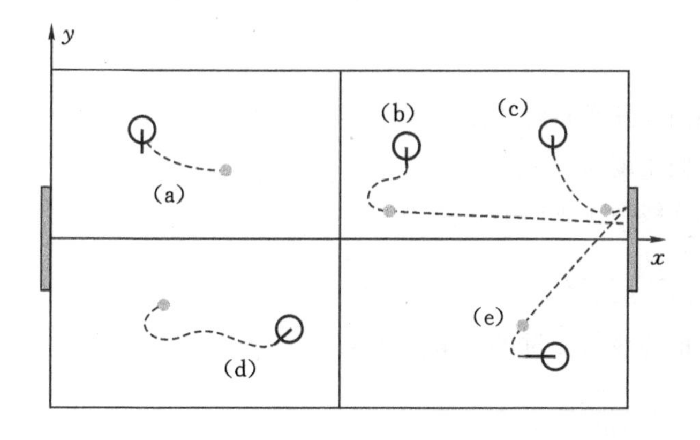

图 20.8 接近球的方案

直接驶向球(见图 20.8 a,b):

机器人看到的球的局部球坐标为 $local_x$ 和 $local_y$,到达球的角度可以直接设置为:

$$\alpha=-a\tan(\frac{local_y}{local_x})$$

用 l 表示机器人和球之间的距离,在曲线上行驶的距离由下式给出:

$$d=l\cdot\alpha\cdot\sin\alpha$$

绕球行驶(见图 20.8 的 c,d,e):

如果一个机器人正好朝向球,但同时也正面对着自己的球门,它可以沿着一个经过球的固定半径的圆行进。这个圆弧的半径可任意选择,一般定义为 5cm。圆弧的放置方式是:球所在的位置的圆切线经过对方的球门。这时机器人原地旋转,直到它面向该圆弧,再直线行驶,然后沿圆弧路径移动到球的后面(见图 20.9)。

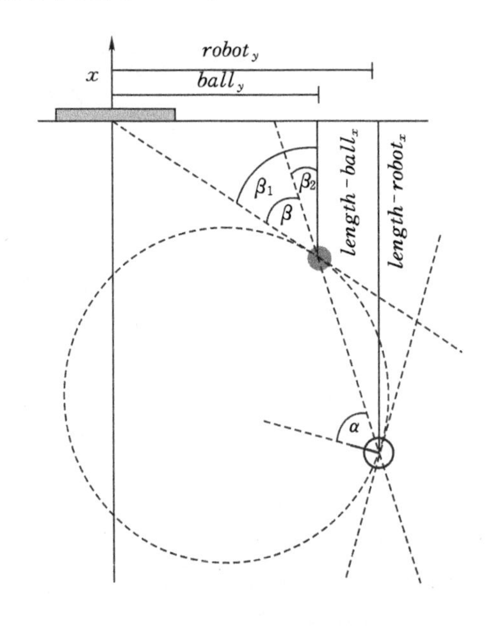

图 20.9　计算一条接近球的圆形路径

P. 327

原地转向角 γ 为:$\gamma=\alpha+\beta$

机器人新的朝向和球之间的圆弧角 β 为:$\beta=\beta_1-\beta_2$①

圆弧路径的行驶角度为:$2\cdot\beta$

从球到球门的连线与 x 轴的夹角 β_1 为:

$$\beta_1=a\tan(\frac{ball_y}{length-ball_x})$$

从机器人到球的连线与 x 轴的夹角 β_2 为:

$$\beta_2=a\tan(\frac{ball_y-robot_y}{ball_x-robot_x})$$

① 原书为“+”,似有误,改为“-”。——译者注

机器人朝向与球方向的夹角 α 为:(φ 是机器人的朝向)

$\alpha=-\varphi+\beta_2$

20.6.2 样条曲线移动

最简单的移动轨迹是圆弧段和直线段的结合。另一个有趣的选择是使用样条曲线。它们可以组成一条光滑的路径,并且避免在原地转弯,因而可以生成更快的路径。

P. 328

给定机器人的位置 P_k 和它的朝向 DP_k,以及球的位置 P_{k+1} 和机器人的目标朝向 DP_{k+1}(即从当前球的位置面向对方的球门的方向),可以为从当前机器人位置到描述机器人期望位置的小球位置的路径的每一小段 u 计算出一样条曲线。

带参数 u 的埃尔米特混合函数 $H_0\cdots H_3$ 定义如下:

$H_0=2u^3-3u^2+1$

$H_1=-2u^3+3u^2$

$H_2=u^3-3u^2+u$

$H_3=u^3-u^2$

机器人当前的位置定义为:

$P(u)=p_kH_0(u)+p_{k+1}H_1(u)+Dp_kH_2(u)+Dp_{k+1}H_3(u)$

使用一个 PID 控制器来计算从机器人移动到球的路线上每一点的机器人线速度和转动速度,努力使机器人的行进轨迹尽可能接近样条曲线。通过每秒 100 次后台处理,不断地更新机器人的速度。如果检测不到球(例如,如果机器人必须绕过球运动,并且球离开了视野),机器人将继续行驶到原曲线的终点。当搜索行为发现(运动中的)球在另外一个全局位置,则马上发出一个新的行驶指令。

P. 329

此策略在实际的机器人上运行前,首先进行了设计并在 EyeSim 仿真器上进行了测试(见图 20.10)。由于样条轨迹的计算相当费时,当参加机器人足球锦标赛时,使用了简单的移动——转向算法取代了这种方法。

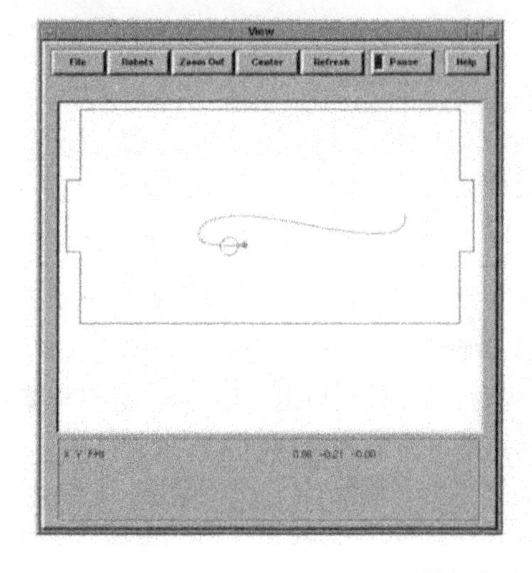

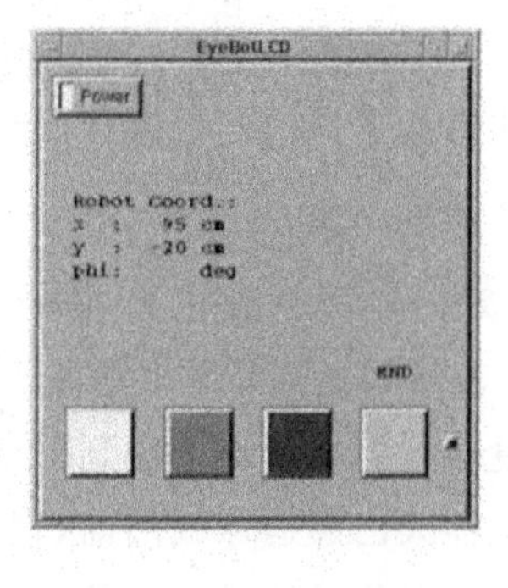

图 20.10 样条曲线行驶仿真

20.6.3 踢球

当球员成功地接住球后，它可以运球或将球踢向对方的球门。一旦到达了足够接近对方球门的位置，或是通过视觉系统检测到球门，机器人便激活踢球器射门。

守门员的行驶算法相对简单。开始时，该机器人停留在门前约10cm的位置。一旦检测到球，它就马上在防守区内，在球和球门之间沿圆形路径移动。该机器人通过上下倾斜摄像头来跟踪移动的球。如果机器人到达了球门的角，那么它将停留在当前位置，并在原地旋转继续监视球。如果通过一个预设数量帧的图像后还没有检测到球，则机器人推测球已改变了位置，因此它将驶回到球门中间重新开始搜索球。

图20.11　CIIPS Glory对抗Lucky Star (1998)

如果在非常接近球门的位置探测到球，机器人激活踢球器将球踢远。

P. 330

公平竞争就是避免冲撞

“公平竞赛”一直认为是人类足球比赛的一个重要问题。因此，CIIPS Glory机器人足球队(见图20.11)也强调其重要性。这些机器人不断地检查它们前进路上的障碍，如果有障碍，那么它们会尽量避开。如果不巧碰到一个障碍物，机器人会后退一定距离，直到与障碍物脱离接触。如果该机器人已经运球到门前，它会迅速地转向对手的球门并将球踢开使其远离障碍物，因为该障碍物有可能是墙或对方的球员。

20.7 参考文献

ASADA, M. (Ed.) *RoboCup-98: Robot Soccer World Cup II*, Proceedings of the Second RoboCup Workshop, RoboCup Federation, Paris, July 1998

BALTES, J. *AllBotz*, in P. Stone, T. Balch, G. Kraetzschmar (Eds.), RoboCup-2000: Robot Soccer World Cup IV, Springer-Verlag, Berlin, 2001a, pp. 515-518 (4)

BALTES, J. *4 Stooges*, in P. Stone, T. Balch, G. Kraetzschmar (Eds.), RoboCup-2000: Robot Soccer World Cup IV, Springer-Verlag, Berlin, 2001b, pp. 519-522 (4)

BRÄUNL, T. *Research Relevance of Mobile Robot Competitions*, IEEE Robotics and Automation Magazine, vol. 6, no. 4, Dec. 1999, pp. 32-37 (6)

BRÄUNL, T., GRAF, B. *Autonomous Mobile Robots with Onboard Vision and Local Intelligence*, Proceedings of Second IEEE Workshop on Perception for Mobile Agents, Fort Collins, Colorado, 1999

BRÄUNL, T., GRAF, B. *Small robot agents with on-board vision and local intelligence*, Advanced Robotics, vol. 14, no. 1, 2000, pp. 51-64 (14)

CHO, H., LEE, J.-J. (Eds.) *Proceedings 2002 FIRA World Congress*, Seoul, Korea, May 2002

FIRA, *FIRA Official Website*, Federation of International Robot-Soccer Association, `http://www.fira.net/`, 2006

KITANO, H., ASADA, M., KUNIYOSHI, Y., NODA, I., OSAWA, E. *RoboCup: The Robot World Cup Initiative*, Proceedings of the First International Conference on Autonomous Agents (Agent-97), Marina del Rey CA, 1997, pp. 340-347 (8)

KITANO, H., ASADA, M., NODA, I., MATSUBARA, H. *RoboCup: Robot World Cup*, IEEE Robotics and Automation Magazine, vol. 5, no. 3, Sept. 1998, pp. 30-36 (7)

ROBOCUP FEDERATION, *RoboCup Official Site*, `http://www.robocup.org`, 2006

第21章

神经网络

P. 331 人工神经网络(ANN),通常简称为神经网络(NN),其处理模型源于生物神经元(Gurney 2002)。神经网络通常用于没有简单的或不能直接得到算法解的分类或决策问题。神经网络的优点在于不需要显式编程,而是能够从一组训练样本学习生成从输入到输出的映射,并且可以总结出以前从未出现过的样本的映射。

有一个庞大的研究群体以及众多的工业用户致力于神经网络原理和应用的研究工作(Rumelhart, McClelland 1986),(Zaknich 2003)。在这一章中,将简要涉及此学科,并集中精力于移动机器人相关主题的探讨上。

21.1 神经网络原理

神经网络由许多称为神经元的个体单位通过连接彼此的联结而成。每个个体神经元有若干个输入、一个处理节点和一个输出,而从一个神经元到另一个神经元通过一个权重(*weight*)关联。神经网络所有的神经元并行处理。每个神经元(在一个无限循环中)不断地计算(读)它的输入,按如下公式计算其局部激活值,并生成(写)一个输出值。

一个神经元的激活函数(activation function) $a(I,W)$是其输入的加权和,即每个输入乘以相应的权重然后再将所有的项相加。神经元的输出由输出函数 $o(I,W)$决定,由此可有许多种不同的模型。

在最简单的情况下,仅输出函数使用阈值。但是为了我们的目标,使用了在图 21.1 中定义的并如图 21.2 所示的非线性 S 形(sigmoid)输出函数,它具有更好的学习特性(见 21.3 节)。P. 332 此 S 形函数近似于海维赛德(Heaviside)阶跃函数,使用参数 ρ 来控制 S 形函数图形的斜率(通常设为 1)。

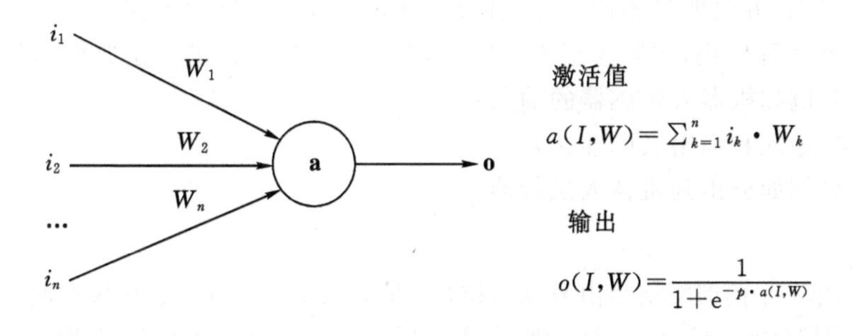

图 21.1　单个的人工神经元

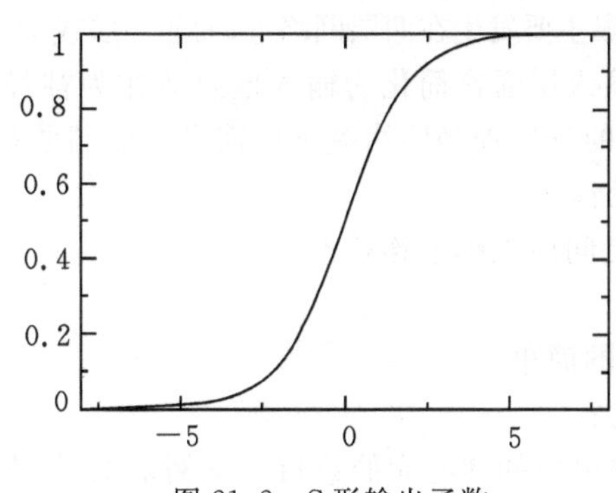

图 21.2　S形输出函数

21.2　前馈网络

神经网络由许多相互联系的神经元构成，神经元通常按层分布。一层神经元的输出连接到下一层的输入。第一层的神经元称为“输入层”，因为它的输入连接到外部数据，例如敏感外部世界的传感器。相应的，最后一层的神经元称为“输出层”，因为它输出整个神经网络的结果，并可提供给外界。这可以连接至比如像机器人的执行器或外部决策单元这样的外界。所有输入层和输出层的之间的神经元层称为“隐含层”，因为它们的作用不能从外部直接观察到。

如果所有的连接都是从前一层的输出到下一层的输入，同层之间没有连接，且没有从后层向前层返回的连接，那么这种类型的网络称为“前馈网络”。前馈网络（图 21.3）用于最简单的 P.333

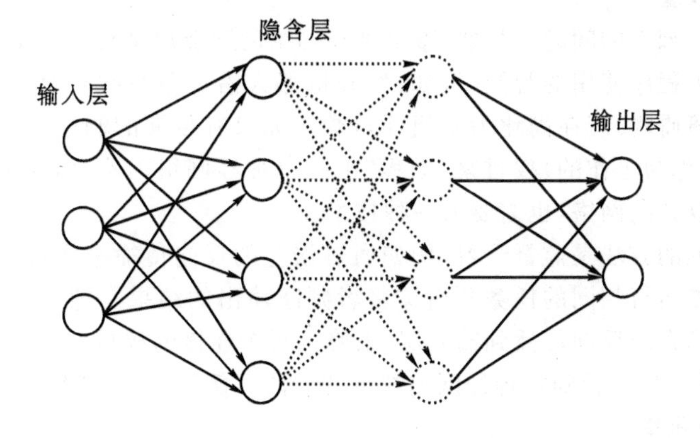

图 21.3　全连接的前馈网络

人工神经网络类型，并且明显不同于反馈网络，在这里我们不做深入探讨。

对于大多数实际应用，单隐含层就足够了，所以我们所采用的正是典型的三层神经网络：

- 输入层（例如机器人传感器的输入）
- 隐含层（输入和输出层的连接）
- 输出层（例如输出到机器人执行器）

感知器

顺便一提，第一个前馈网络是由罗森布拉特（Rosenblatt）提出的，它仅仅有两个层——一个输入层和一个输出层（Rosenblatt 1962）。然而，不久后（Minsky，Papert 1969）发现了由于层的局限严重地限制了这些所谓"感知器"的计算能力。不幸的是，这篇论文的发表几乎使神经网络的研究停滞了好几年，尽管其原理性局限主要发生在两层网络上，而非三层或者三层以上的网络。

在标准的三层网络中，输入层通常简化为输入值直接作为神经元激活使用。输入神经元不调用任何激活函数。标准的三层神经网络剩下所需考虑的问题是：

- 每一层有多少神经元？
- 在第 i 和第 $i+1$ 层之间应做哪些连接？
- 如何确定权重？

这些问题的答案是惊人的简单：

- *每一层有多少神经元？*

  由应用决定输入和输出层的神经元的数目。举例来说，如果我们希望用神经网络来驱动一个带有三个 PSD 传感器作为输入和两个电机作为输出的机器人来探索迷宫（比较第 17 章），那么网络应该有三个输入神经元和两个输出神经元。

  P. 334

  不幸的是，隐含层神经元数目没有"合适"的规则。太少的隐含层神经元由于没有足够的存储容量会妨碍网络的学习，太多的隐含层神经元由于额外的开销会减慢学习过程。隐含层神经元的恰当个数取决于给定问题的"复杂度"，并要通过试验确定。在这个例子中，我们使用 6 个隐含层神经元。

- *在第 i 和第 $i+1$ 层之间应做哪些连接？*

  我们简单地将第 i 层的每一个输出连接至第 $i+1$ 层的每一个输入。这称为"完全连接"的神经网络。没有必要删除某个连接，因为可以通过设定零权重连接来实现相同的效果。这样，就可以实现一个更为一般和统一的网络结构。

- *如何确定权重？*

  这是个非常棘手的问题。显然，整个神经网络的智能以某种方式编码至所使用的权重集中。作为程序使用的智能（例如：驾驶机器人沿一条直线行驶，并规避 PSD 传感器所感知的障碍物）现在简化为一组浮点数。如果有足够的洞察力，我们只需通过设定正确的（或称为工作的）权重来"编程"出一个神经网络。不过，这事实上是不可能，即使是并不复杂的网络，也需要另一种技术。

  其标准的方法是监督学习，例如通过误差的反向传播来实现（见第 21.3 节）。神经网络重复运行相同的任务并由监督者判断输出的结果。神经网络产生的误差从输出层通过隐含层反向传播到输入层，来修正每个连接的权重。

P. 335

进化算法提供了另一种确定神经网络权重的方法。例如，可用遗传算法（见第 22 章）进化出最优的神经元权重集。

图 21.4 显示了神经网络的一个试验设置，它需要驾驶一个移动机器人以恒定速度无碰撞

地通过一个迷宫(例如左墙跟踪)。由于我们使用三个传感器输入和两个电机输出,于是选择了6个隐含层神经元,则网络总共有3+6+2个神经元。输入层接收来自PSD距离传感器的数据,输出层则产生差分操纵机器人左右电机的行驶命令。

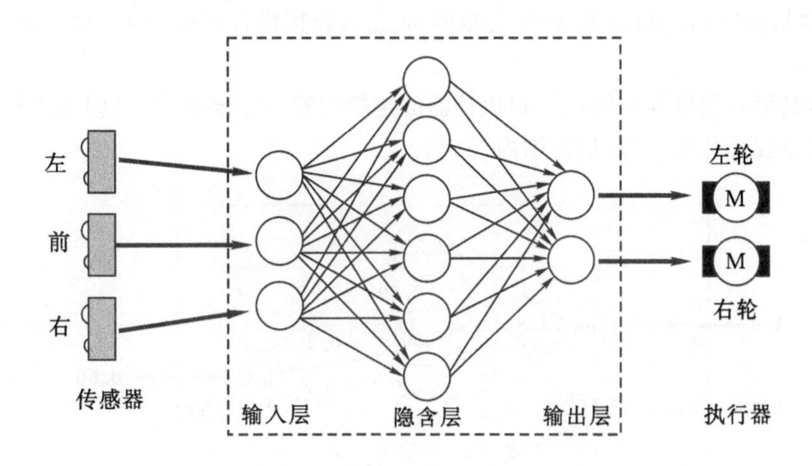

图21.4 用于驾驶移动机器人的神经网络

让我们计算一个具有2+4+1个神经元的简单神经网络的输出。图21.5顶部,显示了3层中的神经元标号和连接,图21.5底部,显示了带有样本输入值和权重的神经网络。对于一

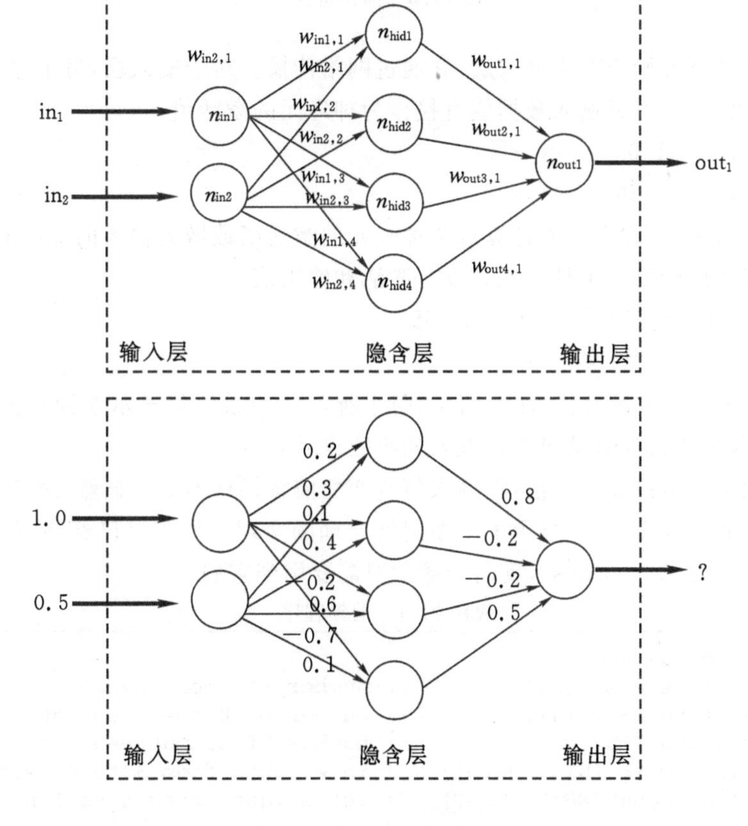

图21.5 神经网络的例子

个 3 层的神经网络，只需要有两组连接权重：

P. 336

- 从输入层到隐含层的权重，归集为矩阵 $w_{\text{in},i,j}$（连接输入层神经元 i 和隐含层神经元 j 的权重）。
- 从隐含层到输出层的权重，归集为矩阵 $w_{\text{out},i,j}$（连接隐含层神经元 i 和输出神经元 j 的权重）。

从传感器到第一层以及从输出层到执行器的连接权重不需要设定，这些权重假定总为 1。其它所有的权重规范化在[−1,1]范围内。

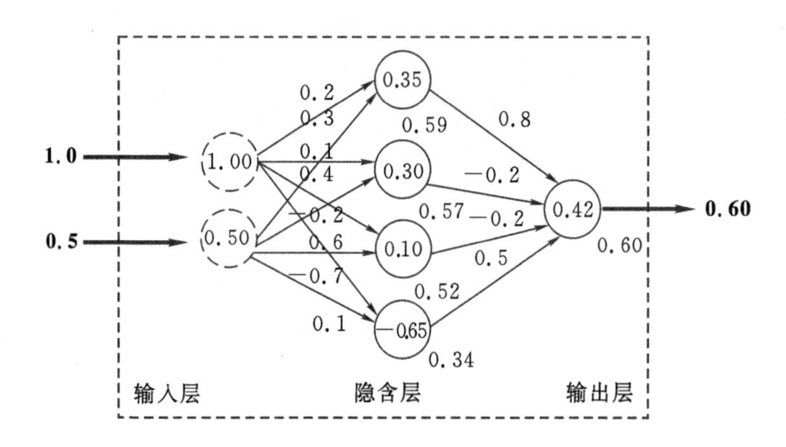

图 21.6　前馈进化

输出函数的计算开始于左边输入层，并通过网络传播。对于输入层，每个输入神经元有一个输入值（传感器值）。每个输入数据值直接作为神经元的激活值：

$a(n_{\text{in1}})=o(n_{\text{in1}})=1.00$

$a(n_{\text{in2}})=o(n_{\text{in2}})=0.50$

对于随后的所有层，我们首先计算每个神经元的激活函数做为输入的加权和，然后使用 S 形输出函数。隐含层的第一个神经元有以下激活和输出值：

$a(n_{\text{hid1}})=1.00\times0.2+0.50\times0.3=0.35$

$o(n_{\text{hid1}})=1/(1+\mathrm{e}^{-0.35})=0.59$

其余两个层的后续步骤如图 21.6 所示，每个神经元的激活值显示在神经元符号里，输出值写在其下方，并始终将计算结果四舍五入到小数点后两位。

一旦通过前馈网络计算出该值，在输入值改变之前将保持不变。显然，对于使用反馈连接的网络则并非如此。程序 21.1 显示了反馈网络处理的实现。该程序已经注意了另外两个所谓的“偏置神经元”(bias neurons)，反向传播学习需要用到它们。

P. 337

程序 21.1　前馈程序

```
1  #include <math.h>
2  #define NIN  (2+1)        // number of input neurons
3  #define NHID (4+1)        // number of hidden neurons
4  #define NOUT 1            // number of output neurons
5  float w_in [NIN][NHID];   // in weights from 3 to 4 neur.
6  float w_out[NHID][NOUT];  // out weights from 4 to 1 neur.
7
```

```
 8  float sigmoid(float x)
 9  { return 1.0 / (1.0 + exp(-x));
10  }
11
12  void feedforward(float N_in[NIN], float N_hid[NHID],
13                   float N_out[NOUT])
14  { int i,j;
15    // calculate activation of hidden neurons
16    N_in[NIN-1] = 1.0; // set bias input neuron
17    for (i=0; i<NHID-1; i++)
18    { N_hid[i] = 0.0;
19      for (j=0; j<NIN; j++)
20        N_hid[i] += N_in[j] * w_in[j][i];
21      N_hid[i] = sigmoid(N_hid[i]);
22    }
23    N_hid[NHID-1] = 1.0; // set bias hidden neuron
24    // calculate activation and output of output neurons
25    for (i=0; i<NOUT; i++)
26    { N_out[i] = 0.0;
27      for (j=0; j<NHID; j++)
28        N_out[i] += N_hid[j] * w_out[j][i];
29      N_out[i] = sigmoid(N_out[i]);
30    }
31  }
```

21.3 反向传播

在神经网络中有着大量不同的学习技术。其中它们根据是否有一个“教导者”对训练实例给出正确的答案,可分为监督的和无监督的学习;以及根据系统的进化是在运行环境以内还是在以外进行,可分为在线或离线学习。使用流行的反向传播学习方法的分类网络(Rumelhart, McClelland 1986),是一种监督的、离线的技术,可以从网络的输入中区分出一个特定的实例,并产生相应的输出信号。这种方法的缺点是必须给神经网络提供一个相关输入实例和相应解的完整集合。另一种流行的方法是强化式学习(Sutton, Barto 1998),只需要为每对输入/输出提供增量反馈。这一在线技术既可以看作是监督学习也可以是无监督学习,因为反馈信号只反映了当前网络的性能,并不提供期望的网络输出。在下文中将讨论反向传播的方法。

P. 338

一个前馈神经网络开始时取随机的权重,并提供一定数量称为训练集(training set)的测试实例。对某一特定的输入值,将网络的输出值与已知的正确结果相比较,并将任何偏差(误差函数)通过网络返回。

这样完成很多次迭代后,神经网络有希望学习完整个训练集并对训练集中每一个输入模式都可以产生正确的输出。然而,我们真正希望的是该网络能够进行归纳,这意味着对于以前未见过的类似输入模式,网络可以输出相应的类似输出。如果没有这种归纳能力,就不会发生有用的学习,因为这只能简单地储存和复制训练集。

反向传播算法按如下步骤执行:

1. 用随机的权重初始化网络。
2. 对所有的训练实例:

a. 向网络提供训练输入并计算输出。

b. 对于所有层(始于输出层,返回到输入层):

i. 比较网络的输出和正确的输出(误差函数)。

ii. 在当前层调整权重。

为了实施这一学习算法,我们需要知道输出层的正确结果,因为它们要和训练输入一起提供。不过对于其它层目前仍不清楚,所以我们一步一步来进行。

首先,观察一下误差函数。对于每个输出神经元,我们比较实际输出值out_i和期望输出值d_{outi}之间的差值,计算其差值的平方和:

$$E_{outi}=d_{outi}-out_i$$

$$E_{total}=\sum_{i=0}^{num(n_{out})}E_{outi}^2$$

下一步是通过梯度下降法来调整权重:

$$\Delta w=-\eta\frac{\partial E}{\partial w}$$

因此,权重的调整正比于权重对误差的贡献,由常数η来决定变动的幅度。这可以通过下列公式来实现(Rumelhart, McClelland 1986):

P. 339

$$diff_{outi}=(o(n_{outi})-d_{outi})\cdot(1-o(n_{outi}))\cdot o(n_{outi})$$

$$\Delta w_{outk,i}=-2\cdot\eta\cdot diff_{outi}\cdot input_k(n_{outi})$$
$$=-2\cdot\eta\cdot diff_{outi}\cdot o(n_{hidk})$$

假设图 21.5 中神经网络所期望的输出d_{out1}为$d_{out1}=1$,并选择$\eta=0.5$来进一步简化公式,我们现在可以更新隐含层和输出层之间的四个权重。请注意,虽然只显示两到三位有效数,但是所有的计算都是以全浮点精度进行。

$$diff_{out1}=(o(n_{out1})-d_{out1})(1-o(n_{out1}))o(n_{out1})$$
$$=(0.60-1.00)(1-0.60)0.60$$
$$=-0.096$$

$$\Delta w_{out1,1}=-diff_{out1}\,input_1(n_{out1})$$
$$=-diff_{out1}\,o(n_{hid1})$$
$$=-(-0.096)\times 0.59$$
$$=+0.057$$

$$\Delta w_{out2,1}=0.096\times 0.57=+0.055$$

$$\Delta w_{out3,1}=0.096\times 0.52=+0.050$$

$$\Delta w_{out4,1}=0.096\times 0.34=+0.033$$

新的权重为:

$$w'_{out1,1}=w_{out1,1}+\Delta w_{out1,1}=0.8+0.057=0.86$$

$$w'_{out2,1}=w_{out2,1}+\Delta w_{out2,1}=-0.2+0.055=-0.15$$

$$w'_{out3,1}=w_{out3,1}+\Delta w_{out3,1}=-0.2+0.050=-0.15$$

$$w'_{out4,1}=w_{out4,1}+\Delta w_{out4,1}=0.5+0.033=0.53$$

剩下的步骤是调整权重w_{in}。使用相同的公式,我们需要知道隐含层所期望的输出d_{hidk}。我们求得此值的方法是:反向传播输出层的误差值并乘以相应隐含层的神经元激活值,并将隐含层中每一个神经元的所有这些项求和。也可以使用输出层的差值来代替误差值,然而我们发现使用误差值可以提高收敛性。这里,我们使用旧的(未改变的)连接权重,这样可以进一步提高收敛性。隐含层的误差公式(期望值与实际隐含值之差)为:

$$E_{\text{hid}i} = \sum_{k=1}^{num(n_{\text{out}})} E_{\text{out}k} w_{\text{out}i,k}$$

$$\text{diff}_{\text{hid}i} = E_{\text{hid}i}(1-o(n_{\text{hid}i}))o(n_{\text{hid}i})$$

在图 21.5 的例子中,只有一个输出神经元,所以每个隐含层的神经元对于期望值只有单独一项。因此第一个隐含层神经元的值和差值如下:

P.340

$$E_{\text{hid}1} = E_{\text{out}1} w_{\text{out}1,1} = 0.4 \times 0.8 = 0.32$$

$$\text{diff}_{\text{hid}1} = E_{\text{hid}1}(1-o(n_{\text{hid}1}))o(n_{\text{hid}1}) = 0.32 \times (1-0.59) \times 0.59 = 0.077$$

程序 21.2 反向传播程序

```
 1  float backprop(float train_in[NIN], float train_out[NOUT])
 2  /* returns current square error value */
 3  { int i,j;
 4    float err_total;
 5    float N_out[NOUT],err_out[NOUT];
 6    float diff_out[NOUT];
 7    float N_hid[NHID], err_hid[NHID], diff_hid[NHID];
 8
 9    //run network, calculate difference to desired output
10    feedforward(train_in, N_hid, N_out);
11    err_total = 0.0;
12    for (i=0; i<NOUT; i++)
13    {  err_out[i] = train_out[i]-N_out[i];
14       diff_out[i]= err_out[i] * (1.0-N_out[i]) * N_out[i];
15       err_total += err_out[i]*err_out[i];
16    }
17
18    // update w_out and calculate hidden difference values
19    for (i=0; i<NHID; i++)
20    { err_hid[i] = 0.0;
21      for (j=0; j<NOUT; j++)
22      { err_hid[i]  += err_out[j] * w_out[i][j];
23        w_out[i][j] += diff_out[j] * N_hid[i];
24      }
25      diff_hid[i] = err_hid[i] * (1.0-N_hid[i]) * N_hid[i];
26    }
27
28    // update w_in
29    for (i=0; i<NIN; i++)
30      for (j=0; j<NHID; j++)
31        w_in[i][j] += diff_hid[j] * train_in[i];
32
33    return err_total;
34  }
```

从输入层到第一个隐含层神经元的两个连接权重的变化如下。要记住隐含层的输入是输入层的输出:

$w_{\text{in}k,i} = 2\eta \text{diff}_{\text{hid}i} \text{input}_k(n_{\text{hid}i})$

对于 $\eta = 0.5$

$= \text{diff}_{\text{hid}i} o(n_{\text{in}k})$

P. 341

$\Delta w_{\text{in}1,1} = \text{diff}_{\text{hid}1} o(n_{\text{in}1})$

$= 0.077 \times 1.0$

$= 0.077$

$\Delta w_{\text{in}2,1} = \text{diff}_{\text{hid}1} o(n_{\text{in}2})$

$= 0.077 \times 0.5$

$= 0.039$

其余的权重也是类似于此计算。前两个更新的权重如下：

$w'_{\text{in}1,1} = w_{\text{in}1,1} + \Delta w_{\text{in}1,1} = 0.2 + 0.077 = 0.28$

$w'_{\text{in}2,1} = w_{\text{in}2,1} + \Delta w_{\text{in}2,1} = 0.3 + 0.039 = 0.34$

直到满足了一个特定的终止条件才会停止反向传播的迭代过程。对所有的训练模式可以是一个固定数目的迭代；或是直到达到足够的收敛，例如所有训练模式的总体输出误差低于某一阈值。

偏差神经元

程序 21.2 显示了反向传播过程的实现。请注意，为了使反向传播能够工作，我们需要一个额外的输入神经元和一个额外的隐含神经元，它们称为“偏差神经元”。这两个神经元的激活水平始终固定为 1。反向传播收敛过程需要连接至偏差神经元的权重(见图 21.7)。

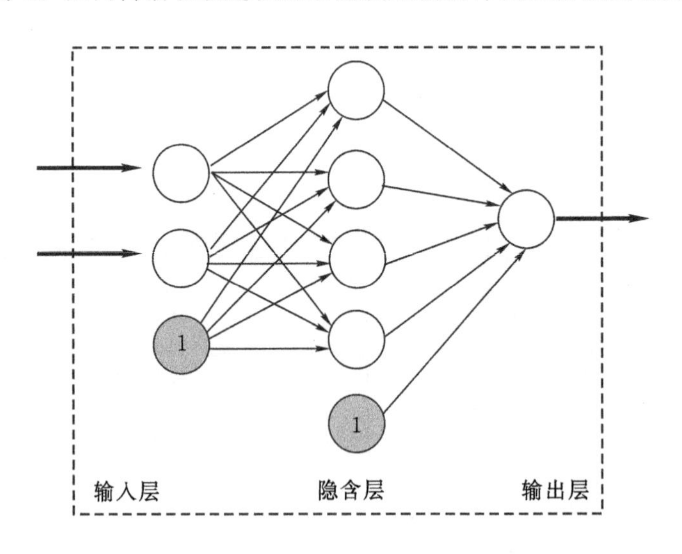

图 21.7 反向传播的偏差神经元和连接

21.4 神经网络的例子

七段显示

P. 342

一个用于测试神经网络应用的简单例子，是从七段显示表示中学习数字 0…9。图 21.8

显示了各段的分布和神经网络的数字输入和训练输出，这些可以从一个数据文件中读取。请注意，这里有 10 个输出神经元，每一个用来表示 0…9 中的一个数字。这样比起其它方式更容易学习，例如一个 4 位二进制编码输出(0000 至 1001)。

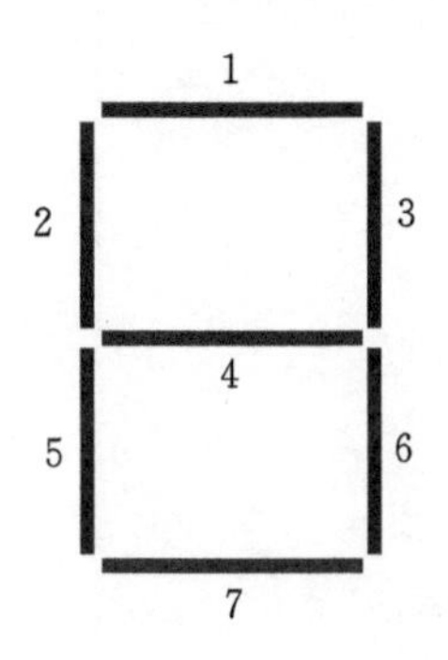

digit 0 in：1 1 1 0 1 1 1 out：1 0 0 0 0 0 0 0 0 0
digit 1 in：0 0 1 0 0 1 0 out：0 1 0 0 0 0 0 0 0 0
digit 2 in：1 0 1 1 1 0 1 out：0 0 1 0 0 0 0 0 0 0
digit 3 in：1 0 1 1 0 1 1 out：0 0 0 1 0 0 0 0 0 0
digit 4 in：0 1 1 1 0 1 0 out：0 0 0 0 1 0 0 0 0 0
digit 5 in：1 1 0 1 0 1 1 out：0 0 0 0 0 1 0 0 0 0
digit 6 in：1 1 0 1 1 1 1 out：0 0 0 0 0 0 1 0 0 0
digit 7 in：1 0 1 0 0 1 0 out：0 0 0 0 0 0 0 1 0 0
digit 8 in：1 1 1 1 1 1 1 out：0 0 0 0 0 0 0 0 1 0
digit 9 in：1 1 1 1 0 1 1 out：0 0 0 0 0 0 0 0 0 1

图 21.8 七段数字表示

图 21.9 显示了通过运用反向传播程序，对完整的数据集进行了大约 700 次迭代后，总误差值的下降曲线。最后，达到误差值低于 0.1 的目标，此时算法终止。现在，存储在神经网络中的权重已可以处理以前没有出现的真实数据。在这个例子中，训练过的网络能够经受七段显示输入中一段有缺陷(例如，某段总是打开或总是关闭)的考验。

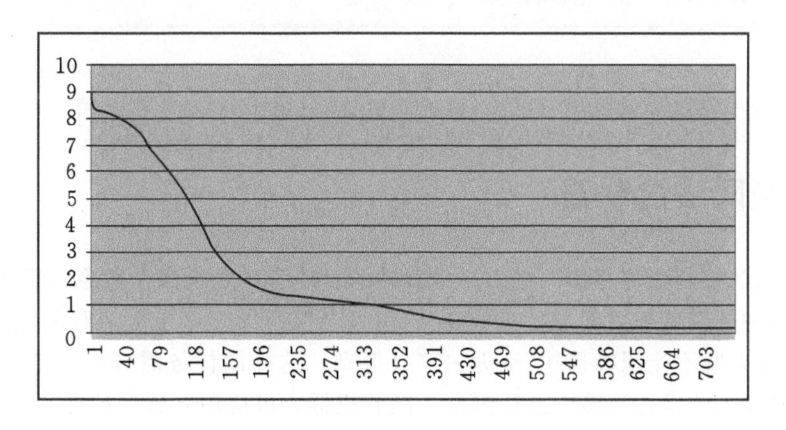

图 21.9 七段显示例子中的误差下降曲线

当然，使用一个七段显示为例仅仅是以演示为目的，并不能完全展示出神经网络的分类能力。更加有用但也更为复杂的问题是手写数字的分类，例如用于一个扫描邮政编码的自动信件分拣机。这个问题也称为 OCR(光学字符识别)。手写数字的一个很好来源(除非你想自己写并扫描)是 MNIST 数据库(LeCun et al. 1998)，(LeCun，Cortes 2008)。这是一个由约 250 个作者、总计 70 000 个手写数字的免费数据库。

P. 343

图 21.10 显示了一些数字样本和我们开发的可视化工具，使用了与七段显示例子相同的程序代码用于反向传播训练。

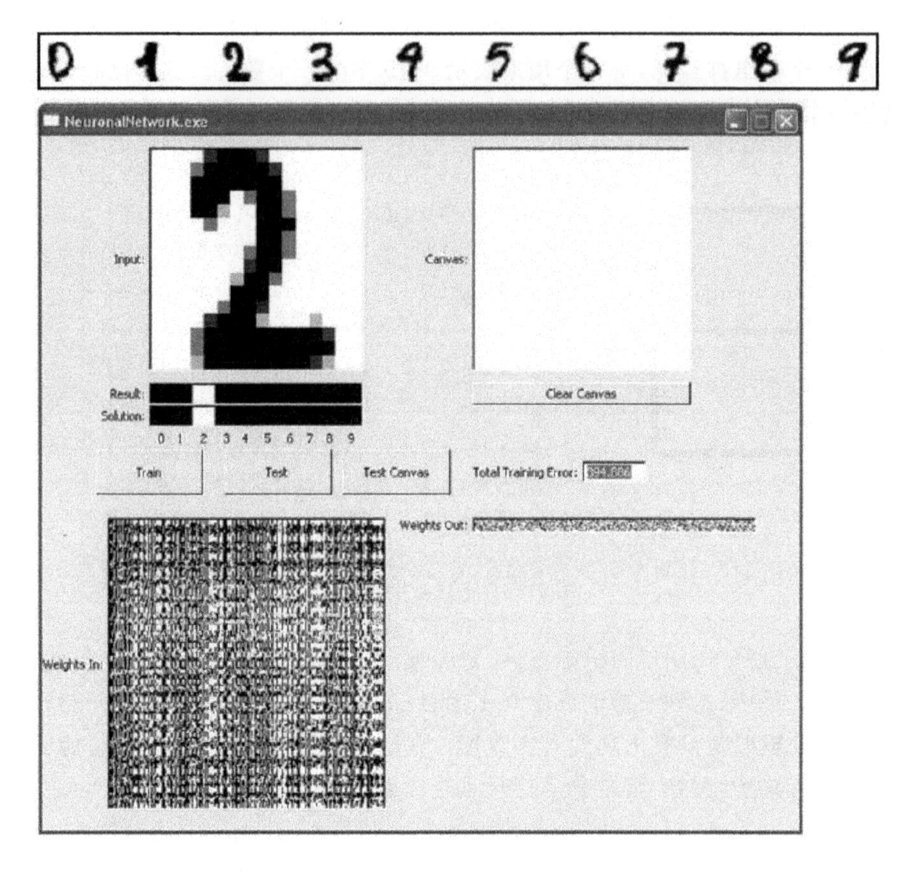

图 21.10 MNIST 的手写数字和可视化工具

21.5 神经网络控制器

移动机器人的控制由传感器的输入产生具体的行动。一个机器人的控制器从传感器接收P. 344输入,使用相关的逻辑处理数据,并发送相应的信号至执行器。对于大多数的大任务,从输入到行动的理想映射既不能明确描述,也无法容易得到。这样的任务需要一个精心设计的控制程序,并且在机器人的运行环境中进行测试。随着机器人可应用领域的扩展,自主机器人预期任务复杂性的增加,创建这些控制程序是机器人学中持续受到关注的内容。

在应用图 21.4 中的前馈神经网络以前,需要回答许多问题。其中有:

如何衡量网络是否成功?

机器人能够执行无碰撞的左墙壁跟踪。

如何进行训练?

通过仿真或真实的机器人。

每个情况下期望的电机输出是什么?

电机函数驱动机器人接近左边的墙壁并且避免碰撞。

神经网络已经成功地用来在传感器和执行器之间进行直接地调节,以执行特定的任务。过去的研究侧重于利用神经网络控制器来学习单独的行为。为了由传感器驱动一个行动集合,Vershure 开发了一个行为的工作集,它通过使用一个神经网络控制器由碰撞检测、距离测量和目标检测传感器来驱动一组电机(Vershure et al. 1995)。在线的神经网络学习规则设计为模拟巴甫洛夫经典的条件反射行为。生成的控制器使用正反馈并结合了有利于任务性能的行为。

自适应逻辑网络(ALNs)是神经网络的一个变种,它只使用布尔运算,被 Kube 等人成功地应用在执行简单的协作组群行为的仿真中。ALN 表示的优点是:一旦控制器达到合适的工作状态,它很容易直接地映射到硬件上。

在第 24 章中所介绍的一个应用中,神经网络控制器作为仲裁者或是很多行为的选择者。没有用 21.3 节所介绍的反向传播学习方法,而是用一个遗传算法来进化神经网络以满足我们的要求。

21.6 参考文献

GURNEY, K. *Neural Nets*, UCL Press, London, 2002

KUBE, C., ZHANG, H., WANG, X. *Controlling Collective Tasks with an ALN*, IEEE/RSJ IROS, 1993, pp. 289-293 (5)

LECUN, Y., BOTTOU, L., BENGIO, Y., HAFFNER, P. *Gradient-based learning applied to document recognition*, Proceedings of the IEEE, 86(11), pp. 2278-2324 (47), Nov. 1998

P. 345

LECUN, Y., CORTES, C. *The MNIST Database of Handwritten Digits*, web: http://yann.lecun.com/exdb/mnist/, 2008

MINSKY, M., PAPERT, S. *Perceptrons*, MIT Press, Cambridge MA, 1969

ROSENBLATT, F. *Principles of Neurodynamics*. Spartan Books, Washington DC, 1962

RUMELHART, D., MCCLELLAND, J. (Eds.) *Parallel Distributed Processing*, 2 vols., MIT Press, Cambridge MA, 1986

SUTTON, R., BARTO, A. *Reinforcement Learning: An Introduction*, MIT Press, Cambridge MA, 1998

VERSHURE, P., WRAY, J., SPRONS, O., TONONI, G., EDELMAN, G. *Multilevel Analysis of Classical Conditioning in a Behaving Real World Artifact*, Robotics and Autonomous Systems, vol. 16, 1995, pp. 247-265 (19)

ZAKNICH, A. *Neural Networks for Intelligent Signal Processing*, World Scientific, Singapore, 2003

遗传算法

P.347

进化算法(evolutionary algorithms)是一系列使用达尔文进化原理(Darwin 1859)向着一个解发展的搜索和优化技术。遗传算法(generic algorithms,GA)是所有更众多进化类算法中的一个重要分支。它通过反复迭代从可能解的发展历史中找出最优解,并通过许多受生物学启发而来的算子进行操作。虽然这只是一个生物真实进化过程的近似,但已证明是解决问题的一个强大且鲁棒的手段。

遗传算法的作用在于它能够解决没有确定解析解的问题,机器人控制中的某些可满足性问题正属于这一个范畴。例如,对于一个特定的机器人,没有任何已知的算法可以确定性地推导出机器人的最佳步态。一种采用遗传算法设计步态的方法是训练出一组步态发生器的控制参数,这些参数可完全地控制由发生器所产生的步态类型。我们可假定存在这样一组参数,它会生成适合机器人和环境的一个步态,那么该问题则转变为找出这样的一组参数。虽然我们无法通过算法得到这些参数,但我们可以在仿真环境中使用遗传算法来逐步测试并进化参数的种群以产生合适的步态。

必须强调的是,利用遗传算法来寻找解的效果依赖于问题的范畴、问题最优解的存在性以及选用恰当的适应度函数。若用遗传算法解决那些可用规则算法解决的问题,必定效率低下。它们最适用于难以解决的问题,例如NP难问题。NP难问题的特点是,由于解所在搜索空间太大,而难以找到一个解,但一旦获得了候选解,则很容易验证。

扩展阅读可参考(Goldberg 1989)和(Langton 1995)。

22.1 遗传算法原理

P.348

在本节中,我们将说明一些用到的术语,并概述遗传算法的操作。然后详细地研究算法的各个部分,并介绍所进行的不同应用。

基因型与表现型

遗传算法借用生物学的术语来描述各个部分间的相互作用。我们先看表现型,它是一个给定问题的可行解(例如具有特定的控制结构的仿真机器人)。基因型,它是表现型的编码表示。基因型,有时也称为染色体,并可分割成称为基因的更小的信息块(见图 22.1)。

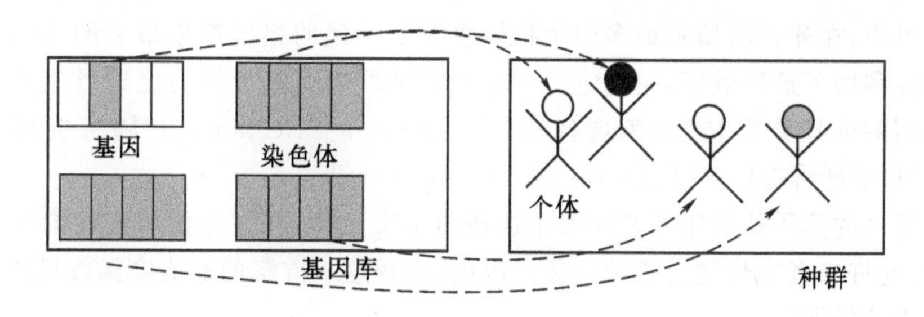

图 22.1 术语

遗传算子仅仅作用于基因型(染色体),同时为了确定其适应度,我们需要构建表现型(个体)。

遗传算法的执行

遗传算法的基本操作可以概括如下:

1. 随机初始化一个染色体的种群。
2. 如果没有满足终止条件:
   a. 评价每一个染色体的适应度:
      ⅰ. 构建与编码的基因型(染色体)相对应的表现型(如仿真机器人)。
      ⅱ. 评价表现型(如测量仿真机器人的行走能力),以确定其适应度。
   b. 产生新一代的染色体:
      ⅰ. 将一个或多个表现最好的染色体无改变地保留成为新的子代(精英)。
      ⅱ. 使用一个选择方案根据适应度按比例从当前的种群中选择染色体。
      ⅲ. 对选定的染色体对使用交换操作以产生新的染色体对。
      ⅳ. 对一个或多个染色体进行随机突变操作(小概率)。

该算法既可以从一组随机的染色体开始,也可以是从代表给定问题近似解的染色体开始。P.349 根据每个染色体的适应度,通过一组修正算子和一个选择方案来一代一代地进化基因库。选择方案决定了哪些染色体可以繁殖后代,通常是选择性能最好的成员进行繁殖。繁殖行为可以通过多个不同的算子来实现,这将从现有的染色体中产生出新的染色体。算子有效地改变参数来覆盖搜索空间,保留并结合最高性能的参数组合。

整个过程的每一次迭代都产生新的染色体种群。算法在一次迭代后所得到的所有的染色体集合统称为一代。当算法不断迭代时,它搜索解空间,不断地改良染色体,直至找到适应度值足够高的染色体(符合原问题所设定的期望标准),或进化过程减慢至不太可能找到相匹配染色体的程度。

适应度函数

每一个需要求解的问题,都需要定义唯一的适应度函数以描述近似解的特征。适应度函数的用途是用来评价一个解对于整体目标的适合程度。对于一个特定的染色体,适应度函数则根据染色体的质量返回一个数值。对于某些应用而言,选择适应度函数很简单。例如,在函数优化问题中,适应度由函数本身进行评价。然而在许多应用中,目标并没有明显的性能测度。这些情况下,可以通过结合问题给定的各特征要素来建立一个合适的适应度函数。

选择方案

在自然界中,在死亡前繁殖最多的生物体将对下一代的组成产生最大的影响。遗传算法的选择方案也利用了这种效应,它决定了一个给定种群中哪些个体将促进形成下一代的新个体。三个常用的选择方案是“竞争选择法(Tournament Selection)”、“随机选择法(Random Selection)”和“轮盘赌选择法(Roulette wheel selection)”。

竞争选择法的算子从可用的基因库中选择两个染色体,并在它们相互评价时比较它们的适应度值,并允许二者中较优者繁殖后代。因此,选择这一方案的适应度函数只要求能在两个实体之间做出选择即可。

随机选择法从现有的基因库中随机地选择新染色体的父代,任何适应度低于设定阈值的父代染色体将立即被剔除出种群。尽管看起来没有产生任何有益的结果,但可以用这种选择机制为开始向次优解收敛的种群引入随机性。

在轮盘赌选择法(有时称为适应度等比选择法)中,一个染色体繁殖的可能性与个体的适应度成正比。因此,如果一个染色体的适应度值是另一个染色体的两倍,那么前者繁殖的概率则可能是后者的两倍。但是,它的繁殖并不能像在竞争式选择法中那样有保证。

P. 350

尽管如果所有的染色体都进行繁殖,遗传算法最终将收敛至一个解,但现已证明,将适应度最高的染色体不加变化地保留到子代中,可以显著地加快算法的收敛速度。

22.2 遗传算子

遗传算子包括了用以将一个或多个染色体结合来产生一个新染色体的方法。传统的方案仅仅使用到两个算子:变异和交换(Beasley, Bull, Martin 1993a)。交换是选取两个个体,在编码位串内随机地选择一个点,将其分为两部分。这将产生两个“头”部分和两个“尾”部分。两个染色体的尾部分进行互换,产生两个新的染色体。在选定位置以前的位串属于一方的父代,其余部分属于另一父代。这个过程如图22.2所示。

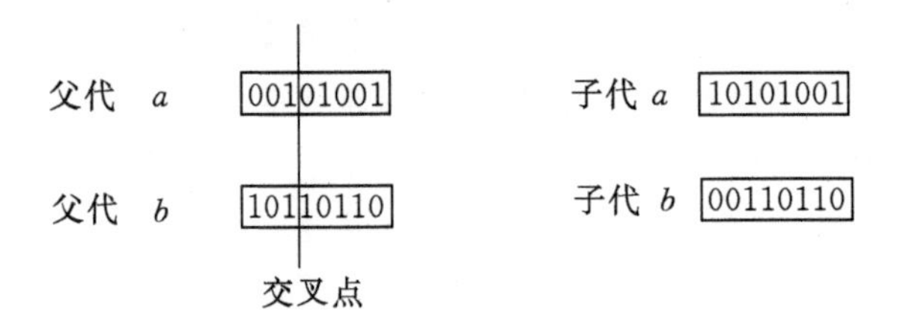

图22.2 交换算子

变异操作(图22.3)随机选择一个染色体串的一位,以一定的概率反转该位的值。以往认为交换操作是搜索解空间的两个技术(交换与变异)中较为重要的一个。但是,由于初始染色体中可能未完全包含所有可能的位组合,若是没有变异算子,将搜索不到一部分解空间(Beasley, Bull, Martin 1993b)。

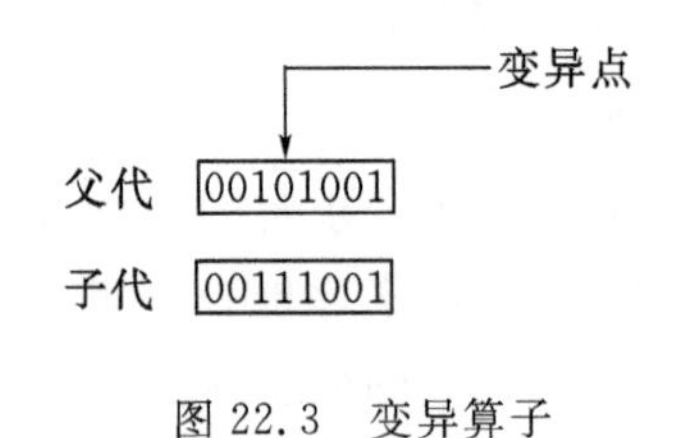

图22.3 变异算子

传统的算子集现在已经有了很多可能的扩展。两点交换(two-point crossover)类似于之前所述的单点交换,只是染色体在两点进行分割,而非一点。变异算子也得到了加强,还可以在染色体的多个位点上进行操作,而非单点。这增强了每次搜索解空间的随机性。 P.351

假设位串部分表示的是多值数(如8位整型数或32位浮点数),根据要修改的位串需做进一步的扩展。根据这个对染色体的解释,两种常用的算子分别是"多值平均"多值平均"(Non-Binary Average)算子和"多值蠕变"(Non-Binary Creep)算子。多值平均算子将染色体解释为一组阶数更高[①]的位串,并计算两个染色体的算术平均,以得到新的个体。类似地,多值蠕变算子也将染色体看作是具有更高基数符号的位串,并从这些位串中随机选出某个值,把它加上或减去一个小的随机生成的数。

多值平均算子的操作如图22.4所示。例子中的位串可以解释为一组两位的符号,然后再分别对它们进行截断平均。所以,零(00)和二(10)的平均为一(01),即:

(00+10)/2=01

但二和三的平均为二,即:

(10+11)/2=10

如图22.5所示,多值的蠕变算子也将位串表示为两位符号组成的集合,并对第二个符号减一。

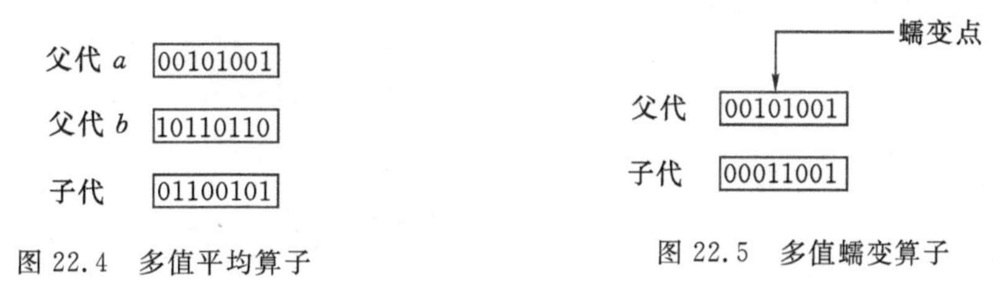

图22.4 多值平均算子

图22.5 多值蠕变算子

编码

所选择的将参数转换为染色体的编码方法对遗传算法的性能有很大的影响。压缩编码有助于遗传算法的高效执行。有两种用于染色体代的常见编码技术。直接编码明确地描述了染色体内的每一个参数,而间接编码则使用一组规则来重建完整的参数空间。直接编码的优点是它是一种简单、强大的表示方法,但是生成的染色体可能会相当大。而间接编码则更为紧凑,但它往往表示原始结构的一个高度限制的集合。 P.352

22.3 机器人控制中的应用

在下面的章节中,我们将简要地讨论遗传算法在机器人控制中的三个应用。在后面基于行为的系统和步态进化的章节中,将对这三个主题进行更为深入的研究。

步态生成

很多研究者(Ijspeert 1999),(Lewis Fagg,Bekey 1994)已将遗传算法应用于机器人运动神经控制器的进化之中。这种方法使用遗传算法训练神经元间连接的权值,以构建一个实现给定步态的控制器。神经元的输入来自机器人上的各种传感器,并且某些神经元的输出直接

① 在二进制位串中一位数可表示一个符号;而在非二进制位串中,可能需要两位表示一个符号(如下文的例子),甚至更多的位数。——译者注

与机器人的执行器相连。(Lewis，Fagg，Bekey 1994)使用传统的单点交换和变异算子遗传算法成功地生成了六足机器人的步态。这是一个用于控制机器人的简单神经网络控制器，由人类设计者来评价生成个体的适应度。(Ijspeert 1999)使用增强的遗传算法来训练仿真蝾螈的控制器。该神经网络模型以生物学原理为基础，并且相当复杂。但是，这套开发出来的系统能够在不借助适应度人工求解程序而完成整个操作。

(Boeing，Bräunl 2003)和(Boeing，Bräunl 2004)利用遗传算法来寻找双足机器人运动的样条参数(见第25章)。

基于方案的导航

通过多种不同的方式，已用遗传算法构造出新的或优化了现有的行为控制器。(Ram et al. 1994)用遗传算法来控制一个简单的反应方案控制器的权值和内部参数。在基于方案的控制中，基本的电机和感知方案对输入(来自传感器或其它方案)进行简单的分布式处理以产生输出。电机方案从感知方案中异步获得输入，产生响应输出以驱动相应的执行器。一个方案仲裁控制器将每个独立方案单元的输出简单地相加产生输出，而每个独立方案单元对最终输出的贡献与它们的连接权重有关(见图22.6)。这些权重通常以手工进行调整，以生成机器人所期望的系统行为。

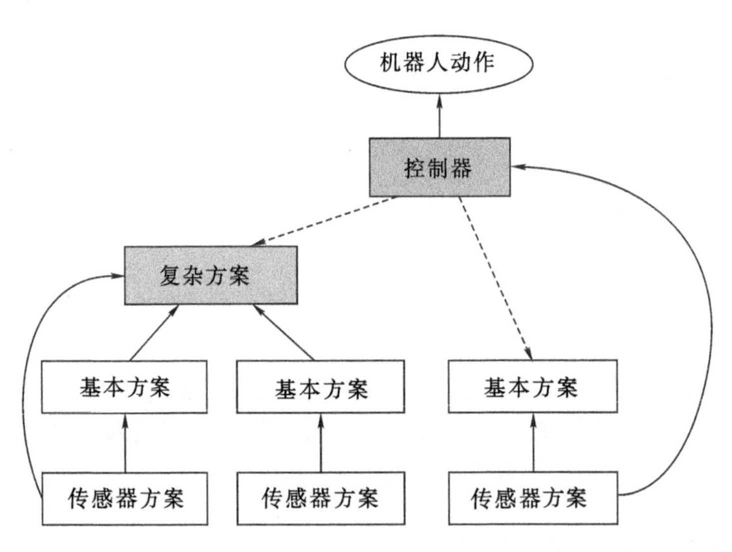

图22.6　方案层次

P. 353

Ram等人利用遗传算法来确定一个给定适应度函数的方案权重的最优集。通过调整适应度函数的参数，对机器人的安全性、速度以及路径效率进行优化。这些机器人的行为彼此之间互不相同。这生动地说明了通过简单地改变适应度函数，可改变机器人的行为输出。

行为选择

(Harvey，Husbands，Cliff 1993)用遗传算法训练机器人神经网络控制器来完成漫步和在一个封闭空间内使闭合路径多边形面积最大化等任务。该控制器使用传感器作为其输入，并直接连接到机器人的驱动装置。(Venkitachalam 2002)也采取了类似的办法，但神经网络的输出用来控制方案的权重。神经网络生成动态方案的权值，作为对感知方案输入的响应。

22.4 进化的例子

在本节中，我们将展示一个简单的 walk-through 例子。我们将用遗传算法解决一个手工可解的基本优化问题，并给出如何使用计算机程序来解决这一问题。我们希望优化的适应度函数是一个简单的二次型函数(见图 22.7)：

$$f(x)=-(x-6)^2 \quad 对于\ 0\leqslant x\leqslant 31$$

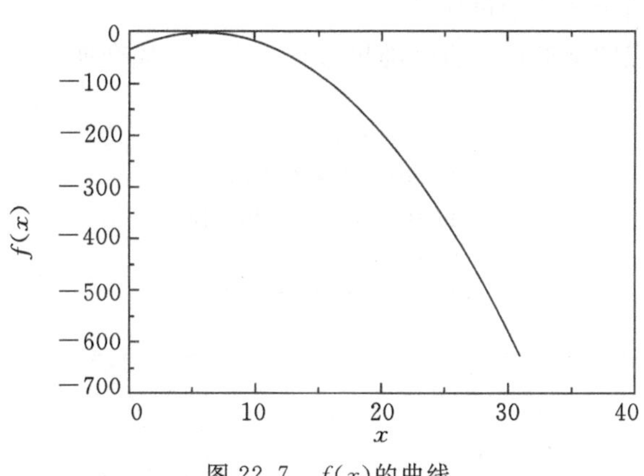

图 22.7 $f(x)$的曲线

对于这样一个具有狭小解空间的可解方程，使用遗传算法搜索的效率很低，并且如本章之前所述的原因，不推荐作为求解算法。在这个特例中，与随机搜索相比，遗传算法的效率提升并不显著，有时可能更差。但是，之所以选择这一问题，是因为它的规模相对较小便于检查遗传算法的运行情况。

P.354

我们所使用的遗传算法的特点是：简单的二进制编码、单点交换、精英原则以及死亡率。针对本题而言，基因由单精度整型量所组成。由于仅仅需要找出一个参数，因此每个染色体只包含一个基因。而前面给定函数的人工约束有助于我们使用 5 位二进制数完成对基因的编码。因此，表示染色体的位串的长度为 5。我们首先随机产生一个种群，并通过适应度函数来评价每一个染色体。如果满足终止条件，算法将终止运行。本例中，我们已知最优解为 $x=6$，因此达到此值时算法应该终止。根据不同适应度函数的性质，我们可以让算法继续寻找其它的(可能更好)可行解。在这些情况下，我们可能希望所表示的终止条件与种群中表现最出色成员的收敛速度有关。

表 22.1 初始种群

x	位串	$f(x)$	排名
2	00010	−16	1
10	01010	−16	2
0	00000	−36	3
20	10100	−196	4
31	11111	−625	5

初始种群、编码、适应度如表 22.1 所示。注意 $x=2$ 的染色体和 $x=10$ 的染色体的适应

度值相等，因此它们的相对排名可以任意选择。

我们使用了一种简单的选择和繁殖形式的遗传算法。表现最好的染色体被复制和保存，并在算法的下次迭代操作中使用。表现最差的染色体将被剔除掉，并由表现最好的染色体所取代。因此，我们通过选择删除了 $x=31$ 的染色体。

下一步是在染色体之间进行交换。我们对排名前四位的染色体进行随机配对，并以一定的概率（非固定值）来决定它们是否需要交换。本例中，我们所选择的交换概率为 0.5，可简单地由一个抛硬币模型实现。随机配对的排名染色体为(1,4)和(2,3)。每一对染色体都将进行随机单点交换，以产生两个新的染色体。 P. 355

如前所述，随机单点的交换操作就是随机选择一个点完成交换。在这次迭代中，两个染色体对都进行交换（见图 22.8）。

(1) 00|010 → 00100=4

(4) 10|100 → 10010=18

(2) 0|1010 → 00000=0

(3) 0|0000 → 01010=10

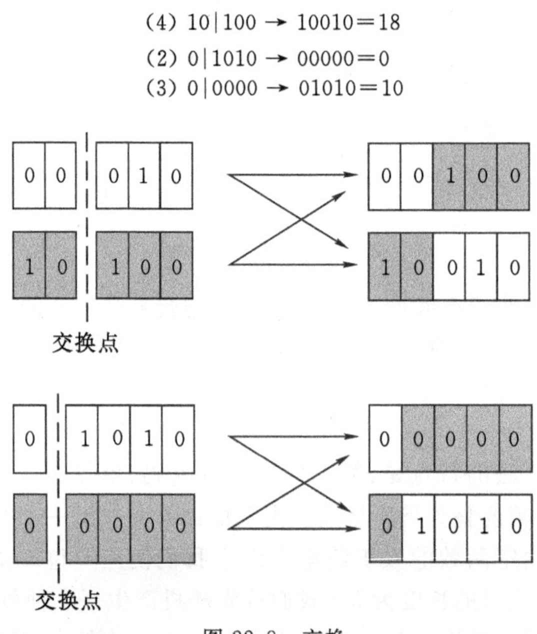

图 22.8 交换

交换操作所产生的染色体如下：

注意，在第二个交换中，由于两个字符串的首位是相同的，这将导致产生的新染色体与它们的父代完全一样。换言之，实际上等于没有发生交换操作。经过一次迭代，我们可以看到有些种群稍微趋近于最优解。现在，我们对新的种群（见表 22.2）进行再次评价。 P. 356

表 22.2 交换后的种群

x	位串	$f(x)$	排名
4	00100	−4	1
2	00010	−16	2
10	01010	−16	3
0	00000	−36	4
18	10010	−144	5

我们再次保留最好的染色体($x=4$),并删除最差的染色体($x=18$)。这一次染色体随机配对结果是(1,2)和(3,4),并且只有(3,4)染色体对被随机选中进行交换操作,而(1,2)染色体对则被选择进行变异操作。值得注意的是,如果是对(1,2)染色体对进行交换操作则有可能产生最优解 $x=6$。但是,这种机会的错失也正是遗传算法自身不确定性的体现:获得最优解的时间难以准确预计。尽管如此,(2)的变异重新引入了一些丢失的位串表示。如果没有变异算子,该算法将没有能力表示奇数值(位串结尾为一)。

(1)和(2)染色体的变异

(1) 00100 → 00000=0

(2) 00010 → 00011=3

(3,4)染色体对的交换

(3) 01|010 ↓→ 01000=8

(4) 00|000 ↑→ 00010=2

下一次种群适应度评价的结果如表 22.3 所示。

表 22.3 输入和输出索引之间的连接

x	位串	$f(x)$	排名
4	00100	−4	1
8	01000	−4	2
3	00011	−9	3
2	00010	−16	4
0	00000	−36	5

如前所述,删除染色体 $x=0$,保留染色体 $x=4$。选择用于交换的对是:(1,3)和(1,4),但实际上只有(1,4)染色体对进行了交换操作:

(1) 001|00 ↓→ 00110=6

(4) 000|10 ↑→ 00000=0

已获得最优解 $x=6$。此时,算法可以终止运行,因为我们知道这就是最优解。但如果我们让算法继续运行下去,整个解空间将完全收敛至 $x=6$。由于 $x=6$ 的染色体适应度最高,所以该染色体会一直保留在后面的种群中。当另一个染色体通过交换操作被设置为 $x=6$ 时,这样,由于其在种群中数量上有所增加,所以保留在后面种群中的可能性也会随之增加。这种概率与种群中 $x=6$ 染色体的存在数量成正比,因此当迭代次数足够多时,整个种群将会收敛到最优解上。精英算子以及只有一个最大适应度解的事实,确保了种群永远不会收敛到其它染色体上。 P. 357

22.5 遗传算法的实现

下面,我们将描述一个用 C 语言编写的遗传算法的基本框架,可用于后面几章所介绍的机器人项目。基本数据类型是基因 gene,在我们的例子中是若干个字节或整型数。基因库 gene pool 包含了很多基因,它表示基因的当前一代。

应当指出,有很多功能完备、免费的的第三方遗传算法库可供复杂应用,如 GA Lib

(GALib 2008)和 OpenBeagle (Beaulieu, Gagné 2008)。它们可以实现一个能够运行的遗传算法,而无需任何底层设计。

主程序 main(程序 22.1)所示的是遗传算法的基本步骤。我们根据所需的种群大小定义了一个 genepool(基因数组),以及用来复制下一代的第二个数组。第一步是用随机值初始化(for 循环)每个基因。第二步是迭代部分,终止条件是我们找到一个具有理想适应度的基因,或达到了最大迭代次数。

程序 22.1　主程序

```
1   typedef int gene[GENESIZE]; // values -128 .. +127
2
3   int main(int argc, char *argv[])
4   { gene genepool[POPSIZE], nextgen[POPSIZE];
5     int  fitness [POPSIZE];
6     int  i,j, iter=0, sum_fit, max_fit=0, max_pos, s1, s2;
7
8     for(i=0; i<POPSIZE; i++) init(genepool[i]); // INIT
9
10    //  Iterate genetic algorithm
11    while (max_fit < DES_FITNESS && iter < MAX_ITER)
12    { // Evaluate population
13      for (i=0; i<POPSIZE; i++)
14        fitness[i] = evaluate(genepool[i]);
15      max_fit = calc_max(fitness, &max_pos);
16      sum_fit = calc_sum(fitness);
17
18      if (max_fit < DES_FITNESS)
19      { // SELECT + CROSSOVER
20        for (i=0; i<POPSIZE; i+=2)
21        { s1 = select(fitness, sum_fit);
22          s2 = select(fitness, sum_fit);
23          crossover(genepool[s1],genepool[s2],
24                    nextgen[i],nextgen[i+1]);
25        }
26
27        // single MUTATION
28        mutation(nextgen[rand()%POPSIZE]);
29
30        // Copy back generation
31        for (i=0; i<POPSIZE; i++)
32          if (i != max_pos) // RETAIN top performer
33            copygene(nextgen[i], genepool[i]);
34      }
35    }
36    return 0;
37  }
```

在每次迭代中,我们通过调用函数 evaluate 来确定每个基因的适应度。出于测试目的,evaluate 只是简单地对基因的所有字节相加,于是我们就知道了具有完美适应度的基因由整型数 255,255,…,255 组成。我们还计算出最大适应度,以及所有适应度之和,这些都是后期选择函数所需要的。

P. 358

对于下一代基因库的繁殖，我们先迭代调用选择函数两次，然后调用交换函数。接下来，我们只在下一代的基因库中随机地选择一个基因执行一次变异运算。

最后一步将新一代的基因复制到基因库数组之中。但是也有例外：旧的基因库中具有最高适应度的基因(max_pos)不会被覆盖，而在新一代中保持不变(精英原则)。

程序22.2列出了若干辅助函数，这些都无需过多解释。evaluate函数仅仅简单地对每个基因的整型值求和，并且在现实应用中，它将由适应度函数所替代。两个小例程计算出得分最高的基因(整体适应度最高)的值和位置，以及基因库中适应度值的总和。此外，还有两个辅助函数用于基因初始化(带随机数生成器rand( ))并复制一个完整的基因。 P.359

程序22.2 适应度函数

```
1   int evaluate(gene g)
2   { int i, fitness;
3     // calculate fitness by evaluating phene from gene
4     fitness = 0;
5     for (i=0; i<GENESIZE; i++) fitness+=g[i];
6     return fitness;
7   }
8
9   int calc_max(int fitness[], int* pos)
10  // calc max of fitness values
11  { int i, ret = fitness[0];
12    *pos=0;
13    for (i=1; i<POPSIZE; i++)
14      if (fitness[i] > ret)
15      { ret = fitness[i];
16        *pos = i;
17      }
18    return ret;
19  }
20
21  int calc_sum(int fitness[])
22  // calc sum of fitness values
23  { int i, ret = 0;
24    for (i=0; i<POPSIZE; i++) ret += fitness[i];
25    return ret;
26  }
27
28  void init(gene g)
29  { // random initialiazation
30    int i;
31    for (i=0; i<GENESIZE; i++)
32       g[i] = rand()%256;
33  }
34
35  void copygene(gene g_from, gene g_to)
36  { // copy one gene over to new generation
37    int i;
38    for (i=0; i<GENESIZE; i++) g_to[i] = g_from[i];
39  }
```

最后，程序22.3所示的是选择、交换和变异3个遗传算子的实现。select函数使用的是我们原先为并行编程实现所设计的方法，称之为“适应度幸运转盘”(*fitness wheel of for-* P.360

tune)。如果我们将基因与它们相对应的整型适应度值可视化为弧线段,那么完整的基因库就相当于一个幸运转盘(或饼状图)。让转盘随机地旋转,并随机地(其概率与适应度相关)选择一个基因适应度(见图22.9中用于六个基因的适应度例子)。因此,高适应度的基因比低适应度的基因更有可能(甚至是更多倍地)被选中。但是,低适应度的基因依然会有被选中的机会。

不需要分类!

选择函数中所使用的随机值非常类似于幸运轮盘的旋转力(但是,通过取模运算可以将随机值限定在每次旋转的最大值的范围内)。这一函数的其余部分是简单地找出与这个随机数相对应的基因。这种实现方法较之其它的方法优势明显,它不需要任何的适应度值分类或基因索引——在算法上大大地简化了$O(n\log(n))$次计算。

交换函数有两个输入参数(旧基因)和两个输出参数(新基因)。在这个简化的实现中,我们首先确定随机交换点,然后以如图22.8所示的相同方式交换字节。为进行按位的交换操作,需要将一个字节分割成两块,这可能需要一点额外的计算工作。但是,我们的试验表明这并不会影响算法的性能。

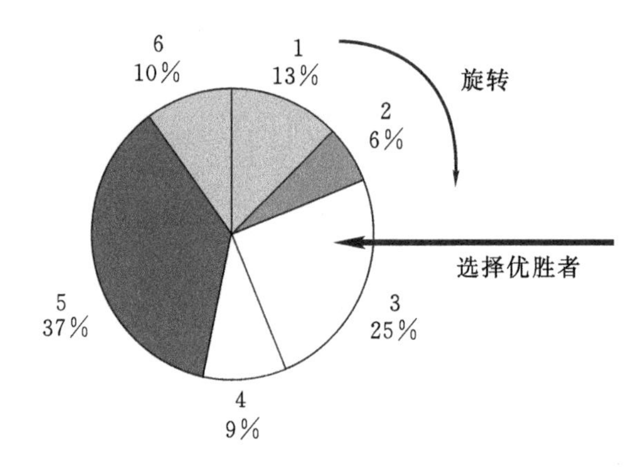

图22.9 具有六个基因及相对应适应度的饼状图示例

最后,变异函数在位的层次上操作。我们调用随机函数两次,以确定产生变异的字节数和位点的位置。实际上,使用C语言里的XOR函数"^"可以实现单个位的翻转。

P.361

程序22.3 遗传算子

```
1   int select(int fitness[], int sum_fit)
2   { // select gene according to relative fitness
3     int i, select, start;
4
5     select = rand()%sum_fit; // value 0..sum_fit-1
6     start=fitness[0]; i=0;
7     while (start<select)
8     {  i++;
9        start += fitness[i];
10    }
11    return i;
12  }
13
14
```

```
15   void crossover(gene old1, gene old2, gene new1, gene new2)
16   { // create two new genes by cross-over: integer, NOT bin
17     int i, pos,bit;
18
19     pos = rand()%(GENESIZE-1); //range 0.. GENESIZE-2
20     for (i=0; i<=pos; i++)
21     { new1[i] = old1[i];  // keep front parts
22       new2[i] = old2[i];
23     }
24     for (i=pos+1; i<GENESIZE; i++)
25     { new1[i] = old2[i];  // swap back parts
26       new2[i] = old1[i];
27     }
28   }
29
30
31   void mutation(gene g)
32   { // flip a single bit position
33     int pos,bit;
34
35     pos = rand()%GENESIZE;
36     bit = rand()%8;
37     g[pos] = g[pos]^(1<<bit); // use XOR to flip bit
38   }
```

图 22.10 以图形的形式说明了一代代基因适应度的变化。使用 100 个基因的基因库将在 26 代内，将达到期望的适应度值 2000(最大值为 2550)。

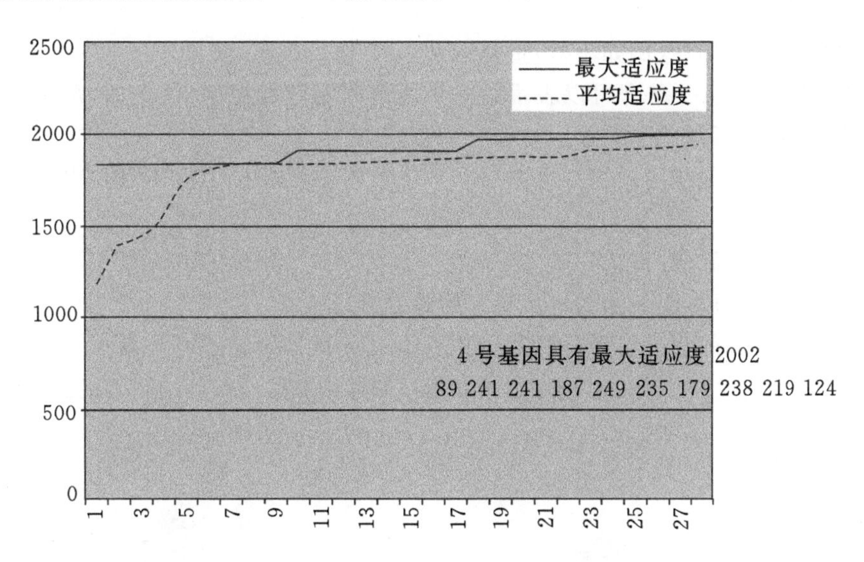

图 22.10　种群规模为 10，经历 28 代的适应度增长

22.6　星人机器人

“星人先生(Mr. Star-Man)”是一个仿真的二维移动机器人，它首先由 Ngo 和 Marks 在 1994 年设计(Fukunaga et al. 1994)。圆柱体身上有 5 个驱动方式相同的腿(每条腿一个铰链

P. 362 连接)(见图 22.11)。它是遗传算法的一个理想应用,因为该问题足够困难以至于没有确切的程序化解决方法,而遗传算法甚至可能会生成令人惊讶的运动技术(这会使 Monty Python's Flying Circus 的粉丝想起 1970 年第 14 集的"*The Ministry of Silly Walks*")。

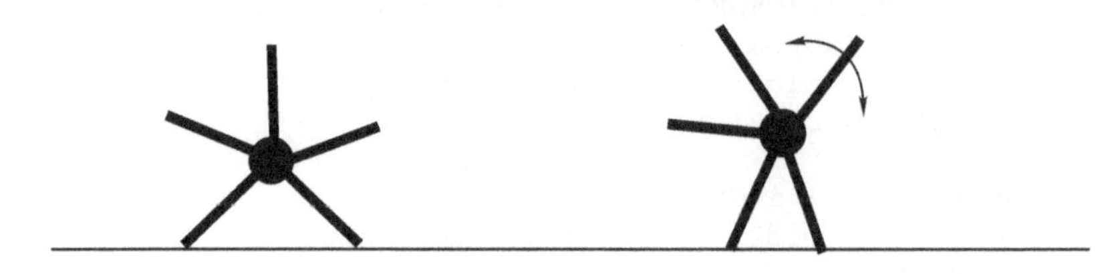

图 22.11　星人机器人模型

星人机器人模型基于以下假设:

- 机器人的活动空间为二维。
  所以机器人不会向侧面倾倒。
- 可以简单地通过机器人在一定时间段内(如 5 秒仿真时间)前行的距离来测量适应度。
- 机器人可以通过使用一些力量(或是物理引擎的脉冲)以身体为中心旋转 5 条腿中的任意一条。
- 每条腿的最大旋转角度为±36°(=(360°/5)/2)。
  这样,两腿之间就永远不会发生碰撞。

P. 363 由于星人机器人运动的编码方式适用于遗传算法,我们所使用的是(Boeing,Bräunl 2004)提出的简化算法:

- 所有腿按固定周期(例如 1 秒)重复运动。
- 5 条腿中的任意一条都可以表示为一个具有固定数目控制点(例如,每 1 秒迭代有 10 个点)的样条函数。
- 星人机器人的完整运动行为可以用 L * T 个字节来描述,其中 L 为腿数和 T 为多少个时间步长。
  例如,5 * 10=50 个字节。
  经过 1 秒仿真后,样条函数将从头开始重复进行。
- 使用一个开源的物理引擎(例如,Bullet(Coumans 2008))进行仿真。

图 22.12 所示的是使用 Bullet 物理引擎和上述的遗传算法所得到的星人机器人仿真结果。

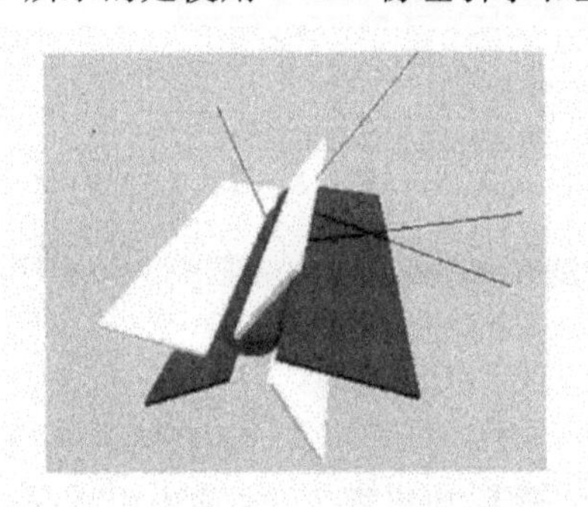

图 22.12　星人机器人仿真

22.7 参考文献

BEASLEY, D., BULL, D., MARTIN, R. *An Overview of Genetic Algorithms: Part 1, Fundamentals*, University Computing, vol. 15, no. 2, 1993a, pp. 58-69 (12)

BEASLEY, D., BULL, D., MARTIN, R. *An Overview of Genetic Algorithms: Part 2, Research Topics*, University Computing, vol. 15, no. 4, 1993b, pp. 170-181 (12)

BEAULIEU, J., GAGNÉ, C. *Open BEAGLE – A Versatile Evolutionary Computation Framework*, Département de génie électrique et de génie informatique, Université Laval, Québec, Canada, http://beagle.gel.ulaval.ca, 2008

BOEING, A., BRÄUNL, T. *Evolving Splines: Evolution of Locomotion Controllers for Legged Robots*, in: Tzyh-Jong Tarn, Shan-Ben Chen and Changjiu Zhou (Eds.), Robotic Welding, Intelligence and Automation, Lecture Notes in Control and Information Sciences, vol. 299, Springer-Verlag, 2004, pp. (14)

P. 364

BOEING, A., BRÄUNL, T. *Evolving a Controller for Bipedal Locomotion*, Proc. of the 2nd Intl. Sumposium on Autonomous Minirobots for Research and Edutainment, AMiRE 2003, Brisbane, Feb. 2003, pp. 43-52 (10)

COUMANS, E. *Physics Simulation Forum*, web: http://www.bulletphysics.com/, 2008

DARWIN, C. *On the Origin of Species by Means of Natural Selection, or Preservation of Favoured Races in the Struggle for Life*, John Murray, London, 1859

FUKUNAGA, A., HSU, L., REISS, P., SHUMAN, A., CHRISTENSEN, J., MARKS, J., NGO J. *Motion-synthesis techniques for 2D articulated figures*. Technical Report TR-05-94, Center for Research in Computing Technology, Harvard University, March 1994, MERL-TR-94-11 August 12 1994, pp. (10).

GALIB *Galib – A C++ Library of Genetic Algorithm Components*, http://lancet.mit.edu/ga/, 2008

GOLDBERG, D. *Genetic Algorithms in Search, Optimization and Machine Learning*, Addison-Wesley, Reading MA, 1989

HARVEY, I., HUSBANDS, P., CLIFF, D. *Issues in Evolutionary Robotics*, in J. Meyer, S. Wilson (Eds.), From Animals to Animats 2, Proceedings of the Second International Conference on Simulation of Adaptive Behavior, MIT Press, Cambridge MA, 1993

IJSPEERT, A. *Evolution of neural controllers for salamander-like locomotion*, Proceedings of Sensor Fusion and Decentralised Control in Robotics Systems II, 1999, pp. 168-179 (12)

LANGTON, C. (Ed.) *Artificial Life – An Overview*, MIT Press, Cambridge MA, 1995

LEWIS, M., FAGG, A., BEKEY, G. *Genetic Algorithms for Gait Synthesis in a Hexapod Robot*, in Recent Trends in Mobile Robots, World Scientific, New Jersey, 1994, pp. 317-331 (15)

RAM, A., ARKIN, R., BOONE, G., PEARCE, M. *Using Genetic Algorithms to Learn Reactive Control Parameters for Autonomous Robotic Navigation*, Journal of Adaptive Behaviour, vol. 2, no. 3, 1994, pp. 277-305 (29)

VENKITACHALAM, D. *Implementation of a Behavior-Based System for the Control of Mobile Robots*, B.E. Honours Thesis, The University of Western Australia, Electrical and Computer Engineering, supervised by T. Bräunl, 2002

遗传编程

遗传编程使用了与第22章遗传算法相同的达尔文进化思想(Darwin 1859),并对其进行了扩展。基因型(genotype)在此是一个软件,一个可直接执行的程序。遗传编程搜索由所有可能求解某个给定问题的计算机程序所组成的空间,对种群内的每个程序进行性能评价,然后根据适合度来选择程序,并对其操作生成一个新的程序集。这些程序可以由很多种不同的编程语言进行编码,但大多数情况下,一般都会选择 Lisp 语言的一个变体(McCarthy et al. 1962),因为它方便应用遗传操作。 P. 365

遗传编程的概念是由 Koza 提出(Koza 1992),更多背景知识参见(Blickle, Thiele 1995),(Fernandez 2006),(Hancock 1994),(Langdon, Poli 2002)。

23.1 概念与应用

遗传编程的主要思想是:可以在不掌握问题或解的完整知识的情况下创建工作程序。由于可执行程序本身是表现型(phenotype),程序不需要像遗传算法那样再进行编码。除此之外,遗传编程与遗传算法非常相似。它们运行、评估每个程序,并为其分配一个适合度值。适合度值是子代选择和基因操作的基础。而对于遗传算法而言,为了充分覆盖整个搜索区域,维持个体(这里是程序)的多样性非常重要。

Koza 总结遗传编程的步骤如下(Koza 1992):

P. 366

1. 随机生成一个计算机程序组合集。
2. 迭代执行以下步骤,直到满足终止条件(如:程序达到最大迭代数、适合度达到最大值,或者种群收敛至次优解)。
    a. 执行每个程序,并对每个个体赋给一个适合度。
    b. 用以下步骤创建一个新的种群:
        ⅰ. 繁殖:将所选程序不加改变地复制到新的种群。
        ⅱ. 交换:在一个随机交换点上重新组合两个选定的程序,创建一个新的程序。

ⅲ. 变异:通过随机改变一个选定的程序,创建一个新的程序。

3. 个体中的最优集必定是结束时的最优解。

在机器人中的应用

从进化数学表达式到确定PID控制器的最优控制参数,遗传编程有着非常广泛的应用。在机器人领域,遗传编程的范式已经很流行,并应用于移动机器人的控制体系改进和行为进化。

(Kurashige, Fukuda, Hoshino 1999)使用遗传编程作为学习方法,来进化六足机器人的运动规划。遗传编程的范式可以使用基本的腿移动函数,进化出一个能够按分级方式移动所有腿、实现机器人行走的程序。

(Koza 1992)展示了墙体跟踪机器人的进化。作者使用一种包容结构(Brooks 1986)的基本行为,进化出可以让机器人在没有行为等级和行为联系等先验知识的情况下执行墙体跟踪模式的新行为。

(Lee, Hallam, Lund 1997)用遗传编程进化包容系统中的决策仲裁器,其目的是生成一个推盒子的高级行为,使用了与Koza的遗传编程相类似的技术。

(Walker, Messom 2002)应用遗传编程和遗传算法来自动整定用于目标追踪移动机器人的控制系统。

初始种群对于最终解集非常之重要,如果初始种群多样性不足或者不够强大,那么也许会找不到最优解。(Koza 1990)建议:对于机器人运动控制,初始种群的最小值为500;对于墙体跟踪机器人,初始种群最小值为1000(见表23.1)。

P. 367

表23.1 初始种群数量

问题	参考文献	初始种群数量
墙体跟踪机器人	(Koza 1992)	1000
移动盒子机器人	(Mahadevon, Connell 1991)	500
进化基本行为和仲裁器	(Lee, Hallam, Lund 1997)	150
六足机器人的运动规划	(Kurashige, Fukuda, Hoshino 1999)	2000
进化通信智能体	(Iba, Nonzoe, Ueda 1997)	500
移动机器人的运动控制	(Walker, Messom 2002)	500

23.2 Lisp语言

尽管可以用任何语言来设计归纳式程序(inductive programs),然而进化诸如C或Java的程序结构却并不容易。因此,Koza使用Lisp语言("表处理程序")进行遗传编程。Lisp是由McCarthy于1958年开始设计的(McCarthy et al. 1962),它是最古老的程序语言之一。Lisp有很多种不同的实现形式,其中流行的有Common Lisp (Graham 1995)。Lisp通常解释运行,并只提供一个程序和数据结构:表。

Lisp 函数:原子和表

Lisp 中的每一个对象要么是一个原子(*atom*)(一个常量,在这里是整数或无参数函数名),要么是对象的一个表(*list*),括号内。

原子的例子:7, 123, obj_size

表的例子:(1 2 3), (+ obj_size 1), (+ (* 8 5) 2)

S-表达式

表可以嵌套,不仅可以表示数据结构,也可以表示程序代码。以操作符开头的表(例如(+ 1 2))称为 S-表达式。一个 S-表达式可以通过 Lisp 解释器进行计算(图 23.1),并由结果值(一个原子或一个表,由操作决定)替换。这样,诸如 C 语言的面向过程编程语言中的程序执行将由 Lisp 中的函数调用代替:

(+ (* 8 5) 2) → (+ 40 2) → 42

P.368

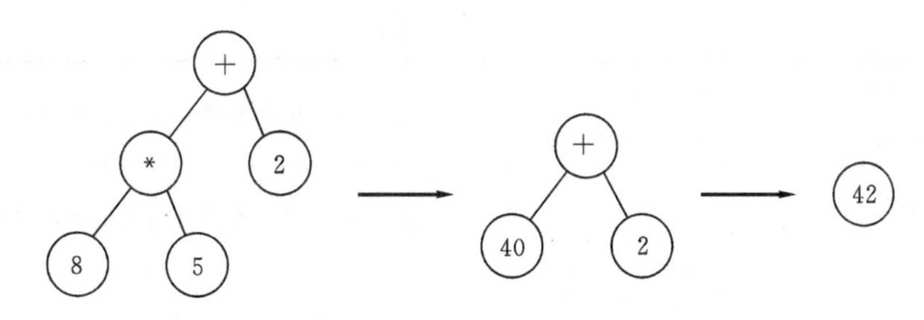

图 23.1 树状结构和 S-表达式的计算

用于机器人的 Lisp 子集

对于我们在一个有限制的环境中行驶移动机器人的目的,只需要一个小的 Lisp 子集。为了加快进化的过程,我们使用了非常少的函数和常数(见表 23.2)。

我们只处理整型数据。我们的 Lisp 子集包含了预先定义的常量 zero、low 和 high,并通过使用函数(INC v)可以生成其他的整数常量。通过调用 obj_size 和 obj_pos 可以获取来自机器人视觉传感器的信息。对这两个原子中任何一个的计算,都将隐式地从摄相机中抓取一帧新的图像并调用彩色物体检测程序。

有 4 个原子 psd_aaa 分别用来测量机器人与前、后、左、右最近障碍物之间的距离。对这些原子中任何一个的计算都将激活相应 PSD(位置敏感器)传感器的测量操作。这些传感器对避障、墙体跟踪、检测其它机器人等应用非常有用。

还剩下四个移动原子:两个用来移动(前进、后退),而另外两个用来转向(左转、右转)。当计算其中之一时,机器人将以很小的固定值移动(或转向)。

最后还有三种程序结构用于选择、迭代和顺序。一个"If-then-else"S-表达式可实现条件分支。由于我们没有给出显示的关系,例如(< 3 7),所以比较运算符"less"是 if 语句的一个固定的部分。S-表达式包含两个整数值用于比较,包含两个语句用于"then"和"else"分支。类似地,while 循环有一个固定的"less"比较操作作为循环条件。当第一个整形参数小于第二个时继续迭代,在两个整形参数之后是迭代声明本身。

在此列出了在我们 Lisp 子集所有可用的结构、原子和 S-表达式。虽然有更多的结构可能有助于编程,但也可能会使进化变得更为复杂,因此也将需要更多的时间去进化有用的解。

表 23.2 用于遗传编程的 Lisp 子集

	名称	类型	语义
值	zero	atom,int,constant	0
	low	atom,int,constant	20
	high	atom,int,constant	40
	(INC v)	list,int,function	**Increment** v+1
	obj_size	atom,int, image sensor	寻找图像中的彩色目标,返回以像素为单位的高度(0…60)
	obj_pos	atom,int, image sensor	寻找图像中的彩色目标,返回以像素为单位的 &x&-位置(0…80)如果没有找到目标则返回 0
	psd_left	atom,int, distance sensor	以 mm 为单位测量与左边的距离(0…999)
	psd_right	atom,int, distance sensor	以 mm 为单位测量与右边的距离(0…999)
	psd_front	atom,int, distance sensor	以 mm 为单位测量与前方的距离(0…999)
	psd_back	atom,int, distance sensor	以 mm 为单位测量与后方的距离(0…999)
语句	turn_left	atom,statem.,act.	机器人向左旋转 10°
	turn_right	atom,statem.,act.	机器人向右旋转 10°
	drive_straight	atom,statem.,act.	向前行驶 10cm
	drive_back	atom,statem.,act.	和后行驶 10cm
	(IF_LESS v1 v2 s1 s2)	list,statement, program construct	**选择** if($v_1<v_2$)s_1;else s_2;
	(IF_LESS v1 v2 s)	list,statement, program construct	**迭代** while($v_1<v_2$) s;
	(PROGN2 s1 s2)	list,statement, program construct	**继续** s_1;s_2;

P.369

虽然 Lisp 是一种无类型语言,我们只需考虑有效的 S-表达式。我们的 S-表达式的占位符要么用于整数值、要么用于语句。因此在遗传过程中,只有整数可输入整数槽(integer slots),只有语句可以输入语句槽(statement slots)。例如,紧跟在 WHILE_LESS 表的关键词后的前两项必须是整数值,而第三项必须是语句。一个整数值可以是一个原子或一个 S-表达式,例如 low 或 INC(zero)。同样,一条语句既可以是一个原子,也可以是一个 S-表达式,例如 drive_ straight 或 PROGN2(turn_left, drive_back)。

我们用一个递归 C 程序来实现 Lisp 解释器(Lisp 铁杆们可能会用 Lisp 本身来实现),它在 EyeSim 仿真器上运行。程序 23.1 所示的是主要 Lisp 解码例程的部分代码。 P.370

程序 23.1 用 C 编写的 Lisp 解释器

```
1  int compute(Node n)
2  { int ret, return_val1, return_val2;
3    ...
4    CAMGetColFrame (&img, 0);
5    if (DEBUG) LCDPutColorGraphic(&img);
6    ret = -1; /* no return value */
7
8    switch(n->symbol) {
9    case PROGN2:
10     compute(n->children[0]);
11     compute(n->children[1]);
12     break;
13
14   case IF_LESS:
15     return_val1 = compute(n->children[0]);
16     return_val2 = compute(n->children[1]);
17     if (return_val1 <= return_val2) compute(n->children[2]);
18       else                          compute(n->children[3]);
19     break;
20
21   case WHILE_LESS:
22     do {
23       return_val1 = compute(n->children[0]);
24       return_val2 = compute(n->children[1]);
25       if (return_val1 <= return_val2) compute(n->children[2]);
26     } while (return_val1 <= return_val2);
27     break;
28
29   case turn_left:  turn_left(&vwhandle);
30     break;
31   case turn_right: turn_right(&vwhandle);
32     break;
33   ...
34   case obj_size: ColSearch2 (img, RED_HUE, 10, &pos, &ret);
35     break;
36   case obj_pos:  ColSearch2 (img, RED_HUE, 10, &ret, &val);
37     break;
38   case low:  ret = LOW;
39     break;
40   case high: ret = HIGH;
41     break;
42   default: printf("ERROR in compute\n");
43     exit(1);
44   }
45   return ret;
46 }
```

23.3 遗传算子

P. 371

类似于第 22 章的遗传算子，我们也采用交换和变异算子。但不同的是，算子直接应用于 Lisp 程序。

交换

遗传编程中的交换操作(两性结合)通过组合两个个体的程序部分，在进化过程中重建种群的多样性：

1. 根据它们的适合度，从当前一代中选出两个父代个体。
2. 在两个父代个体上随机确定一个交换点。二者的交换点必须要匹配，即它们必须都表示一个值或者一条语句。
3. 用 1 号父代创建第一个后代，并将其交换点下的子树替换为 2 号父代交换点下的子树。从 2 号父代开始，以同样的方式创建第二个后代。

我们要求所选的交换点类型要相匹配，这样就保证了两个所生成的后代程序有效及可执行性。

交换点既可以在外部(一个叶节点，即替换一个原子)，也可以在内部(一个内部树节点，即替换一个函数)。外部节点可以通过增加其深度来扩展程序结构。这时，其中一个父节点选择外部节点，而其他父节点选择内部节点用于交换。内部节点代表了程序结构内巨大改变的可能性，从而维持了种群的多样性。

P. 372

下面是一个例子，其中交换节点用粗体标识：

```
1. (IF_LESS obj_pos low turn_left turn_right)
2. (WHILE_LESS psd_front (PROGN2 turn_right drive_straight))
⇒
1. (IF_LESS obj_pos low (PROGN2 turn_right drive_straight)
      turn_right)
2. (WHILE_LESS psd_front turn_left)
```

两个选中的交换点都表示语句。用 2 号父节点的 PROGN2 语句替换 1 号父节点的 turn left 语句，并用新生成的子节点的 turn left 语句替换 2 号父节点的 PROGN2 语句。图 23.2 图像化地展示了这个例子的交换操作。

变异

变异操作为个体引入了随机变化，从而在整体上为新个体和下一代引入了多样性。虽然一些学者(Blickle，Thiele 1995)认为变异十分重要，但也有人认为它几乎是多余的(Koza 1992)。变异操作工作如下：

1. 从当前一代中选择一个父节点。
2. 选择一个变异节点。
3. 删除变异节点后的子树。
4. 用随机生成的子树来替换该子树。

下面是一个例子，其中变异节点用粗体标识：

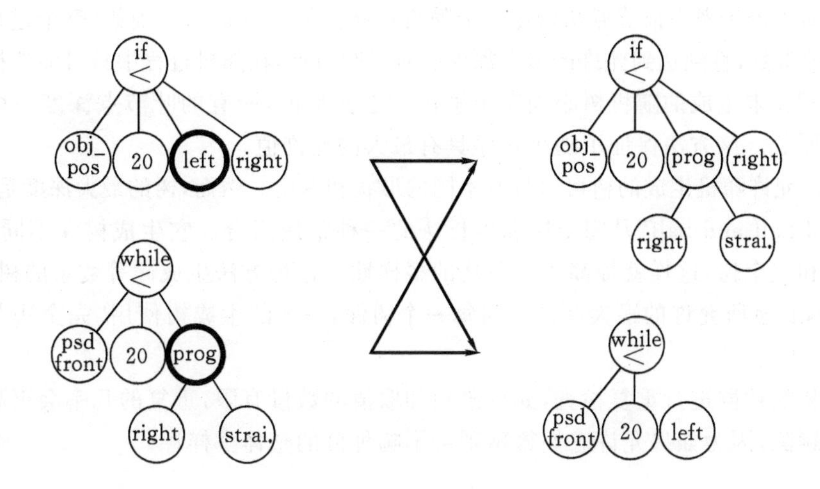

图 23.2 交换

```
(IF_LESS obj_pos low
  (PROGN2 drive_straight drive-straight) turn_right)
⇒
(IF_LESS obj_pos low
  (WHILE_LESS psd_front high drive_straight) turn_right)
```

将父节点程序中选中的子树(PROG2N2 序列)删除,随后用一个随机生成的子树代替它(这里,一个 WHILE 循环结构包含一条 drive_straight 语句)。图 23.3 图像化地展示了变异操作。 P.373

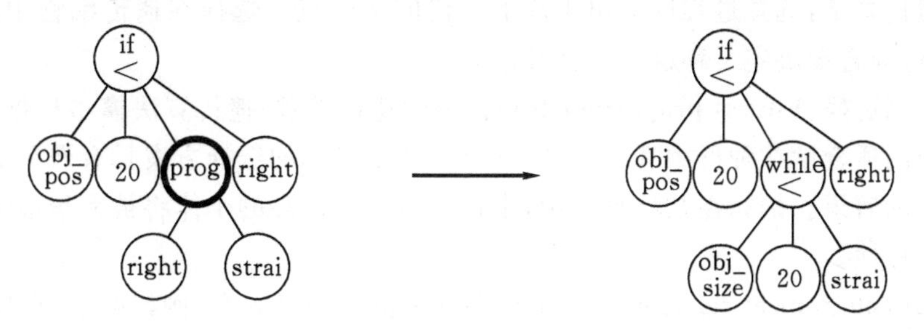

图 23.3 变异

23.4 进化

初始种群

为开始进化过程,我们首先需要一个初始种群。它包括随机生成的个体,这里是有限树深度的随机 Lisp 程序。个体的高度多样性可以提高数代之后找到最优解的几率。(Koza 1992)提出了许多方法以保证种群具有初始大小不同、形状各异的高度多样性,这些方法是:完全法、生长法、ramped half-and-half(见下文)。

为确保每个个体的有效性和终端性,随机生成的 Lisp 程序必须健全、根节点必须是一条语句、要求深度上的叶节点必须是原子。

用一个随机语句来为根节点初始化一个随机程序。如果它是一个函数,整个过程将连续迭代运行所有的参数,直到达到允许的最大深度。对于叶节点,在随机过程中只可能选择原子。

“完全法”要求生成的随机树必须完全平衡。也就是说,所有的叶节点深度一样。所以树的内部没有原子。该方法保证了随机程序具有最大的允许值。

“生长法”允许随机生成的树可以具有不同的形状和深度。然而,树的最大深度是有限制的。

“ramped half-and-half”是完全法和生长法的一种常用组合。它生成树深不同、但数目相同的生长树和完全树,这样就提高了第一代的多样性。这种方法生成同等数量的树,其深度可以是1,2,…,直至所允许的最大深度。对每一个树深,一半的生成树使用“完全法”构建,另一半使用“生长法”。

应该对初始种群进行重复检查,如果语句和取值的数量有限,重复的几率会更高。重复的个体应当被剔除,因为如果允许它们繁殖则会影响种群的整体多样性。

评价与适合度

现在每个个体(Lisp 程序)在 EyeSim 仿真器上运行有限步。根据问题性质不同,程序性能的评估或是连续的,或是在运行终止后进行(达到允许的最大时间步数或是在其之前)。例如,由于墙体跟踪程序的优劣由每一时步机器人和墙体的距离所决定,因此需要在运行过程中不断监视程序的适合度。而另一方面,搜索问题只需要在程序运行结束时检查机器人是否足够地接近期望位置。在这种情况下,达到目的所需的仿真时间同样也是适合度函数的一部分。

P. 374

选择

完成对种群中所有个体的评估后,我们需要根据它们各自的适合度执行选择过程。利用前文所述的遗传算子,选择过程区分出生成下一代的父节点。选择在遗传编程中起了很重要的作用,因为选择方案决定了种群的多样性。

适合度比例选择(Fitness proportionate):传统的遗传编程/遗传算法模型根据相对于整个种群平均水平的适合度在种群中选择个体。然而,这个简单的选择方案具有严重的选择强迫,可能导致早熟的后果。例如在初始种群中,本代中适合度最高的个体将被大量地选择,因此会降低种群的多样性。

比赛选择(Tournament selection):这个模型从种群中选择 n 个(例如两个)个体,并选择最优的个体繁殖后代。重复此过程直至达到下一代个体的数量。

线性排名选择(Linear rank selection):首先,每个个体根据它们的原始适合度排序。然后,根据每个个体的排名,分别赋给新的适合度值,个体的排名范围从1到N。接下来的选择过程就与适合度比例选择方法完全相同了。线性排名选择的好处是可以挖掘出个体之间细微的差异,并借此维持种群的多样性。

截断选择(Truncation selection):首先,个体根据其适合度进行排序。然后,选定一个适合度F,删除低于此值的适合度、表现较差的个体,只保留表现较好的个体。接下来,完全随机地选择个体,即所有剩下的个体都有相同的被选择几率。

23.5 追踪问题

我们选择了一个相对简单的问题,来测试我们的遗传编程引擎(genetic programming engine)，这个引擎将可以根据复杂的情况进行扩展。单个机器人放置在四周有墙隔开的矩形移动区域内，其朝向随机、位置随机，彩球也随机放置。机器人必须利用其摄相机检测到球，然后朝它移动，最后停在它的旁边。机器人的摄像头固定在一个角度，这样，机器人便可以从场地中任何位置看到前面的墙，但请注意，这并不保证能看到球。

在我们考虑进化追踪行为之前，我们通过人工编程来认真分析问题的解，求解思路如下。 P.375

在一个循环中，抓取图像并分析，步骤如下：

- 将图像的颜色空间从 RGB 转换成 HSV。
- 使用 19.6 小节中的直方图小球检测例程
  (例程返回球在距离 0～79(左…右)内的位置或是没有球，以及球以像素为单位的大小 0～60)。
- 如果球的高度超过 20 个像素点，则停止移动、终止程序运行
  (此时，机器人离球足够近)。
- 否则：
  - 如果没有检测到球，或者球的位置小于 20，则慢慢左转。
  - 如果球的位置在 20 和 40 之间，则慢慢地作直线移动。
  - 如果球的位置大于 40，则慢慢右转。

通过实验，我们证实了这种简单方法解决问题的有效性。程序 23.2 所示的是实现前述算法的主例程。ColSearch 返回球在 x 轴上的分量(如果没有发现球，则返回 −1，)和球的高度(单位为像素点)。VWDriveWait 语句紧随 VWDriveTurn 或 VWDriveStraight 指令之后，它挂起程序执行，直到完成给定的角度旋转或距离移动。

程序 23.2 用 C 语言手工编写的追踪程序

```
1     do
2     { CAMGetColFrame(&c,0);
3       ColSearch(c, BALLHUE, 10, &pos, &val);  /* search image */
4
5       if (val < 20)  /* otherwise FINISHED */
6       { if (pos == -1 || pos < 20) VWDriveTurn(vw,  0.10, 0.4);/* left */
7           else if (pos > 60)       VWDriveTurn(vw, -0.10, 0.4);/* right*/
8             else                   VWDriveStraight(vw,  0.05, 0.1);
9         VWDriveWait(vw);  /* finish motion */
10      }
11    } while (val < 20);
```

程序 23.3 用 Lisp 语言手工编写的追踪程序

```
1   ( WHILE_LESS obj_size low
2     (IF_LESS obj_pos low rotate_left
3       (IF_LESS obj_pos high drive_straight
4         rotate_right )))
```

接下来的工作是用 Lisp 语言手工编写相同功能的程序，程序 23.3 所示的是作为 Lisp 字符串的实现，这个简短的程序包含以下几个部分：

常量：low (20)，high (40)

传感器输入：obj_size (0…60)，obj_pos (−1，0…79) P.376

在每一步中由图像计算传感器的值

结构:(WHILE_LESS a b c)

等价的C语言表示:while (a<b) c;

(IF_LESS a b c d)

等价的C语言表示:if (a<b) c; else d;

记住,obj_size和obj_pos实际上调用的是图像处理子例程,程序23.3中Lisp程序的过程翻译等同与程序23.2所示的用C语言手工编写的程序:

```
while (obj_size<20)
  if (obj_pos<20) rotate_left;
    else if (obj_pos<40) drive_straight;
      else rotate_right;
```

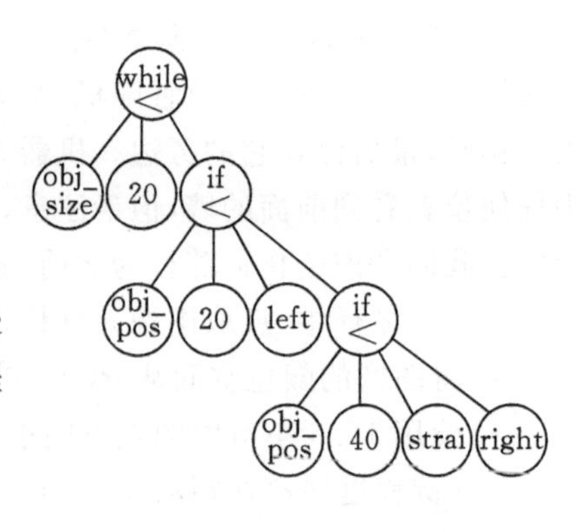

图23.4 Lisp程序的树形结构

图23.4图形化地展示了程序的树形结构。当然,对常数和程序结构的选择简化了求解过程,因而也简化了之后所要讨论的进化过程。图23.5和图23.6展示了从几个不同的初始方向,手工编写的程序的执行过程。

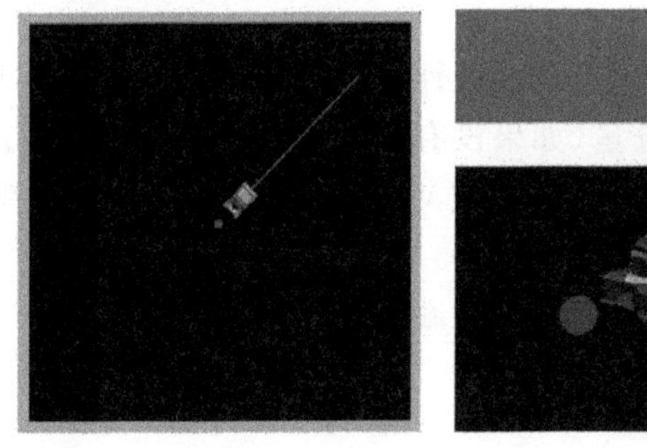
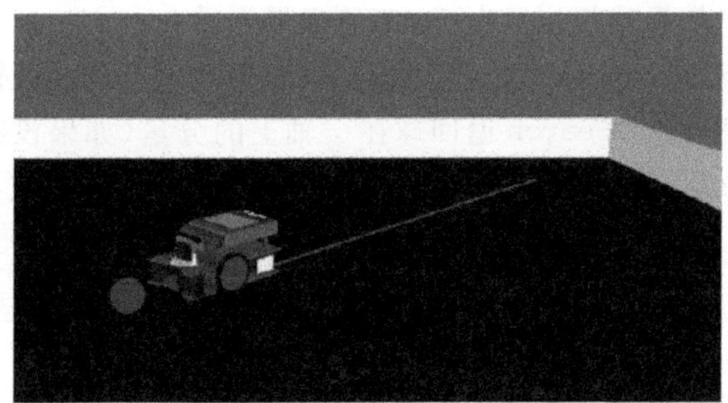

图23.5 在EyeSim仿真器上运行手写程序

P.377

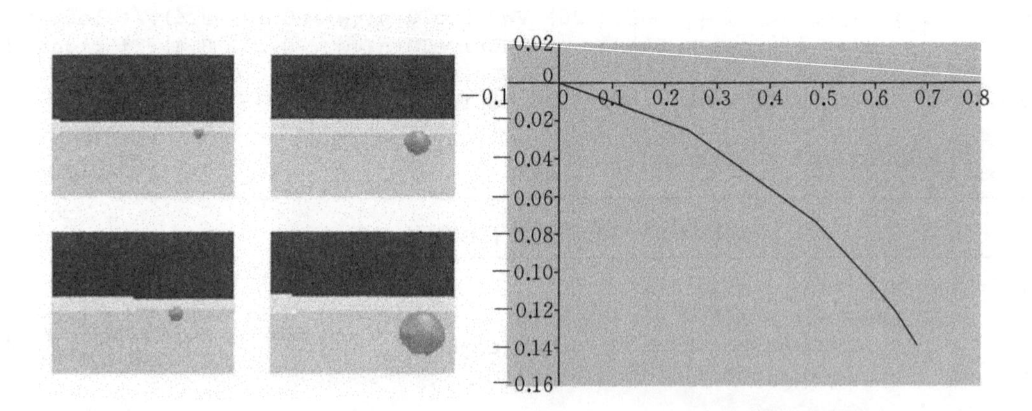

图23.6 机器人的视觉和EyeSim仿真器中的移动路径

23.6 追踪行为的进化

Koza 建议按照以下步骤创建一个解决给定问题的遗传编程系统(Koza 1992)：

1. 建立目标。
2. 区分在归纳式程序(inductive programs)中所要使用的终端(terminals)和函数。
3. 建立选择方案和进化操作。
4. 最终确定适合度实例的数目。
5. 确定适合度函数并以此确定初始适合度的范围。
6. 建立代沟 G 和种群 M。
7. 最终确定各项控制参数。
8. 运行遗传程序。

我们的目标是进化一个 Lisp 程序，让机器人使用图像处理检测出彩球，并朝球移动，接近后停止。终端是所有的语句，语句同时也是原子，于是我们的程序中有 4 种移动/转向例程(如表 23.2 所示)。函数是所有的语句，亦在表中列出。我们有三种控制结构，顺序(PROGN2)、选择(IF_LESS)和迭代(WHILE_LESS)。

此外，我们使用一组数值，它包括常数以及隐式调用的图像处理函数(obj_pos, obj_size)和距离传感器(psd_aaa)。由于我们的实验中没有使用 PSD 传感器，我们只有从选择过程得到这些值。表 23.3 所示的是实验设置所需的所有参数选择。

表 23.3 参数设置

P. 378

控制参数	值	描述
初始种群	500	通过 ramped half-and-half 法产生
代数	50	0～49
交换概率	90%	对所选个体的 90%进行交换操作
繁殖概率	10%	对所选个体的 10%进行复制操作
变异概率	0%	未使用
交换点是叶节点的概率	10%	有可能扩展程序的深度
交换点是内部节点的概率	90%	有可能减小程序的深度
最大树深	5	允许最大的程序深度
每个个体的评价次数	4	个体从场地中不同的位置出发
每次实验的最大的仿真时步数	180	每个个体接近球的时间限制

图 23.7 演示的是评价程序的执行顺序。遗传编程引擎从当前一代的 Lisp 程序生成新一代的程序。每个 Lisp 程序个体通过 Lisp 语言解释器来解释，并在 EyeSim 仿真器上运行 4 次，以此来确定其适合度。然后，这些适合度反过来又用作遗传编程引擎的选择标准(Hwang 2002)。

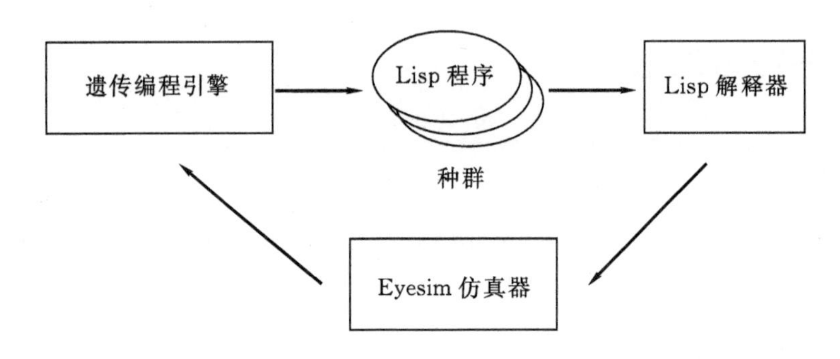

图 23.7　评价和仿真过程

适合度函数

为了确定程序的适合度，我们让各个程序从不同的起始位置开始运行数次。通过随机地选择起始位置和方向，可以提高解的鲁棒性。不过，重要的是要确保在运行时，当前一代中所有个体的起始距离都是相同的；否则，适合度值就不是公平的。在第二步中，球的位置也应当是随机的。

P. 379

因此，在随机的位置和朝向上，我们让每个个体进行 4 次追踪。但是每次追踪球的距离是不同的；即每次追踪时，所有机器人的起始位置都位于以球为圆心的圆上(图 23.8)。

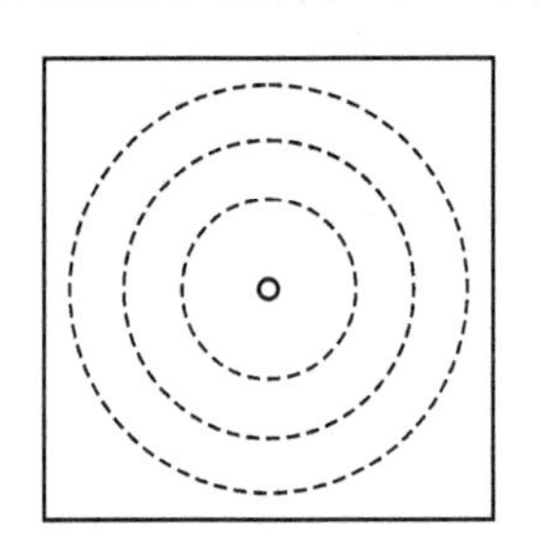

图 23.8　机器人的起始位置

适合度函数是在 4 次初始位置不同的追踪中，机器人与球之间的起始距离和最终距离的差值之和(适合度值越高，性能越好)：

$$f = \sum_{i=1}^{4} (dist_{i,0} - dist_{i,N})$$

执行时间较短(Lisp 步数较少)的程序会得到奖励，并且所有的程序都会在达到最大时步数时停止。另外，树深较低的程序会得到奖励。

进化结果

P. 380

初始适合度多样性很高，这意味着最优解搜索空间很大。图 23.9 所示的是 25 代后，种群最优个体的适合度。虽然我们无改变地保留了每一代中的精英以及用其进行重组，但是适合度函数并非是持续增长。这是由于实验设置中机器人初始位置的随机性所导致。在一个特定位置上，某个 Lisp 程序可能“偶然”表现得特别好。增加进化代数以及每次评估时选择大于 4 个的随机初始位置，将改进这种行为。

经过数代进化后的 Lisp 程序及其适合度如程序 23.4 所示。

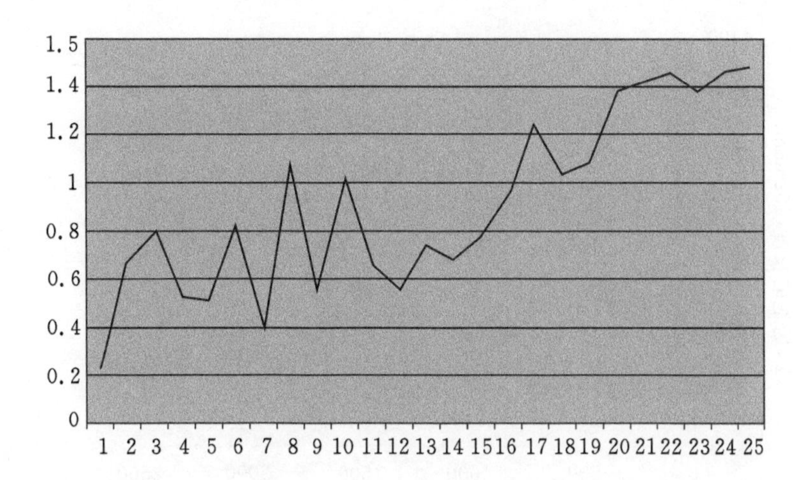

图 23.9 历代的最大适合度值

程序 23.4 最优的 Lisp 程序及其适合度

```
Generation  1, fitness 0.24
    ( IF_LESS obj-size obj-size turn-left move-forw )
Generation  6, fitness 0.82
    ( WHILE_LESS low obj-pos move-forw )
Generation 16, firness 0.95
    ( WHILE_LESS low high ( IF_LESS high low turn-left ( PROGN2 (
    IF_LESS low low move-back turn-left ) move-forw ) ) )
Generation 22, fitness 1.46
    ( PROGN2 ( IF_LESS low low turn-left ( PROGN2 ( PROGN2 (
    WHILE_LESS low obj-pos move-forw ) move-forw ) move-forw ) ) turn-
    left )
Generation 25, fitness 1.49
    ( IF_LESS low obj-pos move-forw ( PROGN2 move-back ( WHILE_LESS low
    high ( PROGN2 turn-right ( PROGN2 ( IF_LESS low obj-pos move-forw (
    PROGN2 turn-right ( IF_LESS obj-size obj-size ( PROGN2 turn-right
    move-back ) move-back ) ) ) move-forw ) ) ) ) )
```

此进化后的程序的移动结果如图 23.10 的顶图所示。作为比较，图 23.10 的底图所示的是人工编写程序的移动结果。在小于给定的 180 时步内，进化后的程序检测到球后，并直接驶向小球，并且机器人不会出现任何随机的运动。这个进化得到的解可以取得与手写代码相同的结果，而人工编写代码的移动路径则更光滑。

通过并行处理来加速

遗传编程需要大量的计算时间，这也是这种方法的固有问题。然而，使用并行处理可以大大减少进化所需的时间。对于每代而言，种群可分解为子种群，而每个子种群可以在一个工作站上并行地处理。在所有的子种群完成评价之后，可以把适合度结果发布给它们，以便为下一代执行全局的选择操作。

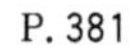

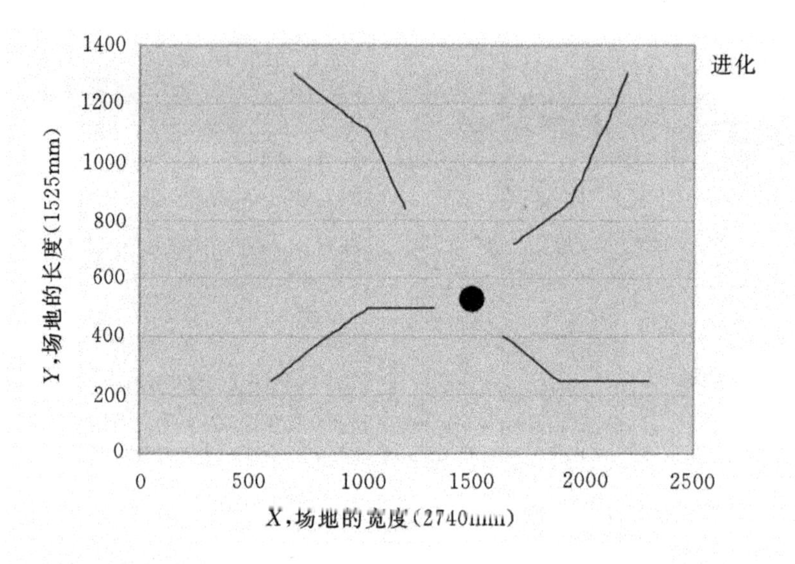

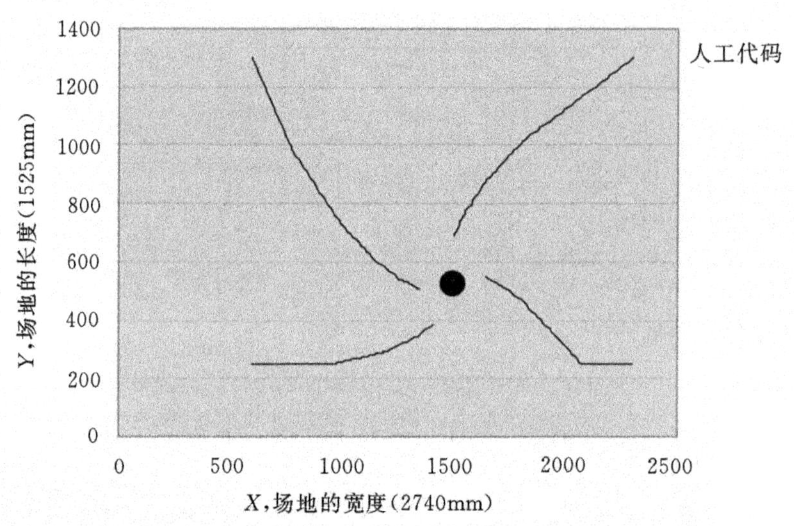

图 23.10 进化后的与人工代码的移动结果对比

23.7 参考文献

BLICKLE, T., THIELE, L. *A Comparison of Selection Schemes used in Genetic Algorithms*, Computer Engineering and Communication Networks Lab (TIK), Swiss Federal Institute of Technology/ETH Zürich, Report no. 11, 1995

BROOKS, R. *A Robust Layered Control System for a Mobile Robot*, IEEE Journal of Robotics and Automation, vol. 2, no. 1, March 1986, pp. 14-23 (10)

P. 382

DARWIN, C. *On the Origin of Species by Means of Natural Selection, or Preservation of Favoured Races in the Struggle for Life*, John Murray, London, 1859

FERNANDEZ, J. *The GP Tutorial – The Genetic Programming Notebook*, `http://www.geneticprogramming.com/Tutorial/`, 2006

GRAHAM, P. *ANSI Common Lisp*, Prentice Hall, Englewood Cliffs NJ, 1995

HANCOCK, P. *An empirical comparison of selection methods in evolutionary algorithms*, in T. Fogarty (Ed.), Evolutionary Computing, AISB Workshop, Lecture Notes in Computer Science, no. 865, Springer-Verlag, Berlin Heidelberg, 1994, pp. 80-94 (15)

HWANG, Y. *Object Tracking for Robotic Agent with Genetic Programming*, B.E. Honours Thesis, The Univ. of Western Australia, Electrical and Computer Eng., supervised by T. Bräunl, 2002

IBA, H., NOZOE, T., UEDA, K. *Evolving communicating agents based on genetic programming*, IEEE International Conference on Evolutionary Computation (ICEC97), 1997, pp. 297-302 (6)

KOZA, J. *Genetic Programming – On the Programming of Computers by Means of Natural Selection*, The MIT Press, Cambridge MA, 1992

KURASHIGE, K., FUKUDA, T., HOSHINO, H. *Motion planning based on hierarchical knowledge for six legged locomotion robot*, Proceedings of IEEE International Conference on Systems, Man and Cybernetics SMC'99, vol. 6, 1999, pp. 924-929 (6)

LANGDON, W., POLI, R. *Foundations of Genetic Programming*, Springer-Verlag, Heidelberg, 2002

LEE, W., HALLAM, J., LUND, H. *Applying genetic programming to evolve behavior primitives and arbitrators for mobile robots*, IEEE International Conference on Evolutionary Computation (ICEC97), 1997, pp. 501-506 (6)

MAHADEVAN, S., CONNELL, J. *Automatic programming of behaviour-based robots using reinforcement learning*, Proceedings of the Ninth National Conference on Artificial Intelligence, vol. 2, AAAI Press/MIT Press, Cambridge MA, 1991

MCCARTHY, J., ABRAHAMS, P., EDWARDS, D., HART, T., LEVIN, M. *The Lisp Programmers' Manual*, MIT Press, Cambridge MA, 1962

WALKER, M., MESSOM, C. *A comparison of genetic programming and genetic algorithms for auto-tuning mobile robot motion control*, Proceedings of IEEE International Workshop on Electronic Design, Test and Applications, 2002, pp. 507-509 (3)

基于行为的系统

P. 383

传统的复杂控制程序规划方法是基于“人工智能”(AI)理论的,这种方法的主要样式是“传感——计划——行动”(SPA)结构:通过构造一个内在的世界模型,由感知进行映射,然后规划一系列的行动,最终在真实的环境中执行这些规划。此种机器人控制方式受到了批评,尤其是它强调世界模型的构造并以此模型规划行动(Agre Chapman 1990),(Brooks 1986),而构造符号模型需要大量的计算时间,这对机器人的性能会有显著的影响。另外,规划模型与真实环境的偏差将导致机器人的动作无法达到预期的效果。

基于行为机器人学阐述了另一种实现方法,反应式系统并不采用符号表示,却能够生成合理的复合行为(Braitenberg 1984),见 1.1 节。基于行为机器人方案(schemes,或称为“图式”)扩展了简单反应式系统的概念,结合简单的并发行为来共同工作。

24.1 软件结构

虽然总是强调移动机器人软件结构的重要性,但很多已发布的软件结构要么只是针对某一特定问题、要么是过于笼统,而对具体的应用并无帮助。尽管如此,现在至少出现了两种标准的模型,下文将作简要探讨。

经典模型(见图 24.1,左)也称为层次模型、功能模型、工程模型或三层模型,这是一种由上至下执行的可预测的软件结构,在一些系统中建立三个抽象层,分别称为行驶层(Pilot)(最

P. 384

低层)、导航层(Navigator)(中间层)、规划层(Planner)(最高层)。传感器获取载体数据由下两层预处理后再送达最高的“智能”层作出行驶决策,实际的行驶(如导航和低层的行驶功能)交由下面各层执行,最低层再次成为与小车的接口,将驾驶指令发送给机器人的执行器。

包容结构

基于行为模型(见图 24.1,右(Brooks 1986))是一种由下至上的设计,因而不易预测。它不是编写整段的代码,而是将每一个机器人的功能(functionality)封装成一个小而独立的模块,称为一个“行为”。因为所有的行为并行执行,所以不需要设置优先级。此种设计的目的之

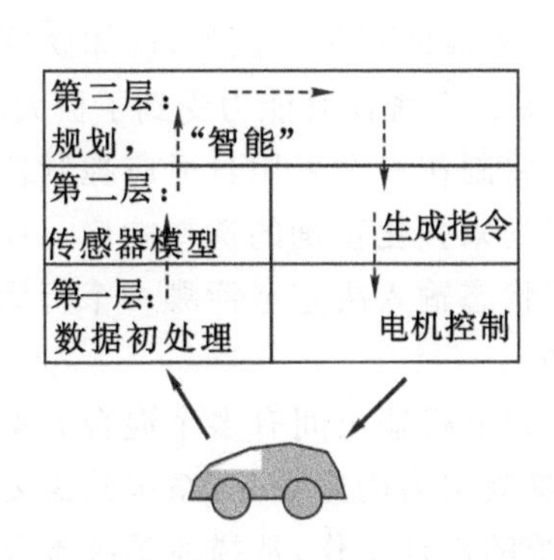

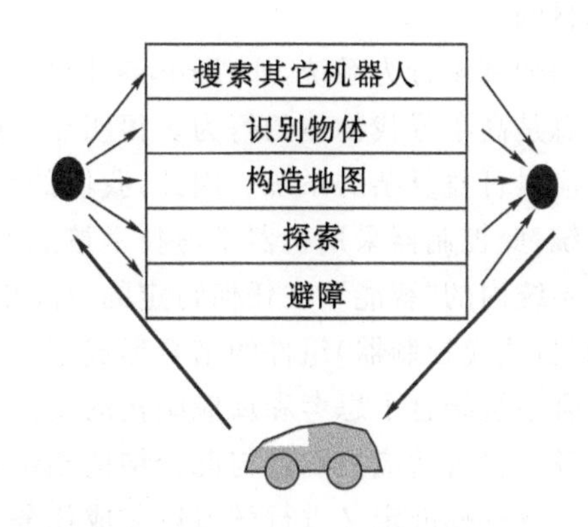

图 24.1 软件结构模型

一是为了易于扩展，例如便于增加一个新的传感器或向机器人程序里增加一个新的行为特征。所有的行为可以读取所有传感器的数据，但当将众多的行为归约成输出至执行器的单一信号时，则会出现问题。最初的“包容结构”在行为之间使用固定的优先级，而在现代的应用中则采用更加灵活的选择方案(见 24 章)。

24.2 基于行为的机器人学

“基于行为的机器人学”这个术语大体上适用于一系列的控制方法，最初是商业和学术研究组织将最早的包容设计(Brooks 1986)中的内容拿来加以修改、调整，最后形成这个简明扼要并被普遍接受的术语。基于行为结构的一些最常用的区别特征是(Arkin 1998)：

P. 385

- 感应与动作的紧密耦合

在某种程度上，所有行为机器人的动作是对刺激的反应而不是依赖于有意识的规则。回避使用思考规划，取而代之的是一些计算量小的模块来实现从输入到动作的映射，此举有利于快速响应。基于这个观察，Brooks 言简意赅的表达出来其中的原理：“*规划不过是一种回避计算下一步要做什么的方法*”(Brooks 1986)。

- 避开知识的符号表示

  在环境的处理上，不需要构造一个内部模型以用于执行规划任务，而是采用真实世界“它自己最好的模型”(Brooks 1986)。机器人从观测中直接产生未来的行为，而非试图生成一个可内部操作的世界抽象表示并以此作为规划未来行动的基础。

- 分解成具有因果意义的单元

  行为按照状态——动作成对出现，为特定的状态设计明确的动作响应。

- 并发关联行为的时变激活等级调整

  为满足所要达成的任务目的，在运行期间采用一个控制图式来改变行为的激活等级。

行为选择

在基于行为系统中运行着一定数目作为并行进程的行为，每一个行为可以读取所有的传感器(*读动作*)，但只有一个行为可获得机器人执行器或行驶机构的控制权(*写动作*)。因此需要一个全局控制器在恰当的时机来协助行为选择(或是行为激活、或是行为输出融合)以达到预期的目的。

早期的基于行为系统，如(Brooks 1986)采用固定优先级的行为。例如，墙体防撞行为的优先级总是高于寻找物体的行为。很明显，这样一种僵硬的系统使其能力受到了极大的限制，并难以应付日益复杂的系统。因此，我们的目标是设计并制作一个采用自适应控制器的基于行为系统，此控制器采用机器学习技术按照期望输出规划来强化正确的选择响应。控制器是隐藏在系统内的"智能"，在任何特定的时间根据感知和状态输入决定激活哪一个行为。反应和规划(自适应控制器)组件的结合形成了一个混合系统。

混合系统结合了思考和反应结构的要素，在传感器和电机输出间有多个混合方案来协调完成任务。将自适应控制器与混合结构相结合可能最具吸引力的好处是：系统只需要从有利于完成任务的标准定义进行学习以完成任务。这将系统的设计工作，从描述系统本身转移到定义一个正常工作的系统输出上来。介于定义任务达成的评价标准要比完整的系统描述简单，这将极大减少系统设计的工作量。

P.386

一个更为先进、更为灵活的行为选择方法是使用神经网络控制器(见第21章，图24.2)，下文的一些应用实例将采用此方法。神经网络接收所有来自传感器(包括预处理过的高层传感器数据)、一个时钟以及每一个行为状态的输出，并生成输出以选择当前活动的行为，进而产生一个机器人动作。此网络结构通过一个遗传算法来自我进化，此遗传算法用来优化一个描述任务评价标准(见第22章)的适应度函数。

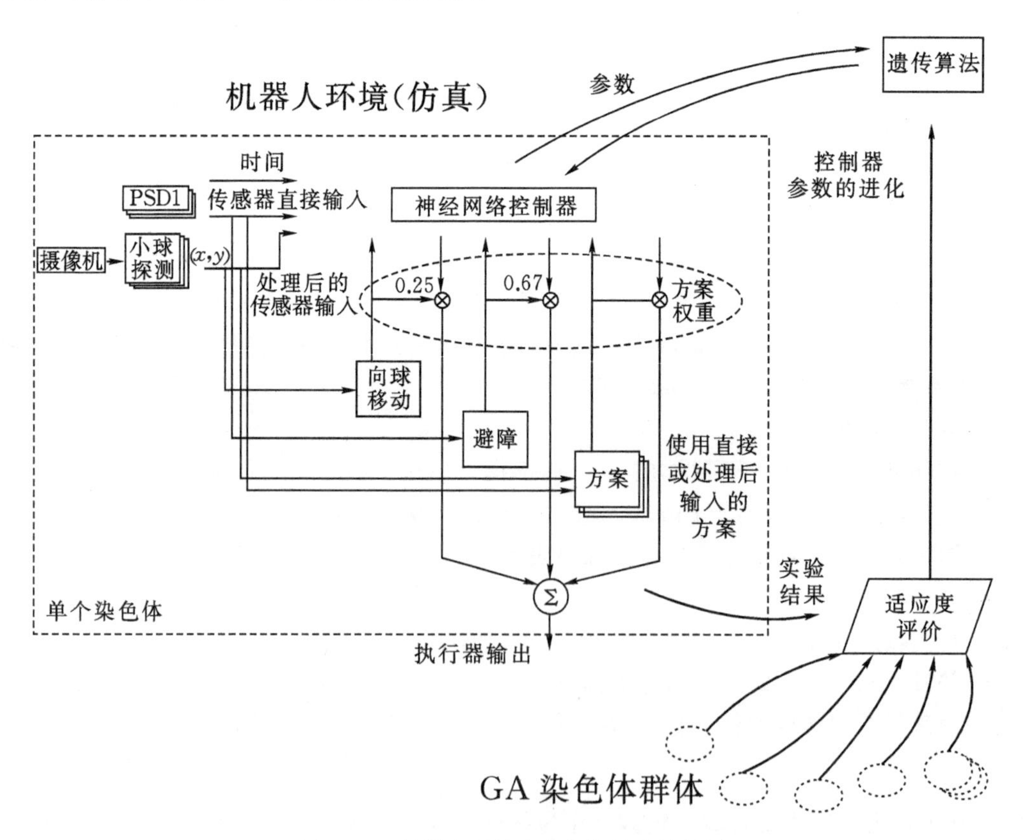

图24.2　机器人环境中的行为及选择机制

突生功能

术语*突生功能*(*emergent functionality*)、*突生智能*(*emergent intelligence*)或*群体智能*(*swarm intelligence*)(若涉及到多个机器人)用于描述由若干个小的行为结合,并在整体上呈现出一个原始任务没有设计到的行为的现象(Moravec 1988),(Steels, Brooks 1995)。这个行为出现的起因并非是任务本身,而是源自于简单任务间*相互作用*的复杂性。如果一个行为的响应结果在系统设计分析之外,但被证明是有利于系统工作的,则通常归类为突生。

Arkin 认为简单子系统之间的合作并不能完整地解释突生现象(Arkin 1998),既然机器人间的协作是由确定的算法实现的,那么一个足够精巧的分析则能够完美地预测出一个机器人的行为。更确切的讲,突生现象归结于现实世界不确定的属性,这无法进行完整而精确的建模,因此在系统设计中总是存在不确定性的边际,进而有可能导致产生无法预测的行为。

P. 387

24.3 基于行为的应用

典型的基于行为的应用包括一群相互作用的机器人模仿一些动物的行为方式,从而表现出具有某种形式的*群体智能*(*swarm intelligence*)。机器人之间的联系既可以是直接的(例如无线通信),也可以是间接的,通过改变共同的环境来实现(*stigmergy*)。根据应用的不同,个体间的联系可以分为必需的和非必需的(Balch,Arkin 1994)。一些重要的应用有:

- 觅食(Foraging)
  一个或多个机器人搜索某一区域以寻找“食物”(通常是易于识别的物体,例如彩色方块),收集并带回“目的地”区域。应注意到这是一个非常宽泛的定义,同样可以适用于收集垃圾(如金属罐子)等任务。
- 追逐——逃逸(Predator-Prey)
  两个或多个机器人互动,至少有一个机器人处于追逐者的位置并试图抓住一个逃逸的机器人,而逃逸的机器人则努力避开追逐者。
- 聚集(Clustering)
  此应用模仿白蚁的种群行为,个体遵循非常简单的原则来共同建造一个土堆。

突生

在土堆的建造过程中,每一个白蚁一开始将建筑材料随机地放在一个位置,然后将新的建筑材料放在它附近最大的土堆上。蚁群每一个个体的相互作用最终产生了复杂的土堆结构,这是突生的一个典型例子。

方块聚集

上述现象可使用计算机仿真或使用真实的机器人通过相似的方法互动来重现(Iske, Rückert 2001),(Du,Bräunl 2003)。在我们的应用中(见图 24.3),让一个或多个机器人搜索一片区域寻找红色的方块。机器人一旦找到一个方块,便将其推到先前见到的红色方块的最大聚集处——如果这是遇到的第一个方块,便使用此方块的坐标作为一个新建聚集的起始。

随着时间的推移,会出现数个较小的堆,但最终会合并成唯一的一个大堆,大堆包含了机器人活动区域里的所有方块。完成此项任务并不需要任何机器人之间通信,但若使用通信则会加快聚集进程。所使用的机器人数量同样会影响平均完成时间,但这还与环境的大小有关

P.388 系。一开始随着机器人数量的增加，完成速度会加快，但机器人的数量超过一个临界点后，拥挤的机器人会妨碍彼此的行动(例如，停下来以避免碰撞，或意外地弄乱了其它机器人做的堆)，这会导致完成时间变得更长。

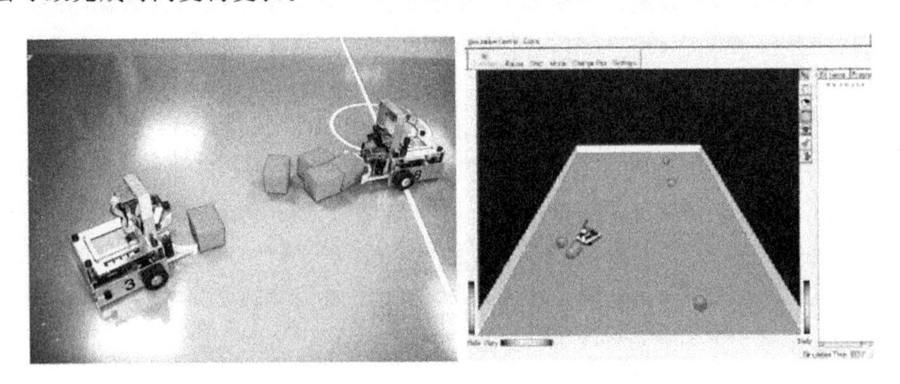

图 24.3 使用真实机器人和仿真机器人的方块聚集实验

24.4 行为框架

建立行为框架的目的是为了简化机器人平台(例如 EyeBot)上所使用的基于行为的程序的设计与应用。在此基础上开发了一个用于具有一致性规定行为的编程接口。

我们按照习惯，将简单的行为称作为方案，并将这一概念扩展到一个控制系统所有的处理要素。这些方案在抽象层上进行描述，因此可以无需确知实现的细节，而通过高级逻辑(或是与其它方案一起)进行一般性操作。多个方案可以通过编程或由用户接口实现递归结合，将不同的方案组合在一起，可以产生实现更为精巧的行为，并由系统设计者制定组间方案的仲裁机制。当结合协调方案在可用行为之间进行选择时，起作用的模块会指向执行器方案以产生实际的机器人动作。一种常用的技术是使用所有驱动执行器图式的加权和作为最终的控制信号。

行为设计

框架结构的创意源自于 AuRA 的反应组件(Arkin，Balch 1997)，并借鉴了 TeamBots 的环境现实(Balch 2006)。

框架的基本单位是方案，这个方案可以是感知性的(例如一次传感器读取动作)，也可以是P.389 行为性的(例如移动到一个地方)。每一个方案定义成一个产生预定义输出类型的单位。在我们的实现中，方案生成的输出最简单的类型有整型、浮点类型和布尔类型，相对复杂的类型有二维浮点向量和图像。浮点向量可以用来编码机器人方案中常用的任意二维量，如速度和位置，图像类型与 RoBIOS 图像处理例程所使用的图像结构相一致。

一个方案可以选择嵌入其它方案作为输入，预定义的基本类型数据可在方案之间交换，通过这种方法可以递归组合多个行为以产生更为复杂的行为。

在机器人控制程序里，方案的组织结构可以表示成一个处理树(processing tree)，传感器作为嵌入方案构成树叶节点。嵌入传感器方案的行为的复杂度可不断增加，如从沿简单的固定方向运动到使用图像处理算法来探测小球。每一个运算周期都使用树的根结点的输出来决定机器人的下一步动作，通常根结点等同于一个执行器的输出量，在这种情况下根结点直接产生机器人动作。

行为应用

此行为框架采用 C++编写完成，使用 RoBIOS API 作为与 EyeBot 的接口。EyeSim 提供相同的函数并可进行仿真（见第 15 章），使得由框架创建的程序既可以仿真又能够在实际平台上使用。

框架采用了面向对象的设计方法，对于每一个预定义类型，都有一个父 Node 类被派生类型的方案类直接继承。例如，NodeInt 类表示一个生成整型输出的节点。每一个方案从节点子类中继承，因此它们本身也是一种类型的节点。

所有的方案类定义一个 value(t)函数，它在给定的时间 t 返回一个基本类型的数值，此函数返回的类型依赖于它的类——例如，由 nodeInt 生成的方案返回一个整数类型。由一个通过方案树的递归调用结构来实现方案的嵌入，每一个能嵌入节点的方案类都有一组指向嵌入实例的指针。当一个方案需要一个嵌入节点的值时，它迭代操作这个数组，并调用每个嵌入方案各自的 value(t)函数，这种结构可以在编译时发现方案间的非法连接。当一个嵌有非法类型节点的方案试图调用赋值函数时，将返回不符合类型的值。编译器在编译时检查所连结生成的和嵌入的节点的类型是否一致，并标记出所有的不匹配之处。

方案连接的等级结构构成一个树，由各种方案和方案的集成来联系执行器和传感器。时间被分解成单元，树中的方案按照由运行程序生成的主时钟值，从最低级（传感器）至最高级进行计算。

P.390

方案

在文中的神经网络控制器设计任务中，采用框架结构创建了一组小型的方案工作集。表 24.1 中列出了这组方案中每一个方案的简要描述，所示方案中有感知（例如摄像机、PSD），行为（例如避障），或是一般的方案（例如固定向量）。感知方案只生成一个类型是行为方案所使用的值，行为方案将输入转变为满足目标要求的自足的输出向量。

创建了一个前台程序，可以通过点击由以前预编程序模块组合出一个新的方案（Venkitachalam 2002）。将控制程序用方案图来表示，可直接在操作界面显示给用户（见图 24.4）。

为了在用户界面中区别方案，编程者必须用模块描述做好头文件“标签”。如程序 24.1 所示的是一个简单的描述块。图形用户界面对方案源目录的头文件进行语法分析以决定如何向用户显示模块。

表 24.1 行为方案

方案	描述	输出
摄像机	摄像机感知方案	图像
PSD	PSD 传感器感知方案	整型
避障	基于 PSD 读值的避障	二维向量
探测小球	通过 hue 分析在图像中辨别小球	二维向量
固定向量	固定向量表示	二维向量
直线移动	从当前位置向另一点直线移动	二维向量
随机	随机指向具有确定长度的向量	二维向量

头块描述了一个特定的方案如何与其它的方案互联，它包括对模块参数类型初始化的的描述、一个可以用来产生或嵌入其它模块的端口列表以及各种元信息(meta-information)。

通过可视化模块的相互联结，用户界面生成代表用户对树的设置的相应代码。通过分析行为树并将其转换成一系列的实例和嵌入调用，以确定程序的结构。行为 API 的这种一致性简化了代码生成算法。

P. 391

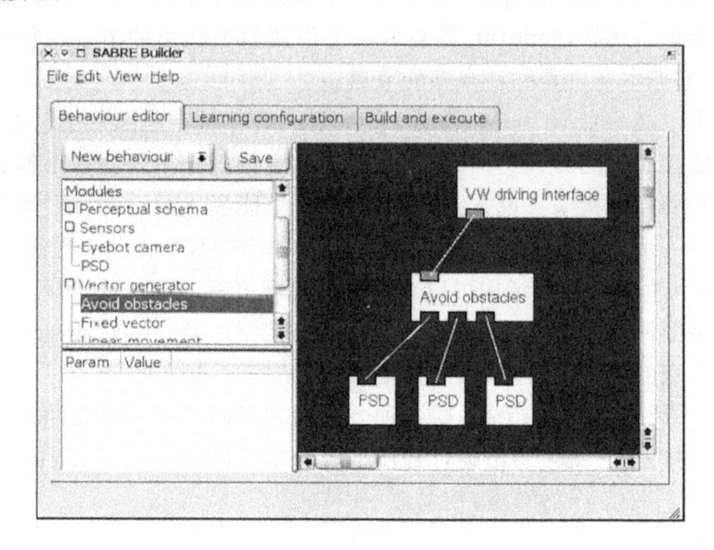

图 24.4 用于编译方案的图形用户界面

程序 24.1 方案头描述部分

```
 1      NAME            "Avoid obstacles"
 2      CATEGORY        "Vector generator"
 3      ORG             "edu.uwa.ciips"
 4
 5      DESC            "Produces vector to avoid obstacle\"
 6      DESC            "based on three PSD readings"
 7      INIT INT        "Object detection range in mm"
 8      INIT DOUBLE     "Maximum vector magnitude"
 9
10      EMIT VEC2       "Avoidance vector"
11      EMBED INT       "PSD Front reading"
12      EMBED INT       "PSD Left reading"
13      EMBED INT       "PSD Right reading"
```

24.5 自适应控制器

在本系统中所使用的自适应控制器包含两个部分：一个神经网络控制器(见第 21 章)和一个遗传算法学习系统(见第 22 章)。神经网络的作用是将输入转换为在适当时间激活机器人行为的控制信号。神经网络的结构决定了从输入到输出的机能转换，由于其拓扑结构的特性，可通过改变网络弧(network arc)的权重有效地进行改变。采用遗传算法进行结构进化以达

P. 392

成任务目标，通过优化描述神经网络弧权重的参数集，以生成一个能够执行任务的控制器。

我们所采用的遗传算法使用了一个直接二进制编码方案，以此来编码控制器神经网络的数值权重，它也可以对神经网络的门限进行编码。将一个单独、完整的神经网络控制器编码成一个染色体，染色体本身是一个个独立的浮点数基因的联结，每一个基因编码一个单独的神经网络权重。种群(population)由很多染色体组成，首先进行适应度评价，随后通过大量迭代运算进行进化。种群的进化通过按照规定比例对基因边界进行单点交叉操作来实现，并辅以小比例的种群突变操作(随机的位反转)，这可通过用户参数进行设定。性能最优的成员被保存在算法的迭代中(精英策略，elitism)，性能最差的则被剔除并代替为最优性能的染色体的拷贝。在我们的实验中，种群染色体的数目介于 100 至 250 之间。

仿真环境是围绕 EyeSim 5 早期版本建立的(Waggershauser 2002)。EyeSim 是一个成熟的多智能体仿真软件，在一个可视化三维环境中模拟 EyeBot 硬件平台。环境模型可以实现仿真标准的电机和硬件传感器，也可以真实地仿真车载摄像机捕获的图像(见如图 24.5)，从而可以使用图像处理例程来实现程序和行为的完整测试和调试。

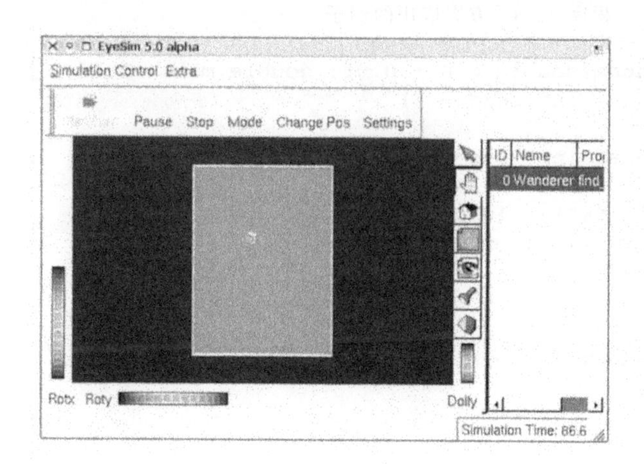

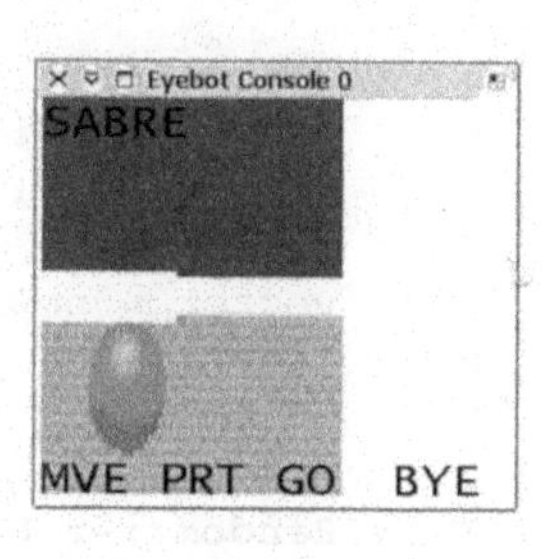

图 24.5 EyeSim 5 仿真器截图

由于我们是在仿真环境中运行程序，所以能够以满意的精度获得环境中所有物体位置和方向的记录。在运行期间，记录调用通过仿真器的内部世界模型来确定位置。机器人的控制程序在完成操作后调用这些函数，并按恰当的文件格式写数据，以便不同的进化算法能读取数据。在运行期间，不使用这些结果来提高机器人的性能。待运行结束后，则使用记录文件中的程序最终输出，以分析如何让机器人更好地执行任务。

P.393

P.394

方案应用示例

我们将编写一个简单的电机方案示例，即一个朝随机方向移动的行为。此行为不读取任何输入，所以不需要嵌入行为，输出的二维向量代表要移动的方向和距离。相应的，我们生成 NodeVec2 类的子类，NodeVec2 类是所有生成二维向量输出方案的基类，类定义如程序 24.2 所示。

程序24.2　方案定义的例子

```
 1  #include "Vec2.h"
 2  #include "NodeVec2.h"
 3  class v_Random : public NodeVec2
 4  { public:
 5    v_Random(int seed);
 6    ~v_Random();
 7    Vec2* value(long timestamp);
 8
 9    private:
10    Vec2*   vector;
11    long    lastTimestamp;
12  };
```

构造函数定义了参数，并以此来初始化方案，在此例中是一个随机数发生器所使用的种子值(程序24.3)。构造函数还为存放输入的本地向量的对象分配内存并生成一个初始化输出，此对象的析构函数将释放存放二维向量的内存。

程序24.3　方案应用的例子

```
 1  v_Random::v_Random(double min = 0.0f, double max = 1.0f,
 2                     int seed = 5)
 3  { double phi, r;
 4    srand( (unsigned int) seed);
 5    phi = 2*M_PI / (rand() % 360);
 6    r = (rand() % 1000) / 1000.0;
 7    vector = new Vec2(phi, r);
 8    lastTimestamp = -1;
 9  }
10
11  v_Random::~v_Random()
12  { if(vector)
13    delete vector;
14  }
15
16  Vec2* v_Random::value(long timestamp)
17  { if(timestamp > lastTimestamp)
18    { lastTimestamp = timestamp;
19      //  Generate a new random vector for this timestamp
20      vector->setx(phi = 2*M_PI / (rand() % 360));
21      vector->sety(r = (rand() % 1000) / 1000.0);
22    }
23    return vector;
24  }
```

最重要的方法(method)是赋值，方案以此在每个处理周期返回结果，赋值方法返回一个指向我们所生成向量的指针。如果我们生成一个不同类型的子类(例如NodeInt)，将返回一个相应类型的值。所有的赋值方法都应以一个时间标签作为参数，我们将以此检查是否已经为此循环计算出一个结果。对大多数方案而言，我们只希望当时间标签递增时产生一个新输出。

对于嵌入节点的方案(例如，读取另一个节点的输出作为输入)，必须在构造函数中为这些节点分配内存。在基类中已有可用于分配内存的方法(initEmbeddedNodes)，因此在方案中只须定义需分配空间的节点数量。如避障方案中嵌入有三个集成的方案，构造函数调用 initEmbeddedNode，如程序 24.4 所示，随后可以在数组 embeddedNodes 中访问嵌入的节点。通过将节点映射到它们已知的基类中并调用其赋值方法，嵌入的方案就可以读取并处理节点的输出。 P.395

程序 24.4 避障方案

```
1  v_Avoid_iii::v_Avoid_iii(int sensitivity, double maxspeed)
2  { vector = new Vec2(); //  Create output vector
3    initEmbeddedNodes(3); //  Allocate space for nodes
4    sense_range = sensitivity; //  Initialise sensitivity
5    this->maxspeed = maxspeed;
6  }
7  Vec2* v_Avoid_iii::value(long timestamp)
8  { double front, left, right;
9    if(timestamp != lastTimestamp) {
10   // Get PSD readings
11   frontPSD = (NodeInt*) embeddedNodes[0];
12   leftPSD  = (NodeInt*) embeddedNodes[1];
13   rightPSD = (NodeInt*) embeddedNodes[2];
14   front = frontPSD->value(timestamp);
15   left  = leftPSD->value(timestamp);
16   right = rightPSD->value(timestamp);
17   //  Calculate avoidance vector
18   // Ignore object if out of range
19   if (front >= sense_range) front = sense_range;
20   if (left >= sense_range) left = sense_range;
21   if (right >= sense_range) right = sense_range;
22   ...
23
```

24.6 循迹问题

本项目进化控制器所实现的是搜索一个封闭区域以寻找一个彩色小球。我们首先划分基本方案，可以将它们进行组合来执行任务。在程序运行时，由进化控制器选择基本方案来完成全局任务。并为任务建立一个合适的适应度函数，随后由遗传算法生成初始随机种群以用于改良。

基本方案

我们划分出低级的电机方案，它们可以组合选择以完成任务，每一个方案生成一个单独的规范化的二维向量输出，如表 24.2 所描述。

表 24.2 基本方案

行为	规范化输出
向前直行	沿着机器人当前的方向
左转	指向当前方向的左侧
右转	指向当前方向的右侧
避开探测到的障碍物(避障)	指向探测到的障碍物的反方向

“避障”方案嵌入PSD传感器方案作为输入(见图24.6)。传感器安装在机器人前方、左侧和右侧。这些读值用来生成逃离附近所有障碍物的向量值(见图24.6)。执行“避障”方案避免了与墙或其它物体相撞,也避免了虽然有一个明显出口却卡在一个地方。

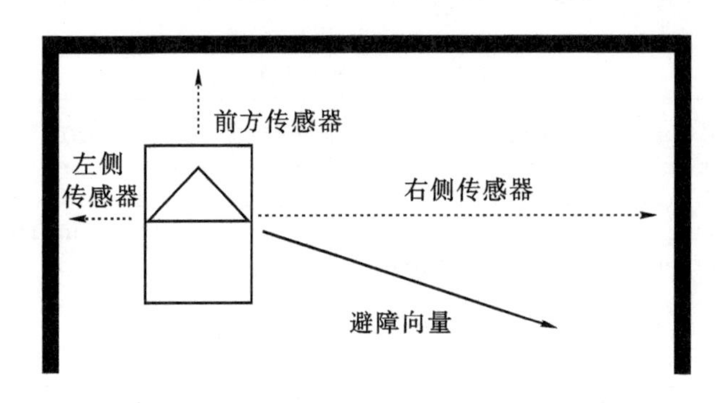

图24.6　避障方案

P.396

色彩识别算法应用EyeBot摄像机捕获的图像并返回作为“高级传感器信号”的小球在x轴向上的位置和小球高度,以此来实现小球探测。当小球偏向图像边界左边时,系统应当激活“左转”行为,偏右时激活“右转”行为。如果传感器探测到小球大致在中央位置,系统应当激活“直行”行为。目前,一次只能有一个行为能够起作用。尽管如此,作为未来的扩展,应当通过计算它们各自矢量输出的加权和,来融合多个起作用的行为。

24.7　神经网络控制器

神经网络控制器的作用是在每个运行周期中从基本方案中选择当前起作用的行为。起作用的行为将取得机器人执行器的控制权并驱动机器人沿期望的方向行驶。原则上,神经网络接收所有的传感器输入、所有方案的状态输入,及一个决定每个方案起作用的时钟值。输入的形式可以是传感器的原始读数或是经处理后的传感器值,如距离、位置和预处理过的图像数据。信息经一组隐含层处理后送到输出层,控制器输出层神经元负责选择起作用的方案。

增加一个输出神经元让控制器获知是否已完成给定的任务(这里是接近小球并停下)。如果控制器到达最大时间步数还未停止的话,将会终止运行并分析最终的状态来进行适应度适应度适应度函数计算,遗传算法使用这些适应度的值来进化神经网络控制器的参数,如第22章所述。

考虑到下列原因,我们采用了离线学习方法以生成理想的行为。

- **生成理想的行为**

  系统可能会调整至这样一个状态:满足部分但非全部的评价标准。典型的例子是,当学习方法采用梯度下降法时会经常卡在一个适应度函数的局部最大值处(Gurney 2002)。采用离线进化则允许更为复杂(计算量更大)的优化技术以避免这类情况。

- **收敛时间**

  机器人用于将控制器收敛至满意状态的时间减少了机器人的有效工作时间。通过离线进化出合适的参数,机器人一运行就会处于一个满意的工作状态。

P.397

- **系统测试**

  若在现实环境中进化行为，对于测试控制器就某一任务的适应能力会受到限制。通过离线进化可以在实际应用前通过仿真对系统进行大量的实验。

- **避免系统的实体损坏**

  控制器在学会安全地执行任务前，进化过程中的一些响应可能会导致机器人实体的损坏。在控制器进化过程中通过仿真可以修改此类响应，从而避免了昂贵硬件的损坏。

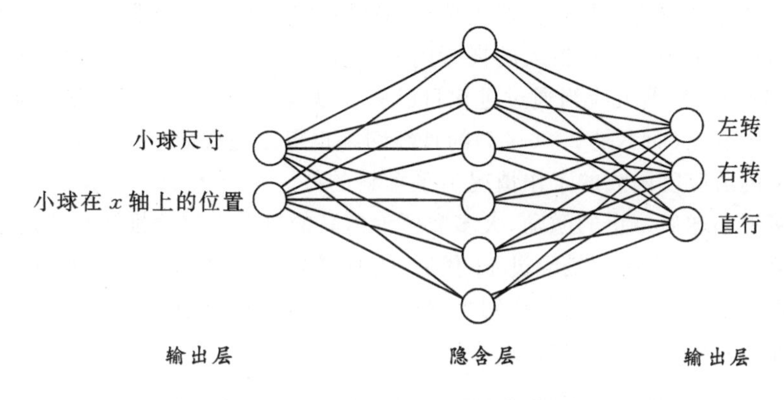

图 24.7 采用的神经网络结构

采用的神经网络结构如图 24.7 所示，图像处理在“智能传感器”中完成，对所有的帧进行图像处理以确定小球在图像中的位置和大小，并将其直接传送到网络的输入层。输出层有三个节点，决定机器行动是左转、右转还是直行。每个循环周期选择输出值最高的神经元。

每一个染色体都有一个代表神经网络仲裁器权重的浮点数数组。图 24.8 示例中是一个相对简单的神经网络，浮点数从前至后依次映射至神经网络中。

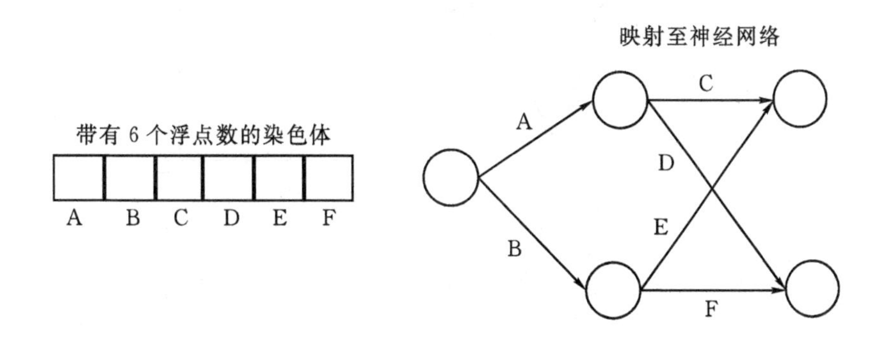

图 24.8 染色体编码

24.8 实验

P.398

将基于行为系统的进化任务设定为：让机器人探测并驶向一个小球。行驶环境为一个正方形区域，小球位于中央，机器人的放置位置和朝向是随机的，类似于 23.5 小节中的设置。

进化按照最小设置运行，即 20 个个体、进化 20 代。为保证公平的进化，每一个个体从小球三个不同距离的位置运行三次。整个种群使用与此相同的三个距离值，但放置的位置是随机的，例如在以小球为圆心的圆上。

程序 24.5 小球循迹的适应度函数

```
1  fitness = initDist - b_distance();
2  if (fitness < 0.0) fitness = 0.0;
```

程序 24.5 为所使用的适应度函数，我们仅选择朝向小球的距离增量为适应度，当出现负值时将归零。应注意到编码的只是机器人接近小球时的期望输出，而非行驶期间的所有表现。例如原本可以增加一个小球在机器人的视野内的个体适应度——然而，我们并不想通过硬编码[①]来促进这个选择。机器人应当通过进化自己去发现这些规律。实验也证明了即使一个更为简单的 2×4×3 节点(而不是 2×6×3)的神经网络也可以完成此进化任务。

P. 399

这个最基本的适应度函数的工作情况出乎意料的好。机器人们学习探测小球并驶向它，由于没有设置接近小球后停止的激励，大多数评价值高的机器人继续推动和追逐小球，直到最大仿真时间结束。图 24.9 所示是经过 11 代后，表现最好的个体的典型行驶结果。机器人由起始位置旋转直到小球进入其视野，找到小球后驶向小球并可靠地跟踪小球。当小球从机器人身上或墙上弹开时机器人会继续追逐小球。

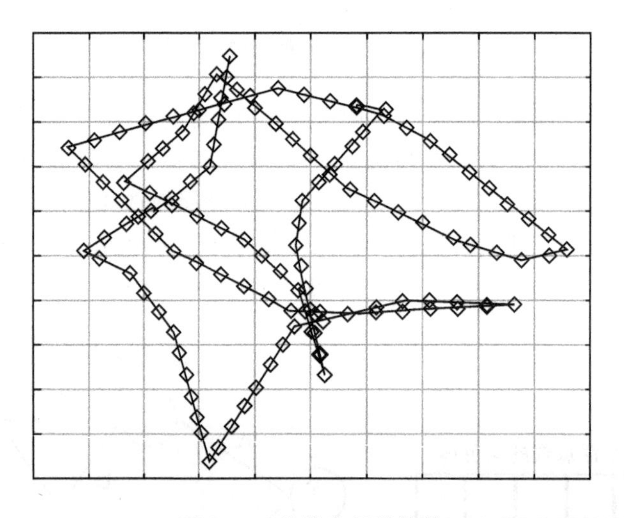

图 24.9 机器人行驶结果

P. 400

图 24.10 所示是经过 10 代后最大适应度的发展情况，最大适应度持续增加直至达到可接受的性能水平。

如果想使机器人在小球前停止或改变行驶方式(例如踢球得分)，可对实验进行扩展。需要做的是改变适应度函数，例如对在最大运行时间内停止进行奖励；或是增加神经网络的输出层及隐含层节点。需要注意的是只有那些接近小球并具有特定适应度的机器人会得到时间奖励，否则那些没有移动就立即停止的“懒惰”的机器人也会受到奖励。图 24.11 所示的是几个进化最优的行为控制器的运行状态，此状态经过 20 代进化得到，一旦机器人接近小球后则仿真结束。

① 在原代码中直接设置相关参数。——译者注

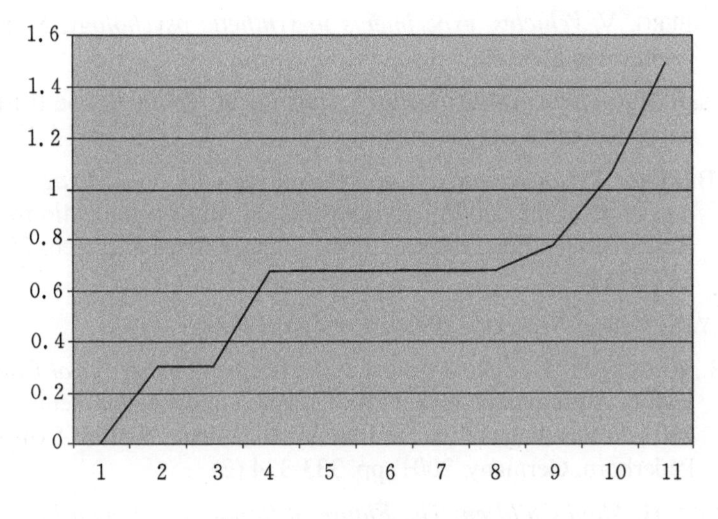

图 24.10 每代适应度的增长

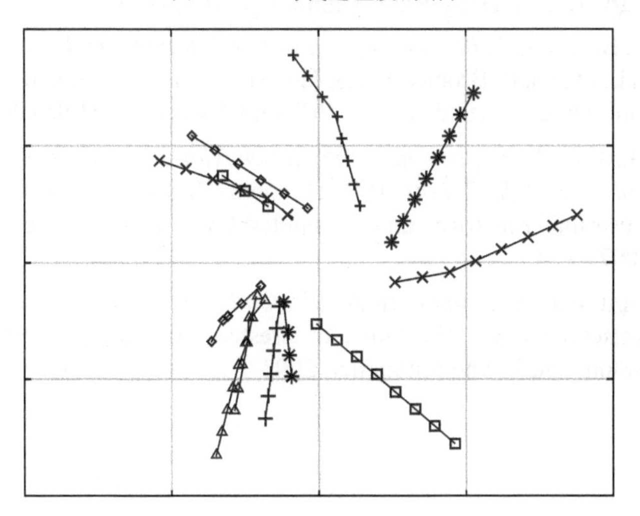

图 24.11 行为控制器进化最优的个体运行情况

24.9 参考文献

AGRE, P., CHAPMAN, D. *What are plans for?*, Robotics and Autonomous Systems, vol. 6, no. 1-2, 1990, pp. 17-34 (18)

ARKIN, R. *Behavior Based Robotics*, MIT Press, Cambridge MA, 1998

ARKIN, R., BALCH, T. *AuRA: Principles and Practice in Review*, Journal of Experimental and Theoretical Artificial Intelligence, vol. 9, no. 2-3, 1997, pp. 175-189 (15)

BALCH, T., ARKIN, R., *Communication in Reactive Multiagent Robotic Systems*, Autonomous Robots, vol. 1, no. 1, 1994, pp. 27-52 (26)

BALCH T. *TeamBots simulation environment*, available from `http://www.teambots.org`, 2006

BRAITENBERG, V. *Vehicles, experiments in synthetic psychology*, MIT Press, Cambridge MA, 1984

BROOKS, R. *A Robust Layered Control System For A Mobile Robot*, IEEE Journal of Robotics and Automation, vol. 2, no.1, 1986, pp. 14-23 (7)

DU J., BRÄUNL, T. *Collaborative Cube Clustering with Local Image Processing*, Proc. of the 2nd Intl. Symposium on Autonomous Minirobots for Research and Edutainment, AMiRE 2003, Brisbane, Feb. 2003, pp. 247-248 (2)

GURNEY, K. *Neural Nets*, UCL Press, London, 2002

ISKE, B., RUECKERT, U. *Cooperative Cube Clustering using Local Communication*, Autonomous Robots for Research and Edutainment - AMiRE 2001, Proceedings of the 5th International Heinz Nixdorf Symposium, Paderborn, Germany, 2001, pp. 333-334 (2)

MORAVEC, H. *Mind Children: The Future of Robot and Human Intelligence*, Harvard University Press, Cambridge MA, 1988

P. 401

STEELS, L., BROOKS, R. *Building Agents out of Autonomous Behavior Systems*, in L. Steels, R. Brooks (Eds.), The Artificial Life Route to AI: Building Embodied, Situated Agents, Erlbaum Associates, Hillsdale NJ, 1995

VENKITACHALAM, D. *Implementation of a Behavior-Based System for the Control of Mobile Robots*, B.E. Honours Thesis, The Univ. of Western Australia, Electrical and Computer Eng., supervised by T. Bräunl, 2002

WAGGERSHAUSER, A. *Simulating small mobile robots*, Project Thesis, Univ. Kaiserslautern / The Univ. of Western Australia, supervised by T. Bräunl and E. von Puttkamer, 2002

步态的进化

P. 403

设计和优化腿部运动的控制系统是一个复杂且费时的过程。人类工程师只能设计和评估有限数目的配置,然而仍有大量极具竞争力的设计有待研究。自动的控制器设计可以进化数以千计的竞争设计,而不需要知道机器人行走机理的任何先验知识(Ledger 1999)。开发一个自动化的方案需要一个控制系统、一个测试平台和一个控制器自动化设计的自适应方法。而所采用的控制系统必须要能发出足以描述期望行走步态的控制信号。另外,所选择的控制系统应当易于集成使用自适应方法。

一个用于控制器自动化设计的可行方法是使用一个样条控制器并利用遗传算法来进化它的控制参数(Boeing, Bräunl 2002),(Boeing, Bräunl 2003)。为了减少进化时间,并避免在进化过程中损坏机器人的硬件,可以采用动力学机械仿真系统。

25.1 样条

样条是具有某些期望性质的特殊参数曲线的集合。它们是分段多项式函数,并且通过控制点集合来表示。有许多不同形式的样条函数,每一个都有它们各自的性质(Bartels, Beatty, Barsky 1987)。然而,这里有两个我们需要的性质:

- **连续性,**这样所生成的曲线连接部分是光滑的。
- **局部性,**控制点的局部性使得控制点的影响范围限制在它的邻近区域。

P. 404

埃尔米特样条是一类具有独特性质的特殊曲线,由通过控制点的样条生成曲线(这些控制点定义了此样条)。因此,将一组确定好的点通过设置为埃尔米特样条的控制点,可以平滑地内连起来。曲线的每一段只与邻域内有限数量的控制点相关。因此,改变远处一个控制点的位置不会改变整个样条的形状。可以对埃尔米特样条进行限制以满足 C^{K-2} 阶连续。

给定起点 p_1、终点 p_2、正切值 t_1 和 t_2 以及插值参数 s,得到内连控制点的方程如下所示:

$$f(s)=h_1p_1+h_2p_2+h_3t_1+h_4t_2$$

其中

$$h_1=2s^3-3s^2+1$$

$h_2 = -2s^3 + 3s^2$

$h_3 = s^3 - 2s^2 + s$

$h_4 = s^3 - s^2$

对 $0 \leqslant s \leqslant 1$

程序 25.1 所示的是用于评估样条的例程。图 25.1 所示的是起点为 1、起点正切值为 0，终点为 1、终点正切值为 0 时，此函数的求解输出。然后 Hermite_Spline 函数的参数 s 从 0 到 1 开始运行。

程序 25.1 一个简单的立方埃尔米特样条线段的求解

```
1   float Hermite_Spline(float s) {
2    float ss=s*s;
3    float sss=s*ss;
4    float h1 =  2*sss - 3*ss +1;  // calculate basis funct. 1
5    float h2 = -2*sss + 3*ss;     // calculate basis funct. 2
6    float h3 =    sss - 2*ss + s; // calculate basis funct. 3
7    float h4 =    sss -   ss;     // calculate basis funct. 4
8    float value =   h1*starting_point_location
9                  + h2*ending_point_location
10                 + h3*tangent_for_starting_point
11                 + h4*tangent_for_ending_point;
12   return value;
13  }
```

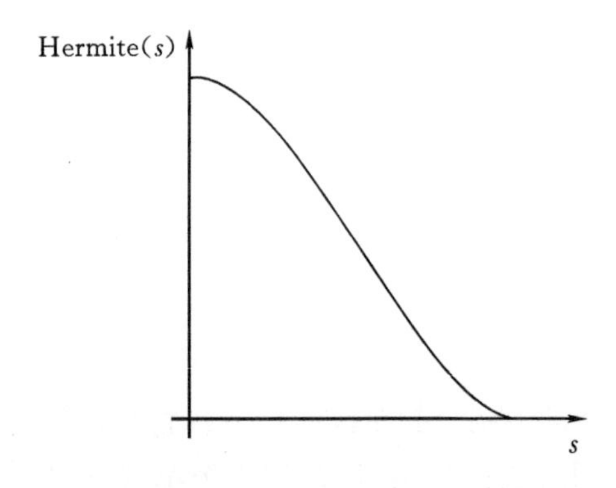

图 25.1 立方埃尔米特样条曲线

25.2 控制算法

用样条进行机器人关节运动的建模

更大、更复杂的曲线可以通过连接若干个立方样条线段获得，这样生成的一组样条曲线足以表达机器人关节运动所需的控制信号。样条控制器包含着一组连接的埃尔米特样条。第一组包含有机器人的初始化信息，用来将机器人的关节移动至正确位置，并能够使机器人从起始状态平滑地转换至行驶状态。第二组样条则包含着机器人步态的循环信息。每个样条可通过不同数目的控制点进行定义，并具有不同数目的自由度。每一对包含一条启动样条和一条循环样条，它们相当于一组用来驱动机器人中一个执行器的控制信号。

P.405

具有三个关节(三自由度)的机器人的一个简单的样条控制器例子如图 25.2 所示。每一条样条指示的是控制器给一个执行器的输出值。

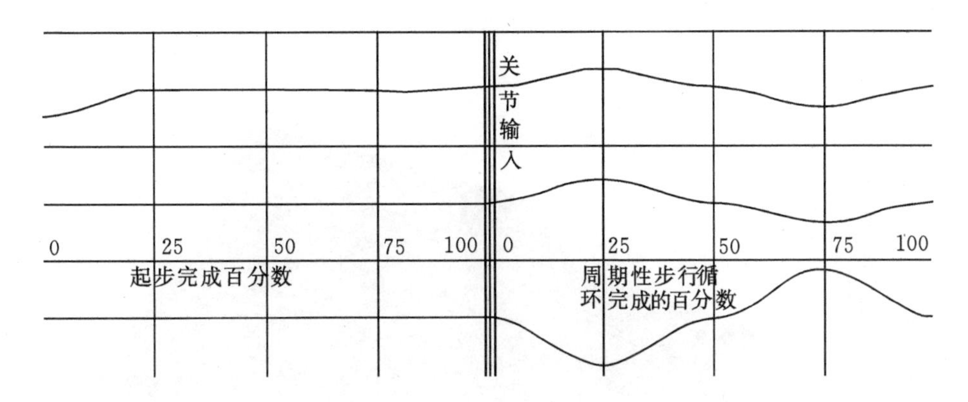

图 25.2 样条关节控制器

埃尔米特样条控制器有很多优点。由于曲线通过所有的控制点,设计者可以事先确定一条曲线的位置。尤其是控制信号直接与角度、伺服器、位置相对应时,尤为有用。程序 25.2 给出了一个用于计算一维样条位置值的简化代码片段。

P. 406

程序 25.2 求解一条连接的埃尔米特样条

```
1   Hspline hs[nsec]; //A spline with nsec sections
2
3   float SplineEval(float s) {
4     int sect;      //what section are we in?
5     float z;       //how far into that section are we?
6     float secpos;
7     secpos=s*(nsec-1);
8     sect=(int)floorf(secpos);
9     z=fmodf(secpos,1);
10    return hs[sect].Eval(z);
11  }
```

大量的证据表明:动物和腿式机器人的步态都具有同步运动的特征(Reeve 1999)。也就是说,当一个关节改变它的方向或速度时,此改变可能会反映在另一个关节上。使用埃尔米特样条相比其它的控制方法能更为简单地强化此种形式的限制。为了用一个埃尔米特样条产生同步运动,执行器的所有控制点必须位于周期的同一时间位置。这是因为当给定默认的正切值时,控制点代表了控制信号的关键点。

25.3 反馈融合

大多数控制方法都需要一定形式的反馈以保证正确地运行(见第 11 章)。样条控制器无需使用反馈便可实现行走模式;尽管如此,融合感知信息的控制器可以实现更为鲁棒的步态。附加给样条控制系统的感知信息可以使双足机器人在非平坦的地形上运动。

为了将传感器反馈信息融合进样条控制器,需将控制器扩展出另一个维度。扩展的控制点要设定它们在循环时间和反馈里的位置，这将为每个执行器生成一组控制面。以此形式扩展的控制器显著地增加了所需要的控制点数量，图25.3显示了为一个控制器生成的控制面。

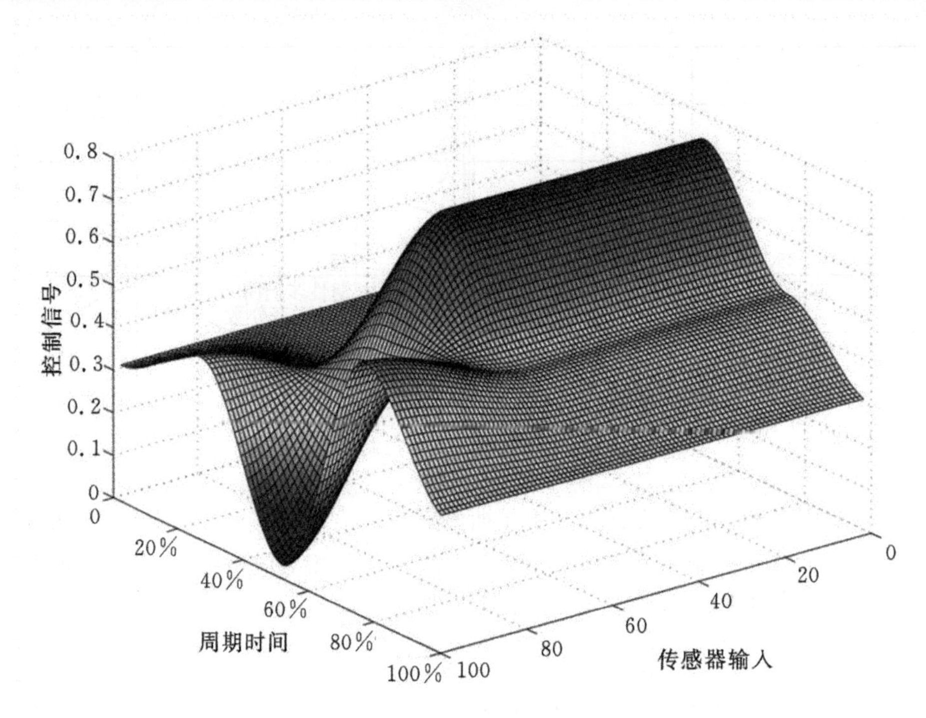

图25.3　一般扩展的样条控制器

执行器解算来自增强型控制器的期望输出，此控制器作为步态周期和传感器读取数据的函数。所发现的最合适的感知反馈是安装在机器人中央(躯干)上的倾角仪角度读数。因此，所产生的控制器由周期的百分比、倾角仪的角度读数和输出控制信号这三项来描述。

25.4　控制器进化

P.407

可使用遗传算法使控制系统的设计过程自动化。为实现此目的，须将控制系统的参数按照遗传算法可以进化的格式进行编码。样条控制系统的参数用来描述样条的控制点位置和正切值。因此，每个控制点有三个不同的可编码数值：

- 在周期时间中的位置
  (如在 x 轴上的位置)
- 当时控制信号的值
  (如在 y 轴上的位置)
- 正切值

为使遗传算法在最短的时间内进化这些参数，需要一个更为紧凑的格式来表示这些参数。这可以通过使用定点值来实现。

例如，如果希望使用8位定点数来编码区间[0…1]，此8位数可以表示0至255之间的任意整数，我们可以将这些值分为255份，以0.004(1/256)的精度来表示从0至1之间的任意

P.408

数。

由一维样条函数所生成的曲线如图 25.1 所示，第一个控制点($s=0$)位置为 1、正切值为 0，第二个控制点($s=1$)位置为 0、正切值为 0。如果使用一个 8 位定点值来编码表示从 0 到 1 的每一个值，则此时的控制参数可表示为一个 3 字节的字符串，[0,255,0]表示第一个控制点的位置和正切值，[255,0,0]表示第二个控制点的位置和正切值。

于是，每个执行器使用一组控制点数值，以此将整个样条控制器直接进行编码。一个表示这些信息的示例结构如程序 25.3 所示：

程序 25.3 完全直接编码结构

```
 1  struct encoded_controlpoint {
 2    unsigned char x,y,tangent;
 3  };
 4
 5  struct encoded_splinecontroller {
 6    encoded_controlpoint
 7      initialization_spline[num_splines][num_controlpoints];
 8    encoded_controlpoint
 9      cyclic_spline          [num_splines][num_controlpoints];
10  };
```

分段进化(staged evolution)

有很多种优化遗传算法性能的方法，其中之一是分段进化，它对“行为记忆”(Behavioural Memory)的内容进行了扩展，最早由(Lewis, Fagg, Bekey 1994)应用于控制器的进化。分段进化将一个问题拆分成一系列更小的、可处理的任务，然后顺序解决之。它可以解出问题的一个早期的、近似的解。然后继续增加问题的复杂度以得到一个更大的解空间，并可以进一步筛选这些解。最后，解决完这一连串子任务后，可以确定一个完整的解。处理一系列子问题所需的时间通常要小于处理整个未分解的问题所需的时间。

此优化技术也可应用于样条控制器的设计。控制器参数的进化可以分为下列三个阶段：

1. 假定每个控制点等同地分布在周期时间内。若控制点的正切值是默认值，只进化控制点输出信号的参数(y 轴)。
2. 取消控制点相等的假设，并允许控制点位于步态时间的任何位置(x 轴)。
3. 通过进化控制点的正切值可以对解进行最后的筛选。

P.409

为了按此形式进化控制器，则需要分段的编码方法。表 25.1 列出了在每个阶段表示控制器所需要的控制点数量。当采用 8 位定点数表示一个值的编码方式时，则编码的复杂度直接与描述控制器所需的字节数相关。

表 25.1 编码复杂度

进化阶段	编码复杂度
阶段 1	$a(s+c)$
阶段 2	$2a(s+c)$
阶段 3	$3a(2+c)$

在此

a 是执行器的数量

s 是初始化控制点的数量

c 是周期控制点的数量

25.5 控制器评价

为了为每个控制器分配适应度值，需要一个评价所生成的步态的方法。由于很多生成的步态会最终导致机器人跌倒，因此需要先仿真机器人的运动以避免实际硬件的损坏。有很多种不同的动力学仿真器可用于此目的。

其中一个仿真器是 DynaMechs，由 McMillan(DynaMechs 2006)开发。此仿真器采用了铰接体(Articulated Body)算法的优化版本，并集成了很多步距可配置的方法。此软件包免费、开源，并可跨平台编译运行(Windows, Linux, Solaris)。此仿真器可以提供任一时刻执行器位置、朝向和力的相关信息，这些信息可直接用于确定步态的适应度。

有很多个可用来评估生成步态的适应度函数。Reeve 提出了以下几组适应度测量方法(Reeve 1999)：

- FND (forward not down)：行走机器人的平均速度减去重心低于起始高度的平均距离。
- DFND (decay FND)：类似于 FND 函数，不同的是适应度随仿真时间指数衰减。
- DFNDF (DFND or fall)：与上相似，不同的是给所有身体接触到地面的行走机器人增加一个惩罚。

P.410

适应度函数

以上这些适应度函数不考虑机器人行走所期望的方向和路径，因此可以将简单的 FND 函数进行扩展，并考虑路径信息和结束条件，以得到更为恰当的适应度函数(Boeing, Bräunl 2002)。结束条件给以下情况的控制系统分配一个非常低的适应度，这些控制器生成的步态会导致：

- 机器人的中心体离地面太近。结束条件保证机器人不会跌倒。
- 机器人离地面太高。这去除了在仿真阶段机器人通过跳跃获得高适应度值的可能性。
- 机器人的头向前晃动得太远。这保证了机器人相当的稳定和鲁棒。

因此，考虑机器人沿期望路径的行走距离，加上机器人偏离路径的距离，减去机器人质心在行走阶段下降的距离，以及这三个结束条件，可以计算出整个适应度函数。

25.6 进化的步态

此系统可以为很多种机器人生成众多的步态。图 25.4 展示了一个简单的双腿机器人的步态。此机器人用下面的方式实现行走：首先通过向前旋转髋关节并向后旋转膝关节以缓慢地抬起一条腿，然后将脚放在前方远处，最后把腿伸直再重复此过程。此步态的进化在一台 500 MHz AMD Athlon 的 PC 上使用了 12 个小时，遗传算法通常只需要对 1000 个个体进行评估，便可以为双足机器人进化出一个足以前进的行走步态。

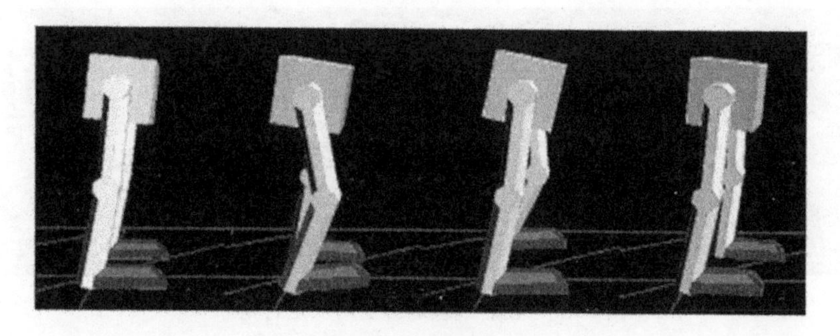

图 25.4 双足步态

图 25.5 展示了此系统为三足机器人生成的一个步态。机器人朝地猛推后腿并抬起前肢，以此实现前进运动。机器人然后飞奔前肢以产生一个动态的步态。这表明了此系统能够为腿式机器人生成行走的步态，而与形态学和腿的数目无关。 P.411

图 25.5 三足步态

样条控制器同样可以进化复杂的动态运动。去掉结束条件可以允许进化出稳定性和鲁棒性较差的步态。图 25.6 是为一个类人机器人进化的跳跃步态。所生成的控制系统描述进化了 60 代，并在 30 代的时候开始收敛至一个统一的解。尽管如此，这个步态仍然非常不稳定，此类人机器人摔倒前只能重复跳跃 3 次。

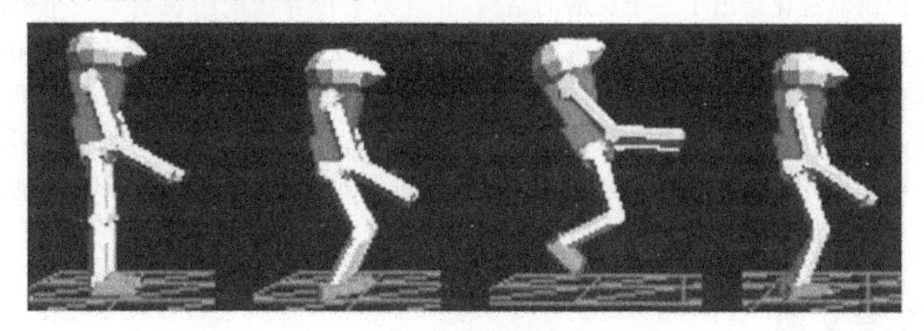

图 25.6 双足跳跃

用来生成图 25.4 中所描述的步态的样条控制器使用了安装在机器人主干上的倾角仪的感应信息进行了扩展。此倾角仪的读数成功地由控制系统转换，以增加一个反馈等级，使得生成的步态可以在非平坦的地形上行走。所生成步态的一个例子如图 25.7 所示。此控制器在一台 800 MHz Pentium 3 系统运行需要超过 4 天的计算时间，最终进化了 512 代。 P.412

图 25.8 展示了图 25.7 所描述的扩展控制器在进化过程中适应度在不断增加的情况，在第 490 代附近会清楚地观察到适应度迅速地增加。这相当于最优解所在的收敛点，陡升是系统成功地进化出一个能够穿越平坦、上坡和下坡地形控制器的结果。

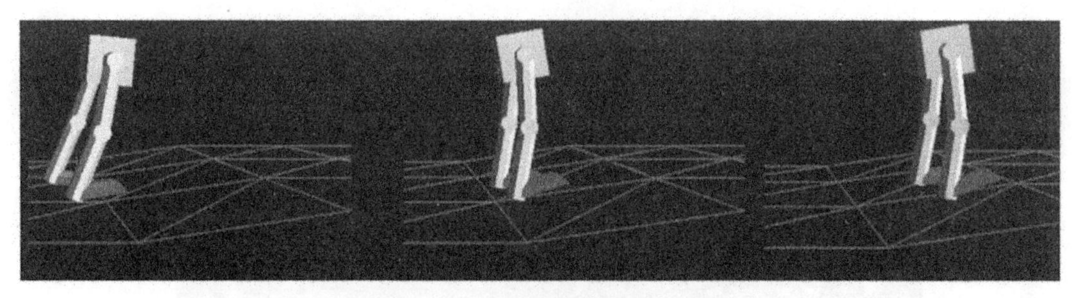

图 25.7 在非平坦地形上的双足行走

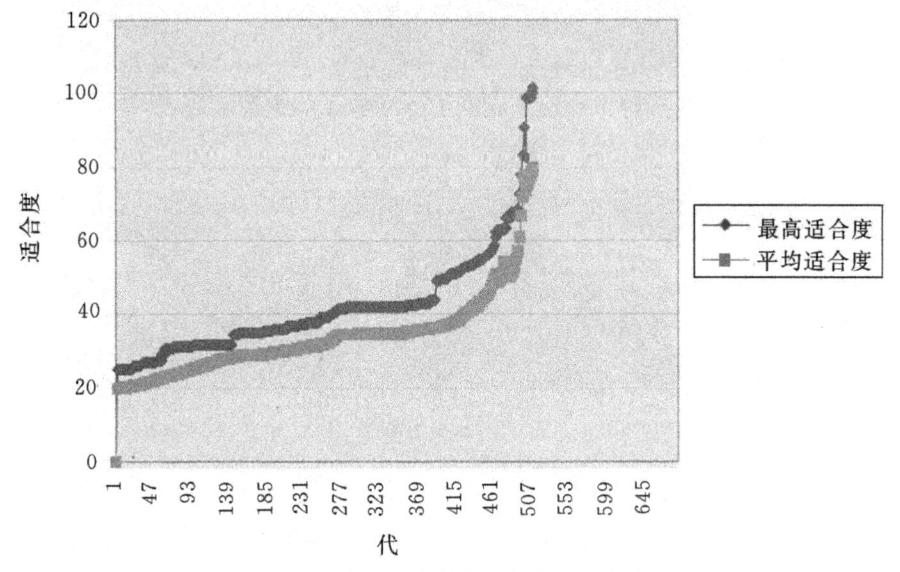

图 25.8 扩展样条控制器每代的适应度

本章为控制器进化给出了一个灵活的结构，并且为遗传算法配图说明了一个机器人的实际应用。所示的控制系统描述了具有不同形态的机器人复杂的动态行走步态。可用相似的系统来控制具有多执行器的机器人，并且可将当前的系统进一步扩展为可同时进化机器人的形态与控制器。这可以提升控制器的设计，因此可以设计出符合其目的需求最优的机器人结构。未来的工作可以用3D显示技术自动地将所设计的机器人构造出来，从机器人的设计过程中完全地去除人类设计者的工作(Lipson, Pollack 2006)。

25.7 参考文献

P. 413

BARTELS, R,. BEATTY, J., BARSKY, B. *An Introduction to Splines for Use in Computer Graphics and Geometric Models*, Morgan Kaufmann, San Francisco CA, 1987

BOEING, A., BRÄUNL, T. *Evolving Splines: An alternative locomotion controller for a bipedal robot*, Proceedings of the Seventh International Conference on Control, Automation, Robotics and Vision (ICARV 2002), CD-ROM, Nanyang Technological University, Singapore, Dec. 2002, pp. 1-5 (5)

BOEING, A., BRÄUNL, T. *Evolving a Controller for Bipedal Locomotion*, Proceedings of the Second International Symposium on Autonomous Minirobots for Research and Edutainment, AMiRE 2003, Brisbane, Feb. 2003, pp. 43-52 (10)

DYNAMECHS, *Dynamics of Mechanisms: A Multibody Dynamic Simulation Library*, `http://dynamechs.sourceforge.net`, 2006

LEDGER, C. *Automated Synthesis and Optimization of Robot Configurations*, Ph.D. Thesis, Carnegie Mellon University, 1999

LEWIS, M., FAGG, A., BEKEY, G. *Genetic Algorithms for Gait Synthesis in a Hexapod Robot*, in Recent Trends in Mobile Robots, World Scientific, New Jersey, 1994, pp. 317-331 (15)

LIPSON, H., POLLACK, J. *Evolving Physical Creatures*, `http://citeseer.nj.nec.com/523984.html`, 2006

REEVE, R. *Generating walking behaviours in legged robots*, Ph.D. Thesis, University of Edinburgh, 1999

汽车自主驾驶系统

P.415

现代汽车可谓是嵌入式系统的“大杂烩”。每一辆新车都有20～100个不等的嵌入式处理器，每一个都有其特定的功能，如发动机控制、仪表板显示、行程计算、电子门禁、电子座椅位置调节及记忆功能、后视镜调节，电动车窗、巡航速度和安全气囊控制。高级的安全功能有：防抱死系统(ABS)、电子稳定系统(ESP)有它们独立的嵌入式系统，更高级的功能有：车灯自动切换、雨刷感知、泊车距离感知等。

给汽车增加新的嵌入式控制器比起开发全新的汽车计算机系统，成本相对低廉。因此，每天都会出现新的汽车功能。况且单个嵌入式系统出现故障后，也更容易更换。但是，使用很多独立的嵌入式系统的缺点是需要一个或多个总线系统用于控制器之间的交互，为了不影响其它控制器间的通信，每个控制器都必须符合总线规范与电磁兼容性(EMC)的要求。

在汽车这种噪声干扰极其严重的环境中，通信的可靠性无疑是一个挑战。这也是汽车工业开发出它们自己总线标准的动因。当今生产的汽车大多都装有CAN总线(控制器现场网络)(ISO 2003)，(Zhou, Wang, Zhou 2006)，而最新的FlexRay总线也逐渐被使用(ISO 2007)，(Bretz 2001)，(Häninger 2006)。

本章中，我们希望能透过当今的汽车技术，来考察自主驾驶汽车或机器人汽车(robotic cars)研究中的问题。

26.1 自主驾驶汽车

P.416

自主驾驶汽车，由德国慕尼黑联邦国防大学(University BW München)的厄恩斯特·迪克曼斯发起，历史非常短。当他在一个地区会议(Dickmanns, Zapp, Otto 1984)，(Dickmanns 1985)上首次提出基于视觉引导实现汽车自动控制时，他的方法甚至是整个项目的可行性都受到了同行研究者们的质疑。但随后，迪克曼斯研发出了多个自主驾驶的原型车，并在有其它车辆行驶的公共高速公路上展示了其自主驾驶系统的可靠性(见图26.1)，从而证明了他自己观点的正确性。1995年他的自主驾驶汽车从巴伐利亚开到丹麦，行程超过1758km，期间只需少量的人工介入，这是自主驾驶汽车史上的一座里程碑。迪克曼斯的软、硬件设计已被工业界(例如戴姆勒-奔驰)和学术界(例如 TU 慕尼黑)在内的多个研究项目所反复研究。他工作的总结可参阅(Dickmanns 2007)。

图 26.1 慕尼黑 BW 大学的自主驾驶汽车 VaMoRs
图片得到迪克曼斯教授的许可

与 2004～2005 年间 DARPA 挑战大赛(Grand Challenge)(DARPA 2006)相比，(Seetharaman，Lakhotia，Blasch 2006)简单的就像在公园里行走。例如 2005 年的"挑战大赛"(见图 26.2)，要求汽车在内华达沙漠里一条 212.388km 长的空荡公路上自主行驶，并由数千个 GPS 航路点精确选定行驶路线。在比赛开始前，允许参赛队手工调整、编辑设定航路点(例如辅以卫星地图)。但一旦汽车上路，便不允许人工干预。2004 年的比赛中参赛者无一完成赛程，而到了 2005 年则有 5 辆汽车自主驾驶走完了赛程。

图 26.2 DARPA 2005 年 Grand Challenge 参赛队
图片得到 DARPA 许可

自主汽车大赛中使用的最主要的传感器有:差分 GPS 导航接收器，探测与防撞，实现精细转弯的激光与雷达组合传感器。虽有多个参赛队使用了视觉子系统以提高路况预知能力和行驶速度，然而其实无需任何图像处理便可完成挑战大赛，因为行使路线已定并且每辆车都各行其道。

尽管 DARPA 的计划无疑为自主驾驶汽车的研究提供了新的动力，但因其仅允许美国的队伍参赛，并为之前的获胜队提供了上百万的启动资金而饱受批评。

在挑战大赛及 2007 年后续的"城市挑战赛"(Urban Challenge)中大多数参赛队都得到了 P.417

超过一百万至二百万美元的资助，这还未计入工作人员和学生的劳动以及汽车工业界合作伙伴的慷慨资助。当然，这也使得其它国家的大学及小的研究组织无法参与，因此加拿大温尼伯的马尼托巴大学与澳大利亚珀斯的西澳大学发起了“*not so Grand Challenge*”学生竞赛(Bräunl, Baltes 2005)(见图 26.3)，用机器人小车在大学校园中沿较短路程完成类似的基于 GPS 的导航任务。

图 26.3　西澳大学“not so Grand Challenge”比赛中使用的小车

尽管已有数个研究系统可以实现市场化，但汽车工业却不愿发布与自主驾驶系统相关的

P.418

产品，主要原因在于担心交通事故的法律责任问题，如果带有自主驾驶系统的汽车发生交通事故，将由谁来承担责任？因为人没有驾驶汽车就没有驾驶员承担责任，因而生产商就要承担事故责任。

因此，汽车工业界转而致力于开发辅助驾驶系统，这些系统与自主驾驶系统的功能完全一致，只是它们不直接参与汽车驾驶，而是通过传感器(如雷达、视觉系统)监视驾驶环境并在驾驶人员面临潜在危险时提醒他。

辅助驾驶系统的一个例子是戴姆勒-奔驰(Daimler-Benz)的车道偏离告警器，作为 Actros 系列卡车的选配组件出售，此系统包括一个使用单目摄像机的嵌入式视觉系统，通过摄像机分辨车道标记实时侦测车道，如果系统检测到在没有转向操作信号而卡车慢慢地偏离车道时，汽车的立体声音箱便会发出声音告警信号，从听觉上模拟一个标明左边或右边的车道，介于大多数交通事故是由于疲劳驾驶造成的，此告警系统有希望能及时唤醒司机来修正卡车的行驶(Daimle Chrysle 2001)。

当前也有一些辅助驾驶系统直接参与汽车操纵，如数年前就已见到的 ABS 和 ESP，以及 2001 年出现的“智能巡航控制”(intelligent cruise control)。通过智能巡航控制，驾驶者不仅可以设定期望速度，还可以设定最小期望车距，当与前方车辆的实际车距低于期望车距时，便自动降速。当前所有的智能巡航控制均采用雷达传感，比起视觉系统来，雷达在各种气候条件下具有更高的可靠性。但是，基于视觉的辅助驾驶系统在不久的将来仍有望推出。

即将推出的参与汽车驾驶的辅助驾驶系统有：用于交通堵塞的自动起停驾驶系统、紧急刹车辅助装置与车道保持辅助装置。

26.2 汽车的自主驾驶改装

如果读者看过探索频道或所属网络的电视教育系列节目《流言终结者》,就会知道那种将普通汽车改造成机器人汽车的快速但粗劣的方法。在很多集节目中,杰米·海尼曼和亚当·萨维奇通过在普通汽车的油门、刹车脚踏板和方向盘上加装工业用远程伺服控制器(如在试播节目1中的"喷气式汽车"或第27集中的"撑杆跳高汽车"),高效率地将普通轿车变成一个大型遥控玩具车。通过使用嵌入式系统取代遥控接收器并加装合适的传感器,可进一步将其改造成一辆低成本的自主驾驶汽车。

但是如果涉及生命安全(如准备带乘员自主驾驶),则不建议采用上述方法。汽车生产商和研究所改造自主驾驶汽车的标准方法将更为可靠,但缺点是成本更高且需要生产商的保密信息,而生产商通常不愿公布这些信息。造一辆标准的自主驾驶汽车,必须建立嵌入式系统与油门、刹车和方向盘的接口联系(如图26.4)。为了达到完全自动,汽车变速箱的换档(停车、行驶、空档、倒档)也同样需要改造。 P.419

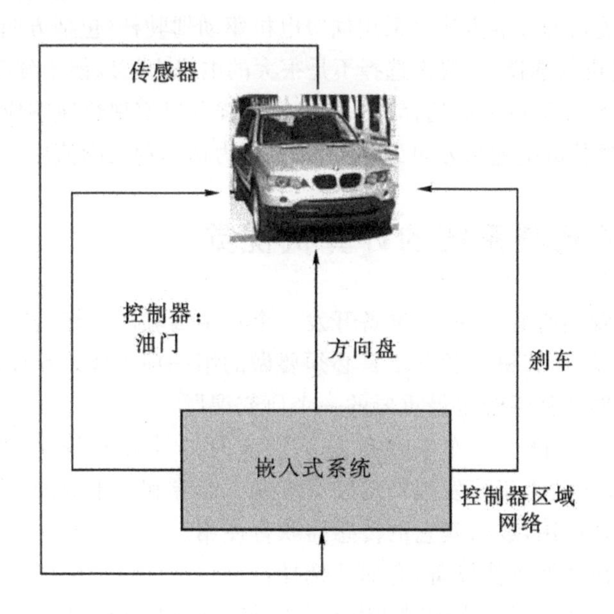

图26.4 汽车的自动化改造

普通汽车改造为自主驾驶汽车的步骤:

1. 油门

   与汽车加速器的接口非常容易。大多数现代汽车已经采用了电子加速器或"电传油门"(gas-by-wire)在油门脚踏板末端仅有一个传感器通过CAN总线向发动机控制系统发送数据,而老式汽车在油门脚踏板与化油器之间采用物理连接(通常是电缆)。于是连接嵌入式系统与油门的问题可归结为与汽车的CAN(或FlexRay)总线的电气连接并按正确的时序发送正确的指令。但问题是踩油门的CAN指令因汽车生产厂家不同而各不相同,因此需要获取生产商的保密信息。

2. 刹车

与汽车的刹车系统连接则较为困难。尽管现代汽车上已有嵌入式系统，如 ABS 、ESP 已经连接到刹车系统上，但出于安全考虑，法律仍禁止完全的“电传刹车”。因此，尽管电动刹车(power break)是大多数新车的标准配置，但它们在刹车踏板与刹车系统之间仍采用物理连接(这里为液压方式连接)。如果有限的刹车力足够可行，则可采用与油门踏板相同的连接技术，向 CAN 总线发送(与 ABS 或 ESP 数据相似的)信号。但这也同样需要生产商的保密信息。

P. 420

3. 方向盘

在这三种执行器的改造中，最具挑战性的是将汽车变为自动转向控制，因为方向盘和驾驶杆(steering column)与齿条-齿轮转向装置相连。尽管 BWM 应用的“主动驾驶”(active steering)装置已经迈出了第一步，可以自动地根据行驶速度调整转向比(BMW 2003)，但“电传驾驶”仍是一个构想。未来采用电传驾驶将省去驾驶杆所占用的空间，并可重新对引擎区域的元件和驾驶员位置进行调整。尽管如此，因为电传驾驶系统要有失效保护，因而需要备份(甚至是三余度)的驾驶系统，因此整个系统的成本会更高。

与汽车驾驶系统连接的标准方法是采用伺服电机驱动驾驶杆(包括方向盘和齿条-齿轮式转向装置)。在驾驶杆电机的选择上，要么选择不是很大的电机力矩以便于驾驶员能够克服电机力矩(当驾驶员不同意自动系统的方向选择时)；要么足够强劲以实现快速响应，但必须要安装失效保护传感系统来检测驾驶员施加给方向盘的转向力，当力达到预设阈值后关闭自动驾驶。

26.3　用于辅助驾驶系统的计算机视觉

正如到目前为止我们所看到的，当准备开发一个自主驾驶的汽车，甚至是设计一个无干预的辅助驾驶系统的时候，计算机视觉并不是必须要做的第一项工作。然而，计算机视觉将可能成为未来智能汽车辅助驾驶系统里最重要的一个研究课题。

先前迪克曼的第一个自主汽车系统就是基于实时的计算机视觉(见 26.1 节和(Dickmanns 2007))，并且许多致力于研发辅助驾驶系统的工业界和学术界的研究团体，将计算机视觉作为一个传感器单独使用，或与其它的传感器联合使用。

第一个要做的选择就是摄像设备，有如下选择：

- 单个摄像机或数个具有不同焦距(用于近景和远景)的摄像机组成的立体摄像系统
- 灰度摄像机或者彩色摄像机
- 固定的摄像机或可调整的摄像机或是前方镜头可调整的摄像机

P. 421

使用立体摄像系统可以从图像中所有感兴趣的点中获得更有价值的深度信息，并且以当前计算机的能力，可以实时地从视频中提取深度图(depth map)。在一些研究中心中大量使用立体系统，而其它的则使用不同焦距的双目摄像机用于近景和远景拍摄。这种系统最明显的好处是比单个的摄像机或者立体摄像系统能在高分辨率下看的更远。近景摄像机系统可以固定不动，远景摄像机则需要不断地调整以聚焦于一个物体(例如行驶在前方的另一辆车)。当然，控制小而轻的镜头较之移动整个摄像机有很多的优点。但不管怎样，由于可靠性和耐久性的原因，没有任何可移动部件的摄像机系统将得到最终用户市场的青睐。

灰度摄像机足以应付大多数的驾驶情形。然而还需要彩色摄像机来检测并区别交通标志和交通信号灯，以及其它车辆的刹车灯和转向灯。

最后，摄像机的首选位置是后视镜的背面，因为它不会妨碍司机通过挡风玻璃时的视线，并且能够获得与驾驶员相类似的视野。其它可能的位置包括将摄像机安装在前灯附近，或者把它们整合在左、右反光镜中。另外，可以安装额外的摄像机用于观察左边和右边（这个对自动超车、市内驾驶或自动泊车非常重要）或者安装在后面（用于自动泊车或追尾告警）。

在下面的章节中，我们想按照历史发展的顺序，展示一些辅助驾驶系统，从行车道检测到汽车识别与跟踪。第一个辅助驾驶系统（Dickmanns，Zapp，Otto 1984）通过检测行车道标记在高速公路上实现自主驾驶。尽管看起来拿高速公路环境入手而不是市内交通似乎有些不合逻辑，但研究表明与市内交通相比，高速公路上的自主驾驶问题更为简单。在高速公路上通常没有迎面而来的车辆，行车道标识清晰可辨，弯道有限。对于市内交通，存在更为困难的问题：不仅有迎面而来和交叉的车流，还有自行车和行人；此外，路上的标识难以辨识，还有许多分散注意力的建筑物和标志，有时候汽车还不得不在路口作 90°转弯。

26.4 图像处理框架

十多年来，我们先后开发了几个版本的图像处理框架“Improv”（机器人视觉图像处理）（Bräunl 1997），（Bräunl 2006），（Hawe 2008）。此工具可以从所提供的图像处理库中，通过模块组合的方式来创建复杂的图像处理应用。

每一个模块的参数可以通过滑动条进行调整，其结果可以在现场摄像机的数据或预先录制的视频数据上进行测试，而无需重新编译。图像处理库是可扩展的，并且有示例模块作说明。Improv 的最新版本称为 ImprovCV（Hawe 2008），它包含了来自公共软件“OpenCV”的计算机视觉库所提供的强大的功能（Intel 2008）。

图 26.5 展示了一个 ImprovCV 的应用，其中使用了线和行车道检测的霍夫（Hough）变换。

P. 422

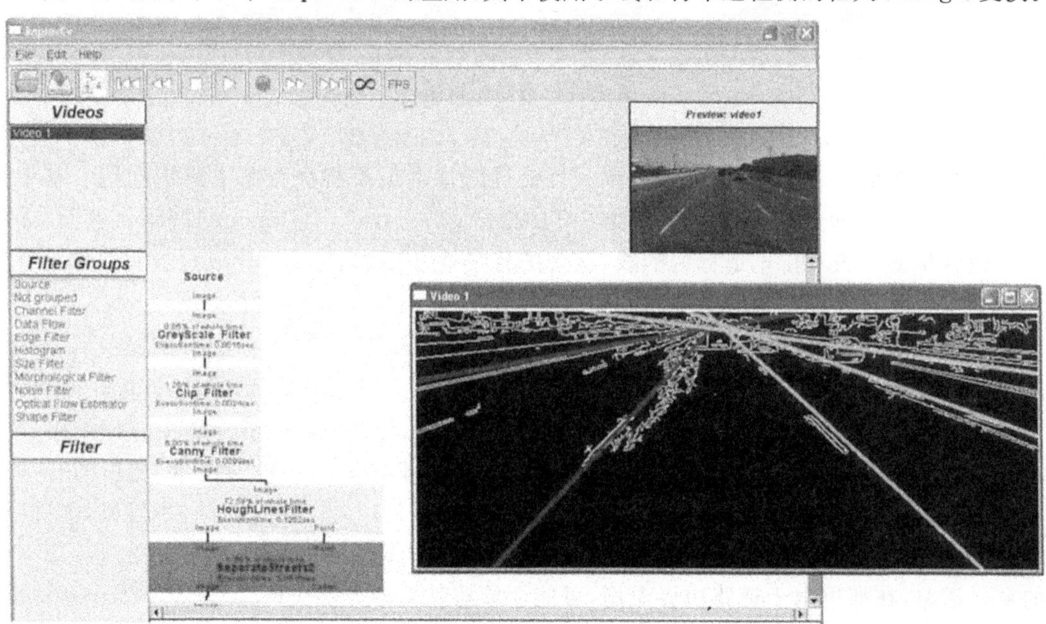

图 26.5 ImprovCV

26.5 行车道检测

无论是在学术上(Dickmanns 1985)在还是商业上(Daimler Chrysler 2001),第一个开发出来的辅助驾驶系统都是行车道检测与保持系统,从汽车图像序列中找到行车道信息的一个可能的方法是使用下面的直线线段:

1. 边缘检测(并且要尽可能的细)
2. 线段检测(例如用霍夫变换)
3. 删除短的和杂散的线
4. 匹配线段至行车道

接下来,我们将介绍一个使用直线线段的方法(Zeisl 2007)。该方法比使用更高级的曲线模型简单,例如样条曲线(Wang, Shen, Teoh 2000)或者螺旋线,但是它也有一些不足,特别是关于可检测行车道的最大曲率的限制。对于直线路段,行车道的标记在地面上是平行线。然而,在图像中,从驾驶员的角度来看会产生透视失真——所有的行车道标记汇于称为消失点的一点。可以利用此特性来找出行车道标记在每帧图像中的位置和方向(见图 26.6)。

P. 423

图 26.6 行车道检测

道路和行车道标志种类繁多,通过单一特征提取技术很难解决行车道辨识问题。基于边缘的技术对有实线和分段标线的情形有很好的效果(Kasprzak, Niemann 1998)。然而,如果图像中包含很多不表示行车道标记的线,该方法将失效,因此将图像划分成背景和前景是有好处的。

一种高级的方法是在滤波过程中把预期的行车道标记考虑在内。方向可调滤波器(steerable filters)提供这样一种工具,可以调整期望行车道方向上的边界滤波器(Freeman, Adelson 1991)。自适应的道路模板建立在当前道路的场景与预定义纹理匹配的基础上。如果路面纹理一致的假设不成立,则该方法将失效。然而,它可以用于路面场景中的远景,这里的行车道标记线通过其它的方法难以识别(Kaske, Wolf, Husson 1997)。使用统计判别准则,如能量、同质和对比,可以很好地区别路面与非路面区域。这种行车道的边缘检测方法特别适用于特殊的乡村道路,在那里由于道路边界模糊,可能会导致其它的方法失效。

26.5.1 边缘检测

有大量不同的边缘检测方法可用于预处理过程。我们对修正的 Sobel 滤波器与一阶和二阶的方向可调滤波器(steerable filter)进行了对比(Freeman, Adelson 1991)。

所有的边缘检测滤波器都是寻找图像中灰度的不连续性;因此,它们将检测出由暗到明的变化以及由明到暗的变化。在一条水平扫描线上,这将产生行车道标记的内侧和外侧的边界(见图 26.7,底图)。

P. 424

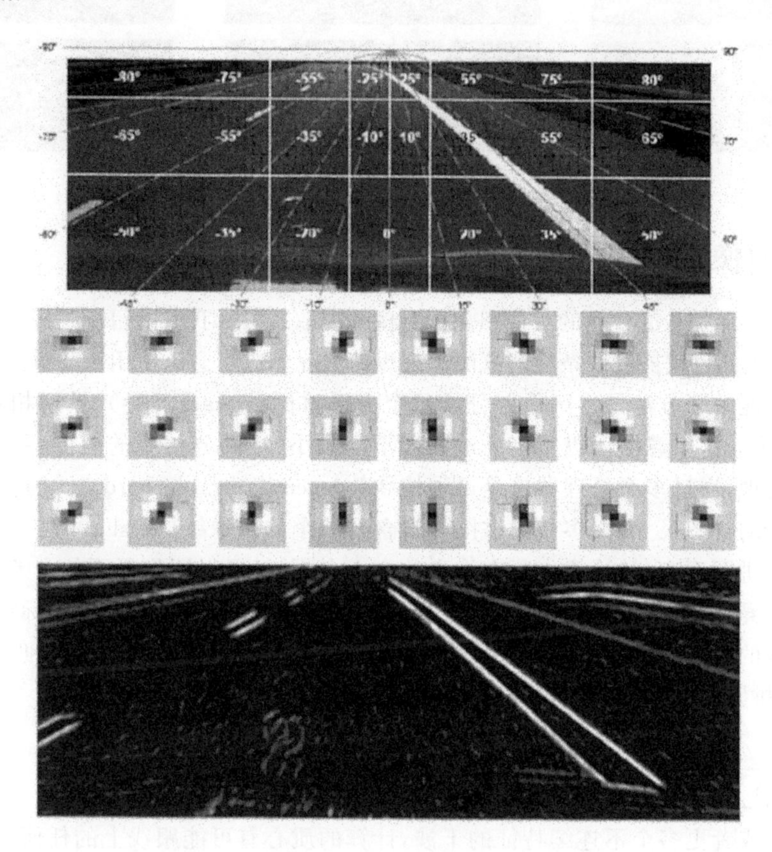

图 26.7 使用方向可调滤波器的行车道检测

在应用简单的 Sobel 滤波器时,我们希望尽可能在最底层的滤波层面上来消除这个问题,而不是随后必须对边缘图像进行后期处理。所以,我们希望边缘滤波对每个行车道标记只返回更窄的内侧边界。我们修改了 Sobel 算子,使其对左半部分图像只返回由明到暗的边界,而对右半部分图像只返回由暗到明的边界(镜面反射滤波)。这样车道标记的返回结果便只有内侧边界了。

当方向可调滤波器应用于一帧图像时,图像必须分割为几个部分(见图 26.7,上图)。对其中每一部分定义一个特定的方向,其方向与对应部分图像中的典型的行车道方向角相匹配(二阶方向可调滤波器,见图 26.7,中图)。

图 26.8 给出了原始图像以及镜面反射 Sobel 滤波和一阶方向可调滤波器两种图像的预处理方法的对比结果。如例中所示,一阶的方向可调滤波器效果最好:能很好地检测出所有的

行车道标记，并且在滤波后的图像中只有很少的其它边缘(Zeisl 2007)。

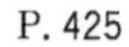

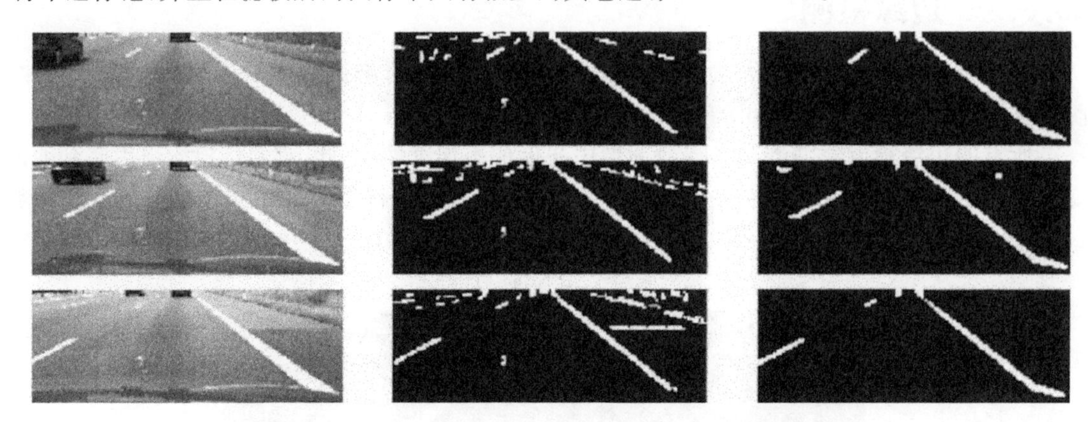

图 26.8　原始图像、镜像 Sobel 和方向可调滤波器的对比

26.5.2　图像拼接

接下来的步骤是从滤波后的二值图像中寻找并提取线段。我们的目标是找到一个便于在嵌入式系统中实现的可裁剪的线条检测算法。理想的情况是应当避免使用计算量大的霍夫变换。

解决此问题的新方法是将图像划分成几个方形拼图(square tiles)，然后相互独立地处理它们，这就意味着这个算法可以很容易地处理不同大小、不同分辨率的图像；并且各个拼图可以进行并行处理，通过多个处理器或是可重构硬件(reconfigurable hardware)进行处理。如果能规划出合理的拼图尺寸，大多数的拼图将只含有单个的图像线(Zeisl 2007)。

对每一个拼图而言，计算线上所有像素的中心点，并且通过图像拼图的方差来确定所有线的方向。丢弃异常值后，对检测到的线进行聚类分析以找出一组表示行车道标记的线，如果一个拼图所包含的像素正好属于一条线，这样它的局部质心正好与整体的线相匹配，质心(标记为灰色)由此拼图的一次矩给定，其坐标可以由以下公式计算：

$$x_M = \frac{\sum_x \sum_y x \cdot b(x,y)}{\sum_x \sum_y b(x,y)} \qquad y_M = \frac{\sum_x \sum_y y \cdot b(x,y)}{\sum_x \sum_y b(x,y)}$$

由于两个或者更多个不连续特征的干涉，计算的质心有可能跟线上的任何一点都不匹配，如图 26.9 的上图中第 2 行、第 5 列。需要后续的清理过程来检测并删除这些异常值。

为了能够找到线的方向向量，我们决定对保留下来的拼图进行主成分分析，通过对每一个

P. 426

拼图的协方差矩阵进行特征值分解，可很容易地实现二值对象主轴的计算。因为协方差矩阵是一个对称阵，所以两个特征值都是正的，它们描述了二值拼图沿着大主轴(major principal axe)和次主轴(minor principal axe)的方差。最大特征值所对应的特征向量就是最大方差的方向：

$$\sigma_{xx}^2 = \sum_x \sum_{y'} x'^2 \cdot b(x',y')$$

$$\sigma_{xy}^2 = \sum_{x'} \sum_{y'} x' \cdot y' \cdot b(x',y')$$

$$\sigma_{yy}^2 = \sum_{x'} \sum_{y'} y'^2 \cdot b(x',y')$$

$$\lambda_{1,2} = \frac{\sigma_{xx}^2 + \sigma_{yy}^2}{2} \pm \sqrt{\left(\frac{\sigma_{xx}^2 + \sigma_{yy}^2}{2}\right)^2 - \left(\sigma_{xx}^2 \cdot \sigma_{yy}^2 - (\sigma_{xy}^2)^2\right)}$$

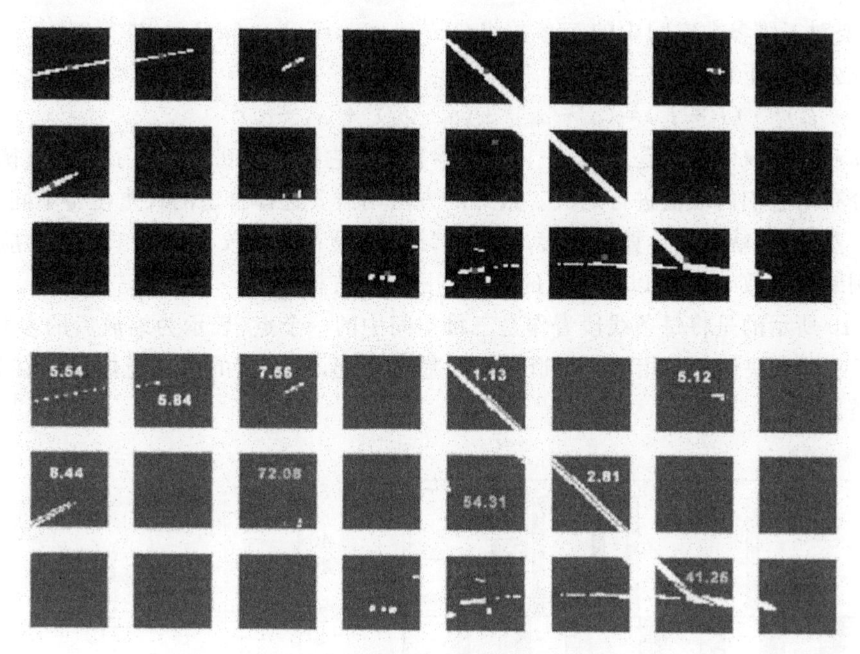

图 26.9 图像拼接和消失品脱的计算

$$q_1=\begin{bmatrix}\lambda_1-\sigma_{yy}^2\\ \sigma_{xy}^2\end{bmatrix}=k_1\cdot\begin{bmatrix}\sigma_{xy}^2\\ \lambda_1-\sigma_{xx}^2\end{bmatrix}\quad q_2=\begin{bmatrix}\lambda_2-\sigma_{yy}^2\\ \sigma_{xy}^2\end{bmatrix}=k_2\cdot\begin{bmatrix}\sigma_{xy}^2\\ \lambda_2-\sigma_{xx}^2\end{bmatrix}$$

因此,类似于图 26.9 的底图中左上的拼图,仅仅包含一条线,在线的方向上方差大,在垂直于线的方向上方差小。因此,它的特征值之比会很大。利用这个性质删除特征值之比低于特定阈值的拼图。也可删除不含有任何线的拼图,但依然需要考虑由于含有粗线而导致特征值之比相对低的拼图。 P. 427

如同道路场景的一帧图像所显示的透视失真,所有的行车道标记相交于一个点,称其为消失点。为了进一步消除不正确的检测线段,我们使用它们中与消失点最小的线距离。与消失点的距离大的线不太可能是行车道标记的边界,因此被丢弃。

由于在大多数道路场景的图像中,消失点位于图像顶部的中央,我们采用这一位置去初始化图像序列的第一帧。对于所有的后续图像帧,使用最小二乘法动态地计算消失点,交叉来自先前图像帧的所有线段。这就需要在先前的图像帧中至少要检测到两个行车道标记,否则要保留以前的消失点。

26.5.3 线段聚类

到目前为止,只是通过线段所在的方块的质心和沿线方向的特征向量,对线段进行了局部描述。我们不使用全局霍夫变换,从而大大减少了计算量,因此,我们需要一个不同的算法将局部线段整合为一体。

使用 Moore-Penrose 广义逆矩阵,将每一个方块的直线方程变换成如下形式:

$ax+by+c=0$

由于每个行车道标记(不管是实线,还是虚线)很有可能会跨越几个图像方块,我们将得到表示同一直线的多个参数集(分别来自于不同图像方块)。为了对图像中的线段聚类进行分析，我们需要对三维参数空间中的三参数组(parameter triplet)(a,b,c)进行匹配。三参数组的距离函数公式如下：

$$d=(I_1-I_n)^{\mathrm{T}}\cdot(I_1-I_n)=(a_1-a_n)^2+(b_1-b_n)^2+(c_1-c_n)^2$$

参数 a 和 b 的取值范围是$[-1,\cdots,1]$，而参数 c 比它们大 100 倍。为了等同权衡参数，必须按统计分布对它们的取值进行缩放。最好的方法则需要选择合适的权重使得不同参数下的方差相同。然而，这就使得计算量更大，而聚类结果却没有明显改善。对于我们的应用而言，以常值比例缩放参数 a 和 b，以使它们的取值范围与 c 值相匹配。

图 26.10 所示的是将每条线段看作是三维空间中的一个点(表示为缩放后的参数组 a,b,c)。来自于不同方块但表示相同行车道标记紧靠在一起，而不同的行车道标记则在分离得相当远处聚类。

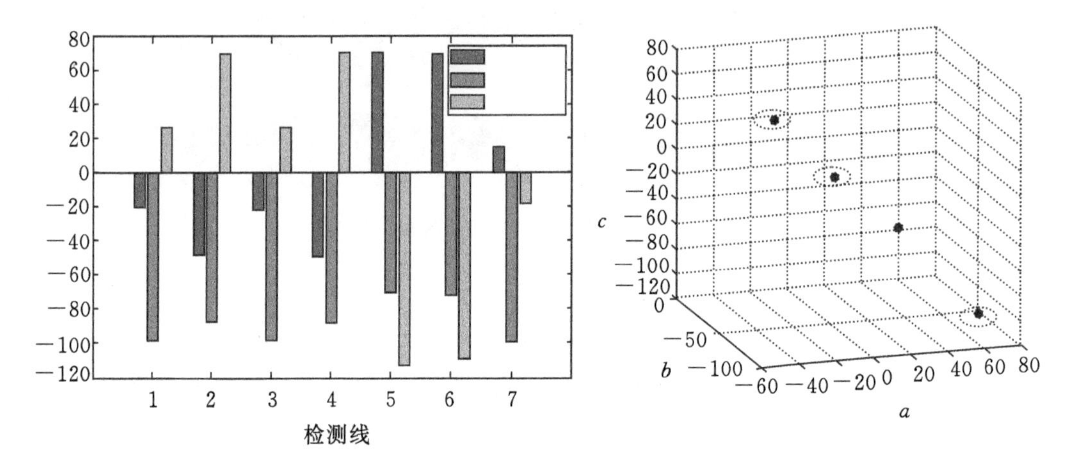

图 26.10 三参数组匹配(Zeisl 2007)

如果距离小于某个阈值时，线段就会被聚类划分到一起。每一步迭代以后，属于新的聚类的线段将从线段集合中删除。每个聚类本身可以表示为其所包含的所有线段参数的平均值。如果一个聚类仅仅包含一条线段，那就应该删除这个聚类。因此，为了检测到行车道标记，必须在不同的方块中至少要找到两条类似的线段。有了这个附加的限制，不正确的线段和异常线段都会被剔除，但偶尔我们也有可能丢失正确的线，尤其是那些标记不清的或是虚线行车道。

为了改进算法，在图像聚类分析的过程中，我们通过包含在先前的图像帧中所找到的行车道，使用了时间的相关性(temporal coherence)。这么做的理由是行车道不会在后续帧图像中突然改变，而是逐渐地移动。这样的修改使得我们可以检测出仅有一个方块支持，但在先前帧图像中出现过的行车道标记。

P. 429

图 26.11 所示的是行车道的检测结果。该算法在嵌入式视觉系统，甚至是现在的移动手机中(这里是在 Symbian 60 操作系统下的 Nokia 6260)也能正确地运行(见图 26.11)。

关于行车道检测更多的方法可参见(Dickmanns，Mysliwetz 1992)，(Kaske，Wolf，Husson 1997)，(Kreucher，Lakshmanan 1999)，(Yim，Oh 2003)和(McCall，Trivedi 2006)。

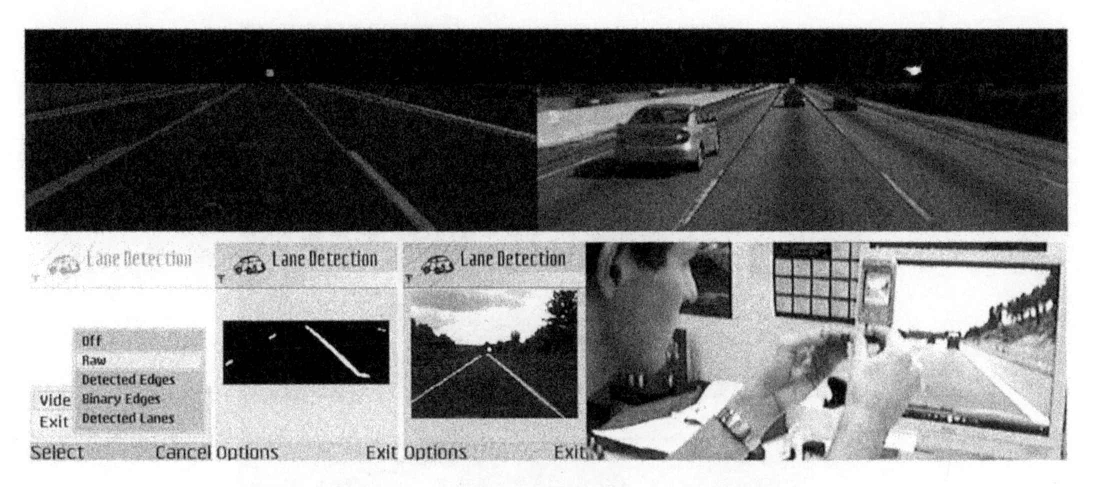

图 26.11 行车道检测结果及在手机上的实现

26.6 车辆识别与跟踪

汽车上路后，要做的第一件事就是识别和跟踪路上的其它车辆，以发现并规避危险的情况。戴姆勒、宝马与美洲虎等三家公司在 2001 年推出了基于雷达的“自适应巡航控制”系统。当前后两车之间的距离低于可调整的最小距离时，这些系统将会更改巡航控制的设定速度。在此之后，大多数于 2001 年之后推出的汽车辅助驾驶系统都附加使用了雷达信息对其它车辆进行初始化、识别或跟踪。我们将要展示的汽车识别与跟踪系统，仅仅依赖图像处理实现其功能，不需要雷达信息而实现正常运行；然而，如果有雷达数据，则可以通过传感器融合技术来改善系统性能。

用于汽车检测的算法是基于汽车后视对称的特点，按以下步骤进行：

- 水平检测
- 使用视觉流进行空间特征聚类
- 行车道检测，以减少搜索区域的面积
- 消除行车道标记特征
- 时间特征聚类
- 根据对称性，确定汽车的中心位置
  - 严格对称算子(Compact Symmetry Operator)
  - 广义对称变换(Generalized Symmetry Transform)
- 用于精细调整的汽车提取与车辆拟合

图 26.12 所示的是算法的前三步。在地平线处剪切原始图片(顶图)以限制无关的信息进入可能有车的区域。接下来，进行道路检测(中图)并使用光流进行基于特征的跟踪(下图)。这已经可以给出运动的特征，但还不足以反映这些特征到底属于汽车还是其它发光体(例如，交通标志)，况且还会有诸多其它特征标签，而不是一辆车只有单一特征。

P. 430

图 26.12 基于光流的道路检测和特征跟踪

26.6.1 对称算子

汽车的后视图往往是关于一条垂线严格对称。车牌居中，车灯位于两侧。即使前方在弯道上行驶的车辆稍有倾斜而不对称时，通常也足以完成前方车辆检测。我们测试过很多对称算子，最终得出严格对称算子(Huebner 2003)和广义对称变换(Reisfeld，Wolfson，Yeshurun 1995)，(Choi，Chien 2004)的组合效果最好(Bourgou 2007)。

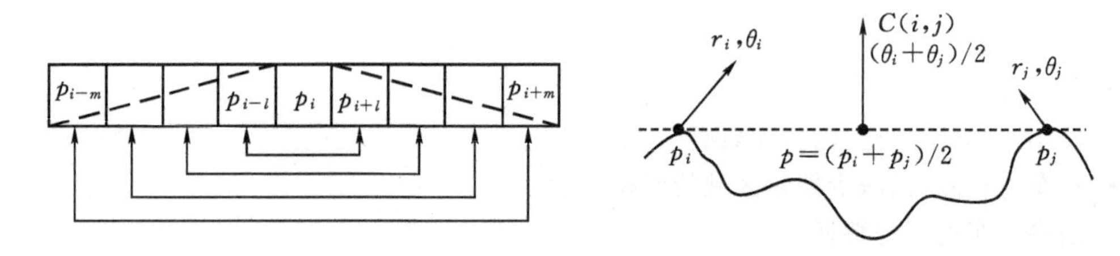

图 26.13 严格对称(左图)与广义对称(右图)

严格对称算子(见图 26.13，左图)直接作用于扫描线，因而非常容易实现，但如果摄像机和汽车的水平轴不一致，得到的效果便不理想。下面的公式表示了在搜索窗口大小为 m 时，p_i 点的对称性：

P. 431

$$ComSym(p_i, m) = 1 - \frac{1}{m \cdot MaxGray} \sum_{j=1}^{m} \left(1 - \frac{|j|}{m+1}\right) \cdot \| p_{i-j} - p_{i+j} \|^2$$

这意味着，我们只直接观察图像的灰度信息，并对与中心点 p_i 等距的像素对的灰度值差进行加权求和。距离 p_i 越远的像素对，从其对称值(symmetry score)中所减去的差值也越少。所考虑的像素对的总数等于搜索窗口的大小 m。

与此不同的是，更复杂的广义对称变换可以在任意的对称轴下使用，但是我们已经对变换方法进行了简化，只检测关于垂直轴的对称性（见图 26.13，右图）。这个对称操作处理的不是原始的灰度图像数据，而是图像边缘，所考虑的是边缘强度和边缘方向。点 p 的对称值是边缘长度、相位偏差（边缘方向偏差）和边缘强度的组合。下面所使用的公式用于处理对称中心 p 的左点 p_i 和右点 p_j，其中左、右点的边缘强度与边缘方向分别表示为 r_i、r_j 和 θ_i、θ_j：

$$GenSym(p) = \sum_{i,j} f \cdot e^{-\frac{\| p_i - p_j \|}{2\sigma}} \cdot (1-\cos(\theta_i+\theta_j)) \cdot (1-\cos(\theta_i-\theta_j)) \cdot r_i \cdot r_j$$

图 26.14 上图所示的是，使用两种对称方法组合策略所检测到的对称点。

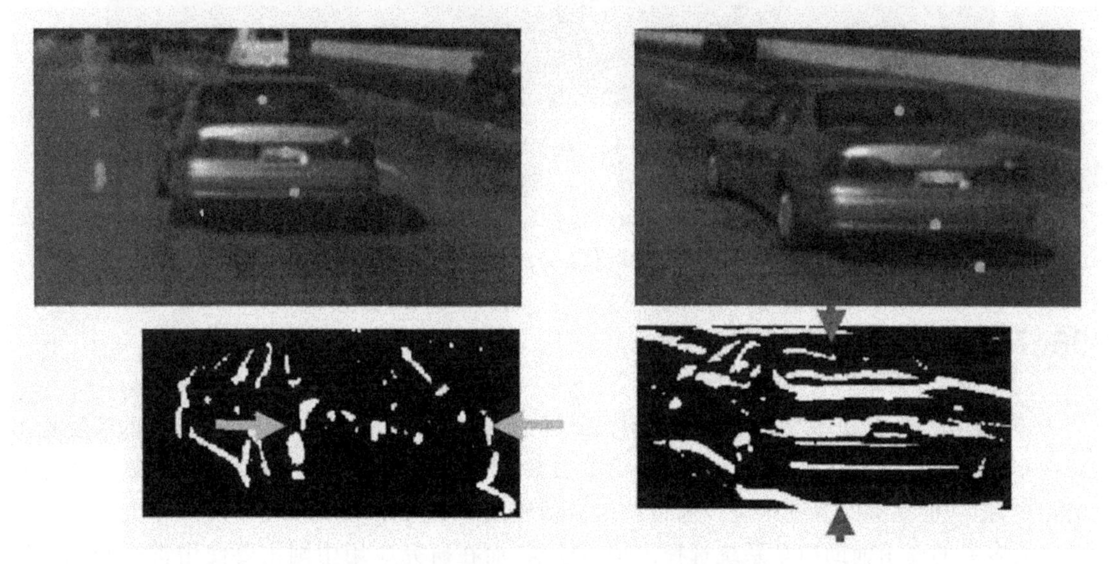

图 26.14　找出汽车的对称中心并提取车辆信息

图 26.14 的底图所示的是车辆提取算法的计算结果，算法使用了对称点附近区域的边缘图像。汽车拟合算法(Betke, Haritaoglu, Davis 1996)搜索对称点周围的边缘直方图，直到满足一个阈值。这块剪切出来的矩形区域就近似于汽车的大小。所需的公式如下：

P. 432

$$V = (v_1, \cdots, v_{height}) = \left[\sum_{i=1}^{width} Sobel_H(x_i, y_1), \cdots, \sum_{i=1}^{width} Sobel_H(x_i, y_{height}) \right]$$

$$W = (w_1, \cdots, w_{width}) = \left[\sum_{j=1}^{height} Sobel_V(x_1, y_j), \cdots, \sum_{j=1}^{height} Sobel_V(x_{width}, y_j) \right]$$

$$\Theta_v = \frac{1}{2} \cdot \max\{ v_i \mid 1 \leqslant i \leqslant width \} \qquad \Theta_w = \frac{1}{2} \cdot \max\{ w_j \mid 1 \leqslant j \leqslant height \}$$

26.6.2　汽车跟踪

最后一步就是在后续的图像帧中跟踪检测到的汽车。这需要用到时间的连续性，因为在下面的视觉帧数据中，汽车的坐标并无变化。为了减少计算量，以相当低的频率扫描一帧完整的图像，但仍需要对进入视野的新的车辆进行检测。

模板匹配(template matching)就是对前一步通过汽车跟踪所得到的原始的汽车区域进行匹配处理。在匹配操作中，还会用到 OpenCV 库中的关联系数方法(Intel 2008)。

受诸多因素的影响，同一辆汽车的后视图图像，每一帧各不相同，例如：识别距离的远近，汽车是否处于弯道行驶，总体光照亮度条件的变化。因此，我们需要不断地动态调整基于关联修正匹配函数的模板，来确保匹配过程中所使用的汽车模型是最新的。

图26.15所示的是跟踪过程的图像帧数据(左图)(Bourgou 2007)以及它的ImprovCV实现(右图)(Hawe 2008)。

图26.15　汽车跟踪的例子

更多汽车跟踪的方法参见(Papageorgiou, Oren, Poggio 1998),(Thomanek, Dickmanns, Dickmanns 1994),(Marola 1989)和(Bertozzi, Broggi, Castelluccio 1997)。

26.7 自动泊车

P.433

很多年以前,在豪华汽车中就已经引入了辅助泊车系统。并且自此之后,相似的系统也出现在小轿车和售后改装市场之中。尽管简单的系统只能测量汽车前、后保险杠与障碍物之间的距离,但功能完善的系统则可以通过按键自动完成泊车操作(见图26.16)。

大多数的商用辅助泊车系统选择声纳传感器,而在研究应用中则主要使用雷达和激光传感器。有一项专利申请(Bräunl, Franke 2001)介绍了一种基于摄像机的方法,它可以视为是一种低成本的传感器,并且可以提供比声纳传感器更为准确而详尽的信息。

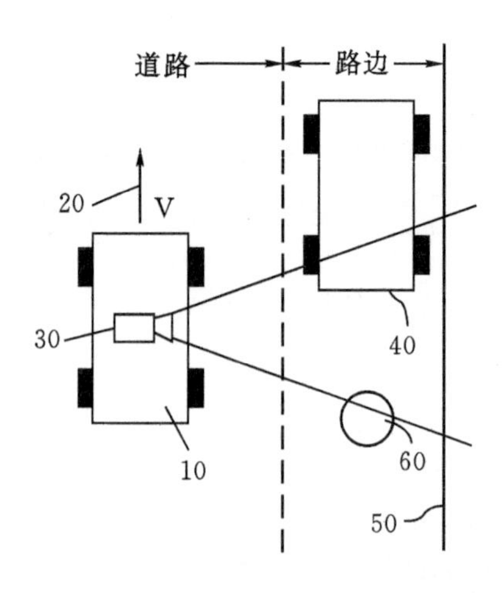

图26.16　基于摄像机的自动泊车系统(Bräunl, Franke 2001)

运动立体视觉(Motion Stereo)

专利申请中所使用的原理是对运动的(运动立体视觉)单目镜摄像机所采集的一组图像进行立体处理。摄像机的移动方向跟车轮的移动方向垂直,并监视路右边是否有泊车位置(道路左行的国家则检测路的左边)。虽然车辆处于运动状态(因此摄像机也处于运动状态),后续的图像帧与通过一对立体摄像机所捕获的图像一样,具有相似的(但是变化的)立体基线。基线的宽度与车辆的速度和摄像机的帧速率有关。在线立体匹配的过程中,可再现 3D 行驶环境。进而,可为驾驶员判断泊车空间是否足够大;或是在泊车中,遇到障碍物时报警;或是提出最优的平行泊车方案;甚至是在电传驾驶(drive-by-wire)的情况下,自动完成泊车操作。

引述专利申请中的话(Bräunl, Franke 2001):"第一个商用辅助驾驶系统需要根据应用情况的不同在扫描分辨率和扫描范围之间做权衡。传统的基于视觉的系统在分辨率和记录范围之间权衡得很好,但一般不直接提供距离信息。根据这项新发明的设计目标,它可以装到一辆汽车上构成一个系统,可以记录路面复杂的动态景象,例如从动态驾驶的车辆的视角获得道路两旁的 3D 几何形状,以利于泊车。根据这项发明,对车辆侧面环境的监测和测量,一方面可以通过摄像机以数字图像的方式呈现,另一方面也可以通过计算机将数字图像加上时间标签暂存起来。可进一步记录车辆的移动,以便根据以上这些数据,从缓存的图像中选取图像对。通过立体图像处理算法便可生成车辆侧方环境的局部的 3D 深度图像。" P. 434

图 26.17 所示的是一个图像序列例子及其成对重构的 3D 模型,算法的步骤总结如下:

- 对从摄像机数据流中获取的每一帧图像都标记出相应的车辆里程数和时间标记。
- 因为成对图像的时间标记差需要变换成至少为 30cm 的立体基距,所以并不是所有的从摄像机数据流中选取的后续图像都会用于立体匹配。
- 对前一步选取的所有图像对应用立体匹配算法,这将得到某个时间点上侧向视角的 3D 深度图,它可以转换为空间中的某个点(假设汽车的轨迹已知)。
- 立体匹配过程中每一步所得到的局部 3D 视图(散点图)随后在单个几何数据结构中加以综合,这样便生成一定长度范围内的车辆侧视叠加 3D 视图。 P. 435

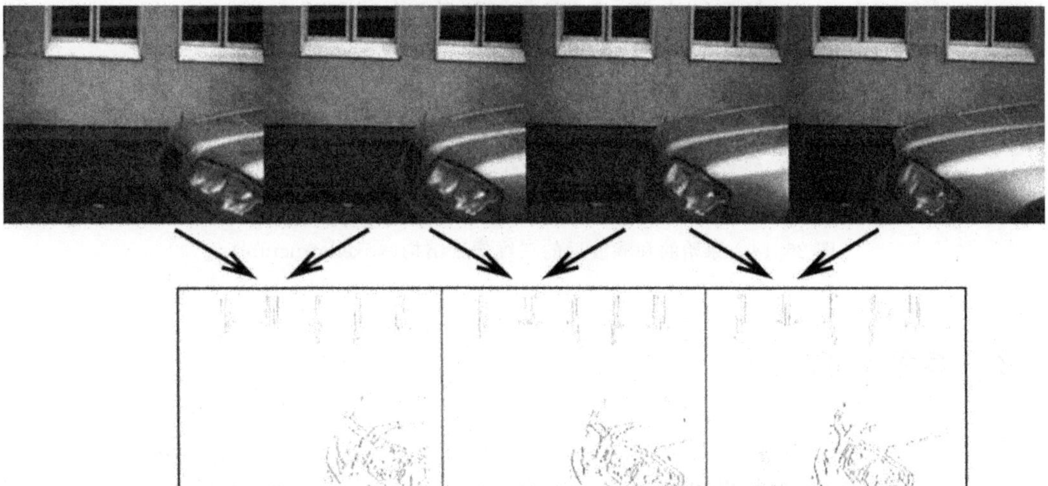

图 26.17 3D 几何行驶序列的图像帧

如图 26.18 所示,3D 数据是使用离散化或者空间二次抽样的全部的几何数据结构的叠加,由于在全部的处理中有许多的不准确性,数据点不能总是连成线,会产生一定量的噪声(见图 26.18,顶图)。在进行噪声滤波处理之后(见图 26.18,中),我们把感兴趣的部分细分成小的立方体三维像素单元(voxel cell),并且将所有生成的几何数据叠加为更大的由立方体单元所组成的八叉树(与设定的空间分辨率相匹配)。每一个立体像素存储其叠加的点的号码做为它的权重。通过简单的阈值处理便可删除那些低权重的三维像素单元(见图 26.18,底图)。

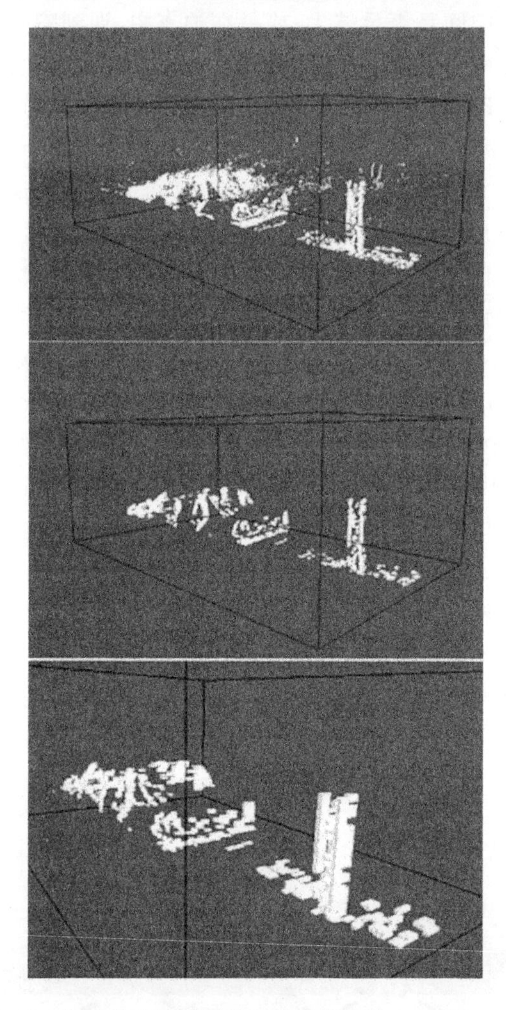

图 26.18　原始的和滤波后的三维像素结构(voxel structure)

26.8　参考文献

P. 436

BERTOZZI, M., BROGGI A., CASTELLUCCIO S. *A real-time oriented system for vehicle detection*, EUROMICRO Journal of Systems Architecture, vol. 43, no. 1–5, March 1997, pp. 317–325 (9)

BETKE, M., HARITAOGLU, E., DAVIS, L. *Multiple Vehicle Detection and Tracking in Hard Real Time*, Computer Vision Laboratory, Center for Automation Research, Institute for Advanced Computer Studies, Technical Report CS-TR-3667, University of Maryland, College Park, July 1996

BMW. *BMW Magazin special – Der neue 5er*. 2003, pp. (72)

BOURGOU, S. *Objekterkennung und Tracking für autonome Fahrzeuge*, Bachelor thesis, Technical University München TUM, supervised by T. Bräunl and G. Färber, 2007, pp. (41)

BRÄUNL, T. *Improv and EyeBot – Real-Time Vision on-board Mobile Robots*, 4th Annual Conference on Mechatronics and Machine Vision in Practice (M2VIP), Toowoomba QLD, Australia, Sep. 1997, pp.131–135 (5)

BRÄUNL, T., FRANKE, U. *Method and device for the video-based monitoring and measurement of the lateral environment of a vehicle – Verfahren und Vorrichtung zur videobasierten Beobachtung und Vermessung der seitlichen Umgebung eines Fahrzeugs*, Patent application – Schutzrechtsanmeldung 102 44 148.0-32, submitted 23 Sep. 2002, DC Akte P1 12799/DE/1, in cooperation with Daimler Research Esslingen/Ulm, March 2003, Submitted as international patent in Europe, Japan, and USA, 23 Sep. 2003, `http://v3.espacenet.com/textdoc?DB=EPODOC &IDX=WO2004029877 &F=0 &QPN=WO2004029877`, Daimler internal report, June 2001

BRÄUNL, T., BALTES, J. *Introducing the "not so Grand Challenge"*, `http://robotics.ee.uwa.edu.au/nsgc/`, 2005

BRÄUNL, T. *Improv – Image Processing for Robot Vision*, `http://robotics.ee.uwa.edu.au/improv`, 2006

BRETZ, E. *By-wire cars turn the corner*, IEEE Spectrum, vol. 38, no. 4, Apr. 2001, pp. 68–73 (6)

CHOI, I., CHIEN, S. *A Generalized Symmetry Transform With Selective Attention Capability for Specific Corner Angles*, IEEE Signal Processing Letters, vol. 11, no. 2, Feb. 2004, pp. 255–257 (3)

DAIMLERCHRYSLER. *Answers for questions to come*, Annual Report 2001, DaimlerChrysler AG, Stuttgart, 2001, pp. (130)

DARPA, *Grand Challenge*, `http://www.darpa.mil/grandchallenge/index.asp`, 2006

DICKMANNS, E. *Normierte Krümmungsfunktionen zur Darstellung und Erkennung ebener Figuren*, DAGM-Symposium 1985, Erlangen, Germany, 1985, pp. 58–62 (5)

P. 437

DICKMANNS, E. *Dynamic Vision for Perception and Control of Motion*, Springer, Heidelberg, 2007, pp. (486)

DICKMANNS. E., MYSLIWETZ, B. *Recursive 3-D road and relative ego-state recognition*, IEEE Transaction on Pattern Analysis and Machine Intelligence, vol. 14, 1992, pp. 199–213 (15)

DICKMANNS, E., ZAPP, A., OTTO, K. *Ein Simulationskreis zur Entwicklung einer automatischen Fahrzeugführung mit bildhaften und inertialen Signalen*. 2. Symposium Simulationstechnik, Wien, Austria, 1984, pp. 554–558 (5)

FREEMAN, W., ADELSON, E. *The design and use of steerable filters,* IEEE Transactions on Pattern Analysis and Machine Intelligence, vol. 13 no. 9, 1991, pp. 891–906 (16)

HAWE, S. *A Component-Based Image Processing Framework for Automotive Vision,* Diploma/Master Thesis, Technical University München TUM, supervised by T. Bräunl and G. Färber, 2008, pp. (87)

HÖNNINGER, H. *Plenty of Traffic in Vehicles' Central Nervous Systems*, Bosch Research Info, News from Research and Development, no. 2, 2006, pp. (4), http://researchinfo.bosch.com

HUEBNER, K. *A 1-Dimensional Symmetry Operator for Image Feature Extraction in Robot Applications*, 16th International Conference on Vision Interface (VI'03), 2003, pp. 286–291 (6)

INTEL. *Open Source Computer Vision Library*, http://www.intel.com/technology/computing/opencv/, 2008

ISO. *Road vehicles – Controller area network (CAN) – Part 1: Data link layer and physical signalling*, ISO standard 11898-1:2003, TC 22/SC 3, 2003, pp. (45)

ISO. *Road vehicles – Communication on FlexRay – Part 1: General description and use case definition*, ISO standard 10681-1:2007, TC 22/SC 3, standards under development, 2007

KASKE, A. WOLF, D., HUSSON, R. *Lane boundary detection using statistical criteria*, International Conference on Quality by Artificial Vision, QCAV'97, Le Creusot, France, 1997, pp. 28–30 (3)

KASPRZAK, W., NIEMANN, H. *Adaptive Road Recognition and Ego-state Tracking in the Presence of Obstacles*, International Journal of Computer Vision, 28(1), 526 (1998), Kluwer, vol. 28, no. 1, 1998, pp. 5–26 (22)

KREUCHER, C., LAKSHMANAN, S. *LANA: a lane extraction algorithm that uses frequency domain features*, IEEE Transactions on Robotics and Automation, vol. 15, no. 2, 1999, pp. 343–350 (8)

P. 438

MAROLA, G. *Using symmetry for detecting and locating objects in a picture*, Computer Vision, Graphics and Image Processing, Vol. 46, May 1989, pp. 179–195 (17)

MCCALL, J., TRIVEDI, M. *Video Based Lane Estimation and Tracking for Driver Assistance: Survey, Systems and Evaluation*, IEEE Transactions on Intelligent Transportation Systems, vol. 7, no. 1, 2006, pp. 20–37 (18)

PAPAGEORGIOU, C., OREN, M., POGGIO, T. *A General Framework for Object Detection*, Proceedings of the Sixth International Conference on Computer Vision, IEEE, 1998, pp. 555–563 (9)

REISFELD, D., WOLFSON, H., YESHURUN, Y. *Context-Free Attentional Operators: The Generalized Symmetry Transform*, International Journal of Computer Vision, vol. 14, 1995, pp. 119–130 (12)

SEETHARAMAN, G., LAKHOTIA, A., BLASCH, E., *Unmanned Vehicles Come of Age: The DARPA Grand Challenge*, IEEE Computer, Dec. 2006, pp. 26–29 (4)

THOMANEK, F., DICKMANNS E., DICKMANNS, D. *Multiple object recognition and scene interpretation for autonomous road vehicle guidance*, IEEE Intelligent Vehicles Symposium '94, Paris, France, Oct. 1994, 231–236 (6)

THRUN S., et al. *Stanley: The Robot that Won the DARPA Grand Challenge*, Journal of Field Robotics, vol. 23, no. 9, 2006, pp. 661–692 (32)

WANG, Y., SHEN, D., TEOH, E. *Lane detection using spline model, Pattern Recognition Letters*, vol. 21, no. 8, 2000, pp. 677–689 (13)

YIM, Y. OH, S. *Three-feature based automatic lane detection algorithm (TFALDA) for autonomous driving*, IEEE Transactions on Intelligent Transportation Systems, vol. 4, no. 4, 2003, pp. 219–225 (7)

ZEISL, B. *Robot Control and Lane Detection with Mobile Phones*, Bachelor thesis, Technical University München TUM, supervised by T. Bräunl and G. Färber, 2007, pp. (93)

ZHOU, Y., WANG, X., ZHOU, M. *The Research and Realization for Passenger Car CAN Bus*, The 1st International Forum on Strategic Technology, Oct. 2006, pp. 244–247 (4)

展　望

P. 439

本书从整体上介绍了嵌入式系统及其在移动机器人中的应用，研究了 CPU 与硬件设计、传感器与执行器的接口、反馈控制、操作系统函数、设备驱动、多任务和系统工具。在机器人设计方面，介绍了行驶、步行、水上、水下和飞行机器人。在机器人应用方面，研究了定位、导航和人工智能技术，包括神经网络和进化(或遗传)算法。在书中列出了大量详细的示例程序，以帮助读者对这一实践性很强的学科的理解。

进步的脚步从未停止，在我们研制 EyeBot 机器人和 EyeCon 控制器这十年间，看到了器件的显著进步。处理能力增加了近 100 倍(验证了摩尔律所预言的每 18 个月处理器速度将增加一倍)；在微型化的同时，摄像机传感器的分辨率增加了近 30 倍。但对机器人而言，并不是追求过高的分辨率，实际上在许多机器人应用中高帧速率比高分辨率更重要，因而必须在分辨率与帧速率之间折中。随着像素数量增加，而所增加的处理时间通常会其超过其线性比例。

就运行速度而言，微控制器与微处理器之间的差距在不断增大，最主要的原因可能是工业应用比起 PC 来并不追求很快的运行速度。总的来说，最新一代的嵌入式系统比起高端 PC 或工作站，速度要慢近一个量级。另外商用的嵌入式系统还必须要满足其它要求，如更宽的工作温度范围、电磁兼容性(EMC)等等，要求能够在如低温或高热，存在电磁噪声的苛刻的环境下工作，同时它们自身电磁发射量级也受到严格限制，这会进一步降低其速度性能。

P. 440

相比于处理器和图像传感器的迅猛发展，电机、变速箱、电池技术的进步显得尤为不足。但我们不要忘记，处理器速度与图像解析度的提高主要得益于微型化，而这很难应用于其它设备。目前系统开发主要的工作量仍然集中在软件上，像 RoBIOS 操作系统这样的项目就需要数个人-数年的工作量，包括交叉编译转换、操作系统例程、系统工具、仿真系统和应用程序。

据估计，在所有生产的 CPU 中高达 99%应用于嵌入式系统，我们大多数人拥有 100 个甚至更多的嵌入式系统。甚至不起眼的小家电现在也逐渐装配了嵌入式控制器。

目前虽还没有智能机器人帮助我们整理家务，但随着越来越多的嵌入式系统进入到我们的日常生活，智能汽车正在成为现实，机器人时代也将悄然而至，相信这一天并不会太遥远。

附 录

编程工具

A.1 系统安装

我们采用“GNU”交叉编译工具(GNU 2006)来开发操作系统及编译用户程序。GNU是“*Gnu's not Unix*”(GNU不是Unix)的递归缩写,表示的是一个世界各地为Unix开源软件做出巨大贡献的软件开发者所组成的的独立组织。尽管如此,GNU这个名字却有些复古,像是在怀恋Unix一统天下的时代。 P.443

EyeCon所支持的操作系统有Windows(从DOS到XP)及Unix(Linux、Sun Solaris、SGI Unix等)。

Windows

在Windows下安装非常简单,系统自带安装脚本程序,点击便可运行:

```
rob65win.exe
```

此exe文件将运行安装脚本并在Windows系统下安装下列组件:

- 用于C/C++和汇编的GNU交叉编译器
- RoBIOS库、包含文件包含文件、hex文件和shell脚本
- 下载、声音转换、远程控制等软件
- 用于真实机器人及仿真的实例程序

Unix

为在Unix下安装,提供有多个用于GNU交叉编译器的预编译的包。Linux Red-Hat用户还可以获得“rpm”包。为了支持不同的Unix系统,交叉编译器及RoBIOS发布版软件需分别安装,例如:

- gcc68-2.95.3-linux.rpm　　针对Linux的交叉编译器
- rob65usr.tgz　　完整的RoBIOS发布版软件

交叉编译器必须安装在已添加到命令路径的目录下,这样,Unix操作系统才能够正常运 P.444

行它(在使用“rpm”包时,需要选择一个标准路径)。RoBIOS 发布版可以安装在任意位置,下面列出了所需的步骤:

- >setenv ROBIOS /usr/local/robios/
  设置环境变量 ROBIOS 为所选择的安装路径
- >setenv PATH " ${PATH}:/usr/local/gnu/bin:${ROBIOS}/cmd"
  在 Unix 命令路径里包含有交叉编译器的二进制工具和 RoBIOS 系统命令,这样便能保证它们的正常运行。

实例程序库

除了编译器和操作系统外,还可以在网上下载到大的 EyeBot/RoBIOS 的实例程序库,地址为:

http://robotics.ee.uwa.edu.au/eyebot/ftp/EXAMPLES-ROB/

http://robotics.ee.uwa.edu.au/eyebot/ftp/EXAMPLES-SIM/

或是其压缩格式,地址为:

http://robotics.ee.uwa.edu.au/eyebot/ftp/PARTS/

这个实例程序库包含有很多文档完备的实例程序,它们涉及各种不同的应用领域,这对熟练掌握控制器或机器人在某一特定方面及不同应用会有极大的帮助。

实例在安装和解压完成后(以及安装完交叉编译器及 RoBIOS 的发布版软件后),键入下面命令就可以立即进行编译了:

make

(在 Windows 下需要首先双击“startrob.bat”打开对控制台窗口,此时将编译所有的 C 和汇编文件,并生成相应的 hex 文件,此文件可以下载至控制器中运行。

RoBIOS 升级

将 RoBIOS 升级至一个新版本,或升级一个包含有新的传感器/执行器的硬件描述表文件(HDT)非常简单,只需简单下载新的二进制文件即可。RoBIOS 会自动地检测系统文件并弹出对话框,由用户确认覆盖 flash-ROM。只有在 flash-ROM 损坏后,才需要后台调试器来重装 RoBIOS(见 A.4)。当然,安装在本地主机系统上的 RoBIOS 版本必须要与安装在 EyeCon 控制器上操作系统的版本相匹配。

A.2　C 与 C++ 编译器

GNU 交叉编译器(GNU 2006)支持 Motorola 68000 系列的 C、C++ 和汇编语言,所有的源文件都有特定的后缀名来区分其类型:

P.445

- .c　　C 源程序
- .cc 或.cpp　　C++源程序
- .s　　汇编源程序
- .o　　目标程序(编译好的二进制文件)
- a.out　　默认生成的可执行文件
- .hex　　Hex 文件、可下载的文件(ASCII 码)

- .hx　　　　　　Hex文件、可下载(压缩过的二进制)

Hello World

在讨论用于编译C或C++源程序的命令(Shell脚本)前,首先看一下程序A.1中的标准“hello world”程序。这个标准的“hello world”程序在Eyecon上的运行方式与在PC机上的运行方式完全一样(注意:ANSI C需要main函数的返回值为int型)。库例程printf用来写控制器的LCD,同样getchar可以用来读控制器菜单键的按键动作。

程序A.1 “Hello World”C程序

```
1  #include <stdio.h>
2  int main ()
3  { printf("Hello !\n");
4    return 0;
5  }
```

程序A.2所示的是一个略作修改的版本,使用了RoBIOS特有的指令,可用其来替代标准的Unix libc指令写LCD以及读取菜单的按键动作。注意,第一行要包含eyebot.h头文件,这样,用户程序便可以使用附录B.5中列出的所有来自RoBOIOS库的例程。

程序A.2 扩展的C程序

```
1  #include "eyebot.h"
2  int main ()
3  { LCDPrintf("Hello !\n");
4    LCDPrintf("key %d pressed\n", KEYGet());
5    return 0;
6  }
```

假设这些程序中有一个程序保存在文件hello.c中,我们便可编译这个程序并生成一个可下载的二进制代码:

```
>gcc68 hello.c-o hello.hex
```

这将编译C(或C++)源文件并打印出所有的错误信息,如果没有错误则生成可下载的输出文件hello.hex。此文件可通过以下命令由串口线或无线链路从PC主机下载到EyeCon控制器中:

P.446

```
>dl hello.hex
```

现在可以通过按“RUN”键来运行控制器上的程序或将其存储到ROM中。

也可选择使用应用程序srec2bin将所生成的hex文件压缩成二进制的hx格式,这既可以减少文件大小,也可以缩短文件传输的时间,命令如下所示。

```
>srec2bin hello.hex hello.hx
```

gcc GNU C/C++编译器中很多选项,这些选项在gcc68脚本中也同样适用,详见(GNU 2006)。为了编译更多的源文件,构成更大的系统,需要使用到Makefile程序(详见(Stallman,McGrath 2002))。注意,如果在编译过程中缺省输出文件名(如下所示),则C编译器就会使用默认的输出文件名a.out。

```
>gcc68 hello.c
```

A.3　汇编器

GNU 交叉编译器不仅可以处理 C/C++源程序,也可以编译 Motorola 68000 系列的汇编程序,因此无需额外的工具或 shell 脚本程序。我们首先来看看汇编版的"hello world"程序(程序 A.3)。

程序 A.3　汇编示例程序

```
1       .include "eyebot.i"
2       .section .text
3       .globl main
4
5   main:   PEA hello, -(SP)        | put parameter on stack
6           JSR LCDPutString        | call RoBIOS routine
7           ADD.L 4,SP              | remove param. from stack
8           RTS
9
10      .section .data
11  hello: .asciz "Hello !"
```

我们在汇编程序一开头就包含了 eyebot.i,这等同于 C 源程序中的头文件 eyebot.h,所有的程序代码都放置在汇编段 text(第 2 行中),并且外部可见的只有 main 标记,它确定了程序的起始位置(和 C 中的 main 作用相同)。

首先 main 函数将所有需要用到的参数放入栈中(LCDPutString 只有一个参数:字符串的P.447起始地址)。接下来使用 JSR(jump subroutine)指令来调用 RoBIOS 例程。在子例程返回后,则必须要清除栈中的参数入口,这可以通过加 4 实现(所有的基本数据类型 int、float、char 以及地址均需要 4 个字节。RTS(return from subroutine)指令中止程序运行。实际存储在 data 汇编段中的字符串以 hello 标记,使用空字符为结尾(命令 asciz)。

更多关于 Motorola 汇编编程的内容参见(Harman 1991)。需注意的是,GNU 的句法和标准的 Motorola 汇编句法略有不同,比如:

- 文件后缀名为".s"。
- 注释起始标记为"|"。
- 如果没有指定变量长变,则默认为 WORD。
- 用"0x"代替"$"作前缀表示十六进制常数。
- 用"0b"代替"%"作前缀表示二进制常数。

如前所述,编译汇编文件与编译 C 源程序的命令完全一样。

```
>gcc68 hello.s -o hello.hex
```

C 与汇编的混合编程

C/C++与汇编可以进行混合编程。main 例程既可以出现在汇编程序段内也可以在 C 语言程序段内。在汇编源程序中调用 C 子程序与在汇编程序中调用操作系统函数完全一样(如程序 A.3 所示),都是通过栈来进行参数传递。程序返回值则通过寄存器 D0 来传递。

程序 A.4 在 C 中调用汇编

```
1  #include "eyebot.h"
2  int fct(int); /* define ASM function prototype */
3
4  int main (void)
5  { int x=1,y=0;
6    y = fct(x);
7    LCDPrintf("%d\n", y);
8    return 0;
9  }
```

```
1  .globl   fct
2  fct:     MOVE.L 4(SP), D0    | copy parameter x in register
3           ADD.L #1,D0         | increment x
4           RTS
```

更为常见的调用方法是在 C 中调用汇编函数，其实现方式更为灵活，参数可以通过堆栈、内存或是寄存器进行传递。程序 A.4 所示的例子就是通过堆栈来传递参数的。

在 C 程序中(程序 A.4 的顶部)调用汇编子程序看起来与调用 C 函数并无区别，函数的所有参数通过堆栈隐式传递(在此是变量 x)。然后汇编函数(程序 A.4 底部)将自己所有的参数拷贝至本地变量或寄存器(在此是寄存器 D0)。 P.448

注意，一个 C 函数所调用的汇编例程可以自由地使用数据寄存器 D0、D1 和地址寄存器 A0、A1。使用任何其它的寄存器，都需要在例程的一开始将寄存器的原始内容入栈，并在例程结束时恢复其内容。

完成所有的计算后，函数结果(在此是 x+1)将存储在寄存器 D0 中。D0 是一个向发起调用的 C 例程返回函数结果的标准寄存器。只需要一条命令行便可以将两个源文件(假定两个文件的文件名分别为 main.c 和 fct.s)编译为一个二进制文件(demo.hex)。

```
>gcc68 main.c fct.s -o demo.hex
```

A.4 调试

调试系统 BD32(图 A.1)是 DOS 下(也可在 Windows 下运行)的免费程序，它用到了 M68332 内置的“背景调试器模块”(backgroud debugger module，BDM)。这意味着它是一个真正的硬件调试器，可以停止 CPU、显示内存和寄存器中的内容、反汇编代码、上载程序、修改内存、设置断点、单步运行等等。目前，BD32 只能在 DOS 下运行，只支持汇编级的调试。尽管如此，还是可以将 BDM 与 Unix 下的 C 代码调试器整合，例如 gdb。

使用调试器时，EyeCon 控制器必须通过 BDM 电缆与 Windows-PC 的并口相连。实际的硬件调试器接口已包含在 EyeCon 控制器中，因此 BDM 电缆不包含任何有源元件。BD32 调试器的主要用途是： P.449

- 调试汇编程序
- 重写出错的 flash-ROM

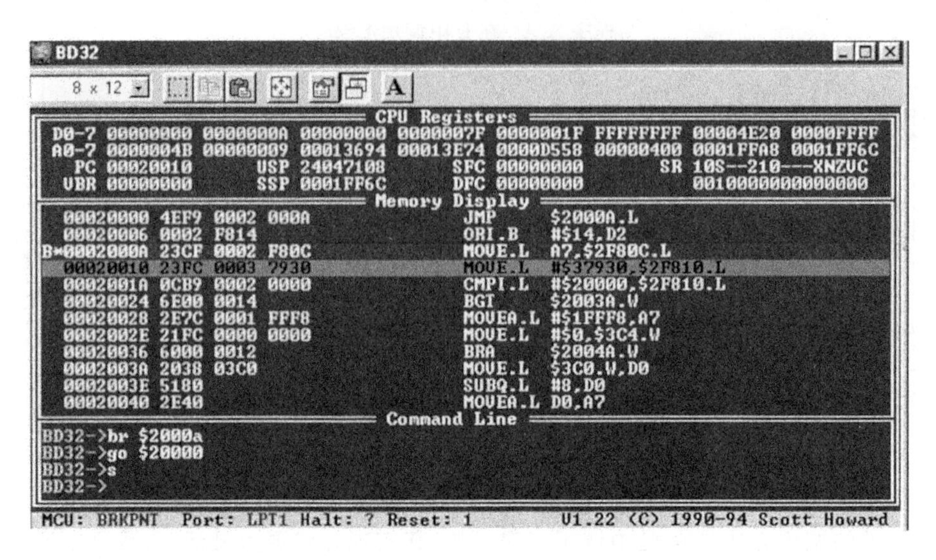

图 A.1 背景调试器

调试

调试汇编程序时，首先必须要使用控制器上的 Usr/Ld 按键序列将程序加载至内存。然后启动 BD32 调试器并用 STOP 命令暂停 CPU 的运行。

用户程序现在位于十六进制地址 $ 20000 处，可用反汇编调试指令查看：

dasm $ 20000

可使用下面的指令一步一步地检查程序：

window on	连续显示寄存器和内存内容。
br $ 20a44	在希望的地址设置断点。
s	“单步”，一次执行程序的一条命令，但会全速跳过子例程的调用。
t	“追踪”，一次执行程序的一条命令，包括子例程的调用。

背景调试器的详细信息可查阅：

http://robotics.ee.uwa.edu.au/eyebot/

重写 flash-ROM

通常情况下，由 RoBIOS 操作系统负责重写 EyeCon 的板载 flash-ROM，无需用户干预。当有新的 RoBIOS 操作系统或 HDT 通过串口下载时，操作系统会检测系统文件并询问用户是否确认重写 flash-ROM。以同样的方式，按下相应的按键可向 flash-ROM 的用户区下载新程序并覆盖原程序。

但不幸的是，在某些情况下 EyeCon 的板载 flash-ROM 可能会崩溃，例如在写周期时突然掉电，或是用户程序的误动作。此后，EyeCon 可能再无法启动，上电后也不会再出现欢迎画面。由于在正常情况下负责 flash-ROM 写操作的操作系统被擦除了，所以将无法实现正确的操作系统下载。对于简单一点的控制器需要卸下 flash-ROM 芯片在外部进行重新编程，而 EyeCon 使用 BDM 接口，具有板上重编程的能力，可以不必拆下 flash-ROM 而实现重写。

与调试步骤相类似，控制器必须连接至 Windows-PC，在通过 BDM 发布重写命令前会停止运行。命令序列为：

P.450

stop　　停止运行处理器；如果 EyeCon 未中止，则按重启键。

do mapcs　初始化片选线。

flash 11000000 robo52f.hex 0

删除 flash-ROM 中的 RoBIOS，重写新的版本（也可使用 11111111 来删除包括用户程序在内的所有 flash-ROM 扇区）。此过程需要几分钟运行的时间。

flash 00000000 hdt-std.hex $1c000

向偏移地址 $1c000 处写入 HDT 文件，不删除任何 flash-ROM 扇区。

flash 命令中的参数是：

- 要删除的个别扇区：
  每个 flash-ROM 有 8 个扇区；设置为“1”表示删除，“0”表示保留。
- 将写入 flash-ROM 的 hex 文件名称。
- 地址偏移量：
  ROM 中 RoBIOS 的起始地址为 0，HDT 的起始地址是 $1c000。

应注意，由于 flash-ROM 的扇区结构，只能按扇区删除和重写。如果 RoBIOS 损坏，则需要重新加载 RoBIOS 和 HDT。如果是 HDT 损坏而 RoBIOS 完好，则可在偏移地址 $20000 处向第一个用户程序位置重写 HDT。重启时，RoBIOS 会检测到更新过的 HDT，将其作为操作系统 ROM 扇区的一部分进行重写。

flash 00100000 hdt-std.hex $20000

重写 flash-ROM 后，需要关闭并重启 EyeCon，此时将会出现正常的欢迎界面。

A.5　下载与上传

下载

若要下载程序，需要用一根标准的串行电缆（9 针 RS232）将 EyeCon 控制器连接至 PC 主机。数据传输可设置不同的波特率，默认值为 115,200。可执行文件可以以符合 Motorola S-record 格式的“.hex”ASCII 文件进行传输，或是速度更快的“.hx”压缩二进制文件。RoBIOS 的系统工具 srec2bin 可将 hex 文件转换为 hx 文件，反之亦然。

在 EyeCon 从 PC 主机下载程序之前，两边都必须要初始化数据传送器。

- **EyeCon 端**

按下 Usr/Ld 键

（LCD 将显示控制器已准备好接受数据，并以图形化的形式显示下载过程，以及传送的字节数）

P.451

- **PC 端**

使用 dl 下载命令

>dl userprog.hx

上传

除了下载可执行文件外，还可以通过程序控制从 PC 向 EyeCon 或是从 EyeCon 向 PC 传送数据。如果要向 PC 上传一块数据，可用 ul 脚本替代 dl。在网页上有很多精心设计的示例程序演示说明了此过程,例如上传图像或测量数据(Bräunl 2006)。

转键系统

如果下载的程序名为 startup.hex 或 startup.hx(用于压缩过的程序)则可建立一个转键系统。程序必须以此为名并存储在三个 ROM 空位的某一个里。启动后,RoBIOS 会跳过标准的监控程序并直接执行用户程序。如果用户程序中止,将会运行 RoBIOS 监控程序。

如果出现死循环之类的程序错误,除了使用背景调试器,似乎将无法回到监控程序来取消转键设置及删除用户程序。为了解决此问题,也可以在启动时按住一个用户按键。此时,可以使转键系统暂时失效并启动监控程序。

A.6 参考文献

BRÄUNL, T., *EyeBot Online Documentation*, http://robotics.ee.uwa.edu.au/eyebot/, 2006

GNU. *GNU Compiler*, http://www.delorie.com/gnu/docs/, 2006

HARMAN, T. *The Motorola MC68332 Microcontroller - Product Design, Assembly Language Programming, and Interfacing*, Prentice Hall, Englewood Cliffs NJ, 1991

STALLMAN, R., MCGRATH, R. *Make: A Program for Directed Compilation*, GNU Press, Free Software Foundation, Cambridge MA, 2002

RoBIOS 操作系统

B.1　监控程序

EyeCon 控制器上电后，将加载 RoBIOS 并自动运行一个小的监控程序，它在 LCD 上显示欢迎画面并发出一小段声音。监控程序作为 RoBIOS 的控制接口，用户可通过四个按键在 LCD 显示的众多的信息和设置页间导航切换。尤其是，监控程序允许用户改变所有 RoBIOS 的基本设置、测试所有单个的系统组件、接收并运行用户程序以及从 flash-ROM 中加载或存储用户程序。 P.453

欢迎画面结束后，监控程序显示 RoBIOS 的状态画面，内容有：操作系统版本、控制器硬件版本、用户分配的系统名、网络 ID、支持的摄像机类型、所选的 CPU 频率、使用的 RAM 和 ROM 大小，最后是当前的电池电量（见图 B.1）

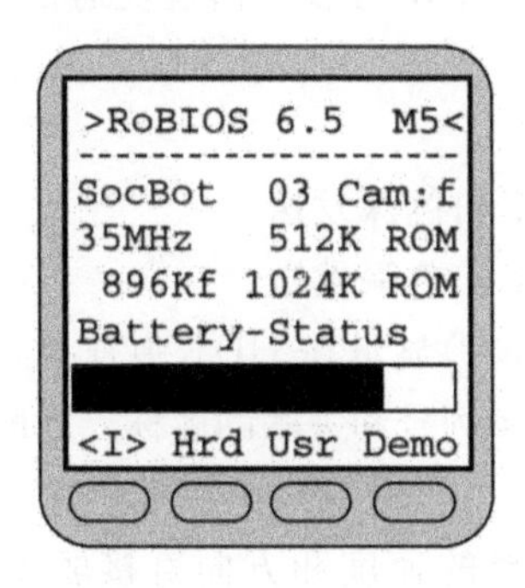

图 B.1　RoBIOS 状态页面和用户按键

所有的监控页面（及大部分用户程序）使用七行文本来显示信息，第八行或最后一行作为菜单项保留，菜单项定义了四个用户按键当前的功能（软键），通过按键可以从主状态页到达其它页面，下文中将进行介绍。

B.1.1 信息部分

信息页面显示了对 EyeBot 项目作出贡献的成员名单，在最后一页有一个计时器持续地报告从上一次重启控制器板到当前的使用时间。

P.454

按压标记为 REG 的按键，会显示一个表明控制器的序列号的掩码并允许用户输入一个特殊的密钥解锁 RoBIOS 的无线通信库（见第 7 章）。这个密钥会保存在 flash-ROM 里，即使是 RoBIOS 以后会更新，控制器也只能输入一次密钥。

B.1.2 硬件设置

用户可通过硬件画面管理、修改、测试大部分的板载和外接的传感器、执行器和接口。第一页显示用户分配的 HDT 版本号以及三个子菜单选项。

设置菜单(Set)有两部分。首先是(Ser)用来设置程序下载使用的串口端口，其次是(Rmt)用来设置遥控特性。这两页的设置改动在掉电后将丢失，上电后的默认值可在 HDT 中设置，详见 B.3 小节。

用于下载的连接端口、波特率及传输协议是可改选的。这里有三种不同的传输协议可供选择，不同之处仅在于串口 RTS 和 CTS 握手线的处理。

- NONE　完全忽略握手。
- RTS/CTS　完全支持硬件握手。
- IrDA　没有握手，但是使用握手线选择红外模块的不同波特率。

对于无线通信，可用同样的方法选择连接端口和波特率，也可设置遥控协议的特殊参数，包括范围在 0 到 255 之间的网络唯一标识符、图像质量和协议。协议模式（在 HDT 文件中设定）有：

- RADIO_BLUETOOTH　通过一个串行蓝牙模块通信。
- RADIO_WLAN　通过一个串行 WLAN 模块通信。
- RADIO_METRIX　通过一个串行收发器模块通信。

P.455

图像质量模式有：

- Off　无图像发送。
- Reduced　降低图像分辨率和色深发送。
- Full　按完整的分辨率和色深发送。

硬件设置页的第二个子菜单(HDT)显示在 HDT 中查找到的 RoBIOS 所能测试的设备列表。对每一个设备类型，将显示注册的实例号和关联的名称。当前可测试 9 种不同类型的设备。

- 电机

相应的测试函数按照用户选择的速度和方向直接驱动所选的电机。在内部使用 MOTORDrive 函数执行任务。

- 编码器

编码器测试是电机测试的一个扩展，用同样的方式设置与编码器连接的电机速度。另外，内部调用 QUADRead 函数以显示编码器节拍计数和按拍每秒计算得到的行驶速度。

- $v\omega$ 接口

在某种意义上讲，此项测试更为“高级”，因为它采用了基于电机和编码器驱动的 $v\omega$ 接口用于差速行驶。能显示存储在 HDT 中的轮距和编码器 ID。按压标识为 Tst 的键,$v\omega$ 指令将驱动小车按直线行驶 40cm、原地旋转 180°、直线返回、最后旋转 180°。

• 伺服电机

类似于电机测试,输入 0 至 255 间的角度值,SERVOSet 函数将驱动连接的伺服电机转至相应的位置。

• PSD

选择的 PSD 测量得到的当前距离值以快速滚屏的方式进行图形化显示,另外通过 PSDGetRaw 和 PSDGet 函数分别显示原始传感器数据和修正后的传感器数据(通过 HDT 的一个查询表实现)。

• IR

调用 IRRead 持续采样所选传感器的当前二进制状态,并在 LCD 上显示。通过此项测试,可以监控任何连接到 HDT 分配好的 TPU 通道并在 HDT 中记录的二进制传感器。

• 缓冲器

在这里使用精确的过渡检测驱动器,通过检测所选 TPU 通道的信号边沿(HDT 中预定义),获取高精度 TPU 定时器的相应时间并在 LCD 上驻留 1s,然后重启此过程。应用的函数是 BUMPCheck。

P. 456

• 罗盘

有一个可校准、读数可显示的数字罗盘。校准时,罗盘首先要水平放置对准一个虚拟轴,获取此处信息后,将罗盘反转方向,随后再进行一次实验。校准数据永久地存储在罗盘模块里,此后无需再进行校准。在读取模式,会出现一个带有北向指针的图形化罗盘,并有相应的以度为单位的航向数值显示(由函数 COMPASSGet 得到)。

• IRTV

当前接收的红外遥控代码以数字格式显示。在有效代码显示前,要在 HDT 中对不同遥控类型定义各自所需的参数。此项测试非常实用,通过调用 IRTVPressed 函数可查出每一个按键对应发出的遥控代码,并可在软件中使用这些代码。

如果测试结果不令人满意,应首先检查 HDT 结构中相应的参数,并适当地修改,再对硬件状态下结论。所有这些测试和 RoBIOS 驱动仅依赖于 HDT 中存储的内容,这将使其更为通用,但需要设置正确。

硬件设置页的第三个子菜单(IO)处理板载 I/O 接口的状态。在这里分为三个组:输入和输出锁存(Dig)、并行接口(Parl)和模拟输入通道(AD)。在锁存部分,可监视输入锁存的八位数据、可修改输出锁存八位数据中的每一位。在并行端口部分,端口可以作为输入端口来监视八位数据引脚加五位输入状态引脚,或是作为输出端口来设置八位数据引脚加四位输出控制引脚。最后是模拟输入部分,可以选定的刷新速率读取八个 A/D 转换器(ADC)通道的当前读数。

B.1.3 应用程序

应用程序画面用于下载所有与 RoBIOS 相关的代码,并将之存储到 flash-ROM 或从 RAM 中运行程序。在第一个页面显示程序名称和文件大小,如果是可执行程序,将显示解压

P.457 后在 RAM 中运行的文件大小。然后，可在三个选项中做进一步的选择：Ld，Run 或是 ROM。

1. 加载

屏幕将显示已分配下载端口的当前设置，RoBIOS 则开始监视此端口的任何输入数据。如果检测到一个特殊的开始序列，则按照二进制或 S-record 格式接收后续数据。如果循环冗余校验(crc)显示没有错误，将检查数据类型。如果文件包含新的 RoBIOS 或 HDT，则提示用户将之存储到 ROM 中。如果文件包含一个用户应用程序，显示将变回标准的下载页面。

自动下载

有另一个进入下载页面的备选方式，如果在 HDT 的信息结构中，成员“auto-download”设定为“AUTOLOAD”或“AUTOLOADSTART”，RoBIOS 上电后将在显示状态页面的同时扫描下载端口。如果有数据下载，系统会直接跳到下载页面，若在“AUTOLOADSTART”的情况下，还将自动运行下载的程序。如果控制器安装在难以触及的地方，此种模式会非常有用，此时可能看不到或根本就没有 LCD，也可能是无法操作四个按键。

2. 运行

无论是通过下载还是从 ROM 中复制，如果用户程序在 RAM 中准备好，都可选择此项来运行。如果是压缩的程序代码，RoBIOS 会解压执行。应用程序运行时，程序的控制权完全交给用户的应用程序，监视程序将处于不活动状态。应用程序运行结束后，控制权则交还监视程序。在再次显示 Usr 页面前会显示应用程序的全部运行时间。

需明确初始化的全局变量

应用程序可以重新运行，但需要注意的一点是：任何主程序没有初始化的全局变量将保留上次运行的旧值。例如下面全局声明的初始化：

```
int x = 7;
```

不会在 RAM 中执行第二次。

复位后应用程序仍保留在 RAM 中，因此在应用程序的开发阶段，可进行复位操作而无需再重新加载应用程序。

3. ROM

为了永久地保存用户程序，需要将其存储在 flash-ROM 里。当前有三个 128KB 的程序空位可用。在下载前压缩用户程序，可以存储更大的用户程序。ROM 画面显示当前 RAM 中的程序名和三个存储的程序名，如果没有程序则显示“NONE”。通过 Sav 键，可将 RAM 中的当前程序存储至所选的 ROM 空位里，但要求程序的大小不超过 128KB 并且 RAM 中的程序没 P.458 有执行。否则会存储全局变量初始化值已经修改了的或是已经解压的程序。通过 Ld 键可以将一个 flash-ROM 中存储的程序复制到 RAM 中以备执行或转存至其它 ROM 空位。

ROM 中的示例程序

有两个保留的用户应用程序名字，将按特别的方式处理。如果一个程序名为“demos.hex”或“demos.hx”(压缩的程序)，它将复制到 RAM，当按下监控程序主菜单中的 Demo 键时则运行(见下面的 B.1.4 小节)。

ROM 中的转键系统

第二个例外是存储名为“startup.hex”或“startup.hx”的程序，在控制器上电或重启且没有键按下时会自动运行,这称为“转键系统”(“turn-key” system)。当用一个 EyeCon 控制器构建一个完整的嵌入式系统时,此系统会非常有用。在启动的时候按下任意键则可阻止 RoBIOS 自动运行此应用程序。

B.1.4 示例程序

如上文所述,如果 ROM 中存储有名为“demos.hex”或“demos.hx”的程序,当按下主画面的 Demo 键时会自动运行。RoBIOS 标准的示例程序包括一些小的演示程序:摄像机、音频、网络和行驶。

摄像机部分有三个不同的演示。Gry 演示程序捕获摄像机灰度图像,用户可以使用多达四种图像处理的滤波器用于处理摄像机数据,然后再按有效帧速率(单位:帧每秒(fps))显示图像。Col 示例程序抓取彩色图像并显示中央像素点当前的红、绿、蓝值。按 Grb 键会存储中央像素点的颜色,随后按 Tog 键可在正常显示与黑色背景下仅显示较先前存储的 RGB 值相近的像素点间切换。第三个摄像机演示程序 FPS 显示彩色图像并允许用户调整帧速率,这可以测试摄像机在不同的帧速率下的性能,但这与图像解析度和 CPU 速度相关。帧速率设置太高时,图像就会开始按 upl 键可将记录的图像从串口 1 以 PPM 格式上传至 PC。也可开启 $v\omega$ 接口以检查当机器人缓慢行驶时的图像处理。

音频部分,可播放一段声音或一个简单的旋律,内置麦克风可监控或记录并回放采样的声音。

网络部分,可测试串口 2 的无线电模块。第一个简单的测试 Tst 通过无线电模块发送 5 条消息,每条 1000 个字节。第二个测试需要两个带有无线电模块的 EyeCon 控制器,一个按下 Snd 键作为发送方,另一个按下 Rcv 作为接收方。发送方持续发送一个不断变化的短消息,接收方收到后在它的 LCD 上显示出来。

最后是行驶部分,执行与 B.1.2 小节所介绍的 $v\omega$ 接口 HDT 测试函数相同的任务。在此增加的功能有:可在行驶时启动摄像机,边行驶边显示捕获的图像。 P.459

B.2 系统函数和设备驱动库

RoBIOS 代码包含一个巨大的系统函数和设备驱动库,用来访问和控制所有的板载或外接的硬件以及应用操作系统服务。在操作系统代码中将这些函数作为共享库,而不是作为链接到用户函数的静态库,其优势是显而易见的。首先,用户函数可以保持精简,可更快地下载至控制器,占用更少的 ROM 存储空间。其次,如果更新 ROM 中的函数库,无需重新编译每一个用户函数。最后,由于集成在同一代码段,库函数与操作系统内部函数及结构之间的交互会直接而高效。任何在 RoBIOS 下运行的用户函数都可调用库函数。只需将 eyebot.h 头文件包含进程序的源代码中。

有一个特殊机制用于重定向从用户函数到相应的 RoBIOS 库函数的系统调用。在头文件中只包含一个称为“桩函数”(function stubs)的简单宏定义,它通过栈或寄存器来处理参数传递,然后通过一个跳转地址表来调用“真实的”RoBIOS 函数。通过这种机制,任何用户程序发起的 RoBIOS 函数调用都会被一个桩函数所代替,桩函数依次调用与 RoBIOS 函数相匹配的 RAM 地址。因为当前查询表中的 RoBIOS 函数的次序是静态的,因此当 EyeCon 控制器安装 P.460

新版本的 RoBIOS 时不需要重编译任何用户程序(见图 B.2)。

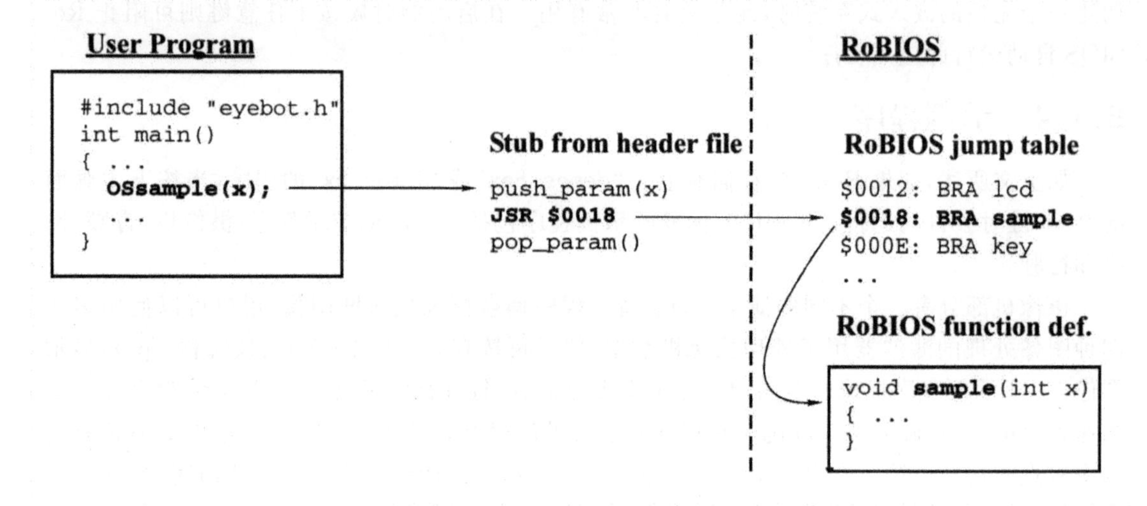

图 B.2　RoBIOS 的函数调用

库函数按下列类别进行分组:

• 图像处理

一小组样本图像处理的函数,用于演示目的

• 按键输入

读取控制器的用户按键

• LCD 输出

在控制器的 LCD 屏上显示文字图案

• 摄像机

适用于多个灰度和彩色摄像机模块的驱动

• 系统函数

低层系统函数和中断处理

• 多任务

通过信号量同步的线程系统

• 定时器

定时器、等待、休眠函数和实时时钟

• 串口通信

通过 RS232 下载/上传程序和数据

• 音频

声音记录和回放函数,音调和波形播放函数

• 位置敏感设备

使用数字化距离值的红外测距传感器函数

• 伺服器和电机

用于带有编码器的模型伺服器和直流电机的驱动函数

• $v\omega$ 行驶接口

采用 PI 控制线速度和角速度的高级行驶接口

• 碰撞感应器+红外传感器

简单的二进制传感器(开/关切换)的例程

• 锁存器

控制器数字 I/O 端口的访问例程

• 并口

从并口读/写数据,设置/读取端口的状态线

• 模数转换器

用于 A/D 转换器的访问例程,包括:麦克风输入(模拟输入通道 0)、电池状态(模拟输入通道 1)

• 无线电通信

虚拟令牌网节点的无线通信例程(需启动)

• 罗盘

电子罗盘的设备驱动

• IR 遥控

接收标准的红外电视遥控作为用户接口

所有的库函数将在 B.5 小节详细描述。

B.3 硬件描述表

在庞大的 EyeBot 系列移动机器人及扩展出的众多不同运动学类型的机器人项目中,EyeCon 控制器是设计的核心部件。这些机器人中有轮式、履带式、腿式和飞行机器人,但都采用了相同的 RoBIOS 库函数来控制相连结的电机、伺服器以及其它支持的设备。 P.461

因此,RoBIOS 的使用范围不仅限于某一种硬件设计或某一种运动学类型。这就使得操作系统更为开放以使用不同的硬件,但会使集成不同硬件设置的软件复杂化。若是没有任何系统的支持,用户就必须确切地了解所有使用的执行器和传感器连接的硬件端口以及它们的特性。例如,即便是相同类型的电机也可能有不同的特性曲线,因而必须进行单独的测量并在软件中进行补偿。但这又会出现另一个问题:除非针对不同的硬件特性作全面修改,否则为特定目标设备所编写的一段软件在相似的模块中可能不会准确地重现相同的性能。

为克服上述缺点,RoBIOS 引入了硬件抽象层(称为“硬件描述表”,Hardware Description Table, HDT)。具体思路是:在每一个控制器中,将所有与之连接设备的特性与端口号存储在一个简单的内部数据库中,每一个入口与唯一的关键词相关联,此关键词反映了设备名称。因此,应用程序只需将期望的名称传递给相应的 RoBIOS 驱动以获取控制,驱动搜索数据库以取得相应的入口并读取设备所有必要的配置信息。通过此抽象层,用户程序不仅在相同类型的机器人之间变得可移植,而且在使用不同电路和机械结构的机器人之间也可移植。

例如,如果一个应用程序需要控制一个小车的左右电机,无需知道电机的安装位置和性能特征曲线,只需用预定义的语义常量(一种“设备名”,见定义文件 htd-sem.h)简单地调用电机驱动 MOTOR-LEFT 和 MOTOR-RIGHT。通过使用高级的 $v\omega$ 接口,应用程序甚至可以使用类似于

“前进1m”的命令，而无需知道机器人采用了何种类型的运动系统。另外，程序可以按照一个语义列表尝试读写多种设备，并只处理响应正确的设备，以此来动态地适应不同的硬件配置。这样就可以使用PSD距离传感器或IR二进制开关传感器等不同的传感器来探测周围的物体，而软件可以根据使用的传感器及其测量范围和方向来修改相应策略。

HDT不仅包含了所连接的传感器和执行器的相关数据，而且还有内部控制器的多个硬件P.462设置(包括CPU频率、芯片存取等待状态、串口设置和I/O锁存配置)和一些与设备相关的信息(如无线网络ID、机器人名称、启动音乐和图像)。

如1.4小节所述，HDT单独存储在flash-ROM中，因此可方便地应用并下载到控制器中而不必重装RoBIOS。HDT的大小限制为16KB，这足以存储所有的设备信息和控制器配置。

B.3.1　HDT组件表

HDT主要内容是一些组件的结构体数组，这些结构体包含了引用目标的信息(见程序B.1)。

程序B.1　构成HDT数组的组件结构体

```
1  typedef struct
2  { TypeID              type_id;
3    DeviceSemantics     semantics;
4    String6             device_name;
5    void*               data_area;
6  } HDT_entry_type;
```

• type_id：是描述目标所属类别的唯一标识符(见hdt.h)。例如，MOTOR，SERVO，PSD，COMPASS等，依据此分类信息，RoBIOS可以确定相应的驱动并能计算出每个驱动还有多少个入口可用。监控程序的HDT部分中的其他部分以此来显示每一次测试的候选项数目。

• semantics：通过给予一个有意义的名称，对物理连接的设备进行抽象。例如MOTOR_RIGHT，PSD_FRONT，L_KNEE等。用户程序只需将这样的名称传递给RoBIOS驱动函数，驱动函数将依次搜索HDT中相应的typeID与此名称(DeviceSemantics)的合法组合。已分配的语义可在hdt_sem.h中查到。为保证程序的可移植性，强烈建议使用预定义的语义。

• device_name：这是数值语义参数的字符串表示。最长为6个字母，仅用于测试目的，为监视程序的HDT测试函数产生一个可读的语义输出。

P.463
• data_area：这是指向各类别数据结构的无类型指针，在这些类别的数据结构中包含了所分派驱动的类型描述信息。因为没有一个通用的结构可以用来存储所有驱动的各种类别的参数，所以采用了无类型指针。

这个结构体数组没有预定义长度，因而需要一个特殊的结束标志以防止RoBIOS运行超过最后的有效入口。最后的入口定义为：

{END_OF_HDT,UNKNOWN_SEMANTICS,"END",(void＊)0}

除了这个标识外，还有2个所有HDT都强制使用的入口：

• WAIT：此入口指向控制器平台上不同芯片存取等待时间的列表，此列表由所选的CPU频率直接生成。

• INFO：此入口指向一个包含许多基本设置的结构体，例如CPU使用的频率、下载和串口设置、网络ID、机器人名称等。

程序B.2是一个合法HDT文件的最简示例。

程序B.2 最简的合法HDT文件

```
1  #include "robios.h"
2  int      magic = 123456789;
3  extern HDT_entry_type HDT[];
4  HDT_entry_type   *hdtbase = &HDT[0];
5
6  /* Info: EyeBot summary */
7  info_type roboinfo  = {0, VEHICLE, SER115200, RTSCTS,
8   SERIAL1, 0, 0, AUTOBRIGHTNESS, BATTERY_ON, 35, 1.0,
9   "Eye-M5",1};
10 /* waitstates for: ROM, RAM, LCD, IO, UART */
11 waitstate_type waitstates = {0,3,1,2,1,2};
12
13 HDT_entry_type HDT[] =
14 {    {WAIT,WAIT,"WAIT",(void *)&waitstates},
15      {INFO,INFO,"INFO",(void *)&roboinfo},
16      {END_OF_HDT,UNKNOWN_SEMANTICS,"END",(void *)0}
17 };
```

各种HDT数据结构体的介绍可以在附录C中找到。使用的数据结构体结合这个组件结构体数组,便构成了一个HDT二进制文件所需的完整源代码。为生成一个可下载的二进制镜像,HDT源代码必须用RoBIOS软件所提供的特殊HDT批处理命令进行编译,例如:

```
gcchdt myhdt.c -o myhdt.hex
```

HDT的代码可以像普通的程序那样进行编译,因为只需要数据部分,所以有一点不同,会有一个别样的链接文件通知链接器不需要包含任何起始代码或main()函数。在HDT二进制代码下载至控制器的过程中,RoBIOS会识别HDT头文件中的"魔数(magic number)",并提示用户确认升级flash-ROM中的HDT。

P.464

B.3.2 HDT存取函数

RoBIOS有5个内部函数来处理HDT,硬件驱动器主要用这些函数来查找符合特定语义的数据结构体或通过分配有相同类型标识的数据结构体进行迭代。

```
int HDT_Validate(void)
```

RoBIOS使用此函数来检查HDT的魔数并初始化HDT访问数据的全局结构体。

```
void * HDTFindEntry(TypeID typeid,DeviceSemantics semantics)
```

此函数用来帮助查找符合给定类型的标识符和语义的数据结构体的地址。这是唯一一个可由用户程序调用以获取特定设备的配置和特性的细节信息的函数。

```
DeviceSemantics HDT_FindSemantics(TypeID typeid, int x)
```

所有具有相同类型可用的入口进行迭代时,需要用到此函数。通过在一个x值递增的循环中调用此函数直至到达UNKNOWN_SEMANTICS,可以用来检查一个特定类别的所有实例。函数返回值是此类型相应实例的语义,可以用来调用HDT_FindEntry()或是设备驱动初始化函数。

```
int HDT_TypeCount(TypeID typeid)
```

此函数返回通过特定类型标识所查找到的入口号。

char * HDT_GetString(TypeID typeid,DeviceSemantics semantics)

此函数返回在与特定类型的语义相关联的入口中查找的可读名称。

通常情况下，应用程序并不需要操作 HDT 内部的结构体，只需使用定义好的语义调用驱动函数，例如程序 B.3 中的电机驱动函数所示，更详细的 HDT 入口细节见附录 C。

P.465

程序 B.3　HDT 使用示例

```
1   /* Step1: Define handle variable as a motor reference */
2   MotorHandle leftmotor;
3
4   /* Step2: Initialize handle with the semantics (name) of
5            chosen motor. The function will search the HDT
6            for a MOTOR entry with given semantics and, if
7            successful, initialize motor hardware and return
8            the corresponding handle */
9   leftmotor = MOTORInit(LEFTMOTOR);
10
11  /* Step3: Use a motor command to set a certain speed.
12           Command would fail if handle was not initial. */
13  MOTORDrive (leftmotor,50);
14
15  /* Step4: Release motor handle when motor is no longer
16           needed */
17  MOTORRelease (leftmotor);
```

B.4　启动过程

从打开 EyeCon 控制器到显示 RoBIOS 用户界面这段时间称为启动阶段，在此期间执行大量动作引导系统初始化并使之进入良好的工作状态。

一开始，CPU 尝试从内存地址 $000004 处获取可执行程序的起始地址。由于 RAM 尚未进行初始化，CPU 默认的存储区为 flash-ROM，通过片选线 CSBOOT 选取实现，并且映射到内部地址 $000000。RoBIOS 在存储空间中确切的起始地址如图 1.11 所示。CPU 将运行 RoBIOS 的引导装载程序来处理压缩的 RoBIOS 二进制码，此二进制码初始化 CPU 的 RAM 芯片片选信号，这样压缩的 RoBIOS 可随后解压至 RAM 中。另外，解压后的地址映射将发生变化，RAM 区将从地址 $000000 开始，ROM 区则从 $C00000 开始。

将 RoBIOS 存放在 ROM 和 RAM 里似乎是在浪费 RAM 空间，但这其实有很多好处。首先，RAM 的存储速度约为 ROM 的 3 倍，存储速度加快将会相应地提高 RoBIOS 的性能。这是因为二者的等待状态不同，并且 16 位的 RAM 总线比起 8 位的 ROM 总线更具优势。其次，这样可以在 ROM 中以压缩的格式存储 RoBIOS 的镜像，从而可节省出 ROM 空间给用户程序。最后，这样可允许使用自修改代码(self-modifying code)。这常被认作是一种不好的编程方式，但这却可以提高系统性能，例如用在抓取帧等耗时大的任务和中断处理中。另一方面，存储在 RAM 中的缺点是用户程序修改内存时易损坏系统，会导致不可预测的系统行为甚至是完全崩溃。尽管如此，因为可以从写保护的 flash-ROM 中复制一个新的 RoBIOS 的副本，重启后一切又将正常运行。

P.466

完成 RAM 芯片和其它所有所需的片选线初始化后，启动代码将复制一个小的解压算法到 CPU 的内部 RAM 区(TPU-RAM)，在那可以实现无零等待(waitstate)运行，这样可以加速解压 RoBIOS 二进制码至外部 RAM 中。最后，将可执行的 RoBIOS 镜像放在 $000000 到 $020000 地址之间后，启动代码会跳转至 RAM 中已解压的 RoBIOS 的第一行，在这里将执行剩下的初始化任务。在此期间要测试附加安装的 RAM 芯片并计算实际的 RAM 大小。

采用同样的方法来检查 ROM 的大小，检查它是否大于 128K 的下限。如果大于，RoBIOS 便知道用户程序可能存储在 ROM 中，此时会检查第一个用户 ROM 中是否有新的 HDT。如果有的话，会在 LCD 上显示系统继续启动前将重编程 flash-ROM 的信息。如果此时有可用的 HDT，RoBIOS 会检查其完整性并开始从中提取信息，如所需的 CPU 时钟频率和不同片选线等待状态的设置。最后启动的有：中断处理、100HZ 系统定时器和一些基本的设备驱动，例如串口、ADC、输入/输出锁存器、音频。接着马上显示欢迎画面并演奏开机音乐。

在显示标准的监控状态画面前，RoBIOS 会检查是否有一个名为“startup.hex”或“startup.hx”的程序存储在 ROM 中。如果有，将创建一个转键系统，若期间无键按下，会加载并立即运行该应用程序。这在 EyeCon 控制器的嵌入式应用或没有安装 LCD 的情况下非常有用，显然在这些情况下难以手动启动用户程序。

B.5 RoBIOS 库函数

本小节将描述的是 RoBIOS 操作系统 6.5(2008)版本的例程库。最新版本的 RoBIOS 软件可能会与下文所描述的功能不尽相同，请参见最新的软件文档。下面的库已存储在 ROM 中，可以用 C 语言进行编程。

在应用文件中使用：

```
#include "eyebot.h"
```

下面的库已存储在 ROM 中，可以用 C 语言进行编程。调用“gcc68”时进行库的自动链接或采用类似方法(使用 librobi.a)，可自动进行链接。应注意的是，有很多可用的库在这里并未列出，因为它们并非存储在 ROM 中而是在 *EyeBot* 的发布版本中(如复杂的图像处理库)。但它们同样可以与应用程序进行链接，如示例程序中所示。 P.467

返回代码

除非是特别注明的值，所有的例程成功执行完后将返回 0，当发生错误时返回非 0 的值。另外仅有极少数的例程支持多返回代码。

B.5.1 图像处理

RoBIOS 内包含有少量基本的图像处理函数，在“图像处理库”中包含有大量的可以链接到应用程序里的图像处理函数。

```
数据类型：
/* image is 80x60 but has a border of 1 pixel */
#define imagecolumns 82
#define imagerows 62
```

```
typedef BYTE image[imagerows][imagecolumns];
typedef BYTE colimage[imagerows][imagecoulmns][3];
```

int **IPLaplace** (image * src, image * dest);
输入:(src) 黑白源图像
输出:(dest) 黑白目标图像
语义:对源图像进行拉普拉斯操作,并将结果写入目标图像

int **IPSobel** (image * src, image * dest);
输入:(src) 黑白源图像
输出:(dest) 黑白目标图像
语义:对源图像进行 Sobel 操作,并将结果写入目标图像

int **IPDither** (image * src, image * dest);
输入:(src) 黑白源图像
输出:(dest) 黑白目标图像
语义:对源图像进行带有一个 2x2 图像的抖动操作,并将结果写入目标图像

int **IPDiffer** (image * current, image * last, image * dest);
输入:(current)当前黑白图像
(last)最后读取的黑白图像
输出:(dest) 黑白目标图像
语义:计算当前和上次图像每一个像素位置的灰度差值,并将结果存入目标图像

int **IPColor2Grey** (colimage * src, image * dest);
输入:(src) 彩色源图像
输出:(dest) 黑白目标图像
语义:将源图像提供的 RGB 彩色图像转换为 8 位灰度图像,并将结果存储在目标图像中

更高级的图像处理函数可从"improc.a"库中得到
更详细的信息见 Improv 的网页:
http://robotics.ee.uwa.edu.au/improv/

B.5.2 按键输入

P.468 采用标准的 Unix"libc"库,也可以使用标准的 C"scanf"命令从"键盘"中读取键"字"。

int **KEYGetBuf** (char * buf);
输入:(buf)一个字符的指针

输出:(buf)写入缓存的键代码
　　有效的键代码为 KEY1,KEY2,KEY3,KEY4(按键从左向右)
语义:等待按键动作并将键代码存入缓存中

int **KEYGet** (void);
输入:无
输出:(returncode)返回所按下键的键代码
　　有效的键代码为 KEY1,KEY2,KEY3,KEY4(按键从左向右)
语义:等待按键动作并返回键代码

int **KEYRead** (void);
输入:无
输出:(returncode)返回所按下键的键代码,如果没有键被按下则返回 0
语义:读取并返回键代码

int **KEYWait** (int excode);
输入:(excode)希望要按下的键的代码
　　有效的键代码为 KEY1,KEY2,KEY3,KEY4(按键从左向右)或 ANYKEY.
输出:无
语义:等待一个特认的键

B.5.3 LCD 输出

采用标准的 Unix"libc"库,也可以使用标准的 C"printf"命令打印输出到 LCD"屏幕"上。例如运行"hello world"程序:

printf ("Hello, World! \n");

以下例程可用于特定的输出函数:

int **LCDPrintf** (const char format[],…);
输入:格式化字符或参数
输出:无
语义:在 LCD 上打印显示文字或数字或二者的组合。这是标准 C 库中"printf"函数的简化缩小版

int **LCDClear** (void);
输入:无
输出:无
语义:LCD 清屏

int **LCDPutChar** (char char);
输入:(char)需要显示的字符

输出:无
语义:在当前的光标位置显示给定的字符,并相应移动光标位置

int **LCDSetChar** (int row,int column,char char);
输入:(char) 需要显示的字符
　　(column)列数
　　有效值为 0～15
　　(row)行数
　　有效值为 0～6
输出:无
语义:在给定的显示位置显示给定的字符

P.469

int **LCDPutString** (char * string);
输入:(string)需要显示的字符串
输出:无
语义:在当前的光标位置显示给定的字符串,并相应移动光标位置

int **LCDSetString** (int row,int column,char * string);
输入:(string)需要显示的字符串
　　(column)列数
　　有效值为:0～15
　　(row)行数
　　有效值为:0～6
输出:无
语义:在给定的位置显示给定的字符

int **LCDPutHex** (int val);
输入:(val)需要显示的数值
输出:无
语义:在当前光标位置以 16 进制格式显示给定的数字

int **LCDPutHex**1 (int val);
输入:(val)需要显示的数值(单字节 0…255)
输出:无
语义:在当前光标位置以 1 字节的 16 进制显示给定的数字

int **LCDPutInt** (int val);
输入:(val)需要显示的数值
输出:无

语义：在当前光标位置以十进制格式显示给定的数字

int **LCDPutIntS** (int val, int spaces);
输入：(val)需要显示的数值
　　(spaces)显示空格的最小数量
输出：无
语义：在当前光标位置以十进制格式显示给定的数字，如果需要可在前添加空格

int **LCDPutFloat** (float val);
输入：(val)需要显示的数值
输出：无
语义：在当前光标位置以浮点数显示给定的数字

int **LCDPutFloatS** (float val, int spaces, int decimals);
输入：(val)需要显示的数值
　　(spaces)显示空格的最小数量
　　(decimals)小数点后的位数
输出：无
语义：在当前光标位置以浮点数显示给定的数字，如果需要可在前添加空格，并使用设定的小数点位数

int **LCDMode** (int mode);　　P.470
输入：(mode)所希望的显示模式
　　有效值为：(NON)SCROLLING|(NO)CURSOR
输出：无
语义：将显示设为给定的模式
　　SCROLLING：将按行从上向下显示，当到达右下角时，新的光标位置会出现在底线（此时变为空白）的第一行。
　　NONSCROLLING：当到达右下角时，显示将从左上角重新开始。
　　NOCURSOR：在当前的光标位置不显示光标闪烁
　　CURSOR：在当前的光标位置显示光标闪烁

int **LCDSetPos** (int row, int column);
输入：(column) 列数
　　有效值为：0～15
　　(row)行数
　　有效值为：0～6
输出：无
语义：将光标设置至给定位置

int **LCDGetPos** (int * row, int * column);
输入:(column)当前存储行位置的指针
　　(row)当前存储列位置的指针
输出:(* column)当前列
　　有效值为:0～15
　　(row) 当前行
　　有效值为:0～6
语义:返回当前光标位置

int **LCDPutGraphic** (image * buf);
输入:(buf)一个灰度图像(80×60 像素)的指针
输出:无
语义:显示给定的黑白图像。将从左上角开始写入,直至菜单行。只向 LCD 写入 80×54 像素,以避免破坏菜单行。

int **LCDPutColorGraphic** (colimage * buf);
输入:(buf)指向一幅彩色图像(80×60 像素)的指针
输出:无
语义:显示给定的黑白图像。将从左上角开始写入,直至菜单行。只向 LCD 写入 80×54 像素,以避免破坏菜单行。
注意:当前的应用会破坏图像内容

int **LCDPutImage** (BYTE * buf);
输入:(buf) 指向一幅黑白图像(128×64 像素)的指针
输出:无
语义:将给定的黑白图像在基孔上显示

int **LCDMenu** (char * string1, char * string2, char * string3, char * string4);
输入:(string1)在 key1 上的菜单条目
　　(string2)在 key2 上的菜单条目
P. 471
　　(string3)在 key3 上的菜单条目
　　(string4)在 key4 上的菜单条目
　　有效值为:
　　—一个最长为 4 个字节的字符串,用来更新菜单条目
　　—"":不改变菜单条目
　　—" ":清除菜单条目
输出:无
语义:用给定的菜单条目填满菜单行

int **LCDMenuI** (int pos, char * string);
输入:(pos)需要改变的菜单条目号(1…4)
　　(string)在按键<pos>上显示的菜单条目,为一个最多含有四个字节的字符串
输出:无
语义:用给定的字符串在 pos 位置处重写菜单行

int **LCDSetPixel** (int row, int col, int val);
输入:(val)像素操作码
　　有效码值为:0=清除像素
　　　　　　　1=置位像素
　　　　　　　2=反转像素
　　(column)列数
　　有效值为:0～127
　　(row)行数
　　有效值为:0～63
输出:无
语义:在给定的像素位置施加给定的操作。
　　LCDSetPixel(row, col, 2)与 LCDInvertPixel(row, col)相同

int **LCDInvertPixel** (int row, int col);
输入:(column)列数
　　有效值为:0～127
　　(row)行数
　　有效值为:0～63
输出:无
语义:在给定的像素位置反转像素
　　LCDInvertPixel(row, col)与 LCDSetPixel(row, col, 2)相同

int **LCDGetPixel** (int row, int col);
输入:(column)列数
　　有效值为:0～127
　　(row)行数
　　有效值为:0～63
输出:(returncode)像素的值
　　有效值为:1 为置位像素
　　　　　　0 为清除像素
语义:返回给定位置的像素值

int **LCDLine** (int x1, int y1, int x2, int y2, int col)
输入:(x1,y1) (x2,y2)和颜色
输出:无
语义:使用 Bresenham 算法从(x1,y1) 至 (x2,y2)绘制一条线
　　左上角为 0, 0
　　右下角为 127,63
　　颜色:0 白色
　　　　1 黑色
　　　　2 图像内容的反色

int **LCDArea** (int x1, int y1, int x2, int y2, int col)
P.472
输入:(x1,y1) (x2,y2) 和(color)
输出:无
语义:填充从(x1,y1)至(x2,y2)的矩形区域
　　必须满足:x1 < x2 和 y1 < y2
　　左上角为 0, 0
　　右下角为 127,63
　　颜色:0 白色
　　　　1 黑色
　　　　2 图像内容的反色

B.5.4　摄像机

以下函数进行灰度图像或彩色图像的初始化和读取:
int **CAMInit** (int mode);
输入:(mode)摄像机初始化模式
　　有效值为:NORMAL
输出:(return code)摄像机版本或错误码
　　有效值为:
　　255 = 无摄像机连接
　　200…254 = 摄像机初始化错误(200 + cam. code)
　　0 = QuickCam V1 灰度
　　16 = QuickCam V2 彩色
　　17 = EyeCam-1 (6300), res. 82 × 62 RGB
　　18 = EyeCam-2 (7620), res. 320 × 240 Bayer
　　19 = EyeCam-3 (6620), res. 176 × 144 Bayer
语义:重启并初始化所连接的摄像机
注意:[早期所使用的摄像机模式是用于 Quickcam:WIDE,NORMAL,TELE]
　　摄像机的最大速度由处理器的速度和所有的后台任务所决定。例如,当使用 v-omega 电机控制作为后台任务时,将摄像机速度设置为:CAMSet (FPS1_875, 0, 0);

int **CAMRelease** (void);
输入:无
输出:(return code) 0=正确
-1=错误
语义:释放使用 CAMInit()所分配的资源

int **CAMGetFrame** (image * buf);
输入:(buf) 一幅灰度图像的指针
输出:无
语义:从灰度摄像机中读取一幅尺寸为 62×82 的图像
返回 8 位灰度值 0 (黑色)…255 (白色)

int **CAMGetColFrame** (colimage * buf, int convert);
输入:(buf) 一幅彩色图像的指针
(convert)图像是否应当缩减为 8 位的标志
0=获取 24 位彩色图像
1=获取 8 位灰度图像
输出:无
语义:从彩色摄像机中读取一幅 82×62 的图像,如果需要则将其缩减为 8 位灰度
注意:—buf 应当是"图像"的指针
—可通过如下转换:

```
image buffer;
CAMGetColFrame((colimage*) buffer, 1);
```

int **CAMGetFrameMono** (BYTE * buf);
注意:此函数只用于 EyeCam
P.473
输入:(buf)全尺寸图像缓存的指针(使用 CAMGet)
输出:(return code) 0=成功
-1=错误 (摄像机未初始化)
语义:读取一幅完整的灰度图像
(例如 82×62, 88×72, 160×120)取决于摄像机模块

int **CAMGetFrameRGB** (BYTE * buf);
注意:此函数只用于 EyeCam
输入:(buf) 全尺寸图像缓存的指针(使用 CAMGet)
输出:(return code) 0=成功
-1=错误 (摄像机未初始化)
语义:以 RGB 格式读取完整的彩色图像,每个像素 3 个字节

(例如 82×62＊3，88×72＊3，160×120＊3)取决于摄像机模块

int **CAMGetFrameBayer** (BYTE * buf)；
注意:此函数只用于 EyeCam
输入:(buf)完整尺寸图像缓存的指针(使用 CAMGet)
输出:(return code) 0＝成功
　　　　　　　　　－1＝错误 (摄像机未初始化)
语义:以 Bayer 格式读取完整的彩色图像,每个像素 4 个字节
　　(例如 82×62＊4，88×72＊4，160×120＊4)取决于摄像机模块

int **CAMSet** (int para1，int para2，int para3)；
注意:对于不同的摄像机,参数具有不同的意义
输入:QuickCam (para1)摄像机亮度
　　　　　(para2)摄像机偏置(黑/白摄像机)/色调(彩色摄像机)
　　　　　(para3)对比度(黑/白摄像机)/饱和度(彩色摄像机)
　　　　　有效值为:0～255
　　－－－－－－－－－－－－－－－－－－－－－－－－－
　　EyeCam (para1)每秒的帧速率
　　　　(para2)未使用
　　　　(para3)未使用
　　　　有效值为:FPS60，FPS30，FPS15,FPS7_5，FPS3_75，FPS1_875，FPS0_9375，FPS0_46875.
　　　　对于 VV6300/VV6301 默认值为 FPS7_5.
　　　　对于 OV6620 默认值为 FPS1_875.
　　　　对于 OV7620 默认值为 FPS0_48375.
输出:无
语义:设置摄像机参数

int **CAMGet** (int * para1，int * para2，int * para3)；
注意:对于不同的摄像机,参数具有不同的意义
输入:QuickCam (para1)摄像机亮度的指针
　　　　　(para2)偏置的指针(黑/白摄像机)/色调(彩色摄像机)
　　　　　(para3)对比度的指针(黑/白摄像机)/饱和度(彩色摄像机)
　　　　　有效值为:0～255
　　－－－－－－－－－－－－－－－－－－－－－－－－－
　　EyeCam (para1)每秒的帧速率
　　　　(para2)整个图像的宽度
　　　　(para3)整个图像的高度
输出:无

语义:获取摄像机的硬件参数

int **CAMMode** (int mode);
输入:(mode)所希望的摄像机模式
有效值为:(NO)AUTOBRIGHTNESS
输出:无
语义:将显示设置为给定模式
AUTOBRIGHTNESS:自动调节摄像机的亮度值
NOAUTOBRIGHTNESS:不自动调节摄像机的亮度值

B.5.5 系统函数

P. 474

不同种类系统的函数:
char * **OSVersion** (void);
输入:无
输出:操作系统版本
语义:返回的字符串包含有运行的 RoBIOS 版本
例如"3.1b"

int **OSError** (char *msg, int number, BOOL dead);
输入:(msg)消息的指针
(number)int 型数字
(dead)切换至死端(dead end)处或按键等待
有效值为:0=无死端
1=死端
输出:无
语义:打印信息和编号至显示,并中止 CPU(死端)或按键等待。

int **OSMachineType** (void);
输入:无
输出:所使用的硬件类型
有效值为:VEHICLE, PLATFORM, WALKER
语义:告知用户程序所运行的环境

int **OSMachineSpeed** (void);
输入:无
输出:以Hz为单位的实际 CPU 时钟速率
语义:告知用户处理器的运行速度

Char * **OSMachineName** (void);

输入：无
输出：实际 Eyebot 的名称
语义：告知用户(HDT 中登记的)Eyebot 名称

unsigned char **OSMachineID** (void);
输入：无
输出：实际 Eyebot 的 ID
语义：告知用户(HDT 中登记的)Eyebot 的 ID

void * **HDTFindEntry** (TypeID typeid,DeviceSemantics semantics);
输入：(typeid)类别标识符标签(例如 MOTOR,对应一个电机类型)
(semantics)语义标识符标签(例如 MOTOR_LEFT,描述了是多个电机中的哪一个
输出：与 HDT 条目相匹配的参考
语义：设备驱动使用此函数寻找与第一个与语义相匹配的条目并返回一个指针,相应的数据结构见 HDT.txt 中的 HDT 描述

中断：
int **OSEnable** (void);
输入：无
输出：无
语义：使能所有 CPU 中断

int **OSDisable** (void);
输入：无
P. 475
输出：无
语义：关闭所有 CPU 中断
在 TPU-RAM 中保存变量(SAVEVAR1－3 被 RoBIOS 占用)

int **OSGetVar** (int num);
输入：(num) tpupram 存储位置的编号
有效值：SAVEVAR1－4 用于字存储
SAVEVAR1a－4a/1b－4b 用于字节存储
输出：(returncode)所存储的值
有效值为：字存储 0～65535
字节存储 0～255
语义：从给定存储位置读取值

int **OSPutVar** (int num, int value);
输入：(num)tpupram 存储位置的编号

有效值为:SAVEVAR1 - 4 用于字存储

SAVEVAR1a - 4a/1b - 4b 用于字节存储

(value)要存储的数值

有效值为:字存储 0～65535

字节存储 0～255

输出:无

语义:将数值保存至给定存储位置

B.5.6 多任务

RoBIOS 采用了抢占式和协作式多任务,在初始化多任务时需要选择其中一个模式。

int **OSMTInit** (BYTE mode);

输入:(mode)操作模式

有效值为:COOP=DEFAULT,PREEMPT

输出:无

语义:初始化多线程环境

tcb * **OSSpawn** (char * name,int code,int stksiz,int pri,int uid);

输入:(name) 线程名的指针

(code)线程起始地址

(stksize)线程栈的地址

(pri)线程优先级

有效值为:MINPRI-MAXPRI

(uid)线程用户 id

输出:(returncode) 初始化的线程控制块的指针

语义:初始化新的线程。初始化 tcb 并将其插入调度器队列里,但并未设为就绪

int **OSMTStatus** (void);

输入:无

输出:PREEMPT, COOP, NOTASK

语义:返回实际的多任务模式(抢占、协作或顺序)

int **OSReady** (struct tcb * thread);

输入:(thread) 线程控制块的指针

输出:无

语义:将给定线程的状态设为就绪

int **OSSuspend** (struct tcb * thread);

输入:(thread) 线程控制块的指针

P. 476

输出：无
语义：将给定线程的状态设为挂起

int **OSReschedule** (void);
输入：无
输出：无
语义：选择新的当前线程

int **OSYield** (void);
输入：无
输出：无
语义：挂起当前线程并重新调度

int **OSRun** (struct tcb * thread);
输入：(thread) 线程控制块的指针
输出：无
语义：就绪当前线程并重新调度

int **OSGetUID** (thread);
输入：(thread) 线程控制块的指针
(tcb *) 0 指当前线程
输出：(returncode) 线程的 UID
语义：得到指定线程的 UID

int **OSKill** (struct tcb * thread);
输入：(thread) 线程控制块的指针
输出：无
语义：移除给定线程并重新调度

int **OSExit** (int code);
输入：(code) 退出代码
输出：无
语义：用给定的退出代码和消息结束当前线程

int **OSPanic** (char * msg);
输入：(msg) 消息文本的指针
输出：无
语义：多线程死端错误，打印消息至显示并中止处理器

int **OSSleep** (int n)
输入:(n) 休眠的 1/100 秒数
输出:无
语义:使当前线程至少休眠 n * 1/100s,在多线程模式下将重新调度另一个线程,在非多线程模式下将调用 OSWait()

int **OSForbid** (void)
输入:无
输出:无
语义:在抢占模式中关闭线程切换

int **OSPermit** (void)
输入:无
输出:无
语义:在抢占模式中使能线程切换

在上文中所描述的函数参数"线程"可以始终是一个 tcb 的指针或 0 表示当前线程。

信号量:
int **OSSemInit** (struct sem * sem,int val);
输入:(sem) 一个信号量的指针
(val)初始值
输出:无
语义:用给定的初始值初始化信号量

P.477

int **OSSemP** (struct sem * sem);
输入:(sem) 一个信号量的指针
输出:无
语义:执行信号量 P(向下)操作

int **OSSemV** (struct sem * sem);
输入:(sem) 一个信号量的指针
输出:无
语义:执行信号量 V(向上)操作

B.5.7 计时器

int **OSSetTime** (int hrs,int mins,int secs);
输入:(hrs) 小时值
(mins)分钟值

(secs)秒值
输出:无
语义:以给定时间设定系统时钟

int **OSGetTime** (int * hrs, int * mins, int * secs, int * ticks);
输入:(hrs)指向小时数的指针
(mins)指向分钟数的指针
(secs)指向秒数的指针
(ticks)嘀嗒计数的指针
输出:(hrs) 小时值
(mins)分钟值
(secs)秒值
(ticks)嘀嗒计数值
语义:获取系统时间,每秒包含 100 个嘀嗒

int **OSShowTime** (void);
输入:无
输出:无
语义:打印系统时间

int **OSGetCount** (void);
输入:无
输出:(returncode) 从最近一次重启起 1/100s 的个数
语义:获取从最近一次重启起 1/100s 的个数
为 32 位 int 类型,因此大约每 248 天会轮转一次

int **OSWait** (int n);
输入:(n) 等待时间
输出:无
语义:循环忙 n * 1/100s

定时器中断请求:
TimerHandle **OSAttachTimer** (int scale, TimerFnc function);
输入:(scale) 100hz 计时器的预定标值(1 至…)
(TimerFnc)需周期调用的函数
输出:(TimerHandle)所引用的中断请求槽的句柄
P.478
值为 0 表示由于列表写满(最大 16)所造成的错误
语义:将一个中断请求例程 (void function(void)) 添加至中断请求列表。
scale 参数调整此例程的调用频率 (100/scale hz) 以满足不同的应用

int **OSDetachTimer** (TimerHandle handle)

输入:(handle) 先前安装的定时器中断请求的句柄

输出:0=非法句柄

1=function 成功地将函数从定时器中断请求列表中完全移除

语义:从中断请求列表中移除先前安装的中断请求例程

B.5.8 串口通信(RS232)

int **OSDownload** (char * name,int * bytes,int baud,int handshake,int interface);

输入:(name) 程序名数组的指针

(bytes)传输字节的指针

(baud)波特率选择

有效值为:SER4800,SER9600,SER19200,SER38400, SER57600,SER115200

(handshake)握手选择

有效值为:NONE,RTSCTS

(interface):串行接口

有效值为:SERIAL1 - 3

输出:(returncode)

0 = 无错误,未完成下载,再次调用

99 = 完成下载

1 = 接收时间超时错误

2 = 接收状态错误

3 = 发送时间超时错误

5 = srec 校验和错误

6 = 用户取消产生的错误

7 = 未知的 srecord 错误

8 = 非法波特率错误

9 = 非法起始地址错误

10 = 非法接口

语义:用给定的串口设置加载用户程序并获取程序名。此函数必须在一个循环中调用直至返回码! =0。在此循环中,已转换完成的字节数可由此循环完成的转换字节数计算得到

注意:不要在应用程序中使用此函数

int **OSInitRS232** (int baud,int handshake,int interface);

输入:(baud) 波特率选择

有效值为:SER4800,SER9600,SER19200,SER38400,SER57600,SER115200

(handshake)握手选择

有效值为:无,RTSCTS

(interface)串行接口
有效值为:SERIAL1 - 3
输出:(returncode)
0 = ok
8 = 波特率非法错误
10 = 非法接口
语义:用给定的设置初始化 rs232

int **OSSendCharRS232** (char chr,int interface);
输入:(chr) 需发送的字符
(interface)串行接口
有效值为:SERIAL1 - 3
输出:(returncode)
0 = 正确
3 = 发送超时错误
P. 479
10=非法接口
语义:通过 rs232 发送一个字符

int **OSSendRS232** (char * chr,int interface);
输入:(chr) 需发送字符的指针
(interface)串行接口
有效值为:SERIAL1 - 3
输出:(returncode)
0 = 正确
3 = 发送超时错误
10 = 非法接口
语义:通过 rs232 发送一个字符。此函数被 OSSendCharRS232()代替,以后将取消

int **OSRecvRS232** (char * buf,int interface);
输入:(buf) 一个字符数组的指针
(interface)串行接口
有效值为:SERIAL1 - 3
输出:(returncode)
0 = 正确
1 = 接收超时错误
2 = 接收状态错误
10 = 非法接口
语义:通过 rs232RS232 接收一个字符

int **OSFlushInRS232** (int interface);
输入:(interface) 串行接口
　　有效值为:SERIAL1 - 3
输出:(returncode)
　　0 = 正确
　　10 = 非法接口
语义:重置接收器状态并刷新其 FIFO。在无握手模式下非常有用,在启动接收器之前可将 FIFO 设为定义的状态

int **OSFlushOutRS232** (int interface);
输入:(interface) 串行接口
　　有效值为:SERIAL1 - 3
输出:(returncode)
　　0 = 正确
　　10 = 非法接口
语义:刷新发送器 FIFO,可用于取消当前向主机的传输
　　(例如:当主机无响应时)

int **OSCheckInRS232** (int interface);
输入:(interface) 串行接口
　　有效值为:SERIAL1 - 3
输出:(returncode) >0 :FIFO 中当前可用的字符数
　　<0:0xffffff02 接收状态错误(无可用字符)
　　0xffffff0a 非法接口
语义:可用于只读取特定大小的数据包

int **OSCheckOutRS232** (int interface);
输入:(interface) 串行接口
　　有效值为:SERIAL1 - 3
输出:(returncode) >0 :当前 FIFO 中正在等待的字节数
　　　　<0:0xffffff0a 非法接口
语义:可用于测试主机是否能以胜任的速度正确接收或及时发送数据包

int **USRStart** (void);　　P.480
输入:无
输出:无
语义:行动已加载的用户程序
注意:不要在应用程序中使用

int **USRResident** (char * name, BOOL mode);
输入:(name) 名称数组的指针
(mode)模式
有效值为:SET,GET
输出:无
语义:对加载的用户程序进行防重启保护
SET 保存起始地址和程序名
GET 恢复保存起始地址和程序名
注意:不要在应用程序中使用

B.5.9 音频

音频文件可在 PC 上由转换软件生成。
采样格式:WAV 或 AU/SND (8 位、pwm 或 mulaw)
采样率:5461, 6553, 8192, 10922, 16384, 32768 (Hz)
音调范围:65 Hz 至 21000 Hz
音调长度:1 ms 至 65535 ms

int **AUPlaySample** (char * sample);
输入:(sample) 样例数据的指针
输出:(returncode) 给定样例的播放频率
0 如果为不支持的样例格式
语义:播放给定的样例(无中断)
支持的格式为:
WAV 或 AU/SND (8 位、pwm 或 mulaw)
5461, 6553, 8192, 10922, 16384, 32768 (Hz)

int **AUCheckSample** (void);
输入:无
输出:当正在播放样例时 FALSE
语义:无中断地检测样例结束

int **AUTone** (int freq, int msec);
输入:(freq) 音调频率
(msecs)音调长度
输出:无
语义:用给定的频率和时间播放音调(无中断)
支持的格式为:
freq=65 Hz to 至 21000 Hz
msecs=1 ms 至 65535 ms

int **AUCheckTone** (void);
输入:无
输出:当正在播放音调时 FALSE
语义:无中断地检测音调结束

int **AUBeep** (void);
输入:无
输出:无
语义:蜂鸣!

int **AURecordSample** (BYTE * buf, long len, long freq);
输入:(buf) 缓存的指针
  (len)样例字节+28 个头字节
  (freq)期望的样例频率
P.481
输出:(returncode) 实际的样例数据
语义:用给定的频率从麦克风录制样例至缓存(无中断)
  录音格式:AU/SND (pwm) 使用无符号 8 位采样

int **AUCheckRecord** (void);
输入:无
输出:当录音时 FALSE
语义:无中断测试录音结束

int **AUCaptureMic** (void);
输入:无
输出:(returncode) 麦克风的值(10 位)
语义:获取麦克风输入值

B.5.10 位置敏感设备(PSDs)

位置敏感设备(PSDs)使用红外光束来测量距离,其精度因传感器而异,并需要在 HDT 中进行修正以获得正确的距离读数。

PSDHandle **PSDInit** (DeviceSemantics semantics);
输入:(semantics) 所需 PSD 的惟一定义(见 hdt.h)
输出:(returncode) 所有进一步操作的惟一句柄
语义:用给定的名称(semantics)初始化单个 PSD。可初始化 8 个 PSD

intPSDRelease (void);
输入:无

输出:无
语义:停止所有测量并释放所有初始化过的 PSD

int **PSDStart** (PSDHandle bitmask, BOOL cycle);
输入:(bitmask) 所有需并行测量的句柄的和
　　(cycle) TRUE＝连续测量
　　　　　FALSE＝一次测量
输出:(returncode) 启动请求的状态
　　-1 = 错误(错误句柄)
　　0 = 正确
　　1 = 忙(其它测量模块在工作)
语义:开启一个单次/连续 PSD 测量,设为连续时每 60 ms 给出新的测量值

int **PSDStop** (void);
输入:无
输出:无
语义:完成当前测量后停止连续的 PSD 测量

BOOL **PSDCheck** (void);
输入:无
输出:(returncode) 如果有一个有效的 PSD 读数则为 TRUE
语义:无中断地测试是否有一个有效的 PSD 读数

int **PSDGet** (PSDHandle handle);
输入:(handle) 目标 PSD 的句柄
　　0 用于获得实际测量周期的时间标签
输出:(returncode) 以 mm 为单位的实际距离(通过内部查表转换)
P.482
语义:由所选的 PSD 发出实际的测量距离或时间标签。如果原始读数超过了特定传感器的量程,则返回 PSD_OUT_OF_RANGE(＝9999)

int **PSDGetRaw** (PSDHandle handle);
输入:(handle) 目标 PSD 的句柄
　　0 用于获得实际测量周期的时间标签
输出:(returncode) 实际的原始读数(未转换)
语义:发送实际的时间标签或所选 PSD 测量的原始数据

B.5.11　伺服器和电机

ServoHandle **SERVOInit** (DeviceSemantics semantics);
输入:(semantics) 语义 (见 hdt.h)

输出:(returncode) 伺服器句柄
语义:初始化特定的伺服器

int **SERVORelease** (ServoHandle handle)
输入:(handle) 所有需要释放的伺服器句柄之和
输出:(returncode)
0=ok
错误(没有任何释放):
0x11110000=完全错误的句柄
0x0000xxxx=只有这些字节中的句柄参数仍然设置连接在一个可释放的 TPU-通道上
语义:释放特定的伺服器

int **SERVOSet** (ServoHandle handle,int angle);
输入:(handle) 需要设为并行工作的伺服器句柄之和
(angle)伺服器角度
有效值:0~255
输出:(returncode)
0=ok
-1=错误的句柄
语义:将给定的(多个)伺服器设置为相同的给定角度

MotorHandle **MOTORInit** (DeviceSemantics semantics);
输入:(semantics) 语义(见 hdt.h)
输出:(returncode) 电机句柄
语义:初始化给定的电机

int **MOTORRelease** (MotorHandle handle)
输入:(handle) 所有需要释放的电机句柄之和
输出:(returncode)
0=ok
错误(没有任何释放):
0x11110000=完全错误的句柄
0x0000xxxx=只有这些字节中的句柄参数仍然设置连接在一个可释放的 TPU-通道上
语义:释放给定的电机

int **MOTORDrive** (MotorHandle handle,int speed);
输入:(handle) 所有需要驱动的电机句柄之和

(speed) 电机速度的百分比

有效值：—100～100 (从全速后退至全速前进)

0 完全停止

输出：(returncode)

0 = ok

-1 = 错误的句柄

P.483

语义：将给定的(多个)电机设为相同的给定速度

QuadHandle **QuadInit** (DeviceSemantics semantics);

输入：(semantics) 语义

输出：(returncode) 正交编码器句柄 QuadHandle 或 0 表示错误

语义：初始化给定的正交编码器(最多 8 个编码器可用)

int **QuadRelease** (QuadHandle handle);

输入：(handle) 所有需要释放的编码器句柄之和

输出：0 = ok

-1 = 错误的句柄

语义：释放一个或多个正交编码器

int **QuadReset** (QuadHandle handle);

输入：(handle) 所有需要重置的编码器句柄之和

输出：0 = ok

-1 = 错误的句柄

语义：重置一个或多个正交编码器

int **QuadRead** (QuadHandle handle);

输入：(handle) 一个编码器句柄

输出：32 位计数值(0 至 2^32—1)

一个错误的句柄将返回 0 计数值!

语义：读取实际的正交编码器计数器

DeviceSemantics **QUADGetMotor** (DeviceSemantics semantics);

输入：(handle) 一个编码器句柄

输出：相应电机的语义

0=错误的句柄

语义：获取相应电机的语义

float **QUADODORead** (QuadHandle handle);

输入：(handle) 一个编码器句柄

输出：自上一次轮转计重置所行走的米数

语义:获取从上一次重置位置算起,单独一个电机的行驶距离!
　　而非从上一次重置位置算起的总米数!
　　只是接近于返回起点的剩余米数
　　可同于 PID 控制

int **QUADODOReset** (QuadHandle handle);
输入:(handle) 需要重置的编码器句柄之和
输出:0 = ok
　　-1 = 错误 错误的句柄
语义:重置简单的 odometer(s)至定义的起点

B.5.12 驱动接口 *vω*

这是一组使用电机和正交编码器基本函数所构成的以驱动机器人的高级车轮控制 API。

数据类型:

```
typedef float meterPerSec;
typedef float radPerSec;
typedef float meter;
typedef float radians;

typedef struct
{   meter x;
    meter y;
    radians phi;
} PositionType;

typedef struct
{   meterPerSec v;
    radPerSec w;
} SpeedType;
```

P.484

VWHandle **VWInit** (DeviceSemantics semantics, int Timescale);
输入:(semantics) 语义
　　(Timescale) 100 Hz 中断请求的预标度值(1 至…)
输出:(returncode) VW 句柄或 0 表示错误
语义:初始化特定的 VW 驱动器(只可以初始化为 1)
　　电机和编码器会自动保留!
　　Timescale 需要在精度(scale=1,以 100 Hz更新)和速度(scale>1,
　　以 100/scale Hz更新)之间折衷调整。

```
int VWRelease (VWHandle handle);
```
输入:(handle) 需要释放的 VW 句柄
输出:0 = ok
　　-1 = 错误的句柄
语义:释放 VW-驱动器、停止电机

```
int VWSetSpeed (VWHandle handle, meterPerSec v, radPerSec w);
```
输入:(handle) 一个 VW 句柄
　　(v)新的线速度
　　(w)新的转动速度
输出:0 = ok
　　-1 = 错误的句柄
语义:设置新的速度 v(m/s)和 w(rad/s,而非 deg/s)

```
int VWGetSpeed (VWHandle handle, SpeedType* vw);
```
输入:(handle) 一个 VW 句柄
　　(vw)存储 V、W 位置的指针
输出:0 = ok
　　-1 = 错误的句柄
语义:获得实际的速度 v(m/s)和 w(rad/s,而非 deg/s)

```
int VWSetPosition (VWHandle handle, meter x, meter y, radians phi);
```
输入:(handle) 一个 VW 句柄
　　(x)新的 x-坐标
　　(y)新的 y-坐标
　　(phi)新的航向
输出:0 = ok
　　-1 = 错误的句柄
语义:设置新的位置 x(m)、y(m)、phi(弧度而非角度)

```
int VWGetPosition (VWHandle handle, PositionType* pos);
```
输入:(handle) 一个 VW 句柄
　　(pos) (x,y,phi)存储位置的指针
输出:0 = ok
　　-1 = 错误的句柄
语义:获取实际的位置 x(m)、y(m)、phi(弧度而非角度)

```
int VWStartControl (VWHandle handle, float Vv, float Tv, float Vw, float Tw);
```
输入:(handle) 一个 VW 句柄

(Vv) v-控制器比例部分的参数
(Tv) v-控制器积分部分的参数
(Vw) w-控制器比例部分的参数
(Tw) w-控制器积分部分的参数
输出:0 = ok
-1 = 错误的句柄
语义:为 vw-接口使能 PI-控制器并设定参数
当 vw-接口初始化时,PI-控制器默认为不活动状态。控制器通过调整相关电机的功率努力保持(在 VWSetSpeed 中设定的)期望速度。需仔细为控制器调参!
公式为:

P.485

$$new(t) = V \times (diff(t) + 1/T \times \int_0^t diff(t)dt)$$

V:通常在 1.0 左右取值
T:通常在 0 与 1.0 之间取值
使能控制器后,最后设定的速度(VWSetSpeed)为保持稳定的速度

int **VWStopControl** (VWHandle handle);
输入:(handle) 一个 VW 句柄
输出:0 = ok
-1 = 错误的句柄
语义:立即禁用控制器。vw-接口继续正常维持控制器最后的有效速度。

int **VWDriveStraight** (VWHandle handle, meter delta, meterpersec v)
输入:(handle) 一个 VW 句柄
(delta)以米为单位的行驶距离(正表示前进)
(负表示后退)
(v)s 行驶速度(始终为正!)
输出:0 = ok
-1 = 错误的句柄
语义:以速度 v 直行距离"delta"(前进或后退)
当此函数正在运行时,任何随后的对- Turn、- Curve 或 VWSetSpeed 的调用都将立即中断其执行

int **VWDriveTurn** (VWHandle handle, radians delta, radPerSec w)
输入:(handle) 一个 VW 句柄
(delta)以弧度为单位的转动角度(正表示逆时针转动)
(负表示顺时针转动)
(w)转动速度(始终为正!)
输出:0 = ok

-1 = 错误的句柄

语义：以速度 w 原地转动"delta"度（顺时针或逆时针）

当此函数正在运行时，任何随后的对-Turn、-Curve 或 VWSetSpeed 的调用都将立即中断其执行。

int **VWDriveCurve** (VWHandle handle, meter delta_l, radians delta_phi, meterpersec v)

输入：(handle)一个 VW 句柄

(delta_l)以米为单位行驶的曲线段长度

（正表示前进）

（负表示后退）

(delta_phi)以弧度为单位的转动角度

（正表示逆时针转动）

（负表示顺时针转动）

(v)行驶速度（始终为正！）

输出：0 = ok

-1 = 错误的句柄

语义：以速度为 v(前进或后退 / 顺时针或逆时针)行驶一段长度为"delta_l"、整个小车转动"delta_phi"度的曲线。

P. 486

当此函数正在运行时，任何随后的对-Turn、-Curve 或 VWSetSpeed 的调用都将立即中断其执行。

float **VWDriveRemain** (VWHandle handle)

输入：(handle) 一个 VW 句柄

输出：0.0 = 先前的 VWDriveX 命令已完成

任何其它值 = 距离目标的剩余距离

语义：距离 VWDriveStraight、-Turn(-Curve 只报告 delta_l 部分的剩余距离)所设定目标的剩余距离。

int **VWDriveDone** (VWHandle handle)

输入：(handle) 一个 VW 句柄

输出：-1 = 错误的句柄

0 = 小车运动中

1 = 先前的 VWDriveX( )命令已完成

语义：检查先前的 VWDriveX 命令是否已完成

int **VWDriveWait** (VWHandle handle)

输入：(handle) 一个 VW 句柄

输出：-1 = 错误的句柄

0 = 先前的 VWDriveX 命令已完成

语义:阻塞进程调用,直至先前的 VWDriveX()命令完成。

int **VWStalled** (VWHandle handle)

输入:(handle) 一个 VW 句柄

输出:-1 = 错误的句柄

0 = 小车运动中或没有激活的运动指令

1 = 在 VW 命令运行期间小车至少有一个电机失速。

语义:检测小车是否至少有一个电机失速

B.5.13 碰撞和红外传感器

在先前的一些机器人型号中使用了接触碰撞器和红外接近传感器。足球机器人目前未使用这些传感器,但也可以增加使用这些传感器。

BumpHandle **BUMPInit** (DeviceSemantics semantics);

输入:(semantics) 语义

输出:(returncode) 碰撞器句柄或 0 表示错误

语义:初始化特定的碰撞器(最多可 16 个)

int **BUMPRelease** (BumpHandle handle);

输入:(handle) 需要释放的碰撞器句柄之和

输出:(returncode)

0=ok

错误(没有任何释放):

0x11110000=完全错误的句柄

0x0000xxxx=只有这些字节中的句柄参数仍然设置连接在一个可释放的 TPU-通道上

语义:释放一个或多个碰撞器

int **BUMPCheck** (BumpHandle handle, int* timestamp);

输入:(handle) 一个碰撞器句柄

(timestamp)存放时间标签的整型指针

输出:(returncode)

P.487

0=碰撞发生,此时 *timestamp 是一个有效标签

-1=无碰撞或错误的句柄,*timestamp 清除掉

语义:检查是否有一次碰撞发生并返回 timestamp(TPU)。

记录第一次碰撞并保持至 BUMPCheck 调用

IRHandle **IRInit** (DeviceSemantics semantics);

输入：(semantics) 语义
输出：(returncode) IR句柄或0表示错误
语义：初始化给定的IR传感器(最多可16个)

int **IRRelease** (IRHandle handle);
输入：(handle) 需要释放的IR句柄之和
输出：(returncode)
　　0 = ok
　　错误(没有任何释放)：
　　0x11110000＝完全错误的句柄
　　0x0000xxxx＝只有这些字节中的句柄参数仍然设置连接在一个可释放的TPU-通道上
语义：释放一个或多个IR传感器

int **IRRead** (IRHandle handle);
输入：(handle) 一个IR句柄
输出：(returncode)
　　0/1＝TPU-通道的实际管脚状态
　　-1＝错误的句柄
语义：读取IR传感器的实际状态

B.5.14　锁存器

锁存或拉低IO缓存。

BYTE **OSReadInLatch** (int latchnr);
输入：(latchnr) 输入锁存器的编号(范围：0…3)
输出：此输入锁存器的实际状态
语义：读取所选输入锁存器的内容

BYTE **OSWriteOutLatch** (int latchnr, BYTE mask, BYTE value);
输入：(latchnr) 输出锁存器的编号(范围：0…3)
　　(mask) 用于清除选定管脚的位与掩码
　　(反码表示!)
　　(value) 用于置位选定管脚的位或掩码
输出：此输出锁存器的先前状态
语义：修改一个输出锁存器并保持全局状态不变。
　　例如：OSWriteOutLatch(0, 0xF7, 0x08); 置位第4位
　　例如：OSWriteOutLatch(0, 0xF7, 0x00); 清除第4位

BYTE **OSReadOutLatch** (int latchnr);
输入:(latchnr) 输出锁存器的编号(范围 0…3)
输出:此输出锁存器的实际状态
语义:读取输出锁存器的全局复写

B.5.15 并行接口

BYTE **OSReadParData** (void);
输入:无
输出:8 位数据端口的实际状态
语义:读取并行端口的内容(高电平有效)

void **OSWriteParData** (BYTE value);
输入:(value) 新的输出数据
输出:无
语义:将新的输出数据写入并行端口(高电平有效)

P. 488

BYTE **OSReadParSR** (void);
输入:无
输出:5 个状态管脚的实际状态
语义:读取 5 个状态管脚的实际状态(高电平有效)
(BUSY(4), ACK(3), PE(2), SLCT(1), ERROR(0))

void **OSWriteParCTRL** (BYTE value);
输入:(value) 控制管脚新的输出(4 位)
输出:无
语义:写输出 4 个控制管脚新的状态(高电平有效)
(SLCTIN(3), INT(2), AUTOFDXT(1), STROBE(0))

BYTE **OSReadParCTRL** (void);
输入:无
输出:4 个控制管脚的实际状态
语义:读取 4 个控制管脚的实际状态(高电平有效)
(SLCTIN(3), INT(2), AUTOFDXT(1), STROBE(0))

B.5.16 模数转换器

int **OSGetAD** (int channel);
输入:(channel) 选定的 AD 通道　范围:0…15
输出:(returncode) 10 位采样值
语义:从规定的 AD 通道中获取一个 10 位数值

```
int OSOffAD (int mode);
```
输入:(mode) 0 = 完全掉电
　　　　　　1 = 快速掉电
输出:无
语义:使 2 个 AD 转换器掉电(省电)
　　调用 OSGetAD 再次唤醒 AD 转换器

B.5.17　无线通信

注意:使用这些库例程需要额外的硬件和软件(无线电按键)。

"EyeNet"网络由任意数量的 EyeBot 机器人和可选的工作站主机组成。网络按虚拟令牌环工作并具有容错特性。可自动协商生成网络主机,新的 EyeBot 通过"wildcard"消息自动加入网络中,退出的 EyeBot 将从网络中清理掉。此网络使用 RS232 接口,可通过线缆或无线连接。

通信数据为整 8 位,每一个发送的数据包带有校验和以检测错误。通信不可靠,其意思是数据错误时没有重送以及无法保证数据送达。

```
int RADIOInit (void);
```
输入:无
输出:如果成功则返回 0
语义:初始化并启动无线通信

P.489

```
int RADIOTerm (void);
```
输入:无
输出:如果成功则返回 0
语义:中止网络操作

```
int RADIOSend (BYTE id, int byteCount, BYTE* buffer);
```
输入:(id) EyeBot 用于消息区分的 ID 号
　　(byteCount)消息长度
　　(buffer)消息内容
输出:如果成功则返回 0
　　如果发送缓存已满或消息过长则返回 1
语义:向另一个 Eyebot 发送消息。消息会被缓存,因此在后台发送消息时发送过程可连续进行。消息长度必须低于或等于 MAXMSGLEN。将消息发送至特殊的 id:BROADCAST,则会广播此消息。

```
int RADIOCheck (void);
```
输入:无

输出:返回缓存中用户消息的数目
语义:函数返回缓存中用户消息的数目。如果希望避免阻塞,此函数应当在接收前调用。

int **RADIORecv** (BYTE* id, int* bytesReceived, BYTE* buffer);
输入:无
输出:(id) EyeBot 消息源的 ID 号
　　(bytesReceived)消息长度
　　(buffer)消息内容
语义:返回下一个缓存的消息。按接收的顺序返回消息。如果没有消息接收,则阻塞调用过程,直至下一条消息到达。缓存必须有 MAXMSGLEN 字节的空间。

数据类型:

```
struct RadioIOParameters_s{
  int interface; /* SERIAL1、SERIAL2,SERIAL3 */
  int speed; /* SER4800,SER9600,SER19200,SER38400, SER57600, SER115200 */
  int id;/* 机器 id */
  int remoteOn; /* 遥控开启时非 0 */
  int imageTransfer; /* 如果遥控开启:0 关闭, 2 完整, 1 简化 */
  int debug; /* 0 关闭, 1…100 调试 spew 的等级 */
  };
```

void **RADIOGetIoctl** (RadioIOParameters* radioParams);
输入:无
输出:(radioParams) 当前的无线参数设置
语义:读取当前的无线参数设置

void **RADIOSetIoctl** (RadioIOParameters* radioParams);
输入:(radioParams) 新的无线参数设置
输出:无
语义:改变无线参数设置。应在调用 RADIOInit()前执行此操作

int **RADIOGetStatus** (RadioStatus *status);
输入:无
输出:(status) 当前无线通信的状态
语义:返回当前无线通信的状态信息

P.490

B.5.18 罗盘

以下例程为数字罗盘提供了一个接口。

HDT 设置示例：

```
compass_type compass = {0,13,(void *)OutBase, 5,(void *)OutBase, 6,(BYTE *)In-
Base, 5};
HDT_entry_type HDT[] =
{…
    {COMPASS,COMPASS,"COMPAS",(void*)compass},
…
};
```

int **COMPASSInit** (DeviceSemantics semantics);
输入：目标罗盘的唯一定义（见 hdt.h）
输出：(return code) 0 = OK
　　　　　　　　　　1 = 错误
语义：初始化数字罗盘设备

int **COMPASSStart** (BOOL cycle);
输入：(cycle) 1 表示循环模式
　　　　　　0 表示单次测量
输出：(return code) 1 = 模块已启动
　　　　　　　　　　0 = OK
语义：此函数启动实际方向的测量。通过 cycle 参数选择罗盘模块的工作模式。在循环模式(1)，罗盘没有停顿尽可能快地发送实际的朝向。在正常模式(0)，只需要发送一次测量并允许罗盘模块随后进入休眠模式。

int **COMPASSCheck** ();
输入：无
输出：(return code) 1 = 结果就绪
　　　　　　　　　　0 = 结果未就绪
语义：如果只需工作一次，此函数可用来检查结果是否可用；而在循环模式此函数用处不大，因为总是指示"忙碌"状态。用户通常可通过一个循环来等待结果。

```
int heading;
COMPASSStart(FALSE);
while(! COMPASSCheck());
//只有一个任务！否则由其他任务替换
heading = COMPASSGet();
```

int **COMPASSStop** ();
输入：无
输出：(return code) 0 = OK

1 = 错误

语义:停止已启动的循环测量。此函数等待当前测量完成并停止此模块,因此最迟 100 毫秒后此函数将返回。如果 EyeBot 上没有连接罗盘模块将产生死锁!

int **COMPASSRelease** ();

输入:无

输出:(return code) 0 = OK

1 = 错误

语义:此函数关闭驱动并直接中止任何运行中的测量。

int **COMPASSGet** ();

P.491

输入:无

输出:(return code) 罗盘方向数据:[0…359]

-1 = 仍无计算的方向

(启动后等待)

语义:此函数发送实际的罗盘方向

int **COMPASSCalibrate** (int mode);

输入:(mode) 0 重置罗盘模块的校准数据

(需要约 0.8s)

1 执行正常校准

输出:(return code) 0 = OK

1 = 错误

语义:此函数有两个任务。用 mode = 0 重置罗盘模块的校准数据;用 mode = 1 执行正常校准。必须调用 mode = 1 两次(第一次在任意位置,第二次在初始位置的 180 度处)。通常需执行以下步骤:

```
COMPASSCalibrate(1);
VWDriveTurn(VWHandle handle, M_PI, speed);
//原位置转动 EyeBot 180 度
COMPASSCalibrate(1);
```

B.5.19 红外遥控

以下命令可通过标准的电视遥控发送至 EyeBot。

Include:

```
#include "irtv.h"/ * 只需要 HDT 文件 * /
#include "IRu170.h"; / * 与遥控有关,例如"IRnokia.h" * /
```

Sample HDT Setting:

```
/* 伺服器 S10 (TPU11)的红外遥控 */
/* SupportPlus 170 */
irtv_type irtv = {1, 13, TPU_HIGH_PRIO, REMOTE_ON,
                  MANCHESTER_CODE, 14, 0x0800, 0x0000, DEFAULT_MODE, 4,300,RC_
                  RED, RC_YELLOW, RC_BLUE, 0x303C};
/* NOKIA */
irtv_type irtv = {1, 13, TPU_HIGH_PRIO, REMOTE_ON,
                  SPACE_CODE,15, 0x0000, 0x03FF, DEFAULT_MODE, 1, -1,RC_RED, RC_
                  GREEN, RC_YELLOW, RC_BLUE};
HDT_entry_type HDT[] =
{ ...
  {IRTV,IRTV,"IRTV",(void*)irtv},
...
};
```

int **IRTVInitHDT** (DeviceSemantics semantics);

输入:(semantics) 目标IRTV的唯一定义(见hdt.h)

输出:(return code) 0 = ok

1 = (HDT IRTV条目中)非法的类型或模式

2 = 此语义的"IRTV" HDT条目非法或丢失

P.492

语义:IRTVInit()使用在相应的HDT条目中找到的参数来初始化IR遥控解码。由于定义程序位于HDT中,所以此应用函数的使用与所使用的遥控无关。

int **IRTVInit** (int type, int length, int tog_mask, int inv_mask, int mode,int bufsize, int delay);

输入:(type) 所使用的编码类型

有效值为:

SPACE_CODE, PULSE_CODE, MANCHESTER_CODE, RAW_CODE

(length) 编码长度(位数)

(tog_mask) 掩码位,在一个编码中选择"触发位"

(当重复按下相同的按键时,发生改变的位)

(inv_mask) 掩码位,在一个编码中选择反相位

(用交替变化的编码进行遥控)

(mode) 工作模式

有效值为:DEFAULT_MODE, SLOPPY_MODE, REPCODE_MODE

(bufsize) 内部编码缓存的大小

有效值为:1～4

(delay) 按键重复延迟

>0:1/100s的数目(应当>20)

-1:无重复

输出:(return code) 0 = ok

1 = 非法的类型或模式

2 = 非法或丢失的"IRTV" HDT 条目

语义:启动 IR 遥控解码器。

使用 IR 遥控分析程序(IRCA)为"type"、"length"、"tog_mask"、"inv_mask" 和"mode"参数查找正确的值。

可用 SLOPPY_MODE(粗放模式)替换 DEFAULT_MODE(默认模式)。在默认模式,至少要接收到两个连续的鉴别编码,编码方可有效。当使用粗放模式时,不执行错误校验,每一个编码直接做有效处理。优点是这将减少按键和反应之间的延迟。

遥控使用了一个特殊的重复编码,必须使用 REPCODE_MODE(如分析者所建议)。

典型参数	Nokia (VCN 620)	RC5 (Philips)
类型	SPACE_CODE	MANCHESTER_CODE
长度	15	14
tog_mask	0	0x800
inv_mask	0x3FF	0
模式	DEFAULT_MODE /	DEFAULT_MODE /
	SLOPPY_MODE	SLOPPY_MODE

类型设置 RAW_CODE 只用于编码分析。如果指定了 RAW_CODE,则其它参数应当设为 0.原始编码必须使用 IRTVGetRaw 和 IRTVDecodeRaw 处理。

void **IRTVTerm** (void);

输入:无

输出:无

语义:终止遥控解码器并释放所占用的 TPU 通道

int **IRTVPressed** (void);

输入:无

输出:(return code) 当前正在按压的远程按键的编码

0 = 无按键

P. 493

语义:直接读取当前的远程按键编码,不操作编码缓存,无等待。

int **IRTVRead** (void);

输入:无

输出:(return code) 缓存的下一个编码

0 = 无按键

语义:从编码缓存中读取并移除掉下一个按键编码,无等待

int **IRTVGet** (void);

输入:无

输出:(return code) 缓存中下一个编码(! =0)

语义:从编码缓存中读取并移除掉下一个按键编码。如果缓存为空,此函数将等待直至有远程按键按下 R

void **IRTVFlush** (void);

输入:无

输出:无

语义:清空编码缓存

void **IRTVGetRaw** (int bits[2], int * count, int * duration, int * id, int * clock);

输入:无

输出:(bits) 原始编码的内容

[0]位为#0 表示编码序列中的第一次脉冲

[0]位为#1 表示编码序列中的第一次间隔

[1]位为#0 表示编码序列中的第二次脉冲

[1]位为#1 表示编码序列中的第二次间隔

……

清空位表示一个短信号

置一位表示一个长信号

(count)接收信号(=脉冲+间隔)的数目

(duration)编码序列的逻辑持续时间(logical duration)

持续时间=(短信号的数目)+

2 * (长信号的数目)

(id)当前编码的唯一 ID

(每次加 1)

(clock)编码接收的时间

语义:返回关于最后收到的原始编码的信息。

只有当类型设置==RAW_CODE 时工作。

int **IRTVDecodeRaw** (const int bits[2], int count, int type);

输入:(bits) 需解码的原始编码(见 IRTVGetRaw)

(count)原始编码中信号(=脉冲+间隔)的数目

(type)解码方法

有效值为:SPACE_CODE, PULSE_CODE, MANCHESTER_CODE

输出:(return code) 解码值(0 表示一个非法的曼彻斯特码)

语义:使用指定的方法解码原始编码

硬件描述表

C.1 HDT 概述

硬件描述表(HDT)是连接 RoBIOS 操作系统与机器人的实际硬件配置的纽带。对于结构差异很大的、使用不同机械结构以及装备不同传感器/执行器的机器人,通过此表均可以运行相同的操作系统。所有连接在控制器上的传感器、执行器以及辅助设备,都会在 HDT 中列出它们确切的 I/O 引脚和时序配置。端口对于程序而言是透明的,这样可以进行例如传感器和执行器的改动而无需重新编译程序。HDT 包括有: P.495

- HDT 的访问程序
- HDT 的数据结构

HDT 存放在 EyeCon 的 flash-ROM 中并可通过下载更新 HDT hex 文件。用户使用脚本 gcchdt 代替标准的 gcc68 脚本来编译 HDT。

以下是 RoBIOS 中的部分例程,硬件驱动用它来检测是否安装了某一硬件组件,以及它的安装位置。但用户程序不能调用这些例程。

```
int HDT_Validate(void);
/* RoBIOS 用来检查和初始化 HDT 数据结构 */
void *HDT_FindEntry(TypeID typeid,DeviceSemantics semantics);
/* 设备驱动以此来查找第一个符合语义的项并返回相应数据结构的指针 */
DeviceSemantics HDT_FindSemantics(TypeID typeid, int x);
/* 查询给定类别(Type)的第 x 个项并返回其语义 */
int HDT_TypeCount(TypeID typeid);
/* 计算给定类别的项个数 */
char *HDT_GetString(TypeID typeid,DeviceSemantics semantics)
/* 获取语义字符串 */
```

P.496

HDT 的数据结构是一个独立的数据文件(源程序样例位于文件夹 hdtdata)。每一个控制器都需要在 ROM 有一个编译好的 HDT 文件用于操作。

对于一个特定的系统配置，HDT 数据文件包含了所有硬件组件的连接与控制信息。每一个源文件通常包含 HDT 组件所有所需的数据结构的描述，以及采用先前定义的实际组件的列表（在源文件的末尾处）。

直流电机的 HDT 数据项的例子（详见用于特定类型和常量定义的头文件 hdt.h）：

```
motor_type motor0 = {2, 0, TIMER1, 8196, (void*)(OutBase + 2), 6, 7, (BYTE*) mot-
                    conv0};
```

2	:项所适用的最大驱动版本号
0	:电机连接的定时处理器单元(tpu)通道
TIMER2	:使用的 tpu 定时器
8196	:pwm 周期，单位：Hz
OutBase + 2	:驱动中所使用的 I/O 口地址
6	:控制前进的端口位
7	:控制后退的端口位
motconv0	:匹配不同电机转换表的指针

在下面例子中，HDT 列表包含了一个具体系统中所有的硬件组件配置（项 INFO 和 END_OF_HDT 是所有 HDT 所必须有的）：

```
HDT_entry_type HDT[] =
{
    MOTOR,MOTOR_RIGHT,"RIGHT",(void *)& motor0,
    MOTOR,MOTOR_LEFT,"LEFT",(void *)& motor1,
    PSD,PSD_FRONT,"FRONT",(void *)& psd1,
    INFO,INFO,"INFO",(void *)& roboinfo,
    END_OF_HDT,UNKNOWN_SEMANTICS,"END",(void *)0
};
```

对第一个 HDT 项的说明：

MOTOR	:这是一个电机
MOTOR_RIGHT	:此电机的语义
"RIGHT"	:用于测试的可读字符串
—motor0	:数据结构 motor0 的指针

以下从用户编程的角度来说明如何使用 HDT 项。以电机项为例，首先必须要定义一个设备的句柄：

```
MotorHandle leftmotor;
```

接下来，需要调用包含语义（HDT 名字）的 MOTORInit 来初始化句柄。此时 MOTORInit 搜索 HDT 来查找具有特定语义的电机，如果找到则调用电机驱动来初始化电机：

P. 497

```
leftmotor = MOTORInit(LEFTMOTOR);
```

此时可通过提供的存取例程来操作电机，如设定速度。以下的函数会调用电机驱动并对先前初始化好的电机进行速度设定：

```
MOTORDrive (leftmotor,50);
```

使用完一个设备后(在此是电机),需要将其释放,以便其它的应用可以使用它:

```
MOTORRelease (leftmotor);
```

其它所有的硬件组件以类似的方式使用 HDT 项。以下是 HDT 信息结构的介绍,RoBIOS 的相关细节见附录 B.5。

C.2 电池项

```
typedef struct
{
int     version;
short   low_limit;
short   high_limit;
}battery_type;
```

例如:

```
battery_type battery = {0,550,850};
```

int version:

此项兼容最新驱动版本。

因为新驱动肯定需要更多信息,这个标签是为了防止驱动读取比实际可用信息更多的信息。

short low_limit:

电池快没电时 AD 转换器通道 1 的测量值。它定义了监控电池电压的下限。

short high_limit:

电池满电时 AD 转换器通道 1 的测量值。它定义了监控电池电压的上限。

C.3 碰撞感应器项

P.498

```
typedef struct
{
    int     driver_version;
    int     tpu_channel;
    int     tpu_timer;
    short     transition;
}bump_type;
```

例如:

```
bump_type bumper0 = {0, 6, TIMER2, EITHER};
```

int driver_version:

此项兼容最新驱动版本。

因为新驱动肯定是需要更多信息,这个标签是为了防止驱动读取比实际可用信息更多的信息。

int tpu_channel:

减震器连接的tpu通道，取值范围：0～15。每个减震器需要一个tpu通道产生碰撞信号。

int tpu_timer:

要使用的定时器。有效值有TIMER1，TIMER2。如果检测到碰撞信号，相应的定时器值会保存下来以用于后续计算。

TIMER1的运行速率为4～8 MHz（取决于CPU时钟），TIMER2运行速率为512～1 MHz（取决于CPU时钟）

short transition:

设定起作用的信号跳变模式。有效值为：RISING、FALLING、EITHER。可通过改变TPU的跳变模式来改变减震器的行为。

C.4 罗盘项

```
typedef struct
{
short    version;
short    channel;
void*    pc_port;
short    pc_pin;
void*    cal_port;
short    cal_pin;
void*    sdo_port;
short    sdo_pin;
}compass_type;
```

例如：

compass_type compass={0,13,(void*)IOBase, 2,(void*)IOBase, 4, (BYTE*)IOBase, 0};

short version:

此项兼容最新驱动版本。

因为新驱动肯定是需要更多信息，这个标签是为了防止驱动读取比实际可用信息更多的信息。

short channel:

连接罗盘的TPU通道，用以进行数据传输过程的计时。有效值为0～15。

void* pc_port:

指向8位寄存器/锁存器（输出）的指针。PC是罗盘的开始信号。

short pc_pin:

这是pc_port所指向寄存器/锁存器中的位序列号，有效值为0～7。

void* cal_port:

指向8位寄存器/锁存器（输出）的指针。CAL是罗盘指针的开始信号。

如果不需要指针，可以将其值设为NULL（这种情况下不会调用指针函数（calibration

function))。

short cal_pin:

这是 cal_port 所指向寄存器/锁存器中的位序列号,有效值为 0～7。

P.499

void* sdo_port:

指向 8 位寄存器/锁存器(输入)的指针。SDO 是罗盘用于串行数据输出的连接。驱动会在由 TPU 通道控制的定时条件下定期地读出串行数据。

short sdo_pin:

这是 sdo_port 所指向寄存器/锁存器中的位序列号,有效值为 0～7。

C.5 信息项

```
typedef struct
{
int     version;
int     id;
int     serspeed; inthandshake; intinterface;
int     auto_download;
int     res1;
int     cammode;
int     battery_display;
int     CPUclock;
float   user_version;
String10  name;
unsigned  char res2;
}info_type;
```

例如:

```
info_type roboinfo0 = {0, VEHICLE, SER115200, RTSCTS, SERIAL2, AUTOLOAD, 0, AUTO-
                       BRIGHTNESS, BATTERY_ON, 16, VERSION, NAME, 0};
```

int version:

此项兼容最新驱动版本。

因为新驱动肯定是需要更多信息,这个标签是为了防止驱动读取比实际可用信息更多的信息。

int id:

RoBIOS 系统当前运行的环境。有效值为 PLATFORM、VEHICLE、WALKER。可通过 OSMachine-Type()函数访问。

int serspeed:

默认串口的默认波特率。有效值为 SER9600、SER19200、SER38400、SER57600、SER115200。

int handshake:

默认串口的默认握手模式。有效值为 NONE、RTSCTS。

int interface;

传输用户程序所使用的默认串口。有效值为 SERIAL1、SERIAL2、SERIAL3。

int auto_download;

RoBIOS 系统主菜单显示时的程序下载模式。RoBIOS 系统启动好后会不停地扫描默认串口以下载文件。如果检测到有文件传送,就会自动地把文件下载下来(值设为 AUTOLOAD)。如果值设为 AUTOLOADSTART,系统还会自动运行这个文件。但如果值设为 NO_AUTOLOAD,则不会进行串口扫描。

P.500

int res1;

这是一个保留参数(以前用于无线遥控的状态,但现在已有独立的 HDT 项,所以其值设为 0)。

int cammode;

默认的摄像头模式。有效值为 AUTOBRIGHTNESS、NOAUTOBRIGHTNESS。

int battery_display;

控制电池状态显示功能的开关。有效值为 BATTERY_ON、BATTERY_OFF。

int CPUclock;

MC68332 微处理器运行的时钟频率(MHz)。可通过 OSMachineSpeed()函数访问。

float user_version;

用户定义的当前 HDT 版本号。这只是用来信息表示且会显示在 RoBiOS 系统的 HRD 菜单中。

String10 name;

用户为 Eyebot 定义的唯一名字。这个名字只用来信息表示并会显示在 RoBIOS 系统的主菜单中。该变量可以通过 OSMachineName()函数访问。

unsigned char robi_id;

用户为 Eyebot 定义的唯一标识。这个标识只用于信息表示并显示在 RoBiOS 系统的主菜单中。此变量可通过 OSMachineID()函数访问。在 Hrd/Set/Rmt 中可临时改变。

unsigned char res2;

这是一个保留参数(以前用于无线遥控的机器人 ID 标识,现已无线遥控且有独立的 HDT 项,所以其值设为 0)。

C.6 红外传感器项

```
typedef struct
{
    int    driver_version;
    int    tpu_channel;
}ir_type;
```

例如:

```
ir_type  ir0 = {0, 8};
```

int driver_version;

此项兼容最新驱动版本。

因为新驱动肯定是需要更多信息，这个标签是为了防止驱动读取比实际可用信息更多的信息。

int tpu_channel：

红外传感器连接的 tpu 通道。有效值范围为 0～15。为了产生遇到障碍物的信号，每个红外传感器都需要一个 tpu 通道。

C.7 红外电视遥控项

P.501

```
typedef struct
{
shortversion; shortchannel; shortpriority;
/* new in version 1: */
short  use_in_robios;
int    type;
int    length;
int    tog_mask;
int    inv_mask;
int    mode;
int    bufsize;
int    delay;
int    code_key1;
int    code_key2;
int    code_key3;
int    code_key4;
} irtv_type;
```

这是红外电视的数据结构体(IRTV)的新扩展。RoBIOS 系统仍然可以处理旧版本 0 中的格式，这样系统就会采用符合标准 Nokia VCN620 的配置。但是只有使用新版本 1 才可能用红外 TV 控制 RoBIOS 系统中的四个键。

旧配置（版本 0）：

例如用于 SoccerBot：

irtv_type irtv = {0, 11, TPU_HIGH_PRIO}; /* 传感器连接 TPU 的 11 通道（= S10）*/

例如用于 EyeWalker：

irtv_type irtv = {0, 0, TPU_HIGH_PRIO}; /* 传感器连接 TPU 的 0 通道 */

新配置（版本 1 用于 Nokia VCN620 并激活 RoBIOS 系统的控制）：

irtv_type irtv = {1, 11, TPU_HIGH_PRIO, REMOTE_ON, SPACE_CODE, 15, 0x0000, 0x03FF, DEFAULT_MODE, 1, -1, RC_RED, RC_GREEN, RC_YELLOW, RC_BLUE};

short version：

此项兼容最新驱动版本。

因为新驱动肯定需要更多信息，这个标签是为了防止驱动读取比实际可用信息更多的信息。

short channel：

IRTV 传感器连接的 TPU 通道。有效值范围为 0～15。通常此传感器连接一个空闲的伺服端口，但是在 EyeWalker 上没有空闲的伺服连接端口，所以传感器不得不连接到一个电机连接端口上（为适应此用途需作一个小的更改——见手册）。

short priority：

使用的 TPU 通道的中断请求优先级，为了不遗漏远程命令，该值应该设为 TPU_HIGH_PRIO。

short use_in_robios：

若该值设为 REMOTE_ON，就可以在 ROBIOS 系统中通过远程控制来操作 4 个 EyeCon 按键。若值设为 REMOTE_OFF，则禁用此项特性。

int type：

int length：

int tog_mask：

int inv_mask：

int mode：

int bufsize：

int delay：

以上参数用来设置特定的远程控制。它们与用于系统调用 IRTVInit()的参数完全一致。

以上是用于默认为 Nokia VCN620 控制的一个例子。使用 irca 程序时将会找到这些设定。

int code_key1：

int code_key2：

int code_key3：

int code_key4：

这是远程控制中 4 个按钮的编码值，并与 4 个 EyeCon 按键相匹配。对于 Nokia 远程控制，这些编码值都会在头文件“IRnokia.h”中找到。

C.8　锁存器项

P.502

此项能告之 RoBIOS 系统在何处能找到输入/输出锁存器，以及安装了多少锁存器。

```
typedef struct
{
    short     version;
    BYTE*     out_latch_address;
    short     nr_out;
    BYTE*     in_latch_address;
    short     nr_in;
```

```
} latch_type;
```

例如：

```
latch_type latch = {0, (BYTE *)IOBase, 1, (BYTE *)IOBase, 1};
```

int version:

此项兼容最新驱动版本。

因为新驱动肯定是需要更多信息，此标签是为了防止驱动读取比实际可用信息更多的信息。

BYTE* out_latch_address:

输出锁存器的起始地址。

short nr_out:

8位输出锁存器的数目。

BYTE* in_latch_address;

输入锁存器的起始地址。

short nr_in;

8位输入锁存器的数目。

C.9 电机项

```
typedef struct
{
int     driver_version;
int     tpu_channel;
int     tpu_timer;
int     pwm_period;
BYTE* out_pin_address;
short out_pin_fbit;
short out_pin_bbit;
BYTE* conv_table;/* 如果不需要转换则为 NULL */
short invert_direction; /* driver_version>2 时才有 */
}motor_type;
```

例如：

P.503

```
motor_type motor0 = {3, 0, TIMER1, 8196, (void*)(OutBase + 2), 6, 6, (BYTE*)motconv0), 0};
```

int driver_version:

此项兼容最新驱动版本。

因为新驱动肯定是需要更多信息，此标签是为了防止驱动读取比实际可用信息更多的信息。

当硬件版本号小于 MK5 时，设置 driver_version = 2 以使用 2 位来进行电机方向的设定。

当硬件版本号大于等于 MK5 时，设置 driver_version = 3 以仅使用 1 位(_fbit)来进行电机方向的设定。

int tpu_channel:

电机连接的 TPU 通道。有效值范围为 0～15。每个电机需要一个 pwm 信号来实现不同速度的驱动。MC68332 的内部 TPU 具有产生多达 16 个通道的这种信号的能力。此处设定的值是根据实际的硬件设计确定的。

int tpu_timer:

使用的 TPU 定时器。有效值有 TIMER1,TIMER2。

TPU 在内部定时器的基础上产生脉宽调制信号。这里有两个不同的定时器,可以用它们来确定脉宽调制信号的实际周期。

TIMER1 根据 CPU 时钟不同可达到 4～8 MHz 的运行频率,实现 128 Hz～4 MHz(基频 4 MHz 时)和 256 Hz～8 MHz(基频 8 MHz 时)的脉冲信号。

TIMER2 根据 CPU 时钟不同可达到 512 kHz～1 MHz 的运行频率,实现 16 Hz～512 kHz(基频 512 kHz 时)和 32 Hz～1 MHz(基频 8 MHz 时)的脉冲信号。

定时器的的实际频率可由下面公式确定:

TIMER1[MHz] = 4 MHz * (16 MHz + (CPUclock[MHz] % 16))/16

TIMER2[MHz] = 512 kHz * (16 MHz + (CPUclock[MHz] % 16))/16

int pwm_period:

根据所选定时器而设定的 pwm 周期长度值,单位为 Hz。此值与实际 CPU 时钟无关(有确定的时间间隔)。最大频率值为 TPU 的频率除以 100,以保证电机有 100 个不同的能量等级。这就表明了 TIMER1 的最大频率为 40～80 kHz,TIMER2 的最大频率为 5～10 kHz(取决于 CPU)。

而最小频率值为定时器时钟除以 32768,得到 128～256 Hz (Timer1)和 16～32 Hz (Timer2)的频率值(取决于 CPU 时钟)。

为了独立于实际的 CPU 时钟,安全的时间间隔值应设为 256～40 kHz(Timer1)或 32～5 kHz(Timer2)。

为了避免电机的断续运行,周期值不能设得太长。但是从另一方面说,周期值设定太短,就会减少剩下的 TPU 计算时间。

BYTE* out_pin_address:

驱动器使用的输入/输出端口地址,有效值为 32 位地址。

为了控制电机的旋转方向,使用了 H 桥电路。这种硬件通常是通过两根针脚连接到锁存输出。例如 EyeCon 控制器的输出锁存地址为 IOBASE,并且是连续的地址。这两个针脚一根控制前进方向,另一根控制后退方向。

P.504 short out_pin_fbit:

驱动前进的端口位,有效值范围为 0～7。这是锁存器中的位序号,可通过 out_pin_address 寻址。

short out_pin_bbit:

驱动后退的端口位,有效值范围为 0～7。这是锁存器中的位序号,可通过 out_pin_address 寻址。如果 driver_version 设为 3,则此位不使用并将其值设为与 fbit 相同。

BYTE* conv_table:

指向转换表的指针,此表用来适应不同的电机。有效值为 NULL 或者是指向包含 101 个字节表的指针。通常两个电机在得到完全相同的能量时其动作会有稍微不同。以差速驱动为例,一个小车应该按直线向前行驶,但它会沿着曲线运动。为了将一个电机与另一个电机校准,这就会用到转换表。对于每一个可能的速度(0~100%),为了使两个电机的速度相同,就要在表中设定恰当的值。调整速度快的电机是明智的,因为速度慢的电机无法保持高速,你就得需要大于100%的速度。注意:此表可使用连接的编码器通过软件生成。

short invert_direction:

这个标识只在 driver_version 设为 3 时使用。此标识向驱动器表明是否反转旋转方向。

如果 driver_version 设为 2,通过交换 fbit 和 bbit 的值实现旋转方向的反转,但并不会关心该标识值。

C.10 位置敏感设备(PSD)项

```
typedef struct
{
shortdriver_version;
short     tpu_channel;
BYTE*     in_pin_address;
short     in_pin_bit;
short     in_logic;
BYTE*     out_pin_address;
short     out_pin_bit;
short     out_logic;
short*    dist_table;
} psd_type;
```

例如:

```
psd_type psd0 = {0, 14, (BYTE*)(Ser1Base + 6), 5, AL, (BYTE*)(Ser1Base + 4), 0,
                 AL, (short*)dist0};
psd_type psd1 = {0, 14, (BYTE*)IOBase, 2, AH, (BYTE*)IOBase, 0, AH, (short*)
                 dist1};
```

int driver_version:

此项兼容最新驱动版本。

因为新驱动肯定是需要更多信息,此标签是为了防止驱动读取比实际可用信息更多的信息。

short tpu_channel:

PSD 通信串口时序的主 TPU 通道,有效值范围为 0~15。

这个 TPU 通道不会用作输入或输出,而仅用作高分辨率的定期器以生成精确的通信时序。如果有大于 1 个的 PSD 连接到硬件,则每个 PSD 都必须使用相同的 TPU 通道。整个传感器组或仅是选择其中的一个子集可以同时工作。这样避免了相邻传感器的循环测量,根据 PSD 的位置可以更好地获得正确的距离值。

P.505

BYTE* in_pin_address：

接收PSD测量结果的8位寄存器/锁存器的指针。

short in_pin_bit：

数据接收线的端口位，有效值范围为0～7。

这是寄存器/锁存器的位序号，可通过in_pin_address寻址。

short in_logic：

接收数据的类型。有效值为AH，AL。

有些寄存器会对进来的数据求反。为了弥补这种情况，就需要选择低电平有效(AL)。

BYTE* out_pin_address：

指向传输PSD控制信号的8位寄存器/锁存器的指针。

如果打算用两个或多个PSD同时测量，那所有的PSD可接在同一输出引脚上。以节约宝贵的寄存器位。

short out_pin_bit：

数据传送线的端口位，有效值范围为0～7。

这是寄存器/锁存器的位序号，可通过out_pin_address寻址。

short out_logic：

传送数据的类型。有效值为AH，AL。

有些寄存器会对发出的数据求反。为了弥补这种情况，就需要选择低电平有效(AL)。

short * dist_table：

距离转换表的指针。

PSD传送的是数值型的8位测量结果，考虑到结果的误差，只使用了高7位(div 2)。为了得到用以mm为单位的相应距离值，还需要一个有128个项的查询表。由于每个PSD对测量距离的偏离量不一样，所以为了得到正确的距离值，它们都有自己的转换表。查询表只能通过手动生成。RoBIOS系统中的测试程序会显示与实际测量距离相对应的8位原始PSD读数。通过前后平移物体，原始测量数据就会相应地改变。每隔一个测量值就记下相应的以mm为单位的距离。

C.11 正交编码器项

```
typedef struct
{
    int    driver_version;
    int    master_tpu_channel;
    intslave_tpu_channel;
    DeviceSemantics motor;
    unsigned int clicksPerMeter;
    floatmaxspeed;     /* (单位为m/s)只用于VW-Interface */
} quad_type;
```

例如：

quad_type decoder0 = {0, 3, 2, MOTOR_LEFT, 1234, 2.34};

int driver_version:

此项兼容最新驱动版本。

因为新驱动肯定是需要更多信息，此标签是为了防止驱动读取比实际可用信息更多的信息。

int master_tpu_channel:

用于正交解码的第一个TPU。有效值范围为0～15。

为了执行电机编码器的信号解码，TPU需占用相邻的两个通道。通过改变这两个通道的顺序，可反置计数方向。 P.506

int slave_tpu_channel:

用于正交解码的第二个TPU。有效值范围为master_tpu_channel+|-1。

DeviceSemantics motor:

所连接的电机的语义。

为了通过RoBIOS系统的内部函数测试特定的编码器就需要相应的电机语义。

unsigned int clicksPerMeter:

只有当所连接的电机驱动轮子时才需要这个参数。

它是走完1 m距离编码器传送的计数数目。

float maxspeed:

只有当所连接的电机驱动轮子时才需要这个参数。

它是轮子最大的速度，以m/s为单位。

C.12 遥控项

使用此项可以定义(无线)遥控的默认动作。

```
typedef struct
{
    int version;
    short robi_id;
    short remote_control;
    short interface;
    short serspeed;
    short imagemode;
    short protocol;
} remote_type;
```

例如：

```
remote_type remote = {1, ID, REMOTE_ON, SERIAL2, SER115200, IMAGE_FULL, RADIO_
                      BLUETOOTH};
```

int version:

此项兼容最新驱动版本。

因为新驱动肯定需要更多信息，此标签是为了防止驱动读取比实际可用信息更多的信息。

short robi_id;

用户定义的 EyeCon 的唯一标识(0～255)。

这个标识只用于信息表示并会显示在 RoBIOS 系统的主菜单中。可通过 OSMachineID()读取，也可通过 Hrd/Set/Rmt 临时更改。

short remote_control:

EyeCon 的默认控制模式，有效值有:

REMOTE_ON (显示是转递的，并且按键信息由远程 PC 发送)

REMOTE_OFF (普通模式)

REMOTE_PC (仅 PC 发送数据，例如只激活按键)

REMOTE_EYE (仅 EyeCon 发送数据，例如只显示信息)

short interface:

P.507

无线传输用的默认串口，有效值有 SERIAL1，SERIAL2，SERIAL3。

short serspeed:

使用的串口的默认波特率。

有效值有 SER9600，SER19200，SER38400，SER57600，SER115200。

short imagemode:

向 PC 传送摄像头图像时用的模式。

有效值有 IMAGE_OFF(无图像)，IMAGE_REDUCED (低质量)，IMAGE_FULL (原始帧)。

short protocol:

此参数定义连接到串口的模块类型。

有效值有 RADIO_METRIX(信息长度 50 字节)，RADIO_BLUETOOTH (信息长度 64KB)，RADIO_WLAN (信息长度 64KB)。

C.13 伺服器项

```
typedef struct
{
    int    driver_version;
    int    tpu_channel;
    int    tpu_timer;
    int    pwm_period;
    int    pwm_start;
    int    pwm_stop;
} servo_type;
```

例如:

```
servo_type servo0 = {1, 0, TIMER2, 20000, 700, 1700};
```

int driver_version:

此项兼容最新驱动版本。

因为新驱动肯定需要更多信息，此标签是为了防止驱动读取比实际可用信息更多的信息。

int tpu_channel:

伺服器连接的TPU通道，有效值范围为0～15。

每个伺服器都需要一个pwm(脉宽调制)信号来使其转动到不同的位置。MC68332的内部TPU具有产生多达16个通道的这种信号的能力。此处设定的值根据实际的硬件设计而确定。

int tpu_timer:

要使用的tpu定时器，有效值有TIMER1，TIMER2。

TPU在内部定时器的基础上产生脉宽调制信号。这里有两个不同的定时器，可以用它们来确定脉宽调制信号的实际周期。

TIMER1根据CPU时钟不同可达到4～8 MHz的运行频率，实现128 Hz～4 MHz(基频4 MHz时)和256 Hz～8 MHz(基频8 MHz时)的脉冲信号。

TIMER2根据CPU时钟不同可达到512 kHz到1 MHz的运行频率，实现16 Hz～512 kHz(基频512 kHz时)和32 Hz～1 MHz(基频8 MHz时)的脉冲信号。

定时器的的实际频率可由下面公式确定：

```
TIMER1[MHz] = 4 MHz * (16 MHz + (CPUclock[MHz] % 16))/16
TIMER2[MHz] = 512 kHz * (16 MHz + (CPUclock[MHz] % 16))/16
```

int pwm_period:

此值设定pwm周期长度，单位是毫秒(us)。

通常伺服器需要值为20ms的pwm_period，也就是20000us。对于进口的伺服器此值就会相应地改变。为了有足够多的离散步长精确地定位伺服器的位置，选用TIMER2更为合适。此值是确定的时间间隔(见电机部分)，与CPU时钟无关。

P.508

int pwm_start:

这是pwm周期内正波时间的最小值，单位为us，有效值范围为0 ～ pwm_period。为了定位伺服器的位置，就要定义它的两个极限位置。通常情况下，伺服器需要在每个pwm周期的开始获得最小时间为0.7ms(700us)的正波，此时伺服器会到达两个极限位置中的一个。

int pwm_stop:

这是pwm周期内正波时间的最大值，有效值范围为0～ pwm_period。根据伺服器的转动方向，pwm_stop的取值可能会小于或大于pwm_start。为了定位伺服器的位置，就要定义它的两个极限位置。通常情况下，伺服器需要在每个pwm周期的开始获得最大时间为1.7ms(1700us)的正波，此时伺服器会到达两个极限位置中的一个。

伺服器所有的其它位置在两个极限位置之间通过256份线性内插值获得。

提示：如果你不需要伺服器提供的全范围转动量，你可以调整开始和终止位置的参数至一个更小的“窗口”，比如用1ms代替1.5ms，这样就可以在这个范围内获得高的分辨率。反之，你可以增大“窗口”，使其数值调整到伺服器改变位置时的真实角度：例如，一个伺服器能转动210度，你只须调整终止值为1.9ms。如果你将数值设置在0～210之间，我们就能逐步地到达真实角度的两个极限位置。而大于210的数值和210实现的效果是没有区别的。

C.14 开机画面项

```
typedef BYTE image_type[16 * 64];
```

例如：

```
image_type startimage = {0xB7,0x70,0x1C,…,0x00};
```

用户定义的开机画面，以字节数组形式输入(16 * 64 = 1024 字节)。

这是一张 128x64 像素的黑白图片，每个像素用 1 位表示。

C.15 开机音乐项

无类型定义

例如：

```
int startmelody[] = {1114,200, 2173,200, 1114,200, 1487,200, 1669,320, 0};
```

在这可以输入自己的音乐，并能在开机时播放。这是一串整数对的列表。第一个值表示频率，第二个值是持续 1/100s 的音乐声。列表的最后一个值必须是一个 0。

C.16 VW 驱动项

P.509

```
typedef struct
{
    int     version;
    int     drive_type;
drvspec drive_spec; /* -> diff_data */
}vw_type;
typedef struct
{
    DeviceSemantics quad_left;
    DeviceSemantics quad_right;
    floatwheel_dist; /* 米 */
}diff_data;
```

例如：

```
vw_type drive = {0, DIFFERENTIAL_DRIVE, {QUAD_LEFT, QUAD_RIGHT, 0.21}};
int driver_version:
```

此项兼容最新驱动版本。

因为新驱动肯定是需要更多信息，此标签是为了防止驱动读取比实际可用信息更多的信息。

```
int drive_type:
```

定义实际使用的驱动类型。有效值有 DIFFERENTIAL_DRIVE(ACKERMAN_DRIVE, SYNCHRO_DRIVE, TRICYCLE_DRIVE)。

以下的参数取决于选择的驱动类型。

DIFFERENTIAL_DRIVE:

差速驱动由两个平行的独立轮组成,且两个轮子的运动学中心正好在它们之间。显然这需要两个连接到电机的编码器。

DeviceSemantics quad_left:

用于左轮的编码器语义。

DeviceSemantics quad_right:

用于右轮的编码器语义。

float wheel_dist:

两轮间的距离(m),用以确定运动中心。

C.17 等待状态项

```
typedef struct
{
    short    version;
    short    rom_ws;
    short    ram_ws;
    short    lcd_ws;
    short    io_ws;
    short    serpar_ws;
}waitstate_type;
```

例如:

`waitstate_type waitstates = {0,3,0,1,0,2};`

int version:

此项兼容最新驱动版本。

因为新驱动肯定需要更多信息,此标签是为了防止驱动读取比实际可用信息更多的信息。 P.510

short rom_ws:

访问 ROM 的等待状态。有效值有(适用所有等待状态):

waitstates = 0~13,Fast Termination = 14, External = 15

short ram_ws:

访问 RAM 的等待状态。

short lcd_ws:

访问 LCD 的等待状态。

short io_ws:

访问输入/输出锁存器的等待状态。

short serpar_ws:

访问 16c552 的串口/并口的等待状态。

硬件说明

下表说明了 EyeCon 控制器硬件的详细信息：

P. 511

表 D.1　硬件版本

版本	特征
标号 1	第一代原型机：双板、双面、矩形按钮、不带扬声器
标号 2	较大改进：双板、双面、板载扬声器和麦克风、改进的音频电路
标号 2.1	较小改进：将数字地与模拟地相连
标号 3.0	全新的设计：单板设计、四层板、直接插拔传感器和电机、板载电机控制、板载 BDM、板载无线模块及天线
标号 3.11	较小改进：增加了微型摄像机端口
标号 3.12	较小改进：用自恢复保险丝取代了熔丝
标号 4.02	较大改进：扩展至 2MB RAM、增加了高速摄像机帧缓存器、增加了第三个串口连接口、重新设计了数字 I/O
标号 5	部分重新设计：摄像机直接接入控制器、新的电机连接器、视频输出、增加了舵机连接器

P. 512

表 D.2　片选线

片选线	功能
CSBOOT	Flash-ROM
CS 0+1	RAM(1MB)
CS 2	LCD
CS 3+7	RAM(扩展的 1MB)
CS 4	输入/输出锁存 (IOBase)
CS 5	FIFO 摄像机缓存
CS 6	地址 A19
CS 7	自动向量应答生成
CS 8	16CC552 的并行接口
CS 9	16CC552 的串行接口 1
CS 10	16CC552 的串行接口 2

表 D.3 内存映射表

地址	内存用途	片选
0x00000000	RoBIOS RAM(128KB)	CS0,1,3,7
0x00020000	用户 RAM (最大 2MB~128KB)	CS0,1,3,7
0x00200000	RAM 结束	
…	未使用地址	
0x00a00000	TpuBase(2KB)	
0x00a00800	TpuBase 结束	
…	未使用地址	
0x00c00000	Flash-ROM(512KB)	CS2
0x00c80000	Flash-ROM 结束	
…	未定义地址	
0x00e00800	锁存器	CS4
0x00e01000	FIFO 或锁存器	CS5
0x00e01800	并行接口/摄像机	CS8
0x00e02000	串口 2	CS9
0x00e02800	串口 3	CS10
…	未使用地址	
0x00fff000	MCU68332 内部寄存器(4KB)	
0x01000000	寄存器及可寻址 RAM 的结束地址	

P.513

表 D.4 中断请求线

IRQ	功能
1	FIFO 半满标志(硬连线)
2	INT-SIM(100 Hz定时器,仲裁 15)
3	16C552 的串口 1(neg.)/串口 2(neg.)中断(硬连线)
4	QSM 的 QSPI 和 SCI 中断(仲裁 13)
5	16C552 的并口(neg.)中断(硬连线)
6	TPU 中断(仲裁 14)
7	空闲
注意	中断 1、3、5 分别与 FIFO 或 16C552 硬件连接,其它所有的中断通过软件设置。

表 D.5 按键

端口 F	按键函数
PF0	KEY4
PF2	KEY3
PF4	KEY2
PF6	KEY1

P. 514

表 D.6　电气特性

描述	值
电压	要求:范围 6～12V、直流、标称值 7.2V
功耗	仅使用 EyeCon 控制器为:235mA EyeCon 控制器和 EyeCam CMOS 摄像机配合使用为:270mA
运行时间	使用 1350mAh,7.2V Li-ion 可充电电池(近似值): 4～5 小时 仅使用 EyeCon 控制器 1～2 小时 使用 EyeCon 控制器和摄像机的 SoccerBot 机器人,不间断进行传感与行驶,运行时间与程序和速度有关
电流限制	最大电流限制:3A 3A 的自恢复保险丝可防止过流和极性错误造成的损坏 单个直流电机的最大驱动电流为 1A

表 D.7　机械特性

描述	值
尺寸	控制器:10.6cm × 10.0cm × 2.8cm(长×宽×厚度) EyeCam:3.0cm × 3.4cm × 3.2cm
重量	控制器:190g EyeCam:25g

P. 515

表 D.8　EyeCon 输出管脚表(待续)

端口	管脚
串口 1	**下载**(9 针)标准 RS232 串口,12V,**母口** 1— 2 Tx 3 Rx 4— 5 GND 6— 7 CTS 8 RTS 9—

续表 D.8

端口	管脚
串口 2	**上传**(9 针)标准 RS232 串口,12V,**公口** 1— 2 Rx 3 Tx 4— 5 GND 6— 7 RTS 8 CTS 9 5V 稳压
串口 3	RS232 TTL 电平(5V) 1 CD′ 2 DTR′ 3 Tx 4 CTS′ 5 Rx 6 RTS′ 7 DSR′ 8 RI′ 9 GND 10 Vcc(5V)
数字摄像机	16 针连接器需要 1:1 连接(使用母:母电缆)至 EyeCam 数字彩色摄像机 注意:电缆 EyeCon 端的小针要标注清楚: |--^--| |-----| 1 STB 2～9 Data 0～7 10 ACK(应答) 11 INT 12 BSY 13 KEY 14 SLC 15 Vcc(5V) 16 GND

P. 516

续表 D.8

端口	管脚
并口	标准并口 1 Strobe ′(选通) 2 PD0 3 PD1 4 PD2 5 PD3 6 PD4 7 PD5 8 PD6 9 PD7 10 ACK(应答) 11 Busy′(忙) 12 PE 13 SLCT(选择) 14 Autofxdt′ 15 Error(错误) 16 Init(初始化) 17 Slctin′ 18…25 GND
BDM	Motorola 背景调试器(10 针),连接至 PC 的并口
电机	直流电机和编码器插头(两个 10 针) 电机分配至 TPU 通道 0…1 编码器分配至 TPU 通道 2…5 注意:管脚按下列方式标记: | 1 | 3 | 5 | 7 | 9 | —————————— | 2 | 4 | 6 | 8 | 10| 1 电机+ 2 Vcc(未稳压) 3 编码器通道 A 4 编码器通道 B 5 GND 6 电机− 7 —— 8 —— 9 —— 10 ——

P. 517

续表 D.8

端口	管脚
伺服器	伺服器插头(12 个 3 针) 伺服器信号分配至 TPU 通道 2…13 注意:如果使用了两个电机、TPU0…5 被占用,则**不能**使用伺服插头 Servo1(TPU2)…Servo4(TPU5) 1　信号 2　Vcc(未稳压) 3　GND
红外	红外插头(6 个 4 针) 传感器的输出分配至数字输入 0…3 1 GND 2 Vin(脉冲) 3 Vcc(5V 稳压) 4 传感器输出(数字)
模拟	模拟输入插头(10 针) 麦克风,分配至模拟输入 0 电池电量测量,分配至模拟输入 1 1 Vcc(5V 稳压) 2 Vcc(5V 稳压) 3 模拟输入 2 4 模拟输入 3 5 模拟输入 4 6 模拟输入 5 7 模拟输入 6 8 模拟输入 7 9 模拟地 10 模拟地
数字	数字输入/输出插头(16 针) [红外 PSDs 使用数字输出 0 和数字输入 0…3] 1～8 数字输出 0…7 9～12 数字输入 4…7 13～14 Vcc(5V) 15～16 GND

P.518

实 验

Lab 1 控制器

P. 519 Lab 1 仅使用控制器,不需要机器人

实验 1 神奇画板

编写一个程序实现儿童游戏“神奇画板”。

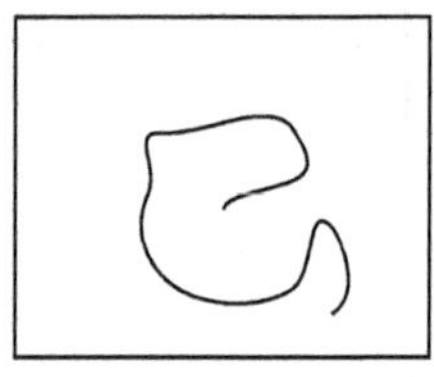

用相同的方法使用四个按键来推动画笔上下左右活动。不擦除先前画的点,按压按键将在屏幕上留下一条可见的轨迹。

实验 2 反应测试游戏

编写一个程序按照所给的流程图实现反应游戏。

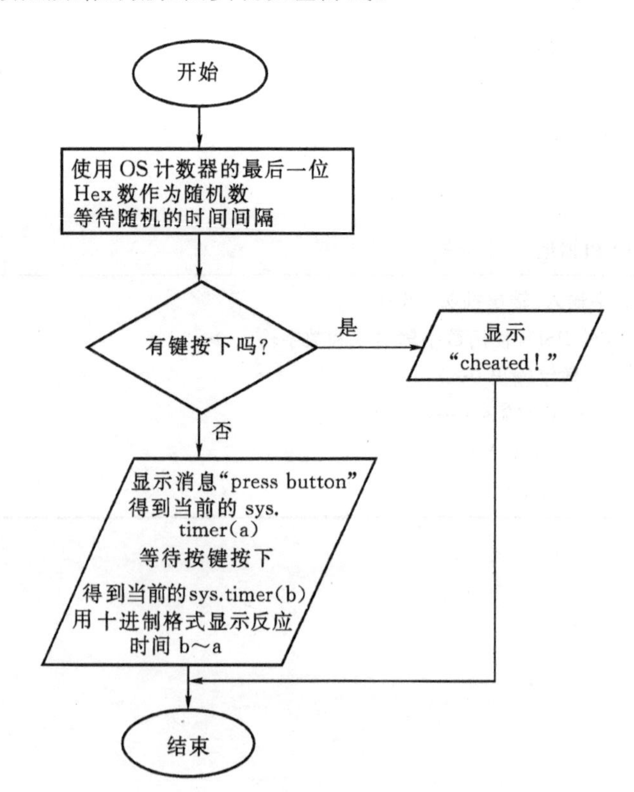

为计算出一个随机的等待时间值，利用 OsGetCount() 函数分离出当前时间的最后一个数字，并将其转换作为 OsWait() 的输入值，实现 1 至 8 秒间的等待时间。

实验 3　模拟输入和图像输出

编写一个绘制模拟信号幅值的程序，本实验的模拟信号源是一个麦克风，使用下面的函数做为输入函数。P.520

```
AUCaptureMic(0)
```

以整型的格式（范围在 0 至 1023 之间）返回当前麦克风的强度值。

在图形 LCD 上绘制信号——时间曲线，LCD 的尺寸为 64 行×128 列，使用下面函数进行曲线绘制：

```
LCDSetPixel(row,col,1)
```

保持最近的一组 128 个数据，从最左侧的 column(0) 处开始绘图，但在每一列显示新数据前移除旧的像素点，这将会呈现类似于示波器的输出。

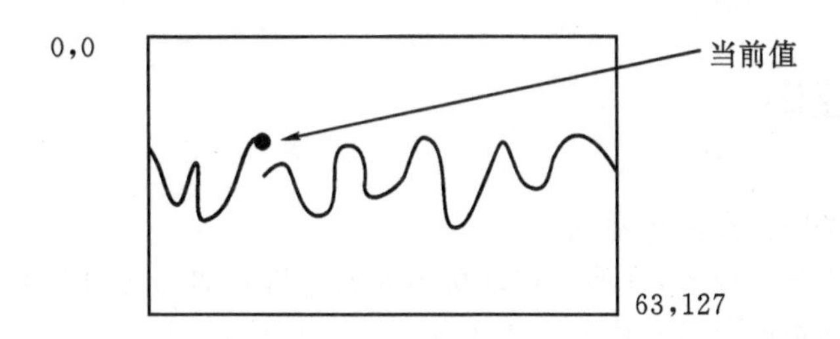

Lab 2　简单的行驶

使用电机和轴端编码器来驱动一个机器人

实验 4　行驶固定的距离并返回

使用 VWDriveStraight 和 VWDriveTurn 来编写一个机器人程序，让机器人直行 40cm，转向 180°，返回后再次转向，最后它将回到起始的位置和方向。

实验 5　矩形行驶路线

与实验 4 相似。

实验 6　圆形行驶路线

使用 VWDriveCurve 例程来按圆行驶。

Lab 3　仅用红外传感器行驶

结合传感器读取与行驶例程P.521

实验 7　朝着一个障碍物直行并返回

此实验由前一个 Lab 加以变化得到，此次的任务是行驶直至红外传感器探测到一个障碍物，绕其一周后并按相同距离返回。

Lab 4　使用摄像机

使用摄像机和控制器而无小车

实验 8　使用摄像机进行运动探测

通过计算两张连续灰度图像像素值的差值可以检测到运动。使用一个算法来相加三个不同图像区域(左、中、右)的灰度差值。通过打印"左"、"中"、"右"来输出结果。

扩展实验(a):在 LCD 上图形化显示探测到的运动点。

扩展实验(b):录制声音文件"左"、"中"、"右"并让 EyeBot 发声来取代显示。

实验 9　运动追踪

按上文办法探测运动,沿运动的方向移动摄像机服务器(摄像机随之移动)。要保证摄像机的自动控制在目标移动时不会出错。

Lab 5　运动控制

仅使用电机和轴端编码器驾驶机器人

由于电机生产工艺的原因,即使对移动机器人的电机施加相同的电压,通常也不会以相同的速度转动。一个简单的直行程序实际上可能会产生曲线运动。为了消除这种情况,必须周期性地读取轴端编码器并修正轮子转速。

在下面的试验中,只能使用底层的 `MOTORDrive` 和 `QUADRead` 例程,而不要使用任何 $v\omega$ 例程,在 $v\omega$ 例程中包含有一个 PID 控制。

实验 10　用于单轮速度控制的 PID 控制器

首先使用一个 P 控制,然后增加 I 和 D 部分。轮子应当按规定的速度转动。增加轮子的负载(例如用手给它减速)应导致电机输出的增加以抵消变大的负载。

P. 522

实验 11　单轮位置控制的 PID 控制器

在上一个实验中,我们只关注如何将一个轮子的转速保持在一个特定值,而现在我们则希望轮子从静止状态启动,加速至一个特定的速度,行驶规定的距离后(例如精确的 10 转)最终恢复至完全静止。

此实验需要利用速度斜坡,首先是恒定加速段,然后转换至匀速段(控制实现),最后是匀减速段。转换的时间节点和加速度值需要在运行时计算并进行监控,以保证轮子停在正确的位置上。

实验 12　双轮机器人的速度控制

将前一个控制单轮的 PID 控制器扩展至控制两轮,在此有两个目标:

a. 机器人可以沿直线行进。

b. 机器人可以保持恒速。

读者可以尝试不同的方法并得出最优的解决方案:

a. 使用两个 PID 控制器,一个轮子一个。

b. 使用一个 PID 控制器控制前进速度,另一个控制转动速度(在此的期望值为 0)

c. 只使用一个 PID 控制器，并用偏差修正量来控制两个轮子。

对比一下您的程序与内置的 $v\omega$ 例程之间的性能差异。

实验 13　用于曲线行驶的 PID 控制器

将前一个实验的 PID 控制器进行扩展，使其不仅可沿直线前进，还可以沿一般的曲线前进。

对比一下您的程序与内置的 $v\omega$ 例程之间的性能差异。

实验 14　两轮机器人的位置控制

将前一个 PID 控制器进行扩展，使其不仅可以控制速度还可以控制位置。现在可以设定机器人的行驶路径和期望的距离和角度，机器人完成路径后应当停止在期望的位置上。

对比一下您的程序与内置的 $v\omega$ 例程之间的性能差异。

P. 523

Lab 6　沿墙导航

此子例程对于后续实验帮助很大

实验 15　沿墙行驶

让机器人前行直至探测到左方、右方或前方有一面墙。如果最近的墙在其左侧，则应朝着左手侧沿墙行驶；在右侧时则朝向右手侧；在前方时两面均可。

机器人应当按离墙 15cm 的固定距离行驶。也就是说，如果墙是直线的，则机器人的行驶路径也是直线的；如果墙是曲线的，则机器人的行驶路径也是相应的曲线，且离墙距离一定。

Lab 7　迷宫导航

看一下小老鼠比赛，这是一个机器人迷宫导航的国际性竞赛

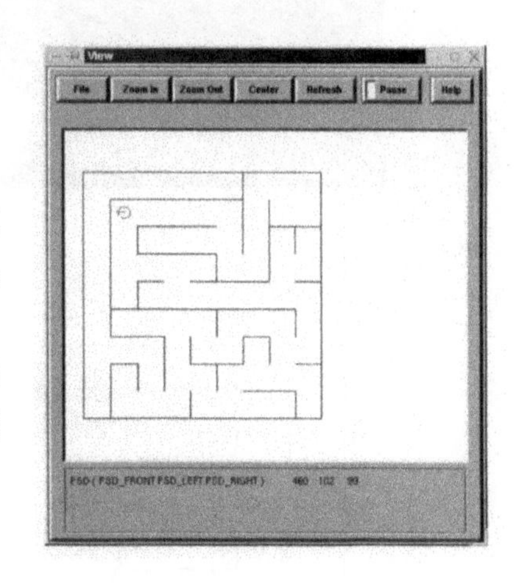

实验 16　迷宫探索并寻找最短路径

机器人必须探索并分析一个未知的迷宫，迷宫拐角的尺寸是固定已知的。一个重要的子任务是跟踪机器人的位置，在拐角处测量机器人的相对于起始点的 x、y 坐标。

搜索完整个迷宫后，机器人将返回起始位置。用户现在可以输入迷宫中任一拐角的位置，机器人则必须以最短的可能路径驶向此位置并返回。

Lab 8　导航

移动机器人两个经典的也是最具挑战性的任务

实验 17　已知环境下的导航

前一个 Lab 涉及的是一个非常简单的环境，所有的墙段都是直线，具有相同的长度，且所

有的拐角都是直角。现在考虑在一个更为一般的环境中导航，比如室内的地板。

设定一个地板平面的地图，例如用“world”格式(见 EyeSim 仿真系统)。在地图坐标中为机器人设定行驶的期望路线。机器人必须使用板载传感器来实现自定位并通过提供的地图在环境中导航。

P.524

实验 18　未知环境的地图绘制

一个经典的机器人任务是探索一个未知环境并自动地生成一个地图。将机器人放置在环境中的任意位置，它将四处行驶开始探索，将墙体、障碍物等绘制在地图中。

这是一项极具挑战性的任务，并极大地依赖于机器人板载传感器的质量和复杂度。当前几乎所有的商用机器人都使用了激光扫描仪，可返回一个近乎完美的 2D 距离扫描。不幸的是，激光扫描仪比我们的机器人还要大、要重数倍，而且更为昂贵，因此我们目前不得不在没有它的情况下进行工作。

我们的机器人应当利用它们的轮编码器和红外 PSD 传感器进行距离测量和定位，并可以通过图像处理进行增强，尤其是用来检查机器人何时完成生成地图任务返回起始位置。

生成的地图应当在 LCD 上显示并可上传至 PC。

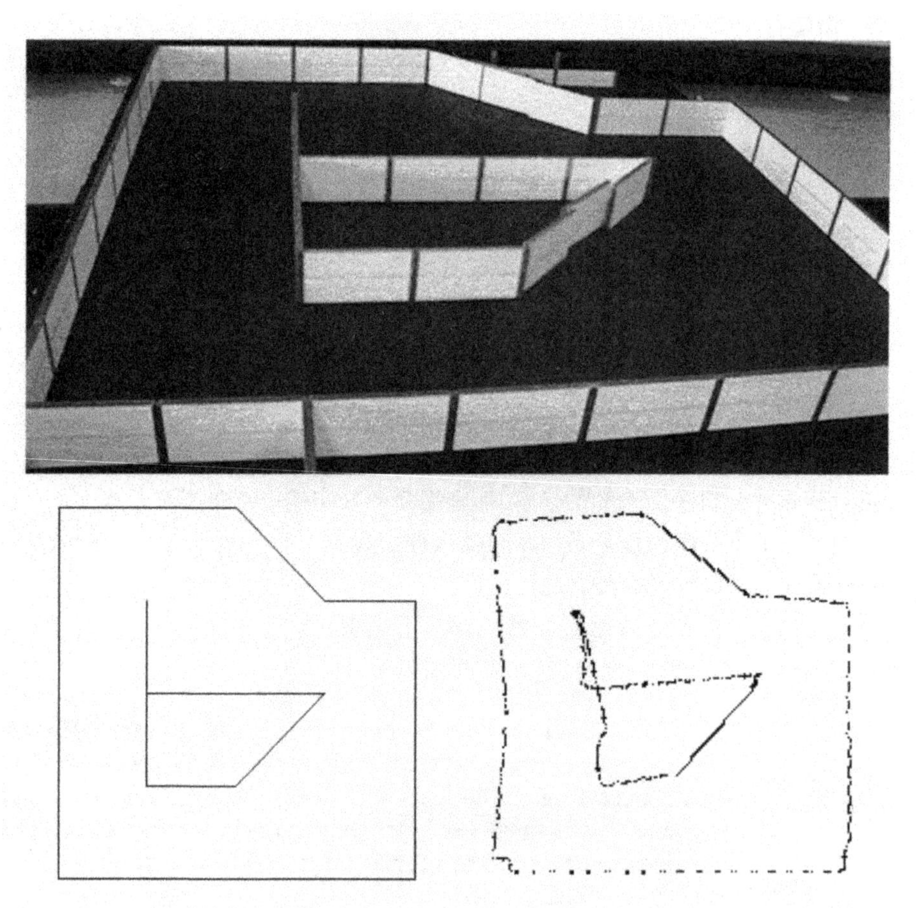

Lab 9 视觉

P. 525

实验 19 觅光行驶

假设机器人的行驶区域被一个边界墙所包围，机器人的任务是找到一个由墙围绕的矩形区域内最亮的点。机器人应当使用摄像机来搜索最亮的点，并使用红外传感器来避免与墙和障碍物的碰撞。

方法 1：以固定的间距沿墙行走，在最亮点处转身并驶入此区域。

方法 2：让机器人完全旋转一周(360°)，并记录下每个角度的亮度。然后朝着最亮的点前进。

实验 20 循迹行驶

在黑色(例如使用遮蔽胶带)桌面上标出一条明亮的白线，机器人的任务是沿着这条白线前进。

由于不仅仅是必须确定最亮点的大致方向，而是必须要找到亮线的位置，因此此实验比起前一个来说有一些难度。另外，使用的行驶指令必须符合线的曲度，以避免机器人"丢线"，例如线偏离出机器人的视野。

可编写特殊的例程用来处理"丢线"或是学习对于给定线曲率下的最大不丢线速度。

Lab 10 物体检测

实验 21 根据形状检测物体

可通过以下特征来检测一个物体：

a. 形状

b. 颜色

c. 结合形状与颜色

一开始为了简化问题，我们使用形状与颜色易于检测的物体，例如明亮的黄色网球。球形物体在各个角度观察都是相同的饼图像，因而便于探测其形状。而对于更为一般的物体当然不会是如此简单，可以想象一下在不同的角度观察咖啡杯、一本书或是一辆小汽车。

P. 526

有许多关于图像处理和检测的教科书。这是一个非常广阔、非常活跃的研究领域，因此我们只能介绍其中一种可能的方法。

检测形状(例如图像中的正方形、矩形和圆形)的一个简单方法是计算"矩"。首先，必须要从二值(黑白)图像的像素模式中识别出连续的物体。然后，计算物体区域和周边环境，比较这两个值之间的关系，可以区分出很多种物体的种类，例如圆形、正方形和矩形。

实验 22 通过颜色进行物体检测

另一个物体检测的方法是前文中所提到的颜色识别。此处的任务是从一个可能存在其它(具有不同颜色)物体的背景中检测出一个带色物体。

在大多数情况下颜色检测要比形状检测简单，但实际上要比看起来的复杂。因为光线的反射依赖于球表面与观察者眼睛的角度,因此网球的嫩黄色在它的饼图像中变化很大。桌子的外部区域比起内部区域要更暗;同样,由于光线(如吊灯)从不同的角度观察会有所不同,从不同的方向观察小球得到的颜色值亦不同。如果实验室中有窗,在一天中随着太阳的运动,小球的颜色也将发生变化。因此需要注意很多问题。目前甚至还没有考虑小球本身的瑕疵,如印在上面的生产商的名字等。

很多图像源返回一个 RGB(红、绿、蓝)的色值。由于先前提到的问题,尽管图像的基本颜色并没有改变,但同一物体的 RGB 值将变化很大。因此一个很好的思想是在处理前,将所有的颜色值转换为 HSV(色度、饱和度、纯度),然后再主要处理更为稳定的色度。

此思想是检测出具有与特定物体色度值相类似的区域。而分析一个彩色"色斑"或是一个邻域中匹配的色度值是很重要的。可通过以下步骤来实现:

a. 转换输入的 RGB 图像为 HSV。

b. 检查每一个像素的色度值是否在期望目标色度值的一定范围内,并生成二值图像:

$\text{binary}_{i,j} = |\text{hue}_{i,j} - \text{hue}_{obj}| < \varepsilon$

c. 对每一行,计算匹配的二值像素点。

d. 对每一列,计算匹配的二值像素点。

e. 行和列计数器形成一个基本的直方图。假设只有一个要检测的物体,我们可以直接使用这些值:

P. 527

用最大计数值搜索行数。

用最大计数值搜索列数。

f. 这两个值是目标的图像坐标值。

实验 23 目标追踪

将前一个实验进行扩展,我们希望机器人能跟踪探测到的物体。为此,应当将探测过程扩展为可以返回物体的尺寸,假设我们已知物体的尺寸,我们可将返回的物体尺寸转换为物体的距离。

一旦探测到物体,机器人应当"锁定"目标并驶向它,同时努力将目标的中心保持在视野的中心。

此项技术一个好的应用是让机器人探测并跟踪一个高尔夫球或网球。此应用可加入一个踢球运动进行扩展,并最终可用于机器人足球。

读者可以考虑很多技巧用于机器人丢失目标后如何进行再搜索。

Lab 11 机器人群组

现在我们让许多机器人彼此互动

实验 24 追随一个领队机器人

对一个机器人进行编程,让它沿着一条随机的曲线前进,同时进行避障。

对第二个机器人进行编程,让它追随第一个机器人。假定领队机器人是第二个机器人视野中唯一的运动物体,可通过红外或摄像机来探测领队机器人。

实验 25 觅食

一群机器人必须搜索、收集食物，并将食物带回“家”。此实验结合了物体探测、自定位和避障。

为简化探测任务，食物采用颜色独特的立方体或小球，机器人的家可以用另一种独特的颜色来标示或是使用其它易探测的特征。

此实验可以按下列步骤实施：

a. 使用一个机器人

b. 使用一群协作的机器人

c. 两队相互竞争的机器人队伍

P.528

实验 26 罐头瓶收集

对上一个实验进行变化，使用带有磁性的罐头瓶替代小球或立方体。此实验对探测任务有不同的要求，并要在机器人硬件上增加使用磁性执行器。

此实验可以按下列步骤实施：

d. 使用一个机器人

e. 使用一群协作的机器人

f. 两队相互竞争的机器人队伍

实验 27 机器人足球

机器人足球涵盖了全部的机器人实验任务。这里有大量关于机器人足球的文献，并有两个独立的年度世界级的竞赛以及很多地区级的联赛。可看一下 FIRA 和 Robocup 这两个世界性组织的网页：

- http://www.fira.net/
- http://www.robocup.org/

答　案

Lab 1　控制器

P. 529

实验 1　神奇画板

```
 1  /* -------------------------------------------------------
 2  | Filename:     etch.c
 3  | Authors:      Thomas Braunl
 4  | Description:  pixel operations resembl. "etch a sketch"
 5  | ---------------------------------------------------- */
 6  #include <eyebot.h>
 7
 8  void main()
 9  { int k;
10    int x=0, y=0, xd=1, yd=1;
11
12    LCDMenu("Y","X","+/-","END");
13    while(KEY4 != (k=KEYRead())) {
14      LCDSetPixel(y,x, 1);
15      switch (k) {
16        case KEY1: y = (y + yd +  64) %  64; break;
17        case KEY2: x = (x + xd + 128) % 128; break;
18        case KEY3: xd = -xd; yd = -yd; break;
19      }
20      LCDSetPrintf(1,5);
21      LCDPrintf("y%3d:x%3d", y,x);
22    }
23  }
```

P. 530

实验 2　反应测试游戏

```
1  /* -------------------------------------------------------
2  | Filename:     react.c
3  | Authors:      Thomas Braunl
4  | Description:  reaction test
5  | ---------------------------------------------------- */
```

```
 6  #include "eyebot.h"
 7  #define MAX_RAND  32767
 8
 9  void main()
10  { int time, old,new;
11
12    LCDPrintf(" Reaction Test\n");
13    LCDMenu("GO"," "," "," ");
14    KEYWait(ANYKEY);
15    time = 100 + 700 * rand() / MAX_RAND; /* 1..8 s */
16    LCDMenu(" "," "," "," ");
17
18    OSWait(time);
19    LCDMenu("HIT","HIT","HIT","HIT");
20    if (KEYRead()) printf("no cheating !!\n");
21     else
22     { old = OSGetCount();
23       KEYWait(ANYKEY);
24       new = OSGetCount();
25       LCDPrintf("time: %1.2f\n", (float)(new-old) / 100.0);
26     }
27
28    LCDMenu(" "," "," ","END");
29    KEYWait(KEY4);
30  }
```

实验 3 模拟输入和图像输出

P. 531

```
 1  /* -------------------------------------------------------
 2  | Filename:     micro.c
 3  | Authors:      Klaus Schmitt
 4  | Description:  Displays microphone input graphically
 5  |               and numerically
 6  | ----------------------------------------------------- */
 7  #include "eyebot.h"
 8
 9  void main ()
10  {   int disttab[32];
11      int pointer=0;
12      int i,j;
13      int val;
14
15      /* clear the graphic-array */
16      for(i=0; i<32; i++)
17        disttab[i]=0;
18
19      LCDSetPos(0,3);
20      LCDPrintf("MIC-Demo");
21      LCDMenu("","","","END");
22
23      while (KEYRead() != KEY4)
24      { /* get actual data and scale it for the LCD */
25        disttab[pointer] = 64 - ((val=AUCaptureMic(0))>>4);
26
27        /* draw graphics */
```

```
28          for(i=0; i<32; i++)
29          { j = (i+pointer)%32;
30            LCDLine(i,disttab[j], i+4,disttab[(j+1)%32], 1);
31          }
32
33          /* print actual distance and raw-data */
34          LCDSetPos(7,0);
35          LCDPrintf("AD0:%3X",val);
36
37          /* clear LCD */
38          for(i=0; i<32; i++)
39          { j = (i+pointer)%32;
40            LCDLine(i,disttab[j], i+4,disttab[(j+1)%32], 0);
41          }
42
43          /* scroll the graphics */
44          pointer = (pointer+1)%32;
45        }
46    }
```

P. 532

Lab 2 简单的行驶

实验 4 行驶固定的距离并返回

不使用其它传感器,而仅使用轴端编码器来实现简单行驶

```
 1    /* -------------------------------------------------------
 2    | Filename:     drive.c
 3    | Authors:      Thomas Braunl
 4    | Description:  Drive a fixed distance, then come back
 5    | ------------------------------------------------------- */
 6    #include "eyebot.h"
 7    #define DIST   0.4
 8    #define SPEED  0.1
 9    #define TSPEED 1.0
10
11    void main()
12    { VWHandle     vw;
13      PositionType pos;
14      int          i;
15
16      LCDPutString("Drive Demo\n");
17      vw = VWInit(VW_DRIVE,1); /* init v-omega interface */
18      if(vw == 0)
19        {
20          LCDPutString("VWInit Error!\n\a");
21          OSWait(200); return;
22        }
23      VWStartControl(vw,7,0.3,7,0.1);
24      OSSleep(100); /* delay before starting */
25
26      for (i=0;i<4; i++) /* do 2 drives + 2 turns twice */
27      { if (i%2==0) { LCDSetString(2,0,"Drive");
```

```
28                    VWDriveStraight(vw,DIST,SPEED);
29                  }
30         else     { LCDSetString(2,0,"Turn ");
31                    VWDriveTurn(vw,M_PI,TSPEED);
32                  }
33      while (!VWDriveDone(vw))
34      { OSWait(33);
35        VWGetPosition(vw,&pos);
36        LCDSetPrintf(3,0,"Pos: %4.2f x %4.2f",pos.x,pos.y);
37        LCDSetPrintf(4,0,"Heading:%5.1f",
38                              pos.phi*180.0/M_PI);
39      }
40    }
41    OSWait(200);
42    VWRelease(vw);
43  }
```

注意：位于索引词条中文后面的数字是英文原书的页码，此页码排在正文每页的版心外。

A

B

C

D

E

Q

R

S

T

U

V

W

X

Z